# KURZES LEHRBUCH

# DER KOLLOIDCHEMIE

VON

**B. JIRGENSONS**
DR. CHEM., UNIVERSITÄT MANCHESTER
ENGLAND

**M. STRAUMANIS**
DR. CHEM., UNIVERSITÄT MISSOURI,
SCHOOL OF MINES, ROLLA, U.S.A.

VORMALS AN DER UNIVERSITÄT LETTLANDS IN RIGA

MIT 175 TEXTABBILDUNGEN

Springer-Verlag Berlin Heidelberg GmbH
1949

ISBN 978-3-642-87255-6      ISBN 978-3-642-87254-9 (eBook)
DOI 10.1007/978-3-642-87254-9

US-E-249. — Januar 1949. — 3000 Exemplare.

# Erster Teil.

## Einleitung.

### Chemie und Kolloidchemie.

Die Aufgabe der *Chemie* besteht im wesentlichen in der Erforschung der Reaktionen, die zwischen einzelnen Atomen, Molekülen, Ionen unter bestimmten Umständen stattfinden. Sie untersucht ferner die Eigenschaften der gebildeten Stoffe. Experimentell werden nur in seltenen Fällen Reaktionen zwischen den obengenannten kleinsten Teilchen durchgeführt und beobachtet; in der erdrückenden Mehrzahl von Fällen arbeitet man mit viel größeren Maßen. Die Kenntnis der chemischen Gesetzmäßigkeiten und die Zusammensetzung der gebildeten Reaktionsprodukte erlaubt uns jedoch zu folgern, wie im gegebenen Falle die Ionen, Atome, Moleküle untereinander reagiert haben, was wir durch chemische Gleichungen zum Ausdruck bringen. Demgegenüber ist die Aufgabe der *Kolloidchemie* eine wesentlich andere. Die Kolloidchemie beschäftigt sich nicht mit den angeführten Elementarteilchen, sondern mit unvergleichlich viel größeren Aggregaten, die einen Durchmesser von etwa 0,000001 bis 0,0001 mm, oder 1 m$\mu$ bis 100 m$\mu$ besitzen. Befinden sich solche Teilchen eines Stoffes in einer Flüssigkeit, so erlangt die Lösung besondere Eigenschaften, die verschiedenartig zum Ausdruck kommen. Die im Lösungsmittel dispergierten Teilchen, obgleich sie außerordentlich viel größer sind als die Moleküle einfacher chemischer Verbindungen (z. B. $H_2O$, $NH_3$, $C_2H_5OH$), sind trotzdem in gewöhnlichen Mikroskopen nicht sichtbar, sinken nicht zu Boden, gehen durch gewöhnliche Filter, verleihen der Lösung besondere optische Eigenschaften, färben sie bisweilen intensiv an, können aber durch geeignete Operationen ausgefällt oder ausgeflockt werden usw. Hat ein Stoff durch feine Verteilung oder Dispergierung in einer Flüssigkeit die oben erwähnten Eigenschaften erlangt, so hat man eine „*kolloide Lösung*" vor sich und der gebrauchte Stoff selbst befindet sich im „*kolloiden Zustande*". Die *Kolloidchemie* beschäftigt sich nun mit der Erforschung dieses Zustandes: sie stellt fest, unter welchen Umständen sich kolloide Lösungen bilden, was ihre Merkmale sind, in welch einem Zustande sich die Teilchen befinden, welches ihre Form ist, wie und wann die Ausflockung aus dem Lösungsmittel erfolgt, wie zwei und mehrere kolloide Lösungen aufeinander einwirken usw. Wie ersichtlich, fallen ins Gebiet der Kolloidchemie mehr die physikalischen Eigenschaften dieses besonderen Zustandes. Die Kolloidchemie gehört mehr ins Gebiet der physikalischen Chemie.

Grundlegend für den kolloiden Zustand ist die *feine Verteilung* eines Stoffes in einem anderen, die jedoch nicht — von Lösungen hochmolekularer Verbindungen abgesehen — bis auf eine molekulare oder atomare hinuntergeht, da man in solchen Fällen schon mit echten Lösungen zu tun hätte.

Nun kann man sich nicht nur einen festen Stoff in einer Flüssigkeit dispergiert denken, sondern auch einen festen in einem Gas (Staub), einen flüssigen in einem Gas (Nebel), ein Gas in einer Flüssigkeit (Schäume), eine Flüssigkeit in einer anderen (Emulsionen), auch einen festen Stoff fein verteilt in einem anderen festen kann man sich denken. All dies sind verschiedenartige *disperse Systeme*, bei denen in einem homogenen *Dispersionsmittel* ein anderer Stoff sich im be-

1

stimmten Verteilungsgrad befindet. Diese Systeme behandelt die Kolloidchemie, die bisweilen auch „Dispersoidchemie" oder „Dispersoidologie" (nach P. P. v. Weimarn) genannt wird.

## Einiges aus der Entwicklung der Kolloidchemie.

Die ersten systematischen Untersuchungen über Lösungen, die kolloide Eigenschaften im jetzigen Sinne besitzen, wurden in der Mitte des vorigen Jahrhunderts von Selmi (1843) und T. Graham (1861) ausgeführt. Selmi untersuchte Lösungen von Schwefel, Berlinerblau, Kasein usw. und kam zu der Schlußfolgerung, daß sie keine gewöhnlichen Lösungen sind, sondern aus sehr kleinen, in Wasser schwebenden Teilchen bestehen. Th. Graham untersuchte die Diffusion verschiedener gelöster Stoffe und stellte fest, daß einige schnell diffundieren, andere dagegen langsam. So sind z. B. die Teilchen von gelöstem Kaliumhydroxyd Magnesiumsulfat oder Zucker sehr beweglich, diejenigen von gelöstem Gummi, Eiweiß oder Gelatine besitzen dagegen eine sehr geringe Beweglichkeit und diffundieren langsam. Je nach dem Diffusionsvermögen wurden nun alle Stoffe in zwei Klassen, in *Krystalloide* und *Kolloide*, eingeteilt, weil eben die gut diffundierenden Stoffe (z. B. Salze) leicht krystallisierten, die schlecht diffundierenden — die Kolloide — nicht zur Krystallisation zu bringen waren. Ein noch krasserer Unterschied zwischen Krystalloid und Kolloid ergab sich, wenn die zu untersuchende Lösung in ein reines Lösungsmittel (z. B. Wasser) gebracht wurde, wobei das Vermischen beider Flüssigkeiten durch eine halbdurchlässige Membran sich verhindern ließ: die Teilchen der gelösten Krystalloide passierten leicht die Membran, die Kolloidteilchen dagegen nicht. Mit diesem Verfahren, der sogenann ten Dialyse, kann man die Krystalloide von den Kolloiden leicht trennen. Die Bezeichnung „Kolloid" (von griechischem $\varkappa o\lambda\lambda\alpha$-Kolla-Leim) stammt ebenfalls von Th. Graham. Die kolloiden Lösungen wurden auch *Sole* genannt. Manche *Sole* gehen leicht in feste oder halbfeste Massen, die sogenannten *Gele* über. Die Grahamschen Untersuchungen waren von grundlegender Bedeutung für die weitere Entwicklung der Kolloidchemie. Allerdings stellte es sich später heraus, daß die Grahamsche Einleitung in krystalloide und kolloide Stoffe nicht, richtig war, denn viele Kolloide (z. B. Eiweißstoffe) können jetzt krystallisiert und verschiedene Krystalloide in den kolloiden Zustand überführt werden.

Fast zur gleichen Zeit wurden vom berühmten englischen Physiker und Chemiker M. Faraday wichtige Untersuchungen über die optischen Eigenschaften der Goldsole (kolloide Lösung des Goldes) durchgeführt. Er fand (1857), daß ein auf ein Goldsol gerichteter Lichtkegel, seitlich betrachtet, im Sol sichtbar wird, im Gegensatz zu echten Lösungen, wo der Lichtkegel nicht erkennbar ist. Faraday gab auch die richtige Erklärung der Erscheinung, daß nämlich die im Sole befindlichen Goldteilchen das Licht zerstreuen. Tyndall fand später (1869), daß dieses von den Teilchen zerstreute Licht polarisiert ist.

Bald wurde auch erkannt, daß ein großer Teil der Sole, besonders derjenige anorganischer Stoffe, sehr unbeständig ist. Fügt man zu einem Goldsol etwas Natriumchlorid hinzu, so erfolgt bald Farbeänderung, das Sol wird trüb, und es erscheinen große Teilchen (Flocken), die sich dann langsam zu Boden setzen. Die *Ausflockung* oder *Koagulation* wurde besonders ausführlich von Schulze (1883) untersucht.

Um die Jahrhundertwende folgten nacheinander viele wichtige Entdeckungen. Von H. Freundlich wurden die Adsorptionserscheinungen systematisch untersucht und das Adsorptionsgesetz festgestellt (1903). Siedentopf und Zsigmondy konstruierten (1903) das Ultramikroskop. Die Grundidee des Ultramikroskops beruht auf der schon erwähnten Faraday-Tyndallschen Beobachtung über die Zerstreuung des Lichtes in Solen. Betrachtet man einen intensiven, scharf abgegrenzten Lichtstrahl senkrecht zur Strahlenrichtung im Mikroskop, so wird der diffuse Kegel in einzelne, leuchtende Partikel aufgelöst. Im Ultramikroskop sind also die Beugungsbilder einzelner kolloider Teilchen direkt sichtbar. Durch deren Auszählung und Kenntnis der Einwage war es nun möglich, die Größe der Teilchen zu bestimmen. So wurde der Beweis erbracht, daß die Kolloidteilchen wirklich Mitteldinge zwischen Atomen und kleinen Molekülen einerseits und groben mikroskopischen Gebilden anderseits sind. In engem Zusammenhang damit stehen auch die experimentellen und theoretischen Arbeiten von Perrin (1908), Smoluchowski (1906), Einstein (1908) und Svedberg (1906) über die Brownsche Bewegung, Sedimentation und Koagulation.

Zur gleichen Zeitperiode treten P. P. v. Weimarn und Wo. Ostwald gegen die alte Grahamsche Einteilung auf, nach der verschiedene Stoffe entweder krystallin oder kolloide Eigenschaften besitzen sollten. P. P. v. Weimarn[1]) brachte umfangreiches experimentelles Material als Beweis dafür vor, daß man jeden beliebigen Stoff in den kolloiden Zustand überführen kann. Eben weil die wichtigsten Eigenschaften der Kolloide durch die Teilchengröße bedingt sind, und man durch geeignete Arbeitsweise jeden flüssigen oder festen Stoff derart verteilen kann, daß die Teilchen kolloide Dimensionen annehmen; es wurde z. B. sogar kolloides Natriumchlorid hergestellt. Außerdem wurden von Weimarn die Gedanken ausgesprochen, daß feste kolloide Teilchen krystallinen Aufbau besitzen, was später durch röntgenographische Untersuchungen in vielen Fällen bestätigt wurde.

Wo. Ostwald[2]) und Weimarn gaben auch die erste exakte Systematik der dispersen Systeme. Letztere werden nach dem *Durchmesser der Teilchen* und nach dem *Aggregatzustand* klassifiziert. Nach dem Durchmesser der in einem gasförmigen, flüssigen oder festen Medium (Dispersionsmittel) befindlichen Teilchen werden alle dispersen Systeme in drei große Klassen eingeteilt:

*Disperse Systeme*

| Grobe Dispersionen | Kolloide | Molekulardispersoide |
|---|---|---|
| $> 0{,}1\,\mu$ | $0{,}1\,\mu\!-\!1\,\mathrm{m}\mu$ | $< 1\,\mathrm{m}\mu$ |

→

Zunehmender Dispersitätsgrad, abnehmende Teilchengröße.

Als Beispiel grober Dispersion seien verschiedene Aufschwemmungen oder Suspensionen genannt, z. B. Bodenschlamm, noch nicht abgesetzte Trübungen von Bariumsulfat, Kalziumkarbonat usw. Zu molekulardispersen Systemen oder Molekulardispersoiden dagegen gehören echte Lösungen niedermolekularer Stoffe (die von Zucker, Natriumchlorid, Schwefelsäure, Aminosäuren, Vitamine). Die kolloiden Lösungen enthalten Teilchen, die z. B. größer als Benzol- oder Zuckermoleküle und kleiner als mikroskopisch sichtbare Quarzteilchen, Bakterien oder Blutkörperchen sind. Die folgende Tabelle enthält einige Größenangaben.

---

[1]) P. P. v. Weimarn: Die Allgemeinheit des kolloiden Zustandes, Dresden 1925: Kolloid-Z. *2*, 76 (1907).

[2]) Wo. Ostwald: Kolloid-Z. *1*, 291 (1907): Grundriß der Kolloidchemie, Dresden 1909.

Tabelle 1.

| | m$\mu$ |
|---|---|
| Durchmesser der roten Blutkörperchen des Menschen . . . . | 7500 |
| Länge der Colibazillen . . . . . . . . . . . . . . . | 1500 |
| Grippe-Virus . . . . . . . . . . . . . . . . . . . | 120 |
| Durchmesser kolloider Goldteilchen . . . . . . . . . . . | 1—100 } Kolloide |
| Länge des Hämoglobinmoleküls . . . . . . . . . . . . | 2,8 } Dimensionen |
| Durchmesser des Sauerstoffmoleküls . . . . . . . . . . | 0,16 |

Der Dispersitätsgrad ist eine dem Teilchendurchmesser reziproke Größe. In der Koagulation, bei der die Kolloidteilchen zusammentreten und sich vergröbern, erfolgt die Verminderung des Dispersitätsgrades.

Es muß aber ausdrücklich darauf verwiesen werden, daß die Abgrenzung des kolloiden Gebietes rein konventionell ist. Man kann auch übereinkommen, als kolloide Teilchen solche anzusehen, deren Durchmesser z. B. zwischen 1 m$\mu$ und 200 m$\mu$, oder 5 m$\mu$ und 150 m$\mu$ liegen.

Wo. Ostwald[3]) schlug eine sehr übersichtliche Klassifikation der dispersen Systeme nach dem Aggregatzustand des Dispersionsmittels und der dispersen Phase (d. h. des verteilten Stoffes) vor. In der folgenden Tabelle sind die praktisch wichtigsten Fälle angeführt.

Tabelle 2.

| Dispersionsmittel | Disperser Anteil | Bezeichnung des Systems |
|---|---|---|
| Gasförmig | flüssig | Nebel, Aerosol |
| Gasförmig | fest | Staub, Aerosol |
| Flüssig | gasförmig | Schäume, Gasdispersionen |
| Flüssig | flüssig | Emulsionen |
| Flüssig | fest | Suspensionen, Suspensoide |
| Fest | gasförmig | feste Schäume |
| Fest | flüssig | feste Emulsionen, einige Gele |
| Fest | fest | Legierungen, Gläser |

Emulsionen sind z. B. Systeme, bei denen in einer Flüssigkeit eine andere in fein verteilter Form vorliegt (Öl in Wasser); Suspensoide enthalten dagegen in flüssigem Medium feste Teilchen (Eiweiß in Wasser, Kautschuk in Benzol, Nitrozellulose in Azeton, Arsentrisulfid in Wasser usw.).

In den letzten Jahrzehnten wurde das Gebiet der Kolloidlehre durch eine Reihe grundlegender, neuer Entdeckungen und Arbeitsmethoden bereichert. Unter der Leitung von T. Svedberg wurde im Physikalisch-Chemischen Institut der Universität Uppsala die *Ultrazentrifuge* konstruiert und soweit entwickelt und vervollständigt, daß mit deren Hilfe jetzt die verschiedensten Molekulargewichte (von $10^2$ bis $10^7$) und Teilchengrößen bestimmt werden können. Enthält eine Lösung verschieden schwere Partikel, so kann man weiter wichtige Aufschlüsse über deren Massenverteilung mit Hilfe der Ultrazentrifuge erlangen.

Einen direkten Einblick in das Reich der Kolloide zu werfen gestatten die in den letzten Jahren in Deutschland, England und den USA. konstruierten *Übermikroskope* oder *Elektronenmikroskope* (Ruska, v. Borries, v. Ardenne). Mit Hilfe der Elektronenstrahlen kann man jetzt Abbildungen verschiedener Kolloidteilchen erhalten und die Einzelheiten der Struktur direkt studieren. Auch die größten Moleküle, z. B. diejenigen des Glykogens, deren Lösungen ebenfalls kolloide Eigenschaften besitzen, sind jetzt abgebildet worden.

---

[3]) Wo. Ostwald: Grundriß der Kolloidchemie, 7. Aufl. 1922, Dresden: Steinkopff 1909; Die Welt der vernachlässigten Dimensionen, 10. Aufl., Dresden: Steinkopff 1927.

Wertvolle Angaben über den inneren Aufbau der Kolloidteilchen lassen sich mit Hilfe der *Röntgenographie* gewinnen. Die Untersuchungen über die Wanderung der Kolloidteilchen in elektrischem Felde, dann die über die *Strömungsdoppelbrechung* und *Viskosität* der Sole führten ebenfalls zu wichtigen Resultaten.

Wenn alle die obengenannten Untersuchungsmethoden einer mehr oder weniger rein physikalischen Charakter tragen, so sind in letzter Zeit auch *rein chemische Untersuchungen* bedeutungsvoll geworden. Die chemischen Methoden haben sich als besonders wichtig bei der Erforschung der *organischen Kolloide* erwiesen. H. Staudinger und Mitarbeiter konnten im chemischen Laboratorium der Universität Freiburg i. Br. mit Hilfe chemischer Umwandlungen beweisen, daß die Lösungen vieler organischer Kolloide sehr *große Moleküle* (Makromoleküle oder Riesenmoleküle) enthalten. Diese Entdeckung ist von prinzipieller Bedeutung, da früher die Meinung herrschte, daß alle Kolloidteilchen aus kleinen Bausteinen (Atomen und kleinen Molekülen), die durch Gitterkräfte zusammengehalten werden, aufgebaut sind. Allgemeine Bedeutung haben auch die von Staudinger gelieferten Beweise, daß die *Teilchenform* sehr großen Einfluß auf die Eigenschaften der Kolloide ausübt. Hinsichtlich der Systematik der Kolloide sind die sehr langen aber dünnen *Fadenmoleküle* besonders interessant: Staudinger konnte zeigen, daß z. B. die Moleküle der nativen Cellulose etwa 1500 m$\mu$ lang, aber nur 0,8 m$\mu$ dick sind; der Länge nach gehören diese Teilchen zu den groben Suspensionen, wegen des sehr geringen Durchmessers der Fäden aber zu den Kolloiden oder den molekulardispersen Teilchen. Demzufolge war es nicht mehr möglich, die alte Systematik aufrecht zu erhalten, und Staudinger gab eine neue Einteilung der Kolloide, die im nächten Kapitel besprochen werden soll.

## Bedeutung der Kolloidchemie.

Die kolloidchemische Forschung gewinnt ständig mehr und mehr an Bedeutung. Spezielle kolloidchemische Methoden, wie z. B. die Adsorption, Dialyse, Koagulation, werden in der präparativen organischen Chemie und der analytischen Chemie (z. B. die chromatographische Adsorptionsanalyse) in der Bodenkunde, bei klinisch-medizinischen Arbeiten, bei der Herstellung von Arzneimitteln usw. verwandt. Außerordentlich wichtig sind die allgemeinen kolloidchemischen Gesichtspunkte bei der Bearbeitung vieler technischer Probleme. Die Lösungen einer ganzen Reihe technisch wichtiger Naturprodukte, z. B. die von Kautschuk, Cellulose, Stärke usw. sind Kolloide. Die Seifen geben kolloide Lösungen und die Waschwirkung ist größtenteils als kolloidchemischer Vorgang zu betrachten. Die Fragen der Oberflächenwirkung und Benetzung sind ferner in der Textilindustrie und Färberei, sowie bei der Anreicherung feiner Erzteilchen (Flotation) von Bedeutung. Etwas ganz neues sind die synthetischen hochpolymeren Verbindungen, die ihren Eigenschaften nach auch in die Klasse der Kolloide fallen, der Technik unentbehrlich geworden sind und in der Zukunft sicherlich eine noch viel größere Rolle spielen werden. Diese Stoffe lassen sich mit Hilfe neu ausgearbeiteter Methoden der organischen Chemie (Polymerisation und Polykondensation) gewinnen. Hierher gehören z. B. synthetisches Kautschuk (Buna u. a.), Plexiglas, die PC-Faser, Nylon oder Perlonfaser, Trolitul, Phenol-Formaldehydharze, Aminoplaste usw. Die Eigenschaften dieser neuen, vom schaffenden Chemiker hergestellten, in der Welt bisher noch nie dagewesenen Stoffe, werden größtenteils mit kolloidchemischen und physikalischen Methoden erforscht. Neue Wege werden gesucht, um die technischen Eigenschaften dieser Materialien noch weiter zu verbessern.

Ferner sind die kolloidchemischen Gesichtspunkte bei katalytischen Vorgängen wichtig; die Wirkung eines festen Katalysators, z. B. Pd-Metalls, ist von dem Zerteilungsgrad des Katalysators abhängig. Die Deckkraft und andere Eigenschaften der Mineralfarben werden unter anderem auch von der Größe und Form der Farbteilchen bestimmt. Graphit wirkt als Schmiermittel aus dem Grunde, weil die Graphitteilchen flächenhafte Struktur haben, und leicht in sehr dünne Blättchen von kolloiden Dimensionen zerfallen. Wichtig sind ferner Fragen über Adsorption von Gasen und Flüssigkeiten in porösen Massen, sowie über Entwässerung von Torf und Ton, über Herstellung beständiger Ölemulsionen, über Sedimentation und Filtration von sehr feinen Suspensionen. Von großer praktischer Bedeutung sind die Methoden der Entnebelung und Entstäubung, z. B. das Cottrell-Verfahren, mit dessen Hilfe aus dem Rauch oder der Luft die festen Staubteilchen leicht abgetrennt werden können.

Sehr umfangreiche, noch kaum erforschte Gebiete liegen dem Kolloidchemiker auch in der Biologie und Medizin vor, denn Protoplasma, Blut, Haut, Muskel usw. sind zusammengesetzte kolloidchemische Systeme, die größtenteils aus verschiedenen Eiweißstoffen (Proteinen) bestehen. Auch hier sind ganz elementare kolloidchemische Gesichtspunkte von Bedeutung. So wird jetzt z. B. verständlich, warum die Teilchen der Gerüstproteine langgestreckte faserige Form haben, die transportablen Blutproteine dagegen mehr oder weniger kugelförmige Moleküle besitzen. Weitere Beispiele sind die Vorgänge an Zellmembranen und Oberflächen von Blutkörperchen; die Einwirkung narkotisierend wirkender Stoffe (Alkohol, Äther, Chloroform), welche die Koagulationserscheinungen an Biokolloiden hervorrufen; die Gerinnung des Blutes usw. Eine bemerkenswerte Ähnlichkeit besteht ferner zwischen den Biokolloiden im Organismus und kolloiden Lösungen hinsichtlich der Veränderung der Systeme mit der Zeit (Alterungserscheinungen). Die meisten der angedeuteten Probleme harren noch ihrer Lösung.

# I. Die Grundbegriffe der Kolloidchemie.

## Einteilung der Kolloide.

Die Kolloidchemiker untersuchen die Eigenschaften fein verteilter Materie in Abhängigkeit von der *Teilchengröße*, der *Teilchenform*, der chemischen Zusammensetzung und der Struktur. Wie schon gesagt sind Kolloide Zerteilungen oder disperse Systeme, Gebilde, bei denen in einem homogenen Medium (Dispersionsmittel) ein anderer Stoff sich im bestimmten Zerteilungsgrad befindet. Nicht alle dispersen Systeme haben Eigenschaften der Kolloide, der Begriff des dispersen Systems ist umfangreicher als derjenige des Kolloids oder des kolloiden Zustandes. Nach der von Wo. Ostwald gegebenen Definition sind als Kolloide nur solche dispersen Systeme anzusehen, bei denen die Teilchen der dispersen Phase einen Durchmesser von 1 m$\mu$ bis 100 m$\mu$ haben. Wo. Ostwald hat aber ausdrücklich darauf hingewiesen, daß diese Grenzen rein konventionell sind. In Wirklichkeit muß man mit steten Übergängen zwischen grobdispersen Systemen und Kolloiden einerseits und Kolloiden und molekulardispersen Systemen andererseits rechnen. In einer typischen kolloiden Lösung, einer Gallerte oder einem Schaum, sind meistens viel größere und auch kleinere Teilchen, als das der Definition der Kolloide entspricht, vorhanden.

Hätten die Teilchen der dispersen Phase nur kugelförmige, würfelförmige oder andere ähnliche „korpuskulare" Gestalten, so könnte die Ostwaldsche Einteilung beibehalten werden. Nun wurde aber besonders von H. Staudinger darauf verwiesen[4]), daß die Teilchen vieler disperser Systeme nicht kugelförmig oder würfelförmig, sondern fadenförmig sind. So sind die Fäden der Kautschuk- oder Celluloseteilchen hinsichtlich der Länge grobdispers, hinsichtlich der Dicke aber mokulardispers. Trotzdem entsprechen die Eigenschaften der Lösungen dieser Stoffe, denen der Kolloide. H. Staudinger[5]) hat deswegen vorgeschlagen, die dispersen Systeme nicht nach dem Durchmesser der Teilchen, sondern *nach der Zahl der Atome*, aus denen die Teilchen bestehen, zu klassifizieren. Die Atome können sich demgemäß räumlich in beliebiger Art zu größeren Gebilden zusammenlagern. Bei niedermolekularen Zerteilungen hat man mit sehr kleinen Einheiten zu tun, die oft nur aus einem einzigen Atom oder einem Ion bestehen. Auch die Moleküle der Niedermolekularen sind aus einer verhältnismäßig kleinen Anzahl von Atomen zusammengesetzt. Diese Moleküle sind fast gleich groß und von bekannter Struktur. Als oberste Grenze für das Gebiet der niedermolekularen Teilchen hat Staudinger die Atomzahl 1000 vorgeschlagen. Im Falle organischer Stoffe entspricht diese Anzahl dem Molekulargewicht von etwa 10 000 und bei rundlichen Teilchen — einen Durchmesser von etwa 0,5—2 m$\mu$. Die Teilchen einer grobdispersen Suspension sind dagegen aus mindestens etwa $10^9$ Atomen zusammengesetzt. Zwischen diesen beiden Grenzen befindet sich nun das Gebiet der Kolloide. Demgemäß kann ein beliebiger Stoff in den kolloiden Zustand übergeführt werden, wenn es gelingt, den Stoff so zu zerkleinern, daß die einzelnen Teilchen $10^3$—$10^9$ Atome enthalten, oder *das Kolloidteilchen ist eine stoffliche Einheit bestimmter Form, Zusammensetzung und Struktur, die aus mindestens $10^3$ und höchstens $10^9$ Atomen zusammengesetzt ist.*

Einige Eigenschaften verschiedener disperser Systeme sind in der folgenden Tabelle aufgezählt.

Tabelle 3. *Einige Eigenschaften verschiedener disperser Systeme.*

| Grobe Dispersionen | Kolloide | Niedermolekulare Zerteilungen |
|---|---|---|
| Abnehmende Teilchengröße, zunehmender Dispersitätsgrad $\longrightarrow$ | | |
| Die Teilchen sind aus mehr als $10^9$ Atomen aufgebaut | Die Teilchen bestehen aus höchstens $10^9$ oder mindestens $10^3$ Atomen | Die Teilchen enthalten $10^3$ bis 1 Atom |
| Teilchen mikroskopisch sichtbar | Teilchen z. T. im Ultramikroskop auflösbar, im Elektronenmikroskop sichtbar | Auch im Elektronenmikroskop unsichtbar |
| Laufen nicht durch Papierfilter | Laufen durch Papierfilter, werden aber von Ultrafiltern zurückgehalten | Laufen durch Ultrafilter |
| Dialysieren und diffundieren nicht | Dialysieren und diffundieren kaum | Dialysieren und diffundieren |

[4]) H. Staudinger: Die hochmolekularen organischen Verbindungen, Berlin: Springer 1932.
[5]) H. Staudinger: Ber. d. deutsch. chem. Ges. *68*, 1682 (1935); Organische Kolloidchemie, 2. Auflage, Braunschweig: Vieweg 1941.

Nochmals muß darauf verwiesen werden, daß man hier, ebenso wie bei allen konventionellen Einteilungen, mit keinen scharfen Übergängen zu rechnen hat. So besitzen in vielen Fällen Systeme mit Teilchen, aus weniger als 1000 Atomen bestehend, noch vorwiegend kolloide Eigenschaften, dialysieren z. B. nicht.

Schließlich sei noch darauf hingewiesen, daß zwischen der Ostwaldschen und Staudingerschen Einteilung kein Gegensatz besteht: Im Falle würfel- oder kugelförmiger Teilchen werden diese auch nach der Staudingerschen Einteilung den Durchmesser von etwa 1 m$\mu$ bis 100 m$\mu$ haben; denken wir uns ein 2000 m$\mu$ langes und 0,5 m$\mu$ dünnes Fadenteilchen zu einem Knäuel zusammengeballt, so erhält man ebenfalls eine Partikel mit einem Durchmesser von etwa 10—20 m$\mu$, also eine solche von der Größenordnung der Kolloide.

Die Kolloide werden außerdem noch von verschiedenen Standpunkten aus klassifiziert. Je nach dem Aggregatzustande des Dispersionsmittels und des dispersen Anteils gelangt man zu kolloiddispersen Systemen, die den Namen *Aerosole, Schäume, Emulsionen, Suspensoide, feste Schäume und feste Sole* tragen (vgl. Tabelle 2 S. 4).

### Anorganische und organische Kolloide.

Der *chemischen Zusammensetzung* nach werden alle Kolloide in *anorganische* und *organische* eingeteilt. Unter den anorganischen Kolloiden unterscheidet man weiter der Zusammensetzung nach kolloide Metalle und Nichtmetalle, kolloide Oxyde, Hydroxyde bzw. Oxydhydrate und kolloide Salze. Die organischen Kolloide wurden nach Staudinger in homöopolare, hydroxylhaltige und heteropolare eingeteilt.

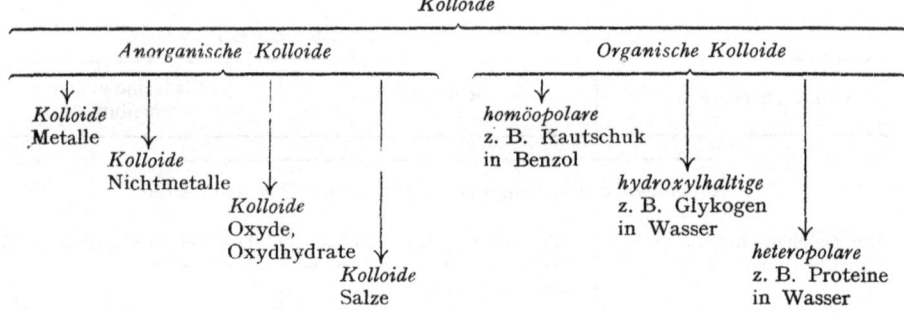

### Sphäro- und Linearkolloide.

Von der *Form der Teilchen* ausgehend sind von H. Staudinger alle Kolloide bzw. alle im kolloiden Zustande befindlichen Stoffe, in *Sphärokolloide* und *Linearkolloide* eingeteilt worden. Auch von anderen Forschern stammen dafür entsprechende Vorschläge: Korpuskulare und fibrillare (Ostwald), oder globulare und fibrillare (Astbury) Kolloide. Die Teilchen der Sphärokolloide sind annähernd kugel- oder würfelförmig (sogar tafelförmig), diejenige der Linearkolloide dagegen stark langgestreckt oder fadenförmig. Der würfel- oder tafelförmige Aufbau der Teilchen bezieht sich dabei mehr auf die anorganischen Kolloide, der kugel- und fadenförmige dagegen mehr auf die organischen. Dieses Einteilungsprinzip erwies sich als besonders fruchtbar und führte bei der Erforschung kolloider Systeme zu neuen Gesichtspunkten und Anregungen. Der Grund dafür liegt im starken *Einfluß der Teilchenform auf die Eigenschaften der Kolloide* (Tabelle 4)

Tabelle 4. *Kugel- und fadenförmige Polysacharide und Eiweißstoffe[6]).*

|  | Sphärokolloide | Linearkolloide |
|---|---|---|
| Kohlenhydrate . . . . . . . | Glykogen und Derivate | Cellulose und Derivate |
| Eiweißstoffe . . . . . . . . | Ovalbumin, Hämoglobin, Myogen | Kollagen, Myosin, Ovoglobulin |
| Aussehen im festen Zustand . | Pulvrig | Faserig, zäh |
| Quellungsvermögen . . . . . . | Quellen schwach | Quellen stark |
| Viskosität einer 1%igen Lösung | Niederviskose Lösungen | Hochviskose Lösungen |
| Strömungsdoppelbrechung . . | keine | wächst mit zunehmender Länge der Fadenmoleküle |
| Osmotischer Druck . . . . . | Gehorcht dem vant' Hoffschen Gesetz | Abweichungen vom van 't Hoffschen Gesetz |

Besonders wichtig erscheint die Tatsache, daß die wertvollen natürlichen und synthetischen Faserstoffe, sowie viele Kunstharze und plastische Massen aus fibrillaren bzw. faserigen, langgestreckten Teilchen kolloider Dimensionen bestehen. Bekanntlich hängen die technischen Eigenschaften solcher Faserstoffe, z. B. die Festigkeit, von der Länge und vom inneren Aufbau der gestreckten Teilchen ab.

Von den in der Tabelle 4 angedeuteten Eigenschaften sei nur noch auf den großen Unterschied in der Viskosität hingewiesen. Die *Viskosität*, auch Zähigkeit genannt, ist der Widerstand, den ein flüssiger Stoff der Verschiebung seiner Teilchen entgegensetzt. Je größer die Viskosität, um so mehr nähert sich das flüssige System dem festen Zustande. Die hohe Viskosität der Linearkolloide ist nun leicht durch die *Vernetzung der fadenförmigen Teilchen verständlich.* Im netzartigen Gebilde wird auch das Dispersionsmaterial eingeschlossen und festgehalten, wobei bei bestimmten Konzentrationen des dispersen Anteils sogar Gallerte (Gele) entstehen können. Die Teilchen der Sphärokolloide sind dagegen frei beweglich und können sich nicht vernetzen.

Bekannt sind nicht nur organische, sondern auch anorganische Sphäro- und Linearkolloide. Die meisten anorganischen Substanzen im kolloiden Zustande haben korpuskulare Teilchen (z. B. kolloide Metalle, kolloide Sulfide, die Schwefelsole usw.). Lange, stäbchen- oder fadenförmige Gebilde kommen dagegen bei den kolloiden Kieselsäuren, Vanadinpentoxydsolen, Bentonit-Suspensionen u. a. vor.

Die linearkolloiden Teilchen entstehen dadurch, daß sich viele kleine Moleküle oder Radikale in einer Richtung (linear) zusammenlagern. In den meisten Fällen werden dabei die Moleküle durch Hauptvalenzen zusammengehalten, wobei Lösungen linearmakromolekularer Verbindungen mit kolloiden Eigenschaften entstehen. Die hierbei entstandenen *Hauptvalenzketten* oder *Kettenpolymere* haben sich entweder in *Polymerisations-* oder in *Polykondensationsreaktionen* gebildet.

Im ersten Falle bildet sich aus einem oder mehreren niedermolekularen Stoffen eine hochpolymere Verbindung, z. B. aus vielen Vinylchloridmolekülen die Polyvinylchloridmoleküle:

$$\begin{array}{c} n\ CH = CH_2 \longrightarrow \\ |\\ Cl \end{array}$$

$$\longrightarrow\ -CH-CH_2-CH-CH_2-CH-CH_2-CH-CH_2-CH-\ \ldots\ldots\ldots$$
$$\quad\ \ |\qquad\quad |\qquad\quad\ |\qquad\quad |\qquad\quad |$$
$$\quad\ Cl\qquad\ Cl\qquad\ Cl\qquad\ Cl\qquad\ Cl$$

[6]) H. Staudinger: Organische Kolloidchemie, 2. Aufl. 1941, S. 58.

In den Polykondensationsreaktionen dagegen werden außer hochpolymeren Verbindungen noch niedermolekulare Nebenprodukte gebildet, z. B. aus vielen Glykol- und Dikarbonsäuremolekülen entstehen die langgestreckten Polyestermoleküle und Wasser:

$$x \, HO\text{-}CH_2\text{-}CH_2\text{-}OH + x \, HOOC\text{-}CH_2\text{-}COOH \longrightarrow HO\text{-}CH_2\text{-}CH_2\text{-}O\text{-}CO\text{-}CH_2\text{-}CH_2\text{-}$$
$$-CO\text{-}O\text{-}CH_2\text{-}CH_2\text{-}O\text{-}CO\text{-}CH_2\text{-}CH_2\text{-}CO\text{-}O\text{-}CH_2\text{-}CH_2\text{-}O\text{-}CO\text{-}CH_2\text{-}CH_2\text{-} \ldots$$
$$+ y \, H_2O$$

Es sind auch interessante anorganische Stoffe bekannt, die vermutlich lange, kettenförmige Moleküle haben. So hat z. B. das Polyphosphornitrilchlorid $(PNCl_2)_n$, das aus Chlorammonium und $PCl_5$ entsteht, wahrscheinlich die Struktur:[6a]

$$\cdots.\,-\!\!\underset{\underset{Cl}{|}}{\overset{\overset{Cl}{|}}{P}}=N-\underset{\underset{Cl}{|}}{\overset{\overset{Cl}{|}}{P}}=N-\underset{\underset{Cl}{|}}{\overset{\overset{Cl}{|}}{P}}=N-\underset{\underset{Cl}{|}}{\overset{\overset{Cl}{|}}{P}}=N-\underset{\underset{Cl}{|}}{\overset{\overset{Cl}{|}}{P}}=N-\cdots$$

Der Stoff ist kautschukähnlich, was besonders darauf hinweist, daß er aus langen Molekülen aufgebaut ist. Auch Silicium gibt verschiedene langkettige Verbindungen, z. B. ein $Si_{25}Cl_{52}$, das an die Polyvinylchloride und Kautschuk erinnert[6b].

Natürlich bestehen zwischen Linearkolloiden und Sphärokolloiden die verschiedenartigsten *Übergänge*. Wie schon angedeutet, können die Molekülketten sich verschiedenartig vernetzen und zu Faserbündeln zusammenlagern. Oft kommen auch *blättchenförmige* (laminare) Teilchen vor. Solche plättchenförmige Partikel enthalten viele Tonmineralien, Nickelhydroxyd und Graphit.

## Molekül- und Micellkolloide.

Nach H. Staudinger ist es zweckmäßig, die Kolloide nach der Art des inneren Aufbaues der Kolloidteilchen noch in Molekül- und Micellkolloide einzuteilen. Diese Einteilung ist unabhängig davon, ob die disperse Phase aus anorganischem oder organischem Stoff, und auch unabhängig davon, ob die Teilchen fibrillare oder korpuskulare Gestalt haben.

„Bei den Molekülkolloiden sind die $10^3$ bis $10^9$ Atome, die ein Kolloidteilchen aufbauen, *durch Hauptvalenzen* gebunden. In diesem Falle stellt das *Kolloidteilchen ein Molekül* dar, das prinzipiell den gleichen Aufbau wie die Moleküle niedermolekularer Stoffe besitzt. Da sich aber die Moleküle kolloider Dimensionen in vieler Hinsicht charakteristisch von denen der niedermolekularen Stoffe unterscheiden, so werden diese Kolloidmoleküle als *Makromoleküle* bezeichnet. Stoffe mit solchen Molekülen können sich gar nicht anders als kolloid lösen, es sei denn, daß ihre Makromoleküle unter Sprengung von Hauptvalenzbindungen zerstört werden"[7].

Die Lösungen der Molekülkolloide sind also kolloide Stoffe im Sinne Grahams. Zu der Klasse der Molekülkolloide gehören viele Eiweißstoffe, Polysaccharide, Kautschuk und die synthetischen Hochpolymeren. Die Grahamsche Auffassung bezüglich der Proteine und Polysaccharide war nur insofern falsch, daß er diese als amorphe Stoffe betrachtete.

[6a] K. H. Meyer u. H. Mark: Hochpolymere Chemie, Akademischer Verl. Leipzig, 1940.

[6b] R. Schwarz: Angew. Chem. A. 59, 21 (1947).

[7] Staudinger: Organische Kolloidchemie, 2. Aufl. 1941, S. 5. Die Bezeichnung „Molekülkolloid" wurde zuerst von A. Lumière gebraucht (1925); vgl. Colloides et Micelloides, Paris 1933.

Mizellkolloide sind (nach Staudinger) dagegen solche kolloiddispersen Systeme, bei denen die Kolloidteilchen aus zahlreichen kleinen Einzelmolekülen aufgebaut sind, wobei die Einzelmoleküle durch Restvalenzen (bzw. Kohäsionskräfte) zusammengehalten werden. Typische Beispiele solcher Mizellkolloide sind Seifensole und Farbstoffe. Z. B. ein kolloides Seifenteilchen ist aus vielen Einzelmolekülen der fettsauren Salze zusammengesetzt. Auch die Kolloidteilchen einer Emulsion bestehen aus vielen Einzelmolekülen.

Die Teilchen der Mizellkolloide nennt man Mizellen. Diese Mizellen sind viel unbeständiger als die Makromoleküle. Verdünnt man z. B. ein wäriges Seifensol mit Alkohol, so zerfallen die Seifenmizellen in viel kleinere Molekülaggregate. Die Mizellkolloide können also ihre Teilchengröße leicht ändern. Im Gegensatz dazu sind die Makromoleküle viel beständiger. Unter geeigneten Umständen und Vorsichtsmaßnahmen (Ausschaltung des Luftsauerstoffs usw.) kann man mit den Molekülkolloiden sogar chemische Umsetzungen ausführen, ohne daß die Hauptvalenzketten gesprengt werden. Solche polymerhomologe Umwandlungen wurden von H. Staudinger[8]) und Mitarbeitern in zahlreichen Fällen ausgeführt, und haben damit auch den Beweis erbracht, daß die in Lösungen befindlichen Teilchen sehr große Moleküle (Makromoleküle, Riesenmoleküle) darstellen, z. B.:

$$(C_5H_8)_{2000} \cdot H_2 + 2000\ H_2 \longrightarrow (C_5H_{10})_{2000} \cdot H_2$$
Kautschuk                    Hydrokautschuk

oder

$$[C_6H_7O_2\ (OH)_3]_{5000} \longrightarrow [C_6H_7O_2(OCOCH_3)_3]_{5000}$$
Glykogen                     Glykogenazetat

Die Indizes 2000 und 5000 in den Formeln weisen darauf hin, wieviel Einzelradikale durch Hauptvalenzen gebunden sind. Diese Zahl wird als *Polymerisationsgrad* bezeichnet. Bei den polymeranalogen Umsetzungen bleibt der Polymerisationsgrad also konstant, die Hauptvalenzketten werden nicht gesprengt. Bestünden die Kautschuk- oder Glykogenteilchen aus Einzelradikalen, die nur schwach etwa durch Kohäsionskräfte zusammengehalten wären, so wäre nicht verständlich, warum bei einer tiefgreifenden Umwandlung der Polymerisationsgrad erhalten bleibt. Während früher bei der Angabe einer Formel z. B. des Kautschuks oder des Glykogens die Indizes unbestimmt blieben — es wurde $(C_5H_8)x$, $(C_6H_{10}O_5)x$ usw. geschrieben —, ist man jetzt über die Molekülgröße viel besser unterrichtet. Freilich sind die angegebenen Polymerisationsgrade in der Regel *Mittelwerte* (Durchschnittspolymerisationsgrade), da alle Makromoleküle nicht gleich groß sind. Wenn z. B. der Polymerisationsgrad eines Kautschuks zu 2000 angegeben wird, so ist damit gemeint, daß die *meisten* der vorhandenen Moleküle die Größe haben; daneben sind aber auch Moleküle mit einem Polymerisationsgrad von z. B. 1900—1990 und 2001 usw. möglich. Durch bestimmte Arbeitsmethoden kann die Verteilung leicht ermittelt werden: am häufigsten kommen im erwähnten Falle Moleküle mit einem Polymerisationsgrad 2000 vor, weniger häufig welche mit dem von 1950 und 2050, noch seltener solche mit 1900 und 2100 usw. Ebenso wie ganze homologe Reihen analog gebauter niedermolekularer organischer Stoffe existieren, so gibt es auch von jedem hochpolymeren Stoff eine ganze Reihe verschiedener Vertreter, die sich durch den Polymerisationsgrad voneinander unterscheiden. Eine solche Reihe hochpolymerer Stoffe, die aus Makromolekülen gleichen Bauprinzips aber verschiedener Größe bestehen, wird als *polymerhomologe Reihe* bezeichnet.

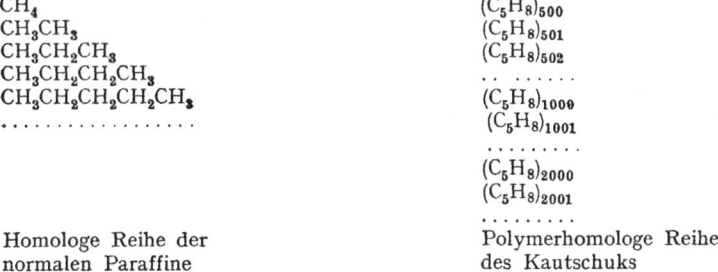

CH$_4$                                $(C_5H_8)_{500}$
CH$_3$CH$_3$                       $(C_5H_8)_{501}$
CH$_3$CH$_2$CH$_3$               $(C_5H_8)_{502}$
CH$_3$CH$_2$CH$_2$CH$_3$
CH$_3$CH$_2$CH$_2$CH$_2$CH$_3$       $(C_5H_8)_{1000}$
                                  $(C_5H_8)_{1001}$

                                  $(C_5H_8)_{2000}$
                                  $(C_5H_8)_{2001}$

Homologe Reihe der            Polymerhomologe Reihe
normalen Paraffine             des Kautschuks

Alle synthetischen Hochpolymeren sowie die meisten hochmolekularen Naturstoffe sind Gemische von Polymerhomologen.

---

[8]) H. Staudinger: Die hochmolekularen organischen Verbindungen, Berlin: Springer 1932. Organische Kolloidchemie, Braunschweig: Vieweg 1940, 2. Aufl. 1941.

Es ist aber wichtig zu erkennen, daß die Eigenschaften einzelner Glieder der Reihe, die sich durch den Polymerisationsgrad nur wenig unterscheiden, praktisch vollständig übereinstimmen. So ist z. B. die Abtrennung und Isolierung der Kautschukmoleküle $(C_5H_8)_{2000}$ von denen $(C_5H_8)_{2001}$ aus einem Gemisch unmöglich. Es ist aber möglich, dieses in mehrere Fraktionen zu zerlegen, die einheitlicher sind als das ursprüngliche Gemisch.

Der Begriff „Mizelle" wird nicht immer in dem hier dargestellten Sinne gebraucht: Besonders französische Forscher, z. B. Malfitano, Duclaux, Cotton und Mouton[9]) verstehen darunter schon seit längerer Zeit Kolloidteilchen zusammen mit den an ihrer Oberfläche adsorbierten Ionen und Flüssigkeitsmolekülen (unabhängig vom inneren Aufbau). Einen etwas anderen Sinn hat der bereits in der Mitte des vorigen Jahrhunderts von C. v. Nägeli geprägte Begriff des Mizells. Darunter versteht man längliche submikroskopische Gebilde krystallinen Charakters, aus denen die Kolloidteilchen aufgebaut sind. Ein synonymer Begriff ist der des *Primärteilchens*, den R. Zsigmondy[10]) vorgeschlagen hat. Ein kolloides Goldteilchen kann z. B. entweder aus einem einzigen Mizell bzw. Primärteilchen bestehen, oder es setzt sich aus einer Anzahl Primärteilchen zusammen. Solche zusammengesetzte Kolloidteilchen nennt man nach Zsigmondy-*Sekundärteilchen*. In ihren umfangreichen Untersuchungen über das kolloide Gold[11]) haben Zsigmondy und Thiessen bewiesen, daß viele Eigenschaften des Goldkolloids durch den Aufbau der Sekundärteilchen bedingt sind. Die Primärteilchen oder Mizelle haben den Durchmesser von etwa 2 bis 20 m$\mu$, die Sekundärteilchen sind entsprechend größer. Die bei der Ausflockung entstandenen groben Sedimentationsteilchen sind immer sekundärer Art.

Man könnte nun alle diejenigen anorganischen und organischen Kolloide, deren Teilchen keine Makromoleküle sind, den Molekülkolloiden gegenüber als Mizellkolloide bezeichnen. Statt „Mizellkolloide" könnte man auch den Begriff *Dispersoidkolloide* gebrauchen (Staudinger). Die Molekülkolloide sind schon an und für sich (nach dem Auflösen) kolloide Stoffe, die Dispersoid- oder Mizellkolloide bilden sich dagegen erst durch besondere Maßnahmen, indem man einen beliebigen Stoff in den kolloiden Zustand überführt (kolloides Na Cl, Ba SO$_4$, kolloide Metalle, Seifensole, kolloider Zucker usw.). Die Teilchen der Dispersoidkolloide können viel kleiner sein als die gewöhnlichen Kolloidteilchen (1—100 m$\mu$).

## Kolloide

| *Molekülkolloide* | *Mizell (= Dispersoid-Kolloide)* |
|---|---|
| Zerteilen sich in der Lösung nur bis zu kolloiden Dimensionen. | Können sich auch bis zu niedermolekularen Einheiten (kl. Molekülen, Atomen, Ionen) zerteilen. |
| *Beispiele:* Kautschuk, Zellulose, Polystyrol, Albumin, Kasein. | *Beispiele:* Kolloides Gold, As$_2$S$_3$-Sol, Schwefelsol, Seifensol, Lezitinsol, Ölemulsion. |

### Solvatisierte (lyophile) und nichtsolvatisierte (lyophobe) Kolloide.

Diese Einteilung ist die häufigste und wichtigste. Sie soll hier im Zusammenhang mit der Beständigkeit und den Beständigkeitsbedingungen der Kolloide gegeben werden. Bevor wir aber zur entsprechenden Definition übergehen, sind einige einleitende Erläuterungen notwendig.

---

[9]) A. Cotton u. H. Mouton: Les ultramicroscopes et les objets ultramicroscopiques, Paris, Masson, 1906.

[10]) R. Zsigmondy: Kolloidchemie, 5. Aufl., Leipzig: Spamer 1925.

[11]) R. Zsigmondy u. P. A. Thiessen: Das kolloide Gold, Leipzig 1925.

**Die Oberfläche der Kolloidteilchen.** Schon vor mehreren Jahren wurde besonders von Wo. Ostwald und H. Freundlich erkannt, daß die physikalisch-chemische Beschaffenheit der *Oberfläche* von *Kolloidteilchen* für viele Eigenschaften der kolloiden Systeme außerordentlich wichtig ist. Die erste Grundlage für das Verständnis dieser Tatsache bietet die Berechnung des Anstiegs der Oberflächengröße eines Würfels mit zunehmender Zerteilung (Tabelle 5). Mit jeder Zerteilung werden neue Flächen gebildet, die absolute Oberfläche wächst also mit zunehmendem Dispersitätsgrad.

Tabelle 5. *Wachstum der Oberflächenausdehnung eines Würfels bei zunehmender dezimaler Zerteilung* (nach Wo. Ostwald).

| Seitenlänge | Anzahl der Würfel | Gesamtoberfläche | Spezifische Oberfläche (Gesamtoberfläche pro Volum-Einheit) in $cm^{-1}$ |
|---|---|---|---|
| 1 cm | 1 | 6 $cm^2$ | 6 |
| 1 mm | $10^3$ | 60 $cm^2$ | $6 \cdot 10$ |
| 0,1 mm | $10^6$ | 600 $cm^2$ | $6 \cdot 10^2$ |
| 0,01 mm | $10^9$ | 6000 $cm^2$ | $6 \cdot 10^3$ |
| 1 $\mu$ | $10^{12}$ | 6 $m^2$ | $6 \cdot 10^4$ |
| 0,1 $\mu$ | $10^{15}$ | 60 $m^2$ | $6 \cdot 10^5$ |
| 0,01 $\mu$ | $10^{18}$ | 600 $m^2$ | $6 \cdot 10^6$ |
| 1 $m\mu$ | $10^{21}$ | 6000 $m^2$ | $6 \cdot 10^7$ |

Je größer nun die Gesamtoberfläche wird, um so mehr werden im dispersen System solche Atome vorhanden sein, die sich gerade auf der Oberfläche der Teilchen befinden. Diese *Atome wirken durch* ihre *nichtabgesättigten Restvalenzen* (Kohäsionskräfte, van der Waalssche Kräfte) *auf die Umgebung* ein. Besonders wirksam werden dabei diejenigen Atome sein, die auf den Kanten und Ecken der zersplitterten Krystalle sitzen, oder auch Bestandteile äußerer Seitenketten eines Makromoleküls.

Die Kolloidteilchen sind so klein, daß sie durch die unregelmäßigen Stöße der Flüssigkeitsmoleküle in *ständige unregelmäßige Bewegung* (Brownsche Bewegung) versetzt werden, wobei *zwei* oder *mehrere* Teilchen zusammenprallen können. Die Oberflächenatome versuchen bei dieser Gelegenheit ihre Restvalenzen abzusättigen: Unter geeigneten Bedingungen *bleiben die Teilchen aneinander haften* und es erfolgt eine Verminderung des Dispersitätsgrades durch Ausflockung und Sedimentation.

Die an der Teilchenoberfläche befindlichen Atome wirken aber auch *auf die Moleküle* des *Dispersionsmittels.* Die Folge dieser Einwirkung ist die *Bindung* (Adsorption) der *Flüssigkeitsmoleküle* und der in der Flüssigkeit befindlichen *Ionen.*

**Solvatation und Ladung.** Die Teilchen mancher Kolloide haben Atomgruppen, die in Ionen zerfallen können (z. B. die COOH-Gruppen der Proteine). Diese erteilen den Teilchen eine *elektrische Ladung.* Auch die Teilchen anderer Kolloide, die keine ionenbildenden Atomgruppen enthalten, tragen in der Regel eine positive oder eine negative Ladung, die von den aus dem Dispersionsmittel adsorbierten Ionen stammt. Die *elektrische Ladung ist einer der zwei Stabilitätsfaktoren eines Sols, denn einsinnige Ladung verhindert die Teilchen sich gegenseitig zu verbinden.* Der *zweite Stabilitätsfaktor ist die Solvatation,* d. h. die Flüssigkeitsadsorption durch die Oberfläche der Kolloidteilchen. Die Teilchen werden von einer mehr oder minder dichten Schicht von Molekülen des Dispersionsmittels bedeckt, die dann die Teilchen von der Aggregierung schützt. Die Bindung der Flüssigkeitsmoleküle (Solvatation) wird durch die Verwandtschaft der Atomgruppen der Teilchen zu den Flüssigkeitsmolekülen bedingt. So werden z. B. die polaren

Wassermoleküle von den OH-Gruppen des Glykogens und der Stärke gebunden, nicht aber von Goldatomen, $As_2S_3$-Molekülen oder $CH_3$-Gruppen. Die Verwandtschaft ist immer als eine Tendenz zur Absättigung von Restvalenzen, als Wirkung der Kohäsionskräfte zu verstehen.

**Lyophile und lyophobe Kolloide.** Nach J. Perrin und H. Freundlich[12]) werden ihrer Beständigkeit nach die Kolloide in lyophile und lyophobe eingeteilt.

Als *lyophile Kolloide* bezeichnet man solche, dessen *Teilchen sich mit den umgebenden Molekülen* des flüssigen Dispersionsmittels *verbinden* (lyophil — „Flüssigkeit liebend").

*Lyophobe Sole* dagegen sind solche, dessen Teilchen *keine Verwandtschaft zu den Molekülen des Dispersionsmittels* aufweisen (lyophob — „Flüssigkeit hassend"). Die Beständigkeit lyophober Sole wird durch die elektrische Ladung der Teilchen bedingt. In dem sehr oft vorkommenden Spezialfall, wenn *Wasser* als Dispersionsmittel genommen wird, unterscheidet man entsprechend *hydrophile* und *hydrophobe* Sole. Die wichtigsten Eigenschaften der beiden Klassen sind in Tabelle 6 zusammengestellt[13]).

Tabelle 6. *Eigenschaften lyophiler und lyophober Sole.*

|  | lyophil | lyophob |
|---|---|---|
| Beständigkeit bei der Elektrolytkoagulation | groß | klein |
| Optische Auflösbarkeit im Ultramikroskop | schlecht | gut |
| Osmotischer Druck | relativ groß | sehr klein |
| Beispiele | Kieselsäuren, Kautschuk, Gelatine, Stärke, Albumin, Glykogen | Au, Ag, AgCl, $As_2S_3$, $BaSO_4$ Ölemulsionen |

Die lyophoben Sole sind in der Regel niederviskos, die lyophilen dagegen bei derselben Konzentration des dispersen Anteils — hochviskos. Da aber die Viskosität hauptsächlich von der Teilchenform abhängt, so kann man aus der Größe der Viskosität auf die Möglichkeit der Solvatation nicht mit Sicherheit schließen[14]). Tatsächlich sind auch viele Fälle bekannt, wo typisch lyophile Sole, z. B. Glykogen oder Ovalbumin im Wasser, nur eine geringe Viskosität besitzen.

### Hydrophile und lipophile Atomgruppen.

Atomgruppen, die eine Vorliebe haben, sich mit Wassermolekülen zu vereinigen, nennt man *hydrophile* Gruppen. Es sind das z. B. die OH-Gruppen der Polysaccharide, die —COOH- und —$NH_2$-Gruppen der Proteine. Die wässerigen Lösungen dieser Stoffe, die sogenannten *Hydrosole*, sind dann auch in der Regel stark solvatisiert. Zerteilt man aber z. B. Gelatine in Alkohol (durch Eingießen von wässeriger Gelatinelösung in Alkohol), so bekommt man unbeständige, schwach solvatisierte Sole oder Suspensionen. Das Gegenteil ist z. B. beim Kautschuk, Polyvinylchlorid oder Polystyrol in Fettlösungsmitteln zu beobachten: Man erhält stark solvatisierte Kolloide, eben weil die Teilchen dieser Stoffe sich ausschließlich aus *lipophilen* Atomgruppen, $CH_3$—, —$CH_2$—, — CH = u. a. zusammensetzten. Das Wort „*lipophil*" bedeutet „Fett liebend" und die genannten Gruppen haben eine gewisse Verwandtschaft zu Fett, Öl- und den Fettlösungsmitteln. Kautschuk und Polystyrol liefern beständige Sole in Benzol, in Wasser

---

[12]) H. Freundlich: Kapillarchemie, II. Bd., 4. Aufl., Leipzig: Akad. Verl.-Ges. **1932**.
[13]) Vgl. A. Kuhn: Wörterbuch d. Kolloidchemie, Dresden: Steinkopff **1932**.
[14]) Vgl. H. Staudinger: Organische Kolloidchemie, 2. Aufl. 1941, S. 136.

aber nur lyophobe Suspensionen. Als Beispiele anorganischer hydrophiler Atomgruppen wären die OH-Gruppen der Oxydhydrate zu nennen. Die Phosphoratome in einem Phosphorteilchen sind dagegen lipophil, weil sie in organischen Lösungsmitteln besser löslich sind als im Wasser.

## Teilchengestalt, Solvatation und Oberfläche.

In der Regel sind die Linearkolloide stärker solvatisiert als die Sphärokolloide. Der Grund dafür läßt sich in der *Vergrößerung* der *Gesamtoberfläche* bei der Umformung eines kugel- oder würfelförmigen Teilchens in ein lineares finden. Ein entrollter Faden hat größere Oberflächen, als einer in ein Knäuel zusammengewickelter. Natürlich ist die Solvatation eines korpuskularen Teilchens auch von der Packungsdichte abhängig: Locker gebaute Teilchen (z. B. diejenigen des Albumins, Glykogens, Stärke) werden besser solvatisiert, als dichtgebaute (z. B. Schwefelteilchen, $As_2S_3$, AgBr.). In der Tabelle 6 sind die Oberflächen von Verbindungen, falls sie als Kohlenstoffbindungen in Diamantpackungen (korpuskulare) oder Paraffinpackung vorliegen, berechnet[15]).

Tabelle 7. *Die Oberfläche der C—C-Bindungen in korpuskularer und linearer Packung.*

| Zahl der verknüpften C-Atome | In Diamantpackung | | In Paraffinkettenpackung | |
|---|---|---|---|---|
| | Kantenlänge eines Würfels in Å | Oberfläche in Å² | Kettenlänge in Å | Oberfläche in Å² |
| 8 | 3,6 | 76 | 10,2 | 214 |
| 80 | 7,7 | 354 | 102 | 1800 |
| 800 | 16,5 | 1600 | 1020 | $17,7 \cdot 10^3$ |
| 8000 | 36,5 | 7600 | 10200 | $17,7 \cdot 10^4$ |
| 80000 | 76,7 | 35000 | 102000 | $17,7 \cdot 10^5$ |

In folgendem Schema sind die verschiedenen Einteilungsmöglichkeiten der Kolloide zusammengefaßt.

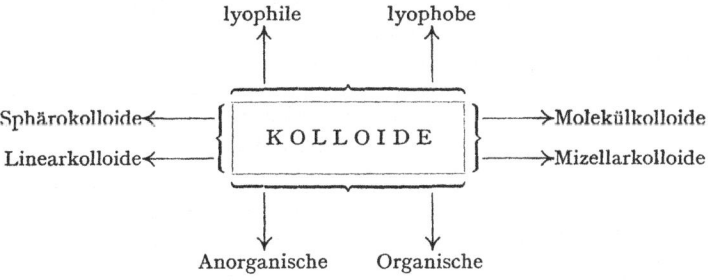

## Zusammenfassendes und Ergänzendes über die kolloidchemische Nomenklatur.

Die kolloidchemische Literatur ist mit Fachwörtern so überladen, daß ein Anfänger hier manchmal nur mit großen Schwierigkeiten sich orientieren kann. Wie wir schon am Beispiel der Mizelle sahen, werden gleiche Fachwörter sogar in verschiedenem Sinne gebraucht. Für manche Begriffe sind auch bisher noch keine widerspruchslosen Ausdrücke gefunden worden. Dagegen werden wieder andere Begriffe mit verschiedenen synonymen Wörtern bezeichnet.

---

[15]) H. Staudinger: Organische Kolloidchemie, 1941, S. 50.

Ein wichtiger Fall, wo eine logische, befriedigende Bezeichnung sich noch nicht eingebürgert hat, ist derjenige der sogenannten „molekulardispersen Systeme". Darunter versteht man *mikromolekulare Zerteilungen*, bei denen die Partikel kleiner als diejenigen der Kolloide sind. Der Ausdruck „molekulardispers" ist hier deshalb nicht am Platze, weil auch die Kolloide oft aus einzelnen Makromolekülen bestehen. Die dispersen Systeme, deren Teilchen feiner sind als die der Kolloide, werden wir deshalb weiter als „mikromolekular" bezeichnen.

Sehr wichtig sind ferner die Begriffe „Teilchen-Partikel", „Makromolekül-Riesenmolekül". Der Begriff „Teilchen" (oder Partikel) ist der umfangreichste. Nicht nur ein kolloides Goldteilchen, sondern auch ein Sandkorn, ein Atom oder Elektron ist ein Teilchen. Der Umfang des Begriffsinhaltes wird stark begrenzt, wenn über *Kolloidteilchen* gesprochen wird. Ein noch engerer Begriff ist derjenige des *Makromoleküls* (-Riesenmoleküls). Die mindestens 1000 Atome eines Makromoleküls sind durch Hauptvalenzen gebunden; ein Kolloidteilchen dagegen kann entweder eine Makromolekül sein oder auch aus vielen kleinen Molekülen bestehen.

Die Begriffe „Mizelle" und „Mizellarkolloid" werden wir in den folgenden Kapiteln im Sinne Staudingers verwenden. Unter dem Namen „Mizelle" sollen also die aus vielen kleinen Molekülen bestehenden Kolloidteilchen verstanden werden.

Der Dispersitätsgrad wird definiert als der reziproke Wert des Teilchendurchmessers. Haben alle Teilchen in den Systemen die gleiche Größe, so wird das disperse System als *monodispers* bezeichnet. Haben dagegen die Teilchen eines Kolloids verschiedene Größe, so hat man es mit *polydispersen* Systemen zu tun. Die meisten Kolloide, z. B. die Sole der Metalle, der Hydroxyde, des Schwefels, der Silberhologenide, sowie des Kautschuks, Glykogens, Polystyrols u. a. sind polydispers. Monodispers dagegen sind einige Eiweißsole, z. B. diejenige des Hämoglobins und Edestins.

Der Teilchengröße nach werden ferner die Kolloide in *echte Kolloide* und *Semikolloide* (oder Halbkolloide) unterteilt. Die Semikolloide bilden die Übergänge zwischen echten Kolloiden und mikromolekularen Zerteilungen. Die Semikolloide diffundieren langsam durch weitporige, halbdurchlässige Membranen. Ihr Molekulargewicht liegt zwischen etwa 1000 und 10000. Zuweilen findet man in der Kolloidchemischen Literatur Einteilungen: *reversible* (resoluble) — *irreversible* — (irresoluble) Kolloide (Hardy, Zsigmondy). Die ersten können nach der Eintrocknung wieder gelöst werden (z. B. Gummi-arabicum, Albumin), die zweiten (z. B. Gold, Silber, AgBr.) dagegen nicht. Es ist besonders von H. Freundlich[16]) gezeigt worden, daß diese Einteilung unzweckmäßig ist.

Kolloide mit flüssigem Dispersionsmittel heißen Sole. Im Falle des Wassers spricht man von *Hydrosolen*. Befinden sich aber die Teilchen in einem organischen Lösungsmittel, so sind das *Organosole* (Spezialfälle – Alkoholsole bzw. Alkosole, Benzolosole usw.). Kolloides Gold im Alkohol, oder Kautschuk in Benzol, gehören deshalb zu den Organosolen, Stärke im Wasser dagegen zu den Hydrosolen.

Unter *Koagulation* (= Flockung oder Ausflockung) versteht man die Verminderung des Dispersitätsgrades, wobei ein kolloides System in ein grobdisperses übergeführt wird. Die Koagulation lyphober Sole wird am häufigsten durch Zugabe von Elektrolytlösungen hervorgerufen. Die lyophilen Sole werden dagegen entweder durch Säuren, größere Salzmengen oder durch Hinzugabe einer die Teilchen nichtlösenden Flüssigkeit auskoaguliert. Statt dessen wird oft auch einfach von der Fällung oder Ausfällung gesprochen. Der umgekehrte Vorgang,

---

[16]) H. Freundlich: Kapillarchemie, II. Band, 1932, S. 3.

d. h. der Übergang eines grobdispersen Systemes in ein kolloiddisperses heißt *Peptisation*. Im Falle der Molekülkolloide wird statt Peptisation einfach von Löslichkeit oder Auflösung gesprochen.

## II. Die elementaren Untersuchungsmethoden der Kolloidchemie.

In diesem Kapitel sollen die einfachsten Verfahren besprochen werden, mit deren Hilfe die wichtigsten Eigenschaften der Kolloide am leichtesten erkennbar sind. Die erste hierbei auftauchende Frage ist: „Wie kann man am schnellsten entscheiden, ob der gegebene Stoff sich im kolloiden Zustand befindet, oder nicht?" Weiter wird dann meist gefragt: „Ist das betreffende Kolloid lyophil oder lyophob, ein Molekülkolloid oder Mizellarkolloid, ein Sphärokolloid oder Linearkolloid, ein Semikolloid oder ein relativ grobes Gebilde?" Die meisten dieser Fragen lassen sich mit Hilfe einfacher Versuche leicht beantworten[17]). Diese sind: Prüfung auf Dialyse, Filtration und Ultrafiltration, Diffusion in einer Gallerte, optische Prüfungen, Koagulationsversuche und Viskositätsmessungen. Bevor zu den Untersuchungsmethoden übergegangen wird, soll noch zuerst gezeigt werden, wie man zu kolloiden Lösungen gelangen kann.

### Darstellung einiger Kolloide für Versuchszwecke.

Die allgemeinen Entstehungs- und Herstellungsbedingungen kolloider Systeme sollen in einem weiteren Kapitel besprochen werden. Hier sei nur darauf hingewiesen, daß die *Molekülkolloide* von der Natur selbst in physiologischen Prozessen oder synthetisch, mit Hilfe von Polymerisations- und Polykondensationsreaktionen gebildet werden. Die Sole solcher Molekülkolloide kann man oft sehr leicht *durch Auflösung* des festen Stoffes im entsprechenden Lösungsmittel herstellen, z. B. durch Auflösung von Glykogen, Hämoglobin oder Eialbumin in Wasser. Wenn die Auflösung in kaltem Wasser nicht gelingt, kann heißes Wasser verwendet werden: z. B. zur Darstellung der Agar- und Stärkesole. Für andere Molekülkolloide verwendet man wieder andere Lösungsmittel; so kann z. B. nichtvulkanisierter, fein zerschnittener Naturkautschuk leicht in Benzol oder Benzin aufgelöst werden. Die Sole der Nitrozellulose lassen sich leicht durch Auflösung des festen Stoffes in Azeton herstellen.

Die Sole der Dispersoid- bzw. Mizellkolloide, die meist anorganische lyophobe Stoffe sind, kann man in der Regel nicht so einfach darstellen, da die Ausgangsstoffe, z. B. Gold, Silber, Eisenhydroxyd, Schwefel, Arsentrisulfid, in gewöhnlichen Lösungsmitteln (Wasser) unlöslich oder schwer löslich sind. Wählt man statt Wasser eine Säure, z. B. $HNO_3$, so werden die meisten der genannten Stoffe wohl gelöst, zugleich aber auch chemisch verändert, wobei kein Sol, sondern ionendisperse (mikromolekulare) Lösungen entstehen. Die Dispersoidkolloide werden entweder durch ein Dispergierungs- oder Kondensationsverfahren hergestellt. Als Beispiel eines Dispergierungsverfahrens sei hier das Zerteilen von Niederschlägen durch Peptisation genannt. Noch einfacher sind einige Kondensationsverfahren, bei denen durch besondere chemische Vorgänge die Kolloidteilchen aus vielen Molekülen und Ionen aufgebaut werden. So kann man ein Schwefelsol (nach Weimarn) sehr leicht in folgender Weise herstellen: Etwas Schwefel wird in absolutem Äthylalkohol gelöst und die Lösung (die mikromolekular ist) in Wasser gegossen. Da die Löslichkeit des Schwefels im betreffendem Wasser-

---

[17]) Vgl. Wo. Ostwald: Die Welt der vernachlässigten Dimensionen, z. B. 9. und 10. Aufl. 1927, S. 2 ff., sowie Wo. Ostwald: Kleines Praktikum der Kolloidchemie, 4. Aufl., Dresden: Steinkopff 1922.

Alkoholgemisch viel kleiner ist, als in reinem Alkohol, scheidet sich der Schwefel in Form kleiner Kolloidteilchen aus. Einen viel größeren Anwendungsbereich haben die *chemischen Methoden*, bei denen der disperse Anteil mit Hilfe der im Dispersionsmittel hervorgerufenen chemischen Umsetzungen mikromolekularer gelöster Stoffe erzeugt wird. Beispiele: $As_2S_3$-Sol durch Zusammengießen wässeriger Lösungen von $H_2S$ und arseniger Säure, Au-Sol durch Reduktion von H $[AuCl_4]$ durch Alkohol. Es seien hier nun drei Beispiele angeführt, die in jedem Laboratorium leicht ausführbar sind und immer sicher zu typischen, farbigen Solen führen.

**Herstellung des Arsentrisulfidsols** (nach H. Schulze). Man übergießt 1—2 g fein zerriebenes $As_2O_3$ (glasige Modifikation) mit 900 cm³ destillierten Wassers und erwärmt bis zum Sieden. Die durch längeres Sieden hergestellte gesättigte Lösung der arsenigen Säure wird dann bis zur Zimmertemperatur abgekühlt, wenn nötig filtriert, und mit destilliertem Wasser etwa vierfach verdünnt. In dieser Lösung wird nun *reiner* $H_2S$-Gas solange eingeleitet, bis nach dem Vermischen und Umschwenken der $H_2S$-Geruch der Lösung deutlich wahrnehmbar ist. In der Regel dauert das 5 Minuten. Dabei entsteht ein intensiv gelb bis gelbrot, bei größerer Verdünnung auch grünlichgelb gefärbtes Sol. Der überschüssige $H_2S$ wird durch Einleiten von reinem Wasserstoff (etwa 20—30 Minuten) vertrieben. Geringe Anteile des ausgeflockten $As_2S_3$ werden abgefiltert. Die Hauptbedingung für das Gelingen ist *Sauberkeit*: Enthält der verwendete $H_2S$ z. B. etwas HCl, so werden die Sole rasch ausgeflockt. Um das zu vermeiden, müssen die Gase vorher gründlich in mehreren mit Wasser gefüllten Waschflaschen gewaschen werden.

**Herstellung eines Ferrihydroxydsols** (nach Krecke). 750 cm³ destillierten Wassers werden aufgekocht und bei Siedehitze mit 12 cm³ einer 32prozentigen Ferrichloridlösung versetzt. Dabei wird das $FeCl_3$ rasch hydrolysiert und das gebildete Eisenhydroxyd entsteht in Form sehr feiner Kolloidteilchen. Das dunkelrote Sol ist vollständig klar und beständig.

**Herstellung eines Silbersols durch Reduktion von Silberkarbonat mit Tannin.** Zu 500 cm³ destillierten Wassers werden 20 cm³ einer 0,1n AgNO₃-Lösung und 5 bis 10 cm³ einer 1prozentigen wässerigen Tanninlösung hinzugeladen. Nun wird das Gemisch bis auf 80° erwärmt und dann portionsweise, unter ständigem Umrühren mit 10 cm³ einer 1prozentigen Na₂CO₃-Lösung versetzt. Das entstandene Silberkarbonat wird vom Tannin augenblicktich zu metallischem Silber in feinster Verteilung reduziert, wobei ein intensiv rotbraun gefärbtes, klares Silbersol entsteht.

Alle diese drei Sole sind, wie weiter gezeigt werden wird, lyophob. Als *typische Beispiele lyophiler Sole* kann man z. B. eine 1 bis 2%ige Eieralbumin- oder eine Glykogenlösung ansehen, die man einfach durch Auflösung in kaltem Wasser herstellt: Man verwendet gepulvertes Material, und hält es unter ständigem Umrühren mehrere Stunden lang unter Wasser, dann wird das entstandene Sol von dem eventuellen festen Rückstand abfiltriert. Sehr leicht herstellbar und typisch sind auch die Gelatinesole: 2 g Gelatine werden in destilliertem Wasser einige Stunden lang stehen gelassen, und dann wird die aufgequollene Substanz in 400 cm³ Wasser bei 80—90° gelöst. 2 g Gelatine kann man auch in viel kleineren Wassermengen, z. B. in 50 bis 100 cm³ auflösen; beim Erkalten erstarrt dann aber das Sol zu einer Gallerte.

## Filtration und Ultrafiltration.

Man kann sich nun überzeugen, daß die eben erwähnten und auch andere Sole durch verschiedene Papierfilter, sogar die engsten, leicht durchlaufen. Die gewöhnlichen Papierfilter bestehen aus Zellulosefasern und das Fasernetz schließt Poren oder Löcher verschiedener Größe und Form ein. Mit Hilfe verschiedener Methoden kann nun die *mittlere Porenweite* bestimmt werden; z. B. durch Filtration kleiner Suspensionsteilchen bekannter Größe, die mikroskopisch ermittelt[18] werden kann, durch Messung der Filtrationsgeschwindigkeit usw. So wurde gefunden, daß der mittlere Durchmesser der Kapillaren des gewöhnlichen

---

[18]) Vgl. F. V. v. Hahn: Dispersoidanalyse, Dresden: Steinkopff 1928.

Filtrierpapiers 3 bis 4 $\mu$ ist. Der Porendurchmesser der harten Filtrierpapiere von „Schleicher und Schüll (Düren) 566" ist 1,6 bis 1,7 $\mu$ und derjenigen von „Schleicher und Schüll (Düren) 602 extra hart" 0,9 bis 1,5 $\mu$. Da nun unsere Sole, z. B. das $As_2S_3$-Sol, Silbersol oder Albumin durch alle diese Filter hindurchlaufen, muß geschlossen werden, daß die betreffenden Kolloidteilchen kleiner sind, als die Poren. Das gleiche trifft zu, wenn wir unsere Kolloide statt Papierfilter durch *Glas-* oder *Porzellanfilter* laufen

lassen, denn die Poren der meisten Glasfilter sind noch größer, als diejenigen von harten Filtrierpapier. So werden von den Glasfiltern „Schott u. Gen. 5—7" nur Teilchen zurückgehalten, deren Durchmesser 35—40 $\mu$ übersteigt. Die feinsten Glasfilter „Schott u. Gen. Korngröße 7" halten Teilchen zurück, deren Durchmesser größer als 4—5 $\mu$ ist. Sehr enge Poren haben die sogenannten Filterkerzen, z. B.

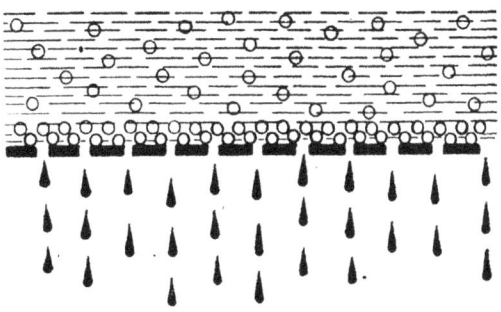

Abb. 1. Das Prinzip der Filtration.

die Porenweite der Chamberlandkerzen beträgt 0,2—0,4 $\mu$, die der Reichlkerzen 0,16 bis 0,18 $\mu$ (l. c.[18]).

Bei der Beurteilung der Teilchengröße mit Hilfe der Filtration sind noch folgende Umstände von Wichtigkeit. Läuft eine Lösung durch ein Filter hindurch, so sind die in der Lösung befindlichen Teilchen *kleiner*, als die Filterporen. Werden aber die Teilchen auf dem Filter zurückgehalten, so können wir nicht mit Sicherheit schließen, daß der Teilchendurchmesser größer ist als der Durchmesser der Filterkapillaren, da die Kolloidteilchen oft an den Oberflächen der Filterkapillaren festgehalten (adsorbiert) und die Poren dadurch verengt werden. Zuverlässige Resultate liefern somit nur die ersten durchs Filter laufenden Anteile: sind sie trübe (oder unterscheiden sich nicht von der Ausgangsflüssigkeit), so ist die Teilchengröße *kleiner* als die Porenweite, sind sie aber klar, so sind die Verhältnisse umgekehrt.

Die Teilchen der Kolloide werden aber

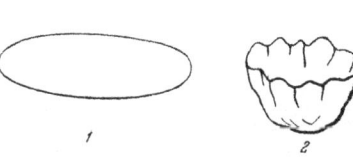

Abb. 2. Herstellung eines einfachen Ultrafilters oder Dialysegeräts, *1* Cellophanscheibe, *2* die Scheibe beutelförmig gebogen, *3* Cellophansack am Rohr befestigt.

durch verschiedene *Ultrafilter* entweder teilweise oder vollständig zurückgehalten. *Ultrafilter sind Filter, deren Membran aus einer festen Gallerte mit sehr feinen Poren besteht.* Die Porenweite der Ultrafilter, die ähnlich der von gewöhnlichen Filtern bestimmt werden kann, ist sehr verschieden, und variiert meist in den Grenzen der kolloiden Dimensionen von etwa 10 bis 100 m$\mu$.

Ein gutes, leicht zugängliches Material für Ultrafilter ist Cellophan. Aus einem Blatt Cellophan wird eine runde Scheibe geschnitten, der Rand nach oben gebogen und an einem Glasrohr, z. B. mit einem Gummiring befestigt, wie das Abb. 2 zeigt. In den Cellophansack gießt man das betreffende Sol, beobachtet die abtropfende Flüssigkeit und zieht den Schluß wie oben. Sehr leicht lassen sich auch verschiedene Ultrafilter aus Kollodium herstellen. Man kann z. B. Filtrierpapier mit Kollodium tränken, oder uch ein Glasfilter oder Porzellanfilter

(Filtriertigel) mit Kollodium überschichten. Das käufliche Kollodium ist eine meist 4%ige Lösung von Nitrozellulose in einem Alkohol-Äther-Gemisch. Die Lösung ist zähflüssig und klebrig; durch Verdünstung des Lösungsmittels wird sie immer zäher und erstarrt zu einer festen Gallerte. *Die Porenweite der betreffenden Membran* wird nun hauptsächlich durch den *Grad der Austrocknung* bedingt.

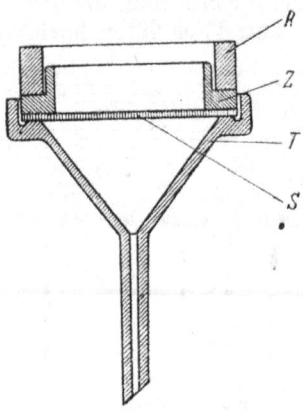

Die an der Luft stehengelassene Kollodiummembran wird mit der Zeit so fest, daß sie sogar für Wasser undurchlässig wird. Demzufolge sollen Ultrafilter im Wasser aufbewahrt werden.

**Herstellung von Kollodium-Ultrafiltern** (nach Wo. Ostwald)[19]. Ein gewöhnliches glattes Papierfilter wird in einem sauberen Trichter dicht an die Wand angelegt, mit heißem Wasser ausgiebig angefeuchtet, das tropfbar vorhandene Wasser durch Ausschwenken usw. entfernt. Dann werden 20—30 cm³ einer gewöhnlichen pharmazeutischen (4 proz.) Kollodiumlösung vorsichtig erwärmt und auf das *nasse* Filter gegossen. Durch möglichst schnelles Drehen des Trichters wird eine erste Kollodiumschicht) die sog. ,,Schwammschicht") auf dem Papier hergestellt. Man beachte, daß das Kollodium nur einmal über die Filterfläche läuft, da sonst überflüssig dicke, infolgedessen langsam filtrierende Schichten entstehen. Das überflüssige Kollodium wird sorgfältig ausgegossen; es darf in der Spitze des Filters kein Tropfen zurückbleiben. Man läßt 5—10 Minuten an der Luft trocknen, wobei man das steifgewordene Filter vorübergehend aus dem Trichter herausnimmt. Mit der

Abb. 3. Porzellantrichterapparat mit gewölbter Siebplatte.

gleichen (angewärmten) Kollodiumlösung wird sodann ein zweites Mal das Filter ausgeschwenkt (zweite Schicht), wiederum ist auf sorgfältiges Auslaufenlassen des überschüssigen Kollodiums zu achten. Nach 5—10 Minuten Trocknen an der Luft wird das Filter in destilliertes Wasser untergetaucht; nach 20—30 Minuten ist es gebrauchsfertig.

Die sogenannten *Membranfilter* verschiedener Porenweite nach R. Zsigmondy[20]) und W Bachmann[21]) werden von den Vereinigten Göttinger Werken hergestellt. Zur Filtration organischer Kolloide dienen ähnliche sogenannte *Cellafilter*. Statt dessen kann man aber auch einfach eine Papierfilterscheibe mit Kollodium tränken und entsprechend lange trocknen lassen, oder Kollodium auf eine Glasplatte gießen, nach genügender Austrocknung ablösen

und daraus Scheiben von erwünschter Größe schneiden. Zur Beschleunigung der Filtration werden die scheibenförmigen Ultrafilter einfach in eine Nutsche gelegt und die Sole unter Druck (Wasserstrahlpumpe) filtriert. Zur Abdichtung des Ultrafilters bestreicht man den inneren Hohlrand der Nutsche mit einer Kautschuklösung, denn Kollodium und Porzellan haften nur schlecht aneinander. Sehr bequem sind auch die von R. Zsigmondy konstruierten Filtrationsapparate (Abb. 3).

Abb. 4. Gewölbte Siebplatte.

Das Ultrafilter liegt auf einer ebenen oder gewölbten Siebplatte (S). Die Apparate mit ebenen Siebplatten können für alle präparativen, qualitativ-analytischen Arbeiten verwendet werden, bei denen es auf das Filtrat, nicht auf die quantitative Erfassung des Rückstandes ankommt. Mit der gewölbten Siebplatte (s. Abb. 4) wird gearbeitet, wenn irgendwelche Kolloid-Teilchen, Niederschläge, Keime usw. quantitativ zu bestimmen sind. Man filtriert zu diesem Zwecke die Lösung nur in der Wölbung der Siebplatte, ohne daß sie die Ränder des Aufsatzes berührt.

Die Apparate werden auf eine Saugflasche oder einen Wittschen Topf gesetzt (s. Abb. 5) und an eine Wasserstrahl- oder andere Vakuumpumpe angeschlossen. Der Wittsche Topf hat den Vorteil, daß man in diesen ein Gefäß hineinstellen kann, um das Filtrat quantitativ und sauber evtl. steril aufzufangen.

[19]) Wo. Ostwald: Kleines Praktikum d. Kolloidchemie, 4. Aufl. 1922, S. 27.

[20]) R. Zsigmondy: Kolloidchemie, 5 Aufl. I., S. 26 u. 63.

Bei schwer zu filtrierenden, schleimigen oder viskosen Lösungen kann man in den Aufsatz irgendeinen Rührer bringen, damit sich die Teilchen nicht auf dem Filter absetzen und so die Filtriergeschwindigkeit vermindern. Muß heiß filtriert werden, so kann man an dem Aufsatz auch eine elektrische Heizvorrichtung oder eine Heizschlange anbringen.

Mit einer Reihe von Ultrafiltern verschiedener Porenweite kann nun eine Dispersoidanalyse durchgeführt werden, d. h. man kann die Teilchengröße der Kolloide annähernd bestimmen. So werden z. B. von einer stark getrockneten, dichten Kollodiummembran alle Kolloidteilchen verschiedenster Sole zurückgehalten. Besonders leicht ist das im Falle farbiger Sole festzustellen: Gießt man z. B. ein Silber- oder Arsentrisulfidsol auf solch ein Kollodiumultrafilter, so sind die nach einiger Zeit abtropfenden Flüssigkeitsanteile ganz farblos. Durch andere, weitporigere Membranen werden die $As_2S_3$-Teilchen zurückgehalten, die des Silbersols aber durchgelassen. Hieraus folgt, daß dieses Sol kleinere Teilchen enthält, als jenes.

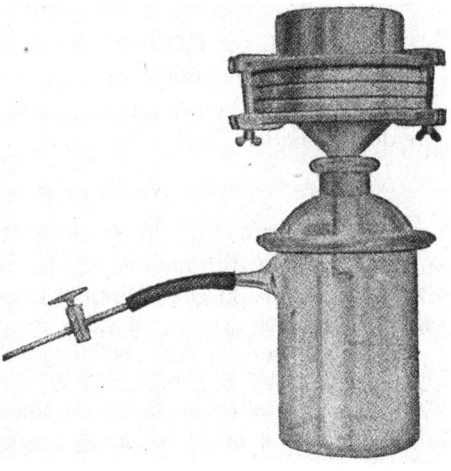

Abb. 5. Trichterapparat auf Wittschem Topf.

Die Ultrafiltrationsanalyse wurde von H. Bechhold[22]) begründet und weiter besonders durch R. Zsigmondy und seiner Schule ausgebaut. Bechhold stellte Ultrafilter verschiedener Porenweite aus Eisessig-Kollodiumlösungen her. Die Porenweite dieser schwankte zwischen 50 bis 1000 m$\mu$, und wurde aus der Wasserdurchlässigkeit (Filtriergeschwindigkeit), oder durch Bestimmung des minimalen Drucks, der erforderlich ist, um Luft durch ein nasses Filter zu pressen, ermittelt. Zsigmondy dagegen stellte die Porenweite seiner Membranfilter durch Ultrafiltrieren von Goldsolen bekannter Teilchengröße fest. Jedenfalls kann die relative, durchschnittliche Porenweite verschiedener, auch selbstbereiteter Ultrafilter, durch Ultrafiltration einiger Lösungen mit bekannter Teilchengröße, annähernd ermittelt werden (Tabelle 8).

Tabelle 8. *Kolloide Lösungen mit bekannter Teilchengröße zur Abschätzung der Porenweite von Ultrafiltern.*

| Lösung | Teilchendurchmesser | Molekulargewicht |
|---|---|---|
| Berlinerblau . . . . . . . . . | 100—1000 m$\mu$ | |
| $As_2S_3$-Sol nach Schulze . . . | 40—100 m$\mu$ | |
| Kollargol (Ag mit Schutzkolloid) | 20 m$\mu$ | |
| 1 proz. Glykogen . . . . . | 2—15 m$\mu$ . . . . | $\sim 1{,}5 \cdot 10^6$ |
| 1 proz. Hämoglobin . . . . | 2,8 m$\mu$ . . . . . | 68 000 |
| Dextrin „Merck" (dialysiert) | . . . . . . . . . . . | 6 200 |
| Lysalbinsäure (nach Paal) . . | . . . . . . . . . . . | $\sim 2000$—5000 |
| Achrodextrine . . . . . . | . . . . . . . . . . . | 1200—1800 |

Um die Verengung der Poren durch Verstopfung zu vermeiden, oder wenigstens teilweise zu verhindern, ist vorgeschlagen worden, die Ultrafiltration unter Zusatz *kapillaraktiver Stoffe* (vgl. S. 42) bei erhöhter Temperatur (z. B. 25—50°)

22) H. Bechhold: Z. physik. Chem. *60*, 257 (1907).

vorzunehmen. Es wurde besonders von W. F. Elford[23]) gezeigt, daß bei der Bestimmung der Teilchengröße submikroskopischer Krankheitserreger (Viren) eine
Gleichsetzung des Teilchendurchmessers (p) mit der Porenweite (d) nur im Falle
weitporiger Ultrafilter zulässig ist. Bei einer Porenweite 1000 m$\mu$ ist der Quotient
p/d beider Größen = 1. Mit fortschreitender Verfeinerung der Poren sinkt er
aber, bis schließlich bei etwa 20 m$\mu$ der Wert 0,3 erreicht wird. Nach Elford
wächst der Quotient mit der Porenweite in der folgenden Weise:

| Quotient p/d | Porenweite |
|---|---|
| 0,33 bis 0,50 | 10 m$\mu$ bis 100 m$\mu$ |
| 0,50 bis 0,75 | 100 m$\mu$ bis 500 m$\mu$ |
| 0,75 bis 1,00 | 500 m$\mu$ bis 1000 m$\mu$ |

Die Teilchen erscheinen somit kleiner als wirklich, denn die sehr engen Poren
werden besonders leicht verstopft.

### Diffusion und Dialyse.

Schon Graham hat festgestellt, daß die Kolloidteilchen sehr langsam oder
überhaupt nicht diffundieren. Es ist aber gar nicht so leicht, Diffusionsversuche
in Flüssigkeiten durchzuführen. Deshalb ist schon von Graham vorgeschlagen
worden, anstatt des reinen Lösungsmittels verdünnte Gallerten zu verwenden.

Über die verschiedene Diffusionsgeschwindigkeit von Kolloiden und echten
Lösungen unterrichtet folgender Versuch: Durch Auflösen von Gelatine in heißem
Wasser dargestelltes 2%iges Gelatinesol wird in mehrere Reagenzgläser bis zur
Hälfte gegossen und bei Zimmertemperatur stehen gelassen. Nach etwa 20 bis
60 Minuten erstarrt die Gelatine zu einem festen Gel. Nun gießt man in die
Reagenzgläser auf die Gelatineschicht Fe(OH)$_3$-, Ag- und As$_2$S$_3$-Sole, sowie —
zum Vergleich — verschiedene farbige Salzlösungen, wie CuSO$_4$, CoCl$_2$, NiCl$_2$.
Nach einigen Tagen kann man feststellen, daß die Salze weit in die Gelatineschicht
hineingedrungen sind, die Kolloide dagegen nicht.

Die Dialyse ist ein der Ultrafiltration verwandtes Verfahren; das Sol wird
vom reinen Dispersionsmittel durch eine aus fester Gallerte bestehenden Membran
getrennt und das Hindurchtreten der Solanteile durch die Membran ins Dispersionsmittel beobachtet; passiert die gelöste Substanz die Membran, so ist man
sicher, daß die durchgedrungenen Teilchen aus weniger als 1000 Atomen bestehen.
Der Dialyseversuch kann somit, ebenso wie in den oben beschriebenen Filtrations-
und Diffusionsversuchen, zur Abschätzung der Teilchengröße dienen. In der
Regel hat die Dialyse aber einen anderen Zweck, nämlich — *die Kolloide* von
mikromolekularen Beimengungen *zu befreien*. Die dazu verwendeten Geräte
werden *Dialysatoren* genannt.

Der Hauptteil eines Dialysators ist die Membran. Es werden dabei dieselben
Membranen wie bei der Ultrafiltration verwendet. So können wir z. B. ein Cello-
phanblatt oder einen Pergamentpapierbogen beutelförmig zusammenbiegen und
an einem Glasrohr befestigen. Dann gießt man das Sol in den Sack und taucht
diesen in ein Gefäß mit Wasser. Natürlich lassen sich zu demselben Zweck auch
fertige Cellophan- oder Pergamentschläuche, sowie mit Äther entfettete Därme
oder Tierblasen verwenden.

Sehr gute Dialysatoren können nach Wo. Ostwald (l. c. 19) durch Imprägnierung von
**Extraktionshülsen** (Schleicher u. Schüll) mit Kollodium hergestellt werden. Die Hülsen werden

---

[23]) W. F. Elford: J. Pathol. Bacteriology *34*, 505 (1931); Proc. Roy. Soc. (London),
Ser. B. *112*, 384 (1933). Vgl. auch die Arbeiten von Bjerrum und E. Manegold: Kolloid-
Z. *42*, 97 (1927); *43*, 5 (1927), sowie E. Manegold und R. Hoffmann: Kolloid-Z. *50*, 207
(1930); *51*, 220, 308 (1930).

mit warmem Wasser angefeuchtet, mit 4 proz. Kollodium gefüllt, dieses sofort in eine zweite Hülse gegossen usw. Durch Drehen der Hülse wird die Kollodiumschicht gleichmäßig verteilt. Nach 5 Minuten langem Stehenlassen gießt man auf dieselbe Weise eine zweite möglichst dünne Kollodiumschicht in die Hülse, läßt 5—10 Minuten trocknen und taucht sie dann ins Wasser.

Hat man keine Extraktionshülsen zur Verfügung, so kann man auch gute Dialysatoren aus reinem Kollodium in folgender Weise herstellen. In ein trockenes, zylindrisches Gefäß mit ovalem Boden (große Probiergläser, etwa 10 bis 20 cm lang, Durchmesser 3—6 cm) gießt man 4 prozentiges Kollodium (etwa 20 bis 30 cm³), durch vorsichtiges Drehen verteilt man die zähe Flüssigkeit gleichmäßig an den Wänden und gießt den Überschuß wieder aus. Durch ununterbrochenes Drehen des Gefäßes mit beiden Händen und gleichzeitiges Schwenken in vertikaler Richtung wird erreicht, daß die Eintrocknung der Kollodium- haut möglichst gleichmäßig erfolgt. Nach etwa 5 Minuten ist das Kollo- dium soweit eingetrocknet, daß es am Finger nicht mehr haftet. Man kann dann die Trocknung unterbrechen und den Kollodiumsack aus dem Gefäß herausziehen. Will man aber dichtere Membranen erhalten, so ist die Membran weiter zu trocknen. Jetzt kann man den Sack vom Glase lösen. Mit Hilfe einer Pinzette wird zuerst der obere Rand vom Glase losgelöst und weiter mit einem Glasstab, der zwischen die Glas- wand und Kollodiumhaut geschoben wird, die Membran vom Glase ge- trennt. Es empfiehlt sich dabei etwas Wasser zwischen der von oben etwas losgetrennten Membran und der Glaswand zu gießen. Für genaue Versuche werden die so hergestellten Kollodiumsäcke gründlich mit destilliertem Wasser ausgewaschen, sie werden mindestens 1 Tag in Wasser stehengelassen und sind auch unter Wasser aufzubewahren. Nach einiger Übung kann man auf diese Weise gute, gleichmäßige, rasch dialysierende Membranen herstellen (Abb. 6).

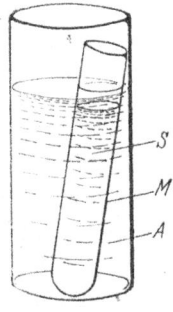

Abb. 6. Einfaches Dialysator.
M Membran, S Sol, A Außenwasser.

Einige Dialyseversuche können nur mit den hergestellten Solen angestellt werden, wozu sich als besonders geeignet das Fe(OH)₃-Sol erweist. Man gießt das Sol in einen Dialysator (z. B. Kollodiumsack) und stellt es in ein Becherglas mit destilliertem Wasser. Schon nach einer halben Stunde lassen sich im Außenwasser Cl-Ionen nachweisen. Die in dem Sol befindlichen kleinen Ionen diffundieren also durch die Membran, die Kolloidteilchen dagegen nicht.

Im Falle der Semikolloide gehen die Teilchen sehr langsam durch die Membran (z. B. einige Farbstoffe, wie Kongorubin und die Grenadextrine). Bestimmt man nun nach einiger Zeit die Konzentration des untersuchten Stoffes in der Innen- und Außenlösung, so kann aus den gewonnenen Zahlen die Teilchengröße bzw. das Molekulargewicht an- nähernd berechnet werden (vgl. weiter S. 128).

Zur Reinigung der Sole benutzt man meist Dialysa- toren mit fließendem Außen- wasser, wobei das Sol selbst gerührt wird. Noch rascher wird ein Kolloid von beige- mengten mikromolekularen Stoffen befreit, wenn die Dia- lyse bei erhöhter Tempera- tur vorgenommen wird. Da- für sind sehr verschiedenar- tige Apparate im Gebrauch.

Sehr wichtig ist noch die Elektrodialyse[24]), zu deren

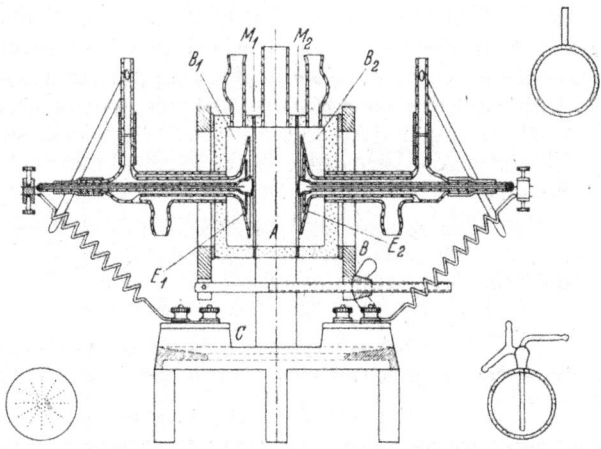

Abb. 7. Dreizellenapparat für Elektrodialyse nach Manegold. A - die Mittelzelle (Füllkammer), B₁ und B₂ die Spülkammern, M₁ und M₂ die Membranen, E₁ und E₂ die Elektroden.

---

24) Vgl. Ch. Dhéré,: Kolloid-Z. 41, 243, 315 (1927); P. Prausnitz u. J. Reitstötter: Elektrophorese, Elektroosmose, Elektrodialyse in Flüssigkeiten, Dresden 1931.

Durchführung meistens der sogenannte Dreizellenapparat gebraucht wird. Die Mittelzelle wird von den beiden anderen durch zwei Membranen getrennt. Die Elektroden (meist Platinnetze) befinden sich in den äußeren Zellen, die von destilliertem Wasser durchflossen werden (vgl. Abb. 7). Durch die Stromwirkung werden nun die in dem Sol befindlichen Elektrolyte rasch entfernt. Demgegenüber steht aber die Gefahr elektrolytischer Zersetzungen, es kann sich auch z. B. die Azidität der Lösungen ändern.

## Die Koagulation.

Eine weitere sehr charakteristische Eigenschaft der Sole ist die Koagulation oder Ausflockung. Dabei kann man leicht feststellen, daß die $Fe(OH)_3$-, $As_2S_3$-

7a. Dreizellenapparat nach **Manegold**.

und Ag-Sole sich von den Albumin-, Glykogen- und Gelatinesolen stark unterscheiden, wie aus folgenden Versuchen ersichtlich.

Wir gießen in 6 Reagenzgläser je 10 cm³ von jedem Sol und versetzen die Portionen mit je 5 cm³ ln NaCl. Schon nach einigen Sekunden kann man in den Solen des $Fe(OH)_3$, $As_2S_3$ und des Silbers eine starke Trübung und Flockenbildung beobachten. Die Albumin-, Glykogen- und Gelatinesole bleiben dagegen vollständig unverändert.

Die $Fe(OH)_3$-, $As_2S_3$- und Ag-Sole werden also durch Salz leicht ausgeflockt, die Albumin-, Glykogen- und Gelatinesole dagegen nicht.

Das Gegenteil ist bei der Koagulation durch Alkohol zu beobachten. In 6 Reagenzgläsern werden je 10 cm³ von jedem Sol einpippetiert, mit je 10 cm³ Alkohol versetzt und vermischt. Betrachtet man nun die Gemische z. B. nach 5 Minuten nach der Zugabe des Alkohols, so kann man unzweideutig feststellen, daß die $Fe(OH)_3$-, $As_2S_3$- und Ag-Sole unverändert geblieben sind, die Albumin-, Glykogen- und Gelatinesole sich dagegen stark getrübt haben und schon teilweise ausgeflockt sind.

Die $Fe(OH)_3$-, $As_2S_3$- und Ag-Sole sind lyophob bzw. hydrophob, die Albumin-, Glykogen- und Gelatinesole dagegen hydrophil. Die *hydrophoben Hydrosole* sind *durch Elektrolyte leicht, durch Alkohol schwer* fällbar, die *hydrophilen* dagegen *schwer durch Elektrolyte* und *leicht durch Alkohol*.

Mit den hergestellten lyophoben Solen können noch weitere interessante Koagulationsversuche leicht ausgeführt werden. Wenn man z. B. gleiche Anteile der Sole mit kleinen Mengen von 0,1 n-CaCl₂-Lösung versetzt, so flocken die $As_2S_3$- und Ag-Sole bald aus, das $Fe(OH)_3$-Sol dagegen nicht. Versetzt man aber die Kolloide mit 0,1 n-Na₂SO₄, so wird Eisenhydroxyd ausgeflockt und die beiden anderen bleiben unverändert. Dasselbe findet statt, wenn man statt CaCl₂ ein anderes Salz mit zweiwertigem Kation wählt, oder anstatt von Na₂SO₄ z. B. K₂SO₄, NaH₂PO₄ oder andere mit einwertigem Kation und mehrwertigen Anion verwendet. Das Eisenhydroxydsol ist also sehr empfindlich gegen mehrwertige Anionen, die $As_2S_3$- und Ag-Sole dagegen gegen mehrwertige Kationen. Der Grund dafür ist die *elektrische Ladung der Kolloidteilchen*. Wie man durch Überführungsversuche in elektrischem Felde leicht feststellen kann, haben die Fe(OH)$_3$-Teilchen eine *positive*, die As$_2$S$_3$- oder Silberteilchen dagegen eine *negative* Ladung. Die positive Ladung wird durch mehrwertige Anionen, die negative dagegen durch mehrwertige Kationen besonders leicht neutralisiert. Die ungeladenen Teilchen aber können sich beim Zusammenstoß durch Absättigung der Restvalenzen leicht zusammenballen (koagulieren) und absetzen (sedimentieren).

## Die Viskosität.

Die Viskosität oder Zähigkeit ist die Eigenschaft einer Flüssigkeit der Bewegung ihrer Teilchen, Widerstand zu leisten. Für die Umschwenkung des in einer Flasche befindlichen Glyzerins braucht man mehr Kraft, als für die Umschwenkung gleicher Wassermenge. Die Zähigkeit des Wassers ist also kleiner, als diejenige des Glyzerins. Noch „beweglicher" als Wasser ist Äther oder Benzin. Ziehen wir weiter die Zähigkeit fester und gasförmiger Körper in Betracht, so gelangt man zur folgenden Reihe:

Feste Körper — Gallerte-zähe Flüssigkeiten — bewegl. Flüssigkeiten — Gase.

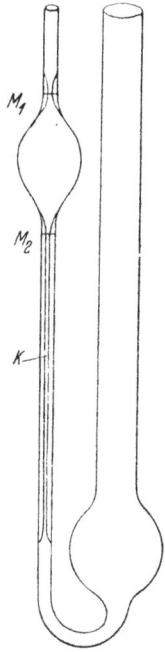

Abb. 8. Viskosimeter nach Wi. Ostwald. *K* Kapillare, *M$_1$* die obere Marke, *M$_2$* die untere Marke.

————————→

Es ist ohne weiteres klar, daß diejenigen Flüssigkeiten zäh sind, deren Teilchen relativ stark aneinander haften, d. h. gewissermaßen eine innere Struktur in begrenzten Gebieten bilden.

Die Viskosität einer Flüssigkeit wird nun dadurch gemessen, daß man
1. einen Fremdkörper in der Flüssigkeit bewegt oder fallen läßt, oder
2. die Flüssigkeit selbst durch eine Kapillare fließen läßt.

In der Kolloidchemie wird am häufigsten die zweite Methode und das von Wi. Ostwald dazu konstruierte Viskosimeter gebraucht. Es besteht aus einem U-Rohr mit einem kapillaren Schenkel (Abb. 8). Als Maß für die Viskosität gilt nun *die Zeit, die ein bestimmtes Flüssigkeitsvolum braucht, um die Kapillare zu durchfließen.* In der Regel wird in der Kolloidchemie die *relative Viskosität* bestimmt, d. h. die Viskosität eines Sols im Verhältnis zu der Viskosität des Lösungsmittels. Fließt also ein Sol $t_1$ Sekunden durch die Kapillare und das Dispersionsmittel $t_0$ Sekunden, so ist die relative Viskosität ($\eta_{\text{rel}}$)

$$\eta_{\text{rel}} = \frac{t_1}{t_0}$$

Außer der relativen Viskosität wird noch sehr häufig der Begriff: *spezifische Viskosität* gebraucht. Die spezifische Viskosität ist die Viskositätserhöhung, die ein gelöster Stoff in einem Lösungsmittel hervorruft:

$$\eta_{\text{sp}} = \eta_{\text{rel}} - 1, \text{ oder: } \eta_{\text{sp}} = \frac{t_1 - t_0}{t_0} \text{ (wenn die Dichte vernachlässigt wird)}.$$

Wir können nun manche vergleichende Messungen mit unseren Hydrosolen anstellen. Dazu wählen wir zuerst ein geeignetes Viskosimeter mit einer nicht zu engen oder zu weiten Kapillare und bestimmen die Durchlaufzeit des reinen Dispersionsmittels, des Wassers. Das Viskosimeter wird in einem Thermostat vertikal befestigt (die Viskosität variiert stark mit der Temperatur; sie sinkt nämlich mit steigender Temperatur, deshalb ist Temperaturkonstanz notwendig) und die Temperatur z. B. auf 25° eingestellt. Nun werden 5,0 cm$^3$ Wasser in das Viskosimeter einpipettiert, in die Kapillare über die obere Marke aufgezogen (oder aufgedrückt), das Niveau dann frei fallen gelassen, und mit einer Stoppuhr das Zeitmoment fixiert, in dem das Niveau die obere Marke passiert. Das ist nämlich der Anfang der Ausflußzeit. Der Endpunkt wird durch Abstoppung der Uhr in dem Moment, wenn das Niveau die zweite, unter der kugelförmigen Erweiterung des kapillaren Schenkels befindliche **Marke** passiert, festgelegt. In der Regel werden mehrere Messungen ausgeführt und der Mittelwert berechnet. Die Meßwerte sollen sich nicht mehr als um 0,2 Sekunden voneinander unterscheiden. Nachdem nun die Wasserzahl bestimmt ist, wird auch die Durchlaufzeit der zu untersuchenden kolloiden Lösungen gemessen. Einige Beispiele findet man in der Tabelle 9.

Tabelle 9. *Die Viskosität einiger Kolloide* $t_0 = 80,0$ Sek.

|  | Fe(OH)$_3$-Sol | Albumin | | Glykogen | | Gelatine | |
|---|---|---|---|---|---|---|---|
|  | 0,5% | 0,5% | 1,0% | 0,5% | 1,0% | 0,5% | 1,0% |
| $t_1$ in Sek. . . . . . | 80,8 | 82,4 | 84,6 | 83,3 | 86,4 | 110,2 | 156,6 |
| $\eta$rel . . . . . . . | 1,010 | 1,030 | 1,057 | 1,040 | 1,080 | 1,377 | 1,957 |
| $\eta$sp . . . . . . . | 0,010 | 0,030 | 0,057 | 0,040 | 0,080 | 0,377 | 0,957 |

Die geringste Viskosität besitzt hier das Fe(OH)$_3$-Sol. (Etwa ebenso groß ist auch die Viskosität der Silber- und Arsentrisultidsole.) Die lyophoben Sole sind also niederviskos. Vergleicht man nun die Viskosität der drei lyophilen Sole, so kann festgestellt werden, daß auch die Albumin- und Glykogensole eine relativ geringe Zähigkeit haben, die Gelatinesole sind dagegen hochviskos. Die spezifische Viskosität des Albuminsols ist nur 3mal so groß als diejenige des Fe(OH)$_3$-Sols, aber 10 bis 20mal kleiner als die des Gelatinesols.

Nun sind zwei der verwendeten lyophoben Sole — Albumin und Glykogen — *Sphärokolloide*, Gelatine ist dagegen ein *Linearkolloid*. Damit ist an diesem Beispiel gezeigt, daß die *Viskosität hauptsächlich von der Teilchenform* des *Kolloids* abhängt, da Gelatineteilchen faserig, die Albumin- und Glykogenteilchen dagegen kugelförmig sind. Nun unterscheiden sich aber auch die Viskositätswerte der verwendeten Sphärokolloide beträchtlich voneinander. Der Grund dafür ist die verschieden *starke Solvatation*, die ihrerseits von dem mehr oder minder lockerem Bau der korpuskularen Teilchen abhängig ist. So sind z. B. die Glykogenmoleküle lockerer gebaut, als die Albuminteilchen. Die lockerer gebauten Teilchen haben nun mit dem Dispersionsmittel eine größere Berührungsfläche, als die kompakt gebauten Partikel. Aus demselben Grunde sind auch die faserigen Teilchen in der Regel stärker solvatisiert, als die korpuskularen.

Schließlich sei hier noch darauf hingewiesen, daß im Vergleich zu anderen Linearkolloiden die Gelatinesole eine relativ geringe Viskosität haben. So sind z. B. 0,5 proz. Lösungen des Kautschuks keine Sole mehr, sondern zähe Gallerten. 0,1 proz. Lösungen verschiedener Nitrozellulosen haben weiter eine spezifische Viskosität von etwa 0,6 bis 26. Eine noch stärker gestreckte Form der Moleküle, als im Falle der Gelatine, ist hierfür verantwortlich zu machen.

## Die optischen Eigenschaften.

Es ist auffallend, daß viele Stoffe gerade bei *kolloider Zerteilung* die Lösungen stark färben. So sind z. B. die Silberionen farblos, ein Niederschlag von mikroskopischen Silberteilchen dunkelgrau, die Silbersole dagegen —i ntensiv rotbraun oder grünlichbraun. Die Solteilchen absorbieren also einige Anteile des weißen Lichts besonders stark. Wird das Silbersol mit einigen Tropfen einer 1n-NaCl-Lösung versetzt, so erfolgt bald Farbänderung — die rotbraune Farbe schlägt in eine grüngraue um. Mit zunehmender Vergröberung der Teilchen (Koagulation) wird nun die Farbe immer schwächer, die Trübung nimmt zu, und die ausgeflockten Teilchen setzen sich langsam zu Boden.

Ähnliches ist bei Goldsolen zu beobachten. Eine verdünnte Goldchlorid-lösung ist ganz schwach gelblich gefärbt. Gibt man dazu ein Reduktionsmittel (z. B. Alkohol), so entsteht ein intensiv rot gefärbtes Goldsol. Durch Hinzugabe von etwas Elektrolyt schlägt nun die Farbe in blau um, dann wird das Sol trüb und die Intensität der Farbe vermindert sich rasch.

Besonders charakteristisch und interessant sind die „Farben" *farbloser Kolloide*. Jeder Chemiker weiß, daß z. B. bei der analytischen Fällung von Cl' mit Ag', wenn die Konzentration der Ionen sehr gering ist, eine sehr feine milchige Trübung entsteht, die bei der Durchsicht gelblich, bei Aufsicht aber bläulich erscheint. Dasselbe ist bei der Niederschlagsbildung aller anderen farblosen Stoffe unter entsprechenden Umständen zu beobachten. *Jeder farblose Stoff, wenn er in bestimmter Zerteilung sich in Lösung befindet, erscheint in Durchsicht gelb, orange oder rot, bei Seitensicht dagegen bläulich.* Die Eigenschaft trägt den Namen *Opaleszenz* und erklärt sich folgendermaßen: Die kurzwelligen (violetten, blauen) Lichtstrahlen werden von den Kolloidteilchen seitlich abgebeugt, die langwelligen (roten und gelben) dagegen ungehindert durchgelassen.

Auch unsere Albumin-, Glykogen- und Gelatinesole opalszieren bei genügend herabgesetzten Dispersitätsgrad. Das gelingt am leichtesten, wenn man zu 10 oder 20 cm³ des Sols vorsichtig, tropfenweise Alkohol oder Azeton (unter ständigem Umschwenken) hinzufügt; bei bestimmtem Alkohol- oder Azetongehalt beginnen die Sole dann zu opaleszieren.

Sehr viele Sole sind vollständig klar. Wird aber durch das Sol ein Strahlenbündel gesandt (z. B. von einer Projektionslampe, oder auch Sonnenlicht durch ein Spalt im dunklen Zimmer), so erscheint das Sol an der beleuchteten Stelle trüb (bei seitlicher Beobachtung). Diese Erscheinung ist unter dem Namen Faraday-Tyndallsches Phänomen, oder Tyndall-Kegel schon lange bekannt. Der Grund der Erscheinung ist derselbe wie bei der Opaleszenz-Beugung kurzwelliger Strahlen. Beobachtet man nun einen intensiven Tyndall-Kegel unter dem Mikroskop auf *dunklem Hintergrund*, so kann man einzelne leuchtende Teilchen, die sonst nicht zu sehen sind, unterscheiden. Das ist das Prinzip der *Ultramikroskopie*. Im Ultramikroskop sieht man aber keine bildgetreuen Abbildungen der Teilchen, sondern nur Beugungsbilder des Lichtes an den Teilchen.

Die lyophilen Sole zeigen das Tyndallphänomen schwächer als die lyophoben, was sich durch die kleinen Unterschiede im Brechungsvermögen des Dispersionsmittels und des solvatisierten dispersen Anteils erklärt. Auch im Ultramikroskop gelingt es in den meisten Fällen nicht, den Tyndallkegel der lyophilen Sole in einzelne leuchtende Punkte aufzulösen.

## Die Konzentration und Dichte der Sole.

Die Konzentration lyophober Sole ist meist klein. Die Metallsole enthalten in der Regel etwa 0,1% Metall, die Hydroxyd- und Sulfidsole etwa 1—5% an fester Substanz. Auch die Konzentration lyophiler Linearkolloide ist nicht größer als 0,1 bis 0,5%, da konzentrierte Sole dieser Stoffe leicht zu Gallerten erstarren. Es ist aber möglich, auch recht konzentrierte Sphärokolloide herzustellen, z. B. Albuminsole oder Kaseinsole, die 100 bis 150 g im Liter Protein enthalten. Ebenso sind hochkonzentrierte Eisenhydroxyd- sowie Arsentrisulfidsole bekannt. Von Boutaric und Vuillaume wurde (1924) ein $As_2S_3$-Sol hergestellt mit etwa 300 g $As_2S_3$ im Liter. Da aber die Teilchen, im Vergleich zu den mikromolekularen Molekülen, sehr groß sind, ist trotzdem die molare Konzentration des Sols sehr gering. Freundlich berechnete die molare Konzentration solchen Sols unter der Annahme, daß die kugelförmigen Teilchen des Arsentrisulfidsols einen mittleren

Durchmesser von 100 m$\mu$ haben. In dieser Verteilung hat das Arsentrisulfid ein „Molekulargewicht" von $8,6 \cdot 10^8$, und das 30%ige Arsentrisulfidsol hat die molare Konzentration von nur $0,35 \cdot 10^{-6}$ Mol im Liter.

Nach P. Cholodny (1903) wächst die Dichte eines Sols, die am besten pyknometrisch bestimmt wird, mit der Konzentration linear an. Bezeichnet man mit $\varrho_s$ die Dichte des Sols, mit $\varrho$ die Dichte des dispersen Anteils, mit $\varrho_0$ die Dichte des Dispersionsmittels und mit c die Menge des dispersen Anteils im Kubikzentimeter des Sols (Konzentration), so gilt die Gleichung:

$$\varrho_s = \varrho_0 + c \frac{\varrho - \varrho_0}{\varrho}$$

Mit Hilfe dieser Gleichung kann man nun die Dichte des dispersen Anteils berechnen. In einer Anzahl von Fällen (z. B. in denen der Ag-, Se- und ZnO-Sole) ist die Dichte des Stoffes im Solzustand ebenso groß, wie die der kompakten Masse.

# Zweiter Teil.

## III. Disperse Systeme vom molekularkinetischen Standpunkt aus betrachtet.

### Die Brownsche Bewegung.

Im Jahre 1827 wurde vom englischen Botaniker R. Brown eine unregelmäßige, zitternde Bewegung kleiner in Flüssigkeiten suspendierter Teilchen durch mikroskopische Beobachtungen entdeckt. Er betrachtete im Mikroskop in Wasser aufgeschlämmte Pflanzenteile, z. B. Pollenkörner, auch Kohle, Harze, Mineralien usw. Falls nur die Teilchen genügend klein waren, befanden sie sich stets in einer ständigen Bewegung: Die Teilchen zitterten, pendelten unregelmäßig in verschiedene Richtungen, längliche drehten sich oft auch um die Längsachse. Brown kam zu der Schlußfolgerung, daß die Bewegung unabhängig von den Strömungen in der Flüssigkeit, von der gegenseitigen Anziehung oder Abstoßung der Teilchen, unabhängig von der Wirkung der Kapillarkräfte, der Verdunstung usw. erfolgt.

Als ein gutes Beispiel, das auch für Demonstrationszwecke leicht verwendet werden kann, dient verdünnte Milch. Beobachtet man unter dem Mikroskop einen Tropfen verdünnter Milch, so kann man sehen, daß die Fettkügelchen ganz unregelmäßig mit ziemlich großer Geschwindigkeit hin und her schweben; dabei bewegen sich die kleineren heftiger als die größeren.

Diese Erscheinung — die sogenannte Brownsche Bewegung — ist auf die verschiedenste Art gedeutet worden. So wurde z. B. versucht, sie auf äußere Erschütterungen, oder auf einseitige Erwärmung der suspendierten Teilchen durch Bestrahlung zurückzuführen. Später konnte aber experimentell bewiesen werden, daß solche Erklärungen nicht ausreichen. Besonders wertvolle Erkenntnisse wurden dabei durch ultramikroskopische Beobachtungen an Kolloidteilchen gewonnen. Die Brownsche Bewegung wird sichtbar, wenn der Durchmesser der mikroskopischen Teilchen 5 $\mu$ und weniger beträgt. Je kleiner die Teilchen sind, um so heftiger im Zick-Zackkurs bewegen sie sich. Eine noch viel intensivere Bewegung der Kolloidteilchen ist im Ultramikroskop auf dunklem Hintergrund sichtbar. Zsigmondy[25], der sehr viele kolloide Lösungen mikroskopisch untersucht hat, konnte folgendes feststellen:

1. Die Bewegung wird um so lebhafter, je kleiner die Teilchen sind.
2. Die Bewegung ist unabhängig von der Richtung der Lichtstrahlen, von der Dauer der Bestrahlung, sowie von deren Intensität (falls die Erwärmung ausgeschlossen wird).
3. Die Bewegung kann nicht auf Konzentrationsänderungen durch Verdunstung zurückgeführt werden, da die Beobachtung in einem vollständig geschlossenen Raum stattfand.
4. Die Bewegung hält Monate, selbst Jahre an. Außerdem wird beobachtet, daß mit der Erhöhung der Temperatur die Bewegungsintensität der Teilchen steigt.

Schon in der Mitte des vorigen Jahrhunderts führten mehrere Forscher (z. B. Chr. Wiener) die Bewegung auf Zusammenstöße der Teilchen mit den Flüssigkeitsmolekülen zurück. Vom molekularkinetischen Standpunkt aus betrachtet,

---

[25] R. Zsigmondy: Zur Erkenntnis der Kolloide. S. 106 (1905).

befinden sich die Moleküle eines Gases oder einer Flüssigkeit in ständiger unregelmäßiger Bewegung, die wir als Wärme wahrnehmen. Die Moleküle stoßen dabei immer zusammen und übertragen ihre Energie auch auf die in dem Gas oder in der Flüssigkeit befindlichen Fremdkörper, z. B. Kolloid- und Staubteilchen. Sind nun die Teilchen groß ($> 5\,\mu$), so erhalten sie gleichzeitig von allen Seiten soviele verschieden gerichtete Stöße, daß die Teilchen nur schwach pendeln, zittern oder sogar unbeweglich bleiben. Sind aber die Teilchen genügend klein, so wird der Ausgleich der erwähnten Stöße unwahrscheinlicher, und sie gelangen schon durch einige einseitig aufprallende Flüssigkeitsmoleküle in Bewegung. Diese Erklärung der Brownschen Bewegung erwies sich als die richtige.

Die ganze Erscheinung der Brwonschen Bewegung läßt sich nun vom Standpunkte der kinetischen Molekulartheorie aus verstehen und deuten. Zunächst sollte man erwarten, daß die kinetische Energie (e) eines schwebenden Teilchens im Sol oder in der Suspension dieselbe sein sollte, wie die eines Moleküls. Da aber durch die ständig eintretenden Zusammenstöße sich die Geschwindigkeit (v) und somit auch die Energie der Teilchen und der Flüssigkeitsmoleküle unaufhörlich ändern, so kann man nur von einer mittleren Energie ($\bar{e}$) und einer mittleren Geschwindigkeit ($\bar{v}$) sprechen. Nach der kinetischen Theorie ist dann

$$\bar{e} = \frac{1}{2}\,m\,\bar{v}^2 = \frac{3}{2}\,\frac{RT}{N}$$

worin m Masse der Teilchen, R die Gaskonstante (= $8{,}3 \cdot 10^6$ erg/Grad), T die absolute Temperatur und N die Zahl der Moleküle im Grammol (Avogadrosche Zahl = $6{,}02 \cdot 10^{23}$) bedeuten. Da R und N Konstanten sind, ist die mittlere Energie eines Teilchens nur von der Temperatur abhängig. Bei konstanter Temperatur besitzen die Kolloidteilchen dieselbe mittlere Energie, wie die Moleküle des Dispersionsmittels. Nun ist die Masse der Kolloidteilchen viel größer, als diejenige der Flüssigkeitsmoleküle, die Bewegungsgeschwindigkeit jener muß deshalb entsprechend kleiner sein: Infolgedessen sollen sich die kleineren Teilchen mit größerer Geschwindigkeit bewegen als die größeren.

Eine ausführliche Theorie der Brownschen Bewegung haben unabhängig voneinander A. Einstein[26]) und M. v. Smoluchowski[27]) von der kinetischen Molekulartheorie ausgehend, ausgearbeitet. Die theoretischen Schlußfolgerungen erwiesen sich unter anderem auch für das Verständnis von Koagulationserscheinungen als wichtig. Die abgeleiteten Formeln gestatten die theoretischen Schlußfolgerungen experimentell zu prüfen. Für die mittlere Weglänge A (in der Richtung der x-Achse) wurde die folgende Gleichung abgeleitet:

$$A = \sqrt{t}.\ \sqrt{\frac{RT}{N} \cdot \frac{1}{3\,\eta\,\pi\,r}}, \quad \ldots\ldots\ldots\ldots\ldots (1)$$

Es bedeuten hier t die Zeit der Bewegung längs der Strecke A, $\eta$ die absolute Viskosität und r den Radius der Teilchen.

Die Formel wurde insbesondere von Seddig, Svedberg und Perrin experimentell geprüft und bestätigt. Seddig[28]) untersuchte an Zinnobersuspensionen die Abhängigkeit A = f (T), d. h. die Zunahme der mittleren Weglänge mit der Temperatur. Svedberg[29]) stellte unter anderem fest, daß die mittlere Weglänge oder „Amplitude" von Platintéilchen (r = etwa 25 $m\mu$) bei konstanter Temperatur um so kleiner ausfällt, je höher die Viskosität des Dispersionsmittels

²⁶) A. Einstein: Drudes Annalen d. Physik *17*, 549 (1905); *19*, 289, 371 (1906); Zeitschr. f. Elektrochem. *14*, 235 (1908); ferner G. Jäger: Sitzungsber. Wiener Akad. IIa, 128 (1919).
²⁷) M. v. Smoluchowski: Drudes Annalen d. Physik *21*, 756 (1906); *25*, 205 (1908).
²⁸) M. Seddig: Zeitschr. f. anorg. Chem. *73*, 360 (1912).
²⁹) The Svedberg: Kolloidchemie, S. 82ff (1925).

ist. Auch konnte er die Erfüllung der Beziehung $A^2\eta/t = $ konst. bei konstantem T und r feststellen, was mit der oben angeführten, theoretisch abgeleiteten Gleichung (1) übereinstimmt. Perrin[30]) beobachtete zusammen mit seinen Mitarbeitern im Mikroskop die Brownsche Bewegung von Gummigutt und Mastixteilchen. Da mit ziemlich monodispersen Suspensionen gearbeitet wurde (die Teilchen besaßen z. B. r $= 0,45\ \mu$ oder r $= 0,21\ \mu$), so konnte unter anderen festgestellt werden, daß A $=$ konst. $\sqrt{t}$, A $=$ konst. $1/\sqrt{r}$ und A $=$ konst. $1/\sqrt{\eta}$ ist, was auch von der Theorie verlangt wird. Sind die Größen A, t, r, und T der Gleichung (1) bekannt, so kann aus der mittleren Verschiebung (A) die Avogadrosche Zahl berechnet werden. Perrin erhielt auf diese Weise Werte, die zwischen $5,6 \cdot 10^{23}$ und $9,4 \cdot 10^{23}$ lagen, also nahe dem Werte $6,02 \cdot 10^{23}$, der mit Hilfe anderer exakter Methoden (z. B. röntgenographischer) erhalten worden ist. Später berechnete I. Nordlund (in T. Svedbergs Laboratorium in Uppsala) aus entsprechenden Messungen an kleinen Quecksilbertröpfchen (r $= 0,11$ bis $0,24\ \mu$) für N Werte zwischen $4,5 \cdot 10^{23}$ und $7,0 \cdot 10^{23}$; als Mittelwert ergab sich $5,91 \cdot 10^{23}$ der dem wahrscheinlichsten Wert $6,02 \cdot 10^{23}$ schon näher steht. Diese Übereinstimmung gilt gleichzeitig als Beweis, wie für die Richtigkeit der molekularkinetischen Auffassung, so auch für die der realen Existenz der Moleküle. Als weitere Stütze der Theorie diente der Umstand, daß alle Beobachtungen, die an den verschiedensten Objekten ausgeführt wurden, zeigten, daß die Bewegungen der ultramikroskopischen Teilchen *keine bevorzugten Richtungen haben*, solange man nicht einzelne ins Auge faßt. Die Bewegungen sind vollständig chaotisch, keine Gesetzmäßigkeiten sind zu erkennen. Verschiebt sich ein Teilchen in der Richtung der Sichtlinie, so kann es das Gesichtsfeld verlassen, oder es kann ein anderes wieder dort neu erscheinen. Man beobachtet also eine fortwährende *Schwankung der Teilchenzahl* in dem optisch abgegrenzten Volumen der Küvette. Wie weiter unten gezeigt werden wird, können die zu einer bestimmten Zeit im abgegrenzten Gesichtsfeld vorhandenen Teilchen gezählt werden. So erhielt z. B. Svedberg in Zeitabständen von 2 Sekunden folgende Teilchenzahlen:

1 2 0 0 0 2 0 0 1 3 2 4 1 2 3 1 0 2 1 1 1 3 1 1 2 5 1 7 usw.

Eine ausführliche Theorie, die die Schwankung der Teilchenzahl behandelt, ist von Smoluchowski entwickelt worden. Dabei wurde angenommen, daß die Schwankungen statistischer Art sind, d. h. rein zufällig. Mit Hilfe der Wahrscheinlichkeitsrechnungen ließ sich dann die Häufigkeit bestimmter Teilchenzahlen berechnen, die z. B. unter 1000 Einzelwerten auftreten wird. Die berechnete Häufigkeit stimmt mit der beobachteten gut überein. Ebenso wurde theoretisch die Geschwindigkeit der Konzentrationsschwankung berechnet: Es konnte z. B. festgestellt werden, daß die Zahl 7 in der oben angeführten Reihe durchschnittlich nach 26 Minuten wiederkehrt. Auch diese Voraussage der Theorie konnte experimentell bestätigt werden (A. Westgren).

Es ist interessant, festzustellen, daß auch sehr starke Anhäufungen der Teilchen möglich sind. So können z. B. im beobachteten Bezirk des Sols plötzlich 17 Teilchen erscheinen: Solche Fälle sind aber äußerst selten und die Zahl 17 wird im oben angeführten Beispiel nach theoretischen Berechnungen durchschnittlich erst nach 500000 Jahren einmal auftreten. Diese Tatsachen sind insofern allgemein interessant, weil damit die Allgemeingültigkeit des 2. Hauptsatzes berührt wird. Bekanntlich ist der 2. Hauptsatz für makroskopische Systeme streng gültig. Betrachten wir aber einen kleinen Teil eines Sols im Ultramikroskop, so sieht man oft nicht nur ein Fallen, sondern auch eine *Zunahme der Teilchenzahl*, also eine

---

[30]) J. Perrin (deutsch von J. Donau): Kolloidchem. Beih. *1*, 1 (1910); die Atome deutsch von A. Lottermoser), 3. Aufl., Dresden 1932.

Konzentrationserhöhung, was gegen den zweiten Hauptsatz spricht. „Zuweilen ist die Teilchenzahl groß, d. h. die Konzentration hoch, zuweilen ist die Zahl klein, d. h. die Konzentration niedrig. Es ist offenbar, daß in mikroskopischen Systemen Fluktuationen der Entropie auftreten[31]". Es wurde besonders darauf hingewiesen (z. B. durch H. Freundlich), daß diese Konzentrationsschwankungen der Teilchen von Biokolloiden im Leben der Tiere und Pflanzen eine gewisse Rolle spielen können.

### Die Diffusion.

Da die Kolloidteilchen sich unaufhörlich bewegen, müssen sie auch diffundieren. *Die Diffusion ist also nichts anderes, als eine Folge der Brownschen Bewegung.* Allerdings ist die Diffusionsgeschwindigkeit gegenüber der Bewegungsgeschwindigkeit einzelner Teilchen sehr gering, deswegen schwer bestimmbar und hängt vom Durchmesser der einzelnen Teilchen ab. So haben die Semikolloide eine relativ große Diffusionsgeschwindigkeit. Die Diffusionsgeschwindigkeit eines Kolloides wird durch den *Diffusionskoeffizienten* oder die Diffusionskonstante charakterisiert. Letztere entspricht der Menge des zu untersuchenden Stoffes, die beim Konzentrationsgefälle 1 pro cm eine Fläche von 1 cm² in 1 Sekunde passiert. Meistens wird die diffundierende Menge statt auf eine Sekunde auf 1 Tag (24 Stunden) bezogen. Befindet sich in einem Zylinder von 1 cm² Querschnitt unten eine Lösung von der Konzentration 1 Mol/Lt., die mit reinem Lösungsmittel überschichtet ist, so entspricht die Diffusionskonstante der Menge des gelösten Stoffes, die in 24 Stunden 1 cm weit ins Lösungsmittel hineingewandert ist. Es ist leicht verständlich, daß der Diffusionskoeffizient (D) mit der mittleren Weglänge (A) der sich ständig bewegenden Kolloidteilchen im Zusammenhang stehen muß.

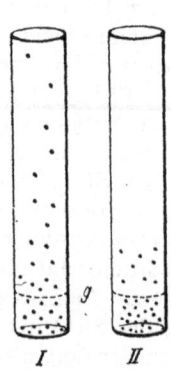

Abb. 9. Die Diffusion monodisperser Teilchen in einem Zylinder erfolgt nach dem Schema I.

Die Theorie der Brownschen Bewegung gibt für diesen Zusammenhang den folgenden einfachen Ausdruck:

$$A^2 = 2\,Dt, \dots\dots\dots\dots\dots\dots (2)$$

worin t die Zeit bedeutet, in der das Teilchen die Strecke A passiert. Andererseits wurde von der Theorie für D eine zweite Gleichung

$$D = \frac{RT}{N} \cdot \frac{1}{6\pi\eta r} \quad \dots\dots\dots\dots\dots (3)$$

abgeleitet[32].

Es soll noch besonders darauf verwiesen werden, daß diese Ableitungen nur für monodisperse Systeme mit kugelförmigen Teilchen gültig sind. Die Ausbreitung der monodispersen Teilchen in einem Diffusionszylinder von der Grenze des Sols (g) ins reine Dispersionsmittel erfolgt niemals scharf nach dem Schema II, sondern immer nach dem Schema I (Abb. 9). Je höhere Schichten über dem Sol beobachtet werden, um so geringer ist die Konzentration der Teilchen. Die einzelnen sehr hoch aufgestiegenen Teilchen sind aber nicht leichter als die anderen, sondern sind durch einseitige, nach oben gerichtete statistisch ziemlich seltene Stöße der Flüssigkeitsmoleküle emporgetrieben. T. Svedberg hat nun den Diffusionskoeffizienten der Teilchen eines Goldsols bekannter Teilchengröße bestimmt, um

---

[31]) The Svedberg: Kolloidchemie, S. 109 (1925). —M. v. Smoluchowski: Phys. Zeitschrift *13*, 1069 (1912).

[32]) Die oben angeführte Gleichung (1) erhält man aus den Gleichungen (2) und (3), da D = A²/2t (von 2), also A²/2t = RT/N · 1/6πηr.

die theoretisch abgeleiteten Gleichungen zu prüfen. Dazu wurde ein zylindrisches Gefäß benutzt (s. Abb. 10), in welchem mittels einer mit einem Dreiweghahn versehenen Pipette das Sol sich unter das Dispersionsmittel (Wasser) schichten ließ. Der Apparat stand in einem Thermostat bei einer Temperatur von 13,62⁰ C. Nach einer bestimmten Zeit wurde der Kolloidgehalt der Schichten verschiedener Höhe spektralkolorimetrisch bestimmt und aus diesen Werten die Diffusionskonstante berechnet. Für Goldteilchen mit r = 1,33 m$\mu$ konnte D = 1,35 · 10⁻⁶ erhalten werden.

Die Berechnung erfolgte zuerst auf Grund des Fickschen Gesetzes, welches besagt, daß die Menge eines Stoffes (dm), die in der Zeit dt durch den Querschnitt q diffundiert, von dem Konzentrationsgefälle (dc/dx) und der Diffusionskonstante D abhängt:

$$\frac{dm}{dt} = D.q. \frac{dc}{dx} \quad \dots\dots\dots\dots\dots\dots\dots\dots(4)$$

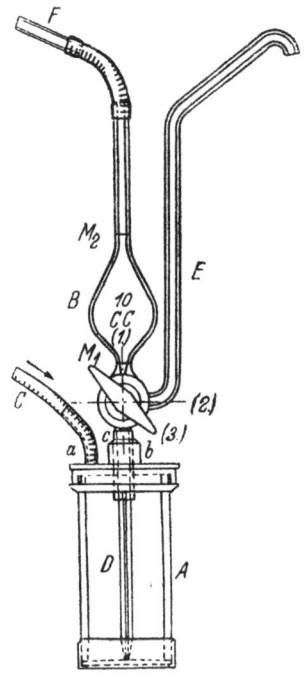

Abb. 10. Apparat zur Diffusionsmessung nach T. Svedberg.

Die Lösung dieser Differentialgleichung ist ziemlich kompliziert. Um die Berechnung des Diffusionskoeffizienten zu erleichtern, sind von Stefan besondere Tabellen angefertigt worden. Mit deren Hilfe kann man dann unter Benutzung experimenteller Messungen (Feststellung der Konzentration des diffundierenden Stoffes in verschiedenen Höhen über der Berührungsgrenze Lösung/reines Lösungsmittel) D berechnen. Setzt man dann den auf diese Weise festgestellten Wert von D in Gleichung (3) ein, so erhält man entweder N oder r. Svedberg errechnete für r des Goldsols den Wert 1,29, während direkt ultramikroskopisch 1,33 gemessen werden konnte. Für N (wenn r = 1,33 m$\mu$ angenommen wurde) erhielt er 5,8 · 10²³, was gut mit dem sichersten Wert von N (= 6,02 · 10²³) übereinstimmt. Damit ist auch Gleichung (3) experimentell bestätigt worden.

Die Diffusionsgeschwindigkeit kann weiter mikroskopisch, ultramikroskopisch oder auch mit Hilfe der Ultrazentrifuge exakt gemessen werden. Von R. Fürth[33]) ist eine Mikromethode angegeben worden, mit deren Hilfe man die Diffusionskoeffizienten z. B. verschiedener Farbstoffe leicht bestimmen kann. Auf einen horizontal gestellten Objektträger wird eine 1 mm dicke Kammer aufgekittet (Abb. 11). Durch eine Zwischenwand wird diese in zwei Teile geteilt. In dem einen Teil läßt sich nun die Erscheinung der Diffusion beobachten, während im zweiten sich eine Vergleichslösung befindet. Der Diffusionsraum ist seinerseits durch einen Schieber in zwei Teile geteilt. Unter dem Schieber füllt man die Lösung, darüber das Lösungsmittel. Mit Hilfe einer elektromagnetischen Einrichtung kann der Schieber weggezogen und die Ausbreitung der Farbe mit einem horizontal gestellten Mikroskop beobachtet und gemessen werden.

Ultramikroskopisch ist die Diffusion unter anderem durch Westgren an kolloiden Selen- und Goldteilchen gemessen worden. Zu Anfang wurden alle Teilchen durch Zentrifugieren auf den Boden der Zelle gebracht. Infolge der Brownschen Bewegung heben sie sich aber mit der Zeit vom Boden und beginnen ins Dispersionsmittel zu diffundieren. Nach einer bestimmten Zeit sind einzelne

---

[33]) R. Fürth: Kolloid-Z. *41*, 302 (1927).

Teilchen schon relativ hoch nach oben gekommen, während die meisten sich in den Unterschichten befinden. Die Konzentration des Sols in verschiedenen Höhen bestimmte nun Westgreen durch Zählen der Teilchen. Wenn sich eine ganz dünne Schicht der diffundierten Lösung unter einer hohen Säule des Lösungsmittels befindet, nimmt die Diffusionsgleichung (4) nach der Integrierung folgende einfache Form an:

$$\frac{c_1}{c_2} = e^{-\dfrac{x_2^2 - x_1^2}{4\,Dt}}$$

worin $c_1$ und $c_2$ die Konzentrationen in den Höhen $x_1$ und $x_2$ sind, (e die Basis der natürlichen Logarithmen). Aus der Formel kann dann D leicht berechnet werden.

Die Diffusionskonstanten verschiedener Kolloide sind viel kleiner als diejenigen mikromolekularer Stoffe. Einige Werte sind in der Tabelle 10 zusammengestellt.

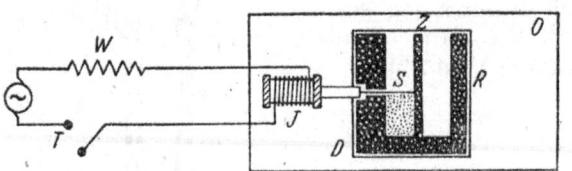

Abb. 11. Mikroskopische Diffusionsmessung nach Fürth. *D* Kammer, *Z* Zwischenwand, *S* Schieber, *J* Elektromagnetische Einrichtung zum Wegziehen des Schiebers.

Tabelle 10. *Diffusionskonstanten und Teilchenradien verschiedener Kolloide und mikromolekularer Stoffe.*

| Substanz | Diffusions-konstante D | Temperatur C⁰ | Teilchenradius r in m$\mu$ | Molekular-gewicht |
|---|---|---|---|---|
| Selen . . . . . | $3{,}58 \cdot 10^{-8}$ | 18 | 56 | |
| Gold . . . . . . | $4{,}65 \cdot 10^{-8}$ | 18 | 40 | |
| Hämozyamin . . (aus Helix pomatia) | $1{,}38 \cdot 10^{-7}$ | 20 | 12 | $6 \cdot 10^6$ |
| Edestin . . . . | $3{,}9 \cdot 10^{-7}$ | 20 | 4 | $3{,}1 \cdot 10^5$ |
| Katalase . . . . | $4{,}1 \cdot 10^{-7}$ | 20 | | $2{,}5 \cdot 10^5$ |
| Hämoglobin . . (Mensch) | $6{,}9 \cdot 10^{-7}$ | 20 | 2,5 | $6{,}3 \cdot 10^4$ |
| Gold . . . . . . | $1{,}35 \cdot 10^{-6}$ | 13,62 | 1,3 | |
| Rohrzucker . . . | $5{,}7 \cdot 10^{-6}$ | 20 | 0,25 | 342 |
| Harnstoff . . . . | $1{,}0 \cdot 10^{-5}$ | 20 | | 60 |

Aus den Gleichungen (2) und (3) kann auch die Bewegungsgeschwindigkeit von Kolloidteilchen sowie die verschiedener kleiner Moleküle berechnet werden. Dabei ergibt es sich, daß z. B. ein Teilchen mit $r = 0{,}5\,\mu$ im Wasser in 1 Sekunde sich durchschnittlich um $0{,}8\,\mu$ verschiebt, während ein Zuckermolekül in derselben Zeit $27{,}5\,\mu$ zurücklegt. Die an den Kolloidteilchen und Suspensionspartikeln direkt wahrgenommenen Verschiebungen sind aber noch viel kleiner, da ja nicht der ganze Weg des Teilchens im Gesichtsfeld erfaßbar ist: Wir sehen nur die Projektion des Weges. Bewegt sich ein Teilchen in der Richtung der Sichtlinie, so scheint es unbeweglich zu sein, oder verschwindet plötzlich aus dem Gesichtsfeld.

### Sedimentationsgleichgewicht.

Der Brownschen Bewegung wegen versuchen die Teilchen eines dispersen Systems sich gleichmäßig im Volumen des Dispersionsmittels zu verteilen. Betrachten wir diese Teilchen in einem Diffusionszylinder, so kann man sagen, daß die ständige Bewegung sie in das reine Lösungsmittel hineintreibt; entgegen wirkt aber die Schwerkraft, die die Teilchen zu Boden zieht. Man darf somit erwarten, daß nach einiger Zeit sich ein Gleichgewicht, das sogenannte *Sedimentationsgleichgewicht* einstellen wird, allerdings wenn die Teilchen nicht zu grob (schwer) sind, da sie sich sonst in kürzerer oder längerer Zeit zu Boden setzen würden. Wie man sich die Verteilung der Teilchen, im Sedimentationsgleichgewicht befindlich, in Abhängigkeit von der Höhe vorzustellen hat, zeigt Abbildung 12.

M. v. Smoluchowski hatte schon im Jahre 1906 auf Grund molekular-kinetischer Überlegungen vorausgesagt, daß für das Sedimentationsgleichgewicht dasselbe Gesetz gelten muß, daß unter dem Namen „hyposometrisches Gesetz" für die Abnahme des Luftdrucks mit steigender Höhe bekannt ist[34]). Einige Jahre später (1908) wurden die von Smoluchowski theoretisch abgeleiteten Beziehungen durch J. Perrin für Suspensionen experimentell bestätigt. Folgende Gleichung kam zur Verwendung:

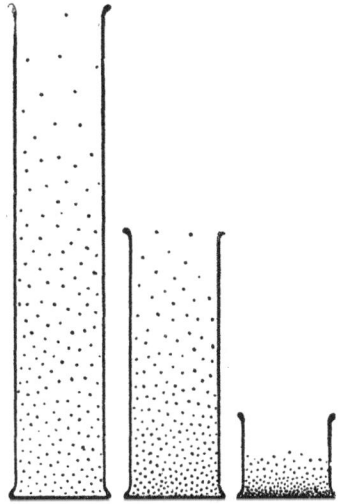

Abb. 12. Schwebende Teilchen in einem Gas oder in einer Flüssigkeit. (Sedimentationsgleichgewicht).

$$\ln \frac{n_0}{n} = \frac{N}{RT} \cdot v \, (\varrho - \varrho_0) \, gh \dots\dots\dots (5)$$

Es bedeuten hier: $n_0$ — die Teilchenzahl in der Bodenschicht, $n$ — die Teilchenzahl in der Höhe $h$, $v$ — das Teilchenvolumen $\varrho$ — die Dichte der Teilchen, $\varrho_0$ — die Dichte des Dispersionsmittels, $g$ — die Beschleunigung durch die Erdschwere.

$N$, $R$ und $T$ haben dieselbe Bedeutung wie in Gleichung (1).

Perrin hat nun die Teilchen von Mastix- und Gummiguttsuspensionen in verschiedenen Höhen mikroskopisch ausgezählt; es erwies sich hierbei, daß die nach der Gleichung (5) berechneten Werte von $n$ mit den beobachteten gut übereinstimmen. Da in der Gleichung (5) alle Größen bekannt oder bestimmbar sind, konnte Perrin auch hieraus die Avogadrosche Zahl ($N$) berechnen: Als Mittelwert ergab sich $N = 6,8 \cdot 10^{23}$, also in guter Übereinstimmung mit den andersartig ermittelten Werten. An Gold- und Selensolen wurde die Richtigkeit der Gleichung (5) durch A. Westgreen[35]) bestätigt, wobei er für $N$ als Mittelwert $6,05 \cdot 10^{23}$ erhielt. Die Gleichung ist am besten bei monodispersen, verdünnten Solen erfüllt. Bei stark konzentrierten Solen treten Abweichungen dadurch auf, daß die zwischen den Teilchen wirkende Anziehung bzw. Abstoßung sich bemerkbar macht.

Da für kugelförmige Teilchen $v = 4/3 \, \pi \, r^3$ ist, so kann man aus Gleichung (5), wenn man statt $v$ $4/3 \, \pi \, r^3$ einsetzt, auch den Teilchenradius berechnen.

Das Zutreffen der entwickelten Theorie bestätigt natürlich die Richtigkeit der Ansichten über das Sedimentationsgleichgewicht kolloider Lösungen.

---

[34]) Über die Ableitung der Formel s. W. Nernst und A. Schönfließ: Einführung in die mathematische Behandlung der Naturwissenschaften, 10. Aufl. S. 148, oder H. Sirk: Mathematik für Naturwissenschaftler und Chemiker, 2. Aufl., S. 73 (1941).

[35]) A. Westgreen: Zeitschr. f. anorg. Chem. **94**, 193 (1916).

## Der osmotische Druck.

Kolloide Lösungen besitzen einen geringen osmotischen Druck. Um das zu verstehen, müssen einige allgemeine Bemerkungen über diesen Druck gemacht werden. Wird eine Lösung vom reinen Lösungsmittel durch eine Membran getrennt, die die Lösungsmittelmoleküle frei durchläßt, die Moleküle des gelösten dagegen nicht, so wandern die Moleküle des reinen Lösungsmittels durch die Membran in die Lösung und üben einen Druck auf die Membran aus. Dieser sogenannte osmotische Druck kann nun leicht makroskopisch gemessen werden. Auf Grund des Bestrebens zweier verschieden konzentrierten Flüssigkeiten ihre Konzentration nach Möglichkeit ·auszugleichen (gemäß dem 2. Hauptsatze der Wärmelehre),

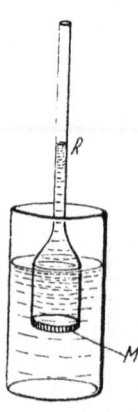

versuchen die Moleküle des Gelösten in das Lösungsmittel einzudringen. Da aber diese Diffusion durch die Membran gehindert wird, so erfolgt der Ausgleich auf die Weise, daß das Lösungsmittel in die Lösung hineinwandert, und diese verdünnt.Infolge der Vergrößerung des Volumens der Lösung steigt die Flüssigkeit im mit der osmotischen Zelle verbundenen Steigrohr so lange, bis sich zwischen dem entstehenden hydrostatischen und dem osmotischen Druck ein Gleichgewicht einstellt. In diesem Fall kann also der osmotische Druck aus der Höhe (dem Druck) der Flüssigkeitssäule berechnet werden (s. Abb. 13). Die Erscheinung selbst, d. h. die Wanderung der Flüssigkeit (z. B. des reinen Wassers) durch eine halbdurchlässige Membran gegen das Konzentrationsgefälle in die mit einer Lösung gefüllte Zelle, wird *Osmose* genannt. Diese Erscheinung spielt besonders bei vielen physiologischen Vorgängen eine große Rolle.

Abb. 13. Osmotischer Druck. Die Lösungsmittelmoleküle wandern durch die halbdurchlässige Membran *M* in die Lösung; infolge der Volumvergrößerung steigt dieFlüssigkeit im Rohr *R*.

Bezeichnet man mit p den ausgeübten osmotischen Druck (in Atmosphären), mit c die Konzentration (g im Liter), mit M das Molekulargewicht des Gelösten, so besteht nach van 't Hoff folgender Zusammenhang:

$$p = RT \frac{c}{M} \dots\dots\dots\dots\dots\dots\dots (6)$$

worin R und T die übliche Bedeutung haben. Der osmotische Druck ist also der Temperatur und der Konzentration proportional. Bei konstanter Temperatur und Konzentration ist p umgekehrt proportional dem Molekulargewicht. *Je größer die Moleküle (die Teilchen) sind, um so kleiner wird der ausgeübte osmotische Druck* (bei c = konst. und T = konst.). Die Lösungen makromolekularer Stoffe bzw. Sole zeigen somit wegen des hohen „Molekulargewichts" der Teilchen einen sehr kleinen osmotischen Druck. Trotzdem sind in den letzten Jahrzehnten exakte Methoden ausgearbeitet worden, mit deren Hilfe auch sehr kleine Drucke von wenigen Millimeter gemessen werden können (vgl. S. 123). Diese Methoden sind deshalb wichtig, weil man durch osmotische Messungen vieles über das Molekulargewicht der gelösten Substanzen aussagen kann.

Der ausgeübte osmotische Druck ist der *Teilchenzahl* proportional, was im Quotient c/M zum Ausdruck kommt. Bezeichnet man die Masse eines Moleküls mit m, so erhält man M = N · m, da ein Grammol N Moleküle enthält. In c Gramm sind dagegen nur n Moleküle mit derselben Einzelmasse m enthalten, also c = n · m. Setzt man nun beides in die Gleichung (6): statt M  Nm und statt c  nm, so erhält man:

$$p = RT \frac{nm}{N\,m} = RT \frac{n}{N} \dots\dots\dots\dots\dots\dots(7)$$

In dieser Form kann das van 't Hoffsche Gesetz an lyophoben Dispersoidkolloiden, z. B. an Gold- oder Schwefelsolen geprüft werden, bzw. es kann aus dem gemessenen p die Zahl der Teilchen und daraus auch deren Größe berechnet werden. Ferner konnte die auf diese Weise bestimmte Teilchenzahl mit der ultramikroskopisch ausgezählten direkt verglichen werden. Auch konnte, wenn p und n bekannt sind, aus Messungen des osmotischen Druckes die Bestimmung der Avogadroschen Zahl erfolgen. Leider ist aber die Messung des osmotischen Druckes bei den lyophoben Dispersoidkolloiden, d. h. bei den in den kolloiden Zustand übergeführten Metallen, Oxyden, Sulfiden, Salzen, mit großen Schwierigkeiten verbunden. Denn es ist 1. schwer, einigermaßen konzentriertere lyophobe Sole herzustellen; die Konzentration variiert in der Regel zwischen 1 bis 10 g/Liter, und einen meßbaren Druck erhält man deswegen nur in den Fällen, wenn die Teilchen sehr klein sind. Haben dagegen die Teilchen einen Durchmesser von mehr als 10 m$\mu$, so wird die Zahl der kinetischen Einheiten schon zu gering um einen meßbaren Druck auszuüben. 2. Die Sole enthalten als Verunreinigungen immer etwas von einem mikromolekularen Elektrolyt, der osmotisch sehr wirksam ist; da es schwer ist, die Sole von den beigemengten Elektrolyten vollständig zu befreien, so bleibt immer die Gefahr, daß der gemessene sehr kleine Druck wenigstens teilweise vom zurückbleibenden Elektrolyten stammt. Brauchbare Werte lassen sich nur dann erwarten, wenn die verwendete Membran alle im Sol vorhandenen mikromolekularen Stoffe frei durchläßt, die Kolloidteilchen aber vollständig zurückhält.

Zsigmondy erhielt an einem konzentrierten, sorgfältigst gereinigtem Goldsol, das 0,562 g Au in 100 cm³ enthielt, einen osmotischen Druck von 3,1 cm Wassersäule, woraus sich eine Teilchenzahl von 7,9 · 10¹⁶ pro cm³ berechnen ließ. Dieses Goldsol war außerordentlich hochdispers; röntgenographisch wurde ein Teilchendurchmesser von 1,86 m$\mu$ bestimmt, während aus dem osmotischen Druck 1,6 m$\mu$ erhalten wurde. Diese Teilchen sind aber so klein, daß sie im Ultramikroskop unsichtbar sind, weshalb die Teilchenzahl ultramikroskopisch leider nicht geprüft werden konnte.

## IV. Die Grenzflächenerscheinungen.

Vorgänge an Grenzflächen spielen in der Kolloidchemie eine bedeutende Rolle. Eine ganze Reihe von Erscheinungen ist mit diesen Vorgängen eng verbunden. Eine kolloide Lösung weist zwei Arten von Grenzflächen auf: 1. Flächen, die die Lösung selbst gemeinsam hat mit der angrenzenden Luft, mit dem festen Körper (dem Gefäß, in dem sich die Lösung befindet) oder mit einer anderen Flüssigkeit, wenn z. B. die fragliche Lösung durch eine andere überschichtet ist und 2. Flächen, mit denen der *dispergierte Anteil* gegen das Dispersionsmittel grenzt. Im ersten Falle haben die in Frage kommenden Flächen nur eine geringe Ausdehnung, sind aber, der Vorgänge wegen, die sich häufig an diesen Grenzflächen abspielen, nicht zu vernachlässigen; im zweiten Fall hat man dagegen mit Flächen ungeheurer Ausdehnung zu tun, die aber sogar mikroskopisch im Gegensatz zu Fall 1 überhaupt nicht wahrnehmbar sind. Nur durch besondere Maßnahmen kann die Oberfläche des dispergierten Anteils und die Eigenschaften solcher Grenzflächen näher erforscht werden.

Es ist selbstverständlich, daß die Oberfläche eines Körpers, sei es eine feste Substanz, oder sei es eine Flüssigkeit, sich in einem etwas anderen Zustande befinden und einen etwas anderen Bau aufweisen muß, als das Innere. Als Folge treten nun Erscheinungen auf, die besonders bei Flüssigkeiten leicht beobachtet werden können: kleinere Mengen einer Flüssigkeit nehmen rundliche Formen an; man kann sogar zeigen, daß die Flüssigkeiten die Form einer Kugel unter geeigneten Umständen anzunehmen bestrebt sind. Dieses Bestreben erweist sich als Folge der *Oberflächenspannung*, da die Kugel derjenige Körper ist, der bei *geringster* Oberfläche den größen Inhalt aufweist. Bezeichnet man den Quotienten $\frac{\text{Oberfläche}}{\text{Inhalt}}$ mit „spezifische Oberfläche", so erhält man für die Kugel von 1 ccm Volumen (Radius = 0,62 cm) eine spezifische Oberfläche von 4,84 cm²; für einen jeden anderen Körper gleichen Inhalts ist sie aber größer: der Würfel besitzt eine spezifische Oberfläche von 6 cm², das Tetraeder 7,2 cm² usw. Die Oberflächenspannung sorgt somit dafür, daß die Flüssigkeit ein möglichst kleines Volumen einnimmt. Kolloide Lösungen können nun eine verschieden große Oberflächenspannung besitzen und dazu noch die anderer Flüssigkeiten in hohem Maße beeinflussen. Aus diesen Gründen muß sich der Kolloidchemiker auch mit der Oberflächenspannung und mit der Oberflächen- oder Grenzflächenenergie befassen.

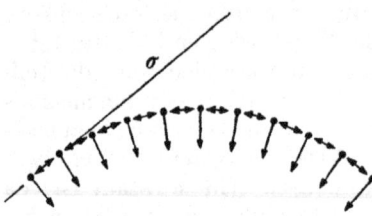

Abb. 14. Oberfläche eines Tropfens.

## Die Oberflächenspannung.

**Zustandekommen und Definition der Oberflächenspannung.** Bekanntlich wirken die Moleküle, wenn sie sich einander sehr stark nähern, *anziehend* aufeinander. Nach einer Vorstellung von Laplace fällt diese Anziehungskraft sehr schnell mit der Entfernung ab; das konnte in unserer Zeit durch Stranski aus Untersuchungen über das Krystallwachstum ebenfalls gefolgert werden. Ein Molekül in der Mitte einer Flüssigkeit wird von allen Seiten von seinen Nachbaren angezogen und die Kräfte heben sich deshalb auf. Anders ist es aber mit denjenigen Molekülen, die sich in der Oberfläche oder nahe der Oberfläche befinden. Hier werden sie durch die Nachbarmoleküle *in Richtung der Flüssigkeit einseitig* angezogen, da ja die Moleküle auf der entgegengesetzten Seite (Luftseite) fehlen; infolgedessen erfahren die Oberflächenmoleküle einen *Zug* in die Flüssigkeit, senkrecht zur Oberfläche. Die Flüssigkeit steht gewissermaßen unter Druck, weil eben die äußeren Moleküle auf die inneren drücken. Die ganz äußere Seite befindet sich infolgedessen in einem *Zustande der Spannung* (Abb. 14).

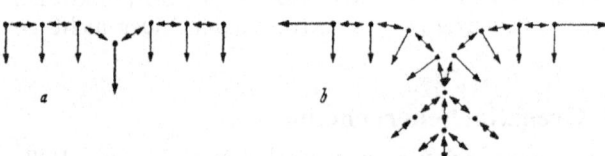

Abb. 15. *a* Widerstand beim Einziehen eines Moleküls in die Flüssigkeit.
*b* Arbeitsaufwand zur Ausbildung einer neuen Fläche.

Die Existenz von Anziehungskräften in der Flüssigkeitsoberfläche selbst folgt daraus, daß beim Versuch des Hineinziehens eines Moleküls, sich dem die zwischenmolekularen Anziehungskräfte in der Oberfläche widersetzen müssen (Abb. 15a). Übrigens fällt es schwer, die Oberflächenerscheinungen anschaulich genauer darzustellen, es ist hier ebenso, wie im Falle des osmotischen Druckes. Will man eine vorhandene Oberfläche vergrößern, so muß *Arbeit geleistet* werden, um die Moleküle aus dem Inneren der Flüssigkeit an die Oberfläche heranzubringen (Abb. 15b). Diese zu leistende Arbeit wird *Oberflächenenergie* genannt, sie kann wieder bei der Verminderung einer Oberfläche zurückerhalten werden. Es ist deshalb verständlich, warum sich, wo nur möglich, eine Oberfläche zu verringern sucht. Diese Verringerung kann bei Flüssigkeiten wegen der hohen Beweglichkeit der Moleküle leicht eintreten und deshalb sind freiliegende oder hängende Tropfen stets bestrebt, die Form mit der geringsten spezifischen Oberfläche — es ist das die Form der Kugel — anzunehmen.

Ein derartiger Spannungszustand besteht in allen Grenzflächen verschiedenartiger Phasen. In diesem ganz allgemeinen Fall spricht man von *Grenzflächenenergien*, z. B. zwischen festen und flüssigen, festen und gasförmigen, flüssigen und gasförmigen, flüssigen und flüssigen Phasen usw.

Als *Oberflächenspannung* $\sigma$ wird diejenige Arbeit (Energie) angesehen, die notwendig ist, um eine Oberfläche um 1 cm² zu vergrößern. Demgemäß ist

$$\sigma = \frac{\text{Oberflächenarbeit}}{\text{Oberfläche}} \quad \dots \dots \dots \dots (1)$$

Die Arbeit wird in dyn · cm (= erg), die neugebildete Oberfläche in cm² ausgedrückt, für die Oberflächenspannung folgt daraus:

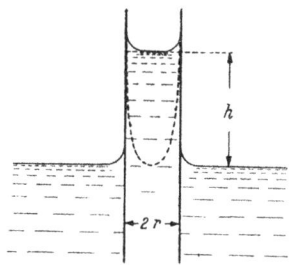

Abb. 16. Emporsteigen einer Flüssigkeit in einer Kapillare. Die Flüssigkeit benetzt die Wände.

$$\sigma = \frac{\text{erg}}{\text{cm}^2} = \frac{\text{dyn}}{\text{cm}}$$

Die Oberflächenspannung in dyn/cm kann auch als Spannkraft definiert werden, mit der sich ein Oberflächenstreifen von 1 cm Breite zusammenzuziehen sucht.

Wenn man Angaben findet, daß Wasser eine Oberflächenspannung 72,8 (bei 20⁰ C) besitzt, so ist damit gemeint, daß zur Ausbildung einer Wasseroberfläche von 1 cm² 72,8 erg aufgewandt werden müssen, oder auch, daß sich ein 1 cm breiter Wasserstreifen mit einer Kraft 72,8 dyn zusammenzuziehen trachtet.

Die Arbeit, die notwendig ist, um eine größere Fläche ($\omega$) auszubilden, ergibt sich dann aus (1): $\qquad A_\omega = \sigma \cdot \omega \dots \dots \dots \dots \dots (2)$

Die Oberflächenenergie $A_\omega$ ist proportional der Oberfläche, $\sigma$ — die Oberflächenspannung — ist demnach der Proportionalitätsfaktor.

**Messung und Größe der Oberflächenspannung.** Die Oberflächenspannung macht sich unter verschiedenen Umständen bemerkbar. Taucht man enge, reine Kapillaren in eine Flüssigkeit, so steigt diese in den Fällen empor, wenn die Wände benetzt werden, und zwar um so höher, je enger die Kapillaren sind. Bei Flüssigkeiten, z. B. Quecksilber, die die Wände nicht benetzen, beobachtet man dagegen eine Senkung des Niveaus gegenüber der Flüssigkeitsoberfläche. Beides läßt sich durch die Oberflächenspannung erklären. Beim Eintauchen einer engen, reinen Kapillare in eine Flüssigkeit benetzt diese zunächst die Innenseite der Kapillare, wie das in Abb. 16 punktiert gezeigt ist, und es müßte sich eine große Oberfläche ausbilden.

Um das Aufbringen der notwendigen Oberflächenenergie zu vermeiden, steigt einfach die Flüssigkeit in der Kapillare so hoch (h), bis das Gewicht der Flüssigkeitssäule der Oberflächenspannung das Gleichgewicht hält. Hierdurch hat sich die Flüssigkeitsoberfläche in der Kapillare wesentlich vermindert. Der obere Rand der aufwärts gerichteten Halbkugel, wo die Oberflächenspannung durch Zug eingreift, ist $2\pi r$; der Zug kann somit durch die Größe $2\pi r\sigma'$ dargestellt werden und wird durch das Gewicht der Säule $\pi r^2 hd$ im Gleichgewicht gehalten (d ist die Dichte der Flüssigkeit). Es ergibt sich somit:

$$2\pi r\sigma' = \pi r^2 hd \qquad \sigma' = \tfrac{1}{2} rhd; \ \sigma = \tfrac{1}{2} rhd \cdot 981 \quad \text{dyn/cm}.$$

Mittels dieser einfachen Methode läßt sich die Oberflächenspannung schnell, aber ungenau bestimmen.

Fast ebenso einfach, jedoch viel genauer und zuverlässiger sind die Messungen mittels des *Stalagmometers* (n. Traube). Diese Methode ist deshalb sehr verbreitet und wird besonders oft bei biologischen Arbeiten gebraucht. Die Bestimmung mit Hilfe des Stalagmometers beruht darauf, daß man die Arbeit feststellt, die zur Ausbildung einer Flüssigkeitsoberfläche durch *Formung von Tropfen* notwendig ist. Experimentell läßt sich das sehr einfach ausführen, indem man von einer kreisförmigen Fläche (6—8 mm im Durchmesser) ein bestimmtes Volumen der fraglichen Flüssigkeit nicht zu rasch abtropfen läßt (etwa in 2—3 Sekunden 1 Tropfen) und die Zahl der Tropfen zählt. Man kann nämlich aus dem Umfange eines einzelnen Tropfens seine Oberfläche berechnen. Die Umfänge zweier Tropfen von Flüssigkeiten desselben spezifischen Gewichtes stehen aber in demselben Verhältnis, wie ihre Steighöhen. Ist somit die Oberflächenspannung (Steighöhe) der einen Flüssigkeit bekannt, so kann aus dem Verhältnis auch die Oberflächenspannung der anderen berechnet werden. Statt mit dem Gewicht der Flüssigkeits-tropfen operiert Traube mit der viel bequemeren reziproken Größe — der Flüssigkeitstropfenzahl Z. Das Stalagmometer hat folgenden Aufbau (Abb. 17): Mit Hilfe eines Gummiballs oder einer Wasserstrahlpumpe wird die Flüssigkeit nach oben gezogen (nicht mit dem Mund, sogar geringste Verun-reinigungen müssen vermieden werden!) und man zählt dann von a beginnend die Zahl der Tropfen Z, die das Kugelgefäß bis b enthält. Damit das Abtropfen nicht zu schnell erfolgt, ist am Ausfluß eine entsprechend enge Kapillare angebracht. Ihre untere kegel-stumpfartige Ausbildung verhindert ein Hochkriechen der Flüssigkeit an der Außenwand, womit eine unveränderliche Abtropffläche garantiert wird. Letztere ist sorgfältig geschliffen, muß vor dem Gebrauch mit Chromschwefelsäure (ebenso wie der ganze Apparat) gereinigt und darf dann mit den Fingern nicht mehr be-rührt werden. Wenn bei b ein Tropfen gerade noch nicht abgerissen ist, so kann an der feinen Teilung das zusätzliche Volumen abgelesen werden, das bis zum Abreißen des Tropfen noch ausfließt. Auf ganz dieselbe Weise und unter den-selben Umständen bestimmt man dann die Tropfenzahl des Wassers $Z_w$. Die Oberflächenspannung der fraglichen Flüssigkeit ist dann nach Traube:

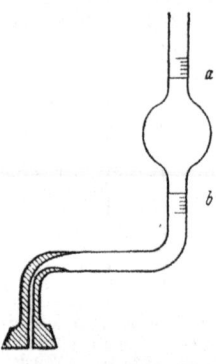

Abb. 17. Stalagmometer.

$$\sigma = \frac{Z_w}{Z} \cdot d \cdot 73 \quad \text{dyn/cm} \cdots\cdots\cdots (3)$$

Bei genauen Messungen bestimmt man das Gewicht der Tropfen.

Eine noch genauere Methode ist die des *Adhäsionsringes*. Diese beruht auf fol-gendem: Ein horizontal liegender Metallring, am besten ein solcher aus Platin-Iridium, der auf dem Arme einer empfindlichen Waage ruht, wird in die zu untersuchende Flüssigkeit getaucht. Die andere Schale der Waage wird nun immer stärker durch Auflegen von Gewichten so lange belastet, bis der Ring eine kleine Flüssigkeitsschicht emporhebt. Bei noch weiterem Belasten reißt der Ring ab. Die Kraft, die dazu notwendig ist, läßt sich somit unmittelbar bestimmen und die Oberflächenspannung nach

$$\sigma = \frac{mg}{4\pi R} \quad \cdots\cdots\cdots\cdots (4)$$

berechnen (m ist das Gewicht der gehobenen Flüssigkeit, g — die Erdschwere-beschleunigung und R — der Halbmesser des Ringes). Die Formel ist allerdings nicht ganz richtig und muß nach Harkins durch Multiplikation mit einem Faktor F korrigiert werden, dessen Höhe unter anderem auch vom Durchmesser und der Dicke des Ringes abhängt. Die Methode ist von Du Noüy so weit vervollkommnet worden, daß die Messung vollständig automatisch durchgeführt werden kann. Mit Hilfe dieser *Tensiometer* kann die Oberflächenspannung direkt in dyn/cm abgelesen werden. Die Instrumente eignen sich besonders für biologische Messungen[36].

Außer diesen 3 Methoden besteht noch eine Reihe anderer, die die Oberflächenspannung mehr oder minder genau zu bestimmen ermöglichen[37].

Wie groß die Oberflächenspannungen verschiedener reiner Flüssigkeiten sind, läßt sich der folgenden Tabelle entnehmen.

Tabelle 11. *Oberflächenspannung einiger reiner Flüssigkeiten.*

| Stoff | t in $^0$C | $\sigma$ | Stoff | t in $^0$C | $\sigma$ |
|---|---|---|---|---|---|
| Wasserstoff | —252,6 | 2,12 | Wasserstoffsuperoxyd | + 0,2 | 78,7 |
| Helium | —270,9 | 0,3 | Natrium | 90,0 | 520 |
| Sauerstoff | —182,7 | 13 | Quecksilber (Vakuum) | 20 | 476 |
| Ammoniak | — 29 | 41,8 | Quecksilber | 30 | 432,0 |
| Wasser | + 30 | 72,8 | Eisen | 1200 | ~1000 |

Die Oberflächenspannung des Wassers nimmt mit steigender Temperatur fast linear ab und wird beim kritischen Punkt (etwa + 370°) gleich Null.

Wie durch Versuche bewiesen werden konnte, ist die Oberflächenspannung eine reine Materialkonstante, sie ist von der Größe und Form der Oberfläche bei ausreichenden Flüssigkeitsmengen unabhängig. Das Vorhandensein von Verunreinigungen in der Grenzschicht beeinflußt dagegen die Oberflächenspannung sehr verschiedenartig, in vielen Fällen äußerst stark.

Die beiden letztgenannten Methoden erlauben nicht nur die Spannung der Grenzfläche Flüssigkeit-Luft, sondern auch die der Grenzfläche Flüssigkeit-Flüssigkeit zu bestimmen. Zu diesem Zweck läßt man z. B. aus dem Stalagmometer direkt die eine Flüssigkeit in die andere abtropfen, so daß es zu keiner Berührung mit der Luft kommt. Für solche Bestimmungen werden die Stalagmometer etwas umgebaut, die Abtropffläche wird sogar nach oben gebogen, wenn eine leichtere Flüssigkeit in eine schwerere zum Abtropfen gebracht werden soll. Auf diese Weise konnte z. B. festgestellt werden, daß Wasser gegen Benzol bei 20° C eine Grenzflächenspannung von 34,5 dyn/cm besitzt (Berechnung siehe l. c.).

**Die Adsorption. Dynamische und statische Oberflächenspannung.** Umfangreichere Versuche zeigten, daß die Konzentration eines in Wasser oder in einer anderen Flüssigkeit gelösten Stoffes in der Grenzfläche meist anders ist als in der Lösung selbst. Auf Grund des über die Oberflächenenergie gesagten ist ein solches Verhalten auch verständlich. Die Flüssigkeit ist nämlich bestrebt, ihre freie Oberflächenenergie möglichst zu verringern. Das kann nicht nur durch eine Verminderung der Oberflächenausdehnung geschehen, sondern auch dadurch, daß aus den Lösungen Moleküle des gelösten Stoffes in die Oberfläche hineingezogen werden, falls damit eine *Verminderung* der Oberflächenspannung verbunden ist; sie nimmt in diesem Fall mit wachsender Konzentration des gelösten Stoffes ab. Beim umgekehrten Verhältnis wird die Grenzfläche an gelöstem Stoff *ärmer*. Die eben beschriebene Konzentrationsänderung in der Oberflächenschicht wird ganz allgemein als *Adsorption* bezeichnet. Wird der gelöste Stoff in der Grenzschicht

---

[36] Näheres darüber s. in F. Heřčik: Oberflächenspannung in der Biologie und Medizin, Dresden: Steinkopff 1934.

[37] H. Freundlich: Kapillarchemie, S. 32, 4. Aufl., Leipzig: Akad. Verlagsges. 1930.

*angereichert*, so spricht man von einer *positiven Adsorption*, wird sie dagegen an diesem ärmer, so hat man mit einer *negativen Adsorption* zu tun. Auch Moleküle in der angrenzenden Gasphase (Dampfraum) können die Oberflächenschicht beeinflussen: Das Gas wird positiv adsorbiert, wenn es die Oberflächenspannung erniedrigt, im entgegengesetzten Fall wird es durch die Grenzfläche nicht oder sehr wenig aufgenommen, die Konzentration im Medium ist höher, als in der Oberflächenschicht.

Es ist nun selbstverständlich, daß das Heraus- und Hineindiffundieren von Molekülen Zeit erfordert. Deshalb wird sich eine endliche Oberflächenspannung nicht sofort nach dem Zusatz eines Stoffes zum Lösungsmittel einstellen, sondern es wird sich zuerst eine *dynamische* Oberflächenspannung ausbilden, die dann in die *statische* übergeht, sobald sich das Adsorptionsgleichgewicht eingestellt haben wird. Bei positiver Adsorption ist $\sigma_{stat} < \sigma_{dyn}$, da doch die Fremdmoleküle erst in die Grenzschicht hineingezogen und dort womöglich orientiert werden müssen, was Zeit erfordert, $\sigma$ fällt mit der Zeit, bis ein konstanter Wert $\sigma_{stat}$ erreicht ist. Bei negativer Adsorption kehren sich die Verhältnisse natürlich um. Die Zeit, die zum Übergang von $\sigma_{dyn}$ bis zu $\sigma_{stat}$ bei reinen Flüssigkeiten notwendig ist, beläuft sich auf einige hundertstel, sogar tausendstel Sekunden, sie ist somit sehr kurz.

**Beeinflussung der Oberflächenspannung des Wassers durch verschiedene kapillaraktive Stoffe.** Zum Verständnis der Vorgänge an Oberflächenschichten ist ein Satz von Gibbs[38]) von Bedeutung, der besagt, daß eine *kleine Menge* eines gelösten Stoffes *die Oberflächenspannung* wohl *stark erniedrigen*, *nicht* aber *stark erhöhen* kann. Der Satz wird verständlich, wenn man bedenkt, daß die Oberflächenspannung erniedrigt wird, wenn sich der gelöste Stoff in der Oberfläche der Lösung anreichert (positive Adsorption) — dazu sind aber ganz geringe Mengen des Stoffes notwendig, da doch die Oberflächenschicht sehr dünn ist und die zugesetzten Mengen genügen, um eine ziemlich hohe Konzentration in der Schicht aufrecht zu erhalten. Anders ist es dagegen bei Stoffen, die die Oberflächenspannung erhöhen: hier ist die Konzentration der Stoffe in der Oberflächenschicht geringer als in der Lösung selbst (negative Adsorption); um jetzt die Konzentration in der Schicht zu erhöhen (womit ein Steigen der Oberflächenspannung verbunden wäre), ist es notwendig, die Konzentration des Stoffes *im ganzen Volum der Lösung* zu erhöhen, wozu natürlich viel größere Mengen des Stoffes als im ersten Fall notwendig sind.

Diejenigen Stoffe, die die Oberflächenspannung von Flüssigkeiten stark *herabsetzen*, werden *kapillaraktiv* genannt, während solche Stoffe, die sie nicht beeinflussen oder sogar erhöhen, als *kapillarinaktiv* gelten. Es hängt vom Lösungsmittel ab, ob ein Stoff kapillaraktiv ist, oder nicht. Manche Stoffe in Wasser gelöst, können aktiv sein, sie können aber ihre Aktivität verlieren, wenn sie in anderen Lösungsmitteln mit niedrigerer Oberflächenspannung gelöst werden.

Die Erscheinung der Verminderung der Oberflächenspannung kann am besten an Flüssigkeiten studiert werden, die ein hohes $\sigma$ besitzen. Hierzu eignet sich in hervorragender Weise das Wasser.

Oberflächeninaktiv sind vor allem die anorganischen Salze, auch eine ganze Reihe organischer. NaCl erhöht z. B. die Oberflächenspannung des Wassers nur wenig, die von etwa 73 bis auf 83 dyn/cm bei einer 5,5-molaren Lösung steigt. Kapillarinaktiv sind ferner hydroxylreiche Stoffe, wie Zucker, Glyzerin usw. Anorganische Säuren und Basen sind ebenfalls wenig aktiv; so hat beispielsweise

---

[38]) W. Gibbs: Thermodynamische Studien, S. 321, Ostwalds Klassiker.

eine 1,5-molare Schwefelsäure ein $\sigma = 73,7$, eine ebensolche HCl $\sigma = 72,6$, LiOH $\sigma = 75,5$, $NH_4OH$ $\sigma = 70,0$[39]).

Kapillar*aktiv* sind die wäßrigen Lösungen sehr vieler organischer Stoffe: die der Alkohole, Aldehyde, Fettsäuren, Äther, Ester, Amine, Terpene, Kampher u. a. Die Abhängigkeit der Oberflächenspannung von der Konzentration (c) des zugesetzten Stoffes in der Lösung wird am besten durch die $\sigma$-c-Kurven veranschaulicht. In Abb. 18 sind Kurven wiedergegeben, die zeigen, wie die Oberflächenspannung des Wassers durch Zusatz verschiedener Säuren der Fettreihe beeinflußt wird. Die in der Abbildung angeführten Säuren besitzen in reinem Zustande ein $\sigma$, das sich wenig voneinander unterscheidet;

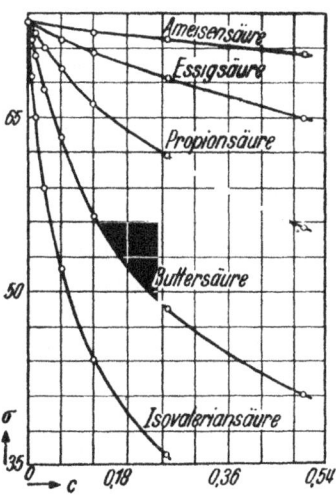

werden aber die Stoffe in Wasser gelöst, so wird $\sigma$ des Wassers um so stärker erniedrigt, je länger die Kette der Fettsäure ist. Darin besteht die sogenannte Traubesche Regel, die besagt, daß *die Oberflächenaktivität regelmäßig mit dem Ansteigen der homologen Reihe zunimmt*, und zwar braucht man, um die gleiche Erniedrigung von $\sigma H_2O$ zu erzielen, von jedem in der homologen Reihe höher stehenden Stoff etwa eine dreimal kleinere Konzentration, als von dem vorausgehenden, um eine $CH_2$-Gruppe ärmeren Stoff. So erniedrigen z. B. 1,38 Mol Ameisensäure im Liter die Oberflächenspannung des Wassers um 14%; dieselbe Wirkung wird aber schon durch eine ungefähr 10000mal kleinere Menge n-Nonylsäure hervorgerufen. Alkohole, Ester, Amine, nach der Länge der Ketten geordnet, verhalten sich ähnlich.

Es ist leider noch nicht gelungen, die Abhängigkeit zwischen $\sigma$ und c theoretisch zu deuten. Nur empirische Formeln liegen vor, die die obigen $\sigma$-c-Kurven ziemlich gut wiedergeben. Eine dieser

Abb. 18. $\sigma$-c-Kurven der löslichen Fettsäuren in Wasser. Konzentration in m/l (s. die Traubesche Regel).

Formeln ist die von Szyszkowskische Beziehung, die in der Fassung Freundlichs folgendes Aussehen hat[40]):

$$\varDelta = \frac{\sigma_M - \sigma_L}{\sigma_L} = b \ln \left( \frac{c}{a} + 1 \right) \qquad \ldots \ldots (5)$$

$\varDelta$ ist die relative Erniedrigung der Oberflächenspannung des reinen Lösungsmittels, $\sigma_M$ – dessen Oberflächenspannung, $\sigma_L$ – die der Lösung und c ist die Konzentration der Lösung; a und b sind Konstanten. b ändert sich nur wenig von Stoff zu Stoff; die Konstante a ist für jeden Stoff charakteristisch. Die experimentell erhaltenen Kurven ergeben sich aber sehr oft abweichend von Formel (5).

**Ausbreitung von Stoffen auf Flüssigkeitsoberflächen. Monomolekulare Schichten.** Man beobachtet oft, daß sich ein kapillaraktiver Stoff auf einer Flüssigkeitschicht schnell ausbreitet und die Oberflächenspannung der Flüssigkeit erniedrigt. Die Ausbreitung läßt sich als Folge der Wirkung von Oberflächenkräften auffassen. Besonders übersichtlich gestalten sich die Verhältnisse im Falle zweier nichtmischbarer Flüssigkeiten. Wird z. B. ein leichtes Öl auf eine Wasseroberfläche getropft, so können 2 Fälle unterschieden werden: das Öl verbreitet sich entweder über die ganze Oberfläche, oder es bleibt in Form eines mehr oder minder abgeplatteten Tropfens auf dem Wasser schwimmen. Diese Tatsachen

---

[39]) Weitere Beispiele s. H. Freundlich: Kapillarchemie, 4. Aufl., S. 72.
[40]) S. hierzu K. Teise: Theorie der Oberflächenspannung, Koll. Z. *102*, 132 (1943).

erklärt man durch das Spiel der Oberflächenkräfte. Wie aus Abb. 19 ersichtlich, kommen hier 3 Grenzflächenspannungen in Betracht: $\sigma_1$– die der tragenden Flüssigkeit, $\sigma_2$– die des schwimmenden Tropfens (beide gegen Luft) und $\sigma_{1,2}$– die zwischen der tragenden und schwimmenden Flüssigkeit. Schwimmt ein Tropfen zu einer Linse abgeplattet auf der Oberfläche, so befinden sich die 3 Spannungen im statischen Gleichgewicht:

$$\sigma_1 = \sigma_2 + \sigma_{1,2} \qquad \ldots\ldots\ldots (6)$$

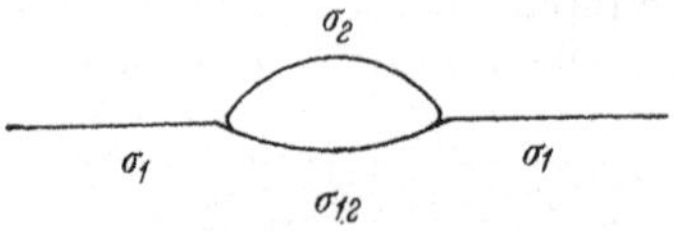

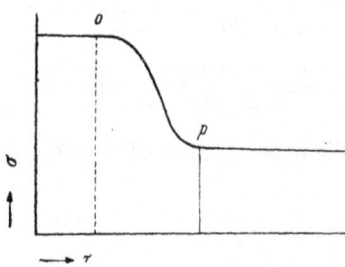

Abb. 19. Öltropfen auf der Wasseroberfläche.

Beim Ausbreiten des Tropfens ist offenbar $\sigma_1 - (\sigma_2 + \sigma_{1,2}) = \varDelta \sigma > 0 \ldots\ldots\ldots$ (7), die tragende Flüssigkeit überzieht sich mit einer Schicht der anderen, wodurch *Senkung* der Oberflächenspannung erfolgt. Ist aber die obige Differenz negativ, so zieht sich der linsenförmige Tropfen mehr oder minder zusammen.

Hier interessiert nur die psositive Differenz, da sie zur Bildung *monomolekularer Schichten* führt, die für manche kolloidchemische Gebiete vonBedeutung sind. Kapillaraktive Stoffe, wie es z. B. die höheren Fettsäuren und die Alkohole sind, haben die Eigenschaft, sich auf Wasserflächen auszubreiten. Dieses „Spreiten" dauert in vielen Fällen dabei so lange an, bis sich eine *monomolekulare, zweidimensionale* Schicht gebildet hat; bei noch weiterer Ausbreitung reißt die Schicht auf, was sich alles durch Messung von $\sigma$ verfolgen läßt. Lord Rayleigh hatte nämlich zu Anfang des Jahrhunderts beobachtet, daß ganz geringe Ölsäuremengen die Oberflächenspannung von Wasser *nicht beeinflussen*; erst wenn eine minimale Menge überschritten ist, beginnt sich $\sigma$ zu senken. Die Verhältnisse lassen sich mit Hilfe eines $\sigma$-$\tau$-Diagramms gut überschauen. Vorerst sei aber erwähnt, daß man die Dicke $\tau$ der Schichten ganz einfach berechnen kann: Gewöhnlich tropft man einen Stoff (z. B. eine Fettsäure) als Lösung in Benzol ganz bestimmter Konzentration in abgemessener Menge auf eine reine Wasseroberfläche, die eine definierte Größe S besitzt (z. B. Wasser in einem viereckigem Trog); die Lösung breitet sich über die ganze verfügbare Flüssig keitsoberfläche aus, das Benzol verdampft und der gelöste Stoff (Volumen V) bleibt in einer

Abb. 20. Abhängigkeit der Oberflächenspannung des Wassers von der Dicke $\tau$ der sich auf der Oberfläche befindlichen Fettsäureschicht. ($\sigma$-$\tau$-Diagramm).

$$\text{Schichtdicke} \qquad \tau = \frac{V}{S} \qquad \ldots\ldots (8)$$

zurück. Man kann sogar ausrechnen, eine wie große Fläche $a^2$ von einem Molekül des Stoffes vom Molekulargewicht M eingenommen wird:

$$a^2 = \frac{S \cdot M}{N \cdot d \cdot V} \qquad \ldots\ldots (9)$$

N ist die Avogadrosche Zahl $= 6{,}023 \cdot 10^{23}$ (Zahl der Moleküle im gr-Molekül), d– die Dichte des gebrauchten Stoffes, wobei vorausgesetzt wird, daß sich diese im gespreiteten Zustande des Stoffes nicht ändert.

Mißt man nun die Oberflächenspannung des Wassers nach der Abreißmethode mit verschieden dicken Fettsäureschichten darauf, so erhält man das Diagramm Abb. 20. Zunächst ändert sich $\sigma H_2O$ nicht. Wie Versuche mit talkbestreuten Wasseroberflächen zeigten, bilden sich bei geringen Konzentrationen keine zusammenhängenden Fettsäurefilme, sondern die Säuren schwimmen als *Inseln* in monomolekularer Schicht auf dem Wasser und beeinflussen dessen $\sigma$ nicht.

Nach Vorstellungen von Devaux, Hardy, Harkins, Langmuir u. a. liegen hier die langen Moleküle unorientiert auf der Wasseroberfläche mit ihrer hydrophilen Karboxylgruppe (–COOH) im Wasser, während die hydrophobe Alkylgruppe (das andere Ende des Fettsäuremoleküls) teilweise oder ganz aus dem Wasser herausragt*). Wird jetzt die Menge der Säure auf der Oberfläche vergrößert, so erreicht man einen Punkt O, bei dessen Überschreitung die Oberflächenspannung des Wassers schnell zu fallen beginnt. Hier bildet sich nämlich eine *zusammenhängende* monomolekulare Schicht aus und sämtliche Moleküle werden orientiert, indem sie sich ·senkrecht zur Wasseroberfläche stellen, die –COOH-Gruppen im Wasser, die $CH_3$-Enden der Luft zugekehrt, ein $\sigma = 30\,dyn/$cm wird erreicht. Bei noch größeren Fettsäuremengen, rechts von p, setzt schon ein Knillen und Überschichten der Filme ein; $\sigma H_2O$ wird dabei wenig beeinflußt. Der Punkt O läßt sich auch einfacher feststellen: hat man auf der Oberfläche eine Fettsäureschicht, die dicker als monomolekular ist (also rechts von p), so übt diese *einen Druck* auf eine auf dem Wasser schwimmende Barriere aus, da sich die Schicht, dem Oberflächenzuge folgend ($\sigma H_2O > \sigma \ddot{O}l$), sich auf der Wasseroberfläche auszubreiten sucht. Der Druck, der mit Hilfe besonderer Einrichtungen gemessen werden kann (z. B. nach Adam und Jessop), hört auf, sobald der Film die monomolekulare Dicke erreicht hat (Punkt O) und sich somit schon kurz vor dem Zerreißen befindet. Berechnet man nun $a^2$ nach (9), so ergibt sich je Molekül der Fettsäure etwa 20,4 $\overset{\circ}{A}{}^2$, was mit dem röntgenographisch ermittelten Wert für den Querschnitt eines Fettsäuremoleküls ziemlich genau übereinstimmt. Dieser Wert ändert sich nicht, wenn man andere Säuren derselben homologen Reihe untersucht, trotz der verschiedenen Länge der Moleküle. Dieser Umstand dient als eine weitere Bestätigung der Ansicht über den Aufbau der monomolekularen Schichten, die sich auch bei der späteren Entwicklung des Gebietes bestens bewährt hat.

Außer Wasser sind dünne Häutchen auch auf Quecksilber untersucht worden.

**Die Benetzungsvorgänge. Der Randwinkel.** Es wurden bisher die Oberflächenerscheinungen betrachtet, die sich auf den Grenzflächen flüssig-gasförmig und flüssig-flüssig abspielten. Von größter Bedeutung sind aber die Vorgänge auf der Grenzfläche flüssig-fest und fest-gasförmig. Einem jeden ist geläufig, daß es Stoffe gibt, die durch Flüssigkeiten, z. B. Wasser, sehr leicht, mittelmäßig oder überhaupt nicht benetzt werden. Man sagt in solchen Fällen, daß Benetzung erfolgt, wenn die Moleküle der Flüssigkeit die Bausteine des festen Stoffes stärker anziehen, als die eigenen Moleküle; erfolgt keine Benetzung, so findet das Umgekehrte statt: die Moleküle der Flüssigkeit ziehen einander stärker an, als die Bausteine des festen Stoffes. Noch besser läßt sich das mit Hilfe der Oberflächenspannung klarmachen (s. Abb. 21)[41]:

Befindet sich ein Wassertropfen im Gleichgewicht auf einer Glasoberfläche, so stehen offenbar auch die drei Spannungskräfte der Dreiphasengrenze miteinander im Gleichgewicht. Eine jede Oberfläche trachtet aber danach, ihre Spannung zu vermindern: $\sigma_1$ des Glases könnte sich vermindern, wenn sich das Glas mit Wasser überzöge; deshalb wirkt $\sigma_1$ im Sinne der Vergrößerung der Zwischenfläche (Abb. 21). Geschieht das tatsächlich, so vermindert sich die Oberflächenspannung des Glases auf den Betrag $\sigma_1 - \sigma_{1,2}$ (auf der Zeichnung dargestellt durch die entgegengesetzten Pfeile). Der Zug, der den Tropfen zur Ausbreitung treibt,

---

*) Sphäroproteine, wie Albumin u. a. werden bei der Spreitung auf der Wasseroberfläche denaturiert, wobei aus den rundlichen Molekülen flächenhafte entstehen; die hydrophilen Gruppen (—COOH, —$NH_2$) tauchen dabei ins Wasser, die Kohlenwasserstoffradikale dagegen ragen in die Luft.

[41] S. E. Hückel: Adsorption und Kapillarkondensation, S. 241, Leipzig 1927.

ist somit nur $\sigma_1 - \sigma_{1,2}$ groß. Das Gleichgewicht wird durch die Oberflächen-spannung des Wassers $\sigma_2$ (s. Abb. 14) wiederhergestellt, die allerdings nur unter dem Randwinkel $\varphi$ als Projektion $\sigma_2\cos\varphi$ zur Geltung kommt. Im Falle des Gleichgewichts erhält man somit die Youngsche Beziehung:

$$\sigma_1 - \sigma_{1,2} = \sigma' = \sigma_2\cos\varphi \qquad \dots\dots (10)$$

Der Zug $\sigma = \sigma_1 - \sigma_{1,2}$, der bestrebt ist, die Flüssigkeit über die ganze Ober-fläche des festen Körpers zu ziehen, wird *Benetzungsspannung* genannt. Be-netzung erfolgt, wenn $\sigma > \sigma_2$; in diesem Fall ist die Flüssigkeit bestrebt, den Randwinkel $\varphi$ gleich Null werden zu lassen, trotzdem wird das Gleichgewicht *nicht* erreicht, da $\sigma > \sigma_2$ (cos $0^0 = 1$). Infolgedessen ist die Benetzung *vollkommen.*

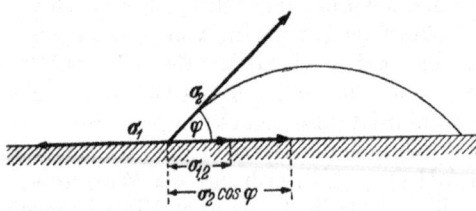

Abb. 21. Ausbildung der Benetzungsspannung. $\sigma_1$ Ober-flächenspannung fest-gasförmig, $\sigma_2$ flüssig-gasförmig und $\sigma_{1,2}$ fest-flüssig (Zwischenflächenspannung), $\psi$ Randwinkel.

Ist $\sigma < \sigma_2$, so kann man immer einen Winkel finden, der die Glei-chung (10) befriedigt: je größer $\sigma_2$, um so größer der Randwinkel $\varphi$ (um so kleiner cos$\varphi$). Wird $\sigma$ negativ (dann ist $\sigma_{1,2} > \sigma_1$), so nimmt der Randwinkel von $90^0$ bis $180^0$ zu. Die Benetzung ist in diesen Fällen *unvollständig.* Die Flüssigkeit lagert in Form von abgeplatteten Tropfen auf der festen Oberfläche. Eine Benetzung kann aber erzielt werden, wenn man $\sigma_2$ vermindert, was mit Hilfe von kapillaraktiven Stoffen geschehen kann.

Der Randwinkel macht sich auch beim Eintauchen von festen Körpern in Flüssigkeiten bemerkbar (Abb. 22).

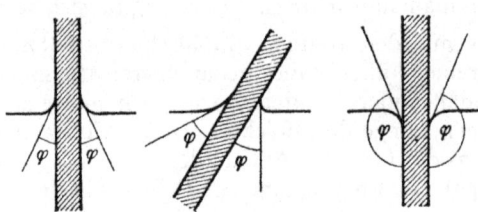

Abb. 22. Randwinkel klein: Benetzbarkeit. Randwinkel groß ($> 90^0$): Nichtbenetzbarkeit.

Dementsprechend kann man auch unterscheiden: Hydrophile Grenzflächen (mit Wasser $\varphi < 90^0$) und hydrophobe Grenzflächen ($\varphi > 90^0$) Der Randwinkel kann je nach der Natur der Flüssigkeit und des festen Körpers sehr verschieden sein, ist aber für ein gegebenes Stoffpaar eine Materialkonstante, die zwar schwer genau meßbar ist, die sich aber unabhängig von der Größe, Form und Lage des festen Körpers herausstellt.

**Grenzflächenaktivität.** Die Erfahrungen, die mit einem Grenzflächenpaar gemacht worden sind, dürfen *nicht verallgemeinert* werden, indem man sie z. B. auf ein anderes Grenzflächenpaar überträgt, obgleich dieselben grundsätzlichen Gesetzmäßigkeiten immer gelten werden[42]). Besonders Rehbinder und seine Schüler konnten das in einigen Fällen zeigen: z. B. eine Trypanblaulösung, die an der Grenze Wasser-Luft nur schwach aktiv ist, steigert ihre Aktivität an der Grenze Wasser-Benzol, Wasser-Petroläther oder Wasser-Olivenöl. In solchen Fällen spricht man ganz allgemein von einer *Grenzflächenaktivität.*

## Oberflächenspannung kolloider Lösungen.

**Anorganische Kolloide.** Es ist das Merkmal der meisten anorganischen, hydrophoben kolloiden Lösungen, daß sich ihre Oberflächenspannung an der Grenze Wasser-Luft nur wenig von der des reinen Wassers unterscheidet. In den

---

[42]) Z. B. Rehbinder: Biochem. Z. *187*, 19 (1927).

meisten Fällen ist der Unterschied kleiner als 1%. Dies folgt aus Messungen an vielen Solen: deren Oberflächenspannung ist nur wenig kleiner als die des Wassers, nicht nur bei den verdünnten Metallsolen (Ag, Au, Pt), sondern auch bei den konzentrierteren $Fe_2O_3-$ (27,2 g im Liter) und $As_2S_3$-Solen (20 g im Liter). Einen ebenfalls unbedeutenden Unterschied weisen auch die $Al_2O_3$, $V_2O_5$- und sogar die hydrophilen anorganischen Sole, wie die der Kiesel- und Zinnsäure auf.

Fügt man zu diesen Solen einen kapillaraktiven Stoff hinzu, so erfolgt natürlich eine starke *Senkung* der Oberflächenspannung des Kolloids nach Gesetzmäßigkeiten, die im vorigen Paragraphen besprochen wurden. Die Lösungen erlangen dann Eigenschaften, die Flüssigkeiten mit niedriger Oberflächenspannung eigentümlich sind (s. w. u. S. 48).

**Organische Kolloide.** Die organischen kolloiden Lösungen, die ja meistens hydrophile Sole sind, haben eine geringe Oberflächenspannung. Die des Wassers wird mäßig stark erniedrigt, wenn man darin z. B. Eiweißstoffe löst; stark aktiv sind dagegen Seifen, Saponine und verwandte Stoffe. Als inaktiv haben sich aber Stoffe, wie z. B. die Stärke des Handels, herausgestellt.

Gegen die Verallgemeinerung der Auffassung, daß hydrophile Sole kapillaraktiv sind, bestehen nach Freundlich zwei Bedenken[43]): 1. genügen ja, wie schon erwähnt, ganz winzige Mengen kapillaraktiver Stoffe, um die Oberflächenspannung stark herabzusetzen; die in Frage kommenden hydrophilen Sole sind aber selten so sorgfältig gereinigt worden, daß man sicher sagen könnte, die gemessene Erniedrigung der Oberflächenspannung ist der reinen Lösung eigen und rührt nicht von einer zufälligen, nicht entfernten, sehr aktiven Verunreinigung her. Besonders gut gereinigtes Kasein setzt z. B. die Oberflächenspannung des Wassers nur wenig herab, während Kaseine des Handels dies in deutlicher Weise tun. Andrerseits steht es aber fest, daß viele Stoffe, wie die Seifen, sehr oberflächenaktive Sole liefern; zweifellos stammt hier die Aktivität vom Stoffe selber und nicht von irgendwelchen Beimengungen. Dieser Auffassung gemäß müßte sich also die Zahl der stark kapillaraktiven, hydrophilen Stoffe vermindern, wenn man sie alle in besonders reiner Form verwenden würde. Zweitens lassen sich gegen die Verallgemeinerung des Satzes ,,hydrophobe Kolloide — hohe Oberflächenspannung, hydrophile Kolloide — kleine Oberflächenspannung'' noch Einwendungen theoretischer Natur erheben: Nach Gibbs wird nämlich die Größe der Senkung der Oberflächenspannung durch die molare Konzentration des in der Grenzfläche kolloid gelösten Stoffes hervorgerufen. Je größer die Zahl der Mole (Moleküle) somit ist, um so niedriger das $\sigma$. Nun sind die Teilchen hydrophober Sole meistens groß, folglich ist ihre Zahl in der Grenzfläche gering und deshalb auch eine geringe Senkung des $\sigma$. Das Umgekehrte trifft bei hydrophilen Solen zu. Dieser Auffassung gemäß ist die kapillare Aktivität *keine* spezifische Eigenschaft des Stoffes, sondern nur eine Frage der molekularen Konzentration des Kolloids: ist diese in der Oberflächenschicht hoch (also bei Kolloiden, die sich in höherer Konzentration darstellen lassen) — so ist der Stoff kapillaraktiv.

Dagegen spricht aber gewissermaßen die Höhe der dynamischen Oberflächenspannung $\sigma_{dyn}$ (s. S. 42) bzw. das sich langsam einstellende $\sigma_{stat}$. Bei reinen Flüssigkeiten dauert die Einstellung der endgültigen Oberflächenspannung $\sigma_{st}$ etwa $1/_{100}$ Sekunde; auch bei anorganischen, chemisch bereiteten Kolloiden, z. B. $As_2S_3$, $Fe(OH)_3$ u. a. erfolgt das sehr schnell (trotz der großen Dimensionen der Teilchen). Fast alle organischen (meist hydrophilen) Kolloide zeigen aber nach Bildung einer frischen Oberfläche eine langsame *Senkung* der Oberflächenspannung (Übergang von der dynamischen zur statischen), die einige Stunden, in manchen

---

[43]) H. Freundlich: Kapillarchemie II, 4. Aufl. 293, 1932.

Fällen aber, nach Rehbinder, sogar 2 Tage dauert, z. B. bei einigen Farbstoffen. Es liegt nahe anzunehmen, daß diese Erscheinung durch *die Größe* der kolloiden Teilchen oder der Moleküle verursacht wird, die ja die Erniedrigung der Oberflächenspannung hervorrufen: große Partikel gelangen in die Oberfläche langsamer, so daß demzufolge auch die Oberflächenspannung langsamer erniedrigt wird. Nun besitzen auch die hydrophoben Kolloide große Teilchen, hier erfolgt aber die Einstellung von $\sigma_{st}$ schnell, was sich mit der Auffassung von Freundlich nicht ohne weiteres in Einklang bringen läßt; es ist vielmehr anzunehmen, daß die Aktivität hydrophiler Kolloide doch eine Eigenschaft des Stoffes selber ist.

Über den zeitlichen Abfall der Oberflächenspannung sind besonders eingehende Untersuchungen von Du Noüy angestellt worden[44]).

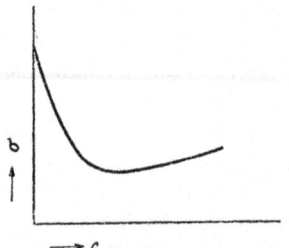

Abb. 23. $\sigma$-c-Diagramm kolloider Seifenlösungen.

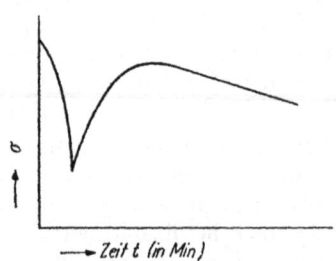

Abb. 24. $\sigma$-t-Kurve.

Die kapillaraktivsten Stoffe sind, wie schon erwähnt, die Seifen, verschiedene seifenartige Stoffe, z. B. Fettalkoholsulfonate; sie liefern kolloide Lösungen mit niedriger Oberflächenspannung. Löst man diese Stoffe in Wasser, so wird natürlich dessen $\sigma$ stark erniedrigt (bis auf etwa 20 dyn/cm) und man erhält die kolloide Lösung der entsprechenden Seife. Nach dem Eintragen der experimentell erhaltenen Werte, die den Zusammenhang zwischen $\sigma$ und der Konzentration c der Lösung darstellen, in ein Diagramm, bemerkt man, daß diese Kurven sehr unregelmäßig, etwa nach der Art der Abb. 23 ausfallen und daß die v. Szyszkowskische Gleichung (5) nicht erfüllt ist. Oft stört auch die Kohlensäure der Luft[45]). Geringe Mengen kapillaraktiver Stoffe beeinflussen nach Abb. 23 sehr stark die Oberflächenspannung des Wassers, sie wird aber durch weitere Zusätze nicht mehr wesentlich beeinflußt, sie *vergrößert* sich sogar wieder. Hier geht die Oberflächenspannung in Abhängigkeit von der Konzentration des kapillaraktiven Stoffes durch ein Minimum, das etwa einer Konzentration entspricht, wo sich die ursprünglichen Moleküle zu größeren Aggregaten zusammenschließen. Bei Verwendung von Seifen verschiedener Kettenlänge läßt sich gemäß den Arbeiten von Lottermoser, Heß und Mitarbeitern u. a. zeigen[46]), daß die Regel von Traube erfüllt ist: Eine ganz geringe Senkung von $\sigma$ ruft nämlich das Na-Capronat (gesättigte Fettsäure mit einer Kette aus 6 C-Atomen) hervor, stärker wirken schon die weiteren fettsauren Salze; die stärkste Wirkung kommt aber den Salzen mit $C_{14}$ bis $C_{18}$ zu. Allerdings mußten die Versuche bei einer höheren Temperatur als 60° C durchgeführt werden, um die Löslichkeit der höheren Seifen zu vergrößern. Das Stearat $C_{18}$- z. B. löst sich bei Zimmertemperatur in Wasser nur sehr wenig, die

---

[44]) Du Noüy: Equilibres superficiels (Paris 1929); s. auch F. Herčik: Oberflächenspannung in Biologie und Medizin, Dresden: 1934 S. 83.

[45]) Die Kohlensäure begünstigt die Bildung freier Fettsäuren, die sehr oberflächenaktiv sind.

[46]) Koll. Beih. 34. 339 (1932); Koll. Z. 63. 175 (1933); Koll. Z. 88. 40 (1939)

Löslichkeit nimmt aber oberhalb einer Temperatur, die ungefähr dem Schmelzpunkte der reinen Fettsäure (69,3°) gleicht, stark zu. Nur unter solchen Umständen gelang es übersichtliche Resultate zu erhalten.

In manchen Fällen beobachtet man, daß nach Zusatz eines kapillaraktiven Stoffes zur kolloiden Lösung zunächst eine Senkung der Oberflächenspannung, dann aber ein schnelles Steigen bis zum ursprünglichen Wert beobachtet wird (Phänomen nach Du Noüy). Folgende Erklärung läßt sich hierzu angeben: Der kapillaraktive Stoff verbreitet sich in der Oberfläche und senkt die Spannung; dann reagiert er mit den kolloiden Teilchen, oder wird von ihnen adsorbiert, der Stoff beginnt aus der Oberfläche zu verschwinden und die Oberflächenspannung steigt. Die $\sigma$-t-Kurven haben dann folgendes Aussehen (Abb. 24):

**Die Bedeutung der Oberflächenspannung.** Bei einer ganzen Reihe von Erscheinungen und Prozessen spielt die Höhe der Oberflächenspannung eine große Rolle.

Die Oberflächenenergie ist ja diejenige, die aufgewendet werden muß, um frische Oberflächen herzustellen. Aber gerade in der Kolloidchemie ist die Ausbildung ausgedehnter Oberflächen von grundlegender Bedeutung. Die Dispergierungsvorgänge werden erleichtert, wenn man die Grenzspannung zwischen dem dispersen Anteil und dem Dispersionsmittel vermindert. Besonders deutlich kommt das beim Erzeugen von Schäumen und Emulsionen zum Vorschein. Hier muß nicht nur die Emulgierung selbst erleichtert werden, sondern die erhaltenen Emulsionen müssen auch haltbar sein. Beides läßt sich erreichen, wenn man durch Zusatz kapillaraktiver Stoffe die Grenzflächenspannung zwischen beiden Flüssigkeiten herabsetzt. Als gute Emulgatoren haben sich z. B. die Seifen zur Herstellung von Emulsionen fettartiger Flüssigkeiten in Wasser erwiesen.

Eine große technische Bedeutung kommt der Benetzung zu, z. B. der Benetzung von Fasern durch Wasser. In einer Reihe von technischen Prozessen, wie Waschen, Bleichen, Färben, Imprägnieren usw. ist eine gute Benetzung Voraussetzung zum fehlerlosen Ablauf der Prozesse. Es spielt hierbei nicht nur die Benetzbarkeit allein eine Rolle, sondern auch die Geschwindigkeit der Prozesse, da diese in den meisten Fällen möglichst hoch sein muß. Ferner müssen für bestimmte Zwecke Faserstoffe hergestellt werden, die leicht benetzbar sind (Taschentücher, Handtücher, Verbandwatte), für andere jedoch solche, die schwer benetzbar sind (Zeltstoffe, Regenmäntel, Windjacken usw.). In allen diesen Fällen spielt die Benetzbarkeit eine Rolle. Hydrophile feste Oberflächen werden oft von Wasser schlecht benetzt, weil die rauhen Flächen mit einer adsorbierten *Luftschicht* bedeckt sind, z. B. ganz trockner Torf oder viele gut getrocknete Silikatpulver. Auch Blätter vieler Pflanzen benetzen sich schlecht (Morgentau!). Eine gute Benetzung von Blättern ist aber beim Pflanzenschutz wichtig. Die Benetzung kann erzwungen werden, wenn man $\sigma_2$ nach (10) erniedrigt. Das kann mit Hilfe von „Netzmitteln" geschehen. Hierdurch vermindert sich $\sigma_2$ und der feste Körper überzieht sich mit einer Flüssigkeitsschicht. Den Lösungen von Pflanzenschutzmitteln setzt man oberflächenaktive Stoffe hinzu, um die notwendige Benetzung der Blätter zu fördern. Viele *reine* Faserstoffe, wie Wolle, Baumwollfasern, sind an und für sich leicht benetzbar. Sie werden aber bei der Bearbeitung verunreinigt, d. h. an ihnen bleibt eine meist fettige Schicht (Wollfett, verschiedene Öle) haften, die erst entfernt werden muß, um vollkommen benetzbar zu sein. Diese Entfernung erfolgt im *Waschprozeß*. Hierbei werden Waschmittel gebraucht, die die Zwischenflächenspannung Wasser-Fett und die Oberflächenspannung Wasser-Luft herabsetzen. Es erfolgt ein Emulgieren des Fettes, die Oberfläche wird rein und mit Wasser benetzbar. Seifen sind um so bessere Netzmittel, je größer ihre Grenzflächen- und Zwischenflächenaktivität ist.

Beim Waschen wird nicht nur Fett, sondern es werden auch noch andere Verunreinigungen, wie Staub, Farben, Ruß, Eiweiß, von der Oberfläche der Fasern entfernt. Der Waschprozeß erweist sich hierbei als sehr kompliziert. Die Waschmittel wirken nicht nur durch Senkung der Grenzflächenspannungen, sondern auch in einer anderen Art, wie das der Versuch von Spring zeigt: Wird durch ein Papierfilter eine wäßrige Aufschlämmung eines gereinigten Lampenrußes gegossen, so bleibt der Ruß auf dem Filter zurück und die Flüssigkeit läuft klar durch; läßt man aber jetzt eine Seifenlösung durch das Filter laufen, so geht der Ruß glatt durchs Papier. Nach Madsen besitzt eine Seifenlösung die Fähigkeit, jede Grenzfläche unabhängig von ihrer ursprünglichen Ladung *negativ* aufzuladen. Es erhalten somit dieselbe Ladung auch die Schmutzteilchen. Infolgedessen kommen zwischen diesen Teilchen und den Gewebefasern *Abstoßungskräfte* in Tätigkeit, das Haften des Teilchens an der Unterlage wird gelockert und die Verunreinigungen verlassen während des Waschens, vom Seifenschaum getragen die Oberfläche[47]).

Mit der Benetzungsspannung hängt auch die sogenannte „Flotation" der Erze zusammen. Es gibt Erze, die sich schwer benetzen, was zu ihrer Trennung von gut benetzbaren ausgenutzt werden kann. Das feingemahlene Gut wird in Wasser suspendiert und durch die Suspension Luft in feinen Bläschen geleitet. Die schwer benetzbaren Teilchen umgeben die Luftbläschen und werden von diesen nach oben getragen. Das schwer benetzbare Erz reichert sich somit im Schaum an, während die gut benetzbaren Teilchen (Gangart, andere Erze) mit kleinem Randwinkel sich *nicht* an die Luftbläschen „hängen können", und in der Suspension oder im Bodenkörper zurückbleiben. Zur Steigerung des Unterschiedes der Benetzbarkeit und zur Begünstigung der Schaumbildung gibt man noch verschiedene „Flotationsmittel" zum Wasser (s. S. 265).

Ist eine Oberfläche einmal durch eine Flüssigkeit benetzt worden, so fällt es schwer, diese wieder durch eine andere Flüssigkeit zu ersetzen. Das läßt sich aber doch schließlich mit gewissen *Verzögerungen* erreichen. Die Geschwindigkeit des Ersatzes hängt von der Höhe der Benetzungsspannungen ab. Eine Flüssigkeit mit kleiner Benetzungsspannung läßt sich durch eine solche mit großer verdrängen. So kann man z. B. Öl an einer Glasoberfläche durch Wasser ersetzen, weil eben das Wasser eine größere Benetzungsspannung besitzt. Der Ersatz erfolgt aber schneller, wenn man zuerst das Öl durch eine Seifenschicht ablöst (also wäscht) und diese dann durch Wasserbehandlung wegspült.

Schließlich kommt der Oberflächenspannung auch bei Koagulationsvorgängen eine gewisse Bedeutung zu, besonders bei der sogenannten mechanischen Koagulation. Darunter versteht man die Fähigkeit vieler liophober Kolloide beim Schütteln oder Rühren zu koagulieren. Aus den Untersuchungen von Freundlich u. a. folgt, daß diese Art der Koagulation durch Oberflächenwirkungen hervorgerufen wird: An den Grenzflächen eines Sols — einerlei, ob es sich in Berührung mit Luft, einer anderen Flüssigkeit oder sogar mit festen Körpern befindet — reichert sich der disperse Anteil an; hier kann somit die Koagulation leichter einsetzen, als in der Mitte des Sols. Außerdem befinden sich ja in einem Sol noch verschiedene andere Stoffe, auch Staubteilchen können von außen in die Flüssigkeit gelangen, alles das kann sich an der Grenzfläche konzentrieren und einen Anlaß zur Koagulation geben. Durch die mechanische Behandlung werden die Grenzflächen ständig erneuert und neues Material begibt sich in diese, um zu koagulieren. Diese Art von Koagulation, die als eine Grenzflächen- oder Ab-

---

[47]) Näheres zum Waschvorgang s. E. Valkó: Kolloidchemische **Grundlagen** der Textilveredlung, Berlin: Springer 1937, S. 628.

sorptionskoagulation zu betrachten ist, kann somit auch an den Gefäßwänden stattfinden, woraus sich ergibt, daß der Ablauf von Koagulationsvorgängen auch vom Gefäßmaterial abhängig ist.

## Die Oberfläche des dispersen Anteils. Adsorptionserscheinungen.

### Oberflächenvergrößerung bei der Dispergierung.

Wie schon zu Anfang des Buches erwähnt, ist mit zunehmender Dispergierung eines Stoffes eine ungeheure Vergrößerung der Oberflächenausdehnung verbunden. Eine jede Vergrößerung bedeutet aber einen großen Arbeitsaufwand, da doch die Oberfläche gegen die Wirkung der Oberflächenkräfte hergestellt werden muß. Wie stark nun die spezifische Oberfläche mit steigendem Dispersionsgrad zunimmt, zeigt die nächste Tabelle 12 nach Buzágh[48]).

Tabelle 12. *Die Änderung der spezifischen Oberfläche eines Körpers vom Volumen 1 cm³ bei der Ausformung* (nach v. Buzágh).

1 cm³ Inhalt besitzen: Kugel r = 0,62 cm, Oberfl. = 4,836 cm²
Würfel, Kante = 1 cm, Oberfl. = 6 cm²
Tetraeder, Kante = 2,04 cm, Oberfl. = 7,2 cm²
Ausformung in *Scheiben* mit der Höhe h und Radius r.

| | h in cm | r in cm | Oberfl. in cm² |
|---|---|---|---|
| | $10^{-1}$ | 1,78 | 21,12 |
| | $10^{-4}$ | 56,42 | $2 \cdot 10^4$ |
| Kolloides Gebiet | $5 \cdot 10^{-5}$ | 79,8 | $4 \cdot 10^4$ |
| | $10^{-5}$ | 178,4 | $2 \cdot 10^5$ |
| | $10^{-6}$ | 564,2 | $2 \cdot 10^6$ |
| | $10^{-7}$ | 1784,1 | $2 \cdot 10^7$ |
| | $10^{-8}$ | 5642 | $2 \cdot 10^8$ |

Ausziehen in einem *Draht* (Faden) mit dem Radius r und der Länge l.

| | r in cm | l in cm | l in klm | Oberfl. in cm² |
|---|---|---|---|---|
| | $0,5 \cdot 10^{-1}$ | 127,33 | | 40,0 |
| | $0,5 \cdot 10^{-4}$ | $1,273 \cdot 10^8$ | 1273 | $4 \cdot 10^4$ |
| Kolloides Gebiet | $0,025 \cdot 10^{-4}$ | $5,09 \cdot 10^8$ | 5093 | $8 \cdot 10^4$ |
| | $0,5 \cdot 10^{-5}$ | $1,273 \cdot 10^{10}$ | 127330 | $4 \cdot 10^5$ |
| | $0,5 \cdot 10^{-6}$ | $1,273 \cdot 10^{12}$ | 12733000 | $4 \cdot 10^6$ |
| | $0,5 \cdot 10^{-7}$ | $1,273 \cdot 10^{14}$ | 1273300000 | $4 \cdot 10^7$ |

Aus Tabelle 12 kann eindeutig auf die ungeheure Oberfläche hochdisperser Kolloide geschlossen werden. Ein Faden mit dem Durchmesser $10^{-6}$ cm und einem Volumen von 1 cm³ besitzt aber eine Oberfläche von $4 \cdot 10^6$ cm² = 400 m², was einem Quadrat von 20 m Kantenlänge entspricht. Die in der Tabelle angegebenen Ausdehnungen sind zudem noch als Mindestmaß zu betrachten, da ja die Oberflächen der kolloiden Partikel niemals glatt sein werden, wie das in der Tabelle 12 vorausgesetzt worden ist, sondern *rauh*, mit verschiedenen Erhebungen und Senkungen auf den Flächen, was natürlich deren *Ausdehnung vergrößert*.

**Oberflächenbeschaffenheit kolloider Teilchen.** Die Oberfläche von Teilchen kolloider Dimensionen ist der Beobachtung nicht zugänglich, auch Interferenzdiagramme erlauben keine Schlüsse über deren Beschaffenheit zu ziehen. Doch gibt es mehrere Erscheinungen, deren Erklärung eine rauhe (zerklüftete)

---

[48]) A. v. Buzágh: Kolloidik, Dresden: 1936, S. 16.

Oberfläche der Kolloidteilchen erfordert. Es sind das 1. die Wachstumserscheinungen, 2. die Adsorption und 3. der Umstand, daß beim Abbau eines Gitters (z. B. durch Auflösung in Säuren) sich übermikroskopisch eine zerklüftete Oberfläche beobachten läßt.

Die Bildung eines kolloidalen Teilchens erfolgt zweifelsohne durch *Wachstum* aus einem Keim. Metallische amikroskopische Partickeln können bis zur ultramikroskopischen Sichtbarkeit und weiter heranwachsen, wie das z. B. die Versuche von Zsigmondy am kolloiden Gold beweisen[49]). Die Untersuchungen von Scherrer zeigten hierbei, daß auch die kleinsten Goldteilchen (s. S. 157), die nur 4 bis 5 Elementarbereiche längs einer Würfelkante aufweisen, dasselbe Raumgitter, wie das kompakte Gold besitzen. Beim Wachstum der amikroskopischen Keime zu größeren Kolloidteilchen, findet somit eine regelmäßige *Fortsetzung des ursprünglichen Gitters* statt. Sogar in den Fällen, wo eben hergestellte anorganische Gele keine deutlichen Röntgeninterferenzen aufweisen (s. S. 171), ist ein solcher Zustand bei höherer Temperatur und in vielen Fällen schon bei Zimmertemperatur nicht mehr haltbar, sondern es besteht bei den hochdispersen Teilchen die Neigung sich in krystalline umzuwandeln, d. h. zu größeren Aggregaten anzuwachsen. Kolloide Teilchen müssen deshalb eine Oberfläche besitzen, wie sie sich bei wachsenden Krystallen entwickelt, ohne jedoch den Gleichgewichtszustand zu erreichen. 1927 haben W. Kossel[50]) und kurz danach I. N. Stranski[51]) die Grundzüge einer Theorie des Krystallwachstums aufgestellt, die uns tatsächlich ermöglicht, die Wachstumsformen von Krystallen und den Aufbau von Begrenzungsflächen bei bekanntem Gitter vorauszusehen. Die Überlegungen gehen von der Voraussetzung aus, daß die Wahrscheinlichkeit eines Weiterwachsens an den Stellen einer Krystallfläche am größten ist, wo durch Anlagerung eines Bausteins die gewonnene Energie am größten wird[52]). Da es sich nun erwiesen hat, daß die Theorie weitgehend mit den experimentellen Erfahrungen übereinstimmt[53]), so kann man sagen, daß auch die gezogenen Folgerungen über den Aufbau der Flächen eines im Wachstum sich befindenden Kryställchens (kolloiden Teilchens) tatsächlich zutreffen. Nach *Stranski* müssen z. B. die flächenzentrierten, kubischen, metallischen Kryställchen, wie die des Ag oder Au, durch die Würfel- und Oktäderfläche begrenzt sein. Die vorherrschende Form wäre also das *Kubooktäder*. Tatsächlich konnte aus übermikroskopischen Aufnahmen eines Goldsols (s. S. 168) eine solche Teilchenform gefolgert werden. Da nun diese Teilchen durch Wachsen aus einem Keim entstanden sind, so müssen auf den Flächen die Stellen, an denen der Aufbau der Netzebenen abgebrochen wurde, als zahlreiche Treppen, Ecken und unvollendete Stufen zum Vorschein kommen. Die Flächen eines Kolloidteilchens eines flächenzentrierten Metalls müssen deswegen folgenden Aufbau besitzen (Abb. 25).

Aus den Abbildungen ist ersichtlich, daß die tatsächliche Oberfläche eines Kolloidteilchens, durch Ausbildung von zahlreichen Ecken und Kanten auf den Flächen, größer ist, als die nach Tabelle 12 abgeschätzte.

Ein weiterer Beweis des Vorhandenseins erwähnter Unebenheiten ist die Fähigkeit vieler kolloider Substanzen, auf ihrer Oberfläche andere Substanzen zu *adsorbieren.* Nach den jetzigen Vorstellungen kommt es zur Adsorption fremder

---

[49]) R. Zsigmondy und P. A. Thiessen: Das kolloide Gold, S. 59, Leipzig 1925.
[50]) W. Kossel: Nachr. Ges. Wiss. Göttingen, math.-phys. Klasse *1927,* 135—143; ferner in Quantentheorie und Chemie (Falkenhagen) S. 1—46, Leipzig 1928.
[51]) I. N. Stranski: Z. phys. Chemie *136,* 259 (1928).
[52]) Näheres zur Theorie s. Handbuch der Katalyse (G. M. Schwab), M. Straumanis: Keimbildung, Krystallwachstum und Katalyse Bd. IV, 269, 1943.
[53]) Näheres s. M. Straumanis, Die neuesten Krystallwachstumstheorien und der Versuch, Wiener Chemiker-Ztg. *46,* 241, 1943.

Moleküle gerade an den scharfen Wachstumsecken und -Kanten der Teilchen, den sogenannten „aktiven Stellen", da hier die zwischen den Atomen wirkenden Anziehungskräfte (sie nehmen mit der Entfernung außerordentlich schnell ab) nur teilweise abgesättigt sind, nämlich in Richtung des kompakten Teilchens. In der entgegengesetzten Richtung sind die Kräfte frei, es treten „ungesättigte Restvalenzen" auf, und es ist außerdem auch Raum zur *Anlagerung* von Fremdmolekülen vorhanden. Daß die Kanten und Ecken solch adsorbierende Eigenschaften besitzen, kann ja auch elektronenmikroskopisch bei der Adsorption von Goldteilchen durch die Kanten von Kaolinkryställchen direkt beobachtet werden (s. S. 170, Abb. 131).

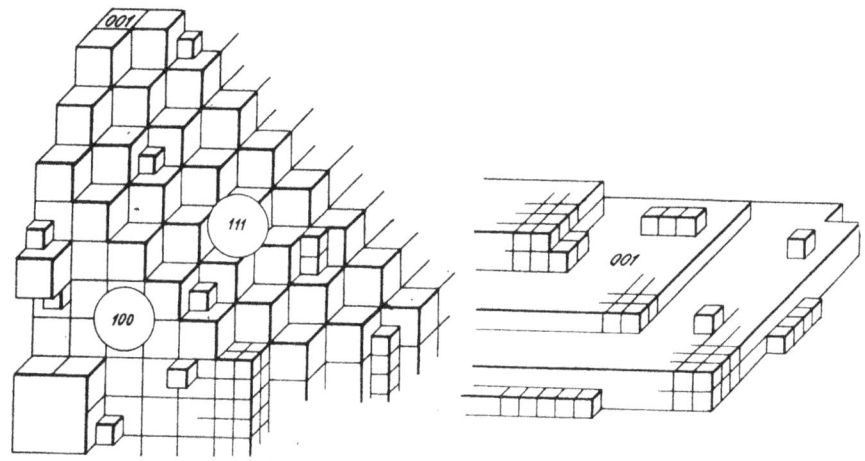

Abb. 25. Oberfläche kolloider Goldteilchen.

Schließlich deutet der dem Wachstum entgegengesetzte Prozeß — das Auflösen — auch auf die Möglichkeit der Ausbildung wachstumsfähiger Stellen nach Abb. 25 hin. Es ist schon längst bekannt, daß beim Ätzen einkristalliner Metallflächen sich auf diesen Ätzfiguren ausbilden. Mikroskopisch lassen sich die Ätzgebilde aber schwer untersuchen. Erst in letzter Zeit wurde mit Hilfe des Elektronenmikroskops gefunden, daß ein mit Salz- und Flußsäure geätztes Aluminium eine sehr schön abgestufte Ätzstruktur aufweist. Die Aufnahme der Ätzfläche erfolgte mit Hilfe des Mahlschen Abdruckverfahrens[54]. Dieses von Mahl zur Abbildung von Oberflächen verwandte Verfahren besteht darin, daß die zu untersuchende Fläche zuerst mit einem dünnen Oberflächenfilm (z. B. Kollodium) überzogen wird, der nach seiner zerstörungsfreien Ablösung, was durch gänzliches Auflösen des Metalls in einer Säure erfolgen kann, die Form der Oberflächenunebenheiten des Metalles weitgehend unverändert beibehält. Eine elektronenmikroskopische Abbildung des Abdruckfilms auf dem üblichen Durchstrahlungswege liefert dann ein sehr kontrastreiches übermikroskopisches Bild des Reliefs der Metalloberfläche. Bilder, die der Abb. 25 sehr ähnlich sind, konnten erhalten werden. Auch diese Tatsache weist somit darauf hin, daß die Oberfläche kolloider Teilchen nicht glatt sein kann. Diese zerklüftete und deshalb sehr ausgedehnte Oberfläche ist der Sitz der abnormen Grenzflächenenergien.

---

[54] F. Mahl und I. N. Stranski: Z. f. physik. Chemie B *51*, 319 (1942). In den USA wurde ein ähnliches Verfahren 1943 durch Schaefer, Harker, Heidenreich, Peck u. a. entwickelt.

## Die Adsorption.

**Definition und Allgemeines.** Die Aufnahme von Gasen und Dämpfen oder von Molekülen und Ionen (aus Flüssigkeiten) durch feste Körper oder von kleinen Teilchen durch ebenfalls feste Körper sind so verbreitete und mannigfaltige Erscheinungen, daß es einer ganzen Reihe von Definitionen bedarf, um die einzelnen Vorgänge zu charakterisieren[55]).

Handelt es sich um eine Aufnahme, deren Natur noch nicht geklärt ist, so spricht man im allgemeinen von *„Sorption“*; der *Körper*, durch den die Aufnahme erfolgt, heißt *„Sorbens“*, der *aufgenommene Stoff „Sorptiv“*. Wird durch Versuche aufgeklärt, daß der aufzunehmende Stoff *in das Innere* des Körpers diffundiert, so redet man von einer *„Absorption“* (entsprechend Absorbens, Absorptiv). Wenn aber sicher ist, daß sich ein Stoff nur *an der Oberfläche* eines anderen Körpers verdichtet, ohne daß Kapillaritätserscheinungen ins Spiel treten, so hat man mit der *„Adsorption“* zu tun (*Adsorbens* — der Körper der adsorbiert, *Adsorptiv* — der Stoff der adsorbiert wird). Das System beisammen heißt *„Adsorbat“*; das Medium, das den zu adsorbierenden Stoff abgibt — *Adsorptionsmedium.* Häufig werden noch andere Definitionen gebraucht, wenn man die Art der Sorption noch näher bezeichnen will: Man spricht z. B. von „Chemosorption“, wenn der Stoff durch Ablauf chemischer Reaktionen gebunden wird, oder von „Kapillarabsorption“, wenn sich Dämpfe in mikroskopischen Hohlräumen und Spalten zu Flüssigkeiten kondensieren und ins Innere eines festen Körpers gelangen.

In der Kolloidchemie interessiert am meisten das Phänomen der *Adsorption*, und zwar der *positiven*, wenn sich ein Stoff auf einer festen *Grenzfläche anreichert*. Hierbei kommen hauptsächlich zwei Fälle in Betracht: 1. die Adsorption auf der Grenzfläche flüssig-fest und 2. die auf der gasförmig-fest. Das Zustandekommen der Adsorption an der Oberfläche kolloider Teilchen ist aus den Darlegungen des vorigen Abschnittes klar, ohne allerdings auf die spezielle Natur der dort wirkenden Kräfte einzugehen.

Die Adsorption kann auf ganzen Flächen, kann aber auch an einzelnen Linien und Punkten stattfinden. Die adsorbierte Schicht ist nicht dick, sie ist im allgemeinen *monomolekular* (zweidimensional), z. B. wenn in Abb. 25 eine jede Würfelecke der Oktaederfläche mit einem Fremdmolekül oder -Atom abgesättigt ist, was allerdings nur unter extremen Bedingungen, wie hoher Druck oder niedrige Temperatur, zutrifft[56]). Diese zweidimensionale Phase kann sich mit den Nachbaratomen und -Molekülen im *Adsorptionsgleichgewicht* befinden, d. h. man kann den Vorgang wieder rückgängig machen, wenn man das Adsorbat mit dem reinen Adsorptionsmedium, also ohne den Stoff der adsorbiert wurde, in Berührung bringt. Die Loslösungsmöglichkeit (auch bezüglich der Temperaturerhöhung) folgt schon daraus, daß es eine Brownsche Bewegung der adsorbierten Moleküle gibt.

Die Adsorption einzelner Moleküle braucht nicht immer an den aktiven Stellen einzeln zu erfolgen, sondern eine Verbindung mit höherem **Molekular**gewicht (z. B. ein Farbstoff) kann auch auf dem Wirtsgitter, in ganz bestimmter Weise orientiert, lagern. Das findet in den Fällen statt, wenn irgendeine Strukturperiode des sich anlagernden Moleküls (z. B. sich wiederholende OH-Gruppen) mit einer Gitterperiode des Trägers (Adsorbens) nahezu übereinstimmt und wenn sich gewisse anziehende Kräfte betätigen können[57]). Auf diese Weise ließe sich z. B. die Adsorption und Wirkung der Schutzkolloide erklären. Metallsole werden nämlich weitgehend geschützt, d. h. sie erlangen eine hohe Beständigkeit, wenn

---

[55]) S. hierzu E. Hückel: Adsorption und Kapillarkondensation, Akad. Verl., Leipzig 1928.

[56]) Eine Kapillarkondensation jedoch darf nicht stattfinden.

[57]) Über orientierte Abscheidungen s. z. B. A. Neuhaus: Naturwissensch. *31*, 387 (1943).

man dem Sol ein „Schutzkolloid", beispielsweise eine Gelatinelösung hinzufügt. Die Schutzwirkung beruht einfach darauf, daß die Gelatine auf der Oberfläche der Metallteilchen lagert — adsorbiert wird. Collargol, Protargol u. a. sind solche geschützte Silberkolloide. Hier adsorbiert somit ein Kolloid ein anderes. Ein ähnlicher Fall tritt bei der Adsorption eines Goldsoles durch Kolloidkaolin ein: Die kleinen Goldteilchen scheiden sich bevorzugt auf den Kanten der Kaolinkryställchen ab (s. S. 170). In diesen Fällen wird man wohl kaum von einem Adsorptionsgleichgewicht sprechen können.

Schließlich interessiert hier noch der Fall, wenn ein Gas oder Dampf durch eine feste Grenzfläche adsorbiert wird. Den Ablauf des Prozesses kann man sich ebenso vorstellen wie im ersten Fall. Wird jedoch z. B. Wasserstoff durch kolloides Palladium aufgenommen, so dürfte man wohl eher von einer *Absorption* sprechen, da das zunächst oberflächlich aufgenommene Gas in die kolloiden Teilchen hineindiffundiert

**Gesetzmäßigkeiten bei der Adsorption.** Die Adsorptionserscheinungen sind so verworren und so verschiedenartig, daß es trotz des umfangreichen Versuchsmaterials noch nicht gelungen ist, zu ganz eindeutigen Gesichtspunkten zu gelangen. Folglich stößt man auch bei der mathematischen quantitativen Behandlung der Vorgänge bisweilen auf fast unüberwindliche Schwierigkeiten. Deshalb muß man sich sehr häufig mit einer rein qualitativen Behandlung der Adsorptionsprozesse begnügen.

Die schwere Reproduzierbarkeit hängt damit zusammen, daß der Ablauf der Adsorption durch eine ganze Reihe verschiedener Umstände beeinflußt wird. Es spielen hier eine Rolle nicht nur Druck, Temperatur und die Konzentration des Adsorptivs, sondern auch solche schwer meßbare und definierbare Variablen, wie die tatsächliche Größe der Oberfläche (s. o.), deren Struktur in physikalischer (ob poliert, glatt, rauh, zerklüftet, porenhaltig, krystallin, amorph, fettig, gespannt usw.) und chemischer Hinsicht. Auch der Dispersitätsgrad des Adsorptivs und die Art des Dispersionsmittels sind von Bedeutung.

Für den Fall der Adsorption eines Gases an einer Oberfläche (z. B. Quecksilber) hat Gibbs[58]) eine ganz allgemeine Formel abgeleitet, die besagt, wann eine Fläche positiv und wann sie negativ adsorbiert:

$$a = -f(c, T, \ldots \ldots) \left( \frac{\partial \sigma}{\partial c} \right)_\omega \qquad \ldots \ldots (11)$$

Die adsorbierte Menge a eines Stoffes*) ist eine Funktion der Konzentration c des Adsorptivs (in Gas oder in Lösung), der absoluten Temperatur T usw. Der Stoff wird dabei positiv adsorbiert (d. h. er reichert sich in der Oberfläche an), wenn die Oberflächenspannung $\sigma$ mit steigender Konzentration sinkt $\left( -\frac{\partial \sigma}{\partial c} \right)$; er wird negativ adsorbiert (verschwindet aus der Grenzfläche), wenn $\sigma$ mit steigender Konzentration steigt $\left( +\frac{\partial \sigma}{\partial c} \right)$. Die Oberflächenausdehnung $\omega$ wird dabei konstant gehalten. Die Formel wurde dann später unabhängig von J. J. Thomson und E. Warburg abgeleitet. Sie bringt somit die adsorbierte Menge mit der Oberflächenspannung in Verbindung und ist als Gibbs-Thomsonsches Adsorptionsgesetz bekannt.

---

[58]) Die Ableitung der Formel s. H. Freundlich: Kapillarchemie, 4. Aufl. Bd. I, 58, 1930.

*) Gewöhnlich bezeichnet man mit $\alpha$ die pro cm² und mit a die pro gr adsorbierte Menge; letzteres im Falle, wenn man die Größe der Oberfläche des Adsorbens nicht angeben kann. Da hier aber durchweg von der oberflächlichen Adsorption die Rede sein wird, soll unter a die pro cm² adsorbierte Menge verstanden werden.

Wie ersichtlich, deutet Formel (11) nur den Verlauf einer Adsorption an, mit ihrer Hilfe kann man aber noch gar nichts berechnen; erst wenn die Formel weiter entwickelt wird, ist die Berechnung der Menge eines adsorbierten Stoffes unter ganz bestimmten Umständen möglich. In solchen Fällen gelangt man zu ziemlich einfachen Formeln. Man kann z. B. fragen, wie die Adsorption nur in Abhängigkeit von c bei *konstanter Temperatur* verlaufen würde. Am einfachsten gelangt man hier zu einem Resultat, wenn man nach Freundlich[59]) eine der empirischen Beziehungen zwischen der Erniedrigung der Oberflächenspannung

$$\varDelta = \frac{\sigma_M - \sigma_L}{\sigma_M}$$ (s. S. 43) und der Konzentration c des zu adsorbierenden Stoffes

verwendet. Die Freundlichsche Gleichung lautet nämlich:

$$\varDelta = \frac{\sigma_M - \sigma_L}{\sigma_M} = s.\,c^{1/n}$$

Hier ist s eine Konstante, die die relative Erniedrigung der Oberflächenspannung für 1 mol. Lösung angibt, sie ändert sich jedoch von Stoff zu Stoff. Wenig veränderlich ist unter solchen Umständen $1/n$ – der Adsorptionsexponent, der etwa 0,7 gleich ist, jedoch von Druck und der Temperatur abhängt. Differenziert man die Gleichung nach c und setzt den erhaltenen $\frac{d\sigma}{dc}$ in die Gibbssche Formel

$$a = -\frac{c}{RT} \cdot \frac{d\sigma}{dc} \qquad \dots\dots\dots(12)^*)$$

ein, so erhält man schließlich

$$a = a_1.\,c^{1/n} \quad \text{oder} \quad a = a.\,p^{1/n} \qquad \dots\dots\dots (13)$$

wo p den Gasdruck bedeutet. Die graphische Darstellung dieser Formel ist unter dem Namen „Freundlichsche (auch Boedeker-Wilh. Ostwaldsche) *Adsorptionsisotherme*" bekannt, entspricht aber den experimentellen Tatsachen nur in einem beschränkten Bereich.

Verwendet man die v. Szyszkowskische Formel (S. 43), so gelangt man in ähnlicher Weise zu folgender Beziehung:

$$a = a_s \frac{p}{p + \beta} \qquad \dots\dots\dots (14)$$

$a_s$ und $\beta$ sind Konstanten. Der angeführte Ausdruck entspricht der sogenannten Langmuirschen Isotherme, die den tatsächlichen Verhältnissen besser gerecht wird.

Der Temperaturkoeffizient der Adsorption ist negativ. Mit steigender Temperatur vermindert sich wie die Oberflächenspannung, so auch das Glied $\frac{c}{RT}$. Vom molekulartheoretischen Standpunkte aus ist das auch ganz verständlich: bei steigender Temperatur vergrößert sich die Wärmebewegung der Moleküle, der adsorbierte Stoff wird infolgedessen bestrebt sein, das Adsorbens zu verlassen. Dementgegen wirkt der Druck. Die adsorbierte Menge vergrößert sich, wenn der Druck im Gasraum bzw. die Konzentration des Adsorptivs in der Lösung erhöht wird, da hierdurch eine größere Zahl der adsorbierenden Partikel in die unmittelbare Nähe der Oberfläche gelangt. Eine niedrige Temperatur begünstigt noch mehr die Adsorption, weil dann eben die Wärmebewegung abnimmt und die anziehenden Kräfte erst recht zur Wirkung kommen.

---

[59]) H. Freundlich: Kapillarchemie I, 185.

*) Diese Formel ergibt sich aus der allgemeinen Gibbsschen Formel, wenn man annimmt, daß im Reaktionsraum die Gesetze der idealen Gase bzw. die von van't Hoff in verdünnten Lösungen gelten.

Bei der Adsorption wird Wärme — die Adsorptionswärme — frei, sie entspricht der Kompressionswärme, die abgegeben wird, wenn sich ein Gas von gegebenem Druck (auch Flüssigkeit) bis auf den im Adsorptionsraum herrschenden verdichtet. Die Adsorptionswärme wird entweder auf ein cm² Adsorbens bezogen, oder auch auf ein gr, wenn die Oberfläche nicht bestimmt werden kann. Im allgemeinen spricht man von einer „Adsorptionsenergie". Bringt man diese in Abhängigkeit von der adsorbierten Menge und der Temperatur, so hat man die energetische Adsorptionsgleichung.

**Adsorption an der Grenzfläche fest-flüssig.** Von allen Adsorptionsmöglichkeiten an Grenzflächen kommt dem Fall fest-flüssig in der Kolloidchemie die größte Bedeutung zu. Dieser Fall ist auch der komplizierteste, denn man hat ja nicht nur mit der Adsorption des reinen Lösungsmittels an festen Oberflächen zu rechnen, sondern auch gleichzeitig mit den Stoffen, die in der Flüssigkeit gelöst sind.

Die Adsorptionsfähigkeit reiner Flüssigkeiten an festen Oberflächen macht sich schon durch die *Benetz-* und *Unbenetzbarkeit* geltend, worüber schon früher das Notwendigste gesagt worden ist. Werden Wassermoleküle durch feste Oberflächen adsorbiert, so pflegt man von einer *Lyosorption* (nach Fodor) zu sprechen.

Außer Wasser können die kolloiden Teilchen eine ganze Menge anderer Stoffe adsorbieren, was sich ja auch in verschiedenen kolloiden Vorgängen bemerkbar macht. Man braucht ja nur z. B. auf die Koagulation, die Stabilisation oder die Umladung kolloider Lösungen hinzuweisen. Um die adsorptiven Vorgänge in diesen zu verstehen, bedarf man einer Kenntnis über den Vorgang der Adsorption und dessen Gesetzmäßigkeiten. Es ist nun leider sehr schwer, die Adsorptionsvorgänge in kolloiden Lösungen selbst auf der Grenzfläche Flüssigkeit-Teilchen schon deswegen zu verfolgen, weil die Oberfläche der Teilchen niemals frei, sondern immer mit einer Adsorptionsschicht schon bedeckt ist und weiter deswegen, weil die Konzentration der Sole, insbesondere der lyophoben, gering ist und die etwa durch Adsorption aufgenommenen Mengen eines Stoffes sehr schwer genau bestimmbar wären. Es bleibt deshalb nur folgender Weg übrig: man wählt einen festen Stoff, dessen Oberfläche weitgehend der der kolloiden Teilchen entspricht und führt damit Adsorptionsversuche aus; die gefundenen Gesetzmäßigkeiten dürften dann auch bei deren Anwendung auf die Teilchen kolloider Lösungen ihre Gültigkeit behalten. Tatsächlich gelingt es auf diese Weise, dem Verständnis kolloider Vorgänge näher zu kommen und sogar restlos zu verstehen.

Die Durchführung von Adsorptionsversuchen soll nun an Hand eines Beispiels, das einer Arbeit von Freundlich entnommen worden ist, gezeigt werden[60]. Als adsorbierender Stoff wurde reinste Blutkohle, also ein Stoff mit einer sehr großen Oberfläche, verwendet. Lösungsmittel und gelöster Stoff wurden in möglichst weitem Umfang variiert. Die Durchführung der Versuche erfolgte folgendermaßen: Abgewogene Kohlemengen wurden mit abgemessenen Mengen einer Lösung bekannter Konzentration (meist 50 cm³) in 100 cm³ fassenden, mit eingeschliffenen Stöpseln versehenen Fläschchen, in einem Thermostaten (meist bei 25⁰) geschüttelt, bis Gleichgewicht eintrat. Durch besondere Versuche konnte sich Freundlich davon überzeugen, daß solch ein Zustand sich tatsächlich und dazu noch ziemlich schnell einstellt (s. S. 56). Nach der Einstellung des Gleichgewichts wurde gewartet bis sich die Kohle absetzte und dann wurde von der klaren Flüssigkeit etwas zur Analyse abpippetiert. Nach erfolgter Analyse ließ sich die Konzentration der Lösung und die bei dieser Konzentration durch die Kohle adsorbierte Menge des gelösten Stoffes berechnen. Ins a-c-Diagramm*)

[60]) H. Freundlich: Z. f. physik. Chemie 57, 385 (1907).
*) Über die Bedeutung von a s. S. 56.

konnte somit ein Punkt eingetragen werden. Die anderen Punkte wurden erhalten, indem man ganz dieselben Versuche (immer mit frischer Kohle) in demselben Lösungsmittel, aber verschiedener Konzentration des Stoffes durchführte. Auf diese Weise gelangt man zu einem vollständigen a-c-Diagramm oder einer Ad-sorptionsisotherme, da die Tempe-ratur (etwa 25⁰ C) konstant gehalten wurde. Aus Abb. 26 ist ersichtlich, was für Lösungen für die Versuche gewählt wurden.

Um festzustellen, ob die gefun-denen Kurven der Formel (13) entsprechen, wird diese am besten logarithmiert

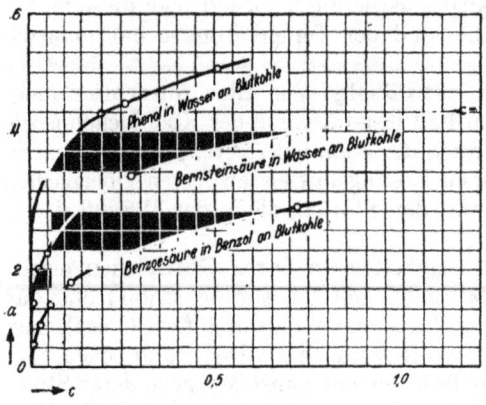

$$\log a = \log \alpha + \frac{1}{n} \log c \ \ldots \ldots (15)$$

und nun gelangt man zur Gleichung einer Geraden. Die experimentell ermittelten Punkte, in ein doppelt logarithmisches Koordinatennetz eingetragen, müßten somit gerade Linien ergeben. Wie weit das der Fall ist, zeigt Abb. 27.

Abb. 26. Adsorptionsisotherme von Lösungen, *a* und *c* in mg-Äquivalent.

Die erhaltenen Linien sind nahezu geradlienig und das ist als Beweis für das Gelten der Adsorptionsisotherme im gebrauchten Konzentrationsbereich anzu-sehen. Die Werte von α und von 1/n wurden aus de logaritmhischem Diagramm durch graphische Interpolation ermittelt.

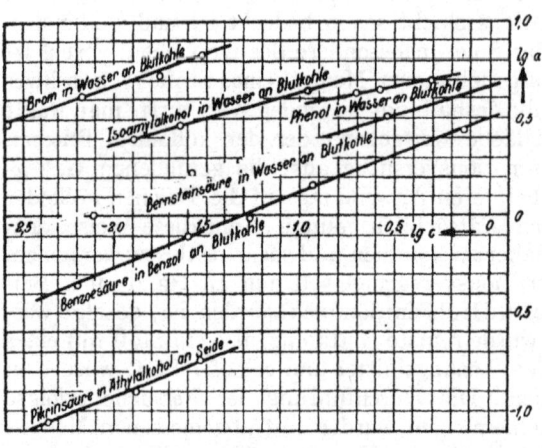

Nun erwies es sich aber bei der weiteren Prüfung der Adsorptionsisothermen, daß diese den Berechnungen nicht immer entsprechen, besonders bei höheren Konzentrationen des Adsorptivs. Unter solchen Umständen fanden nämlich Wo. Ostwald und de Izaguirre[61] folgende Formen der Adsorp-tionsisothermen (Abb. 28).

Neben der normalen Kurve 1 findet man auch solche mit einem Maximum (2, 3 und 4). Die allgemeinste Form ist die Kurve 4, wo der Anfang der Freundlichschen Isotherme

Abb. 27. Adsorptionsisothermen von Lösungen im logarithmischen Netz nach Freundlich.

entspricht, dann folgt ein Adsorptionsmaximum; bei höherer Konzentration des Adsorptivs wird schon weniger adsorbiert und schließlich bei noch höheren Konzentrationen wird die Adsorption *negativ*. Das ließe sich durch *Mitadsorption* des *Lösungsmittels* neben dem Gelösten erklären. Das Adsorptionsmaximum wird durch die Langmuirsche Isotherme (Formel 14, S. 56) erfaßt, sie vernachlässigt jedoch die Mitadsorption des Lösungsmittels. Auch von Wo. Ostwald und de

[61]) Wo. Ostwald und R. de Izaguirre: Koll. Z. *30*, 279 (1922); *32*, 57 (1923)

Izaguirre wurden rationelle Formeln entwickelt, um den Gang der Adsorptions-isothermen, Abb. 28, wiederzugeben.

### Adsorption organischer Stoffe. Chromatographische Analyse.

Wendet man sich nun den Stoffen, die adsorbiert werden, zu, so findet man bei organischen Stoffen die Traubesche Regel wieder: *Die Adsorption der organischen Stoffe* in Wasser *nimmt stark und regelmäßig zu beim Ansteigen in den homologen Reihen* (Fassung nach Freundlich); es werden somit am stärksten adsorbiert: Valeriansäure, schwacher Buttersäure usw., am schwächsten Ameisensäure. Die kapillaraktivsten Stoffe werden somit auch an der Grenzfläche fest-flüssig am stärksten adsorbiert. Das erfolgt dabei nicht nur an Kohle, sondern auch an anderen porösen Stoffen. Allgemein läßt sich feststellen, daß die Adsorption mit zunehmender Größe der organischen Moleküle wächst, wobei aromatische besser als aliphatische Verbindungen adsorbiert werden. Diese verschiedene Adsorptions-

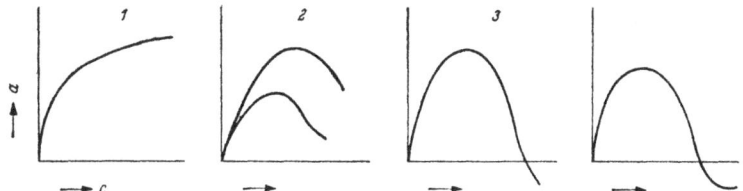

Abb. 28. Hauptformen der Adsorptionskurven von Lösungen nach Wo. Ostwald und R. de Izaguirre.

fähigkeit von organischen und auch anorganischen Stoffen wird in der *chromatographischen* Analyse zum Nachweis, hauptsächlich aber zur Anreicherung und Trennung vieler, sonst schwer isolierbarer Stoffe gebraucht[62]. Als Adsorbentien werden hierbei meistens Aluminiumoxyd, Aluminiumhydroxyd, Aluminiumsilikate, Kieselsäure, auch Magnesiumoxyd u. a. verwendet. Alle diese Stoffe adsorbieren Wasser und niedere organische Hydroxylverbindungen stark (oft unter erheblicher Wärmeabgabe) und werden daher *hydrophile Adsorbentien* genannt. Kohle dagegen zeigt eine ziemlich geringe Affinität zum Wasser und zu den niederen Alkoholen und gehört deswegen zu den *hydrophoben* Adsorbentien.

### Einfluß des Lösungsmittels und der Temperatur auf die Adsorption.

Es ist theoretisch durchaus nicht klar, wie die Stärke der Adsorption von der Natur des Lösungsmittles abhängen sollte. Von den Gibbsschen Erwägungen ausgehend, meint Freundlich, daß eine um so höhere Adsorption zu erwarten wäre, je größer die Oberflächenspannung des Lösungsmittels ist. Demgemäß müßte ein *hydrophobes* Adsorbens, wie z. B. Kohle aus Wasser und wäßrigen Lösungen stärker adsorbieren, als aus organischen Lösungsmitteln. Das trifft auch tatsächlich zu (s. Tabelle).

---

[62]) Zur Durchführung einer chromatographischen Adsorptionsanalyse (Tswettsche Analyse) bedarf man eines Glasrohres gefüllt mit dem entsprechenden Adsorptionsmittel („Säule"). Die Lösung, die mehrere adsorbierbare Substanzen enthalten kann, läßt man langsam durch die Säule laufen; die Lösung gibt dann die adsorbierbaren Stoffe *nacheinander* dem Adsorbens ab, so daß sich übereinander angeordnete Ringe mit den adsorbierten Verbindungen bilden. Bei gefärbten Stoffen erhält man dabei verschieden gefärbte Zonen (deshalb „chromatographische" Analyse). Nach vollständigem Durchfluß wird noch mit reinem Lösungsmittel nachgewaschen, wodurch die Abgrenzung der Zonen gegeneinander sich verschärft, und das Lösungsmittel wird abgesaugt. Mit Hilfe eines passenden Stempels kann nun die noch feuchte Füllung aus dem Rohr gestoßen und zwischen den Zonen zerteilt werden. Ein jeder Anteil kommt jetzt in ein besonderes Gefäß, wo der adsorbierte Stoff *desorbiert* oder *eluiert* wird (s. w. u.). Näheres zur chromatographischen Analyse s. z. B. G. Hesse: Adsorptionsmethoden im chemischen Laboratorium, Berlin: W. de Gruyter 1943. G. M. Schwab u. Mitarb.: Z. f. angew. Chemie **50**, 546, 697 (1937); **51**, 709 (1938); **52**, 666 (1939). H. Brockmann: ebenda **53**, 384 (1940).

Tabelle 13. *Adsorption von Benzoesäure aus verschiedenen Lösungsmitteln* nach Freundlich[63],)
a — ist der Adsorptionskoeffizient.

| Lösungsmittel | a | σ |
|---|---|---|
| Wasser . . . . . . . . . . . . | 3,27 | 73 |
| Benzol . . . . . . . . . . . | 0,54 | 28,9 |
| Äthyläther . . . . . . . . . | 0,30 | 17 |
| Aceton . . . . . : . . . . . . | 0,30 | 22,6 |

Bei einer ganzen Reihe von organischen Flüssigkeiten stimmt die Regel jedoch nicht, man kann mitunter auch das entgegengesetzte Verhalten beobachten. Ganz allgemein kann man aber sagen, daß ein Stoff aus einer Lösung um so *schwächer* adsorbiert werden wird, je *höher* die Adsorptionsfähigkeit des Lösungsmittels selbst ist. Es handelt sich hier einfach um die Konkurrenz zwischen dem Gelösten und dem Lösungsmittel um die Besetzung der aktiven Stellen: Je stärker dieses adsorbiert wird, um so weniger Platz (Verminderung der Zahl der aktiven Stellen!) bleibt für das Gelöste übrig und umgekehrt. Durch systematische Untersuchungen (an Farbstoffen) konnte festgestellt werden, daß *hydrophile* Adsorbentien die Lösungsmittel der folgenden Reihe um so *stärker adsorbieren*, je *weiter* sie in der Reihe stehen; zugleich nimmt die Adsorptionsfähigkeit der gelösten Stoffe ab. In der Reihe

Petroläther ($\sigma \cong 25$), Tetrachlorkohlenstoff (25,7), Trichlorätylen, Benzol (28,9), Methylenchlorid (28,8), Chloroform (27,1), Äther (17), Essigester (24,3), Aceton (22,6), n-Propylalkohol (22,9), Äthylalkohol (22), Methylalkohol (23), Wasser (73), Pyridin (34,9)

wird Petroläther durch *hydrophile* Adsorbentien schwach adsorbiert, die darin gelösten Stoffe — aber stark; Wasser und Pyridin wird dagegen sehr stark adsorbiert, die darin gelösten Stoffe — jedoch schwach. Bezüglich des Wassers haben sich somit die Verhältnisse gegenüber der Tabelle 3 (hydrophobe Adsorbentien) *umgekehrt*. Weiter ist ersichtlich, daß die Größe der Oberflächenspannungen (eingeklammerte Zahlen) in keinem Verhältnis zur Adsorptionsfähigkeit der Lösungsmittel selbst stehen.

Was nun den Einfluß der Temperatur auf die Adsorption betrifft, so *nimmt* diese *mit steigender Temperatur ab.* Der Charakter der Adsorptionskurve wird dabei bewahrt, es vermindert sich aber der Adsorptionskoeffizient $a$ und es steigt der Exponen $1/n$. Ist $1/n = 1$, so stellt die Freundlichsche Formel schon eine gerade Linie dar.

**Die Ionenadsorption.** Die bisher betrachteten Erscheinungen beziehen sich auf ungeladene Moleküle. Natürlich tragen auch hier einzelne Teile elektrische Ladungen, die sich nach außen betätigen können, doch wirken diese, infolge der Gleichheit der Zahl der positiven und negativen Ladungen, in einiger Entfernung neutral. Diese Art der Adsorption wird deshalb als *apolar* angesehen. Nun werden auch die starken Elektrolyte adsorbiert, und zwar in den meisten Fällen das Kation und das Anion *in gleicher Anzahl*, was ebenfalls keine Aufladung zur Folge hat. Auch diese Art Adsorption kann deshalb als apolar angesehen werden, stellt jedoch schon den Übergang zur rein *polaren* dar, wo nur *eine einzige Ionenart* bevorzugt adsorbiert wird.

Die Adsorption stark dissoziierter Stoffe ist nicht so einfach, wie die rein apolare Adsorption. Eine ganze Reihe von Autoren haben versucht, die auftretenden Erscheinungen zu entziffern und in Gesetzmäßigkeiten zu kleiden. Als

---

[63]) H. Freundlich: Kapillarchemie I, 264 (1930).

Adsorbentien sind hierbei sehr verschiedene Stoffe gebraucht worden, wie z. B. Kohle, Blutkohle, Tonerde, Kieselgur, Kieselsäure, Arsentrisulfid, schließlich Seide, Baumwolle u. a. Die Versuche werden gewöhnlich so durchgeführt, daß man eine abgewogene Menge des zu untersuchenden Adsorbens in die betreffende Lösung bringt, die Einstellung des Gleichgewichts abwartet und dann die in der Lösung zurückgebliebene Menge des Adsorptivs analytisch bestimmt. Da nun die Konzentration der Lösung schon vorher bekannt ist, läßt sich leicht die von einem g Adsorbens aufgenommene Menge berechnen. Nach dieser Methode arbeiteten z. B. Rona und Michaelis[64]), indem sie an Kieselsäure und anderen Stoffen KCl, $KNO_3$, $K_2SO_4$, $H_2SO_4$ usw. zur Adsorption brachten. Faßt man die bisherigen Ergebnisse verschiedener Autoren zusammen, so kommt man über die Ionenadsorption zu folgenden Schlüssen: Die Gleichgewichte stellen sich meist schnell ein; die vom Adsorbens aufgenommenen Mengen sind jedoch *viel geringer*, als bei den kapillaraktiven Stoffen (z. B. 0,01—05 Millimol pro g Kohle bei der Adsorption aus 0,01 bis 0,1 molaren Lösungen). Man erhält aber im allgemeinen ähnliche, jedoch schärfer gekrümmte Adsorptionskurven; der Adsorptionsexponent ist infolgedessen merklich kleiner[65]). Schließlich haften die adsorbierten Ionen viel stärker, als bei der rein apolaren Adsorption; der Vorgang läßt sich durch Behandeln mit reinem Lösungsmittel nicht rückgängig machen, nur die Einwirkung von Säuren oder Alkalisalzen hilft. Es handelt sich somit hier um eine Gleichgewichtseinstellung eigentlich nicht.

Die Elektrolyte werden durchaus nicht gleich stark an das Adsorbens gebunden. Aus verschiedenen Versuchen ergeben sich Kationen- und Anionenreihen, in denen jedes nächste Ion *stärker* adsorbiert wird, als das vorhergehende (s. die lyotropen Reihen nach Hofmeister S. 225). Bei der Adsorption von Chloriden, Bromiden, Jodiden, Nitraten an „aktivierter" Holzkohle oder Blutkohle, läßt sich nach Buzágh ungefähr folgende Reihe aufstellen (bei gleichem Anion):

$$Li\cdot < Na\cdot < K\cdot < Rb\cdot, \ Mg\cdot\cdot < Ca\cdot\cdot < Sr\cdot\cdot < Ba\cdot\cdot \ldots.. < H\cdot$$

Bei gleichem Kation gelangt man zu folgender Anionenreihe, die aber besser reproduzierbar ist, als die erste:

$$1/_2 \ SO_4'' < Cl' < Br' < J' < CNS' \ldots < OH'$$

Hieraus ist ersichtlich, daß die H- und OH-Ionen am stärksten adsorbiert werden; dann folgen in der ersten Reihe die mehrwertigen Kationen und schließlich die einwertigen mit immer kleiner werdenden Ionendurchmessern. In der Anionenreihe ist es umgekehrt: am stärksten werden die einwertigen Ionen ebenfalls mit großem Ionenradius adsorbiert, es folgen dann die mit kleinerem, zuletzt die mehrwertigen Anionen.

Ein Adsorbens kann schließlich nur eine Art von Ionen aufnehmen — man hat dann mit einer *rein polaren* Adsorption zu tun —, doch kommt solch ein Prozeß, wegen der hohen Aufladung der adsorbierenden Fläche, sehr schnell zum Stillstand. Werden z. B. $Ca\cdot\cdot$ adsorbiert, so lädt sich das Adsorbens positiv auf, die Ladung begegnet ein jedes neu ankommende Ion schon mit einer gewissen Abstoßung. Eine nur geringe Anzahl von Ionen wird deshalb auf der Oberfläche des Adsorbens Platz finden, es kommt somit zu einem Gleichgewicht zwischen den Absorptions- und den abstoßenden elektrostatischen Kräften. Die Adsorption der $Ca\cdot\cdot$ kann aber weitergehen, wenn eine entsprechende Anzahl *anderer positiver Ionen* das Adsorbens *verläßt*. In diesem Fall hat man mit der sehr häufig vorkom_

---

[64]) P. Rona und L. Michaelis: Biochem. Z. *94*, 240 (1919).

[65]) Über den Gang des Exponenten l/n s. z. B. J. M. Kolthoff: Rec. Tr. chim. Pays-Bas *46*, 549 (1927).

menden *Austauschadsorption* zu tun. Auch diese ist eine rein polare Adsorption
da doch nur eine Ionenart adsorbiert wird. Taucht man z. B. gewöhnliches
Natriumglas in eine $CaCl_2$-Lösung, so werden die Ca·· durch die Glasoberfläche
adsorbiert, und es gehen Na· in Lösung; die Na· werden also auf der Glasoberfläche gegen Ca·· ausgetauscht. Der Vorgang kann rückgängig gemacht werden,
wenn man das Glas in eine stärkere NaCl-Lösung eintaucht. Besonders interessant
verhält sich nach Frumkin die apolar gebaute Kohle[66]): Ein ganz reines, aschen-
freies Präparat, dessen Oberfläche zudem noch durch besondere Maßnahmen
gegen die Einwirkung verschiedener Substanzen, wie z. B. Luft, rein gehalten
worden ist, adsorbiert überhaupt nicht. Wird aber die Kohle mit Luft in Berührung gebracht, so wird Sauerstoff aufgenommen und sie adsorbiert nunmehr
apolar — Wasser wird infolge der Adsorption von H· alkalisch; Alkalien werden
überhaupt nicht adsorbiert. Erhitzt man dagegen die Kohle im Wasserstoff-
strom, so verhält sie sich gerade umgekehrt: die Kohle adsorbiert keine Säure
mehr, sondern Alkali — eine neutrale Lösung wird in Berührung mit ihr sauer.
Diese *hydrolytische* Adsorption wird hier also durch die Anwesenheit von Sauerstoff oder Wasserstoff in der Kohle hervorgerufen, indem die adsorbierten Gase
mit dem Wasser reagieren und dadurch eine polare Adsorption, die gewissermaßen
auch als Austauschadsorption angesehen werden kann, hervorrufen. Gewöhnliche
aktive Kohle enthält verschiedene anorganische Verunreinigungen, die auch durch
Austausch gegen andere Ionen in Lösung gehen können. Bei Adsorption eines
salzsauren Farbstoffes durch Kohle werden mehr Farbstoffanionen aufgenommen — zur Verminderung der negativen Aufladung verlassen deshalb Cl′- die
Oberfläche (Cl′-Austausch gegen Farbstoffanion).

Auch die Permutitwirkung beruht auf Austauschadsorption, wobei die
Primärvorgänge allerdings auf chemische Bindungskräfte zurückgeführt werden
können[67]).

Wie aus dem Dargelegten ersichtlich, spielt bei der polaren Adsorption im
Gegensatz zu der apolaren, die chemische Beschaffenheit des Adsorbens eine
wichtige Rolle, die Adsorption ist folglich meistens irreversibel.

Die Ionenadsorption hat in der *analytischen Praxis* eine große Bedeutung
Z. B. Bleisalze werden mit einem Überschuß von Natronlauge nicht ausgefällt,
wohl aber mit Ammoniak. Fällt man aber ein Gemisch von Ferri- und Bleisalz
mit überschüssiger Natronlauge aus, dann bleibt alles Blei nicht in der Lösung,
sondern wird mit dem Ferrihydroxydniederschlag *mitgerissen*. Sind die Bleimengen
sehr klein, so werden die Bleiionen sogar *quantitativ* adsorbiert. Diese Tatsachen
sind besonders bei der Trennung von kleinen Substanzmengen, z. B. für die
Abtrennung von Bleiisotopen in der Radiochemie, eine große Bedeutung[67a]).

**Die Adsorption von Kolloidteilchen.** Ebenso wie die Moleküle und die
Ionen der molekulardispersen Stoffe, können auch die viel größeren Kolloidteilchen durch verschiedene feste Adsorbentien auf der Oberfläche adsorbiert
werden. Es kann sich hierbei wie um die Adsorption von lyophoben, so auch
um die der lyophilen Teilchen handeln. Die Fortschritte der Elektronenmikroskopie der letzten Jahre gestatten uns, das Resultat einer Adsorption lyophober
Kolloide direkt zu beobachten. Abb. 131 (S. 170) zeigt uns z. B. die Adsorption von
Au-Teilchen durch Kolloidkaolin — man beobachtet hier eine reine Kantenbe-

---

[66]) A. Frumkin: Koll. Z. *51*, 123 (1930); es wurde Zuckerkohle, im Vakuum bei 1000°
ausgeglüht, gebraucht (aktivierte Kohle). Über das Verhalten von Pt-Mohr s. J. M. Kolthoff
und T. Kameda: J. Am. Chem. Soc. *51*, 2888 (1928).

[67]) Näheres hierzu s. H. Freundlich: Kapillarchemie, 4. Aufl. Bd. I, 309 (1930); A. v
Buzágh: Kolloidik S. 127 (1936).

[67a]) Vgl. O. Hahn: Angew. Chem. A. *59*, 2 (1947).

ladung, da ja die noch nicht abgesättigten Valenzen auf der Kante am schärfsten zur Wirkung kommen, die Goldteilchen werden fast ausschließlich hier gebunden. An submikroskopischen Asbestfasern beobachtet man aber eine ziemlich gleichmäßige Verteilung des Goldes auf der ganzen Faser und das wäre somit eine reine Oberflächenadsorption (s. S. 170, Abb. 132). Zweifelsohne spielt hier die elektrische Ladung des Adsorbens und der Teilchen eine Rolle, indem eine positiv aufgeladene Grenzfläche negative Teilchen anzieht und umgekehrt.

Die Adsorption *lyophiler Kolloide* durch feste Oberflächen vollzieht sich meistens annähernd ebenso wie die molekulardisperser Stoffe, sie ist aber meistens irreversibel und das Adsorptiv haftet ziemlich fest auf der Oberfläche des festen Stoffes. Man braucht ja dabei nur an die Rolle der Schutzkolloide zu denken (s. S. 218).

**Die Adsorption an der Grenzfläche fest-gasförmig.** Diese Art von Adsorption läuft am einfachsten ab, da sie nicht, wie im vorigen Fall, durch die Wirkung des Lösungsmittels beeinflußt wird. Zum Studium der reinen Adsorptionsvorgänge ist deshalb dieser Fall am geeignetsten. Zweierlei Art von Adsorption muß aber hier unterschieden werden: 1. die Adsorption von Gasen oberhalb der kritischen Temperatur und 2. die von Dämpfen unterhalb dieser Temperatur.

Im ersten Fall verläuft der Prozeß gemäß den Adsorptionsgesetzen, die schon auf S. 55 betrachtet wurden. Das Gleichgewicht stellt sich sehr schnell ein und der Vorgang ist reversibel, d. h. er kann von beiden Seiten her erreicht werden. Das trifft natürlich nur dann zu, wenn das Gas mit der festen Oberfläche nicht chemisch reagiert.

Der zweite Fall — die Adsorption von Dämpfen — ist schon komplizierter: der Dampf kondensiert sich nämlich, wenn das Kondensat das Adsorbens benetzt, in den Hohl- und Kapillarräumen oder mikroskopischen und submikroskopischen Rissen der Oberfläche und infolgedessen hat die Adsorptionsisotherme oft ein anderes Aussehen: nach dem ziemlich normalen anfänglichen Verlauf *biegt sie in die Höhe*, was einer größeren adsorbierten Menge, als nach der Irotherme zu erwarten, entspricht[68]). Diese zusätzlich adsorbierte Menge entsteht dadurch, daß sich der Dampf in den obenerwähnten mikroskopischen Räumen *kondensiert* (Kapillarkondensation). Je enger diese Räume sind, und je höher die kritische Temperatur des Gases liegt, um so früher wird die Kapillarkondensation eintreten. Natürlich dauert diese Kondensation nur so lange, bis sich die Hohlräume gewissermaßen gefüllt haben. Das Gleichgewicht kann sich folglich nicht so schnell einstellen und die Umkehrbarkeit ist unvollständig.

Benetzt dagegen die sich kondensierende Flüssigkeit die Oberfläche nicht, so trifft auch keine Kapillarkondensation ein, d. h. die Adsorption verläuft ebenso, wie im Falle von Gasen oberhalb der kritischen Temperatur, annähernd normal.

**Die Desorption.** Die Umkehrung eines Adsorptionsprozesses — die Abtrennung des aufgenommenen Stoffes vom Adsorbens — bezeichnet man als *Desorption*. Wie man die Adsorption rückgängig machen kann, erhellt schon aus der Adsorptionsisotherme: Zu diesem Zweck vermindert man die Konzentration des Adsorptivs, oder man erhöht die Temperatur, oder man verwendet beides gleichzeitig. Wenn man ein Adsorbat im Vakuum bei höheren Temperaturen erhitzt, oder mit dem reinen Lösungsmittel behandelt, so gibt das Adsorbens den adsorbierten Stoff weitgehend ab. Im allgemeinen fällt es aber ziemlich schwer, die letzten Reste vom Adsorbens zu trennen. Behandlung im Vakuum bei höherer Temperatur (300—400°) hilft hier jedoch immer, wenn nur der Stoff *nicht durch* eine *chemische Reaktion* ans Adsorbens gebunden worden ist. Vielfach ist aber die

---

[68]) E. Hückel: Adsorption und Kapillarkondensation, S. 267.

erwähnte Temperatur zu hoch, da sie die Zersetzung des adsorbierten Stoffes
fördern kann. In solchen Fällen läßt sich die Erscheinung der Austauschadsorption mit Erfolg anwenden, indem man das Adsorbat mit Gasen oder *Wasserdampf*
bearbeitet. Dieser verdrängt dann den adsorbierten Stoff. In Lösungen läßt sich
die Desorption auch erreichen, wenn man das Adsorbat bei Zimmertemperatur
mit den Lösungsmitteln der Reihe auf S. 60 bearbeitet, die ja ebenfalls die Reihe
der zunehmenden Desorptionswirkung darstellt. Im Falle eines hydrophilen Adsorbens wirkt somit am stärksten Pyridin, dann Wasser, verschiedene Alkohole
usw. Der adsorbierte Stoff wird frei und seine Stelle nehmen die Moleküle der
angeführten Desorptionsmittel ein.

**Zur Theorie der Adsorption.** Abschließend soll hier noch in aller Kürze die
Deutung des Adsorptionsvorganges besprochen werden, wobei von vornherein
alle die Prozesse ausgeschlossen werden sollen, wo die Möglichkeit einer rein
chemischen Deutung der Adsorption klar vorliegt, wo also die Bindung zwischen
Adsorbens und Adsorptiv sehr fest ist, wie z. B. im Falle der Einwirkung des Jod-
dampfes auf metallische Oberflächen, oder die Wechselwirkung der mit Sauerstoff
oder Wasserstoff beladenen Kohle mit Wasser oder Kaliumchlorid. Als reine Adsorptionsvorgänge kommen somit nur die umkehrbaren in Betracht.

Hier ist es nun ganz klar, daß die Adsorptionsfähigkeit in ausgesprochenem
Maße von der Ausbildung der Oberfläche der Adsorbens abhängt; polierte Flächen
adsorbieren viel weniger als zerklüftete, wie sie z. B. bei verschiedenen Pulvern
mit Teilchen kolloider Dimensionen vorkommen. Es wurde schon darauf hingewiesen, daß solche Oberflächen eine Menge ,,aktiver Stellen" besitzen, wobei die
aktivsten es die Ecken der amikroskopischen Kryställchen sind, dann folgen die
Kanten und schließlich die Mitten der ebenen Flächen. An diesen aktiven Stellen
betätigen sich die ,,Restvalenzen", wenn man die hier tätigen Kräfte so nennen
will, da es doch klar ist, daß die Ecken- und Kantenatome nur einseitig von der
Seite des festen Teilchens her beansprucht werden. An Raum für die Fremd-
teilchen fehlt es dort ebenfalls nicht (s. S. 53). Durch diese werden zuerst die
aktivsten — die Eckenatome — blockiert, dann folgen die Kanten und, wenn die
Konzentration des Adsorptivs genügend hoch ist — andere aktive Stellen, und
schließlich die Mitten der Flächen. In diesem Fall wäre somit die ganze Oberfläche
mit einer monomolekularen Schicht (nach Langmuir) bedeckt. Meistens wird
man aber wohl mit einzelnen ,,Inseln" des adsorbierten Stoffes auf der festen Oberfläche zu tun haben und es ist dabei sehr wohl möglich, daß die von den adsorbierten Molekülen ausgehenden Kräfte noch weitere Moleküle zu binden vermögen. Es kommt also zur Ausbildung einzelner Bereiche mit mehrfachen Molekül-
schichten. Wenn irgendeine Gitterrichtung des Adsorbens mit irgendeiner Strukturperiode der zu absorbierenden Moleküle übereinstimmt, kommt es sogar zu
einer orientierten Krystallisation des Adsorptivs. Allerdings darf hierbei die erste
Molekülschicht durchs Adsorbens nicht zu stark deformiert sein. Die Adsorptionsschicht stellt somit den Übergang zwischen zwei Phasen dar, indem sie bestrebt
ist, sich einerseits der Struktur des Adsorbens und andererseits der des Adsorptivs
anzupassen. Wird jetzt die Konzentration des Adsorptivs vermindert, so werden
sich vom Adsorbens zuerst diejenigen Moleküle losreißen (z. B. getrieben durch
die Temperaturbewegung), die am schwächsten gebunden sind — also die äußeren
Moleküle der mehrfachen Schichten, dann die aus den Mitten der kleinen Flächen,
dann erst die an den Kanten stärker gebundenen usw.

Die Kräfte, durch die die adsorbierten Moleküle gefesselt werden, gleichen den
van der Waalschen und fallen außerordentlich schnell mit der Entfernung ab.
Aus dem Dargelegten folgt aber unzweifelhaft, daß in vielen Fällen auch die
Ladung von Bedeutung ist, daß es sich also um elektrostatische Wechselwirkungen

handelt. Nun konnte durch E. Hückel gezeigt werden, daß die elektrostatische Kraft, mit der ein Dipol (das zu absorbierende Molekül) von einer aufgeladenen Fläche, die als metallischer Leiter angesehen werden kann, angezogen wird, ebenfalls sehr schnell mit der Entfernung abnimmt[69]). Den elektrostatischen Kräften kommt somit auch diese Eigenschaft der van der Waalschen Kräfte zu. Die elektrischen Theorien scheinen es deshalb diejenigen zu sein, die es erlauben werden, die Differenzen in den Meinungen über die Natur der Adsorptionskräfte auszugleichen[70]).

## V. Die optischen Eigenschaften disperser Systeme.

Die in ein disperses System eingetretenen Lichtstrahlen werden teilweise *frei durchgelassen*, teilweise verschiedenartig beeinflußt. Wie können die Teilchen einen Lichtstrahl beeinflussen? 1. Sie können die Lichtwellen teilweise *absorbieren*, 2. Sie können einen Teil des Lichts *reflektieren* und *zerstreuen*. Durch die selektive Absorption bestimmter Wellenlängen im sichtbaren Teil des Spektrums kommen die Farben der kolloiden Lösungen zustande. Bei farblosen dispersen Systemen findet also keine selektive Absorption statt. Brechung und Reflexion sind wiederum nur an solchen dispersen Systemen zu beobachten, die Teilchen enthalten, deren Dimensionen im Vergleich zu der Wellenlänge des Lichts groß sind. Da das sichtbare Licht Wellenlängen von 400 m$\mu$ bis 700 m$\mu$ besitzt, so wird es nur am grobdispersen, nicht aber an Kolloidteilchen reflektiert. Die Kolloidteilchen (sowie auch die mikromolekularen Anteile) senden, vom Licht getroffen, ihrerseits Licht aus, das man als Streulicht oder Streustrahlung bezeichnet. Das Schicksal eines Lichtstrahles im dispersen System läßt sich somit schematisch in folgender Weise darstellen:

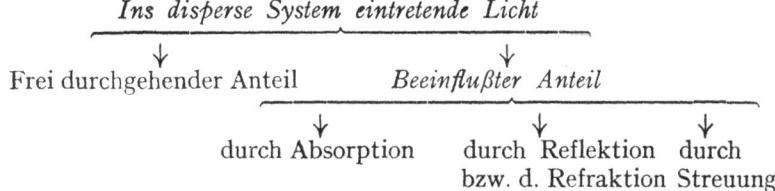

## Die Streuung des Lichtes in farblosen Solen.

Sind die Sole *farblos* und enthalten sie keine groben Teilchen, die das Licht reflektieren können, so wird das einfallende Licht der Intensität I$_0$ in zwei Anteile geteilt: Ein Teil wird frei durchgelassen, der andere gestreut. (Ein geringer Anteil des Lichts wird auch absorbiert; die Anteile der Absorption und Streuung hängen dabei von der Größe der Kolloidteilchen ab: Man beobachtet gewöhnlich eine zunehmende Absorption und Abnehmen der Streuung mit der Verminderung der Größe der Teilchen.) Beim Durchtreten eines intensiven Strahlenbündels durch ein klares Sol erscheint es an den beleuchteten Stellen bei seitlicher Beobachtung trüb (Faraday-Tyndallsche Phänomen).

Der Grund dieser Erscheinung ist derselbe wie bei der Opaleszenz-Streuung der kurzwelligen Strahlung durch sehr kleine Teilchen (vgl. S. 27). Ist das auffallende Licht unpolarisiert, so ist dessen Bahn im Sol von allen Seiten sichtbar; das seitlich gestreute Licht ist aber polarisiert. Beim Beleuchten des Sols mit

[69]) E. Hückel: Adsorption und Kapillarkondensation, S. 152.
[70]) Näheres über die Theorien der Adsorption s. A. v. Buzágh: Kolloidik, S. 209.

polarisiertem Licht, dessen Schwingungen in der in Abb. 29 angedeuteten Weise in der Papierebene liegen, erscheint die Bahn des Lichtstrahls im Sol scharf erkennbar nur bei seitlicher Betrachtung, am besten senkrecht zur Schwingungsebene. Liegt das Auge jedoch innerhalb dieser Ebene, so ist das Lichtbündel unsichtbar.

**Das Rayleighsche Gesetz.** Die Theorie der Lichtstreuung durch kleine (im Verhältnis zur Wellenlänge), den elektrischen Strom nichtleitende, schwach absorbierende Teilchen ist von J. W. Strutt (Lord Rayleigh) vor etwa 70 Jahren entwickelt worden. Hat das auf das *kugelförmige* Teilchen auftreffende geradlinig polarisierte Licht die Intensität $I_0$ und die Wellenlänge $\lambda$ (im Vakuum), so ist die Intensität des zerstreuten Lichtes im Abstande x vom Teilchen nach Rayleigh

$$I = I_0 \frac{9\pi^2 v^2\, n^4}{\lambda^4\, x^2} \left(\frac{n_1^2 - n^2}{n_1^2 + 2n^2}\right)^2 \sin^2\alpha \dots\dots\dots\dots (1)$$

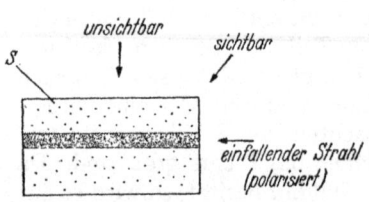

Abb. 29. Das Faraday-Tyndallsche Phänomen im Sol (S).

Hier sind n und $n_1$ die Brechungsindizies von Dispersionsmittel und Teilchen, v das Volum des Teilchens, $\alpha$ der Winkel zwischen der Schwingungsrichtung des polarisierten einfallenden Lichts und der Richtung des betrachteten abgebeugten Strahls; bei $\alpha = 0$ ist $I = 0$.

Die Intensität in der Hauptrichtung, senkrecht zur Bahn des ursprünglichen Lichts ist. ($\alpha = 90^0$, $\sin \alpha = 1$)

$$I = I_0 \frac{9\pi^2 v^2\, n^4}{\lambda^4\, x^2} \left(\frac{n_1^2 - n^2}{n_1^2 + 2n^2}\right)^2 \dots\dots\dots\dots(1\underline{a})$$

Die Gesamtemission eines Teilchens erhält man, indem man um den Mittelpunkt des Teilchens eine Kugel vom Radius x legt und über die Kugeloberfläche integriert. Enthält die Volumeinheit des Sols $v$ solcher Teilchen, so ist die gesamte von innen zerstreute Strahlung (wenn sie weit genug voneinander entfernt sind):

$$H = I_0 \frac{24\pi^3 v^2\, \nu\, n^4}{\lambda^4} \left(\frac{n_1^2 - n^2}{n_1^2 + 2n^2}\right)^2 \dots\dots\dots\dots(2)$$

(H. Freundlich)[71].

Beim Beleuchten eines Sols mit unpolarisiertem Licht gilt Gleichung (1) für jede zum einfallenden Strahl senkrechte Richtung.

Die Rayleighsche Formel ist für das Verständnis vieler optischer Eigenschaften der Kolloide sehr wichtig, eine ausführliche Besprechung der Formel erscheint deshalb als wünschenswert, verschiedenartige Zusammenhänge werden dadurch aufgedeckt werden.

Aus den angeführten Formeln ist erstens zu ersehen, daß *die Lichtstreuung um so stärker ausfällt, je größer die Unterschiede zwischen $n_1$ und n sind*, d. h. je mehr sich der Brechungsindex (Brechungskoeffizient) des dispersen Anteils von dem des Dispersionsmittels unterscheidet, denn die Größe $\left(\dfrac{n_1^2 - n^2}{n_1^2 + 2n^2}\right)^2$ wächst mit wachsendem Unterschied zwischen $n_1$ und n, also mit $n_1$—n. Das ist der Grund dafür, daß das Tyndall-Licht z. B. von Proteinsolen viel schwächer ist als von gleichkonzentrierten und gleichdispersen Schwefel- oder $As_2S_3$ Solen. Diese Tatsache ist für die Ultramikroskopie besonders wichtig (vgl. S. 119). Am größten sind die Unterschiede zwischen $n_1$ und n bei den Metallsolen. Das von dem einzelnen

---

[71] H. Freundlich: Kapillarchemie, II. Band S. 19ff. (1932); R. Pohl: Optik, 4. u. 5. Aufl. S. 158—163, 190—194, Berlin: Springer 1943.

Teilchen gestreute Licht ist noch genügend intensiv, um von unserem Auge wahrnehmbar zu werden. Deshalb können wir im Ultramikroskop selbst die Beugungsbilder von Goldteilchen, die einen Durchmesser von nur $5\,m\mu$ haben, noch sehen. Kleiner sind die Unterschiede $(n_1—n)$ im Falle von $As_2S_3$-Sol, noch kleiner bei den lyophilen Solen, die lockere, stark solvatisierte Teilchen haben.

Aus beiden Gleichungen, besonders aber aus (2) ist weiter zu ersehen, daß das Tyndall-Licht der *vierten Potenz der Wellenlänge umgekehrt proportional ist.* Die kurzwelligen Strahlen (violette, blaue) werden also viel mehr gestreut als die langwelligen (gelbe, rote). Wird ein Sol nicht mit monochromatischem, sondern mit weißem Licht (z. B. Tageslicht) beleuchtet, so ist der zerstreute Anteil reicher an kurzwelligen, der durchgegangene an langwelligen Strahlen. Demzufolge erscheinen farblose Sole, d. h. solche, die keine Wellenlängen bevorzugt absorbieren, wie z. B. verschiedene Emulsionen von Fetten, Harzen, die Schwefelsole, AgCl-Sole usw., im durchfallenden Licht gelbrötlich, in auffallendem dagegen bläulich. Der einzige Grund des Zustandekommens dieser Opaleszenzfarben ist die stärkere Streuung kurzwelliger Strahlen. Aus diesem Grunde erscheinen dann auch im Ultramikroskop die kleinsten Kolloidteilchen als violette und *blaue Scheibchen,* die mit mittlerem Durchmesser als grüne und die größten als gelbe oder weiße Lichtflecke. Daraus folgt schließlich, daß die günstigsten ultramikroskopischen Auflösungsbedingungen dadurch zu erzielen sind, daß man Lichtquellen wählt, die besonders reich an kurzwelliger Strahlung sind.

Sehr wichtig ist ferner die Beziehung, die zwischen der zerstreuten Lichtmenge einerseits und zwischen den Volumen (v) und Zahl ($\nu$) der Teilchen anderseits besteht. Aus der Gleichung (2) ist zu ersehen, daß die Gesamtmenge des Tyndall-Lichts *proportional der Teilchenzahl und der zweiten Potenz des Teilchenvolums ansteigt.* Je konzentrierter ein Sol, um so mehr wird das Licht gestreut. Diese Beziehung ist praktisch insofern wichtig, als aus der Intensität des Tyndall-Lichts die Gesamtmenge bzw. die *Konzentration* des dispersen Anteils bestimmt werden kann (Nephelometrie vgl. unten S. 68). Andererseits ist zu ersehen, daß im Fall einer gleichen Anzahl von Teilchen ($\nu$), die Menge des zerstreuten Lichts von der *Teilchengröße* abhängig ist. Je größer die Teilchen, um so mehr Lichtquanten können gestreut werden. Auf Grund dieser Beziehung läßt sich deshalb auch die Teilchengröße bestimmen.

Den Inhalt des Rayleighschen Gesetzes können wir also wörtlich in der folgenden Weise zusammenfassen:

*Die Intensität des gesamten durch ein Sol gestreuten Lichts ist der Intensität des einfallenden Lichts* $(I_0)$, *dem Quadrate der Teilchenvolumina* $(v^2)$, *der Zahl der Teilchen* $(\nu)$ *direkt, und der vierten Potenz der Wellenlänge* $(\lambda^4)$ *umgekehrt proportional. Außerdem ist die Streuung von dem Unterschied der Brechungskoeffizienten der Teilchen und des Dispersionsmittels abhängig. Je größer der Unterschied, um so größer die Streuung.*

Das Rayleighsche Gesetz wurde von mehreren Forschern mehr oder weniger vollständig bestätigt. So untersuchte Boutaric[72] mit monochromatischem Licht den Zusammenhang zwischen H und $\lambda$ an Silberchloridsolen. Er bestätigte dabei, daß die Intensität des gestreuten Lichts tatsächlich der vierten Potenz der Wellenlänge umgekehrt proportional ist. Bei *gröberen* Suspensionen, z. B. gealterten AgCl-Solen gilt die Proportionalität von H mit $\lambda^{-4}$ dagegen nicht: In diesem Fall ist H nur $\lambda^{-3}$ oder $\lambda^{-2}$ proportional.

[72] A. Boutaric: Ann. Physique 9, 197 (1918). Vgl. auch W. Mecklenburg: Kolloid-Z. 15, 149 (1914); 16, 97 (1915).

**Abhängigkeit der Lichtstreuung von der Konzentration. Tyndallometrie, Nephelometrie.** Oft sind auch die Zusammenhänge, die zwischen Konzentration und Lichtstreuung, so wie zwischen Teilchengröße und Lichtstreuung bestehen, untersucht worden. Besonders übersichtlich sind die Zusammenhänge, wenn das Rayleighsche Gesetz in folgender vereinfachter Form verwandt wird:

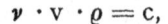

$$H = K \frac{\nu \, v^2}{\lambda^4} \quad\quad\quad\quad\quad\quad (3)$$

Abb. 30. Das Prinzip des Kleinmannschen Nephelometers.

Diese Beziehung gilt zum Vergleich einer Reihe gleichartiger Sole verschiedener Konzentration (da sich $n_1$ und $n$ nicht ändern dürfen, folglich ist hier also $\left(\dfrac{n_1^2 - n^2}{n_1^2 + 2n^2}\right)$ eine Konstante). Bezeichnet man ferner mit $\varrho$ das spezifische Gewicht des dispersen Anteils, so ist

$$\nu \cdot v \cdot \varrho = c,$$

c ist somit die Gesamtmasse der Teilchen in der Volumeinheit der Lösung, d. h. die Konzentration.

Setzt man nun den Wert $\nu \cdot v = \dfrac{c}{\varrho}$ in die Gleichung (3) ein, so erhält man die praktisch wichtige Formulierung

$$H = K \frac{c \, v}{\lambda^4 \, \varrho} \quad\quad\quad\quad (4)$$

Abb. 31. Kleinmannsches Nephelometer der Firma F. Schmidt u. Haensch.

*Die Intensität des gestreuten Lichts ist der Konzentration c des Sols und dem Teilchenvolumen v direkt und $\lambda^4$ umgekehrt proportional*[73]).

Die Proportionalität zwischen Lichtstreuung und Konzentration ist mehrfach bestätigt worden, z. B. durch Mecklenburg[74]) an kolloider Zinnsäure (0,001 bis 0,1 Mol $SnO_2$ im Liter), durch Bechold und Hebler[75]) an $BaSO_4$ in Glyzerin, durch Putzeys und Brosteaux an Eiweißsolen[76]). Die Messungen wurden in der Regel durch Vergleichen der Intensität des Tyndallichts zweier Sole verschiedenen Verdünnungsgrades ausgeführt.

Diese Untersuchungen bildeten die Grundlage der *Nephelometrie,* d. h. Bestimmung der Konzentration

[73]) Bei demselben dispersen Anteil ist $\varrho$ konstant.
[74]) W. Mecklenburg: Kolloid-Z. *14*, 172 (1914).
[75]) H. Bechold und I. Hebler: Kolloid-Z. *31*, 7 (1922).
[76]) P. Putzeys und J. Brosteaux: Trans. Faraday Soc. *31*, 1314 (1935).

des dispersen Anteils nach der Trübungsstärke[77]). Zu diesem Zweck sind verschiedene Apparate, die sogenannten Nephelometer, konstruiert worden.

Das Prinzip des Kleinmannschen[78]) Nephelometers besteht in folgendem: Zwei in Abb. 30. schematisch gezeichnete Anordnungen befinden sich nebeneinander; die Helligkeit des vom trüben dispersen System gestreuten Lichts wird mit dem einer Vergleichslösung verglichen. Der Vergleich erfolgt allmählich durch Erweiterung einer Blende, bis die beiden Helligkeiten gleich sind. Die Größe der Erweiterung wird mit einem Nonius gemessen.

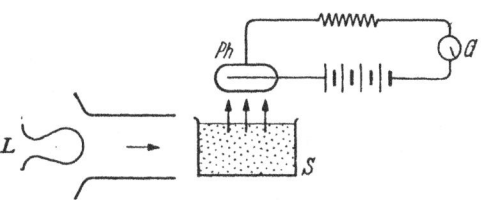

Ähnliche Anordnungen, mit denen die Intensität des zerstreuten Lichts gemessen werden kann, sind auch unter dem Namen *Tyndallometer* bekannt. Von den gebräuchlichen

Abb. 32. Messung der Lichtstreuung mit dem Photoelement.

Apparaten läßt sich für diesen Zweck auch das Zeißsche Stufenphotometer verwenden. Außerdem kann man die Intensität des zerstreuten Lichtes direkt mit einem Photoelement messen.

Das von der Lampe L kommende Licht (Abb. 32) wird von dem Sol S gestreut und fällt auf das Photoelement Ph. Die der Lichtmenge entsprechende elektrische Energie wird mit dem Galvanometer G gemessen[79]).

Die Konzentration eines trüben dispersen Systems, z. B. die einer $CaC_2O_4$-Suspension bestimmt man am einfachsten dadurch, daß man durch Zusammengießen von $CaCl_2$ und Ammoniumoxalat eine Suspension bekannter Konzentration herstellt und die von diesem System zerstreute Lichtmenge mit der einer anderen $CaC_2O_4$-Suspension unbekannter Konzentration unter den gleichen Versuchsbedingungen vergleicht. Das Verhältnis der Lichtmengen $H_1 : H_2$ entspricht dann dem Konzentrationsverhältnis:

$$\frac{H_1}{H_2} = \frac{c_1}{c_2} \quad\dots\dots\dots\dots\dots\dots\dots (5)$$

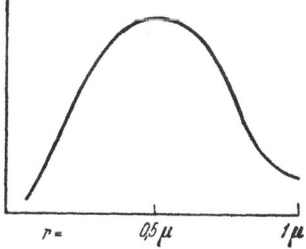

Da die eine Konzentration bekannt ist und die Lichtmengen in beiden Fällen gemessen worden sind, kann auch die unbekannte Konzentration leicht berechnet werden. Die Gleichung (5) gilt jedoch nur für solche disperse Systeme, die gleich große Teilchen haben, denn H ist auch von v, vom Teilchendurchmesser abhängig.

Abb. 33. Die Abhängigkeit der Trübungsstärke (T) von der Teilchengröße (r).

## Abhängigkeit der Lichtstreuung von der Teilchengröße.

Aus dem eben Gesagten ist es klar, daß aus der Menge des zerstreuten Lichtes auch Schlußfolgerungen bezüglich der Teilchengröße möglich sind. Vergleicht man das Tyndallicht zweier Sole gleicher Konzentration, von denen das eine höher dispers als das andere ist, so sieht man aus Formel (4), daß ersteres das Licht weniger zerstreut als das zweite.

Diese Proportionalität zwischen der Intensität des gestreuten Lichtes und der Teilchengröße ist jedoch nur im Falle *sehr kleiner Kolloidteilchen zu erwarten*.

---

[77]) Vgl. J. H. Yoe und H. Kleinmann: Photometric chemical Analysis, Vol. II, New York: Nephelometry 1929.

[78]) H. Kleinmann: Biochem. Z. **99**, 130 (1911).

[79]) Vgl. N. N. Andrejew: Kolloid-Z. **43**, 14 (1927).

Sind nämlich die Teilchen relativ groß, so können die von verschiedenen Ober-
flächenteilen gebeugten Strahlen miteinander interferieren, wodurch die Intensität des gestreuten Lichts herabgesetzt wird. Dies wurde experimentell auch
mehrfach bestätigt. So haben z. B. Bechold und Hebler (l. c. S. 68) das Tyndall-
licht gleich konzentrierter, aber verschieden disperser BaSO$_4$-Suspensionen gemessen. Die Ergebnisse der Untersuchung sind in Abb. 33 sichtbar. *Bei hochdispersen* Suspensionen steigt die Trübung (gestreute Lichtmenge) zunächst
linear mit dem Teilchenradius, dann schwächer, bis ein Maximum erreicht wird.
Suspensionen maximaler Trübung haben Teilchen mit einem mittleren Radius
0,4 bis 0,5 $\mu$. Besteht die Suspension aus noch gröberen Teilchen, so wird die
Menge des zerstreuten Lichts wieder geringer. Die Teilchen mit r = 1,2 $\mu$ bewirken eine etwa gleiche Trübung wie die von 0,05 $\mu$. Selbstverständlich kann in
solchen Fällen aus der Lichtstreuung die Teilchengröße nicht bestimmt werden.

Nach den Untersuchungen von Mecklenburg[80] besteht die Proportionalität
zwischen der Menge des gestreuten Lichts und der Teilchengröße nur bei ganz
hochdispersen Solen. Er untersuchte ziemlich monodisperse, nach der Methode
von S. Odén hergestellte und fraktionierte Schwefelsole. Die Teilchengröße dieser
Sole wurde durch Messung der Diffusionsgeschwindigkeit und des osmotischen
Drucks, in manchen Fällen auch ultramikroskopisch bestimmt.

Eine gute Übereinstimmung zwischen den tyndallometrisch und andersartig
ermittelten Teilchengrößen wurde an Solen erzielt, die einem mittleren Teilchendurchmesser von 10, 20 oder 30 m$\mu$ hatten. Für grobdisperse Sole war die Übereinstimmung schlechter. Auch Teorell[81] fand, daß das Rayleighsche Gesetz
nur für hochdisperse Sole gültig ist. Haben die Teilchen den Durchmesser von
über 20—30 m$\mu$, so beobachtet man stets Abweichungen von diesem Gesetz.

Eine exakte nephelometrische bzw. tyndallometrische Bestimmung der
Teilchengröße ist weiter noch deshalb unmöglich, weil das Rayleighsche Gesetz
nur für monodisperse Sole mit *kugelförmigen Teilchen* abgeleitet worden ist.
Nun ist es aber bekannt, daß kein einziges von den natürlichen oder künstlich
hergestellten Solen vollständig monodispers ist, und zugleich auch Teilchen von
genauer Kugelform besitzt. Befindet sich in einem polydispersen System neben
vielen sehr kleinen Teilchen (mit dem Durchmesser von 1—5 m$\mu$) eine geringe
Anzahl relativ großer (Durchmesser 50 bis 100 m$\mu$), so ist es möglich, daß das
von den großen Teilchen zerstreute Licht dasjenige von den kleinen abgebeugte
vollständig überdeckt. Infolgedessen können von den nephelometrischen Messungen ganz falsche Schlußfolgerungen über die Teilchengröße gezogen werden.

In vielen Fällen kann jedoch durch nephelometrische Messungen die Teilchengröße *annähernd* abgeschätzt werden, so daß die Methode einen gewissen praktischen Wert besitzt. Am einwandfreisten sind die Resultate dann, wenn man zwei
Sole, bei denen ein und derselbe Stoff in demselben Dispersionsmittel unter
gleichen Bedingungen zerteilt ist, vergleicht. Nur dürfen die Teilchen nicht allzu
groß und die Systeme nicht allzu polydispers sein[81a].

**Messung des vom Sol durchgelassenen Lichts.** Fällt auf ein farbloses Sol
ein Lichtbündel von der Intensität I$_0$, und wird davon ein Teil I seitlich zerstreut,
so ist die Intensität des durchgelassenen Lichts (wenn die Absorption im Sol
vernachlässigt wird) I$_0$-I. Bei konstanten I$_0$ fällt somit die Intensität des durchgelassenen Lichts um so mehr, je stärker die Streuung des Lichts im Sol ist.

[80] W. Mecklenburg: Kolloid-Z. *16*, 97 (1915).

[81] T. Teorell: Kolloid-Z. *53*, 322 (1930); *54*, 150 (1931); P. Putzeys und J. Brosteaux: Trans. Faraday Soc. *31*, 1314 (1935).

[81a] Eine bemerkenswerte neue Arbeit über Bestimmung der Molekulargewichte durch
Messung der Lichtstreuung stammt von P. Debye. Journ. Physic. and Coll. Chem. *51*,18(1947).

Demzufolge kann die Intensität des Tyndall-Lichts auch indirekt, durch Messung der Durchsichtigkeit bestimmt werden[82]). Eine derartige Anordnung ist in Abb. 34 schematisch aufgezeichnet. Das von der Quelle L fallende Licht durchleuchtet das Sol S und kann mit dem Photoelement Ph und Galvanometer G quantitativ gemessen werden.

Wird ein farbloses Sol mit weißem Licht bestrahlt, und beobachtet man das durchgegangene Licht im Spektroskop, so kann folgendes festgestellt werden: Der violette Teil des farbigen Spektrums erscheint dunkel, der gelbrote hell; an einer Wellenlängenskala im Gesichtsfeld kann die diffuse Farbgrenze des violetten Teils (Auslöschungsgrenze) annähernd abgelesen werden. Vergleicht man nun zwei Sole verschiedenen Dispersitätsgrades, so ist im Fall des gröber dispersen Sols die Grenze um einen gewissen Betrag nach dem roten Ende hin verschoben: das Spektrum erscheint dunkler, als im

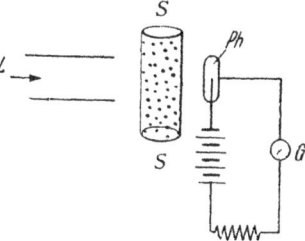

Abb. 34. Messung der Durchsichtigkeit mit dem Photoelement.

Falle eines hochdispersen Sols. Der Grund hierfür ist die Streuung des auffallenden Lichts. In einem hochdispersen Sol werden nur die kürzesten Wellen gestreut, weshalb der violette Teil des Spektrums dunkel erscheint. In einem grobdispersen Sol dagegen, auf Grund des Rayleighschen Gesetzes, nimmt auch die Streuung der mittellangen Wellen zu, was eine geringere Intensität des hindurchgelassenen Anteils zur Folge hat.

## Opaleszenz und Trübung disperser Systeme.

Die Trübungserscheinungen in dispersen Systemen hat insbesondere Wo. Ostwald[83]) ausführlich besprochen. Er definiert *die Trübungsstärke als proportional demjenigen Bruchteil, der durch ein disperses System geschickten Lichtmenge, welcher durch den dispersen Anteil seitlich gebrochen, reflektiert und gestreut wird.*

In kolloiddispersen Systemen, in denen die Teilchen im Verhältnis zur Wellenlänge des Lichts klein sind, wird die gelegentlich beobachtete Trübung hauptsächlich durch Streuung des Lichtes hervorgerufen. In grobdispersen (trüben) Systemen werden dagegen die Lichtstrahlen größtenteils durch Spiegelung (Reflexion) und Brechung (Refraktion) abgelenkt, wodurch die Suspension trübe erscheint. Die Verhältnisse in einer grob-

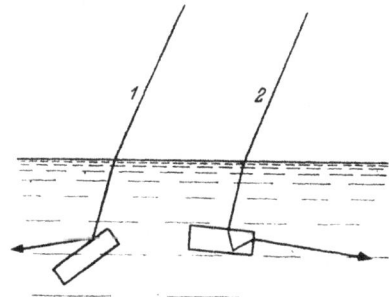

Abb. 35. Reflexion und Brechung von Lichtstrahlen an die Teilchen.

dispersen Suspension, wo die krystallinen Teilchen größere Abmessungen als die Wellenlänge haben, sind in Abb. 35 schematisch dargestellt. Der Strahl 1 wird vom Teilchen reflektiert, der Strahl 2 durch Brechung seitlich abgelenkt.

In der Praxis haben wir meist mit polydispersen Systemen zu tun. Als Beispiele solcher trüben Systeme sind zu nennen: verschiedene in der analytischen Praxis vorkommende trübe Suspensionen und Sole des $BaSO_4$, AgCl, S, $As_2S_3$ und viele andere. Bei der Oxydation von Schwefelwasserstoff entsteht zuerst ein schwach opaleszierendes Schwefelsol. Die Teilchen sind hier noch sehr klein.

[82]) A. Lottermoser: Kolloid-Z. *15*, 145 (1914); A. Dumanski und P. A. Scherschnew: Journ. russ. phys.-chem. Ges. *62*, 187 (1930); T. Teorell: l. c. 81.

[83]) Wo. Ostwald: Licht und Farbe in Kolloiden, Dresden: Steinkopff 1924.

Mit fortschreitender Oxydation und Bildung weiterer Schwefelmengen wächst die Konzentration und auch die Teilchengröße. Die Opaleszenz und Trübung verstärkt sich allmählich. Schließlich verschwinden die Opaleszenzfarben ganz, die Suspension wird milchig trübe und ganz undurchsichtig. Hiermit wird die maximale Trübung erreicht. Nach einiger Zeit sammeln sich die grobgewordenen Schwefelteilchen zu größeren Flocken und beginnen zu sedimentieren. Die Trübung wird damit etwas schwächer und vermindert sich weiter mit dem Grad der Sedimentation. Im beschriebenen Beispiel wächst die Teilchengröße ständig. In den verschiedenen Stadien der Flockung ist aber das System immer polydispers.

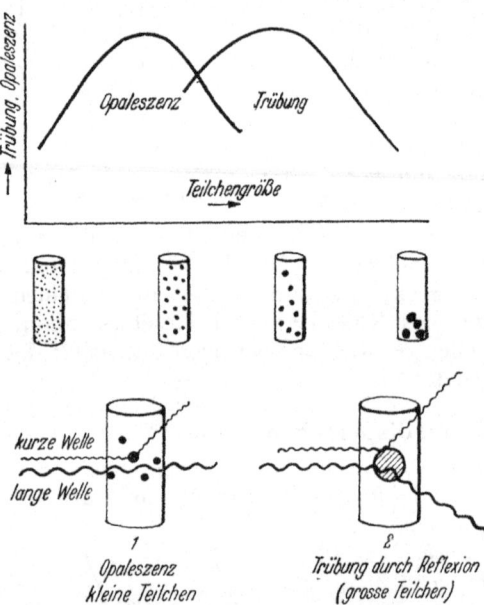

Abb. 36. Maxima der Opaleszenz und Trübung.

Zu Anfang der Oxydation, wenn nur schwache Opaleszenz beobachtet wird, enthält das Sol sehr kleine Kolloidteilchen, die den Durchmesser von etwa 1 mμ bis 20 mμ nicht überschreiten. Weiter vergröbern sich die Teilchen, die Opaleszenz wird stärker, das Sol erscheint trüb. In diesen Stadien erreichen die Teilchen den Durchmesser von etwa 10 mμ bis 500 mμ. Die Gründe der Trübung sind hier gleichzeitig Streuungs-, Spiegelungs- und Brechungserscheinungen. Zu Beginn der Sedimentation erreicht die Mehrzahl der Teilchen eine Größe von etwa 200 bis 2000 mμ. Die gestreute Lichtmenge ist dann im Verhältnis zur durch Reflexion abgelenkten sehr gering.

Aus dem Gesagten kann gefolgert werden, daß das *Maximum* der *Opaleszenz*, durch Beugung (Tyndall-Streuung) des hindurchgegangenen Lichts hervorgerufen, mit dem *Maximum der Trübung* nicht zusammenfällt (vgl. Abb. 36).

Vergleicht man eine Reihe disperser Systeme verschiedenen Dispersitätsgrades, so entspricht das Maximum der Opaleszenz dem System mit einer mittleren Teilchengröße von etwa 100 mμ bis 500 mμ, liegt also an der Grenze zwischen kolloiden und grobdispersen Gebiet. Werden die Teilchen noch größer, so verschwinden die Opaleszenzfarben, denn die Teilchen können dann alle Wellen, auch die längeren — roten und gelben durch Reflexion ablenken. Die durch Beugung gestreute Lichtmenge wird aber geringer, da an den Oberflächen der groben Teilchen die Wellen interferieren und sich gegenseitig abschwächen. Die durch Spiegelung und Brechung seitlich abgelenkte Lichtmenge wächst dagegen bis zum Erreichen des Maximums der Reflexions- bzw. Refraktionstrübung noch an. Das geschieht bei einer Teilchengröße von etwa 500—1000 mμ. Werden die Teilchen noch größer, so vermindert sich die Trübungsstärke schon deshalb, weil durch Verminderung des Dispersitätsgrades die zur Reflexion benötigte Oberfläche des dispersen Anteils kleiner wird. Außerdem sedimentiert eine Anzahl der Teilchen.

### Absorption des Lichtes in Solen (Farbe).

Ein Sol erscheint farbig hauptsächlich aus 2 Gründen: Die Farben werden entweder durch Streuung oder durch Absorption des Lichtes hervorgerufen.

Infolge der Streuung kurzwelliger Strahlen entstehen die Opaleszenzfarben. Diese Farberscheinungen zeigen alle farblosen Stoffe, wenn sie sich in kolloidem Zustande befinden (falls nur die Teilchen nicht allzu langgestreckt und allzu stark solvatisiert sind), z. B. $BaSO_4$, NaCl, AgCl, Kasein, Fettemulsionen usw.

Demgegenüber haben viele andere Sole ganz eigenartige, charakteristische Farben, unabhängig von der Betrachtungsrichtung. So ist ein $Fe(OH)_3$-Sol seitlich gesehen und in Durchsicht rot, ein Goldsol entweder rot oder blau, ein Hämoglobinsol rot, ein $MnO_2$-Sol braun, ein CdS-Sol gelb. Die Farbe kommt in allen diesen Fällen durch *selektive Absorption des Lichts im sichtbaren Teil des Spektrums zustande.* Während die farblosen Stoffe meistens nur die ultravioletten Strahlen und vom Lichte des sichtbaren Spektrums etwa den gleichen und nur

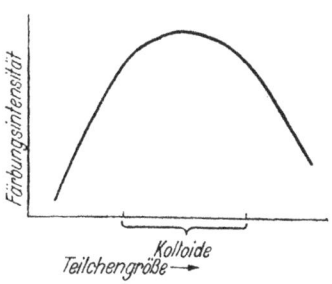

Abb. 37. Farbstärke und Teilchengröße.

sehr geringen Anteil von jeder Wellenlänge absorbieren, absorbieren die farbigen Sole einen beträchtlichen Anteil der Wellen bestimmter Länge in demselben Teil des Spektrums. Die roten Goldsole z. B. absorbieren sehr stark die Wellen der Länge 500—550 m$\mu$, d. h. diejenigen, die die Farbempfindung grün hervorrufen, die blauen Goldsole dagegen solche im Gebiet von 580—650 m$\mu$. Eine der Aufgaben der Kolloidchemie ist es nun, die Zusammenhänge aufzuklären, die zwischen der Farbe und dem Dispersitätsgrad bestehen. In diesem Zusammenhang hat Wo. Ostwald schon vor mehreren Jahrzehnten auf zwei empirische Regeln hingewiesen:

1. Betrachtet man einen Stoff in verschiedenen Zerteilungsgraden (von mikromolekularen bis zu grobdispersen), so läßt sich die maximale Farbstärke bei den *kolloiden* Zerteilungen feststellen (Abb. 37).

2. Mit steigender Teilchengröße verschiebt sich das Absorptionsmaximum in Richtung der längeren Wellen.

Die erste Regel ist auch auf farblose Stoffe insofern anwendbar, daß diese in kolloiden Zerteilungen die sogenannten Opaleszenzfarben aufweisen. Noch besser bewährt sich die Regel an Beispielen, wo einige Wellen

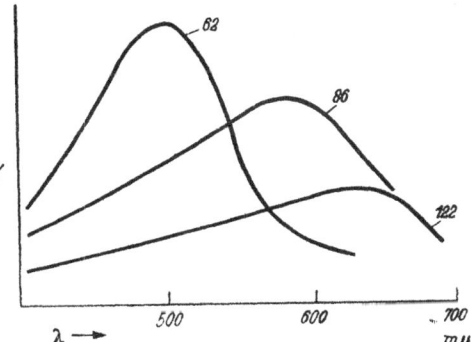

Abb. 38. Die Abhängigkeit der Lichtabsorption (K) von der Wellenlänge ($\lambda$) für 3 Goldsole. Im Falle höherdisperser Teilchen (62 m$\mu$) liegt das Absorptionsmaximum im Gebiete kleinerer $\lambda$ als im Falle der niederdispersen.

des sichtbaren Spektrums bevorzugt durch die Teilchen absorbiert werden. So sind die Goldsolen intensivrot, violett oder blau gefärbt, die Goldionen derselben Konzentration besitzen dagegen eine nur schwach gelbliche Farbe. Auch die grobdispersen Goldsuspensionen sind schwächer gefärbt, als die entsprechenden Goldsole. Besonders schön lassen sich diese Verhältnisse an Silber vorführen. Die Silberionen sind farblos, die Silbersuspensionen grau, die Silbersole dagegen intensiv rotbraun oder grünlichbraun. Eisenhydroxydsole sind intensiv rotbraun gefärbt, die entsprechenden Lösungen des Ferrichlorids dagegen nur schwach gelblich, die koagulierten Aufschwemmungen des $Fe(OH)_3$ sind rotbraun oder gelbbraun und deren Farbintensität ist viel geringer, als die der entsprechenden Sole.

Die zweite Regel erwies sich in den Fällen vielfach als gültig, wo ein und dasselbe Kolloid verschiedene Farben annehmen kann. Wie oben erwähnt, absorbieren die roten Goldsole sehr stark die 500—550 m$\mu$ langen (grünen) Wellen, weshalb dann auch die Lösung rot erscheint, die blauen dagegen besonders solche von 580—650 m$\mu$. Nun sind aber die blauen Sole grobdisperser als die roten, das Absorptionsmaximum verschiebt sich folglich mit steigender Teilchengröße in Richtung der längeren Wellen. Ebenso sind die grobdispersen Selensole grünblau und blau, die mitteldispersen violett und die hochdispersen rot. Dasselbe gilt auch für Pt-, Hg-, Cu-, Te-, K-Sole und in vielen anderen Fällen. Ein Beispiel der Lichtabsorption von 3 Goldsolen, die Teilchen mit den mittleren Durchmesser von 62 m$\mu$, 96 m$\mu$ und 122 m$\mu$ haben, ist in Abb. 38 dargestellt [84]). Auf der Abzisse sind die Wellenlängen des sichtbaren Spektrums, auf der Ordinate die Absorptionskonstanten aufgetragen. Die *nicht absorbierten* Wellenlängen bestimmen die Farbe der Lösung.

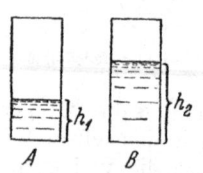

Abb. 39. Schichtdicke und Konzentration.

Der Grund des beschriebenen Verhaltens der Goldsole besteht nach H. Freundlich hauptsächlich darin, daß das Gold außer dem Absorptionsmaximum in grünen, noch ein Re"exionsmaximum im gelben hat. Bei kleineren Teilchen überwiegt die Absorption, weshalb die hochdispersen Goldsole rot erscheinen. Bei gröberen Teilchen überwiegt mehr die Reflexion, daher die wachsende Ausstrahlung und Verschiebung der Absorption nach dem roten Ende des Spektrums. Es wurde mehrfach versucht, die betreffenden Erscheinungen auch streng theoretisch zu begründen (G. Mie, Maxwell, Garnett, R. Gans u. a.). In den meisten Fällen ließ sich eine befriedigende Übereinstimmung zwischen Theorie und Experiment auch erzielen. Doch sind im allgemeinen bei farbigen Solen die Verhältnisse viel komplizierter als bei den farblosen. In der folgenden Tabelle sind die Farben von ziemlich monodispersen Silbersolen angeführt. Diese Silbersole wurden vom Wiegel hergestellt und untersucht [85]).

Tabelle 14. *Farbe von Silbersolen verschiedener Teilchengröße.*

| Teilchendurchmesser in m$\mu$ | Durchsichtsfarbe | Aufsichtsfarbe |
|---|---|---|
| 10— 20 | gelb | blau |
| 25— 35 | rot | dunkelgrün |
| 35— 45 | rot-violett | grün |
| 50— 60 | blau-violett | oliv-gelb |
| 70— 80 | blau | bräunlich-rot |
| 120—130 | grün | grün-gelb, milchig, hell getrübt |

**Messung der Lichtabsorption.** Für die Lichtabsorption in echten Lösungen gilt das Lambertsche Gesetz, wonach

$$I = I_0 \, e^{-kx}, \text{oder} \ln\frac{I}{I_0} = - k \, x.$$

$I_0$ ist die Intensität des Lichts beim Eintritt, I die beim Austritt, x die Schichtdicke und k der Absorptions- oder Extinktionskoeffizient. k hängt von der Konzentration (c) ab und ist ihr proportional, also

$$k = k_1 c \text{ (Beersches Gesetz).}$$

Mehrere Forscher (z. B. Rolla, Pihlblad, Gessner) konnten zeigen, daß das Lambert-Beersche Gesetz für verschiedene Sole wirklich gültig ist. Es ist also möglich, aus der Lichtabsorption die Konzentration des farbigen Kolloids zu bestimmen.

[84]) The Svedberg: Kolloidchemie, S. 154, 1925 (nach Messungen von N. Pihlblad).
[85]) E. Wiegel: Kolloidchem.-Beih. *25*, 176 (1927); Kolloid-Z. *47*, 323 (1929); *51*, 112 (1930); *53*, 96 (1930).

Die einfachste Anordnung, mit der die Farben von Solen verglichen werden kann, ist die *kolorimetrische*. Das Prinzip ist aus Abb. 39 zu ersehen. Zwei Schichten eines Sols verschiedener Konzentration (A und B) werden auf hellem Hintergrund von oben beobachtet und die Schichthöhen $h_1$ und $h_2$ so geändert, daß die Farbe beider Sole gleich erscheint. Die Höhen $h_1$ und $h_2$ sind dann nach dem Lambert-Beerschen Gesetz umgekehrt proportional der Konzentration. Ist nun die Konzentration A bekannt, so kann bei Kenntnis von $h_1$ und $h_2$ die Konzentration B berechnet werden:

$$\frac{A}{B} = \frac{h_2}{h_1}; \quad B = \frac{A h_1}{h_2}.$$

Genauere Messungen der Lichtabsorption werden mit spektral-photometrischen oder spektrographischen Anordnungen ausgeführt. Dabei wird das durch das Sol durchgegangene, so wie das auffallende Licht auf einer photographischen Platte fixiert und die Platten nachher quantitativ verglichen. Die einzelnen Teile des Spektrums werden ferner auch mit empfindlichen Photozellen oder Thermosäulen untersucht. Die Lichtabsorption verschiedener Teile des Spektrums kann damit genau bestimmt werden.

Das Färbevermögen der kolloid zerteilten Stoffe ist

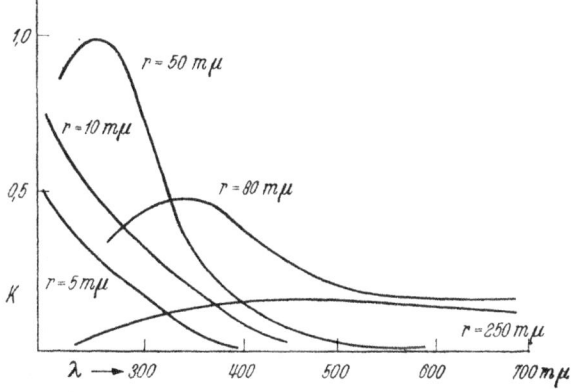

Abb. 40. Die Lichtabsorption durch Schwefelsole mit verschieden großen Teilchen.

meistens ungewöhnlich hoch. So kann z. B. die gelbe Farbe des $As_2S_3$-Sols in 1 cm dicker Schicht noch bei einer Konzentration 1 : 800000 erkannt werden. Die rotbraune Farbe der Silbersole mittleren Dispersitätsgrades ist bei gleicher Schichtdicke bei einer Konzentration von 1 Teil Ag in 5000000 Teilen Wasser noch sichtbar.

**Die absorbierten und zerstreuten Lichtmengen.** Bei den Absorptionsmessungen wird die Intensität I des durchgegangenen mit der des auffallenden Lichts $I_0$ verglichen. Die Differenz $I_0$–I gibt über die Stärke der Absorption Auskunft. Nun wird aber auch ein Teil von $I_0$–I seitlich zerstreut. Bezeichnet man den absorbierten Anteil mit $I_a$, den gestreuten mit $I_g$, so kann man schreiben:

$$I_0 - I = I_a + I_g$$

Im Falle farbloser Sole ist nun die Größe $I_a$ im sichtbaren Teil des Spektrums im Verhältnis zu $I_g$ so klein, daß sie vernachlässigt werden kann. Das Gegenteil besteht im Falle hochdisperser Metallsole. So ist z. B. nach Untersuchungen, die an roten Goldsolen vom Steubing ausgeführt wurden, $I_g$ im Verhältnis zu $I_a$ so klein, daß der Anteil des gestreuten Lichts vernachlässigt werden kann. Je größer aber die Teilchen sind, um so größeres Gewicht gewinnt $I_g$, da es nach dem Rayleighschen Gesetz proportional dem Quadrat des Teilchenvolumens $v^2$ ansteigt. In der üblichen Formulierung ist aber das Rayleighsche Gesetz für Metallsole nicht anwendbar.

**Die Absorption ultravioletter Strahlen.** Farblose oder wenig gefärbte Sole absorbieren in der Regel ultraviolette Strahlen mehr oder weniger stark.

So wurden im Laboratorium Svedbergs[86]) in dieser Hinsicht mehrere Schwefelsole und Proteinsole untersucht. In Abb. 40 sind die Ergebnisse der Absorptionsmessungen an Schwefelsolen sichtbar. Auf der Abzisse sind die Wellenlängen, auf der Ordinate die Absorptionskonstanten aufgetragen. Man sieht, daß besonders stark im Ultraviolett diejenigen Schwefelsole absorbieren, die mittelgroße Teilchen, mit dem Radius 10—80 m$\mu$ besitzen. Die noch kleineren (r = 5 m$\mu$) absorbieren im Ultraviolett schwächer, und im sichtbaren Teil gar nicht. Die großen Teilchen mit r = 250 m$\mu$ absorbieren in allen Teilen des Spektrums fast gleichmäßig. Die Proteine haben meist sehr verwickelte Absorptionskurven mit mehreren Maxima und Minima, die zwischen 250—300 m$\mu$ liegen[87]). Es bestätigte sich hierbei, daß die in diesem Spektralgebiet absorbierte Lichtmenge proportional der Konzentration des Proteins anwächst, daß also auch hier das Lambert-Beersche Gesetz gültig ist. Dies ist bei den Sedimentationsmessungen mit der Ultrazentrifuge wichtig, wo die Konzentrationsänderung in der Zelle durch Absorptionsmessungen ultravioletter Strahlen verfolgt wird.

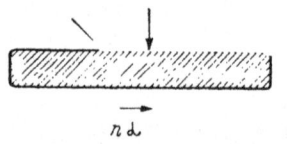

Abb. 41. Optische Anisotropie bei einem nichtkubischen Kristall.

### Andere optische Eigenschaften.

**Lichtbrechung und Konzentration.** Zwischen Lichtbrechung und Konzentration besteht eine Proportionalität, die insofern von Interesse ist, daß man aus dem leicht bestimmbaren Brechungsindex die Konzentration ermitteln kann. So fanden Adair und Robinson[88]), daß bei den Proteinen zwischen dem Refraktionsindex und der Konzentration ein linearer Zusammenhang besteht: werden nämlich die ermittelten Größen der Refraktion in einem Koordinatensystem gegen die Konzentration (g im Liter oder in 100 ccm Lösung) aufgetragen, so liegen die eingezeichneten Punkte auf einer Geraden. Die *spezifische Refraktion*, definiert durch

$$a = \frac{n_1 - n_0}{c}$$

ist somit konstant ($n_1$-Brechungsindex des Sols, $n_0$-Brechungsindex des Dispersionsmittels, c-Konzentration). Bestimmt man einmal $n_1$ für eine Lösung bekannter c, sowie $n_0$, so kann man leicht $a$ ausrechnen. Da nun $a$ konstant ist, so können wir immer aus dem experimentell bestimmten Brechungsindex $n_1$ die Konzentration c berechnen (bei ein und demselben dispersen Anteil in demselben Dispersionsmittel).

**Die optische Anisotropie kolloider Lösungen.** Als optisch *isotrop* wird ein Stoff bezeichnet, der in allen Richtungen den gleichen Brechungsindex und andere optische Eigenschaften hat. Beispiele solcher isotroper Objekte sind durchsichtige amorphe Körper oder Krystalle kubischen Systems. Als optisch *anisotrop* bezeichnet man dagegen Gebilde, deren Brechungsindex von der Richtung des einfallenden Lichtstrahls abhängig ist. Alle Krystalle, außer den kubischen, sind optisch anisotrop. Ist nur eine Richtung optisch ausgezeichnet, so bezeichnet man solche Krystalle als optisch einachsig. *Doppelbrechung* wird als positiv bezeichnet, wenn der Brechungsindex in der ausgezeichneten Richtung $n_\alpha$ (Abb. 41) größer ist, als in den anderen Richtungen; ist er in der ausgezeichneten Richtung kleiner,

[86]) T. Svedberg: Kolloidchemie, S. 155 (1925).

[87]) T. Svedberg und J. B. Nichols: J. Amer. Chem Soc. *48*, 3081 (1926); T. Svedberg und B. Sjögren: ibid. *51*, 3594 (1929); M. Spiegel-Adolf: Archiv. Path. *12*, 533 (1931); J. Gróh und M. Hanak: Z. physiol.-Chem. *190*, 169 (1930).

[88]) G. S. Adair und M. E. Robinson: Biochem. Journ. *24*, 993 (1930).

so spricht man von negativer Doppelbrechung. Sole, die längliche oder blättchenförmige Teilchen enthalten, zeigen merkwürdige optische Eigenschaften, besonders
in den Fällen, wenn sich die Teilchen optisch (hinsichtlich der Brechung und Absorption) vom Dispersionsmittel stark unterscheiden. Solche Beispiele sind die
Eisenhydroxydsole, Vanadiumpentoxydsole, die kolloiden Lösungen von Anilin-
blau, Benzopurpurin, Chrisophenin und vieler anderer Farbstoffe. An diesen
Solen wird oft die optische Anisotropie festgestellt. Unter bestimmten Bedingungen werden die Sole *doppelbrechend* und *dichroistisch*. Die optische Anisotropie dieser Sole kann entweder ,,freiwillig'' eintreten, oder sie wird durch besondere Maßnahmen *erzwungen*.

Die freiwillige optische Anisotropie[89]) ist die Folge von *Alterungserscheinungen*
(vgl. S. 196), die im Sol mit der Zeit stattfinden. Die länglichen Teilchen lagern sich
allmählich zu größeren Aggregaten zusammen und orientieren sich dabei gleichzeitig teilweise (Abb. 42). Diese Aggregate haben manche Eigenschaften ein-
achsiger Krystalle: das entlang der Längsachse hindurchgehende Licht wird
andersartig beeinflußt, als das senkrecht zur Längsachse auffallende. Solche
anisotrope Anhäufungen werden
*Taktoide* genannt, und die betreffenden kolloiden Lösungen, die solche
Taktoide enthalten, sind *Taktosole*.
Mit der Zeit erreichen die Taktoide
makroskopische Größe und setzen
sich zu Boden. Die Anisotropie

Abb. 42. Umorientierung länglicher Teilchen.

solcher Taktoide bestimmt man am
einfachsten mit einem Polarisationsmikroskop. An Eisenhydroxyd und Wolfram-
tryoxydsolen wurde festgestellt, daß die Taktoide in dem ruhig stehenden Sol
sich in regelmäßigen, parallelen Schichten orientieren[90]). Der Abstand dieser
Schichten beträgt $0,2-0,4\ \mu$, und ist so regelmäßig, daß infolge der Interferenz des reflektierten Lichts prachtvolle Interferenzfarben entstehen, weshalb die Schichten als *Schillerschichten* bezeichnet werden.

In optisch anisotropen dispersen Systemen wird oft auch *Doppelfarbigkeit*
oder *Dichroismus*, der sich jedoch vom Opaleszenz unterscheidet, beobachtet.
Dichroismus wird an farbigen Solen beobachtet, deren Teilchen z. B. durch
Strömung orientiert sind. Die Farbe des Systems erscheint verschieden, in Abhängigkeit davon, in welcher Richtung das System beobachtet wird. Der Grund
'ist der, daß in einem dispersen System mit orientierten Teilchen die Absorption
von der Richtung und Wellenlänge der Strahlen abhängig ist.

Viel wichtiger als die relativ selten vorkommende freiwillige optische Anisotropie ist die *erzwungene*. Stäbchen- oder blättchenförmige Teilchen können
1. durch *Strömung*, 2. durchs *magnetische Feld* oder 3. durchs *elektrische Feld*
orientiert werden, wobei das ganze Sol die optischen Eigenschaften eines einachsigen Krystalls in schwachem Maße annimmt. Doppelbrechung und in einigen
Fällen auch Dichroismus lassen sich dabei feststellen. Die betreffenden Fragen
werden in Kapitel IX näher erörtert werden, da die Zusammenhänge, die z. B.
zwischen Strömungsdoppelbrechung und Teilchenform bestehen, für die Bestimmung der Teilchenform wichtig sind.

---

[89]) Sie wurde von A. Cotton und H. Mouton zuerst beschrieben (Ann. Chim. et Phys.
*11*, 185 (1907).
[90]) H. Zocher: Z. anorg. Chem. *147*, 91 (1925); H. Zocher und K. Jakobsohn: Kolloid-
Z. *41*, 220 (1927); Kolloid. Beih. *28*, 167 (1929).

## VI. Die elektrischen Eigenschaften disperser Systeme.

### Die Elektrophorese (Kataphorese).

Läßt man einen elektrischen Gleichstrom durch ein Sol fließen, so beobachtet man in der Regel die Wanderung der Teilchen zu der Kathode oder zur Anode. Diese Erscheinung wird als *Elektrophorese* oder *Kathaphorese* bezeichnet. Sie wurde von Reuß im Jahre 1807 entdeckt und später von Quincke, Picton und Linder, Burton, Svedberg, Kruyt und anderen näher untersucht.

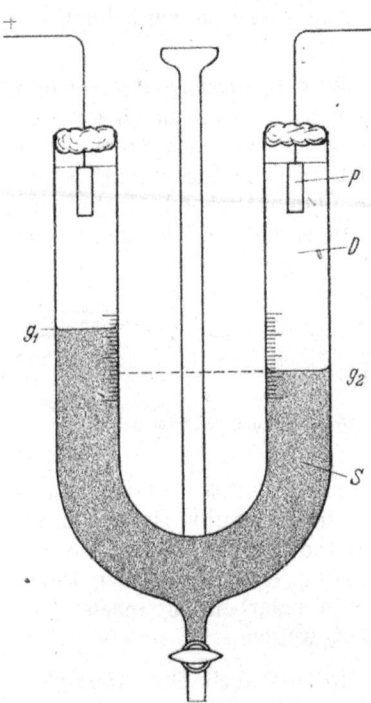

Die Wanderung einzelner Teilchen kann sogar im Ultramikroskop beobachtet werden. Ist der disperse Anteil farbig, so läßt sich die Verschiebung des dispersen Anteils auch sehr leicht makroskopisch beobachten. Hierzu sind zahlreiche Anordnungen vorgeschlagen worden. Eine der einfachsten ist diejenige von Burton, die schematisch in Abb. 43 gezeichnet ist. Das U-Rohr wird zuerst teilweise mit dem Dispersionsmittel D gefüllt, dann wird durch den Trichter und Hahn das Sol vorsichtig unter das Dispersionsmittel geschichtet. An die ins Dispersionsmittel eingetauchten Platinelektroden P wird nun eine Spannung angelegt. Nach einer Weile beobachtet man eine Verschiebung der beiden farbigen Grenzen $g_1$ und $g_2$: in dem einen Schenkel hebt sie sich, in dem anderen sinkt sie.

Die einfachste Deutung der Elektrophorese ist die folgende. Die Kolloidteilchen, ebenso die Ionen, besitzen eine gewisse *Ladung*. Wandern die Teilchen zum positiven Pol (Verschiebung der Grenze zu diesem Pol), so tragen sie eine *negative* Ladung. Verschieben sie sich aber in der Richtung zum negativen Pol, so ist die Teilchenladung *positiv*. In den meisten Fällen, besonders bei Teilchen natürlicher Kolloide, Emulsionen sowie verschiedener Suspensionen, ist die Ladung der Teilchen negativ (Tabelle 15).

Abb. 43. Schema des Burtonschen Elektrophoreseapparates.

Die Ladung und Wanderungsrichtung der Teilchen ist aber von der Herstellung und von den anwesenden Elektrolyten abhängig. So fand Hardy (1899), daß die Eiweißteilchen in reinem Wasser fast keine Ladung besitzen, durch Spuren von Lauge wurden die Teilchen negativ aufgeladen und wanderten zur Anode, durch Säure dagegen wurde der Ladungssinn umgekehrt — die Eiweißteilchen wanderten zur Kathode. Die in der üblichen Weise hergestellten Metallhydroxydsole sind positiv, man kann aber auch negative Eisenhydroxydsole herstellen.

Mit den beschriebenen Apparaten kann nicht nur der Ladungssinn, sondern auch die *Geschwindigkeit* der Elektrophorese bestimmt werden. So läßt sich mit der Burtonschen Anordnung die Verschiebung der Solgrenze in mm, die sich in einer bestimmten Zeit (z. B. 10 oder 20 Minuten) vollzogen hat, feststellen. Svedberg[91]) stellte die Wanderungsgeschwindigkeit von Proteinen im elektri-

---

[91]) The Svedberg: Kolloidchemie, 1925; T. Svedberg und A. Tiselius: J. Amer. Chem. Soc. *48*, 2272 (1926).

Tabelle 15. *Die Ladung der Teilchen verschiedener Sole.*

| Positiv | Negativ |
|---|---|
| Eisenhydroxyd | Gold, Silber, Platin |
| Aluminiumhydroxyd | Schwefel, Selen, Kohle |
| Chromhydroxyd | Arsentrisulfid |
| Cadmiumhydroxyd | Antimontrisulfid |
| Titansäure | Bleisulfid |
| Thoriumoxyd | Kupfersulfid |
| Zirkoniumoxyd | Zinnsäure |
| Cerioxyd | Kieselsäure |
| Basische Farbstoffe, z. B. Methylen- | Vanadinpentoxyd |
| blau | |
| Basische Proteine (Protamine und | Molybdänblau, Wolframblau |
| Histone) | Saure Farbstoffe, z. B. Kongorot, |
| | Benzopurpurin |
| | Gummi arabicum |
| | Stärke |
| | Saure Proteine (Albumin, Kasein, |
| | Gelatine u. a.) |
| | Bakteriensuspensionen |

schen Felde mit Hilfe der Fluoreszenzphotographie fest: Die in einem U-Rohr befindliche farblose Proteinlösung fluoresziert im ultravioletten Licht, und die Verschiebung der Grenze kann infolgedessen photographisch fixiert werden. Natürlich läßt sich die Wanderung der Teilchen auch durch andere optische Hilfsmittel, z. B. durch Bestimmung der Absorption ultravioletter Strahlen, oder durch Bestimmung der Brechungskoeffizienten ermitteln. In der Tabelle 16 ist die Geschwindigkeit der Wanderung verschiedener Teilchen im elektrischen Felde verzeichnet.

Tabelle 16. *Wanderungsgeschwindigkeit von Kolloidteilchen beim Potentialgefälle von 1 Volt pro cm bei 18⁰.*

| | Geschwindigkeit $\mu$ pro Sek. |
|---|---|
| Suspensionsteilchen von etwa 35 $\mu$ 0 . . . . . . . | 2,5 |
| Kolloides Silber nach Svedberg . . . . . . . | 2,0 |
| Kolloides Silber nach Burton . . . . . . . . | 2,2 |
| Kolloides Silber (Cotton und Mouton) . . . . | 3,2—3,8 |
| Kolloides Gold (Galecki) . . . . . . . . . . | 4,0 |
| Buttersäureanion . . . . . . . . . . . . . | 3,1 |
| Chlorion . . . . . . . . . . . . . . . . | 6,8 |

Aus der Tabelle ist zu ersehen, daß Kolloidteilchen fast dieselbe Wanderungsgeschwindigkeit wie Ionen, sowie große Suspensionsteilchen besitzen. Nun sind aber die Kolloidteilchen viel größer und schwerer als z. B. Chlorionen oder Buttersäureanionen. Die fast gleiche Wanderungsgeschwindigkeit wird daher nur durch die Annahme verständlich, daß die Kolloidteilchen viele Elementarladungen tragen. Je größer die Teilchen sind, um so mehr Elementarladungen können sie tragen.

Natürlich muß die Wanderungsgeschwindigkeit auch von der an die Elektroden angelegten Potentialdifferenz E und dem zwischen den Elektroden bestehenden Abstand 1 abhängig sein. Entscheidend ist hier H = E/1 das Potentialgefälle pro cm. Man kann weiter voraussehen, daß die Wanderungsgeschwindigkeit um so geringer sein wird, je größer die Viskosität des Dispersionsmittels ist.

**Das elektrokinetische Potential.** Die Theorie der Elektrophorese wurde zuerst von H. v. Helmholz (1879) begründet und weiter von M. v. Smoluchowski (1918), P. Debye und E. Hückel[92]), sowie Henry[93]) u. a. weiter entwickelt. Für kugelförmige Teilchen gilt die Beziehung:

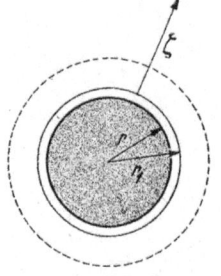

$$u = \frac{H \zeta D}{6 \pi \eta} \quad \ldots\ldots\ldots\ldots\ldots\ldots\ldots(1)$$

Außer den schon früher erwähnten Bezeichnungen bedeutet hier D die Dielektrizitätskonstante des Dispersionsmittels und $\zeta$ das *elektrokinetische Potential der Teilchen.* Zwischen $\zeta$ und der Ladung e eines kugelförmigen Teilchens besteht der Zusammenhang

$$\zeta = \frac{e (r_1 - r)}{D \, r \, r_1} \quad \ldots\ldots\ldots\ldots\ldots\ldots(2)$$

Abb. 44. Diffuse Doppelschicht $(r_1-r)$ um ein Teilchen mit dem Radius r.

Man stellt sich dabei das Teilchen als ein Kondensator mit zwei konzentrischen Kugelschalen vor: $r_1$ ist der Radius der äußeren, r der inneren Kugelschale. $r_1 - r = \delta$ ist die Dicke der sogenannten *diffusen Doppelschicht* (nach Gouy). Diese diffuse Doppelschicht ist nichts anderes als eine an den Teilchen mehr oder wenig festhaftenden Schicht von Ionen und Flüssigkeitsmolekülen. Die Doppelschicht besteht aus *zwei Teilschichten*: Einer der Teilchenoberfläche *fest anliegenden* und einer zweiten *lockereren* Schicht. Die Doppelschicht ist der Sitz der elektrischen Ladung. Bei der Elektrophorese bewegt sich das Teilchen *samt der ersten, fest anliegenden Schicht* gegen die Elektrode. Das elektrokinetische Potential $\zeta$ ist somit die Potentialdifferenz, die zwischen der fest anliegenden Schicht und dem Dispersionsmittel (weit von der Oberfläche des Teilchens) besteht (Abb. 44), oder richtiger sich während der Wanderung ausbildet, da durch die Bewegung der Teilchen die äußere diffuse aufgeladene Schicht teilweise abgestreift wird und hierdurch eine zusätzliche Aufladung des Teilchens zustande kommt. Die Verhältnisse sind noch in (Abb. 45) veranschaulicht. Die

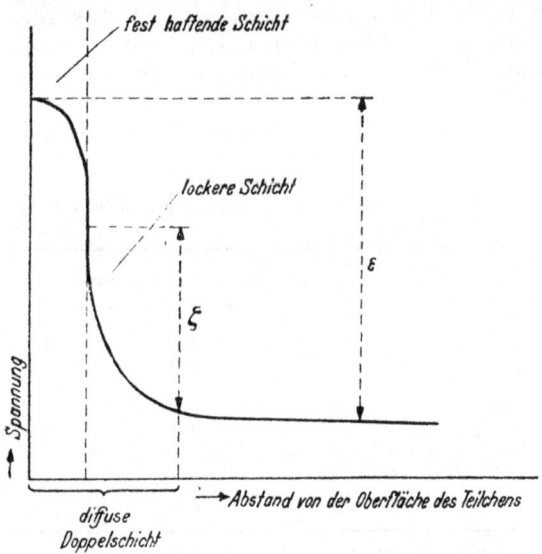

Abb. 45. Das elektrothermodynamische und elektrokinetische Potential.

stark ausgezogene Kurve zeigt den Verlauf des Spannungsabfalles von der Oberfläche des Teilchens in das Dispersionsmittel. Die I. vertikale gestrichelte Linie stellt die Grenze der aus Teilchen fest anliegenden Flüssigkeitsschicht, die II. Vertikale — die diffuse Grenze der lockeren Teilschicht dar. Die Spannungsdifferenz $\varepsilon$ von der festen Wand des Teilchens bis zu den weiteren Schichten der Flüssigkeit ist das sogenannte *thermodinamische* oder *elektrotermodynamische Potential.* $\varepsilon$ ist

[92]) P. Debye und E. Hückel: Physik. Z. *25,* 49 (1924).
[93]) D. C. Henry: Proc. Roy. Soc. (London) *133,* 106 (1931). Vgl. auch J. Th. G. Overbeek: Kolloid Beih. *54,* 287 (1943) und die dortige Literatur.

viel größer als $\zeta$, und durch Elektrolyte wenig beeinflußbar. Für die kolloidchemischen Eigenschaften sind nur die Änderungen von $\zeta$ maßgebend[94]).

Einige Angaben über die Größe des $\zeta$-Potentials findet man in der Tab. 17.

Tabelle 17. *Das elektrokinetische Potential $\zeta$ und die Wanderungsgeschwindigkeit u verschiedener kolloider Teilchen beim Spannungsgefälle $H = 1$ Volt/cm.*

| | Teilchengröße in $\mu$ | u. $10^5$ cm/Sek. | $\zeta$ in Millivolt | Beobachter |
|---|---|---|---|---|
| Likopodium . . . . . . | 35 | 25 | — 37 | Quincke |
| Ölemulsion . . . . . . . | 2 | 32 | — 46 | Powis |
| Paraffi .enemulsion . . . | 0,72 | 22,4 | — 57,4 | Tuorila |
| Quarzsuspension . . . . | 1 | 30 | — 44 | Whitney u. Blake |
| Tonsuspension . . . . . | 1 | 19,9 | — 48,8 | Tuorila |
| Goldsol . . . . . . . | | 40 | — 58 | Whitney und Blake |
| Platinsol . . . . . . | | 30 | — 44 | ,,      ,, |
| Fe(OH)$_3$-Sol . . . . . | kleiner als 0,1 | 30 | + 44 | ,,      ,, |
| Goldsol . . . . : . . . | | 32 | — 32 | Burton |
| Platinsol .. . . . . . | | 20 | — 30 | Burton |
| Bleisol . . . . . . . . | | 12 | + 18 | Burton |

**Die Größe der Teilchenladung.** Die Größe der Teilchenladung e kann bei weitem nicht so einwandfrei berechnet werden, wie das elektrokinetische Potential, weil eben die Größe von $r_1$ in Gleichung 2 unbestimmt ist. Die Doppelschicht ist „diffus", ihre Dicke also gewissermaßen willkürlich. Hevesy hat angenommen (1917), daß die Doppelschicht $r_1 - r = 5$ m$\mu$ dick ist. Mit Hilfe von Gleichung 2 wurden dann die Zahlen von Elementarladungen berechnet, die die Teilchen wässeriger Goldsole verschiedenen Dispersitätsgrades tragen. Die Ergebnisse dieser Berechnungen sind in Tab. 18 sichtbar. Ein Goldteilchen mit $r = 24$ m$\mu$ trägt also etwa 550 Elektronen.

Tabelle 18. *Elektrische Ladung von Goldteilchen verschiedener Größe.*
$D = 81$, $r_1 - r = 5$ m$\mu$, $\zeta = 70$ Millivolt.

| r in m$\mu$ | e (Zahl der el. Elementarquanten) |
|---|---|
| 1 | 6 |
| 2 | 14 |
| 10 | 120 |
| 24 | 550 |
| 100 | 8550 |
| 240 | 47000 |

**Die elektrische Leitfähigkeit.** Es ist selbstverständlich, daß die elektrisch aufgeladene Kolloidteilchen dem Sol eine gewisse Leitfähigkeit verleihen. Die Leitfähigkeit kann entweder direkt experimentell ermittelt, oder auch theoretisch berechnet werden.

Die von den Kolloidteilchen herrührende Leitfähigkeit $\lambda_k$ wird nach J. Duclaux (1905) experimentell folgendermaßen ermittelt. Zuerst bestimmt man in der üblichen Weise die Leitfähigkeit $\lambda$ des Sols. Nun stammt die festgestellte Leitfähigkeit nicht nur von den Kolloidteilchen, sondern auch von den vorhandenen

---

[94]) Über den Unterschied zwischen $\zeta$ und $\varepsilon$ siehe A. v. Buzágh: Kolloidik S. 222 (1936); Dresden und Leipzig: T. Steinkopff.

Elektrolyten. Selbst hochgereinigten Sole enthalten immer noch ein wenig von letzteren. Um diesen Leitfähigkeitsanteil zu bestimmen, trennte Duclaux den kolloiddispersen Anteil von dem Dispersionsmittel (samt den Elektrolyten) durch Ultrafiltration und bestimmte die Leitfähigkeit $\lambda_u$ des Ultrafiltrats. Die von den Kolloidteilchen herrührende Leitfähigkeit $\lambda_k$ beträgt dann

$$\lambda_k = \lambda - \lambda_u$$

Ein Eisenhydroxydsol, das etwa 3%ig war und Teilchen mit $r = 10\,m\mu$ enthielt, besaß nach Wintgen und M. Biltz (1924) $\lambda = 7,5 \cdot 10^{-4}$ und $\lambda_u = 2,5 \cdot 10^{-4}$ rez. Ohm., woraus für $\lambda_k = 5 \cdot 10^{-4}$ rez. Ohm. folgten, d. h. das Leitvermögen war zu $^2/_3$ durch Kolloidteilchen bedingt.

Andererseits kann die von den Kolloidteilchen hervorgerufene Leitfähigkeit aus der Theorie der Elektrophorese berechnet werden. Dazu dient die Formel:

$$\lambda_k = \frac{\nu\,r\,(r + \delta)\,(\zeta\,D)^2}{N\,\delta \cdot 4\,\pi\,\eta} \dots\dots\dots\dots\dots\dots\dots (3)$$

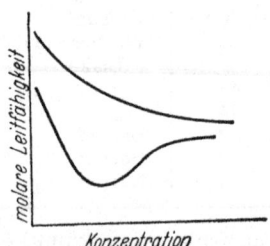

Abb. 46. Abhängigkeit der molaren Leitfähigkeit der Seifenlösungen von der Konzentration.

Hierin bedeutet $\nu$ — die Zahl der Teilchen im cm³, $r$ — der Teilchenradius, $\delta$ — die Dicke der Doppelschicht, N — die Avogadrosche Zahl. Für ein $Fe(OH)_3$-Sol, das dem Wintgen-Biltzschen entspricht (3%ig, mit $r = 10\,m\mu$), enthält man für $\lambda_k$ den Wert von $3,8 \cdot 10^{-5}$ rez. Ohm, wenn $\delta$ zu $1\,m\mu$ angenommen wird, und $6,9 \cdot 10^{-6}$, wenn $\delta$ $10\,m\mu$ gleich gesetzt wird (H. Freundlich).

Wären die in der Gleichung (3) stehenden Größen, besonders $\nu$ und $r$ zuverlässiger, so könnte man aus den experimentellen Daten der Leitfähigkeit und des $\zeta$-Potentials die Dicke der diffusen Doppelschicht $\delta$ berechnen.

Von H. Freundlich[95] ist weiter ein Weg aufgezeigt worden, der aus der Leitfähigkeit und der elektrophoretischen Wanderungsgeschwindigkeit erlaubt, die mittlere Ladung einzelner Teilchen zu berechnen. Es ist

$$e = \frac{\lambda_k}{\nu\,u}\text{ Coulomb} = 6 \cdot 10^{18}\,\frac{\lambda_k}{\nu\,u}\text{ Elementarladungen.}$$

Eine Berechnung an Hand des obigen Beispiels (Wintgen-Biltzschen, Eisenhydroxydsols) wurde ausgeführt. Dabei wird angenommen, daß von der experimentell gemessenen $\lambda_k$ nur 0,3 auf die Teilchen selbst fällt. (0,7 auf die mitgeführten Ionen), d. h. $\lambda_k = 1,5 \cdot 10^{-4}$, nicht $5 \cdot 10^{-4}$ rez. Ohm. Ist ferner $\nu = 5 \cdot 10^{14}$ Teilchen im cm, $u = 3 \cdot 10^{-4}$ cm/Sek. je Volt/cm, so erhält man für $e = 6000$ Elementarladungen. Weiter konnte berechnet werden, daß die Teilchen des Sols durchschnittlich 300000 Moleküle $Fe_2O_3$ enthalten, also trägt nur etwa jedes 50. Molekül eine Elementarladung[96]. Wenn e bekannt ist, so kann man mit Hilfe von Gleichung (2) auch die Dicke der Doppelschicht $r_1 - r = \delta$ berechnen. Für das Eisenhydroxyd erhält man auf diese Weise $\delta = 2\,m\mu$, für ein von Fuchs und Pauli untersuchtes Goldsol einen Wert von $0,2\,m\mu$.

Die Messungen der Leitfähigkeit von Solen sind insofern wichtig, daß man sich dadurch über die *Reinheit* der Sole unterrichten kann. Schlecht dialysierte Sole haben große $\lambda$ von etwa $10^{-2}$ bis $10^{-3}$ rez. Ohm. mit den neuesten Reinigungsmaßnahmen (vgl. S. 190) ist es aber jetzt gelungen, auch ziemlich konzentrierte Sole herzustellen, die $\lambda$ von nur $10^{-5}$ bis sogar $3 \cdot 10^{-6}$ rez. Ohm. aufweisen (z. B. S, $As_2S_3$, $Sb_2S_3$). Etwa 99% von der Leitfähigkeit entfällt hier auf die Kolloidteilchen selbst und nur noch 1% auf die Verunreinigungen[97].

In einigen Fällen können die Leitfähigkeitsmessungen auch über die in Sol stattfindenden Aggregierungserscheinungen Auskunft geben. Sehr gründlich wurden von Mc Bain[98] und Mitarbeitern die Seifensole untersucht. Es wurde die Leitfähigkeit der Lösungen von Kaliseifen verschiedener Fettsäuren gemessen. Niedermolekulare Seifen (z. B. K-Caprinat)

[95] H. Freundlich: Kapillarchem. 4. Aufl., 2. Band, S. 87 (1932).

[96] Die durch Elektrodekantation nach Pauli (vgl. S. 190) hochgereinigte Eisenhydroxydsole haben nur auf je 1000—2700 Fe-Atome eine Ladungseinheit.

[97] Vgl. Wo. Pauli: Helv. Chim. Acta **25**, 137 (1942).

[98] J. W. Mc Bain und Taylor: Z. physik. Chem. **76**, 179 (1911); Mc Bain: Kolloid-Z. **12**, 256 (1913) u. a. Vgl. auch H. Freundlich: Kapillarchem. 4. Aufl., 2. Band, S. 336 ff.

gaben dabei die üblichen Kurven (Abb. 46), wonach die molare Leitfähigkeit mit wachsender Konzentration fällt (da die Dissoziation zurückgeht). Die höher molekularen Seifen (z. B. K-Palmitat) zeigten dagegen ein Minimum der Leitfähigkeit bei mittleren Konzentrationen. Der Anstieg von $\lambda$ bei höheren Konzentrationen ist dadurch zu erklären, daß infolge von Aggregierung kolloide Teilchen mit höherer Beweglichkeit als die der Fettsäureanionen gebildet werden. Die Beweglichkeit dieser Anionen ist wegen ihrer großen Oberfläche und kleinen Ladung gering. Wenn nun solche Ionen sich zu größeren Aggregaten zusammenlagern, so vermindert sich die Oberfläche, d. h. die Zahl der Ladungen wächst im Verhältnis zur Oberfläche und die Beweglichkeit der Kolloidteilchen müßte größer sein, als die der einzelner Ionen.

**Anwendungen der Elektrophorese.** Die Elektrophorese dient nicht nur zur Bestimmung der Teilchenladung, sondern wird auch für andere Zwecke verwendet. Zwei Anwendungsgebiete sind besonders wichtig: 1. die *Bestimmung der Einheitlichkeit* eines Sols und 2. die *präparative Trennung* von Teilchen verschiedener Größe bzw. verschiedener Ladung durch Elektrophorese. Beide Anwendungen beruhen auf

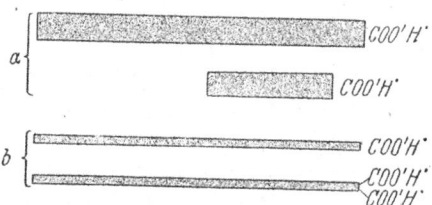

Abb. 47. Makromolekulare Säuren mit gleicher Ladung und verschiedener Teilchengröße (Fall a) und solche mit verschiedener Ladung bei gleicher Teilchengröße (Fall b).

der Tatsache, daß ein einheitliches, monodisperses Sol, das auch gleich stark aufgeladene Teilchen enthält, sich im elektrischen Felde anders als ein uneinheitliches verhält. Die Teilchen des einheitlichen Sols werden sich mit der gleichen Geschwindigkeit in der Richtung der einen Elektrode bewegen, während die Teilchen eines uneinheitlichen Sols verschiedene Geschwindigkeiten haben. Dabei ist aber folgendes zu beachten: die Polydispersität z. B. eines Goldsols wird auf diese Weise zu bestimmen nicht möglich sein, da die kleineren Teilchen, die ja eine kleinere Anzahl von Elementarladungen tragen, ebenso rasch wie die großen wandern (Tabelle 16 S. 79). Mit der gleichen Geschwindigkeit werden auch solche Teilchen übergeführt, die eine verschiedene chemische Zusammensetzung, aber gleiche Ladung und etwa die gleiche Größe haben. Abgesehen davon können wir uns Fälle vorstellen, wo eine Trennung durch Elektrophorese möglich ist. Das würde z. B. zutreffen, wenn ein Gemisch aus 2 makromolekularen Säuren vorliegt, die bei gleicher Ladung verschiedene Teilchengröße (Fall a Abb. 47), oder bei gleicher Teilchengröße verschiedene Anzahl von Elementarladungen (Fall b) besitzen.

Untersuchungen über die Bestimmungen der Einheitlichkeit durch Elektrophorese stammen z. B. von A. Tiselius [88a]). Die Elektrophorese wird in einem U-Rohr im

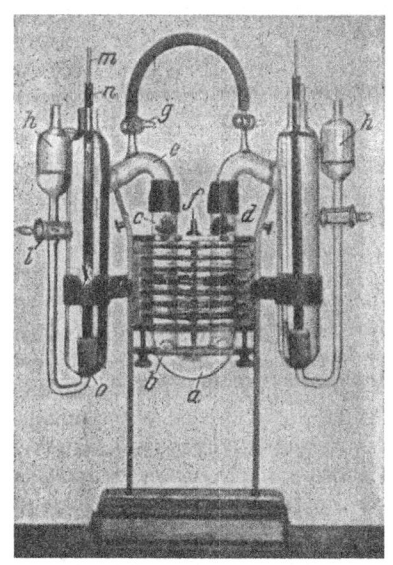

Abb. 48. Elektrophoreseapparat nach H. Theorell.

Thermostat vorgenommen. Das Kolloid, z. B. ein Eiweißsol befindet sich im unteren Teil des U-Rohres und wird mit dem reinen Dispersionsmittel vorsichtig überschichtet. Nun wird mit einer optischen Methode die Grenzfläche beobachtet. Haben die Eiweißteilchen verschiedene Wanderungsgeschwindigkeit,

[88a]) A. Tiselius: Kolloid-Z. **85**, 129 (1938).

so entstehen mit der Zeit mehrere wandernde Grenzflächen, ähnlich wie bei der Sedimentation eines unheitlichen Proteins in der Kammer der Ultrazentrifuge (s. S. 115).

Nach dem gleichen Prinzip läßt sich die präparative Trennung durch Elektrophorese durchführen. Entsprechende Anordnungen sind von Bennhold[98b]), sowie Theorell[98n]) und Tiselius[98a]) vorgeschlagen worden. Im Apparat nach Theorell sind die Schenkel des U-Rohres aus mehreren flachen Glaszylindern

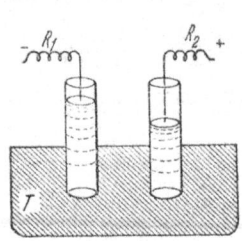

mit angeschliffenen Rändern zusammengesetzt. Der Apparat ist so eingerichtet, daß ein jeder Zylinder mit Hilfe von drehbaren Hartgummischeiben von den anderen abgetrennt werden kann. Auf diese Weise läßt sich nach einer bestimmten Zeit der Elektrophorese der Inhalt des U-Rohres in mehrere Anteile zerlegen, die dann weiter untersucht werden können. Mit dieser Methode hat H. Theorell den Flavinenzym im Hefeextrakt abgetrennt. Der Apparat erwies sich auch für Diffusionsmessungen als sehr gut geeignet (Abb. 48).

Abb. 49. Elektroosmose nach Reuß.

## Die Elektroosmose.

Bei der Elektrophorese bewegt sich unter dem Einfluß einer Spannung der disperse Anteil und das Dispersionsmittel bleibt in Ruhe. Unter „Elektroosmose" versteht man das Gegenteil: das Dispersionsmittel bewegt sich unter dem Einfluß einer angelegten Spannung durch eine unbewegliche poröse Substanz, die dem dispersen Anteil entspricht. Die Elektroosmose wurde gleichzeitig mit der Elektrophorese durch Reuß (in Moskau 1807) entdeckt. Er nahm ein Stück

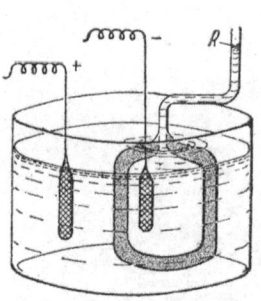

nassen Tons (T) und drückte in diesen zwei offene Glasröhren ($R_1$ und $R_2$) ein (Abb. 49). In die Röhren wurde dann Wasser eingegossen und an die eingeschobenen Elektroden eine Spannung angelegt. Dabei konnte beobachtet werden, daß der Wasserspiegel in dem Rohr, das den negativen Pol enthielt, anstieg, in dem anderen aber sank. Gleichzeitig wanderten die Tonteilchen zur positiven Elektrode. Das Wasser hatte also eine positive Ladung, die Tonteilchen — eine negative.

Das gleiche wird beobachtet, wenn man die Biegung eines U-Rohres mit einem porösen Material (Sand, Wolle, $BaCO_3$) verstopft, mit Wasser übergießt und einen Gleichstrom durchläßt. Um die Bewegung der

Abb. 50. Messung der elektroosmotisch übergeführten Flüssigkeitsmenge.

Flüssigkeit besser messen zu können, wählt man z. B. die in Abb. 50 skizzierte Anordnung. Das poröse Material, das in Form einer hohlen Membran hergestellt ist, wird mit Wasser gefüllt und in Wasser eingetaucht. Die eine Elektrode befindet sich auf der einen, und die andere auf der anderen Seite der Membran. Die Bewegung des Wassers wird mit einem schmalen, mit der Zelle verbundenem Rohr R festgestellt und gemessen.

Die Elektroosmose wurde insbesondere von Wiedemann (1852), Quincke (1861), sowie Helmholtz, Lamb, Smoluchowski und Perrin näher untersucht. Es wurde gefunden, daß sich Wasser in überwiegender Mehrzahl der Fälle zur Kathode bewegt, also positive Ladungen trägt. Zur Anode strömt es dann,

98b) H. Bennhold: Kolloid-Z. 62, 129 (1933).
98c) H. Theorell: Biochem. Z. 275, 1 (1934).

wenn das poröse Material aus einem schwach basischen Stoff, z. B. ZnO, den Hydroxyden oder $BaCO_3$ besteht.

Die übergeführte Flüssigkeitsmenge V ist dem Querschnitt des Dialphragmas q, dem angelegten Potential E, der Dielektrizitätskonstante D der Flüssigkeit und dem elektrokinetischen Potential $\zeta$ an der Grenzfläche Diaphragma—Flüssigkeit direkt, der Viskosität $\eta$ der Flüssigkeit, sowie dem Abstand zwischen den Elektroden l umgekehrt proportional. Die auch theoretisch begründete Gesetzmäßigkeit lautet:

$$V = \frac{q \, \zeta \, E \, D}{4 \pi \eta \, l}$$

Die Größe des elektrokinetischen Potentials $\zeta$ schwankt zwischen 10 bis 60 Millivolt, d. h. es ist von derselben Größenordnung, wie das bei der elektrophoretisch gemessenen Überführung der Teilchen. In beiden Fällen ist das $\zeta$-Potential auch von der Anwesenheit geringer Elektrolytkonzentrationen abhängig, wie das noch weiter ausführlicher erläutert werden wird.

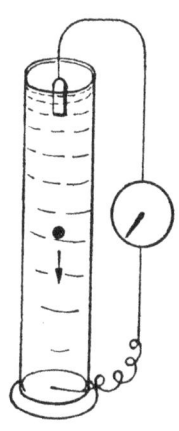

Abb. 51. Ausbildung des Fallpotentials.

**Die Anwendungen der Elektroosmose.** Die Elektroosmose findet besonders in der Technik verschiedenartige Anwendung. Elektroosmotisch werden z. B. solche porösen Massen wie Torf oder Ton entwässert. Wird an eine zwischen zwei Metallplatten gepreßte Torfschicht eine Spannung angelegt, so wandert das im Torf befindliche Wasser zu der einen Platte. Oft werden auch in Filterpressen Elektroden eingebaut, mit dem Zweck, durch elektroosmotische Entziehung des Dispersionsmittels die Filtration zu beschleunigen. Andererseits kann man auf Grund der elektroosmotischen Überführung von Flüssigkeiten poröses Material z. B. Holz oder Faserstoff besser durchtränken. Außerdem ist vorgeschlagen worden, die elektroosmotische Überführung bei der Verarbeitung von Tonmaterialien z. B. Herstellung von Ziegeln zu verwenden. Das nasse Material wird mit Drähten geschnitten, die mit dem negativen Pol einer Stromquelle verbunden sind (das Tonstück mit positivem Pol). Das Wasser wandert zu den Drähten und vermindert an der Berührungsstelle Draht-Ton den mechanischen Widerstand. Das gleiche Prinzip kann beim Pflügen von nassem Lehmboden verwandt werden, wobei das Pflugeisen als Kathode dient (die Anode wird in den Boden gesteckt). Laboratoriumsversuche zeigten, daß der Reibungswiderstand dadurch um etwa 20% vermindert werden kann. Das gilt insbesondere für Lehmboden, die nicht weniger als 25% Wasser enthalten.

## Das Strömungspotential und Fallpotential.

Werden die Elektroden des in Abb. 50 gezeichneten Apparates statt mit der Stromquelle mit einem Galvanometer verbunden, so zeigt dieses zunächst keinen Strom an. Drückt man aber durch das Rohr R Wasser in die poröse Zelle, so entsteht eine bestimmte Potentialdifferenz E, die durch das Galvanometer angezeigt wird.

Je größer der Druck p, um so größer ist auch E. Außerdem ist E noch von dem elektrokinetischen Potential der Grenzfläche Membran-Wasser sowie von der Dielektrizitätskonstante und Viskosität der Flüssigkeit abhängig, ähnlich wie bei der Elektroosmose ist

$$E = \frac{P \, \zeta \, D}{2 \pi \eta \, l}$$

Die gemessene Spannung E nennt man *Strömungspotential.* Die Entstehung des Strömungspotentials ist gewissermaßen eine Umkehr der Elektroosmose. Dementsprechend kann man als Umkehrserscheinung der Elektrophorese ein *Fallpotential* von Suspensionsteilchen erwarten. Läßt man z. B. ein Glaskügelchen in einem mit Wasser gefüllten Gefäß fallen, das oben und unten je eine Elektrode hat (Abb. 51), so kann man tatsächlich während des Fallens einen Strom feststellen[99]).

Alle vier Erscheinungen, die Elektrophorese, die Elektroosmose, sowie die Entstehung des Strömungs- und Fallpotentials sind verwandt, und ihre gegenseitigen Beziehungen können im folgenden Schema anschaulich dargestellt werden.

Die von außen angelegte Spannung erzeugt Bewegung

$\left\{\begin{array}{l} \text{\emph{Elektrophorese}} \longleftarrow \longrightarrow \text{\emph{Fallpotential}} \\ \text{Teilchen beweglich,} \qquad \text{Teilchen beweglich,} \\ \text{Dispersionsmittel} \qquad \text{Dispersionsmittel} \\ \qquad\quad \text{ruht.} \qquad\qquad \text{ruht.} \\[1em] \text{\emph{Elektroosmose}} \longleftarrow \longrightarrow \text{\emph{Strömungspotential}} \\ \text{Dispersionsmittel} \qquad \text{Dispersionsmittel} \\ \text{beweglich, die Teil-} \qquad \text{beweglich, die Teil-} \\ \text{chen in Ruhe.} \qquad\quad \text{chen in Ruhe.} \end{array}\right\}$

Die Bewegung erzeugt Spannung

## Die Gründe der Aufladung von Kolloidteilchen.

**Aufladung durch Dissoziation der den Teilchen angehörenden Atomgruppen.** Enthält eine makromolekulare *Verbindung ionogene Atomgruppen* in ihren Molekülen, so werden bei der *Dissoziation dieser Atomgruppen elektrische Ladungen entstehen.* Z. B.

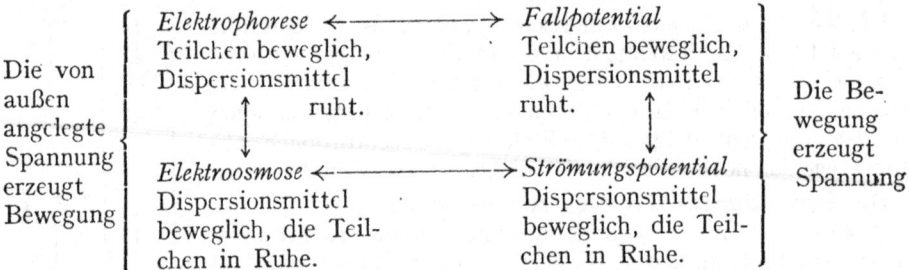

$$\boxed{\phantom{XXXXXXX}}\; COOH \;\rightleftarrows\; \boxed{\phantom{XXXXXXX}}\; COO' + H\cdot$$

Bei der Dissoziation einer hochmolekularen Säure entstehen Kolloidionen (Anionen), die negative Ladungen tragen. Die Ursache der Entstehung elektrisch geladener Teilchen ist in diesem Falle dieselbe wie die bei der Bildung von Ionen mikromolekularer Stoffe, z. B. bei der Dissoziation von Essigsäure.

Vom Standpunkt der Lehre von der diffusen Doppelschicht kann man sich die Verhältnisse etwa nach Abb. 52 vorstellen. In der den Teilchen fest anliegenden Schicht sitzen die negativen Ladungen samt den adsorbierten hydratisierenden Wassermolekülen. Weiter im lockeren Teil der Doppelschicht befinden sich die abdissoziierten Wasserstoffionen. Wird nun eine Spannung von außen angelegt, so werden die Anionen zur Anode, die Kationen zur Kathode gezogen. Die Doppelschicht wird getrennt, und die H-Ionen verleihen dem Dispersionsmittel eine positive Ladung. Werden die Kolloidteilchen (hier Anionen) festgehalten, so bewegt sich das positiv geladene Dispersionsmittel zu negativem Pol.

Die elektrische Ladung der Teilchen von Kolloidelektrolyten, d. h. makromolekularen Stoffen, die als Bestandteile in ihren Molekülen iogene Atomgruppen enthalten, stammt somit von den Kolloidteilchen selbst. Als Beispiele solcher Kolloidelektrolyte sind die Proteine zu nennen, oder von den synthetischen Hochpolymeren die Polyacrylsäuren, die die folgende Konstitution besitzen:

$$\ldots\ldots\ldots CH - CH_2 - CH - CH_2 - CH - CH_2 - CH - CH_2 \ldots\ldots\ldots$$
$$\qquad\;\; | \qquad\qquad | \qquad\qquad | \qquad\qquad |$$
$$\quad\; COOH \qquad COOH \qquad COOH \qquad COOH$$

---

[99]) K. Hoffmann: Kolloid-Z. *88,* 17 (1939) konnte bei Zentrifugierung von Suspensionen dem Fallpotential experimentell nachweisen.

Eigentlich können auch *Mizellkolloide* Kolloidelektrolyte sein. Als einfache Beispiele gelten hier *die Seifensole.* Die in Lösung befindlichen Teilchen der Seifen bestehen aus vielen Einzelmolekülen der fettsäuren Salze, die das Metallion durch Dissoziation verlieren, wodurch die Teilchen selbst eine negative Ladung erhalten.

Nicht in allen Fällen aber kann die Aufladung der Teilchen durch Dissoziation der ihnen angehörigen Atomgruppen erklärt werden. So tragen auch die Teilchen von *Metallsolen negative* Ladungen. Die Ursache der Aufladung ist hier eine ganz andere als z. B. bei den Proteinen oder Seifen. Weitere Beispiele, die den Kolloidelektrolyten gegenüberstehen, sind die dispersen Systeme verschiedener *Nichtelektrolyte,* z. B. eine *Paraffinölemulsion,* deren Teilchen auch elektrische Ladungen tragen. Woher stammt die Ladung solcher Teilchen?

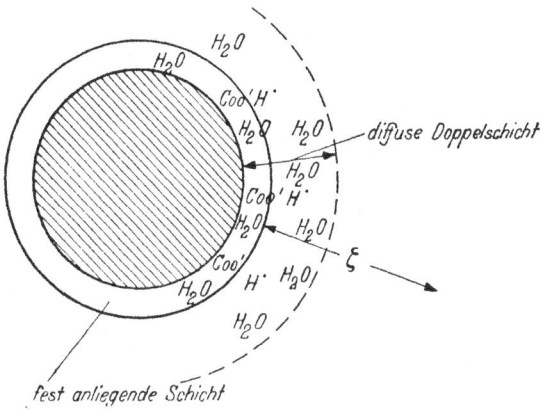

Abb. 52. Aufladung des Teilchens einer makromolekularen Säure vom Standpunkt der Lehre über die diffuse Doppelschicht.

**Aufladung durch Adsorption von Ionen.** In den Fällen, wo die Ladung nicht durch Dissoziation der den Teilchen angehörigen Atomgruppen entstehen kann, ist die Aufladung entweder durch *Adsorption von im Sol befindlichen Ionen* oder als Folge der durch die Brownsche Bewegung erzeugte *Reibungselektrizität* zu erklären. Die Ionenadsorption kommt besonders dort in Betracht, wo bei der Bildung des Sols ausreichende Mengen von Elektrolyten vorhanden sind. Als bestes Beispiel gelten hier die Sole von *Silberhalogeniden.* Nach den klassischen Untersuchungen von Lottermoser[100]) bestimmt dasjenige Ion die Ladung des

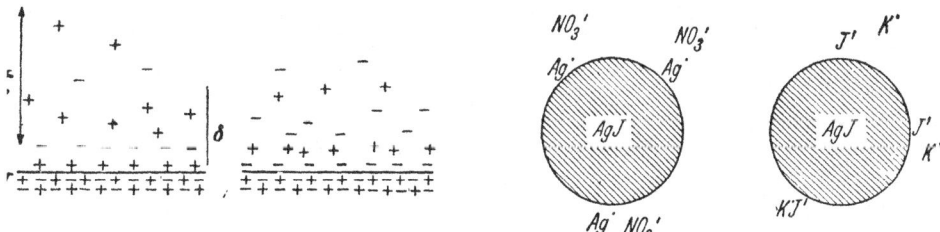

Abb. 53. Die Verteilung der Ladungen an der Oberfläche von AgJ-Teilchen.

entstandenen Kolloids, welches bei der Herstellung im Überschuß vorhanden ist. Tropft man unter kräftigem Umschütteln n/50 KJ in n/50 AgNO₃, so ist Ag im Überschuß und den gebildeten AgJ-Teilchen wird durch Adsorption von Silberionen eine *positive* Ladung erteilt. Vermischt man in umgekehrter Reihenfolge, gießt also AgNO₃ zu KJ, so sind die Jodionen im Überschuß, sie werden an den Jodsilberteilchen adsorbiert und erteilen ihnen eine *negative* Ladung. Überhaupt adsorbiert eine Verbindung (richtiger ein Niederschlag) seine eigenen Ionen, um so stärker je schwerer löslich sie ist.

[100]) A. Lottermoser: Journ. prakt. Chem. 72, 39 (1905); 73, 374 (1906); s. auch K. Fajans und O. Hassel: Z. f. Elektrochem. 29, 495 (1923), schließlich O. Hassel: Koll.-Z. 34, 304 (1924); I. M. Kolthoff: Koll.-Z. 68, 190 (1934).

Die Ausbildung des elektrokinetischen Potentials $\zeta$ erfolgt hier etwa in der in Abb. 53 schematisch dargestellten Weise. Das feste Teilchen besteht beispielsweise aus der gleichen Anzahl positiver Silber- und negativer Halogenionen. Im Falle eines positiven Teilchens sind nun in der fest anliegenden Schicht die Silberionen, im Falle eines negativen, die Halogenionen (z. B. J') adsorbiert. Weiter entfernt befinden sich die Gegenionen, die dem Dispersionsmittel eine dem Teilchen gegensätzliche Ladung erteilen.

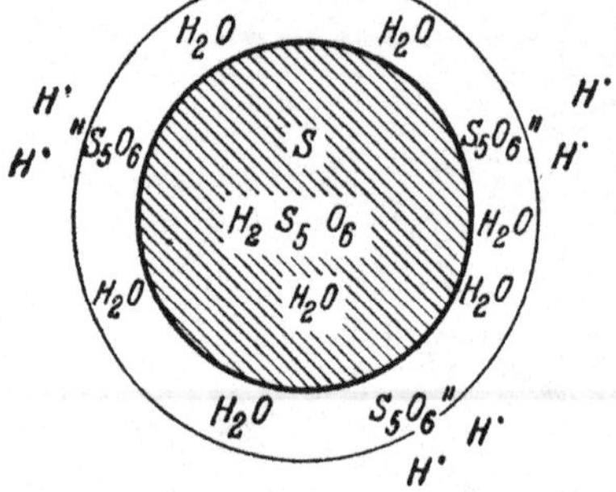

Die Bildung eines positiven Ag J-Sols kann auch folgendermaßen formuliert werden:

$$n \, Ag \, J + Ag^{\cdot} + NO'_3 \longrightarrow \boxed{Ag \, J \, \big|_n Ag^{\cdot}} + NO'_3$$

Dementsprechend erhält das negative Teilchen das Symbol

$$\boxed{Ag \, J \, \big|_n J'}$$

Wird ein *Goldsol* durch Reduktion von Goldchlorid bzw. von $H[Au \, Cl_4]$ hergestellt, so entsteht die negative Ladung, wenigstens teilweise, durch Adsorption von Chlorionen. Bei der Reduktion einer Silbernitratlösung in Gegenwart von Soda durch Tannin (vgl. S. 18) werden die negativen Ladungen den *Silberteilchen* durch adsorbierte $NO'_3$-, $CO''_3$- und $OH'$-Ionen erteilt. Dementsprechend laden adsorbierte $S''$- bzw. $SH'$-Ionen Teilchen von Sulfidsolen (z. B. $As_2 S_3$) negativ auf.

Es sei hier besonders darauf hingewiesen, daß mehrere Kolloidchemiker (z. B. G. Malfitano, J. Dulcaux, Wo. Pauli) die Anschauung vertreten, daß auch die Ladung der Metall-, Sulfid- oder Hydroxydsole durch Dissoziation der den Teilchen angehörigen Atomgruppen bedingt wird. Von diesem Gesichtspunkte aus wird z. B. die negative Ladung der Silberteilchen nicht durch Adsorption von Anionen, sondern durch Dissoziation der in den Teilchen befindlichen Silberhydroxydmolekülen hervorgerufen. Die Formel von Silberteilchen wird geschrieben:

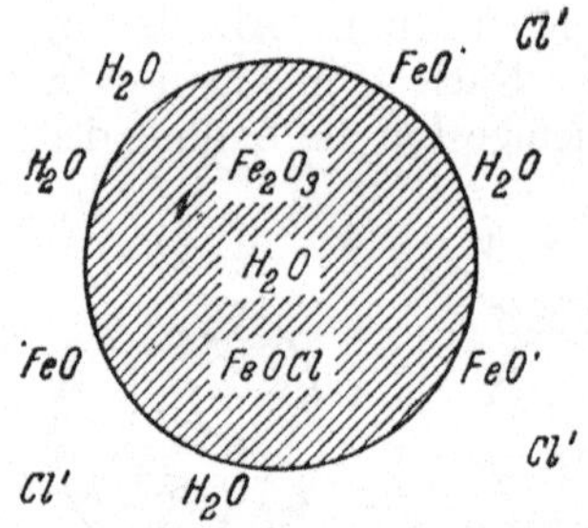

$$\boxed{\begin{array}{c} Ag \, , \, Ag_2 \, O \\ H_2 O \end{array}} \, OH' \, Ag^{\cdot}$$

Dementsprechend ist die negative Ladung der $As_2S_3$-Teilchen nicht durch Adsorption von $SH'$, sondern durch Dissoziation der in den Teilchen befindlichen Sulfarsenitsäuren $H_3AsS_3$ hervorgerufen worden. Die nach Odén hergestellten *Schwefelsole* (vgl. S. 187) enthalten in ihren Teilchen Pentationsäure, und es ist wahrscheinlich, daß durch Dissoziation dieser Säure das Teilchen seine negative Ladung erhält. Die Wasserstoffionen bleiben dann als Gegenionen im äußeren Teil der diffusen Doppelschicht (Abb. 54). Sehr gründlich ist die chemische Zusammensetzung sowie das elektrochemische Verhalten von Eisenhydroxydsolen untersucht[101].

Abb. 54. Die Ionen an der Oberfläche von Schwefelteilchen (in den Odénschen Solen). Die negative Ladung stammt von den Anionen der Pentationsäure.

Abb. 55. Schema der kolloiden Eisenoxydteilchen.

[101] Vgl. R. Wintgen und M. Biltz: Z. f. physik. Chem. *107*, 403 (1923); A. Lottemoser und P. Maffia: Ber. d. deutsch-chem. Ges. *43*, 361 (1910); J. Duclaux: Kolloid-Z. *3*, 126 (1908); R. Wintgen: Z. physik. Chem. *103*, 238 (1922); Wo. Pauli und E. Valkó: Elektrochemie d. Kolloide, Wien 1929.

Nach diesen Untersuchungen enthalten die Kolloidteilchen Eisenoxyd, Wasser und Chlor. Das Chlor ist größtenteils in Form von Oxychlorid FeOCl in den Teilchen gebunden und kann abdissoziieren, wodurch der Rest positiv aufgeladen wird, etwa nach dem in Abb. 55 gezeigten Schema. Die Chlorionen bleiben im beweglichen lockeren Teil der diffusen Doppelschicht als die Ladung der Teilchen kompensierende Gegenionen. Wie schon oben angedeutet, tragen die Partikel eines Eisenhydroxydsols sehr viele Elementarladungen (etwa 6000 auf ein Teilchen), so daß die Zeichnung nur als eine grobe Annäherung anzusehen ist.

Abgesehen von diesen Beispielen, die zugunsten der Dissoziationstheorie sprechen, kann man doch annehmen, daß auch in den eben angeführten Fällen die Ionenadsorption bei der Erteilung von Ladungen mitspielen wird. Das bestätigen z. B. die weiter unten angeführten Tatsachen über die Änderung der Teilchenladung durch Einführung fremder Elektrolyte. Außerdem sind Fälle bekannt, wo keine dissoziationsfähigen Anteile in den Partikeln vorhanden sind, z. B. die Goldteilchen im Goldsole (durch Reduktion von Goldchlorid mit Formaldehid hergestellt), die kein Oxyd-, Oxychlorid oder sonstigen Verunreinigungen enthalten und trotzdem elektrisch aufgeladen sind[102]).

**Die Reibungselektrizität als Grund der Aufladung.** Außer der Dissoziation und Ionenadsorption kann auch die Reibungselektrizität die Aufladung verursachen. Auf diese Weise könnte man z. B. die Strömungspotentiale erklären. Auch die Ladung von nichtleitenden Teilchen eines elektrolytfreien dispersen Systems könnte, wenigstens teilweise, durch die Reibungselektrizität verursacht sein. Diese Anschauung wurde insbesondere von A. Coehn (1898) entwickelt. Er fand auch eine empirische Regel, nach der in einem dispersen System, aus zwei Nichtleitern bestehend, der Stoff mit der größeren Dielektrizitätskonstante (D) eine positive Ladung, derjenige mit kleineren — eine negative erhält. So ladet sich eine Glasoberfläche (D = 5—6) gegen Wasser (D = 81), Glyzerin (D = 56) oder Azeton (D = 21) negativ, gegen $CS_2$ oder Benzol (D = 2) positiv auf. Die Reibungselektrizität wird in einem Sol oder in einer Suspension durch die stets vorhandene Brownsche Bewegung erzeugt. Durch die heftigen Zusammenstöße der Flüssigkeitsmoleküle mit den Teilchen werden den Atomen Elektronen entrissen, wobei freie Ladungen entstehen. Wie weit dies aber in Wirklichkeit zutrifft, ist schwer zu sagen. Es ist auch bis jetzt nicht klar gestellt, welchen Anteil die Reibungselektrizität und welchen die Dissoziation und Ionenadsorption bei der Aufladung hat, wenn keine definierte ionenbildende Atomgruppen vorhanden sind. Eine exakte Entscheidung der Frage ist schon deshalb unmöglich, weil es keine absolut elektrolytfreien Oberflächen gibt. Auch im reinsten, elektrolytfreien Wasser haben wir equivalente Mengen von H˙ und OH′-Ionen, die selektiv adsorbiert werden können.

## Die Beeinflussung der Teilchenladung.

**Der Einfluß verschiedener Elektrolyte auf die Ladung bzw. auf das elektrokinetische Potential.** Setzt man zu einem Sol geringe Elektrolytmengen hinzu und mißt dann die Wanderungsgeschwindigkeit in einem Kataphoreseapparat, so kann man folgendes feststellen:

1. Entweder wird die Wanderungsgeschwindigkeit vermindert, oder
2. sie wird erhöht.

Zuweilen kann auch folgendes gefunden werden: Durch sehr geringe Elektrolytzusätze wird die Wanderungsgeschwindigkeit zuerst vermindert und erreicht bei weiteren Zusätzen ein Minimum. Wird noch mehr von Elektrolyten hinzugefügt, so wandern die Teilchen sogar in entgegengesetzter Richtung, wobei u mit steigenden Elektrolytkonzentrationen wächst. Eine *Umladung* der Teilchen findet also statt (vgl. Tabelle 19).

---

[102]) P. A. Thiessen: Z. anorg. Chem. **134**, 393 (1924). Hierzu s. aber Wo. Pauli: Naturwiss. **23**, 89 (1935).

Tabelle 19. *Einfluß von Al·· · auf die Ladung und Wanderungsgeschwindigkeit der Silber-teilchen in einem Silbersol* (nach Burtons Versuchen).

| Gramm Al··· pro 100 cm³ Sol | Ladung | Geschwindigkeit der Teilchen u cm/Sek. bei 1 Volt pro cm |
|---|---|---|
| | — | $22{,}4 \cdot 10^{-5}$ |
| $14 \cdot 10^{-6}$ | — | $7{,}2 \cdot 10^{-5}$ |
| $38 \cdot 10^{-6}$ | + | $5{,}9 \cdot 10^{-5}$ |
| $77 \cdot 10^{-6}$ | + | $13{,}8 \cdot 10^{-5}$ |

Ferner kann festgestellt werden, daß u durch sehr geringe Elektrolytmengen anfangs erhöht wird, und durchläuft dann mit wachsender Elektrolytkonzentration ein Maximum. Diese Tatsachen lassen sich am besten graphisch veranschaulichen.

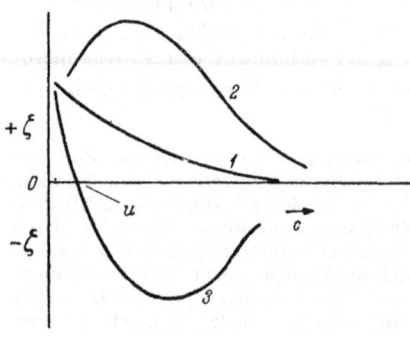

Abb. 56. Verschiedenartige Änderung des elektrokinetischen Potentials infolge des Zusatzes ansteigender Elektrolytmengen.

Auf der Ordinate wird die Größe des elektrokinetischen Potentials $\zeta$, auf der Abszisse die Elektrolytkonzentration c aufgetragen (Abb. 56). Dreierlei Art von Kurven erhält man dabei am häufigsten. Die Kurve 3 entspricht einem Fall der Umladung, U ist der Umladungspunkt.

Beim Vergleich des Einflusses *verschiedener Elektrolyte* auf ein Sol ist folgendes festgestellt worden:

1. *Mehrwertige Kationen* beeinflussen die Wanderungsgeschwindigkeit *negativ* geladener Teilchen viel mehr als einwertige, die entsprechenden Anionen haben geringen Einfluß auf die Wanderungsgeschwindigkeit.

2. *Mehrwertige Anionen* beeinflussen die Wanderungsgeschwindigkeit *positiv* geladener Teilchen viel mehr als einwertige, die dazu gehörige Kationen beeinflussen dagegen die Wanderungsgeschwindigkeit nur wenig.

Die folgende Tabelle enthält einige Angaben über die Verminderung des elektrokinetischen Potentials $\zeta$ an den Grenzflächen Öl/Wasser und Glas/Wasser nach Powis.

Tabelle 20.

| Elektrolyt | Konzentration d. Elektrolyte Millimol i. Liter die das $\zeta$ um den gleichen Betrag herabsetzen | |
|---|---|---|
| | Öl/Wasser | Glas/Wasser |
| K Cl | 24 | 25 |
| Ba Cl₂ | 0,45 | 0,87 |
| Al Cl₃*) | 0,01 | 0,02 |
| Th Cl₄*) | 0,005 | 0,015 |

Diese Tatsachen sind für das Verständnis kolloidchemischer Vorgänge sehr wichtig, denn durch die Größe des $\zeta$ Potentials bzw. der mit ihm parallel verlaufenden Änderung der Ladung ist die *Beständigkeit* der Sole bedingt. Insbesondere gilt das für die *lyophoben* Sole, deren Beständigkeit sich hauptsächlich durch die elektrische Aufladung der Teilchen erklären läßt. Wird die Ladung durch zugesetzte Elektrolyte unter eine bestimmte Schwelle herabgedrückt, so erfolgt

*) Die Hydrolyse dieser Verbindungen ist in Betracht zu ziehen.

*Ausflockung.* Wird noch mehr Elektrolyt zugesetzt, so findet in manchen Fällen Wiederauflösung, *Peptisation* der Flocken statt, wobei die Teilchen umgeladen werden.

Die oben angeführten Tatsachen über die Ladungsbeeinflussung und Umladung sind am einfachsten vom Standpunkt der *Adsorption* verständlich. Durch Adsorption entgegengesetzt geladener Ionen erfolgt Entladung, wobei sich u und $\zeta$ vermindern (Kurven 1 u. 3 in Abb. 56); wird noch mehr von Elektrolyten hinzugesetzt, so werden weitere Mengen der gleichen Ionen adsorbiert, es erfolgt Umladung, die Teilchen nehmen das Vorzeichen dieser Ionen an. Die Teilchen wandern dann in entgegengesetzter Richtung. Setzt man noch größere Salzmengen hinzu, so kann wieder Entladung eintreten, und zwar durch die entgegengesetzt geladenen Ionen (Kurve 3), da sich doch deren Konzentration ständig, während der ganzen Zeit des Zusetzens, vergrößert. Beispielsweise werden negativ geladene Platinteilchen durch Ferrichloridzusätze zuerst entladen, indem die $Fe^{\cdots}$ adsorbiert werden, durch Adsorption weiterer $Fe^{\cdots}$-Mengen positiv aufgeladen und schließlich durch die ständig wachsende $Cl'$-Konzentration wieder entladen.

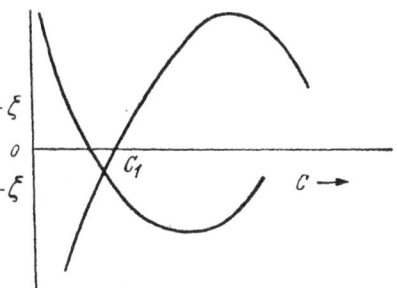

Abb. 57. Der isoelektrische Punkt bei einer Elektrolytkonzentration. $c_1$.

Die Vorgänge der Ladungsbeeinflussung sind in Wirklichkeit sehr kompliziert. Außer Adsorption entgegengesetzt geladener Ionen kann auch *Ionenaustausch* gleichsinnig geladener Ionen an den Oberflächen der Teilchen stattfinden (s. S. 62). Befinden sich außer den adsorbierten Ionen an der Oberfläche noch zu den Teilchen gehörige ionogene Atomgruppen, so wird außer der Entladung durch Absorption infolge zugesetzter Elektrolyte, auch die *Dissoziation* der iogenen Gruppen beeinflußt. Übrigens stößt man auf diesem Gebiet noch auf sehr viele Unklarheiten. Auch der starke Einfluß der Wertigkeit des entladenen Ions auf das $\zeta$-Potential ist durchaus noch nicht aufgeklärt, nur qualitativ verständlich. Aus der Tabelle 20 ist z. B. zu ersehen, daß die Wirkung von $Ba^{\cdots}$ etwa 30—50mal stärker ist, als diejenige des $K^{\cdot}$, das $Al^{\cdots}$ wirkt wieder etwa 45mal stärker als das $Ba^{\cdots}$, das vierwertige $Th^{\cdots\cdot}$-Ion ist aber nur etwa 2mal wirksamer als letzteres. Zwar werden mehrwertige Ionen und diejenigen von Schwermetallen besser adsorbiert als die der Alkalimetalle, streng quantitative Parallelität zwischen Adsorptionsgleichgewicht und der Entladungsfähigkeit besteht aber nicht.

**Der isoelektrische Punkt[103]).** Durch die zugesetzten Elektrolyte werden die elektrisch geladenen Kolloidteilchen entladen und weiter, eventuell noch mit dem entgegengesetzten Vorzeichen, versehen. Bei einer bestimmten Elektrolytenkonzentration $C_1$ (Abb. 57) haben die Teilchen aber *keine Ladung* (und kein Potential). Ein Potentialgefälle wirkt auf solche Teilchen nicht — sie bleiben *unbeweglich.* Im oben angeführten Fall geht also das $\zeta$-Potential der Teilchen durch den Nullpunkt, der nach Hardy als *isoelektrischer Punkt* bezeichnet wird. In diesem Zustande des Kolloidteilchens besteht somit zwischen diesem und dem Dispersionsmittel *keine Potentialdifferenz.* Die lyophoben Sole flocken beim isoelektrischen Punkt rasch aus, da die Ladung der einzige stabilisierende Faktor ist, der die Teilchen vor den durch die Brownsche Bewegung verursachten Folgen der Zusammenstöße — der Aggregierung und Flockung — schützt.

[103]) L. Michaelis: Biochem. Z. *28*, 193 (1910); *33*, H. 456 (1911); S. P. L. Sörensen: Z. physiol. Chem. *103*, 197 (1919); Wo. Pauli: Kolloid-Z. *40*, 185 (1926); Wo. Pauli und E. Valkó: Kolloidchem. d. Eiweißkörper, Dresden: Steinkopff 1933; C. L. A. Schmidt: The Chemistry of the Amino Acids and Proteins, Springfield: C. Thomas Ill, 1938.

Jedes negativ geladene Kolloid kann durch Zugabe einer gewissen Säuren-
menge in den isoelektrischen Zustand übergeführt werden, ebenso wie jedes
positiv geladene durch Lauge entladen werden kann. Der isoelektrische Punkt
wird also bei einer bestimmten Wasserstoffionenkonzentration (H·), oder bei
einem bestimmten $P_H$ des Dispersionsmittels erreicht*).

### Die Proteine als amphotere Kolloidelektrolyte.

Die Teilchen der meisten natürlichen Proteine sind *negativ* geladen. Nach
den heutigen Anschauungen[103]), die experimentell weitgehend bestätigt sind,
wird die negative Ladung durch Dissoziation der dem Proteinmolekül angehörigen
freien Carboxylgruppen hervorgerufen. Die Proteine sind also schwache Säuren,
die bei der Dissoziation makromolekulare Anionen abgeben. Das $P_H$ der meisten
Proteine in rein wäßriger Lösung ist deshalb kleiner als 7. In Zellen, Körperflüssigkeiten (Blut, Milch) befindliche native Proteine sind fast neutral, da die
Karboxyle durch basische Stoffe neutralisiert worden sind, statt H-Ionen als
Gegenionen findet man z. B. Na·, K·, Ca·· u. a.

Werden zu einem Proteinsol, das negative Teilchen enthält, vorsichtig H·
hinzugesetzt (Säure), so kann nach einer gewissen Zugabe der isoelektrische
Punkt erreicht werden. Im isoelektrischen Zustande sind die Proteinsole unbeständiger, als wenn sie negativ geladen sind. Einige, wie Kasein, werden schon
allein durch die Säure am isoelektrischen Punkt (bei $P_H = 4,7$) ausgefällt,
andere, wie z. B. Gelatine, werden am isoelektrischen Punkt durch geringere
Alkoholmengen koaguliert, als wenn die Fällung bei einem $P_H$ vorgenommen
wäre, das nicht dem isoelektrischen Punkte entspricht.

Wird einem isoelektrischen Proteinsol noch mehr Säure zugesetzt, so erhalten
die in Lösung befindlichen Teilchen eine *positive* Ladung. Durch eine gewisse Menge
von Lauge kann das positive, saure Protein wieder in den isoelektrischen Zustand
übergeführt werden, bei noch größerer Laugezugabe wandern die Teilchen von
neuem zum positiven Pol, sind also wieder zurück in negative umgeladen worden.

Bei der Reaktion, die zwischen einem Protein und einer Säure bzw. einer Lauge
stattfindet, sind noch folgende Tatsachen bemerkenswert, die als Beweise der
schon dargelegten Anschauungen dienen können. Beim Zusatz einer gewissen
Menge einer verdünnten Säure zu einem Proteinsol zeigt die Lösung eine geringere Wasserstoffionenkonzentration an, als dieselbe Säuremenge in demselben
Volumen Wasser. In gleicher Weise wird die Hydroxylionenkonzentration einer
Lauge durch die Anwesenheit von Protein vermindert. Man muß also schließen,
daß die Proteine ebenso Säuren wie auch Laugen bzw. H· und auch OH′ zu
binden vermögen; ihnen kommt also eine gewisse ,,Pufferwirkung″ zu. Dies kann
entweder durch Adsorption von H· oder OH′ an die Proteinteilchen, oder auch
rein chemisch, als Folge der Reaktion mit den aktiven Gruppen der Proteinmoleküle erklärt werden. Die Proteine bestehen aus vielen Aminosäuren, die
peptidartig gebunden sind. Einige von diesen Aminosäuren, wie z. B. Glutamin-
säure, $NH_2$-CH (COOH)-$CH_2 \cdot CH_2 \cdot$ COOH, haben 2 Karboxylgruppen und nur
eine Aminogruppe. Andere, wie z. B. das Lysin $(NH_2 - CH_2 - (CH_2)_3 - CH$
$(NH_2) \cdot$ COOH), haben wieder 2 Aminogruppen und nur ein Karboxyl. Dementsprechend enthalten auch die Makromoleküle der Proteine freie Amino- und
Karboxylgruppen:

$$\ldots\ldots\ldots NH - CO - R - NH - CO - R - NH - CO - R - NH - CO - \ldots\ldots\ldots$$
$$\qquad\qquad\qquad\quad | \qquad\qquad\qquad\qquad |$$
$$\qquad\qquad\qquad NH_2 \qquad\qquad\qquad COOH$$

*) Nach einem Vorschlag von Sörensen $P_H = - \log$ [H·].

oder einfacher $R \begin{smallmatrix} - COOH, \\ - NH_2 \end{smallmatrix}$ wobei an einem Makromolekül bzw. einem in

der Lösung befindlichen Proteinteilchen mehrere freie — COOH und — NH$_2$-Gruppen vorhanden sind. Meistens überwiegen die Karboxyle, und die Folge ist die saure Natur und negative Ladung des kolloiden Teilchens.

$$R \begin{smallmatrix} - COOH \\ - NH_2 \end{smallmatrix} \xrightleftharpoons{} R \begin{smallmatrix} - COO' + H \cdot \\ - NH_2 \end{smallmatrix} \quad \dots \dots \dots \dots \quad (1)$$

Reagiert eine solche Lösung mit einer Säure, z. B. HCl, so verläuft die Reaktion

$$R \begin{smallmatrix} - COO' \\ - NH_2 \end{smallmatrix} + H \cdot \longrightarrow R \begin{smallmatrix} - COO' \\ - NH \cdot_3 \end{smallmatrix}$$

und die Wasserstoffionenkonzentration steigt nicht wesentlich.

Beim Laugenzusatz, z. B. NaOH, wird das H· von (1) neutralisiert H· + HO' → H$_2$O, doch vermindert sich die Wasserstoffionenkonzentration nicht wesentlich, da ja neue H· durch Verschiebung des Gleichgewichts (1) nach rechts entstehen. *Beim isoelektrischen Punkt bleiben also die Eiweißteilchen nicht ohne jegliche elektrisch geladene Atomgruppen, sondern die Anzahl der negativen — COO' — Gruppen und der positiven — NH·$_3$ ist gleich.* Im Falle negativer Ladung überwiegt die Dissoziation der Karboxyle, im Falle positiver die H·-Anlagerung am — NH$_2$, wobei die Dissoziation der Karboxyle gleichzeitig zurückgedrängt wird (Abb. 58).

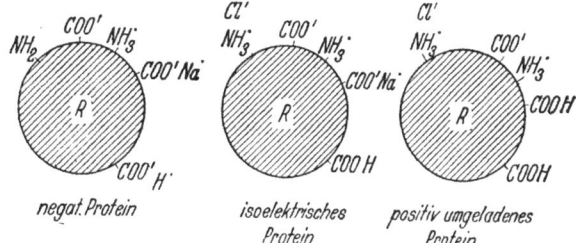

negat. Protein     isoelektrisches Protein     positiv umgeladenes Protein

Abb. 58. Verschiedene Aufladung eines amphoteren Proteinteilchens.

Daß diese Auffassung richtig ist, zeigen unter anderem die Versuche über die Bindung von Säuren durch Desaminoproteine. Das sind Eiweißstoffe, deren freie Aminogruppen, meistens diejenige von Lysinradikalen, infolge der Einwirkung von salpetriger Säure durch die neutral reagierenden OH-Gruppen ersetzt sind. Die Desaminoproteine können viel weniger Säure, als die nativen Proteine binden. Das noch restliche Bindungsvermögen läßt sich dadurch erklären, daß außer den freien primären Aminogruppen der Lysinradikale, die in den Histidin-, Prolin- und Argininradikalen vorhandenen sekundären Aminogruppen — NH —, die bei der Desaminierung größtenteils unversehrt bleiben, auch gewisses Säurebindungsvermögen besitzen.

Zusammenfassend sei noch auf folgende praktisch wichtigen Umstände hingewiesen. *Negative* Ladungen können die Teilchen der meisten Proteine (mit überschüssigem COOH) in sauren, neutralen oder basischen Dispersionsmittel haben. Denn bei der Neutralisation von „Proteinsäure" (die sauer reagiert und negativ aufgeladen ist) durch Lauge, ändert sich der Ladungssinn nicht. *Positive* Ladungen dagegen enthalten die Proteinteilchen nur in relativ stark sauren Lösungen. Ausnahmen von dieser Regel sind die relativ niedermolekularen Protamine und Histone (z. B. Clupein aus Fischsperma), die einen Überschuß von NH$_2$-Gruppen im Molekül haben und deshalb auch in basischer Lösung positiv aufgeladen werden können.

## VII. Die Viskosität kolloider Lösungen.

Bewegen zwei sich berührende Flüssigkeitsschichten mit verschiedener Geschwindigkeit gegeneinander, so tritt in der Berührungsfläche eine *innere Reibung* auf. Die Kraft f der inneren Reibung, die zwischen den beiden Flüssigkeitsschichten wirkt, ist nach Newton um so größer, je größer die Berührungsfläche S, und je größer der Unterschied in der Bewegungsgeschwindigkeit $\varDelta$ v der beiden Schichten ist. Außerdem ist die innere Reibung noch von Stoff zu Stoff verschieden, sie hängt auch von dem *Viskositätskoeffizienten* $\eta$ ab, der wieder seinerseits von dem spezifischen physikalisch-chemischen Eigenschaften der Flüssigkeit bzw. Lösung, abhängig ist. Wir können also schreiben:

$$f = \eta S \varDelta v$$

Eine strömende Flüssigkeit kann man sich aus außerordentlich vielen Schichten bestehend denken, die mit verschiedener Geschwindigkeit aneinander vorübergleiten. Die Reibungskraft f ist dann um so größer, je schneller sich die Geschwindigkeit v senkrecht zur Strömungsrichtung von Ort zu Ort ändert, je größer also das *Geschwindigkeitsgefälle* in der zur Grenzfläche senkrechten Richtung ist. Bezeichnet man die Abstände der Flächen mit x, so ist das Geschwindigkeitsgefälle gleich dv/dx, und

$$f = \eta S dv/dx$$

Der Viskositätskoeffizient $\eta$ charakterisiert die innere Reibung, bei S = 1 und dv/dx = 1. *Die Einheit der absoluten Viskosität* oder Zähigkeit ist 1 *Poise* (nach Poiseuille, siehe weiter unten) = 1 dyn. cm-$^2$ sec. Die absolute Viskosität ist also definiert als Kraft, die man auf die Flächeneinheit (cm$^2$) zweier in Abstand 1 cm voneinander befindlichen Ebenen ausüben muß, um die eine gegen die andere mit der Geschwindigkeit 1 cm/sec. zu verschieben.

Das Verhältnis der absoluten Viskosität $\eta$ zur Dichte $\varrho$ der Flüssigkeit, d. h. $\eta/\varrho$, bezeichnet man als *kinematische Viskosität*.

Die Viskosität des Wassers bei 20,5° beträgt genau 0,0100 Poise, oder 1,00 Zentipoise.

Zur Charakterisierung der inneren Reibung von Flüssigkeiten werden manchmal auch die Fluiditätskoeffizienten $1/\eta$ angegeben.

In der Kolloidchemie wird die absolute Viskosität selten bestimmt. Statt dessen ermittelt man die *relative* oder *spezifische* Viskosität. Diese wird derart festgestellt, daß eine der inneren Reibung proportionale Größe, z. B. die Durchflußzeit durch Kapillaren, für ein Sol und für das Dispersionsmittel gemessen wird. Der Quotient der beiden Größen ist dann gleich der relativen Viskosität (vgl. S. 25). Die Größe der relativen Viskosität $\eta_{rel}$ ist dimensionslos. Auch die spezifische Viskosität $\eta_{sp}$ ist dimensionslos. Sie ist die *Viskositätserhöhung*, die ein gelöster oder suspendierter Stoff in einem Dispersionsmittel hervorruft. $\eta_{rel}$ der kolloiden Lösungen ist immer > 1, $\eta_{sp}$ bei verdünnten Solen ist in der Regel < 1.

Die Viskositätsmessungen sind zur Erforschung und Charakterisierung der Kolloide von sehr großer Bedeutung. Aus den Viskositätsmessungen können unter anderem Schlußfolgerungen bezüglich der Teilchenform, der eingetretenen Abbaureaktionen, des Aufbaues des gesamten Sols, sowie der Solvatation gezogen werden. Dabei genügt es aber nicht einfach die relative oder spezifische Viskosität zu bestimmen, sondern es ist zumindest die Abhängigkeit der Viskosität von der Konzentration $\eta_p = f$ (c) zu ermitteln. Zu wertvollen Erkenntnissen gelangt man auch dadurch, daß man die Viskosität des dispersen Systems bei verschieden starker mechanischer Beanspruchung mißt. Weiter kann die Viskosität als Funktion der Temperatur oder der Zeit untersucht werden. Wichtig ist auch der Einfluß verschiedener Zusätze auf die Viskosität. Da Viskositätsmessungen sich einfach und rasch ausführen lassen, sind sie besonders in der Technik sehr beliebt.

## Die Meßmethoden.

Die Viskosität kolloider Lösungen wird mit sehr verschiedenen experimentellen Anordnungen gemessen. In dieser Mannigfaltigkeit der experimentellen Methodik sind *drei* Methoden besonders wichtig: 1. die Viskosität wird dadurch bestimmt, daß man das Sol *durch eine Kapillare strömen* läßt, 2. kann sie durch *Drehung eines zylindrischen Gefäßes* ermittelt werden und 3. läßt sie sich durch Messung der *Fallgeschwindigkeit einer Kugel* in der fraglichen Lösung bestimmen.

**Das Wilh. Ostwaldsche Kapillarviskosimeter.** Die weitaus meisten Viskositätsmessungen sind mit dem auf S. 25 beschriebenen Wilh. Ostwaldschen Kapillarviskosimeter ausgeführt worden. Als Maß für die Viskosität gilt hier die Zeit, die ein Sol für den Durchfluß durch eine Kapillare braucht. Strömt eine Flüssigkeit mit der Viskosität $\eta$ unter dem Druck p durch eine Kapillare mit der Länge l und dem Radius r, so ist das in der Zeit t ausfließende Flüssigkeitsvolumen V, nach Poiseuille (1842)

$$V = \frac{\pi \, t \, r^4 \, p}{8 \, l \, \eta} \quad \dots\dots\dots\dots\dots\dots\dots\dots (1)$$

Hieraus kann die absolute Viskosität $\eta$ leicht berechnet werden, falls die anderen Größen bekannt sind.

$$\eta = \frac{\pi \, r^4 \, p \, t}{8 \, v \, l} \quad \dots\dots\dots\dots\dots\dots\dots\dots (2)$$

Bei der Messung der relativen oder spezifischen Viskosität bestimmt man die *Zeit*, die das Sol und das Dispersionsmittel für den Durchfluß durch ein und dasselbe Viskosimeter unter gleichen Bedingungen brauchen. Die Abmessungen des Apparates (r und l) sind immer die gleichen. Man bringt dabei immer gleiche Flüssigkeitsvolumina V zum Ausfluß. Die Größen r, l und V bleiben also konstant und wir können sie zusammen mit $\pi/8$ in eine neue Konstante K einbeziehen, so daß man schließlich erhält:

$$\eta = K \, p \, t \dots\dots\dots\dots\dots\dots\dots\dots (3)$$

Die Gleichung besagt, daß bei konstantem treibenden Druck p *die Viskosität der Durchflußzeit t proportional ist.*

Der Druck p hängt seinerseits davon ab, wie hoch die Flüssigkeit im Kapillarrohr aufgezogen wird und wie groß ihr spezifisches Gewicht ist. Da im Ostwaldschen Viskosimeter die Flüssigkeiten immer gleich hoch aufgezogen werden, die Höhen also gleich sind, so kommt beim Vergleich der Viskosität vom Sol und Dispersionsmittel nur noch das spezifische Gewicht der beiden Flüssigkeiten in Betracht. Fließt somit das Sol mit der Dichte $\varrho_1$ in $t_1$ Sekunden und das Dispersionsmittel mit der Dichte $\varrho_0$ in $t_0$ Sekunden durch die Kapillare, so wird die *relative Viskosität* des Sols nach der Gleichung

$$\eta_{rel} = \frac{t_1 \, \varrho_1}{t_0 \, \varrho_0}$$

berechnet. Die Unterschiede von $\varrho_1$ und $\varrho_0$ sind oft, besonders bei verdünnten Solen sehr gering, so daß der Quotient $\varrho_1/\varrho_0$ vernachlässigt werden kann. In solchen Fällen wird die relative Viskosität einfach dem Quotienten $t_1/t_0$ gleichgesetzt:

$$\eta_{rel} = t_1/t_0 .$$

*Die spezifische Viskosität*, also die Viskositätserhöhung, die von dem dispersen Anteil herrührt $\eta_{sp}$, läßt sich dann nach dem Ausdruck

$$\eta_{sp} = \frac{t_1 - t_0}{t_0} = \eta_{rel} - 1$$

berechnen.

Das Poiseuillsche Gesetz gilt nur für die sogenannte *laminare* (flächenhafte, wirbellose) Strömung. Letztere wird dadurch erreicht, daß man r genügend klein wählt, die Flüssigkeit muß deshalb langsam durch die Kapillare fließen. Bei hohen Fließgeschwindigkeiten entstehen im Rohr Wirbel, die Strömung wird „turbulent", wodurch eine scheinbare Viskositätserhöhung hervorgerufen wird.

Die Frage über die Dimensionierung der Wilh. Ostwaldschen Kapillarviskosimeter wurde insbesondere von G. V. Schulz eingehend untersucht[104]). Es wurden dabei bei der Auswahl der Abmessungen des Viskosimeters die Fehlerquellen berücksichtigt, die die spezifische Viskosität beeinflussen könnten. Dabei ergab sich, daß die Meßfehler am weitgehendsten (bis auf 1%) herabgesetzt werden können, wenn V/t etwa gleich 1/100 bis 1/200 gewählt wird. Das Ausströmungsvolumen (das Volumen der oberen Kugel) ist dann für eine Ausflußzeit von 100 Sekunden gleich 1,0 bis 0,5 cm³, was durch Wahl einer entsprechenden Kapillare mit r von etwa 0,15 bis 0,2 mm erreicht werden kann. Die Länge l der Kapillare ist dabei fast belanglos, da mit wachsendem l die Niveaudifferenz und somit auch der treibende Druck wächst\*).

Die obengenannten Kapillardurchmesser sind aber nur dann brauchbar, wenn die Sole nicht allzu viskos sind. Das ist bei den Sphärokolloiden der Fall, wobei die Konzentration des dispersen Anteils in weiten Grenzen variiert werden kann. Ganz anders sind die Verhältnisse bei ,den Linearkolloiden, oder stark sovatisierten Sphärokolloiden: Die Konzentration des dispersen Anteils darf eine gewisse Grenze nicht überschreiten, da sonst das Sol überhaupt nicht durchfließt. Man kann also nur sehr verdünnte Lösungen der Linearkolloide mit dem Wilh. Ostwaldschen Viskosimeter untersuchen. Wollte man konzentriertere, etwa 2 bis 10 prozentige Sole dieser Stoffe mit demselben Viskosimeter untersuchen, so müßte man Kapillaren mit relativ großem Durchmesser wählen, oder das zähe Sol unter Anwendung von äußerem Druck durch die Kapillare pressen. Bald wurde aber festgestellt, daß die zähen Sole der Linearkolloide dem Poiseuillschen Gesetz nicht folgen. Bei der Verwendung verschiedener Kapillaren, oder bei Änderung des Drucks p, erhält man für das gleiche Sol bei gleichen übrigen Bedingungen (Konzentration, Temperatur) verschiedene Werte für die Viskosität\*\*). Hier ist also die Viskosität keine Stoffeigenschaft mehr, keine Materialkonstante, wie es nach der von Newton gegebenen Definition der Viskosität sein sollte, sondern sie hängt von den Versuchsbedingungen ab. Trotzdem kann man auch diese Systeme, wie es weiter unten gezeigt werden soll, mit Hilfe von Viskositätsmessungen nicht nur quantitativ charakterisieren, sondern über diese auch wertvolle Aufschlüsse bezüglich des inneren Aufbaus erwerben.

Außer den Wilh. Ostwaldschen Kapillarviskosimetern sind noch viele andere gebaut worden, die alle das Gemeinsame haben, daß die Flüssigkeit durch eine Kapillare entweder frei fließt, oder durchgepreßt wird. Hier seien genannt[105]):

---

[104]) G. V. Schulz: Zeitschr. f. Elektrochem. *43*, 479 (1937). Vgl. auch W. Philippoff: Viskosität d. Kolloide, 1942, S. 52 ff.

\*) p = 981 ϱ h (h- die mittlere Druckhöhe). Setzt man in der Gleichung (2) statt p 981 ϱ h, so erhält man $\eta = \dfrac{981 \; \pi t r^4 h \varrho}{8 \; V \; l}$. Da h/l fast gleich l ist, fallen diese Größen hier aus:

$$\eta = \frac{981 \; \pi t r^4 \varrho}{8 \; V} \quad \text{und} \quad t = \frac{8 \; V \; \eta}{981 \; \pi r^4 \varrho}$$

\*\*) Nach der Gleichung (3) soll η konstant sein, wenn bei einer und derselben Flüssigkeit p variiert wird $\eta/K = p t = K_1$; z. B. bei verdoppeltem Druck p sollte sich t zweimal vermindern. Bei den relativ konzentrierten hochviskosen Gelatine-, Stärke- oder Kautschuksolen vermindert sich aber t mit wachsendem p mehr, als die Gleichung verlangt. Es muß also angenommen werden, daß sich η geändert hat, oder die Formel (3) die experimentellen Ergebnisse nicht einwandfrei wiedergibt.

[105]) Vgl. W. Philippoff: Viskosität der Kolloide, Dresden: Steinkopff 1942.

Das Ubbelohde-Viskosimeter, das Überlaufviskosimeter von Wo. Ostwald-Auerbach und das Viskosimeter von W. Philippoff.

Als Beispiel sei das Wo. Ostwald-Auerbachsche Überlaufsviskosimeter beschrieben (Abb. 59). Die Hauptbestandteile dieses Viskosimeters sind das Einfüllrohr A und die Kapillare B. Der Druck ändert sich ständig beim Durchfluß, mit der Höhe des Meniskus in A. Zur Bestimmung der Viskosität (bei bestimmtem Druck) mißt man die Zeit, in welcher die Flüssigkeit z. B. von der Stellung 1 zu 2 gelangt. Weiter wird die Durchflußgeschwindigkeit immer geringer, da der Druck mit dem Absinken des Niveaus fällt. In einer Meßreihe erhält man also eine Reihe von Durchlaufzeiten, bei verschiedenen Druckhöhen. Um einen Mittelwert für die Viskosität zu erhalten, müssen dann alle Messungen durchgerechnet werden.

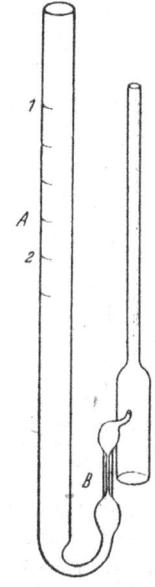

Abb. 59. Überlaufs-viskosimeter nach Wo. Ostwald-Auerbach.

**Das Rotationsviskosimeter.** Von M. Couette wurde (1890) eine Anordnung zur Messung der Viskosität vorgeschlagen, die in folgendem besteht (Abb. 60). In einem Hohlzylinder $Z_1$, in dem sich das zu messende Sol befindet, taucht ein zweiter Zylinder $Z_2$, der an einem Draht hängt. $Z_1$ kann von einem Motor mit verschiedener Geschwindigkeit gedreht werden. Der innere Zylinder $Z_2$ wird sich dann, indem der Draht verdrillt wird, um einen bestimmten Winkel drehen, der mit Hilfe des Spiegels S an einer Skala abgelesen wird. Im Gleichgewicht muß die zur Verdrillung des Drahtes notwendige Kraft der Reibungskraft gleich sein, wobei diese ihrerseits der Viskosität und der Winkelgeschwindigkeit $\omega$ von $Z_1$ proportional ist.

Die Viskosität mißt man derart, daß bei bestimmter Winkelgeschwindigkeit $\omega$ des äußeren Zylinders der Drehwinkel $\varphi$ des inneren Zylinders bestimmt wird. Die Theorie des Apparates ergibt:

$$\eta = \frac{\varkappa\,\varphi}{\omega}$$

worin $\varkappa$ eine Konstante ist, die von den Eigenschaften des Drahtes und Abmessungen der beiden Zylinder abhängt[*]). Da nun $\varkappa$ und $\eta$ konstante Größen sind, muß gemäß der Formel der Drehwinkel der Winkelgeschwindigkeit $\omega$ proportional sein. Bei den lyophoben Solen, den nicht allzu konzentrierten lyophoben Sphärokolloiden, und bei den sehr verdünnten Linearkolloiden, ist dies tatsächlich der Fall. Nimmt man $\varphi$ als Ordinate und $\omega$ als Abszisse, so erhält man eine gerade Linie I (Abb. 61), die durch den Nullpunkt des Koordinatensystems geht. Relativ konzentrierte Linearkolloide zeigen ein davon abweichendes Verhalten (Kurve II). Ebenso wie bei der Strömung durch Kapillaren unter verschiedenem Druck erweist sich auch hier die Viskosität als abhängig von der Winkelgeschwindigkeit, d. h. von dem Geschwindigkeitsgefälle, das zwischen den Zylindern herrscht.

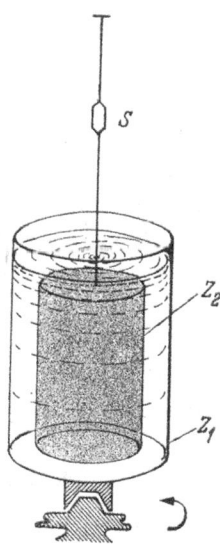

Abb. 60. Rotationsviskosi-meter nach Couette.

---

[*]) Durch die Winkelgeschwindigkeit ist das Geschwindigkeitsgefälle dv/dx bestimmt (vgl. oben S. 94).

$$\varkappa = \frac{D\,(r_1^2 - r_2^2)}{4\pi l\, r_1^2\, r_2^2}$$

(D = Direktionskraft des Aufhängedrahtes, $r_1$ = Radius des äußeren, $r_2$ = Radius des inneren Zylinders, l = die Höhe des letzteren.)

Der praktische Vorteil des Couette-Apparates besteht darin, daß die auf das Sol einwirkende Kraft durch entsprechende Änderung von $\omega$ in weiten Grenzen variiert werden kann. Die Anwendungsgrenzen des Apparates lassen sich noch durch Änderung der Länge des Aufhängedrahtes erweitern[106]). Allerdings sind

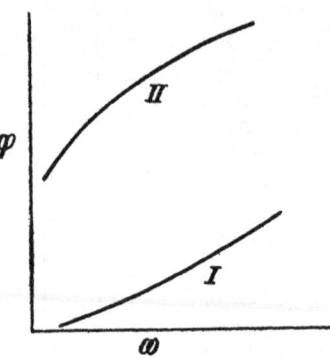

Abb. 61. Die Abhängigkeit des Drehwinkels $\psi$ von Winkelgeschwindigkeit $\omega$ des Rotationsviskosimeters.

der Steigerung von $\omega$ gewisse Grenzen dadurch gesetzt, daß auch in diesem Apparat, ebenso wie in einem Kapillarviskosimeter, bei größerem Geschwindigkeitsgefälle Wirbel entstehen, was zur Verzerrung der Resultate führt.

**Das Kugelfallviskosimeter.** Als theoretische Grundlage dieses Viskosimeters dient das Stokessche Gesetz, wonach die Geschwindigkeit w einer fallenden Kugel von dem Kugelradius r, dem Dichteunterschied zwischen Kugel und Flüssigkeit $(\varrho - \varrho_0)$, sowie der Viskosität der Flüssigkeit abhängt:

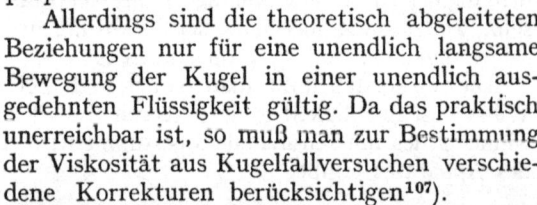

$$w = 2/9 \cdot 981\, r^2 (\varrho - \varrho_0) \frac{1}{\eta}, \text{ oder } \eta = 2/9 \cdot 981 \frac{\varrho \cdot \varrho_0}{w}.$$

In verdünnten Solen, wo die Dichte sich nur in engen Grenzen ändert, kann die Viskosität sehr einfach durch Bestimmung der Fallgeschwindigkeit w ermittelt werden. Man wählt ein zylindrisches Gefäß und eine geeignete Kugel, die zwischen zwei definierten Marken zum Fallen gebracht wird. Die Viskosität ist dann der Fallzeit proportional.

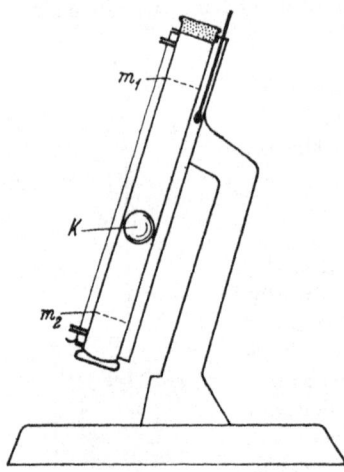

Abb. 62. Schema des Kugelfallviskosimeters nach Hoeppler.

Allerdings sind die theoretisch abgeleiteten Beziehungen nur für eine unendlich langsame Bewegung der Kugel in einer unendlich ausgedehnten Flüssigkeit gültig. Da das praktisch unerreichbar ist, so muß man zur Bestimmung der Viskosität aus Kugelfallversuchen verschiedene Korrekturen berücksichtigen[107]).

Einen für die Praxis und auch für die Kolloidforschung geeignetes Kugelfallviskosimeter hat Höppler[108]) konstruiert (Abb. 62). Die Kugel fällt in einem etwa um 85° geneigten Rohr, wobei die Zeit bestimmt wird, die die Kugel K braucht, um von der Marke $m_1$ bis zu $m_2$ zu gelangen. Mit dem Apparat ist es möglich, absolute Viskositäten von 0,01 bis 10 Poise bis auf 0,1% genau zu messen. Diese außergewöhnliche Genauigkeit wird durch die sehr sorgfältige Herstellung und auch durch die Temperaturkonstanz des Apparates, die durch einen sehr genauen Thermostaten aufrecht erhalten wird, erreicht.

### Die Viskosität von Sphärokolloiden.

Wie schon früher mehrmals angedeutet, bestehen zwischen den Sphärokolloiden einerseits und den Linearkolloiden andersеits hinsichtlich der Viskosität

[106]) Vgl. H. Erbring, S. Broese, H. Bauer: Kolloid-Beih. **54**, 372 (1943).
[107]) Vgl. W. Philippoff: Viskosität der Kolloide, 1942, S. 82.
[108]) F. Höppler: Z. techn. Physik. *14*, 165 (1933); E. Neymann: Kolloid-Z. *77*, 27 (1936).

weitgehende Unterschiede. Der Hauptunterschied besteht in folgendem: Die Lösungen mäßig konzentrierter Sphärokolloide sind niederviskos, die gleichkonzentrierten Linearkolloide — dagegen hochviskos; bei diesen treten verschiedene Viskositätsanomalien auf, bei jenen sind solche überhaupt nicht, oder nur in viel geringerem Maße feststellbar. Am einfachsten sind die Verhältnisse bei lyophoben Sphärokolloiden und bei Suspensionen mit korpuskularen, etwa kugelförmigen Teilchen.

**Die Konzentrationsabhängigkeit der Viskosität.** Eine der wichtigsten Fragen im Gebiet der Viskosität von Kolloiden ist die der Abhängigkeit der Viskosität von der Konzentration. Wie schon oben hingewiesen wurde, ist die Viskosität eines bestimmten Sphärokolloids eine Stoffkonstante, die von der Versuchsapparatur unabhängig ist. Wird z. B. die Viskosität eines Silbersols mit verschiedenen Kapillarviskosimetern gemessen, so wird man immer eine und dieselbe Zahl erhalten, wenn nur die Messungen bei derselben Temperatur ausgeführt worden sind. Verdünnt man aber das Sol mit Wasser, so erhält man ein neues System, mit anderen Stoffkonstanten. Es ist deshalb zu erwarten, daß die Viskosität vom Verdünnungsgrad abhängig sein wird. Tatsächlich sind quantitative Zusammenhänge zwischen dem Verdünnungsgrad oder Konzentration und Viskosität, experimentell aufgefunden und auch theoretisch, insbesondere von A. Einstein, vorausgesehen worden.

Auf Grund der Gesetze der Hydrodynamik leitete Einstein (1906) die folgende Beziehung ab:

$$\eta_{rel} = 1 + 2{,}5\,\Phi \dots\dots\dots\dots\dots (4)$$

Hierin bedeutet $\Phi$ den Volumenanteil des suspendierten bzw. gelösten Anteils in 1 Teil der Suspension (bzw. des Sols). Die Beziehung wurde unter der Voraussetzung abgeleitet, daß die in der Flüssigkeit befindlichen Teilchen starre Kugeln und viel größer, als die Flüssigkeitsmoleküle sind. Die Formel besagt, daß die *relative Viskosität eines Sphärokolloids bzw. einer Kugelsuspension mit der Konzentration des dispersen Anteils proportional ansteigt.*

Diese Forderungen der Theorie wurden in vielen Fällen auch experimentell bestätigt, so z. B. an Gummiguttsuspensionen von M. Bancelin (1911), von Eirich und Mitarbeitern an Suspensionen von Glas, Bovistsporen und Hefepilzen. Eirich und Mitarbeiter, maßen dabei die Viskosität von Suspensionen mit drei verschiedenen Apparaten: Mit dem Kapillarviskosimeter, dem Couette-Apparat und dem Kugelfallviskosimeter[109].

H. Staudinger und E. Husemann formten die Einsteinsche Gleichung in folgender Weise um[110]: Statt der Volumkonzentration wurde die Gewichtskonzentration c (g pro Liter) und die Dichte $\varrho$ des dispersen Anteils, statt $\eta_{rel}$ die spezifische Viskosität gesetzt. Dann erhält man die Gleichung:

$$\eta_{sp} \cdot \varrho \,/\, c \cdot = K = 0{,}0025 \dots\dots (5)$$

In nebenstehender Tabelle 21 sind die Messungen von Bancelin an Gummiguttsuspensionen nach der Formel (5) ausgewertet[111].

Tabelle 21. *Konzentrationsabhängigkeit der Viskosität am Beispiel der Gummiguttsuspensionen, $\varrho = 0{,}94$.*

| c in g/Ltr. | $\eta_{rel}$ | $\eta_{sp}/c$ | $\eta_{sp}/c \cdot \varrho = K$ |
|---|---|---|---|
| 2,4 | 1,0069 | 0,0029 | 0,0027 |
| 3,3 | 1,0088 | 0,0027 | 0,0025 |
| 5,3 | 1,0128 | 0,0024 | 0,0023 |
| 6,6 | 1,0167 | 0,0025 | 0,0024 |
| 10,2 | 1,0276 | 0,0026 | 0,0024 |
| 21,1 | 1,0571 | 0,0027 | 0,0025 |
| | | | Mittelw. 0,00247 |

[109] F. Eirich, M. Bunzl und H. Margaretha: Kolloid-Z. **74**, 276 (1936).
[110] H. Staudinger und E. Husemann: Ber. dtsch. chem. Ges. **68**, 1691 (1935).
[111] Aus H. Staudinger: Organische Kolloidchemie, 2. Aufl. 1941, S. 66.

Aus der Tabelle ist zu ersehen, daß K tatsächlich dem Werte von etwa 0,0025 entspricht. Die Abweichungen, die bei den Messungen unvermeidlich sind, liegen innerhalb der Fehlergrenzen. In diesem Falle ist also die Einsteinsche Formel streng gültig. Wird die Viskosität ($\eta_{sp}$ oder $\eta_{rel}$) in einem Koordinatensystem gegen die Konzentration aufgetragen, so erhält man für Sphärokolloide Geraden mit entsprechender Neigung (Abb. 63). Trägt man aber auf die Ordinate statt der Viskosität den Quotient $\eta_{sp}/c$ auf, so erhält man, falls die Einsteinsche Beziehung gültig ist, eine der Abszisse parallele Gerade. Umfangreiche experimentelle Untersuchungen an verschiedenen Sphärokolloiden ergaben aber folgendes:

1. Bei Sphärokolloiden ist die Konstante K meistens höher als 0,0025 (Gleichung 5).

2. *Die lineare Proportionalität zwischen Viskosität und Konzentration besteht*

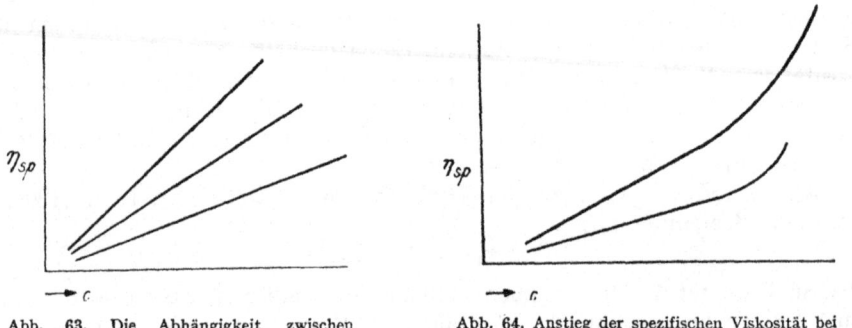

Abb. 63. Die Abhängigkeit zwischen
spezifischer Viskosität und Konzentration
bei Sphärokolloiden.

Abb. 64. Anstieg der spezifischen Viskosität bei
hohen c.

*nur im Gebiet kleiner Konzentrationen.* Im Gebiet hoher Konzentrationen steigt nämlich die Viskosität mit der Konzentration stärker als linear an (Abb. 64). In der Regel besteht die lineare Proportionalität bei lyophoben Sphärokolloiden bis zu c $\simeq$ 20 bis 50 g/Liter. Der Grund dieser Abweichung von der Einsteinschen Beziehung wird jetzt verständlich: Die Größe von K hängt davon ab, wieviel vom Dispersionsmittel durch die Teilchen gebunden wird, sie ist also ein Maß für die *Solvatation.* Ist K = 0,0025, so ist die Solvatation so klein, daß sie vernachlässigt werden kann. Bei lyophilen Sphärokolloiden, z. B. beim Glykogen, ist K = 0,012, also viel größer, als bei lyophoben Suspensionen.

Als Grund des starken *Anstiegs* der Viskosität bei hohen Konzentrationen wird hauptsächlich die *Wechselwirkung,* die zwischen den Teilchen bei solchen Konzentrationen stattfinden kann, hervorgehoben. Die Folge dieser Wechselwirkungen ist das Entstehen loser Aggregate, in denen das Dispersionsmittel festgehalten wird.

**Viskosität und Teilchengröße.** Merkwürdigerweise kommt in der Einsteinschen Formel die Teilchengröße nicht vor. Das bedeutet, daß die Viskosität von Solen oder Suspensionen mit kugelförmigen Teilchen unabhängig von der Teilchengröße sein muß. Schon ganz einfache Überlegungen führen aber zu der Schlußfolgerung, daß im Falle kleiner kompakter Teilchen die Viskosität nicht ganz unabhängig von der Teilchengröße sein kann. Denn bei fortschreitender Zerteilung bilden sich immer neue Oberflächen, die eine gewisse Menge von dem Dispersionsmittel an sich binden, und eine scheinbare Konzentrationserhöhung hervorrufen. Die Viskosität müßte also mit zunehmendem Dispersionsgrad steigen (bei gleicher Gewichtskonzentration). Diese Schlußfolgerungen bestätigt sich an verschiedenen Beispielen. So fand Odén (1912), daß die Schwefelsole, die Teilchen mit einem mittleren Durchmesser von 10 m$\mu$ besaßen, etwas zäher waren, als gleichkonzentrierte Schwefelsole mit einer mittleren Teilchengröße von etwa 100 m$\mu$. Zum gleichen Ergebnis gelangten neulich Hauser und le Beau[112]) bei der Untersuchung von Bentonitsolen, sowie Buzágh und Erényi[113]), die die Viskosität von Quarzsuspensionen verschiedenen Dispersitätsgrades untersuchten. Die Viskosität wird nur bei größeren Teilchendurchmessern unabhängig von der Teilchengröße; im kolloiden Gebiet aber beginnt sie mit abnehmender Teilchengröße zu steigen (Abb. 65).

Demgegenüber sind auch Fälle bekannt, wo *die Viskosität der Sphärokolloide unabhängig von der Teilchengröße ist.* Das ist z. B. bei hydrolytisch abgebauten Glykogenen der Fall[114]) (vgl. Tabelle 22). Man kann das durch den losen sperrigen Bau der Glykogenmoleküle erklären. Aus der Tabelle ist zu ersehen, daß die Konstante K (Gleichung 5) hier etwa 5mal so groß ist, wie bei lyophoben Solen. Die in den Lösungen sich befindlichen Glykogenmoleküle sind stark hydratisiert, wobei die Wassermoleküle, wegen des sperrigen Baues der Glykogenteilchen, die letzten nicht nur an der äußeren Oberfläche, sondern auch *innerlich* solvatisieren. Deswegen werden auch die großen Teilchen ebenso stark hydratisiert, wie die kleinen.

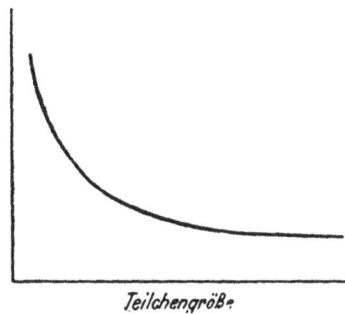

Abb. 65. Die Abhängigkeit zwischen Viskosität und Teilchengröße bei Sphärokolloiden.

Tabelle 22. *Die Unabhängigkeit der Viskosität von der Teilchengröße bzw. vom Molekulargewich bei hydrolytisch abgebauten Glykogenen, gelöst in* 0,1 n Ca Cl$_2$, $\varrho$ derGlykogene = 1,55.*t*

| Molekulargewicht | $\eta_{sp}/c$ | $K = \eta_{sp}\varrho/c$ |
|---|---|---|
| 1530000 | 0,0078 | 0,012 |
| 930000 | 0,0081 | 0,012 |
| 450000 | 0,0085 | 0,013 |
| 265000 | 0,0081 | 0,012 |
| 200000 | 0,0083 | 0,012 |
| 135000 | 0,0088 | 0,013 |
| 110000 | 0,0081 | 0,012 |
| 52000 | 0,0086 | 0,013 |
| 37000 | 0,0082 | 0,012 |
| 20300 | 0,0081 | 0,012 |

**Die Viskositätszahl.** Zur Charakterisierung eines Kolloids hat sich der Quotient $\eta_{sp}/c$ als sehr geeignet erwiesen. Wie wir schon sahen, ist im Gebiet kleiner Konzentrationen $\eta_{sp}/c$ für das betreffende Sol unabhängig von der Konzentration. Weiter ist $\eta_{sp}/c$ der Sphärokolloide auch von der Meßmethode unabhängig. Diese Größe wird deshalb nach Staudinger *Viskositätszahl* genannt und mit $Z_\eta$ bezeichnet:

$$\eta_{sp}/c = Z_\eta$$

**Die Abhängigkeit der Viskosität von der Temperatur.** Eine der wichtigsten Bedingungen, die bei der Messung der Viskosität erfüllt werden muß, ist eine

[112]) E. A. Hauser und D. S. le Beau: Kolloid-**Z. 86**, 105 (1939).
[113]) A. v. Buzágh und E. Erényi: Kolloid-Z. **91**, 283 (1941).
[114]) F. Husemann: J. prakt. Chem. 159, 167 (1941).

konstante Temperatur. Die Viskosität nimmt mit steigender Temperatur ab. Diese Viskositätsabnahme ist keine nur den Kolloiden eigentümliche Eigenschaft, sondern ist an allen Flüssigkeiten feststellbar. Wird nun die Viskosität des Dispersionsmittels und des Sols bei verschiedenen Temperaturen gemessen, so ist das Verhältnis der beiden, also die *relative Viskosität* in der Regel fast unabhängig von der Temperatur. Eine Abnahme läßt sich bei relativ konzentrierten solvatisierten Sphärokolloiden, wie z. B. am 28%igen Eieralbuminsol feststellen. In Abb. 66 ist auf der Abszisse die Temperatur, auf der Ordinate die relative Viskosität aufgetragen (die Viskosität des Wassers wird bei allen Temperaturen gleich 1,000 angenommen). Die Gerade entspricht einem verdünnten, die Kurve einem hochkonzentrierten Eieralbuminsol (nach H. Chick und E. Lubrzynska, 1914).

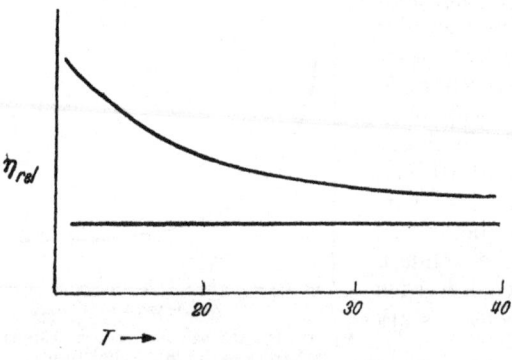

Abb. 66. Die Abhängigkeit der relativen Viskosität von der Temperatur.

Die Abnahme der relativen Viskosität bei Temperaturerhöhung im Fall hochkonzentrierter lyophiler Sole ist leicht verständlich, wenn man die Temperaturabhängigkeit der Aggregatbildung berücksichtigt. Bei hoher Temperatur bewegen sich die Flüssigkeitsmoleküle und die Kolloidteilchen intensiver als bei niedriger, die Aggregate werden dabei zerstört, was nach dem schon Gesagten mit einer Viskositätsverminderung verbunden ist.

**Einfluß elektrischer Ladungen auf die Viskosität.** Daß die elektrische Ladung der Kolloidteilchen einen gewissen Einfluß auf die Viskosität ausüben muß, wurde schon frühzeitig von J. J. Thomson und Hardy (1900) erkannt. Durch die Verschiebung von elektrisch geladenen Teilchen in einer Flüssigkeit wird eine elektromotorische Gegenkraft erzeugt, die eine scheinbare Viskositätserhöhung hervorruft. Von theoretischer Seite wurde das Problem insbesondere von v. Smoluchowski angegriffen[115]. Er kam dabei zu der Schlußfolgerung, daß die Einsteinsche Gleichung (4) mit einem Zusatzglied vervollständigt werden muß:

$$\eta_{rel} = 1 + 2,5\,\Phi \left[ 1 + \frac{1}{\lambda\,\eta\,r^2}\left(\frac{D\,\zeta}{2\,\pi}\right)^2 \right]$$

Hier ist $\lambda$ die spezifische Leitfähigkeit, $\eta$ die Viskosität des Dispersionsmittels, r — der Teilchenradius, D — die Dielektrizitätskonstante und $\zeta$ das elektrokinetische Potential der Teilchen.

Die Gleichung läßt voraussehen, daß mit Verminderung von $\zeta$ und somit auch der Teilchenladung, die Viskosität fallen muß. Das ist auch tatsächlich der Fall. Beim isoelektrischen Punkte verschiedener Proteine ($\zeta = o$) ist ein Minimum der Viskosität zu beobachten[116]. Durch Änderung von Wasserstoffionenkonzentration kann dem Protein eine positive oder negative Ladung erteilt werden, die Viskosität steigt in solchen Fällen (Tabelle 23). Dieselben Beziehungen findet man nicht nur an den Sphärokolloiden, sondern auch an Linearkolloiden.

[115]) M. v. Smoluchowski: Kolloid-Z. *18*, 194 (1916); W. Krasny-Ergen: Kolloid-Z. **74**, 172 (1936).
[116]) Wo. Pauli: Kolloidchemie der Eiweißkörper, 1933, S. 254.

Tabelle 23. *Viskositätsminimum von Albumin und Glutin (in Azetatpuffer) nach* Pauli.

| [H˙] | Serumalbumin 1% bei 25⁰ | Glutin 1% bei 35⁰ |
|---|---|---|
| $0,13 \cdot 10^{-3}$ | $\eta_{rel} = 1,0531$ | $\eta_{rel} = 1,5996$ |
| $0,86 \cdot 10^{-4}$ | $1,0455$ | $1,5509$ |
| $0,42 \cdot 10^{-4}$ | $1,0398$ | $1,4977$ |
| $0,21 \cdot 10^{-4}$ | $1,0379$ | $1,4769$ isoel. P. |
| $0,11 \cdot 10^{-4}$ | $1,0303$ isoel. P. | $1,4885$ |
| $0,53 \cdot 10^{-5}$ | $1,0341$ | $1,4954$ |
| $0,10 \cdot 10^{-5}$ | $1,0379$ | |

Auch durch Neutralsalze (NaCl, $CaCl_2$ u. a.) kann die Viskosität vermindert werden, was insbesonders durch die Untersuchungen von Kruyt und Bungenberg de Jong[117] bewiesen wurde. Die mehrwertigen Kationen vermindern dabei die Viskosität negativer Sole viel mehr, als einwertige, was auch darauf hinweist, daß die Elektrolyte tatsächlich die Ladungen beeinflussen. Allerdings können die Elektrolyte auf das Sol auch andersartig einwirken, etwa Aggregierung und Gestaltänderung der Teilchen hervorrufen[118], wodurch die Viskosität ebenfalls geändert wird. Große Elektrolytmengen können auch die Solvatation beeinflussen. Die Verhältnisse sind also sehr kompliziert und sind bisher nicht vollständig aufgeklärt.

### Die Viskosität der Linearkolloide.

**Viskosität und Teilchenform.** Schon vor längerer Zeit wurde gefunden, daß viele Sole, z. B. diejenigen von Kieselsäuren, Vanadiumpentoxyd, Kautschuk u. a. sogar in sehr verdünntem Zutande hochviskos sind und der Einsteinschen Beziehung nicht gehorchen. Auch Abweichungen von Poiseuillschen Gesetz konnten bei mäßigen Konzentrationen der Sole festgestellt werden. Anfangs wurde versucht dieses anomale Verhalten durch die vermutlich außerordentlich starke Solvatation zu erklären, ohne, oder nur wenig die Teilchenform in Betracht zu ziehen. Aber erst in den letzten zwei Jahrzehnten konnte durch vielseitige experimentelle und theoretische Untersuchungen bewiesen werden, daß die *Teilchenform* den weitaus entscheidensten Einfluß auf die Viskosität ausübt, während die Solvatation, die Ladung und die chemischen Eigenschaften nur untergeordnete Rollen spielen.

Da die Zusammenhänge zwischen Viskosität und Teilchenform noch in einem Kapitel IX erörtert werden sollen, sei hier nur auf einige grundlegende Tatsachen hingewiesen. Durch die theoretischen Untersuchungen von Eisenschitz[119], Peterlin[120] und Burgers[121] wurde bewiesen, daß die *Viskosität von Solen mit länglichen Teilchen vom Streckungsgrad bzw. dem Verhältnis* $\dfrac{Länge}{Dicke}$ *abhängig ist.* Das Zutreffen dieser Folgerung konnte insbesondere durch die grundlegenden

[117] H. R. Kruyt und H. Lier: Kolloid.-Beih. *28*, 406 (1928); H. G. Bungenberg de Jong und O. S. Gwan: Kolloid.-Beih. *31*, 89 (1930).
[118] G. E. Ettisch und G. V. Schulz: Biochem. Z. *239*, 48 (1931); H. Nitschmann: Helv. chim. Acta *21*, 315 (1938); H. Nitschmann und H. Guggisberg: Helv. chim. Acta *24*, 434, 574 (1941); B. Jirgensons: J. prakt. chem. *160*, 120 (1942); *161*, 181 (1943); *161*, 293 (1943); *162*, 224 (1943); *162*, 237 (1943).
[119] R. Eisenschitz: Z. phys. Chem. *158*, 78 (1931); *163*, 133 (1932).
[120] A. Peterlin: Z. Physik. *111*, 232 (1938); Kolloid-Z. *86*, 230 (1939).
[121] J. M. Burgers: Proc. Kon. Axad. Wetensch. Amsterdam *43*, 307, 425, 645 (1940). Vgl. auch W. Philippoff: Viskosität d. Kolloide, 1942.

experimentellen Untersuchungen von H. Staudinger und seiner Schule (Signer
G. V. Schulz, Husemann u. a.) bewiesen werden.

**Sol- und Gellösungen.** Während die Sphärokolloide bis zu Konzentration
bis etwa 50 g im Liter keine oder geringe Viskositätsanomalien aufweisen und
konstante Viskositätszahlen $Z_\eta = \eta_{sp}/c$ liefern, können an Linearkolloiden
konstante Viskositätszahlen nur bei *sehr kleinen* Konzentrationen festgestellt
werden. Im allgemeinen bewegen sich die Viskositätszahlen der Sphärokolloide
in den Grenzen zwischen 0,002 und 0,02, die der Linearkolloide bei extrem
kleiner Konzentration — zwischen 0,05 und 5,0. *Die Viskosität von Linear-*
*kolloiden ist also in der Regel um etwa 10—100mal höher, als die der Sphärokolloide*

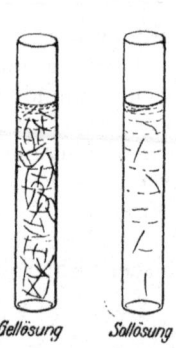

(unter gleichen Bedingungen). Noch sehr viel höher ist die
Viskosität mäßig konzentrierter Linearkolloide, besonders derjenigen mit sehr stark gestreckten Teilchen. Als Beispiel seien
einige Nitrozellulosen in der Tab. 24 angeführt[122]). Wie aus
der Tabelle ersichtlich, wachsen die Viskositätszahlen $\eta_{sp}/c$ mit
der Konzentration stark an. Solche sehr viskose, mäßig konzentrierte Linearkolloide, deren Viskositätszahl mit wachsender
Konzentration steigt, werden nach Staudinger als *Gellösungen*
bezeichnet. Die Teilchen dieser Sole sind nicht frei beweglich,
sie vernetzen sich und die ganze Lösung nimmt eine Struktur
an, so daß solche Sole als Mittelding zwischen einer Lösung
und einer Gallerte angesehen werden können. Dagegen werden
die Lösungen, wo die Teilchen oder Moleküle frei beweglich sind
und die Viskositätszahlen sich nur sehr wenig ändern, als *Sol-*
*lösungen* bezeichnet (Abb. 67).

*Gellösung    Sollösung*

Abb. 67. Gellösung und
Sollösung.

Tabelle 24. *Die Viskosität von Nitrozellulosen in Butylacetat bei 20°.*

| Mittlerer Polymerisations- grad p | Mittleres Mol.-Gew. | Länge / Dicke | c g/Ltr. | $\eta_{sp}$ | $\eta_{sp}/c$ |
|---|---|---|---|---|---|
| 210 | 63 000 | 100 | 1,88 | 0,670 | 0,356 |
| | | | 3,75 | 1,593 | 0,425 |
| | | | 7,50 | 4,575 | 0,609 |
| | | | 15,0 | 17,85 | 1,19 |
| | | | 30,0 | 104,2 | 3,47 |
| 870 | 260 000 | 400 | 0,315 | 0,444 | 1,41 |
| | | | 0,630 | 1,060 | 1,68 |
| | | | 1,25 | 2,858 | 2,28 |
| | | | 2,50 | 10,80 | 4,34 |
| | | | 5,00 | 68,0 | 13,60 |
| 2650 | 800 000 | 1200 | 0,063 | 0,265 | 4,20 |
| | | | 0,126 | 0,585 | 4,64 |
| | | | 0,253 | 1,450 | 5,72 |
| | | | 0,505 | 4,57 | 9,05 |
| | | | 1,01 | 26,9 | 26,63 |
| | | | 2,02 | 384,0 | 190,0 |

*Je stärker die Teilchen gestreckt sind, um so kleiner ist die Konzentration, bei*
*welcher das Sol die Eigenschaften einer Gellösung annimmt.*

Diese *Grenzkonzentration* kann nach *Staudinger* berechnet werden. Die Berechnung
wird durch folgende interessante Überlegungen begründet: Infolge der *Brown*'schen Bewegung schwingen und rotieren die stark langgestreckten Teilchen um die kurze Achse. Der
maximale *Wirkungsbereich* eines Teilchens, das die Länge l und Dicke d hat, ist $(1/2)^2 \pi d$.

---

[122]) H. Staudinger und M. Sorkin: Ber. dtsch. chem. Ges. **70**, 2002 (1937); H. Staudinger: Organische Kolloidchemie, **1941**, S. 94.

(Volumen einer Scheibe entstanden durch die Drehung eines Stabes von der Länge und dem Durchmesser d um die kurze Achse.) Dieser Wirkungsbereich kann nun unter Ausnutzung der aus röntgenographischen Messungen gewonnenen Daten für die Abmessungen der Radikale berechnet werden. Weiter lässt die Gesamtzahl der in 1 Liter Lösung befindlichen Teilchen bestimmen. Multipliziert man diese Zahl mit dem Wirkungsbereich des einzelnen Teilchens, so erhält man den Gesamtwirkungsbereich aller Teilchen. Einige Resultate solcher Berechnungen sind in der Tab. 25 zusammengestellt.

Tabelle 25[123]). *Wirkungsbereiche von polymerhomologen Zellulosetriazetatlösungen,* c = 10 g/Liter.

| Polymeri-sationsgrad grad | Zahl d. Moleküle in 1 Ltr.-Lösung | Wirkungs-bereich eines Moleküls in $\overset{\circ}{A}{}^3$ | Wirkungsbereich aller Moleküle in 1 Liter entspricht | Grenzkonzen-tration g/Liter |
|---|---|---|---|---|
| 1000 | $2,1 \cdot 10^{19}$ | $2,1 \cdot 10^8$ | 4,4 Liter | 2,3 |
| 500 | $4,2 \cdot 10^{19}$ | $5,3 \cdot 10^7$ | 2,2 ,, | 4,6 |
| 250 | $8,4 \cdot 10^{19}$ | $1,3 \cdot 10^7$ | 1,1 ,, | 9,2 |
| 100 | $2,1 \cdot 10^{20}$ | $2,1 \cdot 10^6$ | 0,44 ,, | 23 |
| 50 | $4,2 \cdot 10^{20}$ | $5,3 \cdot 10^5$ | 0,22 ,, | 46 |
| 10 | $2,1 \cdot 10^{21}$ | $2,1 \cdot 10^4$ | 0,044 ,, | 230 |

Als Grenzkonzentration wir l nun die Konzentration in g/Liter angenommen, bei welcher der gesamte Wirkungsbereich aller Teilchen das gesamte Lösungsvolumen (1 Liter) einnimmt. Aus der Tabelle läßt sich entnehmen, daß z. B. ein Zellulosetriazetat vom Polymerisationsgrad 1000 bei der Konzentration 10 g/Liter eine Gellösung ist, da der gesamte Wirkungsbereich aller Teilchen 4,4 Liter beträgt, also 4,4 mal größer ist, als das Solvolumen. Die Wirkungsbereiche einzelner Teilchen überschneiden sich also gegenseitig, die Teilchen sind nicht frei beweglich. Das gleiche aber in entsprechend geringerem Maase trifft zu bei den Produkten mit dem Polymerysationsgrad 500 und 250.

Für die Linearkolloide gilt nach H. Fikentscher[124]) folgende empirische Beziehung, die die Abhängigkeit zwischen Viskosität und Konzentration für ein großes Konzentrationsbereich wiedergibt:

$$\frac{\log \eta_{rel}}{c} = \frac{0,75 \, K^2}{1 + 1,5 \, K \, c} + K.$$

K ist hier eine für jedes Linearkolloid charakteristische Konstante. Besonders in der Technik werden verschiedene Linearkolloide, wie z. B. Cellulosederivate, Kautschuk, sowie synthetische Hochpolymere mit der Fikentscherschen Konstante gekennzeichnet. Für die Konzentrationsabhängigkeit der Viskosität der Linearkolloide sind außerdem noch viele andere empirische Gleichungen vorgeschlagen worden, die mit den Tatsachen mehr oder weniger gut übereinstimmen.

**Die Abhängigkeit der Viskosität vom Polymerisationsgrad (Molekulargewicht, Teilchengröße). Viskositätsmessungen an Sollösungen.** Nach Staudinger ist die Viskosität von Sollösungen eine sehr charakteristische Größe, die weitgehende Schlußfolgerungen über die Größe und Gestalt der in den Lösungen befindlichen Teilchen zu ziehen erlaubt. Insbesondere gilt das für die Cellulosen und Cellulosederivate, sowie für verschiedene synthetische Hochpolymere, die durch Linearpolymerisation entstanden sind.

Von H. Staudinger[125]) und Mitarbeiter wurden nun an Sollösungen linear-molekularer Stoffe folgende Gesetzmäßigkeit festgestellt:

---

[123]) H. Staudinger: Organische Kolloidchemie, 1941, S. 81.
[124]) H. Fikentscher: Cellulosechem. **13**, 58 (1932). Vgl. auch K. H. Meyer und H. Mark: Hochpolymere Chemie II, 1940, S. 25.
[125]) H. Staudinger: Die hochmolekularen, organischen Verbindungen, Berlin: Springer 1932.

*Die Viskosität gleichkonzentrierter Linearkolloide ist dem Polymerisationsgrad bzw. dem Molekulargewicht proportional.* Oder: *Die Konzentration gleichviskoser Linearkolloide ist dem Polymerisationsgrad bzw. dem Molekulargewicht umgekehrt proportional.*

In der folgenden Tabelle 26 sind einige Angaben zu finden, die sich auf Lösungen polymerhomologer Nitrozellulosen mit der spezifischen Viskosität $\eta_{sp} = 0,1$ beziehen.

Tabelle 26. *Konzentration von Lösungen von Nitrozellulosen verschiedener mittleren Polymerisationsgrades, die die gleiche spezifische Viskosität $\eta_{sp} = 0,1$ (in Butylazetat) besitzen*[126].

| Mittleres Polymerisationsgrad | C in g/Liter |
|---|---|
| 100 | 7,5 |
| 250 | 3,0 |
| 500 | 1,5 |
| 1000 | 0,75 |
| 2000 | 0,37 |
| 3000 | 0,25 |

Die obige Gesetzmäßigkeit wurde von H. Staudinger in folgender Weise formuliert:

$$Z_\eta = \frac{\eta_{sp}}{c} = K_m \cdot P \dots\dots\dots\dots\dots\dots\dots (6)$$
$$c \longrightarrow 0$$

P ist hier der Polymerisationsgrad und $K_m$ eine für jede polymerhomologe Reihe (Zellulosen, Nitrozellulosen, Polyäthylenoxyde) charakteristische Konstante, deren Größe außerdem noch vom Lösungsmittel abhängt. So haben z. B. die verschiedenen stark abgebauten Nitrozellulosen in Azeton $K_m = 11.10^{-4}$, in Butylazetat dagegen $K_m = 14,0.10^{-4}$. Die $K_m$-Konstanten werden auf die Weise ermittelt, daß die Viskosität von Linearkolloiden bestimmt wird, dessen P vorher durch osmotische Messungen (oder mit einer anderen Methode) festgestellt worden ist. Die Bezeichnung $c \longrightarrow 0$ bedeutet, daß die Beziehung nur für extrem verdünnte Sole gültig ist.

Sind nun $\eta_{sp}$, c und $K_m$ bekannt, so kann man P bestimmen. Beispielsweise läßt sich der Index x der Zelluloseformel $(C_6H_{10}O_5)_x$ einer Zelluloseprobe nach der Staudingerschen Gleichung

$$x = P = Z_\eta / K_m \text{ ermitteln.}$$

Um das Molekulargewicht des gelösten Stoffes zu erhalten, multipliziert man weiter den gefundenen Polymerisationsgrad P mit dem Gewicht von

$$C_6H_{10}O_5 = 162.$$

Mit steigendem P wächst die Moleküllänge, während die Dicke die gleiche bleibt. Man kann somit auch den Streckungsgrad, d. h. das Verhältnis $\frac{\text{Moleküllänge}}{\text{Moleküldicke}}$ berechnen.

Statt der Konzentration g im Liter ist von H. Staudinger noch die Konzentration Grundmole pro Liter eingeführt worden, so ist z. B. das Grundmol $C_5H_8$ von Kautschuk $(C_5H_8)_n$ gleich 68. Die Konzentration Grundmole/L wird mit

---

[126]) H. Staudinger: Organische Kolloidchemie, 1941, S. 75.

$C_{gm}$ bezeichnet. Führt man in die Gleichung (6) statt c $C_{gm}$ ein, so erhält man
den folgenden Ausdruck:

$$\frac{\eta_{sp}}{C_{gm}} = K_m \cdot M, \ (M = \text{Molekulargewicht})$$
$$C_{gm} \longrightarrow 0.$$

Indessen ist das Staudingersche Viskositätsgesetz nur für Molekülkolloide mit
linear gebauten Molekülen streng gültig.
Sind die Hauptvalenzketten verzweigt (was
aus chemischen Untersuchungen folgt),
oder zu Bündeln gebunden, so treten Abweichungen auf. Doch besteht auch in
diesen Fällen zwischen der Teilchengröße
und der Viskosität ein deutlicher Zusammenhang, der erlaubt, aus der Viskosität
die Abbaustufe eines Hochpolymeren annähernd abzuschätzen.

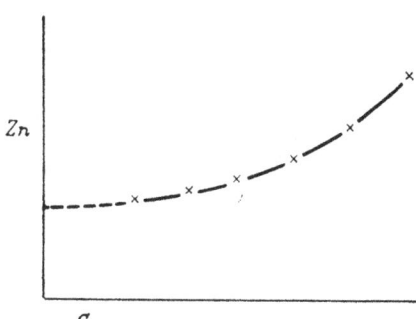

Abb. 68. Die Änderung der Viskositätszahlen
mit der Konzentration der Linearkolloide. Er-
mittlung der Viskositätszahl bei der Konzentration
Null durch graphische Extrapolation.

Am genauesten trifft das Staudingersche Viskositätsgesetz an hochdispersen
Linearkolloiden zu, d. h. in den Fällen, wo die Moleküle nicht allzu lang sind, also
bei M = 5000 bis etwa 100000. Bei den überlangen Fadenmolekülen werden Abweichungen festgestellt, die dadurch zum Ausdruck kommen, daß die $K_m$-Kon-
stanten einen Gang aufweisen, also keine Konstanten mehr sind.

Der Grenzwert von $\eta_{sp}/c$ bei c → 0 wird am einfachsten graphisch ermittelt.
In der Regel zeigen die Viskositätszahlen $Z_\eta = \eta_{sp}/c$ auch im Fall von Sollösungen
mit der Änderung von c einen Gang.
Man bestimmt nun die spezifische
Viskosität bei einigen Verdünnungen,
rechnet die $Z_\eta$-Werte aus und trägt
sie ein in ein Koordinatensystem
gegen c auf. Den Grenzwert von

$$\frac{\eta_{sp}}{c}$$

erhält man durch Extrapolation

c → 0

der Kurve bis zur Ordinate (Abb. 68).

Bei der experimentellen Bestimmung von Molekülgestalt und Molekülgröße aus Viskositätsmessungen
muß außer der Konzentration, der
einzuhaltenden konstanten Tempe-

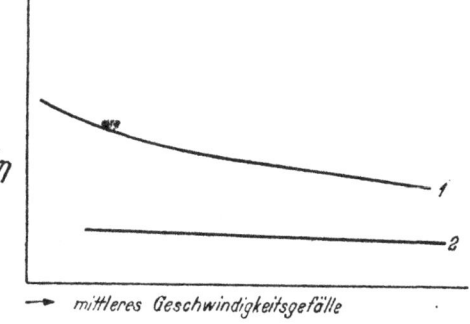

Abb. 69. Die Abhängigkeit der Viskositätszahlen vom
mittleren Geschwindigkeitsgefälle.

ratur, noch auch das Geschwindigkeitsgefälle (s. S. 94) berücksichtigt werden.
Bei sehr großem Geschwindigkeitsgefälle wird, insbesondere im Falle über-
langer Fadenmoleküle, eine starke Herabsetzung der Viskositätszahlen festgestellt (Abb. 69). Dies läßt sich dadurch erklären, daß nur bei kleinem Geschwindigkeitsgefälle die Verhältnisse im Sol „normal" sind, d. h. infolge der
Brownschen Bewegung die Fadenmoleküle in ungeordneten Zuständen sich
befinden. Bei großem Geschwindigkeitsgefälle werden aber die Fadenmoleküle
parallel ihren Längsachsen *orientiert*, was mit einem Fallen der Viskosität verbunden ist (Abb. 70). Infolgedessen müssen bei den entsprechenden Messungen
die Wilh.-Ostwaldschen Viskosimeter so dimensioniert sein, daß das Geschwin-

digkeitsgefälle klein ist[127]). Die richtige Viskositätszahl kann man auch so ermitteln, daß die in der Abb. 69 gezeichneten Kurven bis zur Ordinate verlängert werden, d. h. indem man aufs Geschwindigkeitsgefälle Null extrapoliert.

**Die Viskosität heteropolarer Linearkolloide.** Enthalten die stark gestreckten Teilchen an ihrer Oberfläche ionogene Atomgruppen, so sind die Beziehungen, die zwischen der Viskosität und Konzentration (sowie anderen Variabeln) bestehen, viel komplizierter. Als ein verhältnismäßig einfaches, dazu gut erforschtes Beispiel sind hier die *Polyacrylsäuren*, die insbesondere von Staudinger, Trommsdorff und Kern[128]) untersucht worden sind. Die Polyacrylsäuren haben folgende Struktur

.... $CH_2$—CH—$CH_2$—CH—$CH_2$—CH—$CH_2$—CH—$CH_2$—CH—$CH_2$— ........

         COOH    COOH    COOH    COOH    COOH

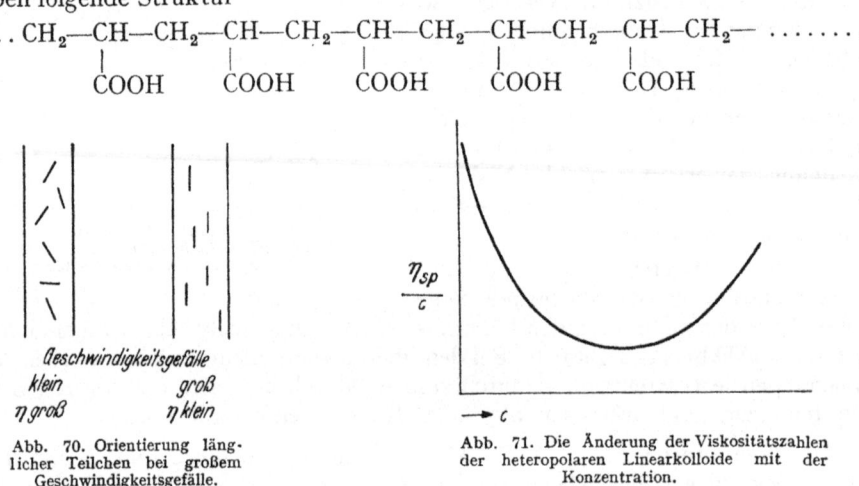

Abb. 70. Orientierung länglicher Teilchen bei großem
Geschwindigkeitsgefälle.

Abb. 71. Die Änderung der Viskositätszahlen
der heteropolaren Linearkolloide mit der
Konzentration.

Sie enthalten also eine große Anzahl ionogener COOH-Gruppen, wodurch die Fadenmoleküle in Lösungen stark negativ aufgeladen werden. Mißt man nun die Viskosität der entsprechenden Sole bei verschiedenen Verdünnungsgraden und trägt die $\eta_{sp}/c$-Werte gegen die Konzentration in ein Koordinatensystem ein, so erhält man die in Abb. 71 sichtbare Kurve. Man beobachtet zunächst eine Abnahme der Viskositätszahlen mit wachsender Konzentration, dann bleiben in einem weiteren Gebiet die $Z\eta$-Werte konstant, und steigen schließlich bei großen c stark an.

Dies eigenartige Verhalten der Polyacrylsäure bzw. deren Salze wird durch die elektrische Ladung der Teilchen bedingt. Fügt man zu den Solen genügende Elektrolytmengen hinzu, so verschwinden die Anomalien und man kann den Polymerisationsgrad nach der Staudingerschen Gleichung ermitteln.

Ein der Polyacrylsäuren sehr ähnliches Verhalten zeigen auch verschiedene Desamioproteine[129]), z. B. desaminiertes, mit $HNO_2$ behandeltes Kasein, Albumin oder Hämoglobin. Die salpetrige Säure wirkt auf die freie Aminogruppen der Proteine. Unter Stickstoffentwicklung werden sie durch OH-Gruppen ersetzt. Außerdem werden in den Proteinmolekülen wahrscheinlich Nitrosogruppen eingeführt. Für Desaminoproteine erhält man ähnliche Kurven, wie in Abb. 71 wiedergegeben. Durch Salz oder größere Laugenzusätze wird die Viskosität erniedrigt.

[127]) Vgl. G. V. Schulz: Zeitschr. f. Elektrochem. *43*, 479 (1937). Das Geschwindigkeitsgefälle in Kapillarviskosimeter ist von der Fließgeschwindigkeit, d. h. von der pro Zeiteinheit durchgeflossenen Flüssigkeitsvolumen abhängig. (Vgl. auch S. 113).

[128]) H. Staudinger und E. Trommsdorff: Die hochmol. org. Verb. S. 333, Liebigs Ann. Chemie *502*, 201 (1933); W. Kern: Z. physik. Chem. A. *181*, 249,283 (1938); *184*, 197, 302 (1933).

[129]) Vgl. B. Jirgensons: J. prakt. Chem. *161*, 181 (1943); *161*, 293 (1943); *162*, 224 (1943); *162*, 237 (1943).

Daß die Desaminoproteine Linearkolloide sind, läßt sich aus der sehr hohen Viskosität dieser Sole schließen. Die Viskositätszahlen der Lösungen verschiedener Desaminoproteine in NaOH sind etwa 0,05 bis 2,0, während diejenigen der entsprechenden Sphäroproteine 0,003 bis 0,01 betragen.

Die spezifische Viskosität der Desaminoproteine (Lösung in NaOH) wächst nun mit der Konzentration stark an, wobei die Einsteinsche Formel ungültig ist (Abb. 72). Die sehr viel geringere Viskosität der unbehandelten Proteine dagegen wächst proportional der Konzentration.

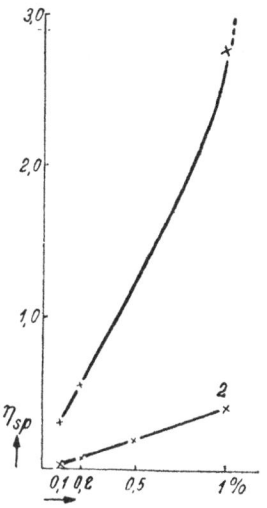

Abb. 72. Anstieg der spezifischen Viskosität mit der Konzentration an Desaminokasein (Kurve 1) und Kaseins (Kurve 2) mit der Konzentration.

**Einfluß der Temperatur und des Alterns auf die Viskosität der Linearkolloide.** Die Beziehungen, die zwischen der Viskosität und der Temperatur von Linearkolloiden bestehen, sind ziemlich kompliziert und von Fall zu Fall verschieden. Im allgemeinen unterscheiden sich die Viskositätszahlen der *Molekül-kolloide*, die bei verschiedenen Temperaturen ermittelt worden sind, nicht erheblich voneinander. Dagegen erwiesen sich die *Mizellkolloide*, z. B. Seifen- oder Gelatinelösungen als temperaturabhängig in dem Sinne, daß bei der Änderung der Temperatur nicht nur die absolute, sondern auch die relative bzw. spezifische Viskosität und die Viskositätszahl sich ändert. Das läßt sich leicht durch die stattfindenden Aggregierungs- und Desaggregierungseffekte erklären, die durch die Höhe der Temperatur beeinflußt werden.

Sehr oft wird auch eine Änderung der Viskosität mit der Zeit festgestellt. Die Viskosität kann mit der Zeit entweder steigen oder fallen. Eine Erhöhung wird z. B. bei Vanadiumpentoxydsolen[130]) beobachtet (Abb. 73).

Das läßt sich durch die mit der Zeit stattfindenden Linearaggregation erklären. Natürlich erhöht sich die Viskosität auch in allen den Fällen, wo mit der Zeit Gelatinierung erfolgt. Die diese Vorgänge bestimmenden Faktoren sind aber hauptsächlich die Konzentration und die Temperatur.

Die Viskosität von Sollösungen der Molekülkolloide ändert sich mit der Zeit nicht, wenn nur Aggregierungs- und Abbaureaktionen ausgeschlossen sind, z. B. die Temperatur nicht zu hoch oder zu niedrig ist. Besonders leicht erfolgt der *Abbau* der überlangen Fadenmoleküle, wie der von Zellu-

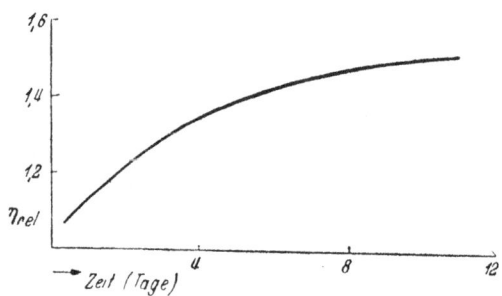

Abb. 73. Einfluß des Alterns auf die Viskosität von Vanadinpentoxydsolen.

lose durch Einwirkung von Luftsauerstoff, wobei kürzere Fäden entstehen und die Viskosität der Lösung fällt. Für die technische Verarbeitung von Hochpolymeren sind diese Tatsachen sehr wichtig.

**Der Einfluß des Lösungsmittels auf die Viskosität.** Wird ein makromolekularer Stoff in verschiedenen Lösungsmitteln gelöst und die Viskosität gleich konzentrierter Lösungen bei gleicher Temperatur mit der gleichen Apparatur gemessen, so werden mehr oder weniger beträchtliche Unterschiede festgestellt. Die Tabelle 27 zeigt einige Resultate, die am synthetischen Kautschuk

[130]) W. Reinders und G. van der Lee: Rec. Trav. Chim. Pays-Bas **47**, 198 (1928).

(Butadien-Polymerisat) gefunden worden sind. Die Unterschiede erweisen sich als recht groß.

Eine der Ursachen der beobachteten Unterschiede ist die relativ große Konzentration und somit auch die hohe Viskosität der entsprechenden Sole (Gellösung nach S. 104), wodurch verschiedene Anomalien entstehen. Entsprechende Messungen an Sollösungen ergaben viel geringere Unterschiede. So untersuchten Staudinger u. Heuer[132]) sehr eingehend zwei Polystyrole mit den Molekulargewichten 60000 und 140000. Die Messungen, die an Lösungen in 16 verschiedenen Lösungsmitteln angestellt wurden, zeigten, daß die Viskosität der Polystyrole in der Mehrzahl der Fälle (12 Lösungsmittel) sich nur um etwa 10% untereinander unterschied. Auch die Abhängigkeit der Viskosität der Polystyrolsole von der Temperatur war bei allen Lösungsmitteln fast die gleiche.

Die Abhängigkeit der Viskosität von der Art des Lösungsmittels kann durch verschiedene Solvatation erklärt werden, da diese in verschiedenen Lösungsmitteln verschieden sein kann. Bei konzentrierten Solen (Gellösungen) fällt ferner der Umstand ins Gewicht, daß die Moleküle verschiedener Lösungsmittel mehr oder weniger leicht von den Fadenmolekülen und Fasernetzen mechanisch gebunden und eingeschlossen werden können. Das Sol besitzt somit in diesen Fällen eine mehr oder minder ausgeprägte Struktur.

Tabelle 27. *Abhängigkeit der Viskosität vom Lösungsmittel beim synthetischen Kautschuk* nach Shukow[131]) u. Mitarbeiter (Gellösung), c = 2,5 g/Liter.

| Lösungsmittel | $\eta$rel |
|---|---|
| Chlorbenzol . . . . . . . | 1,16 |
| Äthyläther . . . . . . . | 1,16 |
| Hexan . . . . . . . . . | 1,23 |
| CS$_2$ . . . . . . . . . | 1,45 |
| Dichloräthan . . . . . . | 1,48 |
| Pentan . . . . . . . . | 1,25 |
| Amylazetat . . . . . . . | 1,35 |
| Trichloräthylen . . . . | 1,60 |
| Toluol . . . . . . . . | 1,44 |
| Pinen . . . . . . . . . | 1,76 |
| Dimethylanilin . . . . | 1,55 |
| Benzol . . . . . . . . | 1,51 |
| Xylol . . . . . . . . | 1,69 |
| CCl$_4$ . . . . . . . . | 2,38 |
| Brombenzol . . . . . . | 2,24 |
| Benzin . . . . . . . . | 2,08 |

**Die Beurteilungen der technischen Eigenschaften eines gelösten Stoffes aus der Viskosität seiner Lösungen.** Es wurde insbesondere von Staudinger und seinen Mitarbeitern[132]) sowie von H. Mark, Fikentscher u. a. gezeigt, daß die technischen Eigenschaften verschiedener Faserstoffe von der Länge der betreffenden Fadenmoleküle abhängen. Da nun die Längen der Fadenmoleküle mit Hilfe von Viskositätsmessungen an entsprechenden Lösungen leicht abschätzbar sind, können aus Viskositätszahlen auch die technischen Eigenschaften, z. B. die *Festigkeit* beurteilt werden. So ergeben die wenig chemisch behandelten, hinsichtlich der Festigkeit besten Baumwollsorten, mit einem mittleren Polymerisationsgrad von 1300—1800, sehr hochviskose Sole[133]). Geringere Festigkeit besitzt die gebleichte Baumwolle, die mit Säuren behandelte Zellulose und die verschiedenen anderen abgebauten Zelluloseprodukte. Der Polymerisationsgrad von *Natronzellstoff* beträgt etwa 600—800. Diese Sole haben unter den gleichen Bedingungen kleinere Viskositätszahlen, als die Sole der unbehandelten Baumwolle. Noch geringere Festigkeit weist z. B. der sogenannte *Salpeter-*

[131]) Nach W. Philippoff: Viskosität der Kolloide, S. 230.

[132]) H. Staudinger und W. Heuer: Z. physik. Chem. A. *171*, 129 (1934).

[133]) Vgl. z. B. H. Staudinger: Der Papier-Fabrikant vereinigt mit Zellulosechemie *36*, 1 (1938). Vgl. auch W. Wehr: Kolloid-Z. *88*, 185, 290 (1939); H. Mark: Cellulosechem. *18*, 92 (1940); H. Staudinger und F. Reinecke: Kunstseide und Zellwolle *21*, 280 (1939).

*säure-Zellstoff* auf, dessen P etwa 150—500 beträgt, und der entsprechend niederviskose Lösungen liefert. Im allgemeinen haben aber die Hochpolymeren mit P = 200—500 noch ganz gute fasertechnische Eigenschaften, so z. B. die *Viskoseseiden* mit einem Polymerisationsgrad von etwa 280—350. Von Hochpolymeren, deren P unter 50 liegt, können jedoch keine brauchbaren Fasern mehr hergestellt werden. Die technischen Eigenschaften sind aber auch noch von der chemischen Zusammensetzung abhängig, so haben die *Perlon*- bzw. *Nylonfasern* relativ kurze Ketten, besitzen aber hervorragende Festigkeitseigenschaften.

### Die Strukturviskosität.

Mißt man die Viskosität einer *Gellösung*, z. B. die eines 0,25%igen Kautschuksols in einem Kapillarviskosimeter, unter verschiedenem Druck, so erweisen sich die ermittelten Viskositätszahlen als vom Druck abhängig. Das Poiseuillsche Gesetz ist also in diesem Falle nicht anwendbar. Im Falle der Gültigkeit des Gesetzes müßte sich die Durchflußzeit bei Verdoppelung des Drucks um das zweifache vermindern. In Wirklichkeit vermindert sich aber die Durchflußzeit um mehr als das zweifache. Daraus kann geschlossen werden, daß die Viskosität des betreffenden Sols mit steigendem Druck nicht konstant geblieben ist, sondern sich vermindert hat. Das gleiche läßt sich feststellen, wenn die Viskosität eines relativ konzentrierten Linearkolloids mit einem

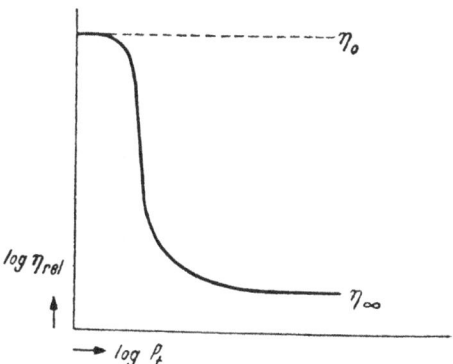

Abb. 74. Die Abhängigkeit der Viskosität vom Druck bzw. von der Schubspannung.

Couette-Apparat bei verschiedener Winkelgeschwindigkeit, oder mit einem Kugelfallviskosimeter mit verschieden schweren Kugeln gemessen wird. Solche Viskositätsänderungen werden gelegentlich auch an hochkonzentrierten Sphärokolloiden sowie an verschiedenen plastischen Massen beobachtet. Die Anomalien treten jedoch bei mäßig konzentrierten oder sogar hochkonzentrierten Linearkolloiden nicht auf, wenn die Viskosität bei genügend hoher Temperatur gemessen wird. So weist sogar 16,7%iges Gelatinesol keine Anomalien auf, wenn die Viskosität bei 42° C gemessen wird (Bungenberg de Jong).

Flüssige Systeme, die die beschriebenen Viskositätsanomalien zeigen, werden nicht-Newtonsche Flüssigkeiten genannt, da die Viskosität der Lösungen der entsprechenden Stoffe keine Stoffkonstante im Sinne der Newtonschen Gleichung (s. S. 94)

$$f = S_\eta \frac{dv}{dx}$$

ist. Die Erscheinung der Viskositätsanomalien der nicht-Newtonschen Kolloide wurde von Wo. Ostwald mit dem Namen *Struktur-Viskosität* bezeichnet.

**Die Abhängigkeit der Viskosität vom Druck bzw. von der Schubspannung.** Die Abhängigkeit, die zwischen der relativen Viskosität und dem Druck besteht, ist im Fall eines nicht Newtonschen Sols in Abb. 74 dargestellt. Bei geringem Druck ist die relative Viskosität groß und in einem Gebiet konstant. Diese konstante Viskosität wird als Anfangsviskosität ($\eta_0$) bezeichnet. Bei Erhöhung des Drucks sinkt dann die relative Viskosität stark, um bei sehr hoher Beanspruchung des Sols wieder konstant zu werden. Es wird angenommen, daß im ursprünglichen Zustande die Teilchen ähnlich einer Gallerte mit dem Dispersionsmittel lose verbunden sind, sie berühren einander und schließen in die gebildeten Aggregate beträchtliche Mengen des Dispersionsmittels ein. Die Viskosität ist dabei sehr hoch und bleibt solange konstant, als die Struktur nicht durch eine äußere Beanspruchung gestört wird. Bei erhöhtem Druck aber, wodurch eine größere Fließgeschwindigkeit im Viskosimeter erzeugt wird, werden die Aggregate mehr oder weniger zerstört,˙was seinerseits eine starke Verminderung des Reibungswiderstands zur Folge hat. Bei völliger Zerstörung der Struktur des Gels durch die wachsende Beanspruchung wird der minimale Grenzwert des Reibungswiderstandes erreicht ($\eta_\infty$).

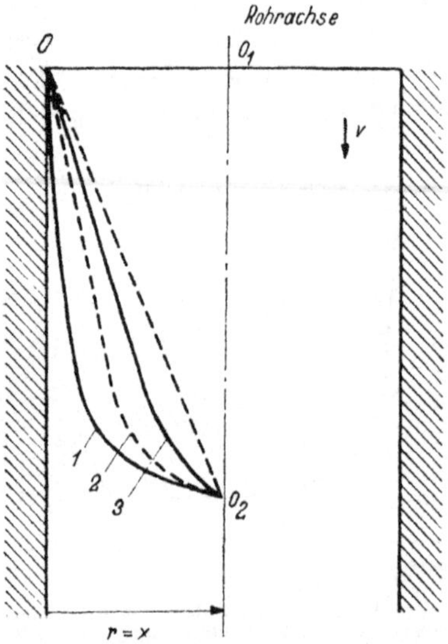

Die auf ein flüssiges System einwirkende Flächenkraft wird ganz allgemein mit *Schubspannung* $p_t$ bezeichnet[134]). Sie hat die Dimension dyn. cm$^{-2}$, also die Dimension des Drucks. Aus dem Newtonschen Gesetz folgt dann:

$$p_t = \frac{f}{S} = \eta \cdot \frac{dv}{dx}$$

Abb. 75. Die Geschwindigkeitsverteilung (Strömungsprofile) bei der Strömung im Rohr. *1* turbulente Strömung, *2* Strömung einer nicht-Newtonschen Flüssigkeit, *3* Strömung einer Newtonschen Flüssigkeit.

Arbeitet man mit einem Kapillarviskosimeter, so ist die Schubspannung zahlenmäßig identisch mit dem angewandtem Druck. Der Vektor der Schubspannung ist nur dem Vektor des Druckes entgegengerichtet. Bei den Newtonschen Solen ist eine Konstante, bei den nicht-Newtonschen dagegen ist $\eta$ von $p_t$ abhängig.

**Die Charakterisierung nicht-Newtonscher Sole durch Fließkurven.** Insbesondere von H. Kroepelin, M. Réiner sowie von Heß und Philippoff[135]) ist gezeigt worden, daß auch das anomale Verhalten verschiedener nicht-Newtonscher kolloider Systeme in einer von der Versuchsanordnung unabhängigen Weise dargestellt werden kann. Sehr wichtig ist dabei die Feststellung, daß bei den üblichen Versuchsbedingungen auch die strukturviskosen Sole laminar fließen. Vergleicht man das Strömungsprofil (d. h. die Geschwindigkeit v in verschiedenen Abständen x von der Wand der Röhre) beim Fließen normaler und nicht-Newtonscher Sole, so können nur sehr geringe Unterschiede festgestellt werden (Abb. 75).

Die Geschwindigkeitsverteilung wird mittels eingelagerter Teilchen photographisch untersucht. Dabei wird festgestellt, daß die *Geschwindigkeit v* in der *Mitte* größer ist als *an der Wand*. Der Verlauf der parabelähnlichen Kurven gibt nun über das *Geschwindigkeitsgefälle* Auskunft. An der Wand nimmt die Geschwindigkeit in der Richtung zur Rohrachse rasch zu, hier ist also das Geschwindigkeitsgefälle $\frac{dv}{dx}$ *groß. In der Mitte* dagegen ist die Änderung geringer.

Bei nicht-Newtonschen Lösungen (Kurve 2) ist die Krümmung der Kurve größer als bei Newtonschen Lösungen (Kurve 3).

[134]) Vgl. M. Reiner u. R. Schoenfeld-Reiner, Kolloid-Z. **65**, 44 (1933).
[135]) Vgl. W. Philippoff: Viskosität der Kolloide, 1942; H. Kroepelin: Kolloid-Z. **47**, 294 (1929).

Nun kann man zeigen, daß die mechanischen Eigenschaften eines nicht-Newtonschen Sols am besten dadurch zum Ausdruck gebracht werden können, daß man die *Abhängigkeit des Geschwindigkeitsgefälles von der Schubspannung* untersucht. Nach der Newtonschen Gleichung muß das Geschwindigkeitsgefälle (auch Schub- oder Schergeschwindigkeit genannt) der wachsenden Schubspannung proportional ansteigen. Eine lineare Proportionalität zwischen der Schubspannung $p_t$ und dem Geschwindigkeitsgefälle $\dfrac{dv}{dx}$ besteht aber nur dann, wenn der Viskositätskoeffizient $\eta$ konstant ist. Trifft dies nicht zu, so erhält man eine Kurve, die im Allgemeinen die in Abb. 76 sichtbare Form annimmt. Solche Kurven werden *Fließkurven* genannt. Die mit den verschiedenen Apparaten er-

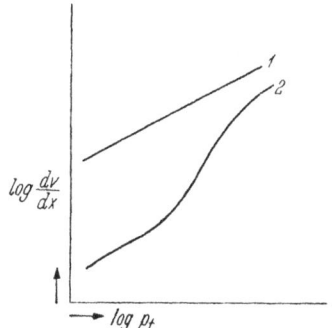

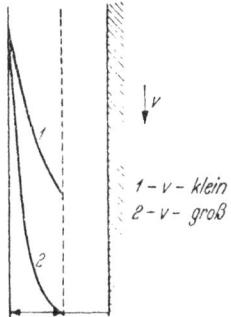

bbA. 76. Die Abhängigkeit des Geschwindigkeitsgefälles von der Schubspannung bei Newtonschen und nicht-Newtonschen Flüssigkeiten (Fließkurven). *1* Newtonsche Lösung, *2* nicht-Newtonsche Lösung.

Abb. 77. Abhängigkeit des Geschwindigkeitsgefälles von der Fließgeschwindigkeit (v). *1* v klein, *2* v groß.

mittelten Viskositätszahlen des gleichen nicht-Newtonschen Sols finden sich in einer streng gesetzmäßig verlaufenden Fließkurve zusammen. Experimentell wird die Schubspannung in einem Kapillarviskosimeter durch den angewandten Druck im Couette-Apparat durch den Winkelausschlag $\varphi$, und in einem Kugelfallviskosimeter durch das Kugelgewicht bestimmt. Zur Charakterisierung des mittleren Geschwindigkcitsgefälles eines Kapillarviskosimeters dient das pro Zeiteinheit ausgeflossene Solvolumen Q. Dies kann wie folgt erläutert werden: Das Geschwindigkeitsgefälle $\dfrac{dv}{dx}$ ist davon abhängig, mit welcher Geschwindigkeit die Flüssigkeit strömt. Wird z. B. in einer Sekunde durch die gegebene Kapillare einmal 0,02 cm³ durchfließen, ein anderesmal durch dieselbe Kapillare aber 0,04 cm, so ist die Fließgeschwindigkeit im zweiten Falle zweimal größer. Dementsprechend wird auch das mittlere Geschwindigkeitsgefälle größer, denn man muß annehmen, daß die Flüssigkeit an der Wand ruht, auch wenn die Flüssigkeit sehr rasch strömt. (Vgl. Abb. 77.) Setzen wir x = r, so ist x = konstant und $\dfrac{v}{x}$ wächst mit v. Bezeichnet man das mittlere Geschwindigkeitsgefälle mit $e_t$, so kann es, nach M. Reiner nach den Gleichungen

$$e_t = 4/\pi \cdot Q/r^3, \qquad e_t = \frac{2\,\omega}{1 - r_1/r_2}$$

berechnet werden[134]).

Der Wissenschaftszweig, der das Verhalten verschiedener Körper gegen Schubbeanspruchung untersucht, wird als *Rheologie* oder *Fließkunde* bezeichnet. Für die Untersuchung der mechanischen Eigenschaften von plastischen Körpern, Lacken, Schmiermitteln, Ölfarben, Asphalt, Viskose usw. haben die Methoden der Rheologie große Bedeutung.

## VIII. Die Bestimmung der Teilchengröße.

Die Größe der Kolloidteilchen kann man jetzt mit etwa 16 verschiedenen Methoden bestimmen. Damit ist aber nicht gesagt, daß alle 16 Methoden bei jedem beliebigen Kolloid anwendbar sind. Viele von diesen Methoden können nur bei Semikolloiden oder sehr hochdispersen Solen verwendet werden, die übrigen wieder nur bei grobdispersen Gebilden; einige Verfahren sind nur bei lyophilen Molekülkolloiden, andere nur bei lyophoben Solen anwendbar. Davon abgesehen können wir jetzt die Teilchengröße eines beliebigen dispersen Systems nach mehreren voneinander unabhängigen Methoden mehr oder weniger genau bestimmen, wobei die durch verschiedene (z. B. 2 oder 3) Verfahren ermittelten Zahlen untereinander übereinstimmen. Die allgemeingültigsten und genauesten Methoden sind erst in den letzten Jahrzehnten ausgearbeitet worden.

### Bestimmung der Teilchengröße mit Hilfe der Ultrazentrifuge.

**Prinzip der Methode.** Die Methode der Ultrazentrifugierung wurde von The Svedberg und seinen Mitarbeitern in der Zeit zwischen 1923 und 1939 ausgearbeitet[136]). Diese Methode ist jetzt eine der sichersten und genauesten und hat dazu noch den umfangreichsten Anwendungsbereich: mit der Ultrazentrifuge kann man nicht nur die Teilchengröße in Suspensionen und Solen, sondern auch die Molekulargewichte von gelösten mikromolekularen Stoffen (z. B. anorganischen Salzen) bestimmen.

Das Prinzip des Verfahrens ist sehr einfach. Die in einem Rotor eingeschlossene Zelle mit der zu untersuchenden Lösung wird durch sehr schnelle Rotation einem intensiven Kraftfeld (Schwerefeld) ausgesetzt. Je schwerer die Teilchen sind, um so rascher erfolgt ihre Sedimentation, deren Geschwindigkeit optisch verfolgt werden kann. Während mit den üblichen Zentrifugen (Umdrehungszahl 2000—5000 in der Minute) nur grobe Suspensionsteilchen sich abscheiden lassen und das Sedimentationsgleichgewicht (vgl. S. 35) der Kolloidteilchen nur sehr wenig beeinflußt wird, erfolgt in der Ultrazentrifuge eine merkliche Sedimentation auch selbst der feinsten Kolloidteilchen. Mit den neuen Ultrazentrifugen werden etwa 150000 Umdrehungen pro Minute erreicht, wobei Kraftfelder erzeugt werden, die diejenigen der Erdschwere etwa 1000000-fach übertreffen.

Da die schweren Teilchen sich rascher setzen, als die leichteren, so ist es mit der Ultrazentrifuge auch möglich, die *Polydispersität* eines Sols zu bestimmen. Im Falle eines monodispersen Sols bewegen sich die Teilchen radial von der Rotationsachse der Zentrifuge mit der gleichen Geschwindigkeit weg. Die Grenze des sedimentierenden dispersen Anteils, die optisch genau bestimmt werden kann, ist in diesem Fall scharf. Wird aber ein polydisperses Sol zentrifugiert, so bewegen sich die Teilchen, entsprechend ihrer Schwere, mit verschiedener Geschwindigkeit, und die Grenze ist unscharf (s. Abb. 78). Folglich kann mit dieser Methode auch die *Massenverteilung* der Kolloidteilchen ermittelt werden.

---

[136]) The Svedberg u. K. O. Pedersen: Die Ultrazentrifuge, Dresden: Steinkopff 1940.

Die Bestimmung des Teilchengewichts bzw. der Teilchengröße durch Ultra-zentrifugierung läßt sich in zweifacher Weise durchführen. Erstens, nach der *Geschwindigkeitsmethode* die darin besteht, daß in bestimmten Zeitabständen die Größe der Verschiebung im Kraftfeld gemessen wird. Sind $t_1$ und $t_2$ zwei Zeitpunkte und $x_2 - x_1$ die Weglänge, die das Teilchen in der Zeit $t_2 - t_1$ zurück-gelegt hat, so ist $\dfrac{x_2 - x_1}{t_2 - t_1}$ die Sedimentationsgeschwindigkeit. In einer unendlich

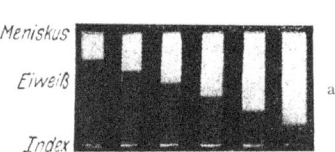
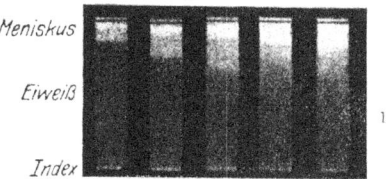

Abb. 78a und b. Sedimentation einheitlicher (Grenze scharf) und uneinheitlicher Kolloide (Grenze unscharf) im Schwerefeld der Ultrazentrifuge.

kleinen Zeit dt verschiebt sich das Teilchen um eine unendlich kleine Strecke dx, und die Sedimentationsgeschwindigkeit wird durch dx/dt ausgedrückt. Eine sehr wichtige Größe ist ferner die *Sedimentationskonstante* s:

$$s = \frac{dx/dt}{\omega^2 \, x} \quad \text{oder (integriert)} \quad s = \frac{\ln x_2/x_1}{\omega^2 \, (t_2 - t_1)}$$

worin $\omega$ die Winkelgeschwindigkeit, mit der die Rotation erfolgt, bedeutet.

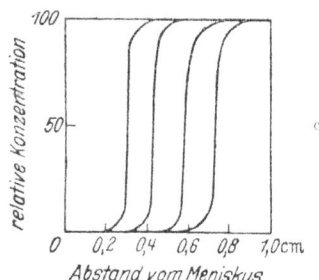
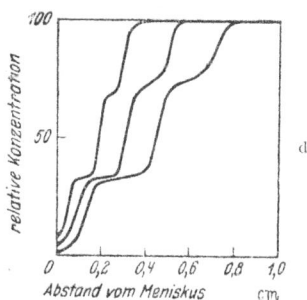

Abb. 78c und 78d Konzentrationsverteilung in der Zelle bei Solen verschiedener Einheitlichkeit.

Das relative Teilchengewicht (bezogen auf $O_2 = 32{,}000$) oder „Molekulargewicht" M wird dann nach der von S v e d b e r g abgeleiteten Gleichung

$$M = \frac{RT \cdot s}{D\,(1 - V\varrho)} = \frac{RT \ln x_2/x_1}{D\,(1 - V\varrho)\,(t_2 - t_1)\,\omega^2} \quad \dots \dots \dots \dots (1)$$

berechnet. Hierin sind: R – Gaskonstante, T – absolute Temperatur, D – Diffu-sionskoeffizient, $\varrho$ – Dichte der Lösung und V – partielles spezifisches Volumen des gelösten Stoffes (V ist das Volumen, das 1 g des dispersen Anteils einnimmt; es wird mit Hilfe der Pyknometermethode bestimmt).

Der zweite Weg, der zum Teilchengewicht führt, ist die *Gleichgewichtsmethode.* Man kann eine kolloide Lösung so lange zentrifugieren, bis schließlich das Gleich-gewicht zwischen Sedimentation und Diffusion eintritt, d. h. die Grenze kolloide Lösung–Dispersionsmittel verschiebt sich nicht mehr. Dann brauchen wir (außer $\omega$, V und $\varrho$) nur noch das Konzentrationsverhältnis $c_2/c_1$ des Gelösten für ein bekanntes Intervall der Sedimentationszelle ($x_2 - x_1$) zu bestimmen. Die Berechnung erfolgt dann nach folgender, von Svedberg abgeleiteten Gleichung:

$$M = \frac{2\,RT \ln c_2/c_1}{(1 - V\,\varrho)\,\omega^2\,(x_2^2 - x_1^2)} \qquad\qquad\qquad (2)$$

Diese Methode hat den Vorteil, daß man ohne Bestimmung der Diffusionskonstanten auskommen kann. In diesem Fall lassen sich auch mit relativ kleineren Umdrehungszahlen gute Resultate erzielen. Wie die nach beiden Methoden erzielten M (bzw. Teilchengewichte) übereinstimmen, ist aus der Tabelle 28 ersichtlich (S. 118).

Aus dem Molekulargewicht bzw. Teilchengewicht kann man nun im Falle kugelförmiger Gebilde auch den Teilchenradius berechnen. In einem Grammol sind N Moleküle mit der Masse m, also M = Nm. Andererseits ist m = $\varrho$ v, wo $\varrho$ die Dichte und v das Volumen einzelner Teilchen bedeutet. Für kugelförmige Teilchen ist v = $4/3\,\pi\,r^3$, man erhält also

$$M = 4/3\,\pi\,r^3\,\varrho\,N, \text{ woraus } r = \sqrt[3]{3/4\,\frac{M}{\pi\,\varrho\,N}}$$

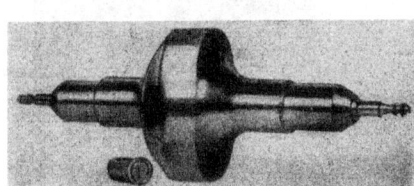

Abb. 79. Der Rotor mit Meßzelle.

Das Prinzip der Bestimmung der Teilchengröße durch Ultrazentrifugierung kann noch in folgender Weise erläutert werden. Auf ein in einer Flüssigkeit suspendiertes Kügelchen mit dem Radius r wirken (nach Stokes) zwei Kräfte: 1. die Schwerkraft und 2. die Reibungskraft (Reibungswiderstand). Die Schwerkraft ist gleich dem Produkt $4/3\,\pi\,r^3\,(\varrho - \varrho_0)$ g, wo $\varrho$ die Dichte der Kugelsubstanz, $\varrho_0$ die Dichte der Flüssigkeit und g die Konstante der Schwerkraft bedeuten. Die Reibungskraft ist gleich $6\,\pi\,\eta$ rw ($\eta$ die Viskosität der Flüssigkeit, w – die Fallgeschwindigkeit). Da die Reibungs- und die Schwerkraft entgegengesetzt gleich sind, wenn das Teilchen mit konstanter Geschwindigkeit fällt, so erhält man schließlich

$$6\,\pi\,\eta\,r\,w = 4/3\,\pi\,r^3\,(\varrho - \varrho_0)\,g.$$

Das ist das Stokessche Gesetz der Sedimentation. Auf Grund dieser Beziehung wurden schon von Westgren (1913—1915) durch Bestimmung von Fallgeschwindigkeiten die Teilchenradien berechnet. Die Fallgeschwindigkeit im natürlichen Schwerefeld ist aber zu klein, wenn wir sehr kleine Teilchen beobachten wollen. Bei schweren Metallen, die große $\varrho$ haben, kann man die Sedimentation noch messen, wenn die Teilchen einen r von 50—60 m$\mu$ besitzen, leichtere Teilchen, z. B. die von Quarz, müssen dagegen entsprechend größer sein. Die Teilchengröße echter Kolloide läßt sich also auf diese Weise nur in einigen Fällen bestimmen. Es wurde deshalb versucht, die Verschiebungsgeschwindigkeit durch ein künstlich erzeugtes, stärkeres Kraftfeld zu erhöhen. Damit werden auch viel kleinere bzw. leichtere Teilchen der Sedimentation ausgesetzt sein.

**Beschreibung der Apparatur.** Die Svedbergsche schnell laufende Ultrazentrifuge hat einen Rotor von etwa 10 cm Durchmesser, in dem eine Küvette (Zelle) radial eingelagert ist (s. Abb. 79). Die Küvette mit der Lösung ist zwischen zwei durchsichtigen planparallelen Platten aus Bergkrystall eingeschlossen. Der Rotor wird aus bestem Chromnickelstahl (Zugfestigkeit 140 bis 170 kg mm²) hergestellt, weil eben die von 20000 bis 150000 Umdrehungen in der Minute erzeugten Kraftfelder in dem Rotor so hohe Spannungen hervorrufen, daß trotz des widerstandsfähigsten Materials mehrere Rotorexplosionen vorgekommen sind. Deshalb wird der Rotor mit einer massiven Sicherungspanzerung bedeckt. Die Rotation erfolgt um eine (horizontale) Achse, wobei auch die kleinsten Schwingungen ausgeschaltet werden müssen. Infolgedessen ist die gesamte Ausführung sehr kompliziert und schwer, besonders hinsichtlich des Baues von Rotor, der Rotorlager, des Gehäuses und des Unterbaues. Dazu kommen noch die Antriebsmaschinen, Einrichtungen zur Messung und Regulierung der

Temperatur, der Rotationsgeschwindigkeit, der Auswuchtung (Balancierung) und die optischen Einrichtungen zur Messung der Sedimentation in der Zelle. Die Svedbergschen Ultrazentrifugen werden mit Ölturbinen angetrieben. Der Rotor läuft in einem gasdichten Gehäuse, das mit Wasserstoff von niedrigem Druck gefüllt ist, da hierdurch der Reibungswiderstand des Rotors vermindert wird. Durch Kühleinrichtungen wird die Temperatur von Lageröl, Turbinenöl sowie des Wasserstoffs ständig reguliert. Gleichbleibende Temperatur im Gehäuse ist besonders wichtig, damit keine Konvektionsströmungen und Viskositätsänderungen im Inhalte der Zelle auftreten. Die Sedimentation wird mit verschiedenen optischen Methoden, z. B. durch Messung von Absorption oder Refraktion verfolgt. Z. B. die Bestimmung der Sedimentation durch Absorptionsmessung erfolgt derart, daß durch die rotierende Zelle ultraviolette Strahlen in horizontaler Richtung hindurchgelassen werden (dazu die Quarzfenster der Zelle). Nach jeder Umdrehung trifft der Strahl die Zelle und fällt weiter auf eine fotografische Platte, die nachher fotometrisch ausgewertet wird. Die Absorption ist der Konzentration der in der betreffenden Schicht vorhandenen Substanz proportional.

Abb. 80. Abbildung der Ultrazentrifuge.

Wie aus dieser Beschreibung und Abb. 80 ersichtlich, ist die Ultrazentrifuge eine außerordentlich komplizierte und teuere Einrichtung. Aus diesem Grunde sind bisher nur wenige Ultrazentrifugen gebaut worden (mit den Svedbergschen Ultrazentrifugen wird nur in Uppsala und in einigen Instituten in Nordamerika gearbeitet), und es sind schon seit mehreren Jahren Versuche im Gange, um verschiedene Vereinfachungen zu finden. Große Hoffnungen wurden anfangs auf das von Henriot und Huguenard[137]) gefundene Prinzip des *Luftkreisels* gesetzt, das in folgendem besteht: läßt man in einem Hohlkegel durch schräge Bohrungen Luft unter Druck einströmen, und setzt in den entstandenen Luftwirbel einen passenden Kreisel, so wird dieser in schnelle Rotation versetzt und in der Schwebe gehalten. Es wurden so Umdrehungszahlen sogar bis zu 200 000 je Minute erhalten. Nun wurde versucht, in den Kreisel eine Zelle einzubauen und die Sedimentation der in der Zelle befindlichen Lösung zu verfolgen. Gute quantitative Resultate konnten aber mit diesem relativ einfachen Apparat nicht erhalten werden, denn: 1. war das Schwerefeld in solchem Rotor sehr inhomogen, 2. traten unkontrollierbare Temperatursteigerungen auf, und 3. war es unmöglich, die Kreiselachse so weit schwankungslos zu erhalten, wie das zur optischen Messung der Sedimentation notwendig ist.

Im Jahre 1935 wurde nun von Beams und Pickels[138]) ein neuer Typ der luftangetriebenen Ultrazentrifuge entwickelt, mit der auch die streng quantitative Messung der Sedimentation möglich wird. Die genannten Forscher benutzten den Luftkreisel nur zum Antrieb. Der eigentliche, aus einer Aluminiumlegierung bestehende Rotor mit der Sedimentationszelle wird mit Hilfe eines Stahldrahtes an die Achse des Kreisels angehängt und rotiert im Vakuum. Die Zelle und die optischen Einrichtungen sind fast dieselben wie bei der Svedbergschen Ultrazentrifuge. Einige Verbesserungen wurden weiter von verschiedenen anderen Forschern eingeführt[139]). Da sich diese Apparate als zugänglicher erwiesen, sind solche schon in mehreren Ländern in Arbeit (s. Abb. 81).

**Die mit der Ultrazentrifuge gewonnenen Ergebnisse.** Mit Hilfe der Ultrazentrifuge wurden verschiedene kolloide Lösungen untersucht und die

[137]) E. Henriot u. E. Huguenard: C. R. Soc. biol. *180*, 1390 (1925).

[138]) J. W. Beams u. E. G. Pickels, Rev. Sci. Instr. *6*, 299 (1935).

[139]) G. Schramm u. H. Mueller: Z. physiol. Chem. *266*, 43 (1940); G. Schramm: Kolloid-Z. *97*, 106 (1941). S. auch Bomke: Naturwiss. *32*, 253 (1944).

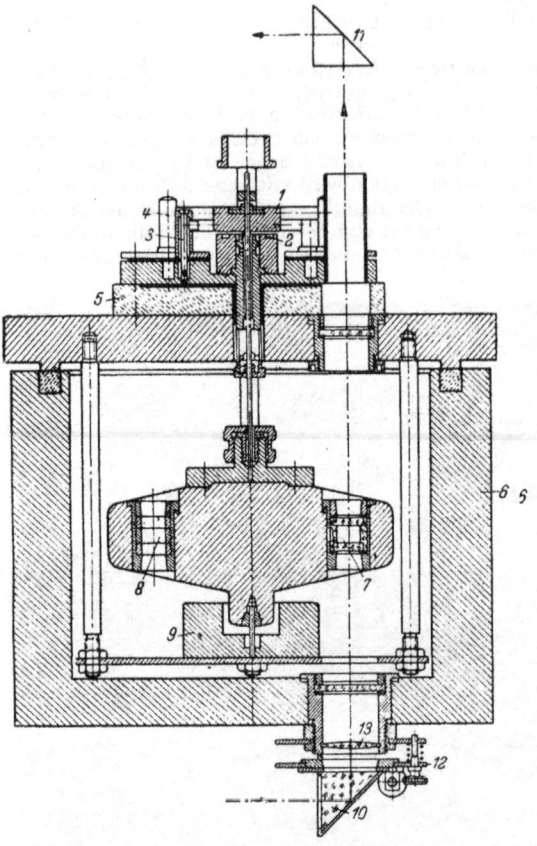

Abb. 81. Schematischer Querschnitt der Ultrazentrifuge der Physikalischen Werkstätten Göttingen (gebaut nach dem von Beams und Pickels vorgeschlagenen Prinzip). *1* Turbinenscheibe (Kreisel), *2—3* Treibdüse, *4* Bremsdüse, *6* Vakuumkammer, *7* Meßzelle, *10, 11, 12* optische Einrichtungen.

Teilchengröße bzw. das Teilchengewicht bestimmt. Die meisten Sole, z. B. diejenigen von Gold, Eisenhydroxyd, Kasein usw. erwiesen sich als polydispers. Monodispers sind dagegen mehrere Eiweißsole, z. B. diejenigen von Eieralbumin, Hämoglobin und Edestin (vgl. Tab. 28).

Die Teilchen der meisten in der Tabelle genannten Proteine sind keine Kugeln, sondern sie haben eine längliche Form. Kugelförmig sind z. B. Pepsinmoleküle. Der berechnete Teilchenradius beträgt in diesem Fall 2,1 m$\mu$. Es ist ferner interessant, daß die Teilchen- bzw. Molekulargewichte der Proteine Vielfachen von etwa 17 600 entsprechen. Daraus wurde die Schlußfolgerung gezogen, daß die Eiweißteilchen aus makromolekularen Einheiten mit einem M von 17 600 bestehen.

Die Lösungen des Kaseins besitzen Teilchen mit M von 10 000 bis 100 000 und sogar 380 000. Auch Lösungen der Gelatine enthalten Teilchen der verschiedensten Größe (10 000 bis 100 000). Außerordentlich polydispers erwiesen sich Stärkesole: M liegt

Tabelle 28. *Relative Teilchengewichte* ($O_2 = 32$) *einiger monodisperser Eiweißsole, bestimmt mittels der Ultrazentrifuge.*

| Protein | M aus der Sedimentationsgeschwindigkeit | M nach der Gleichgewichtsmethode | M berechnet |
|---|---|---|---|
| Myoglobin (aus Muskel) . . . . . . | 16 900 | 17 500 | 17 600 |
| Laktalbumin (Milch) . . . . . . . | 17 400 | | 17 600 |
| Pepsin (aus Magensaft) . . . . . | 35 500 | 39 000 | |
| Insulin (aus Pankreas) . . . . . | 41 000 | 35 000 | 35 200 = |
| Laktoglobulin (Milch) . . . . . . | 41 500 | 38 000 | 2 · 17 600 |
| Ovalbumin (Hühnerei) . . . . . | 44 000 | 40 500 | |
| Serumalbumin (Pferdeblut) . . . . | 70 000 | 68 000 | 70 400 = |
| Hämoglobin (Pferdeblut) . . . . | 68 000 | 68 000 | 4 · 17 600 |
| Serumglobulin (Pferdeblut) . . . . | 167 000 | 150 000 | 140 800 = |
| Myogen A (Muskel) . . . . . | 150 000 | 136 000 | 8 · 17 600 |
| Amandin (Mandel) . . . . . . | 330 000 | 330 000 | 282 000 = |
| Katalase . . . . . . . . . | 250 000 | | 16 · 17 600 |
| Hämozyanin (Homarus) . . . . . | 760 000 | 800 000 | 845 000 = |
| | | | 48 · 17 600 |
| Erytrocruorin (Planorbis) . . . . . | 1 630 000 | 1 540 000 | |
| „Bushy-Stunt‟-Virus . . . . . . . | | 7 600 000 | |

in der Regel zwischen 50000 und $4 \cdot 10^6$. Das mittlere Molekulargewicht in Glykogensolen wurde zu $1,5\text{—}4,5 \cdot 10^6$ bestimmt. Polydispers sind auch die aus verschiedenen Pflanzen gewonnenen Pektinsole. So haben z. B. die Pektine aus Äpfeln, Birnen und Pflaumen ein mitleres M von 25000—35000.

## Bestimmung der Teilchengröße mit Hilfe des Ultramikroskops.

Die optische Anordnung im Ultramikroskop erinnert an die Verhältnisse in einem dunklen Zimmer, in dem ein schmaler Sonnenstrahl die Staubteilchen gegen den dunklen Hintergrund erkennbar macht. Ein wesentlicher Unterschied besteht aber darin, daß die Stäubchen das Licht reflektieren, die Kolloidteilchen dagegen nur seitlich abbeugen. Im Ultramikroskop sehen wir also nur die Beugungsbilder einzelner Teilchen, nicht die Teilchen selbst. Verschieden große und verschie-

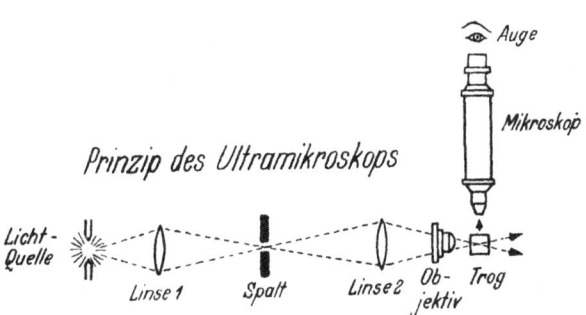

Abb. 82. Schematische Darstellung des Spaltultramikroskops nach Zsigmondy und Siedentopf.

den geformte Partikel erscheinen infolgedessen alle in dem Gesichtsfelde des Ultramikroskops als leuchtende Scheibchen. Es wird also, streng genommen, nur die Anwesenheit der Teilchen festgestellt.

Die Größe der Kolloidteilchen mit Hilfe des Ultramikroskops kann also unmittelbar nicht bestimmt werden. Die Bestimmung erfolgt nun derart, daß die Teilchen des genügend verdünnten Sols in einem bekannten Volumen *ausgezählt* werden. Durch entsprechende Multiplikation kann man dann leicht weiter berechnen, wieviel Teilchen in einem Kubikzentimeter vorhanden sind. Um das Volumen einzelner Teilchen zu bestimmen, brauchen wir dann nur noch das Gesamtgewicht (im ccm) und die Dichte des dispersen Anteils zu wissen. Bezeichnet man mit g das Gesamtgewicht, mit V das Gesamtvolumen und mit $\varrho$ die Dichte des dispersen Anteils, so folgt:

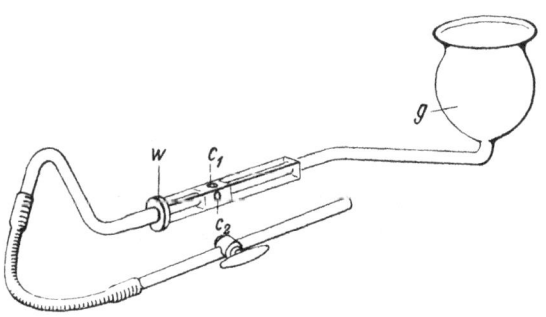

Abb. 83. Die Kammer (Biltz-Küvette) des Ultramikroskops.

$\varrho = g/V$, oder $V = g/\varrho$. Bezeichnet man ferner mit v das Volumen eines einzigen Teilchens, und mit $\nu$ den Teilchenzahl in ccm, so ist $V = v\,\nu$, und $\nu\,v = g/\varrho$, oder $v = g/\varrho\,\nu$. Für kugelförmige Teilchen folgt:

$$v = 4/3\,\pi\,r^3 \text{ und } r = \sqrt[3]{\frac{3 \cdot g}{4\,\pi\,\varrho\,\nu}}$$

Für würfelförmige Teilchen:

$$v = r^3 \text{ und } r = \sqrt[3]{\frac{g}{\varrho\,\nu}}.$$

Abb. 84. Ansicht des Spaltultramikroskops der Firma Carl Zeiß.

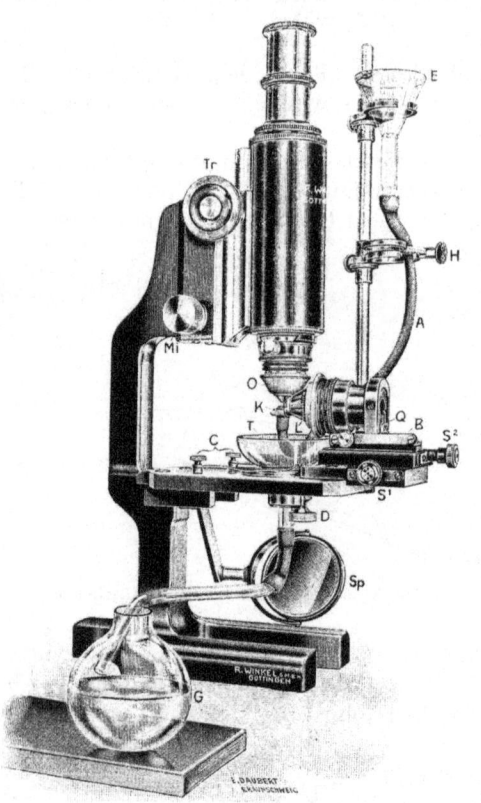

Abb. 85. Immersionsultramikroskop nach Zsigmondy.

**Beschreibung der Apparatur.**
Das Ultramikroskop unterscheidet sich vom gewöhnlichen Mikroskop, bei dem das Objekt entweder von unten oder von oben (Opakilluminator) beleuchtet wird, nur dadurch, daß ein sehr intensives Lichtbündel die Objekte seitlich bestrahlt und das mikroskopische Bild auf dunklem Hintergrund erscheinen läßt.

A. *Spaltultramikroskop* nach Siedentopf und Zsigmondy[140]). Von einer kräftigen Lichtquelle (z. B. Bogenlampe) fällt das Licht durch eine Linse $L_1$ (Abb. 82) auf einen vertikalen Spalt S und gelangt weiter durch die Linse $L_2$ und das Beleuchtungsobjektiv O in eine Kammer K, deren Inhalt mit dem Mikroskop M beobachtet werden kann. Die Kammer (Abb. 83) ist ein mit Quarzfenstern versehener Teil eines Glasrohrs, durch das das Sol durchfließen kann. Auf diese Weise lassen sich verschiedene Anteile eines Sols bequem untersuchen (s. Abb. 84).

B. *Immersionsultramikroskop* nach Zsigmondy[141]). Dieses Instrument

140) H. Siedentopf u. R. Zsigmondy: Ann. Phys. (4), *10*, 1 (1903).
141) R. Zsigmondy: Physikal. Z. *14*, 975 (1913); R. Zsigmondy u. W. Bachmann: Kolloid-Z. *14*, 281 (1914).

wurde im Jahr 1913 konstruiert. Das Beleuchtungsobjektiv ist hier mit dem Objektiv des Mikroskops dicht zusammengeschoben und die zu untersuchende Flüssigkeit befindet sich als Tropfen zwischen beiden Objektivlinsen (Abb. 85). Gewöhnlich werden Objektive hoher Apertur verwandt und hierdurch eine sehr hohe Lichtstärke und Auflösungsvermögen erzielt. In der letzten Zeit ist zur Erhöhung der Lichtstärke vorgeschlagen worden, statt einer Lichtquelle zwei auf einer Achse stehende Beleuchtungssysteme zu verwenden. Gute Resultate wurden hierbei erzielt[142]).

C. *Kardioidultramikroskop*[143]). Unter dem Objekttisch eines gewöhnlichen Lichtmikroskops kann ein sogenannter Kardioidkondensor (Abb. 86) angebracht

Abb. 86. Strahlengang im Kardioidkondensor.

werden. Dieser ist in der Mitte für das Licht undurchlässig, so daß kein direkter Strahl unmittelbar ins Mikroskop von der Lichtquelle eintreten kann. Die von Unten kommenden Lichtstrahlen gehen aber durch einen schmalen ringförmigen Raum und werden von den Kondensorflaschen so reflektiert, daß sie unterhalb des Mikroskopobjektivs in einem Punkte zusammentreffen.

**Anwendungsbereich des Ultramikroskops und die Ergebnisse.** Das ultramikroskopische Bild eines verdünnten Sols ist eine der schönsten Erscheinungen, die ein Naturforscher beobachten kann. Auf dunklem Hintergrund funkeln, zittern, verschwinden und erscheinen wieder leuchtende, farbige Gebilde. Unserem Blick eröffnet sich hier die molekulare Welt, der Mikrokosmos. Wie es schon in dem Kapitel III gezeigt worden ist, hat das Ultramikroskop Wesentliches zum Verständnis der molekularkinetischen Vorgänge beigetragen. Auch zur Bestimmung der Teilchengröße erwies sich die Apparatur als besonders wertvoll.

Die Zerstreuung und Beugung des auf die Teilchen fallenden Lichtes ist von

[142]) A. Winkel u. W. Witt: Z. Elektrochem. *42*, 281 (1936).
[143]) H. Siedentopf: Ber. deutsch. physikal. Ges. *12*, 6 (1910).

der Teilchengröße, der Wellenlänge und der Intensität des Lichtes, sowie vom Brechungsvermögen der Teilchen und des Dispersionsmittels abhängig. Weißes Licht wird nur von relativ großen Teilchen (von Größenordnung der Wellenlänge, d. h. 400 bis 700 m$\mu$) total reflektiert. Solche Teilchen erscheinen auf dem dunklen Hintergrund des Gesichtsfeldes des Ultramikroskops als helle, weiße Flecke. Die kleineren Kolloidteilchen reflektieren dagegen nicht mehr, sondern beugen nur die kurzwelligen (violetten, blauen, grünen) Strahlen seitlich ab. Diese Teilchen erscheinen also auf dem dunklen Hintergrund als leuchtende blaue oder grüne Scheibchen. Es ist leicht verständlich, daß einzelne Teilchen nur dann wahrgenommen werden können, wenn die Intensität des abgebeugten Lichtes nicht zu schwach ist. Außerordentlich kleine, mikromolekulare Teilchen, deren Größe weit unter der Wellenlänge liegt, sind überhaupt nicht wahrnehmbar. Sehr wichtig ist schließlich der Unterschied im Brechungsvermögen der Teilchen und dem des Dispersionsmittels: je größer der Unterschied, um so leichter kommen die Beugungserscheinungen zustande. Sind dagegen die Kolloidteilchen und Dispersionsmittel in ihrem Brechungsvermögen nur wenig verschieden, so beobachtet man im Ultramikroskop statt der einzelnen hellen Beugungsscheibchen nur eine gleichmäßige, schwache Aufhellung (s. S. 67).

Aus diesen Gründen kann die untere Grenze des Auflösungsvermögens eines Ultramikroskops nicht exakt angegeben werden. Günstig sind die Verhältnisse bei lyophoben Solen, die aus kompakten Teilchen, die sich optisch von dem Dispersionsmittel sich stark unterscheiden, bestehen[144]). So können in verschiedenen Metallsolen einzelne Teilchen mit dem Durchmesser von etwa 5 m$\mu$ noch wahrgenommen werden, in den günstigsten Fällen sogar solche von der Größenordnung von 2 m$\mu$. Die kleinsten Teilchen lyophober Sole von Sulfiden oder Nichtmetallen, dessen Beugungsbilder noch sichtbar sind, haben einen Durchmesser von etwa 10 bis 20 m$\mu$. Die Teilchen der meisten lyophilen Sole, insbesondere diejenigen der Linearkolloide sind dagegen im Ultramikroskop überhaupt nicht sichtbar.

Mit dem Ultramikroskop kann also die Teilchengröße lyophober Sole nur in dem Falle bestimmt werden, wenn diese nicht allzu klein ist. Außerdem muß das Sol, wenn einzelne Teilchen ausgezählt werden und exakte Werte erzielt werden sollen, monodispers sein und es müssen *alle* Teilchen die Beugungsbilder liefern. Werden dagegen nicht alle Teilchen erfaßt, z. B. in einem polydispersen Sol, so erhält man zu große Teilchenradien. Nun ist bekannt, daß die lyophoben Sole niemals ganz monodispers sind, sondern Teilchen entweder sehr verschiedener oder nur annähernd gleicher Größe enthalten. Deshalb sind die ultramikroskopisch bestimmten Teilchenradien, auch in den günstigsten gut auszählbaren Fällen fast monodispersen Sole, nur Mittelwerte.

Hinsichtlich der optischen Auflösbarkeit im Ultramikroskop wurden von H. Siedentopf (1904) folgende Termine vorgeschlagen: die ultramikroskopisch auflösbaren Teilchen sollen als *„submikroskopisch"*, die nicht erkennbaren als *„amikroskopisch"* gelten. R. Zsigmondy nennt die submikroskopischen Teilchen einfach *Submikronen*, die amikroskopische — *Amikronen*. Die Teilchen kolloider Metalle, die eine Ausdehnung von etwa 5 bis 100 m$\mu$ haben, sind also Submikronen, diejenigen mit dem noch kleineren Durchmesser — Amikronen.

## Bestimmung des Molekulargewichts bzw. der Teilchengröße durch Messung des osmotischen Druckes.

Während die Teilchengröße verschiedener lyophober Kolloide entweder mit dem Ultramikroskop, Elektronenmikroskop oder auch röntgenographisch be-

---

[144]) Untersuchungen über Silbersole beschrieb R. Spychalski: Kolloid-Beih. 47, 321 (1938).

stimmt werden kann, so sind die Teilchen- bzw. Molekulargewichte von lyophilen Kolloiden hauptsächlich mittels der Ultrazentrifuge oder durch Messungen des osmotischen Drucks feststellbar.

Mit den neuen osmotischen Methoden lassen sich jetzt die Teilchengewichte besonders im Bereich zwischen 10000 und 500000 ziemlich genau ermitteln. Der einzige Nachteil dieses Verfahrens ist der, daß man im Falle polydisperser Lösungen immer nur Durchschnittswerte für die Teilchengewichte erhält. Auf Grund osmotischer Messungen kann man also nichts über die Einheitlichkeit eines Kolloids aussagen. Allerdings sind aber die Messungen des osmotischen Drucks mit unvergleichlich viel einfacheren Apparaten, als die der Sedimentation in der Ultrazentrifuge ausführbar.

Die theoretische Grundlage der Molekular- bzw. Teilchengewichtsbestimmungen durch Messung des osmotischen Druckes ist das van t'Hoffsche Gesetz, woraus folgt:

$$M = RT\, c/p$$

(p = osmotischer Druck, c = Konzentration g/Liter, R = Gaskonstante, T = abs. Temperatur, M = Molekulargewicht). Man bestimmt nun p, indem man die Steighöhe der vom Lösungsmittel durch eine halbdurchlässige Membran getrennten Lösung mißt.

Die neuesten Osmometer können in zwei Gruppen eingeteilt werden: 1. Osmometer mit Kompensationsschaltung, und 2. Osmometer ohne Kompensationsschaltung.

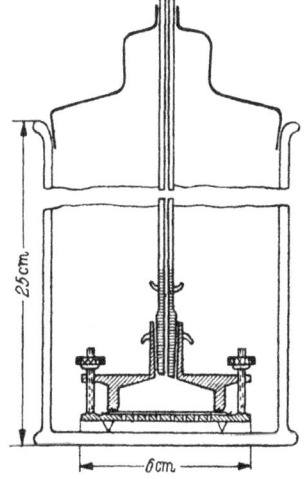

Abb. 87. Osmometer nach G. V. Schulz.

Die ersten haben den Vorteil, daß die Einstellungszeit stark abgekürzt werden kann. (Das Prinzip der Kompensationsschaltung besteht darin, daß im Steigrohr ein Gegendruck erzeugt wird, wobei die Geschwindigkeit der Meniskusbewegung mit einem Fernrohr bestimmt wird. Ist der Gegendruck größer oder kleiner als der osmotische Druck, so bewegt sich der Meniskus nach unten oder nach oben. In der Regel stellt man verschiedene Über- und Unterdrucke her, bestimmt die Geschwindigkeiten der Meniskusbewegung und trägt diese als Funktion des Gegendrucks in ein Koordinatensystem. Den Druck mit der Geschwindigkeit Null, d. h. den osmotischen Druck, findet man dann durch Interpolation.) Als Beispiele solcher Osmometer seien die von Soerensen[145] und von Herzog[146] genannt. Eine Mikromethode, wo es sich sogar mit nur 0,5 ccm eines Sols arbeiten läßt, wurde von Krogh und Nakazawa[147] vorgeschlagen. Die Membran verschiedener Osmometer kann entweder flach oder säckchenförmig sein. Ein einfaches Osmometer ohne Anwendung von Gegendruck wurde von Schulz[148] konstruiert (Abb. 87). Die Zelle wird aus verchromtem Messing, Aluminium oder aus Edelstahl hergestellt. Die scheibenförmige Membran (am besten aus reiner Zellulose, z. B. die „Ultra-Cellafilter") liegt auf einer runden, siebartigen Platte und wird an das zylindrische Metallstück von unten durch 6 Schraubenmuttern angepreßt. In den Hals des oberen Teiles der Zelle ist eine mit Millimeterteilung versehene Glaskapillare eingeschliffen. Die Füllung der Zelle erfolgt durch den Hals, sodann wird die Kapillare eingesetzt, die Zelle in einen Glaszylinder, in dem sich das Lösungsmittel befindet, gestellt. Der Glaszylinder mit der Zelle wird dann ins Wasser eines Thermostaten getaucht und die Einstellung des Meniskus im Steigrohr, die meistens in 1 bis 2 Tagen erfolgt, abgewartet. Jetzt liest man die Steighöhe ab und berechnet den osmotischen Druck. Die Berechnung erfolgt derart, daß man von der Steighöhe (Differenz zwischen dem Niveau in der Kapillare und dem Niveau des Lösungsmittels) die kapillare Steighöhe (die man besonders bestimmen muß)

[145] S. P. L. Soerensen: Z. physiol. Chem. *106*, 1 (1919).
[146] R. O. Herzog u. H. M. Spurlin: Z. physik. Chem., Bodenstein-Festband (1931) S. 239.
[147] A. Krogh u. F. Nakazawa: Biochem. Z. *188*, 241 (1927).
[148] G. V. Schulz: Z. physikal. Chem. A *176*, 317 (1936).

abzieht und dann mit der Dichte der Flüssigkeit multipliziert. In der Regel wird mit mehreren Osmometern gearbeitet, indem man gleichzeitig den osmotischen Druck eines Kolloids verschiedener Konzentration c ermittelt.

Die Berechnung des Molekulargewichts ist sehr einfach, wenn die untersuchten Lösungen dem van t' Hoffschen Gesetz gehorchen, d. h. wenn der osmotische Druck p der Konzentration c proportional ansteigt, oder — wenn der Quotient p/c bei allen c unverändert bleibt. Trägt man den Quotient p/c gegen die Konzentration c in einem Koordinatensystem auf, so erhält man eine horizontale Gerade. Das ist z. B. bei den Glykogenen der Fall[149]). Bei den meisten makromolekularen Stoffen werden aber Abweichungen von diesem Gesetz beobachtet. Man erhält keine Geraden mehr, sondern Kurven, die eine Erhöhung der p/c-Werte mit steigendem c anzeigen. Das richtige p/c findet man *durch Extrapolation der p/c-Werte auf die Konzentration Null*, d. h. man verlängert die Kurve (gestrichelter Teil der Kurve in Abb. 88), bis sie die Ordinate schneidet. Der p/c-Wert wird dann auf der Ordinate abgelesen[150]).

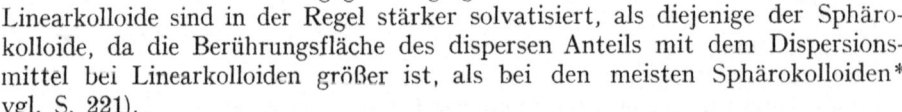

Abb. 88. Extrapolation der p/c-Werte auf die Konzentration 0.

Vergleicht man viele verschiedene lyophile Sole untereinander, so findet man, daß die *Spärokolloide* (Glykogen, Ovalbumin u. a.) den van t' Hoffschen Gesetz gehorchen, die *Linearkolloide* (Cellulosederivate, Kautschuk, Polystyrole u. a.) dagegen nicht. Die Gründe hierfür sind folgende: 1. Die Teilchen der Linearkolloide sind im Sol nicht frei beweglich, sondern werden in ihren Bewegungen gegenseitig gehindert, und 2. die Teilchen der Linearkolloide sind in der Regel stärker solvatisiert, als diejenige der Sphärokolloide, da die Berührungsfläche des dispersen Anteils mit dem Dispersionsmittel bei Linearkolloiden größer ist, als bei den meisten Sphärokolloiden* vgl. S. 221).

Hieraus ist auch die Extrapolation der p/c-Werte auf die Konzentration 0 verständlich. Denn: 1. bei extrem kleinen c sind auch die Teilchen der Linearkolloide frei beweglich, und 2. bei sehr kleinen c ist die durch Solvatation gebundene Menge des Lösungsmittels so klein, daß sie vernachläßigt werden kann[151]).

Bei Kolloidelektrolyten, d. h. bei ionisierten, in kolloidem Zustande befindlichen Stoffen, kann man nur dann das Molekulargewicht aus dem osmotischen Druck berechnen, wenn sie sich im undissoziierten Zustande befinden. Bei Eiweißstoffen, die solche Kolloidelektrolyte sind, bestimmt man aus Messungen des osmotischen Drucks das M derart, daß man inner- und außerhalb der Zelle als

[149]) H. Staudinger u. E. Husemann: Liebigs Ann. *530*, 1 (1937).

[150]) Wo. Ostwald: Kolloid-Z. *49*, 60, 72 (1929).

* Nur in dem Falle, wenn die Teilchen des Sphärokolloids so locker gebaut sind, daß die Flüssigkeitsmoleküle sie vollständig durchdringen, wird die Berührungsfläche ebenso groß, wie die gestreckter Ketten.

[151]) Bei mittleren und großen c, falls die Solvatation groß ist, wird ein beträchtlicher Teil des Lösungsmittels an den Teilchen gebunden und mitgeführt. Demzufolge erscheint also ein Sol konzentrierter, als es tatsächlich ist. Das Volumen, das 1 g eines Stoffes in Lösung beansprucht, wird als *spezifisches Kovolumen* (s) bezeichnet. M kann dann auch nach folgender

Formel berechnet werden: $M = RT \cdot c/p\left(\dfrac{1}{1 - c\,s}\right)$ (vgl. J. Duclaux u. R. Nodzu: Rev. gen. Colloides 7, 241 (1929); R. Stoever u. H. H. Weber: Biochem. Z. *259*, 269 (1933); G. V. Schulz: Z. physik. Chem. A *158*, 137 (1932); *180*, 14 (1937); *184*, 1 (1939); A. Dobry: Kolloid-Z. *81*, 190 (1937); S. R. Carter u. B. R. Record: J. chem. Soc. (London) 1939, S. 661.

Lösungsmittel eine Pufferlösung benutzt, deren Wasserstoffionenkonzentration gleich derjenigen des undissoziierten Eiweißes ist[152]).

Aus der Tabelle 29 ist ersichtlich, daß die mit dem Osmometer und der Ultrazentrifuge bestimmten Molekulargewichte gut übereinstimmen.

Tabelle 29. *Molekulargewichte einiger Stoffe, bestimmt mit der Ultrazentrifuge und mit dem Osmometer.*

| Stoff | Mit der Ultrazentrifuge | | Mit dem Osmometer |
|---|---|---|---|
| | Sedimentat.-Geschwindigkeit | Sedimentat.-Gleichgewicht | |
| Ovalbumin . . . . . . . . . . . | 44000 | 40500 | 43000 |
| Oxyhämoglobin (Mensch) . . . . . | 63000 | | 66800 |
| Serumalbumin . . . . . . . . . | 70000 | 68000 | 62000 |
| Polystyrol I . . . . . . . . . . | | 35000 | 37000 |
| Polystyrol II . . . . . . . . . . | | 90000 | 80000 |

## Bestimmung des Molekulargewichts durch Viskositätsmessungen.

Gemäß den grundlegenden Forschungen H. Staudingers[153]) und seiner Schule kann man das Molekulargewicht M von Molekülkolloiden mit fadenförmigen Teilchen sehr leicht und genügend genau durch Viskositätsmessungen bestimmen. Das Verfahren gibt genaue Resultate im Falle unverzweigter Fadenmoleküle, die nur aus einer Atomkette bestehen, wie es z. B. bei der Zellulose und den Zellulosederivaten der Fall ist. Bei Sphärokolloiden, sowie bei Stoffen, die langgestreckte Mizellen haben (z. B. Seifen), ist diese Methode nicht anwendbar.

Die Bestimmung erfolgt mit dem Wi. Ostwaldschen Viskosimeter bei konstanter Temperatur. Nach Staudinger gilt nun für die Fadenmoleküle die Gesetzmäßigkeit

$$\eta_{sp} = K_m P c$$

(vgl. S. 106), worin die spezifische Viskosität, c die Konzentration, P den Polymerisationsgrad und $K_m$ eine für jede polymerhomologe Reihe (s. S. 106) charakteristische Konstante bedeuten. Durch Multiplikation von P mit dem Grundmolgewicht (z. B. $C_6H_{10}O_5 = 162$ für Zellulose), erhält man das gesuchte Molekulargewicht.

Die $K_m$-Konstanten lassen sich derart feststellen, daß man z. B. durch osmotische Messungen zuerst das P bzw. M an einigen Vertretern einer polymerhomologen Reihe bestimmt. Da dann alle Größen (außer $K_m$) in der Gleichung bekannt oder leicht ermittelbar sind, kann $K_m$ berechnet werden. In der Tabelle 30 sind einige $K_m$-Konstanten zusammengestellt[154]).

Von Staudinger wurde besonders darauf hingewiesen, daß die Bestimmungen des Molekulargewichts durch Viskositätsmessungen nur mit genügend verdünnten Lösungen vorgenommen werden sollen. Der Grund dafür ist der Folgende: schon bei mäßigen Konzentrationen von etwa 10 g/Liter können die Moleküle eines

---

[152]) Vgl. S. P. L. Soerensen: Z. f. physiol. Chem. *106*, 1 (1919); G. S. Adair: Proc. Roy. Soc. (London), A *109*, 292 (1925); J. Amer. Chem. Soc. *49*, 2524 (1927); Wo. Pauli u. P. Fent: Kolloid-Z. *67*, 288 (1934).

[153]) H. Staudinger: Organische Kolloidchemie, 2. Aufl., 6. Kapitel, 1941.

[154]) Es wurde besonders von K. H. Meyer: Kolloid-Z. *95*, 70 (1941) darauf hingewiesen, daß die $K_m$-Werte nicht ganz konstant sind, sondern mit steigendem M sich vermindern. Diese Änderungen sind in den meisten Fällen aber so gering, daß man sie vernachlässigen kann.

Linearkolloids in Lösung sich gegenseitig behindern, indem sie sich vernetzen und sogar das Dispersionsmittel in ihre netzartige Gebilde einschließen. Die Zähigkeit steigt hierbei ganz anormal. Deshalb sollen für die Bestimmungen des Molekulargewichts soweit verdünnte Sole verwendet werden, bis die Teilchen frei beweglich sind und die Viskosität mit der Konzentration linear ansteigt (vgl. S. 104). In der Regel sind diese Bedingungen erfüllt, wenn die spezifische Viskosität nicht höher als 0,125 ist.

Tabelle 30. *Km-Konstanten für Zellulose und Zellulosederivate.*

| | Lösungsmittel | Durchschnittl. Polymerisations- grad | $K_m \cdot 10^4$ |
|---|---|---|---|
| Zellulosen . . . . . . . . . . | Schweizers Reagens | 20 bis 3000 | 5 |
| Nitrozellulosen . . . . . . . . | Azeton oder Butylazetat | 60 ,, 3000 | 11 |
| Methylzellulosen . . . . . . . | Eisessig | 200 ,, 450 | 10 |
| Zellulosetriazetate . . . . . . | m-Kresol | 20 ,, 1800 | 6,3 |
| Azetylzellulosen . . . . . . . | m-Kresol | 90 ,, 300 | 11 |

Die viskosimetrische Methode ist als praktische Orientierungsmethode auch in den Fällen anwendbar, wo das Viskositätsgesetz (Staudingersche Beziehung) nicht mehr streng gültig ist, z. B. bei makromolekularen Stoffen mit verzweigten Fadenmolekülen, wie synthetisches Kautschuk, Polyvinilchlorid u. a. In der Praxis wird die Methode zur Verfolgung der Polymerisation (bei der Herstellung von Kunststoffen), sowie zur Kontrolle eventueller Abbauprozesse, z. B. bei den Zelluloseprodukten, angewandt.

Aus der foglenden Tabelle ist ersichtlich, daß beispielsweise im Falle der Nitrozellulose und der Zellulosetriazetate die osmotisch und viskosimetrisch ermittelten mittleren Molekulargewichte M der einzelnen Fraktionen gut übereinstimmen.

Tabelle 31[155]). *Vergleich der viskosimetrisch und osmotisch ermittelten M.*

| | M osmotisch | M viskosimetrisch |
|---|---|---|
| Nitrozellulose, Fraktion  I (in Azeton) . . . | 50000 | 54000 |
| ,,    ,,  II ,,  ,, . . . | 82000 | 75000 |
| ,,    ,,  III ,,  ,, . . . | 178000 | 190000 |
| ,,    ,,  IV ,,  ,, . . . | 443000 | 410000 |
| Zellulosetriazetat, Fraktion  I . . . . . . . | 36000 | 38000 |
| ,,    ,,  II . . . . . . . | 81000 | 83000 |
| ,,    ,,  III . . . . . . . | 106000 | 112000 |

Zuweilen kann die Übereinstimmung auch schlechter sein, insbesondere dann, wenn die untersuchten Fraktionen sehr uneinheitlich sind, denn eine ganz geringe Menge eines sehr hochpolymeren Anteils kann außerordentlich starke Erhöhung der Viskosität hervorrufen, während auf den osmotischen Druck diese Beimengung keinen wesentlichen Einfluß haben wird.

Die viskosimetrisch gefundenen Werte stimmen auch mit derjenigen, die mit der Ultrazentrifuge erhalten worden sind, in den meisten Fällen befriedigend überein (Tab. 32).

---

[155]) H. Staudinger u. G. V. Schulz: Ber. deutsch. chem. Ges. *68*, 2336 (1935); H. Staudinger u. G. Daumiller: Liebigs Ann. *529*, 219 (1937).

Tabelle 32. *Vergleich der viskosimetrisch und ultrazentrifugal gefundenen M.*

| | Ultrazentrifugal | Viskosimetrisch |
|---|---|---|
| Methylzellulose [156]) mit 22,6% CH$_3$O . . . . | 14100 | 12300 |
| ,,  ,,  22,8%  ,,  . . . . | 24300 | 25200 |
| ,,  ,,  31,7%  ,,  . . . . | 38100 | 38000 |
| Nitrozellulose[157])  IV/5 . . . . . . . . . . | 10000 | 11600 |
| ,,  I/7 . . . . . . . . . . | 18700 | 21300 |
| ,,  IV/3/3 . . . . . . . . . | 23300 | 22500 |

## Weitere Methoden.

**Kryoskopie und Ebullioskopie.** Die Größe der Kolloidteilchen bzw. das Molekulargewicht M makromolekularer Stoffe, kann durch Messung der Erniedrigung des Gefrierpunktes bzw. Erhöhung des Siedpunktes, nicht bestimmt werden, da die Effekte zu klein sind. Diese Methoden sind nur bei Semikolloiden anwendbar, die von mikromolekularen Beimengungen sorgfältig befreit sind. Bei echten Kolloiden wurden mit diesen Methoden oft ganz falsche Resultate erzielt, z. B. bei Lösungen von Zelluloseazetaten in Eisessig. Man erhält hierbei anormal hohe Gefrierpunktsdepressionen, die zu falschen M führen. Die Gründe dieser Anomalien sind noch nicht aufgeklärt worden[158]).

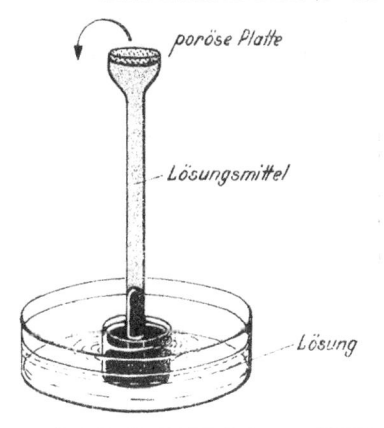

Abb. 89. Schema der isothermen Destillation.

**Isotherme Destillation**[159]). Wird ein mit Wasser (oder anderer Flüssigkeit) gefülltes, oben trichterförmig erweitertes und mit einer porösen Platte verschlossenes Rohr in Quecksilber eingetaucht, so steigt je nach der Verdampfungsgeschwindigkeit des Wassers von der Platte das Quecksilber im Rohr. Befindet sich eine derartige Anordnung in gleichem Raum mit einer Lösung, so muß infolge des höheren Dampfdruckes das reine Lösungsmittel durch die Platte zur Lösung überdestillieren, bis der durch die gehobene Quecksilbersäule ausgeübte Zug dem osmotischen Druck der Lösung das Gleichgewicht hält (Abb. 89). Auf diese Weise wird hier nach der Höhe der Quecksilbersäule der osmotische Druck durch isotherme Destillation bestimmt.

Die dazugehörigen Apparaturen sind aber ziemlich kompliziert, denn die Lösungen müssen vollständig luftfrei sein, was mit einer Vakuumanordnung erreicht wird; die Temperatur muß bis auf einige tausendstel Grad konstant gehalten werden usw. Doch sind die an einigen makromolekularen Stoffen gewonnenen Ergebnisse nicht einwandfrei[160]).

**Messung der Diffusion.** Wie schon im III. Abschnitt gezeigt, kann die Größe der Kolloidteilchen berechnet werden, wenn die Diffusionskoeffizienten

[156]) R. Signer u. P. v. Tavel: Helv. chim. Acta *21*, 535 (1938).
[157]) H. Mosimann: Helv. chim. Acta *26*, 369 (1943).
[158]) Vgl. H. Staudinger: Organische Kolloidchemie, 2. Aufl., S. 173—174, **1941**.
[159]) Vgl. M. Ulmann: Molekülgröße-Bestimmungen hochpolymerer Naturstoffe, Dresden: Steinkopff 1936.
[160]) Vgl. H. Staudinger: Ber. deutsch. chem. Ges. *68*, 474 (1935).

bekannt sind. Die dort angeführten Beziehungen sind aber nur für monodisperse Sole mit kugelförmigen Teilchen gültig, also nur in relativ seltenen Fällen. Für langgestreckte Teilchen sind andere Formeln vorgeschlagen worden[161]), die sich aber nicht als allgemeingültig erwiesen. Übrigens sind exakte Diffusionsmessungen ziemlich umständlich[162]).

Übereinstimmende Resultate mit dieser Methode wurden z. B. bei Hämoglobin erzielt. So erhielten Northrop und Anson[163]) für Molekulargewicht des Hämoglobins den Wert 68500, während Zeile[164]) 65000 ermitteln konnte. Anson und Northrop benutzten dabei ein sehr sinnreiches Verfahren. Sie trennten die Lösungsmittel durch eine grobkörnige Siebplatte (Glasfilter). Dabei wird die Diffusionsgrenzschicht stabilisiert, so daß die Versuche nicht so empfindlich gegenüber Erschütterungen sind, wie beim Arbeiten mit anderen Apparaten. Außerdem kann dabei ein höherer Konzentrationsunterschied erzeugt werden, so daß die Versuche schon in einigen Stunden zu Ende geführt werden konnten.

Für die Diffusionsmessungen als sehr geeignet erwiesen sich auch die von H. Theorell vorgeschlagene Elektrophoreseapparate (vgl. S. 83).

**Abschätzung der Teilchengröße durch Ultrafiltration.** Filtriert man ein Sol durch mehrere Ultrafilter abgestufter Porenweite, so kann die Teilchengröße annähernd bestimmt werden, wenn die Porenweite bekannt ist (vgl. S. 21). Streng quantitative Werte kann man mit dieser Methode aber aus folgenden Gründen nicht erhalten: 1. es ist unmöglich, Ultrafilter mit Poren gleicher Weite herzustellen, 2. werden die Teilchen (z. B. eines Lezitinsols) in den Poren durch den verwendeten Druck deformiert und es wird infolgedessen der Teilchendurchmesser falsch abgeschätzt. Als praktische Orientierungsmethode hat die Ultrafiltration jedoch eine gewisse Bedeutung.

**Bestimmung des Molekulargewichts nach der Dialysemethode.** Diese durch H. Brintzinger[165]) vorgeschlagene Methode gründet sich auf dem Zusammenhang, der zwischen er Durchlässigkeit einer Membran und dem M bzw. der Teilchengröße besteht. Bezeichnet man mit $\lambda$ die in einer bestimmten Zeit durch eine bestimmte Membranfläche hindurchgegangene Stoffmenge und mit M das Molekulargewicht, so besteht nach Brintzinger zwischen diesen Größen ein einfacher Zusammenhang

$$\lambda = K/\sqrt{M}.$$

Darin ist K eine für jede Membran charakteristische Konstante, die sich durch Bestimmung der Dialysegeschwindigkeit von Stoffen bekannten Molekulargewichts ermitteln läßt. Die für die Bestimmungen notwendige Apparatur ist nicht sehr kompliziert. Die Dialyse (vgl. auch S. 22) wird bei konstanter Temperatur ausgeführt und die durch die Membran ins Außenwasser gedrungene Menge des Gelösten nach einer bestimmten Zeit ermittelt. Die Methode ist bisher hauptsächlich an mikromolekularen Stoffen mit Erfolg benutzt worden. Es wurde z. B. bewiesen, daß bei der Zersetzung von Kieselsäuremethylester durch Salzsäure zuerst eine mikromolekulare, leicht dialysierbare Dikieselsäure $H_2Si_2O_5$ gebildet

[161]) Vgl. z. B. B. L. Oeholm: Z. physik. Chem. *50*, 309 (1905); *70*, 378 (1910); D. Krueger u. H. Grunsky: Z. physik. Chem. *150*, 115 (1930).
[162]) Vgl. T. Svedberg: Kolloidchemie, S. 145—147, 1925.
[163]) M. L. Anson u. J. H. Northrop: J. Gen. Physiol. *11*, 343 (1929). Vgl. auch J. W. McBain u. T. H. Liu: J. Amer. Chem. Soc. *53*, 59 (1931).
[164]) K. Zeile: Biochem. Z. *258*, 347 (1933).
[165]) H. Brintzinger: Z. anorg. Chem. *168*, 145 (1928); *184*, 99 (1929); Ber. deutsch. chem. Ges. *74*, 1025 (1941); G. Jander u. H. Spandau: Z. physik. Chem. *185*, 325 (1939); H. Spandau u. W. Gross: Ber. deutsch. chem. Ges. *74*, 362 (1941); H. Perrenoud: Kolloid-Z. *107*, 16 (1944).

wird. Mit der Zeit erfolgt Umwandlung dieser Dikieselsäure in Tetra- und Okta-kieselsäure. Die letzte polymerisierte sich dann weiter bis zu M = 8260[166]).

Für Sole ist die Dialysemethode in der üblichen Ausführung schon deshalb nicht anwendbar, weil die bisher gebrauchten Membranen für die Kolloidteilchen undurchlässig sind. Um eine meßbare Durchlässigkeit auch für Kolloidteilchen zu erzielen, müssen spezielle sehr weitporige Membranen verwendet werden.

**Bestimmung des Molekulargewichts bzw. der Teilchengröße durch Fällungstitration.** Die Möglichkeit durch Fällungstitration Molekulargewichte von kolloid gelösten Stoffen zu bestimmen, beruht darauf, daß innerhalb einer polymerhomologen Reihe (z. B. an Nitrozellulosen verschiedener Molekülgröße) *die Löslichkeit mit steigendem Molekulargewicht abnimmt.* Da aber direkte Bestimmungen der Löslichkeit, besonders an Hoch-polymeren, mit verschiedenen Schwierig-keiten verbunden sind, wurde ein anderes Verfahren angewandt, um die Löslichkeit zu charakterisieren[167]). Dieses besteht darin, daß man ermittelt, welche Menge eines bestimmten Fällungsmittels zu Lösungen, verschiedene Glieder einer polymerhomologen Reihe enthaltend, zu-gesetzt werden muß, um soeben beginnende Ausfällung zu erzielen. Man gebraucht hierbei vom Fällungsmittel um so weniger, je größer die Teilchen sind. Die *Fällbarkeit* γ ist die Konzentration des Nichtlösungs-mittels (Fällungsmittels) am Trübungs-punkt. Werden $v_0$ ccm einer Lösung

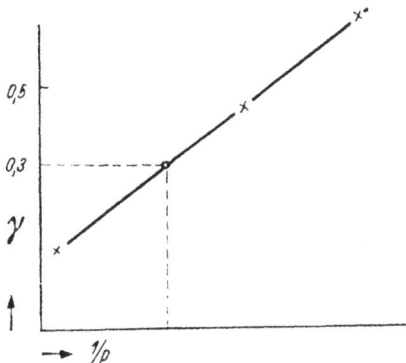

Abb. 90. Zunahme der zur Fällung notwendigen Nichtlösungsmittelmenge γ mit dem reziproken Polymerisationsgrad (1/P)

titriert und v ccm des Fällungsmittels hierzu verbraucht, so ist

$$\gamma = \frac{v}{v + v_0}$$

G. V. Schulz[168]) konnte zeigen, daß zwischen Fällbarkeit und Polymeri-sationsgrad P folgende Beziehung besteht:

$$\gamma = \alpha + \beta/P^m \dots\dots\dots\dots\dots\dots (3)$$

(α, β und m sind Konstanten; der Exponent m ist für kugelförmige Teilchen gleich 2/3, für Linearkolloide gleich 1). Die Gleichung ist theoretisch begründet und experimentell an vielen Beispielen, wie an Lösungen von Polystyrolen, Nitrozellulosen, Polymethacrylsäureestern[168]), an Abbauprodukten des Gly-kogens[169]), -Oxy-Undecansäure Polyester[170]) usw. bestätigt worden.

Da die Gleichung (3) die einer Geraden ist, ermittelt man die unbekannten P bzw. M am einfachsten graphisch. Dazu braucht man nur einige Vertreter der Reihe, deren Polymeri-sationsgrad bekannt ist, zu lösen, zu titrieren und die ermittelten γ-Werte in ein Koordinaten-system gegen P oder 1/P einzutragen (Abb. 90). Zwischen den gezeichneten Punkten wird nun eine Gerade gezogen und die unbekannten P-Werte können dann mit deren Hilfe ermittelt werden. Wenn z. B. durch Titration einer Lösung sich γ = 0,30 ergibt, so erhält man den un-bekannten P-Wert, indem man eine Linie parallel der Abszisse vom Punkt 0,3 (auf der Ordi-

[166]) H. Brintzinger u. W. Brintzinger: Z. anorg. u. allg. Chem. *196*, 44 (1931).
[167]) H. Staudinger u. W. Heuer: Z. physik. Chem. *171*, 139 (1934); E. W. Mardles: Kolloid-Z. *49*, 4 (1929).
[168]) G. V. Schulz u. B. Jirgensons: Z. physik. Chem. B *46*, 105 (1940); G. V. Schulz: Z. physik. Chem. A *179*, 312 (1937).
[169]) E. Husemann: J. prakt. Chem. *158*, 163 (1941).
[170]) W. O. Baker, W. S. Fuller u. J. H. Heiss: J. Amer. Chem. Soc. *63*, 2142 (1941).

nate) bis zur Geraden zieht und dann von diesem Schnittpunkt eine Senkrechte auf die Abszisse fällt. Man kann natürlich die Polymerisationsgrade auch mit Hilfe der Schulzschen Gleichung berechnen, wenn nur die Konstanten $\alpha$, $\beta$ und m bekannt sind. Diese sind für Nitrozellulosen (Azetonlösung titriert mit Wasser), Polystyrole (Benzollösung titriert mit Methanol) und einige andere kolloide Lösungen festgestellt worden[168].

Die Bestimmungen lassen sich mit den denkbar einfachsten apparativen Hilfsmitteln durchführen: man braucht nur eine Mikrobürette und einen Thermostat, da die Fällbarkeit auch von der Temperatur abhängig ist. Die Titrationen sind rasch ausführbar und man braucht wenig Substanz. Das Verfahren verdient deshalb als praktische Orientierungsmethode eine besondere Beachtung. Die Genauigkeit ist meistens 5—10%, was für praktische Zwecke z. B. zur Verfolgung des Abbaues eines makromolekularen Naturstoffes oder zur Feststellung des Polymerisationsgrads eines synthetischen Hochpolymeren vollständig genügt.

Die weitere Tabelle zeigt die Übereinstimmung, die zwischen den durch osmotische Messungen und durch Fällungstitration ermittelten P-Werten besteht.

Tabelle 33. *Polymerisationsgrad, bestimmt durch Fällungstitration und durch osmotische Messungen.*

|  | Mol.-Gewicht | P osmotisch | P durch Fällung | Abweichung % |
|---|---|---|---|---|
| Polystyrole in Benzol, titriert mit $CH_3OH$ | 36000 | 346 | 343 | —1 |
|  | 82000 | 790 | 820 | +4 |
|  | 165000 | 1585 | 1650 | +4 |
|  | 225000 | 2160 | 1830 | —15 |
|  | 305000 | 2930 | 3600 | +22 |
| Nitrozellulosen in Azeton, titriert mit $H_2O$ | 47700 | 185 | 181 | —3 |
|  | 56800 | 208 | 204 | —2,5 |
|  | 72000 | 265 | 247 | —7 |
|  | 79000 | 289 | 295 | +2 |
|  | 205000 | 750 | 805 | +7,5 |
|  | 270000 | 995 | 1010 | +1,5 |
|  | 307000 | 1130 | 1140 | +1 |
|  | 395000 | 1450 | 1360 | —6,5 |

Die Methode der Fällungstitration ist wie für Linearkolloide sowie auch für Sphärokolloide mit den Molekulargewichten zwischen 1000 und 500000 anwendbar. Die Genauigkeit ist am höchsten im Gebiet der Semikolloide[171].

Es ist interessant, daß auch grobdisperse lyophobe Sole durch geringere Elektrolytmengen als hochdisperse fällbar sind. Das wurde insbesondere durch S. Odén[172], der mit Schwefelsolen verschiedenen Dispersitätsgrades arbeitete hervorgehoben (vgl. Tab. 34).

Tabelle 34. *Koagulation von Schwefelsolen verschiedenen Dispersitätsgrades.*

| Das Schwefelsol wird nicht koaguliert (—) bzw. koaguliert (+) von NaCl folgender Normalität | | Ultramikroskopische Charakteristik des S-Sols |
|---|---|---|
| — | + |  |
| 0,20 | 0,25 | deutlich sichtbarer Lichtkegel, keine Submikronen |
| 0,16 | 0,20 | starker Lichtkegel, keine Submikronen |
| 0,13 | 0,16 | Teilchen eben sichtbar, etwa 25 m$\mu$ im Durchmesser |
| 0,10 | 0,13 | Durchmesser der Teilchen etwa 90 m$\mu$ |
| 0,07 | 0,10 | Durchmesser der Teilchen etwa 140 m$\mu$ |
| 0 | 0,07 | Durchmesser der Teilchen etwa 210 m$\mu$ |

[171] Vgl. B. Jirgensons: J. prakt. Chem. *161*, 30 (1942); E. H. Lovell u. H. Hibbert: J. Amer. Chem. Soc. *61*, 1916 (1939).
[172] S. Odén: Nova Acta Reg. Soc. Sc. Upsaliensis IV, *3*, Nr. 4 (1913).

**Teilchengröße aus der Fallgeschwindigkeit.** Diese mit dem Stokeschen Gesetz in Zusammenhang stehenden Beziehungen wurden schon auf S. 116 erörtert. Die Gleichung lautet:

$$6\pi\eta\,rw = 4/3\pi\,r^3\,(\varrho - \varrho_0)\,g$$

Wird nun ein und derselbe Stoff verschiedenen Dispersitätsgrades in demselben Dispersionsmittel untersucht, so sind in der oben angeführten Gleichung alle Größen außer w und r konstant. Vereinigt man alle diese Unveränderlichen unter einer Konstante K und dividiert beide Seiten der Gleichung auf $6\pi\,r$, so erhält man ganz einfache Beziehung:

$$w = Kr^2, \text{ oder } r = \sqrt{\frac{w}{K}}.$$

Am genauesten ist die Beziehung für Teilchendurchmesser von 0,2 bis 50 $\mu$ erfüllt. Die Methode ist, streng genommen, also nur auf grobe Suspensionen anwendbar. In der Praxis wird sie besonders bei Schlammanalysen benutzt und es sind hierzu verschiedene mehr oder weniger handliche Apparate vorgeschlagen[173]) (vgl. S. 133).

**Bestimmung der Teilchengröße nach der Streuung des Lichtes.** Vergleicht man die Intensität des zerstreuten Lichtes (Tyndall-Effekt) z. B von Schwefelsolen verschiedenen Dispersitätsgrades, so sieht man, daß die sehr hochdispersen Sole einen schwächeren Lichtkegel als die grobdispersen aufweisen. Auch bei der Koagulation eines klaren Sols beobachtet man in der Regel eine Zunahme des Tyndall-Lichtes. Die Bestimmung der Teilchengröße nach der Streuung des Lichtes stößt jedoch auf verschiedene Schwierigkeiten (vgl. S. 70). Einwandfreie Resultate in der letzten Zeit erhielt z. B. Hj. Staudinger (jun.)[173a]), der mit Glykogensolen arbeitete.

W. Lepeschkin[174]) hat eine ähnliche optische Methode vorgeschlagen, nach der die sogenannte longitudinale Streuung ultraroter Strahlen bestimmt wird.

Durch die neue, grundlegende Untersuchungen von Debye, Doty, Mark und Zimm ist die Methode der Lichtstreuung auch für die Bestimmung des Molekulargewichts verschiedener Kolloide mit stäbchenförmigen Teilchen anwendbar. Die Theorie wurde hauptsächlich von Debye[174a]) ausgearbeitet und so weit entwickelt, daß jetzt auch die Teilchengrößen relativ großer stäbchenförmiger Gebilde, z. B. Tabakmosaikvirusproteine,[174b]) bestimmbar ist. Durch Messung der Lichtstreuung wurden auch die Molekulargewichte von Polystyrolen,[174c]) Celluloseazetaten,[174d]) Silikonen[174e]) und anderen Linearkolloiden bestimmt. Die Resultate stimmen meist gut mit derjenigen, die mit anderen exakten Methoden gewonnen wurden.

**Chemische Methoden.** In einigen, leider ziemlich seltenen Fällen kommen noch rein chemische Methoden der Molekulargewichtsbestimmung in Betracht. Enthält ein makromolekularer Stoff in seinem Molekül ein einziges von den anderen Bausteinen sich unterscheidendes Atom oder Atomgruppe, so kann man

---

[173]) Vgl. E. Sauer: Kolloidchemisches Praktikum, Berlin: Springer 1935, S. 103 ff.
[173a]) Hj. Staudinger u. J. Haeneel-Immendörfer: J. makromol. Chem. 1, 185 (1943).
[174]) W. W. Lepeschkin: Biochem. Z. 309, 254 (1941); Kolloid-Z. 105, 141 (1943).
[174a]) P. Debye: Journ. Applied Physics, 15, 338 (1944); Journ. Phys. and Colloid Chem. 51, 18 (1947); B. H. Zimm, Journ. Phys. and Colloid. Chem. 52, 260 (1948).
[174b]) G. Oster, P. M. Doty, B. H. Zimm: J. Amer. Chem. Soc. 69, 1193 (1947).
[174c]) P. M. Doty, B. H. Zimm u. H. Mark: Journ. Chem. Phys. 13, 159 (1945).
[174d]) R. S. Stein u. P. M. Doty: J. Amer. Chem. Soc. 68, 159 (1946).
[174e]) A. J. Barry: Journ. Applied Physics 17, 1020 (1946).

nach dem Gehalt dieses Bestandteiles das Molekulargewicht berechnen. Bezeichnet man mit M das Molekulargewicht, mit A das Atomgewicht (oder Mol.-Gewicht einer Atomgruppe) des in geringer Menge in der Verbindung vorhandenen Elements (oder Atomgruppe) und mit a den Prozentgehalt dieses Bestandteils so kann M nach der Gleichung

$$M = \frac{A \cdot 100}{a}$$

berechnet werden.

Noch sicherere Werte liefert die chemische Methode für nicht allzu hochpolymere Linearkolloide. So kann z. B. das M einer streng linear gebauten Polyoxyundecansäure

$$HO - (CH_2)_{10} - \underset{\underset{O}{\|}}{C} - \left[ - O - (CH_2)_{10} - \underset{\underset{O}{\|}}{C} - \right]_n O - (CH_2)_{10} - COOH$$

einfach acidimetrisch bestimmt werden[175]). Der Gehalt an freien Carboxylgruppen (bestimmt in gr.-equival., durch Titration mit einer Base) ist umgekehrt proportional dem Molekulargewicht M. Die Methode ist mit gutem Erfolg aber nur bei Semikolloiden anwendbar, da im Fall sehr langkettiger Moleküle die Endgruppen nicht mehr analytisch erfaßbar sind.

### Bestimmung der Polydispersität.

Wie schon hervorgehoben wurde, sind die meisten dispersen Systeme polydispers, d. h. die Teilchen haben verschiedene Größe. Dabei sind zwei Fälle der Polydispersität zu unterscheiden: 1. entweder besteht das polydisperse System aus wenigen monodispersen Anteilen (paucidisperse Systeme) oder 2. die Teilchengröße ist sehr verschieden. Als Beispiele der ersten Gruppe kann man Gemische von monodispersen Proteinsolen, z. B. Hämoglobin mit Albumin oder die eines Proteins ($M = n \cdot 17600$) mit seinen eigenen Abbauprodukten ($M = 17600$) nennen. Viel häufiger sind die Fälle der zweiten Gruppe, wo disperse Systeme die Teilchen von sehr verschiedener Größe enthalten (z. B. Schlamme, Emulsionen, Rauche, Metallsole, Sulfidsole, Schwefelsole, Suspensionen von unlöslichen Salzen, Stärkesole, Nitrozellulosen, sowie die Lösungen allen synthetischen Hochpolymeren).

Eine der Aufgaben der Kolloidchemie ist es nun auch Methoden zu schaffen mit deren Hilfe die Polydispersität der dispersen Systeme bestimmbar wäre. Sind z. B. in einem Schwefelsol die Teilchen mit dem Durchmesser von 10 bis 100 m$\mu$ vorhanden, so wäre es wünschenswert zu kennen, wieviel kleine, wieviel mittelgroße und wieviel große Teilchen sich darunter befinden. Da eine *vollständige* Analyse der Polydispersität unmöglich ist (wenn die Teilchen sehr verschiedene Größe haben), so begnügt man sich meistens mit der *Zerlegung in einzelne, z. B.* 5 *bis* 10 *Fraktionen.* Bezeichnet man mit A die Gesamtmenge des dispersen Anteils und mit $F_1, F_2, F_3 \ldots$ die Menge der einzelnen Fraktionen mit entsprechenden Teilchenradien $r_1, r_2, r_3 \ldots$, so ist

$$F_1 + F_2 + F_3 + \ldots = A.$$

Oder, in Prozenten ausgedrückt:

$$F_1 + F_2 + F_3 + \ldots = 100.$$

Aber auch die einzelnen Fraktionen werden nicht monodispers sein, sondern Teilchen enthalten, deren Größe in einigen (wenn auch engen) Grenzen $\Delta r = r_1 - r_2$ variieren werden,

---

[175]) Vgl. W. H. Carothers u. F. J. van Natta: J. Amer. Chem. Soc. 55, 4714 (1933).

Die Zusammensetzung eines polydispersen Systems hinsichtlich der Teilchengröße wird meistens graphisch ausgedrückt. Auf die Abszisse wird die Teilchengröße, auf die Ordinate die Menge der einzelnen Fraktionen aufgetragen (vgl. Abb. 91). Dabei erhält man die sogenannten *Verteilungskurven.* Ist die Verteilungskurve flach, wie I in Abb. 91, so ist der Sol stark polydispers. Im Fall II dagegen besitzt die Hauptmenge des dispersen Anteils Teilchen mit r = 50 bis 60 m$\mu$.

Die Bestimmung der Polydispersität von *Suspensionen*, z. B. von Bodenschlammen, Tonen, Kreide und anderen grobkörnigen Systemen, wird mit Hilfe folgender Methoden durchgeführt:

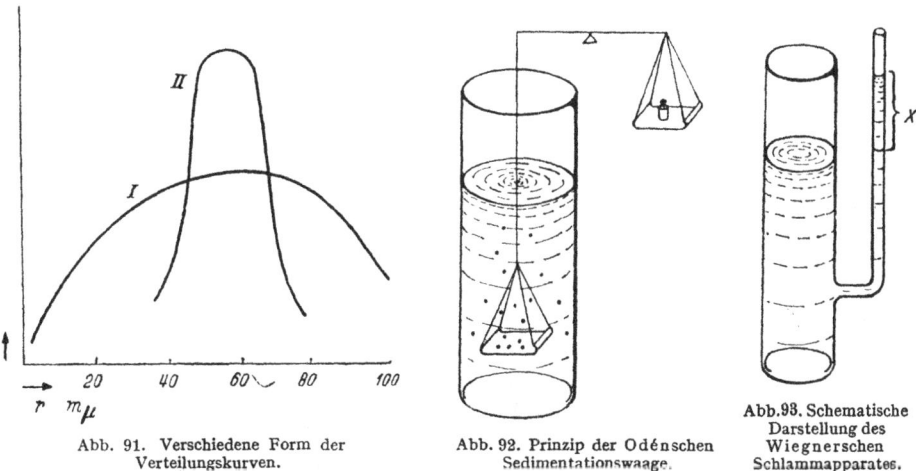

Abb. 91. Verschiedene Form der Verteilungskurven.          Abb. 92. Prinzip der Odénschen Sedimentationswaage.          Abb. 93. Schematische Darstellung des Wiegnerschen Schlammapparates.

1. Feste Gemische werden mit *Sieben* verschiedener Maschenweite getrennt und die Menge der Fraktionen durch Wägung ermittelt.

2. Aufgeschlämmte Teilchen werden durch *Filter* bzw. *Ultrafilter* bekannter Porenweite in einzelne Fraktionen zerlegt.

3. Die Menge der einzelnen Fraktionen wird durch die *Sedimentationsgeschwindigkeit* bestimmt. Auf Grund des Stokschen Gesetzes setzen sich nämlich die schwereren Teilchen rascher ab als die leichteren. Die nach bestimmten Zeitperioden sedimentierten Fraktionen werden gewogen (Abb. 92) oder durch besondere Anordnungen registriert. So wurde von Odén, Rinde und Svedberg eine Apparatur konstruiert, die die sedimentierte Menge automatisch registriert und aufzeichnet.

Die Sedimentation kann auch durch die Änderung des hydrostatischen Druckes in einem Zweischenkelapparat verfolgt werden. So besteht z. B. der Schlammapparat von Wiegner (schematisch in Abb. 93) aus zwei kommunizierenden Röhren von verschiedenem Durchmesser. Die weitere enthält die Suspension, die engere das reine Dispersionsmittel. Da das Dispersionsmittel ein kleineres spezifisches Gewicht als die Suspension hat, so steht das Niveau in dem engeren Schenkel höher als in dem weiteren. Nun werden aber mit dem Grad der Sedimentation die Unterschiede im spezifischen Gewicht in beiden Schenkeln immer kleiner, und dementsprechend verkleinert sich auch die Niveaudifferenz (x).

4. Die Polydispersität von Suspensionen kann schließlich durch mikroskopische *Ausmessung* und *Auszählung* der Teilchen erfaßt werden.

Die Polydispersität von *Kolloiden* wird:

1. am einwandfreiesten durch Sedimentationsmessungen mit der *Ultrazentrifuge* bestimmt. In der Tabelle 35 sind einige Angaben über die Verteilung der Teilchengrößen eines feinkörnigen Goldsols niedergelegt.

Tabelle 35. *Verteilung der Teilchengrößen in einem Goldsol, berechnet aus einem während des Zentrifugierens aufgenommenen Photogramms des Sols* (nach Svedberg).

| Teilchenradius m$\mu$ | Menge der Teilchen in % der Gesamtmenge | | |
|---|---|---|---|
| 1,5 | 0,7 | | |
| 2,0 | 0,3 | | |
| 2,5 | 4,5 | | |
| 3,0 | 20,7 | | |
| 3,5 | 35,2 | 69,6% } | 90,3% } |
| 4,0 | 34,4 | | |
| 4,5 | 0,0 | | |

Das untersuchte Sol war also ziemlich monodispers.

2. Die Menge der einzelnen Fraktionen eines Sols kann durch *Ultrafiltration* bestimmt werden. Diese Methode ist aber viel weniger einwandfrei als die erste (vgl. S. 21).

3. Die Polydispersität eines Sols kann jetzt direkt mit dem *Übermikroskop* (*Elektronenmikroskop*) ermittelt werden (vgl. S. 167).

4. Schließlich läßt sich die Fraktionierung polydisperser Sole auch durch *stufenweise Fällung* bzw. *Koagulation* erzielen. Schon S. Odén stellte fest (1913), daß aus einem polydispersen Schwefelsol, durch entsprechende Erhöhung der zugesetzten NaCl-Konzentration, Fraktionen mit verschiedener Teilchengröße erhalten werden können (vgl. S. 130). Viel größere Bedeutung hat aber das Verfahren bei organischen Molekülkolloiden, wie z. B. Nitrozellulose, Polystyrol, Polyvinylchlorid, erlangt. Die Fraktionierung wird in diesen Fällen durch Hinzugabe einer Flüssigkeit erzielt, die mit dem Dispersionsmittel sich mischt und die Löslichkeit des dispersen Anteils vermindert. Dabei fallen die grobdispersen Anteile zuerst aus, während für die Fällung der feineren Anteile eine größere Menge der nichtlösenden Flüssigkeit notwendig ist. Eine Lösung von Nitrozellulose in Azeton wird z. B. in der folgenden Weise fraktioniert. Unter ständigem Umrühren setzt man zu dem Sol vorsichtig Wasser, oder ein Wasser-Azeton-Gemisch hinzu, bis eine bleibende Trübung entsteht (Nitrozellulose ist im Wasser unlöslich). Die Trübung, die die größten Teilchen enthält, wird abzentrifugiert, getrocknet und gewogen. Zu der abzentrifugierten Lösung setzt man weitere Portionen des Fällungsmittels hinzu, bis wieder Trübung beobachtet wird. Auch dieser Anteil wird abzentrifugiert usw. Nach vollständiger Zerlegung, z. B. in 5 bis 10 Fraktionen, wird das mittlere Molekulargewicht bzw. Polymerisationsgrad für jede Fraktion bestimmt und aus diesen Zahlen und der Gewichtsmenge der einzelnen Fraktionen die Verteilungskurve ermittelt. Zuweilen werden die einzelnen Fraktionen nochmals aufgelöst und in mehrere Unterfraktionen weiter zerlegt. Diese Unterfraktionen sind noch einheitlicher als die Hauptfraktionen[176]).

# IX. Bestimmung der Teilchenform

Die Teilchenform kann sehr verschieden sein (Abb. 94).

Die meisten dieser und noch anderer vorstellbarer Formen sind unter den natürlichen und künstlich hergestellten Kolloiden tatsächlich entdeckt worden.

---

[176]) Vgl. G. V. Schulz: Z. physik. Chem. (B) 47, 155 (1940).

Wollte man diese außerordentlich mannigfaltige Welt der Formen einer *vollstän-*
*digen* Klassifikation unterwerfen, so würde man bald auf Schwierigkeiten stoßen.
Man hat versucht, die Teilchen in *ein-*, *zwei-* und *dreidimensionale* zu gliedern. Als
eindimensional wären demnach diejenigen anzusehen, die aus linear aneinander
gebundenen Atomen bestehen. Zweidimensional wären dann die blättchenförmigen und dreidimensional die kugel-, polyeder- oder allgemein die korpuskularen Teilchen. Dagegen kann man einwenden, daß auch alle materiellen Stäbe,
Fäden und Blättchen, streng genommen, dreidimensional sind. Zwischen diesen

Abb. 94. Verschiedene Teilchenformen.

drei Gruppen sind zudem noch *Übergangsformen* denkbar, z. B. kurze Stäbe, längliche Folien usw. Die Fäden können sich zu Netzen, Spiralen, mehr oder minder
losen Knäueln und zu verschiedenen andern Formgebilden zusammenschließen.
Wollte man also eine vollständige Klassifikation verwirklichen, so sollte man
auch diese Übergangsformen und sekundäre Strukturmöglichkeiten berücksichtigen, was aber zu einer außerordentlich komplizierten Systematik führen
würde. Demgemäß soll aus dieser ganzen Mannigfaltigkeit nur das *praktisch*
*wichtigste* herausgegriffen werden, d. h. wir müssen eine möglichst *einfache* Klassifikation wählen, die den praktisch am meisten vorkommenden, wichtigsten Fällen
entspricht. Dies ist bereits in der
von H. Staudinger gegebenen Einteilung in *Sphärokolloide* und *Linear-*
*kolloide* verwirklicht (vgl. S. 8).

Abb. 95. Gefüge kugeliger und faseriger Teilchen.

Außer dieser Klassifikation ist
noch die folgende vorteilhaft: die
Teilchen können ihrer Form nach in *isodimensionale* und *anisodimensionale* eingeteilt werden. Die isodimensionalen Teilchen haben in allen drei Richtungen
des Raumes ungefähr die gleichen Abmessungen, die anisodimensionalen dagegen
nicht, sie sind stäbchen-, blättchen- oder fadenförmig. Die isodimensionalen
Teilchen können somit kugel-, würfel- oder polyederförmig sein, die anisodimensionalen erscheinen dagegen als Stäbe, gewellte Fäden, Spiralen, Scheiben, längliche Blättchen usw.

Praktisch wichtig ist die Teilchenform der Kolloide bezüglich der *Festigkeit*
verschiedener Materialien, die aus *makromolekularen* Stoffen aufgebaut sind. Aus
einem Gefüge kleiner Kügelchen kann kein mechanisch festes, dauerhaftes Material entstehen, da die Kügelchen nur mit einem kleinen Teil der Oberfläche sich
berühren. Die an der Oberfläche wirkenden Kohäsionskräfte können sich also
gegenseitig nicht vollständig absättigen. Im Fall langer Stäbe oder Fäden ist die
Berührungsfläche viel größer und dementsprechend auch das gesamte Gefüge viel
fester und mechanisch dauerhafter, als im Fall der Kügelchen (Abb. 95).

Die Fragen über die Teilchenform haben auch in anderen Gebieten, z. B. in der
Biologie einige Bedeutung erlangt. Alle Gerüstkolloide, die den Pflanzen- oder

Tierorganismus aufbauen, sind nämlich faserig (Zellulose in den Pflanzen, Kollagen, Myosin, Keratin in tierischen Organismen). Die in den Körperflüssigkeiten befindlichen transportablen Biokolloide haben dagegen rundliche, korpuskulare Teilchen. Das im Blut befindliche Fibrinogen ist ein Sphärokolloid, bei der Blutgerinnung wird dieses Sphärokolloid in das faserige Fibrin umgewandelt, wobei die fadenförmigen Teilchen des Fibrins sich leicht vernetzen und das Blut zur Gerinnung bringen.

Zur Bestimmung der Teilchenform stehen uns jetzt mehrere voneinander unabhängige Methoden zur Verfügung. Diese Methoden sind aber durch die Übermikroskopie übertroffen worden, denn die Teilchen vieler Kolloide ließen sich in den letzten Jahren im Übermikroskop direkt abbilden, so daß die Teilchenform jetzt ohne weiteres sichtbar und bestimmbar wird. Es ist dabei interessant festzustellen, daß in allen Fällen das Übermikroskop nur das bestätigte, was über die Teilchenform schon früher mit Hilfe anderer, indirekter Methoden ausgesagt worden ist:

Jetzt kann die Teilchenform folgendermaßen bestimmt werden:

1. übermikroskopisch (S. 162), 2. röntgenographisch (S. 154), 3. durch Strömungsdoppelbrechung und andere optische Methoden, 4. durch Sedimentation in der Ultrazentrifuge, 5. durch Viskositätsmessungen.

Das sind nur die wichtigsten Methoden. Außer diesen sind noch andere bekannt.

## Bestimmung der Teilchenform aus der Lichtstreuung, Depolarisation und Strömungsdoppelbrechung.

**Schlierenbildung.** Beim Umrühren eines gealterten Vanadiumpentoxydsols mit einem Glasstab werden seidenglänzende Schlieren sichtbar. Dies ist durch die langgestreckte Form der $V_2O_5$-Teilchen erklärlich. Beim Umrühren ordnen sich die stäbchenförmigen Teilchen parallel den Stromlinien, so daß das Licht von den orientierten Flächen der Teilchen reflektiert und zerstreut werden kann. Leider tritt die Schlierenbildung nicht bei allen Linearkolloiden zutage.

**Funkeln im Ultramikroskop.** Vergleicht man die Beugungsbilder eines aus isodimensionalen Teilchen bestehenden Sols mit denen eines aus anisodimensionalen Teilchen im Ultramikroskop, so sieht man folgendes: Im Falle korpuskularer Teilchen ist das von ihnen gestreute Licht gleichmäßig, es ändert seine Intensität nicht. Sind dagegen die beobachteten Teilchen anisodimensional, so ist das abgebeugte Licht ungleichmäßig, die Teilchen *funkeln* im dunklen Gesichtsfelde. Dies ist dadurch erklärlich, daß ein stark anisodimensionales Teilchen im Ultramikroskop am besten wahrnehmbar, wenn es mit der Längsachse in der Ebene des Gesichtsfeldes des Mikroskops liegt und vom Licht senkrecht zu dieser Achse getroffen wird. Da nun die Stellung der Teilchen infolge der Brownschen Bewegung oft wechselt, so beobachtet man das Funkeln im Mikroskop. Kugelförmige bzw. isodimensionale Teilchen sind dagegen in allen Lagen gleich gut sichtbar. Auch Gele lassen sich nach dieser Methode untersuchen. Da aber im Gel die Teilchen fast unbeweglich sind, müssen die Gele bewegt werden. Das läßt sich nun in der Weise erreichen, daß man nicht das Präparat, sondern den Lichtstrahl mit besonders für diesen Zweck konstruierten *Azimutblenden* wendet. Durch Drehung der in den Mikroskop-Kondensor einschließbaren Blende läßt sich die Belichtung so anordnen, daß nur die senkrecht zur Richtung des einfallenden Lichtes liegenden Teilchen sichtbar werden. Leider kann man mit diesem Verfahren nur qualitative Aussagen über die Teilchenform machen.

förmige Teilchen mit der langen Achse in die Strömungsrichtung a ein (Abb. 96). Wird jetzt die Kammer z. B. in der Richtung b belichtet und von der Seite c beobachtet, so ist im Fall anisodimensionaler Teilchen die Intensität des zerstreuten Lichtes (Tyndall-Licht) davon abhängig, ob das Sol fließt oder nicht. Im Fall isodimensionaler Teilchen (z. B. kleiner Kügelchen) ist die Intensität dieses Lichtes von der Bewegung des Sols unabhängig. Daß bei anisodimensionalen Teilchen das zerstreute Licht vom Fließen abhängt, wurde schon bei der Erörterung der Schlierenbildung betont. In ruhender Flüssigkeit ist die Lage der Stäbchen ganz ungeordnet, die Intensität des Streulichtes muß deswegen geringer sein, da die in Richtung des Belichtungsstrahls schwebenden viel weniger das Licht streuen als die senkrecht zum Strahl liegenden. Werden nun die Teilchen in der Richtung senkrecht zum Strahl (Richtung a) orientiert, so muß die Streuung zunehmen, da jetzt fast alle Teilchen an der Streuung des Lichtes teilnehmen.

Es ist klar, daß die Intensität des von den Teilchen verschiedener Form zerstreuten Lichtes auch von der gegenseitigen Lage der Beleuchtungs-, Beobachtungs- und Fließrichtung der kolloiden Lösung abhängig sein wird. Durch entsprechende Beobachtung in rechtwinkligen Kammern kann man auf diese Weise, wie es Dießelhorst und Freundlich[177] zeigen konnten, stäbchenförmige Teilchen von blättchenförmigen unterscheiden. Die ruhenden und fließenden Sole

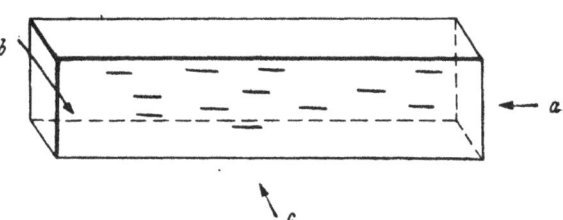

Abb. 96. Strömung eines Kolloids mit stäbchenförmigen Teilchen in einer rechteckigen Kammer.

werden von drei zueinander senkrechten Richtungen aus beobachtet. Bei stäbchenförmigen Teilchen ist die Aufhellung des Tyndall-Lichts beim Fließen deutlicher als bei blättchenförmigen, denn von den in Ruhe sich befindenden Stäbchen ist nur ein Drittel in der Lage, ein intensives Tyndall-Licht zu liefern, von den Blättchen dagegen etwa zwei Drittel. Ordnen sich nun beim Fließen alle Stäbchen und Blättchen senkrecht zum Strahl, so steigt die Zahl der das Tyndall-Licht erzeugender Stäbchen auf etwa das Dreifache der ursprünglichen, während die Zahl der wirksamen Blättchen nur um einen viel kleineren Betrag steigt.

Die Methode kann nur bei Solen, dessen Teilchen sich optisch von dem Dispersionsmittel stark unterscheiden, angewandt werden. Es sind das hauptsächlich lyophobe anorganische Kolloide und einige organische Farbstoffe. Von Freundlich und seinen Mitarbeitern wurde gezeigt, daß Gold-, Silber- und $As_2S_3$-Sole isodimensionale Teilchen enthalten. Blättchenförmige Partikel haben dagegen die Ferrihydroxydsole und stäbchenförmige, z. B. Vanadiumpentoxyd- und Benzopurpurinsole. Neulich wurde von Feitknecht, Signer und Berger[178] gefunden, daß Sole von Nickelhydroxyd blättchenförmige Teilchen besitzen: die Breite der Lamellen betrug 40—72 m$\mu$, die Dicke aber nur 0,8 bis 1,6 m$\mu$. Das wurde allerdings auf röntgenographischem und elektronenmikroskopischem Wege festgestellt.

**Depolarisation.** Ist das auffallende Licht unpolarisiert, so ist seine Bahn im Sol von allen Seiten sichtbar, das seitlich zerstreute Licht ist dabei polarisiert. Letzteres ist um so vollständiger der Fall, je mehr sich in der kolloiden Lösung kugelförmige Teilchen befinden. Enthält aber das zerstreute Licht auch unpolarisiertes, natürliches Licht, so kann man daraus schließen, daß das Sol aniso-

[177] H. Diesselhorst u. H. Freundlich: Physikal. Z. **17**, 117 (1916).
[178] W. Feitknecht, R. Signer u. A. Berger: Kolloid-Z. **101**, 12 (1942).

dimensionale, längliche Teilchen enthält. Je mehr die Teilchenform von der kugeligen abweicht, um so größer wird der Grad dieser „Depolarisation"[179]). Streng quantitative Aussagen über die Form auf Grund dieses Verhaltens des Lichts sind aber nicht möglich[180]).

**Strömungsdoppelbrechung.** Die wichtigste und allgemeingültigste aller optischen Methoden zur Bestimmung der Teilchenform ist die Strömungsdoppelbrechung. Sie läßt sich nicht nur auf lyophobe anorganische Sole, sondern auch auf lyophile Kolloide anwenden. Das Prinzip der Methode besteht in folgendem.

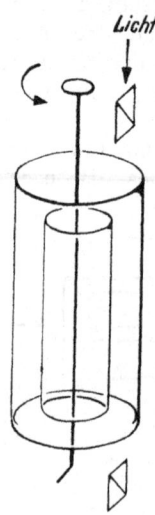

Licht

Betrachten wir zuerst ein Sol, dessen Teilchen aus stäbchen- oder blättchenförmigen Kryställchen bestehen, die einem Doppelbrechung aufweisenden Krystallsystem angehören. Das *ruhende* Sol zeigt keine Doppelbrechung, das Gesichtsfeld bleibt zwischen zwei gekreuzten Nikolprismen dunkel, weil die doppelbrechenden Teilchen infolge der Brownschen Bewegung regellos verteilt sind. Läßt man aber das Sol durch eine z. B. in Abb. 96 sichtbare schmale, rechteckige Kammer fließen, so richten sich die Teilchen mit der Längsachse parellel zu der Strömungsrichtung, und das Sol wird doppelbrechend[181]). Es wurde aber schon früher durch O. Wiener[182]) gezeigt, daß die Strömungsdoppelbrechung auch dann eintritt, wenn die Teilchen keine Eigendoppelbrechung besitzen, nur müssen sie anisodimensional sein. Durch Strömung werden dann die Teilchen mit ihren Längsachsen parallel zur Stromrichtung orientiert, wobei das strömende Sol die optische Eigenschaft eines einachsigen Krystalls annimmt.

Abb. 97. Die Maxwellsche Anordnung zur Untersuchung von erzwungener Strömungsdoppelbrechung.

Sehr einfach läßt sich der Effekt der Strömungsdoppelbrechung an Vanadiumpentoxydsuspensionen in Wasser zeigen. Bei Betrachtung einer solchen Suspension, die sich in einer Krystallisierschale in etwa 1 cm dicken Schicht befindet, unter dem Mikroskop zwischen gekreuzten Nikols, erscheint die Lösung zunächst dunkel. Wird sie aber auf irgend eine Weise zum Strömen gebracht, z. B. durch Eintauchen eines Stabes, so flammen die durch Strömung erfaßten Flüssigkeitsschichten rot auf.

Die Strömungsdoppelbrechung wird entweder mit der in Abb. 96 schematisch gezeichneten oder mit der Maxwellschen Anordnung untersucht. Im letzten Fall befindet sich das Sol zwischen zwei koachsialen Zylindern. Der eine Zylinder wird gedreht, der zweite bleibt in Ruhe. Dabei werden die Teilchen, falls sie anisodimensional sind, durch die Stromrichtung orientiert. Beobachtet man nun das Sol in der Richtung parallel zur Achse (Abb. 97) zwischen zwei gekreuzten Nikolprismen, so sieht man ein dunkles-Kreuz[183]). Die Lage dieses Kreuzes, die durch einen Winkel $\varphi$ charakterisiert wird, ändert sich aber mit der Drehgeschwindigkeit. Untersucht man nun verschiedene Sole mit länglichen Teilchen, so ist der Winkel $\varphi$ von der Länge der Teilchen bzw. von dem Quotient Länge/Dicke abhängig. Frisch hergestellte $V_2O_5$-Sole haben einen $\varphi$-Winkel von etwa 45°,

[179]) R. Gans: Ann. Physik. *65*, 97 (1921); B. Lange: Z. physik. Chem. *132*, 1 (1928).
[180]) Vgl. W. Lotmar: Helv. chim. Acta *21*, 792, 953 (1938). P. Doty u. H. S. Kaufmann: Journ. Physic., Coll. Chem. *49*, 583 (1945).
[181]) H. Diesselhorst, H. Freundlich u. A. Leonhardt: Elster-Geitel-Festschrift *1915*, 453; H. Zocher: Z. physik. Chem. *98*, 293 (1921).
[182]) O. Wiener: Ber. Sächs. Ges. Wissensch. *61*, 113 (1909); Ambronn-Festschr. in Kolloidchem. Beih. *23*, 189 (1927).
[183]) Vgl. Freundlich, Stapefeldt, Zocher: Z. physik. Chem. *114*, 193 (1924).

gealterte mit stark langgestreckten Teilchen besitzen dagegen einen viel größeren $\varphi$-Wert, im Grenzfall einen solchen von 90°.

In der letzten Zeit wurden besonders die organischen Kolloide auf Strömungsdoppelbrechung untersucht[184]), denn die langgestreckten Makromoleküle oder Mizellen orientieren sich im strömenden Sol um so besser, je länger sie sind. Der Winkel $\varphi$ erwies sich hierbei ebenfalls als eine Funktion der Teilchenlänge bzw. der Größe Länge/Dicke. Die Strömungsdoppelbrechung zeigten z. B. die Polystyrole, Polyvinylazetate, Zellulosederivate, Pektine, Nukleinsäuren, Gelatine. Dagegen erwiesen sich die Sole von Sphäroproteinen als nicht strömungsdoppelbrechend.

**Doppelbrechung im magnetischen Felde.** Von T. Svedberg wurde vorgeschlagen, die Orientierung anisodimensionaler Teilchen mit Hilfe magnetischer oder elektrischer Felder zu erzwingen. Einige anorganische Kolloide wurden auf diese Weise im Laboratorium Svedbergs durch Björnestahl[185]) untersucht. Ein monochromatisches Lichtbündel (Abb. 98) wurde durch das Sol geschickt, das sich zwischen den Polen eines starken Elektromagneten (N—S) befand. Beiderseits des Sols waren polarisierende Prismen ($P_1$, $P_2$) und andere Anordnungen zur Messung der Doppelbrechung angebracht. Durch die Kraftwirkung eines Magnets wird hier also dasselbe erreicht, was bei der Strömungsdoppelbrechung durch Strömung der Lösung.

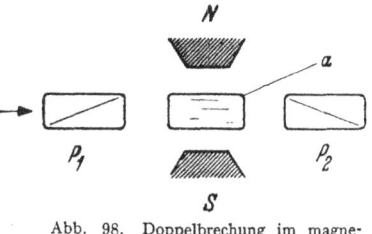

Abb. 98. Doppelbrechung im magnetischen Felde.

In diesen Versuchen wurde unter anderem gefunden, daß die chemisch bereiteten Schwefelsole keine Doppelbrechung im Magnetfeld aufweisen, wohl aber Sole, die durch feinste Vermahlung von Schwefelkrystallen hergestellt worden waren. Die Teilchen der chemisch bereiteter Schwefelsole sind also kugelförmig, die durch Mahlung entstandenen dagegen anisodimensional. Ausgesprochene optische Anisotropie im magnetischen Felde zeigen auch die $Fe(OH)_3$-Sole (Majorana 1902), sowie $V_2O_5$-Sole. Läßt man ein Gemisch von Ferrihydroxydsol und Gelatine im Magnetfelde erstarren, so behält die Gallerte ihre Doppelbrechung auch nach dem Abstellen des Feldes bei, da durch das Gel die aufgezwungene Orientierung der Teilchen festgehalten wird (Schmauß 1903).

## Bestimmung der Teilchenform mit der Ultrazentrifuge.

Nach T. Svedberg[186]) ist die Reibungskraft, die den im Kraftfeld sedimentierenden Kolloidteilchen entgegenwirkt, gleich $f \cdot dx/dt$, wo $f$ den Reibungskoeffizienten (pro Mol) und $dx/dt$ die Geschwindigkeit der Verschiebung weg von der Rotationsachse bedeuten. Zwischen $f$ und der Sedimentationskonstante $s$, dem Molekulargewicht $M$, dem partiellen spezifischen Volumen der Teilchen ($V$) und der Dichte der Teilchen ($\varrho$) besteht ferner nach Svedberg die folgende Beziehung:

$$f = \frac{M\,(1 - V\varrho)}{s}$$

[184]) R. Signer: Z. physik. Chem. *150*, 257 (1930); R. Signer u. H. Gross: ebenda *165*, 161 (1933); G. Boehm u. Signer: Helv. chim. Acta *14*, 1370 (1931); O. Snellmann u. S. Saeverborn: Kolloid-Beih. *52*, 403, 467 (1941); A. L. Muralt u. J. T. Edsall: Journ. Biolog. Chem. *89*, 322 (1930). J. T. Edsall: Advances in Colloid Science (edited by E. O. Kraemer) I, 269 (1942), New York.
[185]) Vgl. The Svedberg: Kolloidchemie, S. 158 (1925).
[186]) The Svedberg: Die Ultrazentrifuge, S. 5—10 (1940).

Nun kann man s aus der Messung der Sedimentationsgeschwindigkeit und M aus der Bestimmung des Sedimentationsgleichgewichts (vgl. S. 115), also nach zwei unabhängigen Methoden ermitteln. Setzt man die so bestimmten Werte in die oben angeführte Gleichung ein, so kann man den Reibungskoeffizient f ausrechnen*). Andrerseits läßt sich die Reibungskonstante $f_0$ für den Fall berechnen, wenn die Moleküle (mit M und V wie oben) kugelförmig sein würden:

$$f_0 = 6 \pi \eta N \left( \frac{3 M V}{4 \pi N} \right)^{1/3}$$

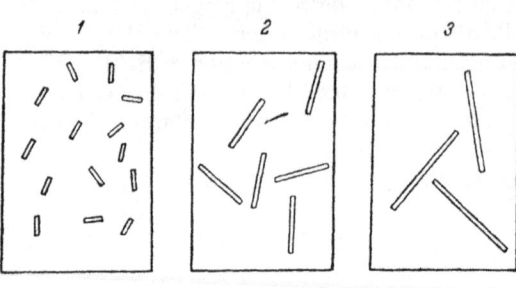

1        2        3

$\eta_{sp/c}$ und Dissymmetrie wächst

Abb. 99. Drei Sole mit länglichen Teilchen. Der Dissymmetriefaktor von 2 ist größer als derjenige von 1. Am größten ist der Faktor beim Sol 3.

Liegen kugelförmige Teilchen vor, so sollte der Quotient $f/f_0$ — genannt das Reibungsverhältnis — gleich 1 sein. Haben dagegen die Teilchen eine längliche oder eine andere unregelmäßige Form, so ist $f/f_0$ größer als1. Auch durch diese Methode ist man also in der Lage, Schlußfolgerungen bezüglich der Teilchenform zu ziehen. Leider kann man durch die Methode nicht entscheiden, ob z. B. bei einem Fall $f/f_0 = 1,5$ die Teilchen stäbchen-, blättchen- oder seesternartig sind, denn in allen diesen Fällen ist $f/f_0 > 1$. Außerdem hängt die Größe des Reibungsverhältnisses noch von anderen Umständen wie von der Solvatation ab.

Mit dieser Methode wurden hauptsächlich verschiedene Proteine untersucht. Es konnte dabei gefunden werden, daß die $f/f_0$-Werte in der Regel zwischen 1,0 (Pepsin) und 2,0 variieren (z. B. das Getreideprotein Gliadin hat den Wert $f/f_0 = 1,6$).

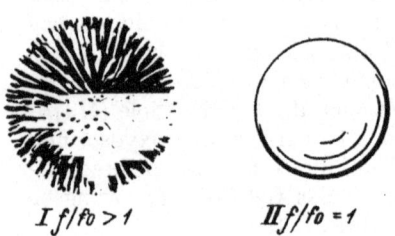

I $f/f_0 > 1$        II $f/f_0 = 1$

Abb. 100. Zwei Teilchen mit gleichem Dissymmetriefaktor und verschiedenem Reibungsverhältnis $f/f_0$.

## Bestimmung der Teilchenform durch Viskositätsmessungen.

Die einfachste Methode zur Bestimmung der Teilchenform ist die viskosimetrische. Sind in einem Sol die Teilchen *kugelförmig*, so muß, wie es sich theoretisch voraussehen läßt, die *spezifische Viskosität der Konzentration proportional und unabhängig von der Teilchengröße* sein. Das konnte z. B. bei $As_2S_3$-Solen[187]) und bei Glykogensolen[188]) bestätigt werden. Daraus ist zu schließen, daß die Teilchen der $As_2S_3$- oder der Glykogensole kugelförmig sind. Da dies auch durch andere Methoden, insbesondere durch direkte übermikroskopische Abbildungen bestätigt werden konnte[189]), so erwerben dadurch die auf Viskositätsmessungen sich gründenden Schlußfolgerungen über die Teilchenform eine noch höhere Zuverlässigkeit.

---

*) Zwischen f und dem Diffusionsköeffizienten (D) besteht der einfache Zusammenhang $f = RT/D$, worin R und T die übliche Bedeutung haben. Sind also die f-Werte bekannt, so kann man aus den Sedimentationsdaten den Diffusionskoeffizient leicht ausrechnen. Oder auch umgekehrt: man kann f aus den D-Wert ermitteln.

[187]) A. Boutaric u. R. Simonet: Bull. Acad. Roy. Belgique (5), *10*, 150 (1924).

[188]) H. Staudinger u. E. Husemann: Liebigs Ann. Chem. *530*, 1 (1937); E. Husemann: J. prakt. Chem. *158*, 163 (1941).

[189]) E. Husemann u. H. Ruska: Naturwiss. *28*, 534 (1940).

Für *Linearkolloide* dagegen ist das Einsteinsche Gesetz ungültig. Schon im Gebiet niedriger Konzentrationen von etwa 1 bis 10 g/Liter wächst die Viskosität nicht linear mit der Konzentration, sondern viel stärker an. Nach H. Staudinger ist die Viskosität *der Teilchenlänge bzw. dem Polymerisationsgrad proportional.* Sind dagegen die Moleküle verzweigt, oder bestehen sie aus mehreren in einem Bündel vereinigten Ketten, so sind die Verhältnisse komplizierter. Aber auch dann besteht eine gewisse Proportionalität zwischen Viskosität und Teilchenlänge. Solche, aus vielen Atomketten bestehenden Stäbchenmoleküle haben unter anderem die Proteine, z. B. Myosin. Werden die Myosinteilchen in kürzere Bruchstücke gesprengt, so fällt die Viskosität[190]).

Die Viskositätsmessungen eines Kolloids erlauben somit zu entscheiden, ob kugelförmige oder längliche Teilchen in der kolloiden Lösung vorliegen.

Im letzten Fall ist es von Bedeutung, den Streckungsgrad eines Teilchens festzustellen.

**Der Dissymmetriefaktor.** Das Verhältnis Länge/Dicke = l/d wird bei länglichen, stäbchenförmigen Teilchen *Dissymmetriefaktor* genannt (Abb. 99). Das im vorigen Abschnitt besprochene Reibungsverhältnis $f/f_0$ ist aber mit dem Dissymmetriefaktor l/d nicht identisch. Z. B. ist in dem in Abb. 100 betrachteten Fall der Dissymmetriefaktor der gleiche, das Reibungsverhältnis dagegen verschieden, denn wegen des sperrigen Baues wird der Bewegung von I ein größerer Widerstand geleistet als der Bewegung von II.

Andererseits kann man auf Grund theoretischer Überlegungen die Zusammenhänge voraussehen, die zwischen der Viskosität und dem Dissymmetriefaktor bestehen müßten, wenn man annimmt, daß die in Lösung sich befindlichen Teilchen z. B. Rotationsellipsoide oder flache Scheiben sind, oder irgendeine andere von der kugeligen abweichende Form besitzen.

Von W. Kuhn[191]) wurde z. B. theoretisch folgende Gleichung abgeleitet, wobei angenommen wurde, daß die Teilchen *Rotationsellipsoide* sind:

$$\eta_{sp} = 2,5 \, G + \frac{\pi}{2} \, G \cdot l/d.$$

G ist das Volumen gelöster Substanz in der Volumeinheit der Lösung. A. Polson[192]) dagegen kam zu einer anderen Beziehung, nämlich:

$$\eta_{sp} = 4,0 \, G + 0,098 \, G \, (l/d)^2.$$

Tabelle 36. *Dissymmetriefaktor (Achsenverhältnis) l/d einiger Proteine.*

| Protein | Mol-Gew. (M) | $f/f_0$ | l/d |
|---|---|---|---|
| Gliadin . . . . . . . . . . . . . . | 27400 | 1,60 | 10,64 |
| Pepsin . . . . . . . . . . . . . . | 35500 | 1,076 | 2,47 |
| Insulin . . . . . . . . . . . . | 40900 | 1,128 | 3,17 |
| Ovalbumin . . . . . . . . . . . | 43800 | 1,171 | 3,84 |
| Serumalbumin . . . . . . . . . . | 70100 | 1,253 | 4,95 |
| Edestin . . . . . . . . . . . | 309000 | 1,21 | 4,35 |
| Phykozyan, bei pH = 5,4 . . . . . . | 269000 | 1,193 | 4,17 |
| Phykozyan, bei pH = 7,5 . . . . . | 131000 | 1,376 | 6,90 |
| Helix-Hämozyanin, bei pH = 6,6 . . . | 6630000 | 1,241 | 4,76 |
| Helix-Hämozyanin, bei pH = 8,6 . . . | 813000 | 1,886 | 16,6 |

[190]) J. T. Edsall, J. P. Greenstein u. J. W. Mehl: J. Amer. Chem. Soc. *61*, 1613 (1939); M. v. Ardenne u. H. H. Weber: Kolloid-Z. *97*, 322 (1941).

[191]) W. Kuhn: Z. physik. Chem. *161*, 427 (1932); Kolloid-Z. *62*, 280 (1933).

[192]) A. Polson: Kolloid-Z. *88*, 51 (1939). Seine Überlegungen wurden dadurch bestätigt, daß er aus dem Dissymmetriefaktor und den Diffusionskonstanten das Molekulargewicht (M) verschiedener Proteine berechnen konnte, wobei diese M mit denjenigen mit der Ultrazentrifuge ermittelten, gut übereinstimmten.

Die Gleichung hat sich für langgestreckte Teilchen, deren l/d *nicht sehr groß* ist, als gültig erwiesen. Sie wurde von Polson an den Proteinen geprüft (vgl. Tab. 36). Betrachtet man die in der Tabelle zusammengestellten Zahlen, so ist die Tatsache bemerkenswert, daß bei der Änderung der Wasserstoffionenkonzentration (pH) die Moleküle in kleinere Bruchstücke zerfallen, wobei der Dissymmetriefaktor wächst. Aus dieser Tatsache wurde die Schlußfolgerung gezogen, daß die Proteinteilchen durch Änderung von pH *entlang der längeren Achse* zerfallen bzw. sich wieder zusammenlagern.

Für *stark langgestreckte Teilchen* wurde von Eisenschitz[193]) auf Grund hydrodynamischer Überlegungen folgende Gleichung abgeleitet:

$$\eta\text{sp} = \frac{G \cdot (l/d)^2}{15 \,(\ln 2\,l/d - 3/2)}$$

Außer diesen sind noch andere theoretisch begründete Beziehungen vorgeschlagen worden, die mit den experimentellen Ergebnissen mehr oder weniger gut übereinstimmen.

Für *scheibenförmige Teilchen* gilt nach Peterlin und Stuart[194]) die Gleichung:

$$\eta\text{sp}/c = 4/\,9 + 4/3\,\pi \cdot l/d.$$

Die Gültigkeit dieser Gleichung wurde an Solen des Nickelhydroxyds erwiesen[195]), wobei die Blättchenform sich auch durch andere Methoden sicherstellen ließ (Übermikroskopie u. a.).

Ähnliche Berechnungen wurden weiter für Proteinmoleküle unter der Annahme, daß sie längliche Ellipsoide sind, von Neurath und Cooper[196]) durchgeführt. Hiernach sind z. B. die Ellipsoide des nativen Ovalbumins 9,1 m$\mu$ lang und 3,2 m$\mu$ dick, die entsprechenden Achsen der Ellipsoide des Edestins 23,7 m$\mu$ und 5,5 m$\mu$, die des Serumalbumins 14,5 m$\mu$ und 3,4 m$\mu$.

Lauffer[197]) berechnete auf Grund von Viskositätsdaten für die Teilchen des Tabak-Mosaikvirus das Verhältnis l/d gleich 35. Dies wurde später durch direkte Aufnahmen im Elektronenmikroskop bestätigt[198]).

Schließlich sei noch erwähnt, daß auch *Modellversuche* mit Kugelsuspensionen sowie Stäbchensuspensionen (z. B. Glasfäden bekannten l/d) ergaben, daß *die Viskosität von Stäbchensuspensionen mit der Größe l/d wächst*[199]).

## Über die Gestalt der Fadenmoleküle in Lösungen.

Hat ein Kolloidteilchen die Form eines Ellipsoids oder Zylinders, und sind die Achsenverhältnisse (l/d) nicht sehr groß, so müssen die Teilchen in Lösung als starr angenommen werden. Mit sehr großer Wahrscheinlichkeit kann man dann schließen, daß z. B. die Proteinteilchen nicht irgendwie gekrümmt sind, sondern die in Abb. 101 sichtbare Form haben. Starke Formänderung ist hier schon deshalb nicht möglich, weil die Teilchen durch Zusammenlagerung sehr vieler Atomketten entstanden sind.

[193]) R. Eisenschitz: Z. physik. Chem. *163*, 133 (1933).
[194]) A. Peterlin u. A. H. Stuart: Z. Physik. *111*, 232 (1938); *112*, 129 (1939).
[195]) W. Feitknecht, R. Signer u. A. Berger: Kolloid-Z. *101*, 12 (1942); A. Berger: Kolloid-Z. *103*, 185 (1943); *104*, 24 (1943).
[196]) H. Neurath u. G. R. Cooper: J. Amer. Chem. Soc. *62*, 2248 (1940); H. Neurath: J. Amer. Chem. Soc. *61*, 1841 (1939). H. B. Bull: Journ. Biol. Chem. *133*, 39 (1940).
[197]) M. A. Lauffer: J. Biol. Chem. *126*, 443 (1938). Chem. Rev. *31*, 5 i ( 942).
[198]) G. A. Kausche, E. Pfankuch u. H. Ruska: Naturwiss. *27*, 292 (1939).
[199]) F. Eirich, H. Margaretha u. M. Bunzl: Kolloid-Z. *75*, 20 (1936).

Ganz anders dagegen sind die Verhältnisse bei den sehr langen, aus einer einzigen Atomkette bestehenden Fadenmolekülen, wie es z. B. bei der Nitrozellulose der Fall ist. Sind die Fäden gestreckt oder geknäuelt? Durch elektronenmikroskopische Untersuchungen kann die Frage zur Zeit nicht entschieden werden, weil die Fäden zu dünn sind. Abgesehen davon, ist es durch mehrere indirekte Methoden in der letzten Zeit gelungen, die Frage an einigen Beispielen zu beantworten. Es stellte sich heraus, daß z. B. *die langen Fadenmoleküle der Nitrozellulosen in Lösung keine starren Stäbe, sowie keine Knäuel, sondern wellen- oder spiralförmig sind.*

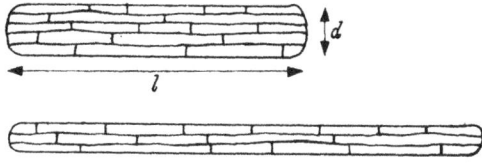

Abb. 101. Wahrscheinliche Gestalt der Proteinmoleküle.

So hat H. Mosimann[200] mehrere gut fraktionierte Nitrozellulosen untersucht und die nach drei verschiedenen Methoden ermittelten Achsenverhältnisse (l/d) mit denen für starr gestreckte Formen berechneten, verglichen. Die Resultate sind in der folgenden Tabelle niedergelegt.

Tabelle **37.** *Achsenverhältnisse (l/d) der Nitrozellulosemoleküle in Lösungen. Vergleich der aus röntgenographischen Daten für starre, langgestreckte Teilchen berechneten l/d-Werte mit denen aus Sedimentationsversuchen, Viskositätsmessungen[201] und Strömungsdoppelbrechung[201] ermittelten.*

| Substanz | Röntgenographie für gestreckte Teilchen | | Sedimentation in Ultra-zentrifuge | | Viskosimetrisch | | Durch Strömungs-doppelbrechung | |
|---|---|---|---|---|---|---|---|---|
| | l/d | l in m$\mu$ | l/d | l in m$\mu$ | l/d | l in m$\mu$ | l/d | l in m$\mu$ |
| Nitrozell. I Mol.-Gew. 613000 | 1083 | 1190 | 290 | 435 | 560 | 675 | 222 | 365 |
| Nitrozell. II Mol.-Gew. 199000 | 352 | 386 | 188 | 224 | 300 | 306 | 150 | 198 |
| Nitrozell. III Mol.-Gew. 80200 | 140 | 153 | 144 | 138 | 160 | 148 | 90 | 105 |
| Nitrozell. IV Mol.-Gew. 30000 | 53 | 58 | 57 | 53,8 | 95 | 75 | | |
| Nitrozell. V Mol.-Gew. 6200 | 12 | 13 | 16 | 14 | 18 | 15 | | |

Aus der Tabelle ist zu ersehen, daß im Fall langer Fadenmoleküle die experimentell ermittelten l/d-Werte sind etwa dreimal kleiner, als die für gestreckte Form, auf Grund röntgenographischen Messungen berechnet. Je kürzer die Fäden sind, um so mehr nähert sich ihre Gestalt der eines starren Stabes (Abb. 102).

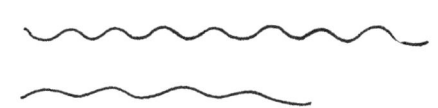

Abb. 102. Lange und kurze Hauptvalenzketten in Lösungen.

„Es kann aus diesen Resultaten mit Sicherheit geschlossen werden, daß die niedermolekularen Nitrozellulosen in Lösung nahezu gestreckte Moleküle haben, daß aber die hochmolekularen Nitrozellulosen davon abweichende Molekelformen aufweisen und mehr gewellte Gebilde darstellen. Eine Knäuelung ist aber ausgeschlossen" (H. Mosimann,

[200]) H. Mosimann: Helv. Chim. Acta *26*, 61 (1943); R. Signer u. P. v. Tavel: Helv. Chim. Acta *21*, 535 (1938).
[201]) Die Achsenverhältnisse aus Viskositätsdaten wurden in dieser Arbeit mit Hilfe einer von J. M. Burgers (2nd. Report on Viskosity and Plasticity, Chap. 3, Amsterdam, 1938) abgeleiteten Gleichung berechnet.

l. c. 200). Durch gewisse Biegsamkeit der Fäden ist die Bildung sehr loser Knäuel aber im Fall von überlangen Fadenmolekülen anzunehmen (l. c. 202). So konnte Schulz[202a]) nachweisen, daß die überlangen Moleküle der Polymethacrylsäureester geknäuelt sind.

Allerdings muß bei der Betrachtung der Molekülform von Linearkolloiden auch die Brownsche Bewegung berücksichtigt werden. Es ist leicht verständlich, daß die Fadenmoleküle durch die ständigen Stöße der Flüssigkeitsmoleküle nicht nur unaufhörlich schwingen, sondern auch ihre Form gewissermaßen ändern. Die experimentell ermittelte Gestalt eines sich in Lösung befindlichen Fadenmoleküls ist also nur eine statistisch am häufigsten vorkommende Form, die sich in gewissen Grenzen ändern kann.

Schließlich sei noch erwähnt, daß es in der letzten Zeit gelungen ist, das empirische Staudingersche Viskositätsgesetz theoretisch abzuleiten und zu begründen. Nach diesen, von W. Kuhn und H. Kuhn[202]) ausgeführten Ableitungen soll das Staudingersche Viskositätsgesetz für extrem verdünnte Sole der Linearkolloide gültig sein, falls die Molekülfäden nicht allzu lang sind. In ähnlicher Weise wurde von den genannten Gelehrten auch die zwischen der Strömungsdoppelbrechung und dem Polymerisationsgrad bestehende Proportionalität theoretisch begründet. Es wird dabei eine Formel abgeleitet, die aus einer einzigen Bestimmung der Strömungsdoppelbrechung und einer Bestimmung der Viskosität gestattet, den Polymerisationsgrad und somit auch die Moleküllänge zu berechnen.

### Eine einfache Klassifikation der Kolloide nach der Teilchenform.

Aus dem eben Gesagten ist zu ersehen, daß in den natürlichen und künstlich hergestellten Kolloiden mit den zur Zeit vorhandenen experimentellen Forschungsmitteln folgende Teilchenformen am häufigsten festgestellt werden können: 1. vollkommen isodimensionale, meist kugelförmige Teilchen, 2. kürzere oder längere Stäbchen (längliche Krystallaggregate, Zylinder, Rotationsellipsoide), 3. Blättchen, 4. Fadenmoleküle mit verschiedener Wellung oder ganz gestreckt. Die unter 2, 3 und 4 angeführten Teilchen sind der Form nach anisodimensional. Zudem gehören die unter 1 und 3 ihrer Eigenschaften nach zu den Sphärokolloiden, die unter 4 zu den Linearkolloiden. Die unter 2 stehenden *kurzen* Stäbe haben die Eigenschaften der Sphärokolloide, die *langen* Stäbe — die der Linearkolloide. Die Klassifikation der Kolloide nach ihrer Teilchenform ist weiter unten schematisch dargestellt.

Einige Beispiele sollen nun zeigen, in welchen kolloiden Lösungen sich Teilchen der festgestellten 4 Formen befinden. Es haben:

1. Isodimensionale Teilchen: alle Emulsionen, viele Metallsole, Sulfidsole, einige Schwefelsole.

2. Stäbchenförmige Teilchen:
   a) kurze Stäbe (Sphärokolloide) — viele Proteinsole (z. B. Ovalbumin, Kasein, Edestin, Hämoglobin);

---

[202]) W. Kuhn u. H. Kuhn: Helv. Chim. Acta **26**, 1394 (1943). Eine ähnliche theoretische Begründung des Staudingerschen Viskositätsgesetzes stammt auch von **M. L.** Huggins: J. physik. Chem. **43**, 439 (1939). — Über die Bestimmung der Form und Größe gelöster Makromoleküle durch Strömungsdoppelbrechung vgl. auch A. Wissler: Kunststoffe **34**, 220 (1944). Seine Ergebnisse mit polymerhomologen Methylzellulosen sind ähnlich denjenigen, die Mosimann mit Nitrozellulosen erhalten hatte. Über die thermodynamische Eigenschaften langer Moleküle vgl. R. E. Powell u. H. Eyring: Advances in Colloid Science (edited by E. O. Kraemer) I, S. 183ff., (1942).

[202a]) G. V. Schulz u. G. Harborth: Die makromol. Chemie, **2**, 187 (1948).

b) lange Stäbe (Linearkolloide) — $V_2O_5$-Sole, Seifensole, einige Proteinsole (Tabakmosaikvirus, Myosin).

3. Blättchenförmige Teilchen: Sole einiger Hydroxyde, z. B. $Ni(OH)_2$, Graphitsole.

4. Fadenmoleküle (Linearkolloide):
   a) gestreckte Fäden — die mäßig langen Moleküle von Nitrozellulosen, Zelluloseazetaten, Polyoxyundecansäuren, Kieselsäure;
   b) gewellte oder lose geknäuelte Fäden — überlange Moleküle von Nitrozellulosen, Kautschuk, Polyvinylderivate;
   c) vernetzte Fäden — Stärke, Polystyrole, Buna.

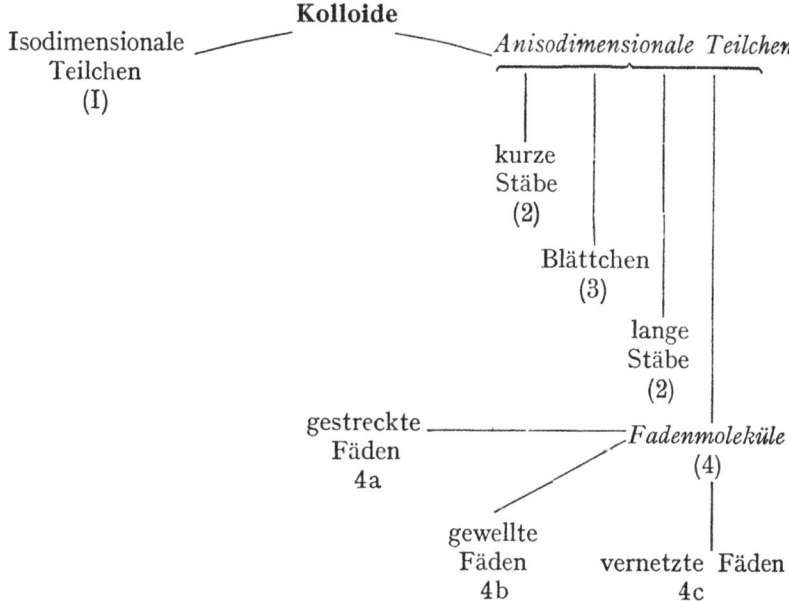

## X. Die Bestimmung der Teilchengröße und -form mittels Röntgen- und Elektronenstrahlen.

### Bestimmung mittels Röntgenstrahlen.

**Geschichtliches.** Im Jahre 1916 veröffentlichten P. Debye und P. Scherrer und bald darauf auch A. W. Hull (USA.) die Resultate ihrer Untersuchungen über die Beugung von Röntgenstrahlen an Pulvern. Durch die sogenannte Debye-Scherrer-Hull-Methode läßt sich leicht feststellen, ob ein Pulver krystallin oder „amorph" ist: *Alle krystallinen Substanzen* liefern nämlich *scharfe Debye-Scherrer-Ringe*, während das bei den „amorphen" nicht der Fall ist. 1918 berichtete Scherrer über die Möglichkeiten der Bestimmung von Teilchengrößen kolloider Stoffe mittles Pulveraufnahmen und entwickelte die dazu notwendigen Formeln. Die theoretischen Grundlagen der Teilchengrößen- und der Teilchenformbestimmung wurden aber erst später von M. v. Laue abgeleitet (1926, 1932). Die Bestimmungen der Teilchengröße verursachen ziemlich viel Arbeit und es war deshalb für die schnelle und bequeme Auswertung der erhaltenen Digramme von Bedeutung, als in den Jahren 1928—1930 R. Brill über ein rechnerisch leichter durchführbares Verfahren berichten konnte[203]). Teilchenformbestimmungen wurden mit gutem Erfolg von J. Böhm und Ganter 1928 durchgeführt[204]).

Wenn man mit noch geringeren Teilchengrößen, bei denen die Röntgenstrahlen schon versagen, zu tun hat, leisten die *Elektronenstrahlen* noch gute Dienste. Die Methode ist jedoch noch nicht so genau erforscht und es bestehen hier noch einige Unklarheiten.

**Wie kommen die Diagramme kolloider Stoffe zustande?** Zu welchen Röntgenbildern man bei der Durchstrahlung kolloider Stoffe gelangt, soll jetzt näher ausgeführt werden. Es ist mit Nachdruck darauf zu verweisen, daß es sich bei dieser „Durchstrahlung" nicht um Schattenbilder handelt, wie das in der Materialprüfung, z. B. bei der Prüfung von Gußstücken, oder bei der medizi-

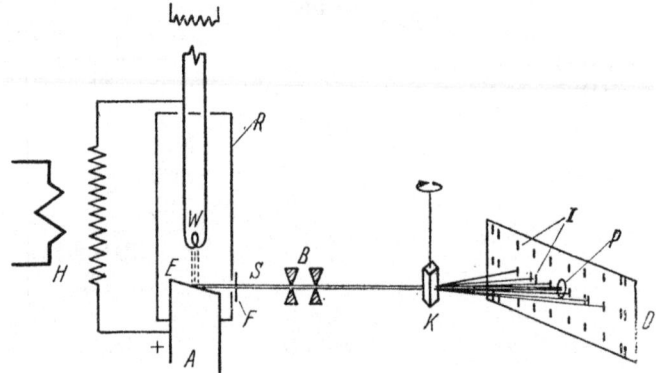

Abb. 103. Das Entstehen eines Drehkrystalldiagrammes. W Glühspirale aus W, die die Elektronen E emittiert; letztere bombardieren infolge der angelegten Hochspannung H die Anode A (z. B. aus Cu), wobei Röntgenstrahlen (Kupferstrahlung) vom Auftreffpunkt nach allen Seiten ausgesandt werden. Ein Strahlenbündel S gelangt durch das Fenster F der Röntgenröhre R nach außen, geht durch die Rundblende B und trifft den rotierenden Krystall K. Es entsteht Strahlenbeugung und auf dem Film erhält man ein „Drehkrystalldiagramm" D.

nischen Röntgendiagnostik der Fall ist, sondern es handelt sich hier um die *Beugung* der Röntgenstrahlen am Krystallgitter des Präparats. Dementsprechend sind die Belichtungszeiten viel länger, als die beim Erhalten der Schattenbilder.

Um zu verstehen, wie die Diagramme kolloider Stoffe zustande kommen, sei zunächst der Fall eines einzigen Krystalls, der sich im monochromatischen Röntgenstrahl um eine festgelegte Achse dreht, behandelt[205]). Die Versuchsanordnung ist in Abb. 103 skizziert und in der Unterschrift erläutert. Der Krystall K ist genau justiert, d. h. eine seiner krystallographischen Hauptachsen (z. B. 001) liegt in der Drehachse. Was nun im Röntgenstrahl geschieht, ist am einfachsten zu verstehen, wenn man an die Reflexion im sichtbaren Licht anknüpft. Nehmen wir an, es trifft statt des Röntgenstrahles ein gewöhnlicher Lichtstrahl S den langsam rotierenden Krystall. Da dieser beispielsweise 4 spiegelnde Flächen besitzt, so werden 4 Lichtflecke von der Größe der Flächen nacheinander und in

[203]) Siehe z. B. R. Brill: Kolloid-Z. *69*, 301 (1934).

[204]) J. Böhm und Ganter: Z. f. Krystallogr. *69*, 17 (1928).

[205]) Monochromatische Röntgenstrahlen erhält man beim Gebrauch von Röntgenröhren mit Anoden aus reinen Metallen, z. B. aus Cu, Ni, Co, Fe, Cr usw. Diese von solchen Anoden ausgehenden Strahlen sind zwar nicht vollständig monochromatisch, bestehen jedoch nur aus einigen Strahlenarten, die sich voneinander in der Wellenlänge unterscheiden. Durch besondere Intensität zeichnet sich dabei die $\alpha$-Strahlung aus, gegen die die übrigen ($\beta$, $\gamma$) stark zurücktreten, weshalb man praktisch von einer „monochromatischen" Strahlung sprechen darf. Über die Erzeugung von Röntgenstrahlen ist in den Lehrbüchern der Physik nachzulesen, z. B. in R. W. Pohl: Elektrizitätslehre, S. 157, 4. Aufl. 1935, Springer-Verlag, Berlin.

ganz bestimmten Abständen voneinander, der rotierenden Bewegung des Krystalls folgend, über den Ekran wandern. Die „Reflexe" der Röntgenstrahlen unterscheiden sich nun von den der Lichtstrahlen erstens dadurch, daß eine „Reflexion" nur bei einer ganz bestimmten Lage der reflektierenden Fläche zum Strahl stattfindet; wird diese nur etwas unter- oder überschritten, so *erlischt der schwache Lichtfleck*, der sich z. B. auf einem Zinksulfidekran beobachten läßt (Abb. 103 D). Der Strahl selbst umspült den Krystall (er ist gewöhnlich dünner, als das etwa 1 mm dicke Strahlenbündel) und erzeugt auf dem Ekran einen intensiv leuchtenden Primärfleck (P). Beim Ersatz des Ekrans durch einen Photofilm, wird diese Stelle und deren Umgebung sehr stark geschwärzt. Die Störung läßt sich vermeiden, wenn man in den Film ein Loch bohrt, durch das der Strahl ungehindert durchtreten und schon außerhalb der eigentlichen Kamera absorbiert werden kann. Der Winkel, den die Krystallflächen in Reflexionsstellung mit dem Primärstrahl bildet, wird „Glanz-" oder „Reflexionswinkel" genannt und mit $\vartheta$ bezeichnet. Die von der entsprechenden Fläche erzeugte Reflexion (die eigentlich durch Beugung oder Interferenz entsteht), befindet sich somit in doppelter Entfernung (Winkel $2\vartheta$ — Abbeugungswinkel) vom Primärfleck, wie das deutlich aus Abb. 104 zu erkennen ist. Um nun möglichst alle Stellungen der Beugungsflecke festzuhalten, wird dem Film eine zylindrische Form durch Einsetzen in einen Hohlzylinder aus Metall gegeben. Weiter kann man am Zylinder gegen das sichtbare Licht abgeschlossene Ein- und Austrittsvorrichtungen (B und P) des Röntgenstrahles anbringen und durch den Deckel der Kamera einen Objektträger mit dem justierten Krystall so weit durchlassen, bis dieser sich im Röntgenstrahlenbündel befindet. Die ganze Anordnung heißt dann „Drehkrystallkamera", mit der man Drehkrystalldiagramme herstellen kann. Die Methode ist durch Wagner, Seemann,

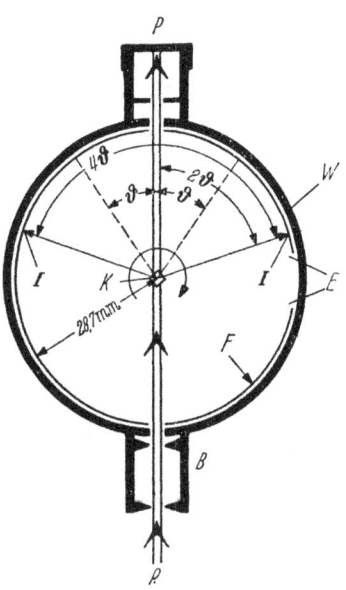

Abb. 104. Schnitt durch eine Drehkrystallkamera: W Kamerawand, F der an W anliegende Film; rotierender Krystall-K in der Mitte der Kamera. Der Objektträger, an dem der Krystall befestigt ist, ragt nach oben oder nach unten durch den Boden oder den Deckel der Kamera und ist auf der Zeichnung nicht zu sehen. Der Röntgenstrahl gelangt und verläßt die Kamera durch Löcher in Wand und Film.

Polanyi, Weißenberg, Schiebold, Bernal u. a. entwickelt worden. Ein Querschnitt durch eine solche Kamera mit eingezeichnetem Strahlengang ist in Abb. 104 wiedergegeben. Es braucht wohl kaum erwähnt zu werden, daß die Interferenzen genau symmetrisch links und rechts zum Primärstrahl fallen, da doch beim Rotieren des Krystalls Reflexionsstellungen nicht nur links, sondern auch rechts zustande kommen.

Ein weiterer Unterschied gegenüber den Lichtstrahlen besteht darin, daß Röntgenstrahlen unvergleichlich viel tiefer einzudringen vermögen und infolgedessen auch an *inneren Flächen*, die man sich durch die Gitterpunkte des Krystalls gelegt denken kann, zur *Reflexion* (Beugung) gelangen und Schwärzungen (Striche oder Punkte) auf dem Film (Abb. 103) erzeugen. Röntgenstrahlinterferenzen liefern somit nicht nur äußere Flächen eines Krystalls, sondern auch eine große Zahl innerer (s. Abb. 105).

Es besteht nun ein ganz bestimmter Zusammenhang zwischen dem halben Abstande einer Interferenz vom Primärstrahl (dem Glanzwinkel $\vartheta$) auf dem Film, dem Abstande d zwischen den gleichnamigen Flächen im Krystall und der Wellenlänge $\lambda$ des verwandten Röntgenstrahles:

$$n\lambda = 2d\sin\vartheta \dots \dots \dots \dots \dots \dots (1)$$

In dieser Braggschen Formel ist n eine ganze Zahl (n = 1, 2, 3 ....) und entspricht der Ordnung der Interferenz[206]. Nun ist d eine unbequeme Größe, die man jedoch durch die Gitterkonstante a (s. Abb. 105) — dem Abstande zwischen 2 vollständig im Aufbau und Anordnung identischen Flächen — ersetzen kann, denn

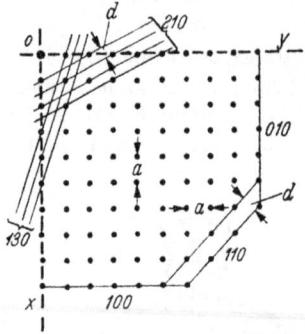

$$d = \frac{a}{\sqrt{h^2 + k^2 + l^2}} \dots \dots \dots \dots \dots (2)$$

die Formel gilt für eine jede beliebige Flächenschar eines kubischen Krystalls, wobei h, k und l die krystallographischen Indizes der Fläche sind, von denen die Interferenz stammt. Mit Hilfe dieser Formel läßt sich leicht berechnen, wieviel Ordnungen man z. B. bei der Reflexion von der Fläche 100 und 110 eines Krystalls mit einem einfachen kubischen Gitter und einer Konstante a = 4,0 Å (1 Å = 10⁻⁸ cm) bei Benutzung von Cu-Strahlung ($\lambda = 1,54$ Å) erwarten könnte. (2) in (1) eingesetzt erhält man für die Fläche (100):

$$\sin\vartheta = \frac{n \cdot \lambda}{2a} = n \cdot 0,192$$

und für (110) $\sin\vartheta = \dfrac{n\lambda}{2a}\sqrt{1^2 + 1^2} = \dfrac{n\lambda}{2a}\sqrt{2} = n \cdot 0,272$.

Abb. 105. Äußere Flächen (hier *100*, *110* und *010*) eines kubischen Krystalls, an denen Lichtstrahlen und Röntgenstrahlen reflektieren können (X und Y krystallographische Hauptachsen, Z steht senkrecht zur Zeichnung). (*210*), (*130*), (*230*) usw. innere Flächen des Krystalls, an denen nur Röntgenstrahlen gebeugt werden, die dann auf dem Film scharfe Schwärzungen erzeugen. *d* ist der Abstand zwischen 2 gleichnamigen Flächen, *a* ist die Gitterkonstante.

Die Überschlagsrechnung ist in der Tabelle 38 zusammengestellt.

Die Berechnung zeigt also, daß von der Fläche (100) Interferenzen in 5 Ordnungen, von (110) nur solche in 3 Ordnungen erscheinen können. Bei komplizierteren Gittern fallen noch einige der angeführten Interferenzen aus. In der Abb. 106 sind die Interferenzen der Fläche (100) auf gekrümmtem (106a) und ausgebreitetem Film (106b) eingezeichnet (Winkel $2\vartheta$). Außerdem findet man dort noch Interferenzen, die von den Pyramidenflächen (ho l) stammen. Eine jede Fläche liefert somit ein System von Interferenzpunkten, -streifen oder -flecken auf dem Film.

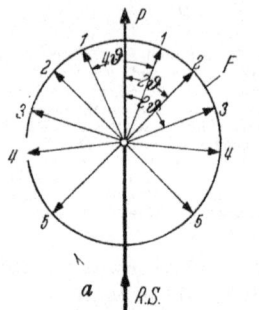
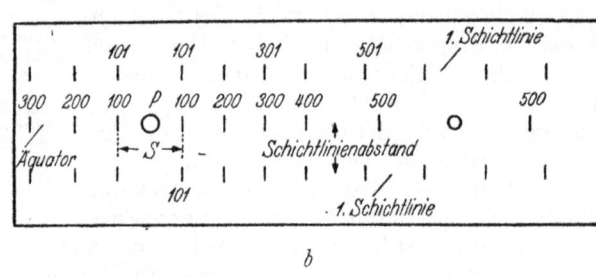

Abb. 106. Einkrystallinterferenzen der Fläche (*100*).
a) Mit Ziffern sind die Interferenzen bezeichnet, die von der Fläche (*100*) stammen.
b) Derselbe Film ausgebreitet. Die Indizes n (*100*) = Röntgenographisch Indizes. P Austrittsloch des Primärstrahles, rechts Eintrittsloch.

Jetzt kann auch eine Frage beantwortet werden, die sehr oft gestellt wird: Wie ist es möglich, den Abstand zwischen zwei gleichgebauten Gitterflächen (z. B. die Konstante a), in einem Krystall mit hoher Genauigkeit zu bestimmen? Das ist sehr einfach, denn dazu gehört nur eine verhältnismäßig grobe Messung der Abstände zwischen gleichnamigen Schwärzungen auf dem ausgebreiteten Film (Abb. 106). Da der Kameradurchmesser bekannt ist, so fällt es leicht, die Glanzwinkel $\vartheta$ zu berechnen. Diese werden in die Formel

$$a = \frac{\lambda}{2\,s.n\,\vartheta}\sqrt{h^2 + k^2 + l^2} \dots \dots \dots (3) \text{ aus (1) und (2)}$$

[206]) Über die Ableitung der Braggschen Formel siehe z. B. „Röntgenanalyse von Krystallen" J. M. Bijvoet u. N. H. Kolkmeijer: Berlin: Springer-Verlag 1940.

Tabelle 38. *Röntgeninterferenzen von den Flächen* (100) *und* (110) *eines kubischen Krystalls* (a = 4,0 Å) *mit primitivem Gitter und Cu-Strahlung.*

| n = | 1 | 2 | 3 | 4 | 5 | 6 |
|---|---|---|---|---|---|---|
| sin $\vartheta$ von (100) . . . . | 0,192 | 0,384 | 0,576 | 0,728 | 0,910 | *) — |
| $\vartheta$ in Grad . . . . | 11,15 | 22,6 | 35,2 | 46,7 | 66,4 | — |
| 2 $\vartheta$ in Grad . . . . | 22,3 | 45,2 | 70,4 | 93,4 | 132,8 | — |
| sin $\vartheta$ von (110) . . . . . . | 0,272 | 0,544 | 0,816 | (1,088)*) | — | — |
| $\vartheta$ in Grad . . . . | 15,8 | 32,95 | 54,7 | — | — | — |
| 2 $\vartheta$ in Grad . . . . | 31,6 | 65,9 | 109,4 | — | — | — |

\*) Ein weiteres Erscheinen der Interferenzen von den Flächen 100 und 110 ist ausgeschlossen, da sich die Werte von sin $\vartheta$ nur zwischen 0 und 1 bewegen können.

eingesetzt und man erhält die Gitterkonstante a. Es seien beispielsweise die Abstände s mancher Interferenzen eines Al-Kryställchens schon gemessen, daraus die $\vartheta$-Winkel berechnet und die Flächen, von denen die Interferenzen stammen, durch besondere Verfahren festgestellt. Kennt man weiter die Art der Röntgenstrahlung, so ist die Berechnung der Gitterkonstante des Aluminiums — d. h. des Abstandes zwischen 2 gleichgebauten und -gelagerten Atomschichten — ohne weiteres möglich. Die Rechnung ist in Tabelle 39 wiedergegeben.

Tabelle 39. *Berechnung der Gitterkonstante des Al aus den gemessenen Glanzwinkeln bei bekannter Strahlung* (Cu, $\lambda$ = 1,539 Å) *mit Hilfe einer dreistelligen Funktionstabelle und eines gewöhnl. Rechenstabes.*

| $\vartheta$ in ° | $\dfrac{\lambda}{2 \sin \vartheta}$ | (hkl) | $\sqrt{h^2 + k^2 + l^2}$ | a in Å |
|---|---|---|---|---|
| 22,37 | 2,021 | 200 | 2 | 4,041 |
| 32,56 | 1,430 | 220 | 2,822 | 4,04 |
| 49,55 | 1,01 | 400 | 4 | 4,04 |
| 58,25 | 0,9055 | 420 | 4,46 | 4,038 |

Wie ersichtlich, gelangt man hier bis zu einer Genauigkeit von einigen Tausendstel Å durch einfache Vermessung der Abstände s (Abb. 106b) auf dem Film (bis zu einer Genauigkeit von etwa 0,1 mm). Die außerordentlich kleine Längengröße (Tausendstel vom Å) kommt nur dadurch ins Resultat hinein, daß *mit der Wellenlänge* $\lambda$ = 1,539 Å *multipliziert wird*[207].

Die Mitte des in Abb. 106 skizzierten Spektrums stellt den sogenannten Äquator oder die nullte Schichtlinie dar, die durch den Primärstrahl geht und auf die Interferenzen mit den Indizes vom Typus h00, 0k0 oder hk0 fallen. Ober- und unterhalb kommen die höheren Schichtlinien zum Vorschein, auf denen die Interferenzen mit den Indizes (h0i), (0ki) und (hki) liegen und folglich von Pyramidenflächen stammen.

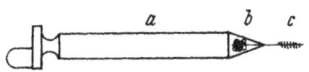

Abb. 107. Pulverpräparat am Objektträger der Pulverkamera. *a* Objektträger nach See mann. *b* Mit Wachs befestigter Glasfaden. *c* Pulver am Faden.

Anstatt des zentrierten und justierten Kryställchens kann man auch ein *Pulverpräparat* in den Röntgenstrahl der Kamera (Abb. 104) bringen. In diesem Falle erhält man statt des Drehkrystalldiagrammes ein „Pulverdiagramm". Das Pulverpräparat wird hergestellt, indem man das zu prüfende Pulver auf ein dünnes Glasstäbchen (∅∼ 0,08 – 0,2 mm) aufbringt, das zuvor mit einer nicht krystallisierenden, klebenden Substanz, z. B. Raupenleim, auch Vaseline, Glyzerin in dünner Schicht bestrichen worden ist. Das Pulver haftet am Stäbchen, das am Objektträger der Kamera befestigt ist

[207] Gitterkonstantenbestimmungen können jetzt sogar mit einer Genauigkeit von ± 0,00002 Å durchgeführt werden, doch bedarf man hierzu einer besonderen Arbeitsmethode, auch die Konstanthaltung der Temperatur des Präparates ist notwendig (im Röntgenthermostaten). Näheres hierzu s. M. Straumanis u. A. Ievinš: Präzisionsmessung von Gitterkonstanten nach der asymmetrischen Methode, Berlin: Springer 1940.

(Abb. 107). Auch ein sehr dünnwandiges Röhrchen, „Markröhrchen" genannt, mit Pulver gefüllt, kann an Stelle des Glasstäbchens an den Objektträger geklebt werden. Der Objektträger wird dann so weit in den Deckel der Kamera hineingelassen, daß der Röntgenstrahl das Pulver trifft.

Die Röntgenaufnahme eines Pulvers erlaubt sofort festzustellen, ob das Pulver *krystallin oder amorph* ist. *Amorphe Pulver*, oder solche, deren Gitter sehr weitgehend gestört sind, liefern nämlich *keine* deutlichen *Interferenzen*, *krystalline* dagegen *Pulverdiagramme*, die aus konzentrischen Ringen bestehen, falls die Aufnahmen auf Photoplatten gemacht werden (die Platte wird zum Schutz gegen sichtbares Licht in schwarzes Papier gehüllt, oder in eine Kasette mit einem Deckel aus dickerem schwarzen Papier gesetzt). Die Versuchsanordnung

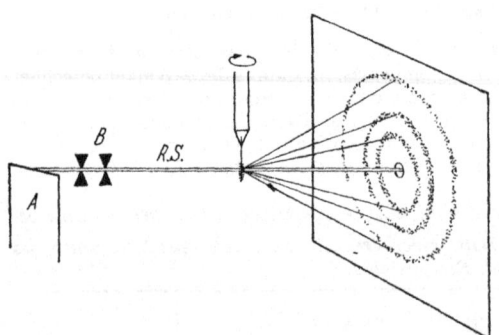 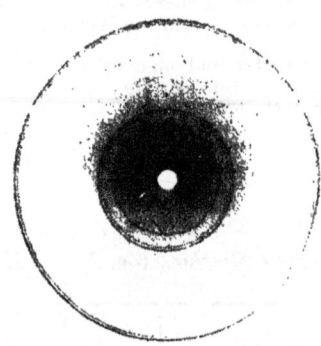

Abb. 108. Pulverdiagramm auf ebener Platte. *R.S.* Röntgen-strahl, *B* Blende, *O* Objektträger, *R* Beugungsringe.

Abb. 109 W-Pulverdiagramm auf ebenem Film. Rückstrahlaufnahme, Cu-Strahlung.

ist in Abb. 108 skizziert. Im Pulverpräparat liegen die feinen Krystallkörner vollkommen regellos. Trifft diese ein Röntgenstrahl, so wird immer *eine Anzahl* von Körnern vorhanden sein, die sich zum Strahl *in Reflexionsstellung* befindet. Ein jedes Körnchen liefert auf der Platte ein Pünktchen. Damit möglichst viele Körner in Reflexionsstellung kommen, wird das Präparat noch gedreht. Nehmen wir an, wir hätten ein Al-Pulver. Alle Interferenzen von der Fläche 200 (2. Ordnung der Fläche 100) fallen unter den Glanzwinkel 22,37⁰ (s. Tabelle 39). Da nun die Al-Kryställchen vollständig regellos zum Strahl liegen, so wird eine jede 200-Fläche, falls sie in Reflexionsstellung kommt, ganz exakt die Strahlen reflektieren, doch werden die Reflexe verschieden, je nach Lage der Körnchen, fallen: nach unten, nach oben, seitlich rechts und links usw. (der Reflex eines bestimmten Kornes wird jedoch immer auf dieselbe Stelle der Platte fallen, da die Körner unbeweglich am Glasstabe haften). So setzt sich während der Aufnahme ein Pünktchen neben das andere — alles unter dem Winkel $2 \times 22,37^0$ — und es entsteht schließlich *ein Ring*. Ein weiterer Ring bildet sich durch Reflexion an den 220-Flächen unter dem Winkel $2 \times 32,56^0$, der nächste stellt die 4. Ordnung der Reflexionen von 100 ($2 \vartheta = 2 \times 49,55^0$) dar, fällt jedoch nicht mehr auf eine ebene Platte usw. Wir erhalten somit ein *System konzentrischer Ringe* mit dem Durchstoßpunkt des Primärstrahles in der Mitte (Abb. 109). Um alle Reflexionen, die von einem Pulverpräparat ausgehen, zu erfassen, wird der Film rings um das Präparat zu einem Zylinder gebogen, ganz ebenso, wie das im Falle der Drehkrystallaufnahmen war (Abb. 104 und 106). Die ursprünglichen Ringe kommen dann auf dem ausgebreiteten Film als Teile von Ellipsen, Hyperbeln und Geraden zum Vorschein (Abb. 110). Man erhält ein sogenanntes D e b y e - S c h e r r e r -Diagramm, benannt nach den beiden Entdeckern, die 1915 zuerst eine solche Aufnahme gemacht hatten. Der Zusammenhang mit dem Drehkrystalldiagramm ist der, daß durch eine jede Interferenz nunmehr eine gekrümmte Linie geht.

Aus dem Gesagten folgt leicht, daß bei grobkrystallinen Präparaten die Ringe eine Pulveraufnahme nicht zusammenhängend, sondern *aus einzelnen Punkten*

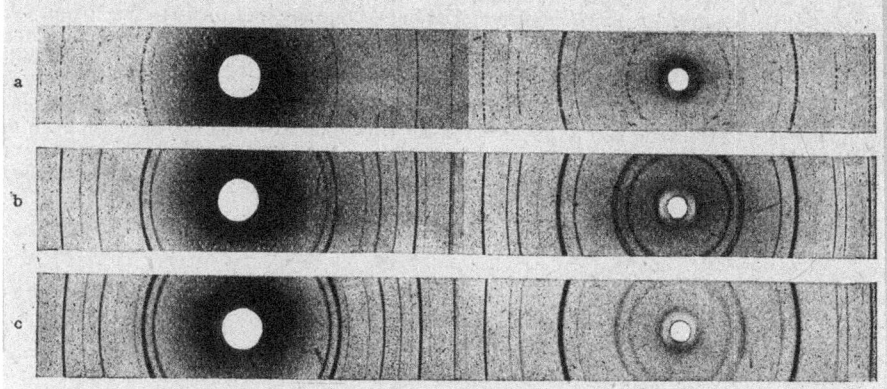

Abb. 110. Debye-Scherrer-Aufnahmen von Pulvern verschiedener Korngröße. *a* grobes Pulver, *b* feines und *c* sehr feines Pulver. Die letzten Linien um das kleine Loch sind bei *c* verbreitert und schwach. Kleines Loch Eingang und großes Loch Ausgang des Röntgenstrahles. Lage des Filmes in der Kamera s. Abb. 106*a*.

bestehend, erscheinen werden. Es lassen sich aber um so glattere, schärfere und gleichmäßiger geschwärzte Linien erhalten, je feiner das Präparat ist. Bei einer Korngröße zwischen $10^{-3}$—$10^{-5}$ cm sind die Linien *vollständig gleichmäßig*, es sind dort keine schwarzen Punkte, von größeren Körnern stammend, zu entdecken (s. Abb. 110b). Was geschieht aber, wenn die Korngröße noch mehr verkleinert wird und die Partickel schon die kolloiden Dimensionen erreichen? Um das zu verstehen, muß eingehender die Beugung der Röntgenstrahlen an Krystallgittern betrachtet werden.

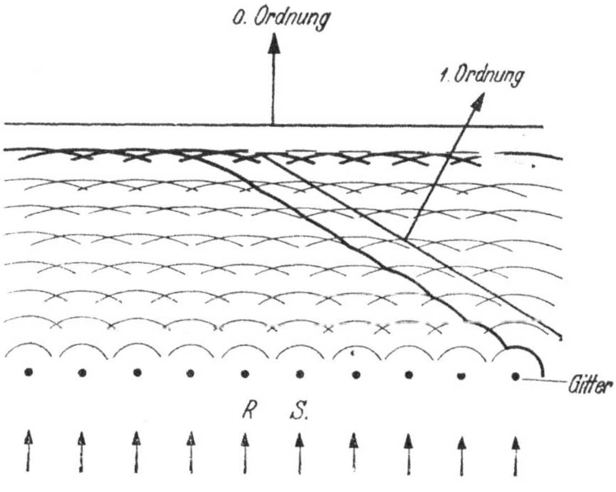

Nach der Huyghensschen Vorstellung sendet ein jedes punktförmiges materielles Teilchen eine Kugelwelle aus, wenn es von einer Wellenbewegung (Schall, Licht) getroffen wird. Gibt es nun eine ganze Reihe solcher schwingender Teilchen, so kann *eine Wirkung der elementaren Kugelwellen* nur dann zustande kommen, wenn diese *eine einheitliche Wellenfront* ausbilden, so daß sich Berg an Berg

Abb. 111. Entstehung der Spektren an einem eindimensionalen Gitter nach P. P. Ewald. Ebener Schnitt durch die Kugelwellen und die Anregungszentren, in einem bestimmten Zeitpunkt festgehalten.

anschließt, ohne dazwischen liegende Wellentäler. In einem Krystall haben wir eine Unmenge solcher regelmäßig angeordneter Teilchen, die auf äußere Schwingungen ansprechen können. Was geschieht nun, wenn auf ein winziges Kryställchen Röntgenstrahlen fallen und die Milliarden von Gitterpunkten, die ja aus Atomen oder Ionen bestehen, zur Aussendung von Kugelwellen angeregt werden?

Einer Darstellung von Ewald folgend, stellen wir diese Frage der Deutlichkeit halber an ein *eindimensionales Gitter*, aus dem ja jedes beliebige dreidimensionale Gitter zusammengestellt werden kann[208]). Trifft eine von unten kommende monochromatische (einfarbige)

[208]) P. P. Ewald: Krystalle und Röntgenstrahlen, Berlin: Springer 1923.

Strahlung ein eindimensionales Gitter, dessen Punkte durch die Strahlung zu Schwingungen angeregt werden können, so senden die Punkte Kugelwellen aus, die in einiger Entfernung vom Gitter zu einer einheitlichen Wellenfront zusammenfließen, indem sich Berg an Berg (durch einen Bogen dargestellt) ohne nennenswerte Täler dazwischen, reiht (s. Abb. 111).

Die eintretende Strahlung geht somit durch das Gitter mit fast derselben Intensität in gleicher Richtung als Welle oder Spektrum 0-ter (nullter) Ordnung. Diese weitergehende, in einem Moment festgehaltene Wellenfront ist in der Abbildung dick ausgezogen. Eigentlich wird durch Röntgenstrahlen nicht das ganze Atom zu Schwingungen angeregt, sondern nur die Elektronen der Hülle. Zunächst kann man annehmen, daß die Kugelwellen so austreten, als ob sie aus dem Zentrum der Atome kämen.

Bei genauer Betrachtung der Abb. 111 findet man aber, besonders wenn man die Wellenzüge in weiterer Entfernung von den emittierenden Gitterpunkten mustert, daß sich auch in anderen Richtungen *Wellenfronten* formen. Zwar sind anfangs zwischen den Bergen tiefere Wellentäler vorhanden, diese verschwinden aber in weiterer Entfernung, die Berge fließen

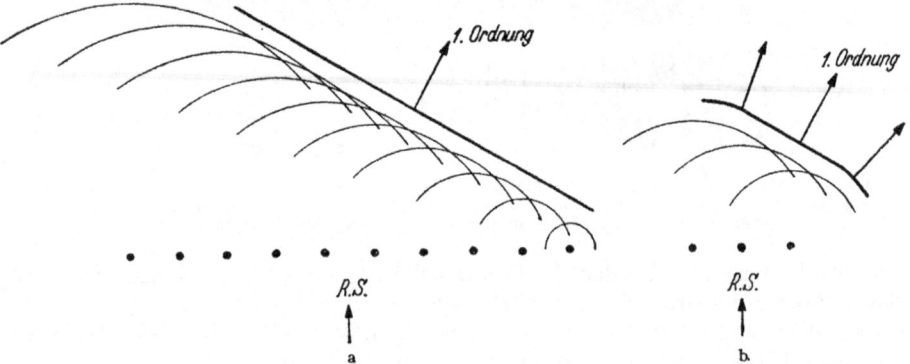

Abb. 112a. Beugungsvorgang 1. Ordnung an 10 Punkten.   Abb. 112b. Beugungsvorgang 1. Ordnung an 3 Punkten.

vollständig zusammen und bilden eine *ununterbrochene Wellenfront*. Nur senkrecht zu diesen Fronten ist die Fortsetzung der gebeugten Strahlung möglich, in allen übrigen Richtungen aber erfolgt *Auslöschung* durch Interferenz, da Wellenberge und -täler zusammentreffen.

Aus der Abb. 111 ist genau zu ersehen, wie sich das Spektrum 1. Ordnung zusammensetzt; es bildet sich auch hier ebenso wie bei der 0-ten Ordnung eine einheitliche Wellenfront aus, doch auf andere Weise, indem sich die Front aus zeitlich nacheinander folgenden Schwingungen zusammensetzt. Benachbarte Punkte haben verschiedene Entfernungen bis zur neuen Wellenfront, und zwar hat jeder rechte Nachbar stets einen um eine Wellenlänge kürzeren Weg (Gangunterschied 1 Wellenlänge), weshalb die entstandene Front als Spektrum 1. Ordnung bezeichnet wird.

Bei den weiteren höheren Ordnungen setzt sich die Wellenfront aus Wellen zusammen, die zeitlich noch später einzelne Gitterpunkte verlassen: die zweite Ordnung entsteht, wenn je zwei von benachbarten Atomen ausgehende Kugelwellen mit 2 ganzen Wellenlängen Wegunterschied zusammenfließen. Bei der dritten Ordnung ist der Wegunterschied schon 3 Wellenlängen usw. Ein solches Spektrum bildet sich nicht nur nach rechts vom einfallenden oder Primärstrahl aus, sondern auch vollständig symmetrisch nach links.

Die auf diese Weise entstandene Beugung wird durchs Braggsche Reflexionsgesetz (Formel 1) wiedergegeben.

Eine einheitliche, gut geglättete Wellenfront mit einer scharf ausgeprägten Richtung ist aber nur dann denkbar, wenn die Zahl der schwingenden Punkte des linearen Gitters *groß* ist. Ist die Zahl der Punkte geringer, so kann eine exakt definierte Richtung der Ausbreitung der Wellenfront nicht mehr angegeben werden, wie das aus der Abb. 112a und 112b folgt, wo die Beugung 1. Ordnung an 10 eingezeichneten Punkten nochmals dargestellt und mit der an nur 3 Punkten verglichen ist.

Man sieht aus Abb. 112 deutlich, daß bei der Beugung des Strahles an nur wenigen Punkten die Wellenfront der gebeugten Strahlung und somit auch deren *Ausbreitungsrichtung viel weniger scharf* definiert ist. Die an einer sehr begrenzten Anzahl von Punkten gebeugte Strahlung besitzt somit *nicht* die Fähigkeit, einen scharfen, parallelen Strahl zu bilden, er ist etwas divergent. Stehen aber mehr und mehr beugender Punkte zur Verfügung, so wird die Divergenz der gebeugten Strahlen immer kleiner, der Strahl wird schärfer und schärfer, bis er schließlich ebenso scharf wird wie der einfallende Strahl und damit ein Maximum an Schärfe erreicht hat. *Es besteht somit ein Zusammenhang zwischen der Zahl der gebeugten Punkte und der Schärfe der Richtung der gebeugten Strahlen.*

Auch bei sichtbaren Strahlen stößt man auf eine ähnliche Erscheinung. Zwar besteht ein tiefgehender Unterschied, ob man zur Beugung ein Punktgitter (wie es in den Krystallen und ebenfalls in den kleinen Teilchen eines Kolloids vorkommt), oder ein 2-dimensionales gewöhnliches Strichgitter verwendet, doch ergibt sich in den Beugungserscheinungen eine ziemliche Übereinstimmung. Fällt paralleles, einfarbiges Licht auf ein solches Strichgitter, so gelangen die von den einzelnen Gitterfurchen abgebeugten Strahlen miteinander zur Interferenz und erzeugen auf dem Ekran scharfe Linien. Ihre Lage wird bestimmt durch die *Wellenlänge* des auffallenden Lichts und durch den Abstand der Furchen voneinander — der sogenannten *Gitterkonstante*. Die Lage der Linien ist nun dieselbe, ob das Gitter wenige oder sehr viele Striche besitzt, nur in einer Hinsicht besteht ein Unterschied: in der Schärfe bzw. Breite der Linien. Besitzt das Strichgitter wenige Linien, so erscheinen die Spektrallinien breit, mit verwaschenen Maxima; diese Linien werden aber um so schärfer (schmäler), je mehr Striche das Gitter besitzt (die *Gitterkonstante* hat natürlich in allen diesen Fällen *dieselbe Größe*, die Lage der Lichtquelle soll ebenfalls nicht geändert werden).

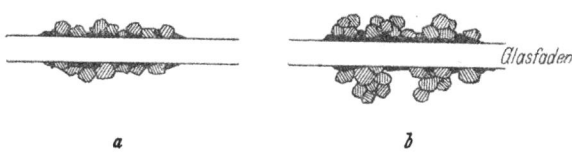

Abb. 113. a) Einzelne Kryställchen am Objektträger.     b) Zusammenballungen von Kryställchen am Objektträger.

Alles über das eindimensionale Punkt- und das zweidimensionale optische Strichgitter Gesagte läßt sich nun leicht auch aufs dreidimensionale Krystallgitter übertragen. Nach Bragg kann man sich den Beugungsvorgang als Spiegelung an einzelnen Netzebenen des Krystalls (statt Beugung an einzelnen Punkten des eindimensionalen Punktgitters) vorstellen. Demnach wird ein Teilchen, das aus einer geringen Anzahl von Netzebenen besteht, den auffallenden parallelen Röntgenstrahl unscharf, fächerartig abbeugen; der abgebeugte Strahl wird aber um so schärfer (schmäler), je größer das einkrystalline Teilchen ist, dieselbe Substanz (dieselbe Gitterkonstante) und dieselbe Strahlung vorausgesetzt. Ist die Zahl der zur Erzeugung einer Interferenzlinie beitragenden Netzebenen über 1000 gestiegen — diese Eindringtiefe wird ja mit Leichtigkeit durch die Röntgenstrahlen überwunden —, so erreicht der abgebeugte Strahl schon seine volle Schärfe. Allerdings darf das Gitter der Teilchen *nicht deformiert sein*, da deformierte Teilchen ebenfalls *verwaschene* Interferenzen hervorrufen. Man kann zusammenfassend sagen: Große, regelmäßig und einheitlich gebaute Teilchen erzeugen im Röntgenstrahl auf dem Film scharfe Interferenzen, feine dagegen — unscharfe, breitere, die zudem noch um so breiter ausfallen, je kleiner die Kryställchen sind. Es spielt dabei keine Rolle, ob die Kryställchen im Präparat einzeln vorkommen, oder sich, was meistens der Fall ist, zu Klümpchen zusammengeballt haben (Abb. 113).

Die Teilchenbestimmung mittels Röntgenstrahlen nützt nun die Umkehrung der obigen Erscheinung aus, nämlich: je breiter die beobachteten Interferenzen auf dem Film, um so kleiner sind die die Röntgenstrahlen reflektierenden, einkrystallinen Teilchen, gleichgültig, ob sie sich zu größeren Partikeln nachträglich zusammengeballt haben oder nicht. Wie die verbreiterten Linien auf den Filmen aussehen, ist in der Abb. 114 gezeigt. Durch Messung der Breite dieser Linien kann man somit die Teilchengröße des Präparates berechnen.

**Bestimmung der Teilchengröße.** Wie schon gesagt, erreichen bei etwa 1000 Netzebenen die Interferenzen ihre volle Schärfe. Sie werden aber wegen der verwaschenen Maximalschwärzung kaum vermeßbar, wenn die Zahl der Netzebenen des Teilchens auf etwa 5 oder 3 sinkt. Nimmt man als mittlere Gitterkonstante der zu untersuchenden Substanzen etwa 4 Å an, so werden die kleinsten, durch die Methode noch bestimmbaren Teilchen aus 3 Netzebenen bestehen und eine Größe von ungefähr $12 \cdot 10^{-8} = 1,2 \cdot 10^{-7}$ cm besitzen. Die äußerste

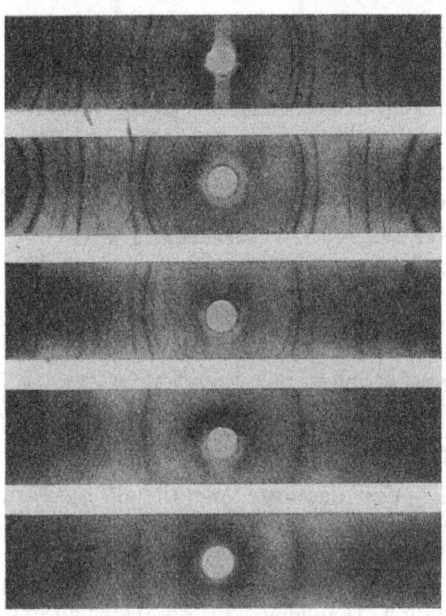

Grenze nach oben aber würde betragen: $4 \cdot 10^{-8} \cdot 1000 = 4 \cdot 10^{-5}$ cm. Gewöhnlich rechnet man aber jedoch, daß mit Hilfe von Röntgenstrahlen Teilchengrößen in den Grenzen zwischen $10^{-7} - 10^{-5}$ cm oder 1 bis 100 m$\mu$ bestimmt werden können. Mittels des Lichtmikroskopes lassen sich dagegen nur Teilchen hart unterhalb $10^{-4}$ cm beobachten und vermessen. Die Röntgenmethode stellt somit eine willkommene Ergänzung der direkten mikroskopischen Methode nach unten dar, da sie sich an diese ziemlich eng anschließt. Noch etwas weiter herunter kommt man, wie schon erwähnt, mit der Elektronenstrahlmethode, die der Röntgenmethode sehr ähnlich ist.

Die jetzigen experimentellen Methoden erlauben somit Teilchengrößen bis auf unterhalb 1 m$\mu$ hinab zu bestimmen. Da nun Teilchen der Größe von 1 bis 100 m$\mu$ in Kolloiden vorkommen,

Abb. 114. Nickel verschiedener Teilchengröße. Röntgenaufnahmen nach R. Brill.

so erhellt daraus die Bedeutung der erwähnten Methoden für die Kolloidchemie. Man muß jedoch immer berücksichtigen, daß der Effekt der Interferenzverbreiterung außerdem noch durch deformierte Gitter oder uneinheitliche Substanzen, deren einzelne Körner sich in der Größe der Gitterkonstante nur sehr wenig voneinander unterscheiden, hervorgerufen werden kann. Nur wenn das Nichtzutreffen der eben erwähnten Umstände ausgeschlossen ist, kann die Linienverbreiterung auf die geringe Korngröße zurückgeführt werden.

Die Teilchengrößenbestimmung eines Kolloids wird auf folgende Weise durchgeführt. Der disperse Anteil wird schnell gefällt, gewaschen und getrocknet. Daß sich dabei die einzelnen Teilchen zusammenballen, schadet, wie gesagt, der Sache nicht, da doch gemäß Abb. 113 die Haufwerke aus einzelnen Partikeln der ursprünglichen Größe bestehen. Allerdings muß ein *Wachstum der Teilchen* während des Fällens *vermieden werden*. Es ist deshalb besser, eine schnelle Fällung vorzunehmen. Das getrocknete Präparat wird nun in ein dünnes Markröhrchen (Durchmesser etwa 0,5 mm) gebracht, oder an den Glasfaden des Objektträgers (Abb. 107) geklebt. In einer gewöhnlichen Pulverkamera (Abb. 104) gelangen dann die Präparate zur Aufnahme. Nach Entwicklung des Filmes läßt sich sofort feststellen, ob das Präparat krystallin oder amorph ist (im letzten Fall sind höchstens einige breite, verschwommene Linien vorhanden). Liegt jedoch *ein System* wenn auch breiter und schwacher Linien vor, so ist das Präparat krystallin, seine

Teilchengröße aber fällt ins Gebiet der kolloiden Dimensionen (1—100 mμ). Aus der Breite dieser Linien läßt sich weiter die *mittlere* Teilchengröße berechnen. Zuerst muß also die Linienbreite gemessen werden. Zu diesem Zweck wird gewöhnlich die sogenannte „Halbwertsbreite" der Linie bestimmt. Darunter versteht man die Breite einer Linie an der Stelle, wo deren Intensität auf die Hälfte der Maximalintensität gefallen ist. Diese Stelle ist mit dem Auge sehr schwierig festzustellen. Man nimmt deshalb zu genauen Messungen besondere optische Einrichtungen — Mikrophotometer — zu Hilfe. Am bequemsten sind hierbei die registrierenden Mikrophotometer. Das sind Apparate, die die Intensität einer Linie in Abhängigkeit vom Abstande automatisch zeichnen. Der erhaltene Film wird in den Apparat so eingesetzt, daß die Photometrierung längs einer Geraden

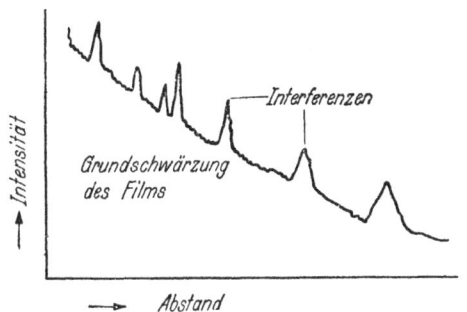
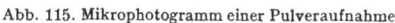

Abb. 115. Mikrophotogramm einer Pulveraufnahme.

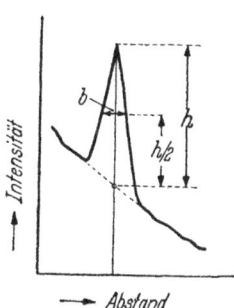

Abb. 116. Messung der Halbwertsbreite *b* einer Linie.

erfolgen kann, die durch den ganzen Film geht und zu der alle Linien senkrecht stehen (es ist das der Äquator des Films). Man erhält dann ein Mikrophotogramm nach Art der Abb. 115. Die vom Apparat gezeichnete komplizierte Kurve fällt allmählich ab. Das hängt mit der Grundschwärzung des Films zusammen, die hier links stärker ist als rechts (s. Abb. 110, die Schwärzung um das Austrittsloch). Diese wird ihrerseits durch die Streustrahlung hervorgerufen. Die Spitzen der plötzlichen Intensitätssteigerungen entsprechen den Stellen der Maximalschwärzungen der Linien. Um jetzt die Halbwertsbreiten zu bestimmen, ist es zweckmäßig, den Intensitätsverlauf einer Linie genau aufzuzeichnen (Abb. 116). Aus der Abbildung folgt eindeutig, wie die Messung der Halbwertsbreite b einer Linie vorzunehmen ist. Eine solche Messung kann unbedenklich vorgenommen werden, wenn der Verlauf der Grundschwärzung nicht allzu steil ist. Bei bekannten Halbwertsbreiten der Linien bedarf man noch einer Formel, um die Teilchengrößen berechnen zu können. Wir wollen uns auf den einfachsten *Fall eines kubischen Gitters* beschränken, da hier nur das Verständnis der Methode beigebracht, nicht aber eine Anleitung zur praktischen Durchführung gegeben werden soll. Für den einfachsten Fall würfelförmiger Kryställchen hat nun S c h e r r e r die folgende Formel abgeleitet, in der die Linienbreite B im Bogenmaß ausgedrückt ist:

$$B = 2 \sqrt{\frac{\ln 2}{\pi} \cdot \frac{\lambda}{\varDelta} \cdot \frac{1}{\cos\vartheta}} \dots\dots\dots\dots\dots(4)$$

*Δ* — ist die Kantenlänge der Würfelchen, *λ* — die gebrauchte Wellenlänge der Röntgenstrahlen und *ϑ* — der Glanzwinkel, d. h. die Hälfte des Abbeugungswinkels, unter den das Schwärzungsmaximum (die Spitze der Zacken, Abb. 115) der entsprechenden Linie zu liegen kommt.

Die Formel zeigt uns den Zusammenhang zwischen der Breite B einer Linie, der gebrauchten Wellenlänge, der Teilchengröße und dem Glanzwinkel, unter den die Linie fällt. Alle übrigen Größen sind konstant und können durch einen Faktor k ausgedrückt werden:

$$B = k \frac{\lambda}{\varLambda \cos \vartheta} \dots\dots\dots\dots\dots\dots\dots (5)$$

Eine Debye-Scherrer-Linie fällt um so *breiter* aus, je *kleiner* die *Teilchengröße* (die Breite ist also umgekehrt proportional der Teilchengröße), je *länger* die gebrauchte *Wellenlänge* (Ti- und Cr-Strahlung liefern somit breitere Linien, als die kürzeren Strahlungen, z. B. Cu oder Mo) und je *größer der Glanzwinkel* (cos $\vartheta$ nimmt mit steigendem $\vartheta$ ab) ist. Letzterer Umstand macht sich fast auf allen Filmen bemerkbar, denn bei abnehmender Teilchengröße verschwinden zuerst die Interferenzen (durch Verbreiterung), die unter größeren $\vartheta$ liegen (s. Abb. 110c).

Man kann die Abhängigkeit der Linienbreite nicht nur von der Teilchengröße, sondern auch direkt von der Zahl der im Teilchen vorhandenen Netzebenen darstellen, da doch $\varLambda$ = d. m.d ist hier der Netzebenenabstand, nicht die Identitätsperiode. Aus der Braggschen Gleichung für die erste Ordnung (n = 1) findet man aber:

$$n\lambda = 2d \sin \vartheta \quad d = \frac{\lambda}{2 \sin \vartheta}$$

In die Formel (5) eingesetzt, ergibt sich schließlich:

$$B = k \frac{\lambda}{d. m. \cos \vartheta} = k \frac{\lambda \sin \vartheta}{m. \cos \vartheta} = k' \frac{tg \vartheta}{m} \dots\dots\dots\dots (6)$$

d. h. die Verbreiterung hängt von m ab: je kleiner die Zahl der Netzebenen des Teilchens, um so breiter die Interferenzlinie unter dem Glanzwinkel $\vartheta$.

Die praktische Durchführung der Teilchengrößenbestimmung wäre nun einfach, wenn man das auf obige Weise gemessene b in die Formel

$$\varLambda = k \frac{\lambda}{B \cos \vartheta} \dots\dots\dots\dots\dots\dots\dots\dots\dots (7)$$

statt B einsetzen könnte. Das ist nun leider nicht zulässig: das Pulverpräparat ruft wegen seiner *Dicke* schon an und für sich *eine Verbreiterung* der Linien hervor. Man müßte also von b den Durchmesser des Präparates abziehen, doch darf man nicht den ganzen Durchmesser abziehen, sondern nur einen Teil, da doch für den Röntgenstrahl das Präparat teilweise undurchlässig ist und sein Durchmesser infolgedessen vermindert erscheint. Wie stark das Präparat durchlässig ist, hängt von *Absorptionskoeffizienten* der Substanz ab. Es ist aber zur Zeit nicht möglich, eine allgemeingültige Formel aufzustellen, die die Linienbreite in Abhängigkeit vom Absorptionskoeffizienten der zu untersuchenden Substanz bringen würde. Hier liegen die Schwierigkeiten der Methode. Sie können überwunden werden, indem man nach Scherrer die fraglichen Konstanten aus der Aufnahme selbst berechnet[209]), oder nach Brill die experimentellen Bedingungen so gestaltet, daß die Berücksichtigung der Absorption unnötig, oder im speziellen Fall möglich ist. Es würde aber zu weit führen, hier darauf einzugehen[210]). Schließlich ist es noch notwendig, die in mm gefundene Breite der Linie ins Bogenmaß umzurechnen. Erst dann können die Zahlen statt B in die Formel (6) eingesetzt werden.

Die Angabe einer einzigen Zahl zur Charakterisierung der mittleren Teilchengröße genügt jedoch nur im Falle kugelförmiger oder würfelförmiger Teilchen. Weichen aber diese von der eben angeführten Form erheblich ab, wie das beispielsweise an ausgesprochen nadelförmigen oder blättchenförmigen Teilchen der Fall ist, so ist die Angabe mindestens zweier Größen, der Länge und Dicke bzw. der Höhe und Breite notwendig. Hierdurch gelangt man aber schon zur Bestimmung der Form der Teilchen.

**Bestimmung der Teilchenform.** Schlüsse über die Form der Teilchen können aus den *unterschiedlichen Breiten* der von verschiedenen Flächen stammenden Linien gezogen werden. Was für Linien würde man auf Pulverdiagrammen erhalten, wenn Teilchen kolloider Dimensionen folgende 2 Formen hätten? (Abb. 117).

---

[209]) Siehe z. B. P. Scherrer in R. Zsigmondy: Kolloidchemie, 3. Aufl., S. 403 (1920).
[210]) Näheres R. Brill: Kolloid-Z. **69**, 301 (1934); es sind dort auch die Originalarbeiten angegeben.

Zu Abb. 117/I: Die Reflexe, die von der Fläche (001) stammen, werden verhältnismäßig scharf sein, ebenso die übrigen Interferenzen (001), da in Richtung c (senkrecht zu 001) eine genügende Zahl von Netzebenen vorhanden ist, die die Ausbildung von schärferen Linien ermöglicht: dagegen werden die Reflexe von den Flächen h00 und 0k0 viel breiter, wegen der geringeren Anzahl der Netzebenen senkrecht zu der
a- und b-Achse, ausfallen. Verwaschene Interferenzen werden ferner alle übrigen Prismenflächen (hk0) und die *steilen* Pyramidenflächen liefern, während die Reflexe von den *flachen* schärfer ausfallen werden.

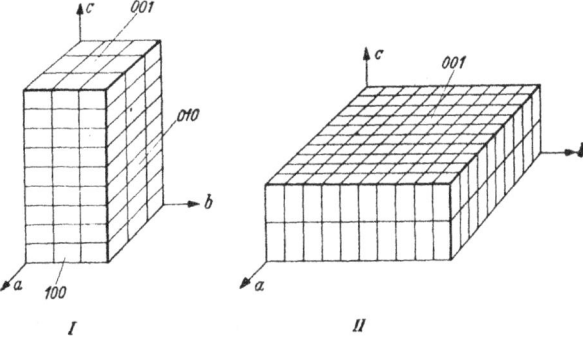

Zu Abb. 117/II: Hier wird sich alles gerade umgekehrt gestalten, die Reflexe (001) werden verwaschen sein, diejenigen von (100), (010), (011)... dagegen schärfer usw.

Abb. 117. Teilchen kolloider Dimensionen in 2 Formen: *I* gestreckt; *II* abgeplattet. Die kleinen Rechtecke kennzeichnen die Elementarzellen, die auch nichtkubisch, z. B. tetragonal sein können.

Hat man also Aufnahmen, die Linienbreiten etwa wie im Fall I zeigen, so kann man sagen, es sind *vorwiegend nadelartige* Teilchen im Präparat vorhanden. Entspricht aber das Diagramm mehr dem Fall II, so deutet das auf eine überwiegende Anzahl von Plättchen im Präparat hin. Auf diese Weise lassen sich nicht nur die Begrenzungsflächen der Teilchen angeben, sondern, nach der Breite der entsprechenden Linien berechnet, auch ihre *Abmessungen senkrecht* zu den Flächen, von denen die Linien stammen.

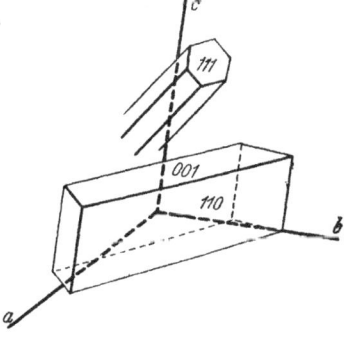

Abb. 118. Teilchen verschiedener Form.

Stimmt die Breite mit dem gegebenen Schema *nicht* überein, so sind die Teilchen offenbar anders dimensioniert als in Abb. 117 angedeutet. In solchen Fällen ändert man die Form des Teilchens und dessen Lage im Achsenkreuz so lange, bis sich eine ziemliche Übereinstimmung mit der Pulveraufnahme ergibt. Man hat auf diese Weise, z. B. Teilchenformen, wie in Abb. 118 gezeigt, bestimmen können.

Das eine Teilchen ist durch die Flächen (110) und (001) begrenzt, das andere liefert die schärfsten Interferenzen von (111), ist also senkrecht zu dieser Fläche mehr gestreckt.

**Einige Beispiele der Teilchengrößen- und -formbestimmung.** Anschließend seien hier einige Ergebnisse der Teilchengrößen- und -formbestimmungen mitgeteilt. Die ersten Arbeiten auf diesem Gebiet hat, wie schon erwähnt, P Scherrer durchgeführt.

Ein von Heyden bezogenes, mit Gelatine geschütztes Goldpräparat besaß eine mittlere Teilchengröße der Kantenlänge $\varLambda = 86,2 \cdot 10^{-8}$ cm $= 86,2 \overset{\circ}{A} =$ 8,62 m$\mu$. Die Teilchen (Kryställchen) hatten somit ein Volumen v $= \varLambda^3 =$ $6,4 \cdot 10^{-19}$ cm³. Ihr Gewicht (Masse) läßt sich berechnen, da infolge der Übereinstimmung des Teilchenaufbaues mit dem des kompakten Goldes dieselbe Dichte vorliegt (D = 19,4): m = V · D; m $= 1,24 \cdot 10^{-17}$ g. Die Gitterkonstante des Goldes ist ungefähr 4,07 Å; die Zahl der Identitätsabstände in Richtung der Würfelkante ergibt sich somit:

$$\frac{\varLambda}{a} = \frac{86,2}{4,07} = 21,2.$$

Nur 21 Elementarbereiche sind in den Kryställchen nebeneinander angeordnet. Die Firma, die das Präparat lieferte, hatte die Teilchengröße zu 10 mμ angegeben. Dieser Wert befindet sich in ziemlichen Übereinstimmung mit dem durch Scherrer ermittelten.

Eine weitere Teilchengrößenbestimmung wurde von Scherrer an einem grünlich schillernden hochdispersen, durch Gelatine geschützten Goldpräparat, das ihm von Zsigmondy zur Verfügung gestellt worden war, durchgeführt. Das Pulver löste sich leicht in Wasser zu einem roten Hydrosol. Da die Interferenzen wesentlich breiter waren, als die des Heydenschen Präparates, so konnte sofort auf eine noch geringere Teilchengröße geschlossen werden. Tatsächlich ergab die Auswertung der Aufnahme eine Kantenlänge der kleinen Würfelchen $\varLambda = 18,6 \cdot 10^{-8}$ cm $= 18,6$ Å $= 1,86$ mμ. Solche außerordentlich kleine Teilchen enthalten im ganzen nur 95 Elementarzellen (zu je 4 Atomen), bestehen somit nur aus 380 Atomen und besitzen eine Kantenlänge von etwa 4—5 Elementarbereichen. Nach der osmotischen Methode konnte eine Teilchengröße von 1,6 mμ festgestellt werden, was sich ebenfalls in guter Übereinstimmung mit den röntgenographischen Resultaten befindet. Das Präparat löste sich nach der Bestrahlung mit derselben Farbe wieder in Wasser auf, womit bewiesen ist, daß während der Aufnahme keine Veränderungen vor sich gegangen waren.

Ruß wurde früher als „amorph" angesehen (s. w. u. S. 150). Dessen krystalline Natur konnte jetzt bewiesen werden. Es zeigte sich, daß Ruß ebenfalls eine sehr kleine Teilchengröße besitzt. Die Diagramme haben sehr viel Ähnlichkeit mit denen des Graphits, die Ringe sind aber, entsprechend der viel geringeren Teilchengröße, breiter. Man kann deshalb behaupten, daß Ruß aus winzigen Graphitkryställchen besteht. Die Größe dieser Kryställchen hat Brill gemessen; die von ihm für ein Präparat erhaltenen Zahlen sind in Tabelle 40 angeführt. Die Aktivkohlen und Ruße weisen die feinsten Zerteilungen auf, die bisher gemessen worden sind.

Tabelle 40. *Teilchengröße von feinstem Ruß nach* R. Brill.

| Ind. d. refl. Netzebene | Linienbreite in mm | Teilchengröße in mμ = $10^{-7}$ cm | Gitterkonst. in Å (orthohexagonal) |
|---|---|---|---|
| 002 | 4,12 | 1,1 = 11 Å | c = 6,70 Å, d = 3,35 |
| 200 | 3,29 | 1,6 | a = 4,25 |
| 020 | 3,41 | 1,7 | b = 2,46 |

Wie aus den Zahlen ersichtlich, haben die hexagonalen Kryställchen keine rundliche Form, sondern sind in Richtung der c-Achse kürzer, in den Richtungen senkrecht dazu fast 2mal breiter: es handelt sich hier somit um Blättchen und zwar sechseckige mit den Dimensionen $10 \times 20 \times 20$ Å. Diese Blättchen sind im Ruß und in der Aktivkohle gewöhnlich zu groben, feinen und feinsten Flöckchen zusammengeballt.

Die angeführten Beispiele zeigen, daß die Bestimmung der Größe der Teilchen mittels Röntgenstrahlen nicht sehr genau ist: die erhaltenen Zahlen sind immer Mittelwerte — da ja in keinem Präparat die Teilchengröße durchweg gleich sein kann —, die zudem noch etwas *unter diesem Werte* liegen, weil eben die Verbreiterung der Interferenzen *durch die kleinsten Teilchen* am *stärksten* beeinflußt wird.

## Bestimmung der Teilchengröße mittels Elektronenstrahlen.

Will man die Größe noch kleinerer Teilchen als solche von 1 mμ ermitteln, so ist dazu die Röntgenstrahlenmethode nicht mehr geeignet, auch nicht wenn man zu Strahlungen mit noch kürzeren Wellenlängen übergeht. Zu diesem Zweck und besonders zur Untersuchung des Aufbaues von Oberflächenschichten und von Grenzflächen im allgemeinen haben sich aber die *Elektronenstrahlen* als sehr geeignet erwiesen. Obgleich ein Elektronenstrahl sich aus den sehr kleinen Elektronen zusammensetzt, kann diesen unter Umständen auch eine Wellennatur nachgewiesen werden. Die Theorie von Louis de Broglie behauptet nämlich, daß materielle Teilchen auch wellenartige Eigenschaften besitzen. In der erdrückenden Mehrzahl von Fällen ist aber die entsprechende „Materiewelle" so klein, daß sie sich dem experimentellen Nachweise entzieht, denn nach de Broglie ist die zugehörige Welle um so kleiner, je größer die betreffende Masse ist. Dringt man aber bis zum Gebiet der kleinsten Massen vor, so lassen sich an diesen — den Atomen und besondern an den Elektronen — ihre Welleneigenschaften nachweisen. Es konnte nämlich gezeigt werden, daß schnelle Elektronenstrahlen, die ja experimentell leicht zugänglich sind, durch Gitter und auch Krystallgitter genau so gebeugt werden, wie die eine ausgesprochene Wellennatur besitzenden Röntgenstrahlen. Es ist dabei in beiden Fällen nicht nur die experimentelle Anordnung sehr ähnlich, sondern die Beugung erfolgt auch nach denselben Gesetzen.

Nach de Broglie läßt sich die Wellenlänge des Elektronenstrahles leicht berechnen:

$$\lambda = \sqrt{\frac{150}{V}} \cdot 10^{-8} \text{ cm} \dots \dots \dots (8)$$

Wie ersichtlich, hängt die Wellenlänge des Elektronenstrahls von der angelegten Spannung oder richtiger von der errungenen Voltgeschwindigkeit V ab: je größer diese ist, um so kürzer die Wellenlänge $\lambda$. Benutzt man eine Spannung von 15 000 Volt, so errechnet sich nach (8) eine Wellenlänge $\lambda = 0,1$ Å, also eine etwa 15fach *kürzere* Wellenlänge, als sie eine Röntgen-Kupferstrahlung besitzt. Es kommt hierzu noch eine Reihe weiterer Eigenschaften der Elektronenstrahlen, die sie besonders wertvoll zur Untersuchung der Durchmesser kleinster Teilchen und zur Erforschung der in der Kolloidchemie so wichtigen Grenzflächen machen.

Beim Auftreffen eines Elektronenstrahls auf ein Krystallgitter erfolgt ganz ebenso wie im Falle der Röntgenstrahlen eine Streuung (s. Abb. 111 und 112). Als Streuzentren treten aber hier hauptsächlich die Atomkerne auf, wodurch jene viel schärfer als bei Verwendung von Röntgenstrahlen definiert sind. Die Wechselwirkung mit den Atomkernen ist viel kräftiger und die Intensität der gebeugten Strahlung infolgedessen viel höher. Dieser Umstand wirkt sich nun besonders günstig beim Arbeiten aus: die Interferenzen können auf Leuchtschirmen direkt beobachtet werden. Aufnahmen, die im Falle der Benutzung von Röntgenstrahlen stundenlang dauern, erfordern hier *nur wenige Sekunden*. Allerdings trifft das nur im Falle der Durchstrahlung feinster Objekte zu; wird zur Untersuchung von Oberflächen das Objekt vom Elektronenstrahl nur unter einem kleinen Winkel gestreift, so ist auch hier die Intensität der gebeugten Strahlung viel geringer. Eine weitere Folge der starken Wechselwirkung ist die *kleinere Anzahl von Streuzentren* zur Erzeugung scharfer Interferenzen und die erhebliche Absorption der Elektronenstrahlen, die sie beim Durchgang der Materie erleiden: sie dringen nur in geringe Tiefen des zu untersuchenden Objekts ein. Das ist aber gerade das zur

Feststellung des Aufbaues *dünnster Oberflächenschichten* erwünschte. Röntgenstrahlen dringen in die Materie viel tiefer ein und man erhält deshalb kein Bild vom Aufbau der Oberfläche, sondern das der viel tieferen, aber schon normal gebauten Netzebenen. Schließlich ist der Energieverbrauch, was nicht ohne Bedeutung ist, gering. Demgegenüber stehen einige experimentelle Schwierigkeiten, die den Gebrauch von Elektronenstrahlen stark einschränken. Die eine besteht darin, daß die Aufnahmen *im Hochvakuum* ausgeführt werden müssen, da die Strahlen sehr stark durch die Luft absorbiert werden und zweitens ist die präzise Bestimmung der Spannung der Gleichstromquelle nicht einfach. Die Wellenlänge $\lambda$ läßt sich deshalb nur ungenau festlegen.

Das Prinzip der experimentellen Anordnung ist der Abb. 119 zu entnehmen.

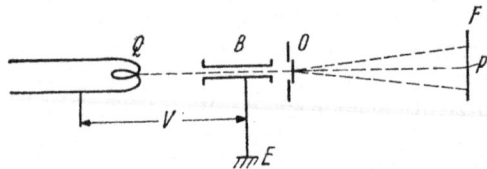

Die ganze Einrichtung steht unter hohem Vakuum, erzeugt durch Diffusions oder Molekularpumpen. Um das Objekt, das am Objektträger befestigt ist, zwecks Auffindung besserer Aufnahmestellen zu bewegen, müssen Einrichtungen vorhanden sein, die das von außen her erlauben, ohne das Vakuum zu unterbrechen. Zur Gewinnung scharfer Bilder auf F muß der Strahl sehr fein ausgeblen-

Abb. 119. Durchstrahlung dünnster Objekte mittels Elektronenstrahlen $Q$ Elektronenquelle (erhitzter W-Draht); $B$ geerdete lange Blende (Bohrung 0,1—0.2 mm); $V$ angelegte Spannung; $O$ Objektträger mit Objekt senkrecht zum Strahl; $F$ Film, Fluoreszenzschirm oder Platte; $P$ Primärstrahl.

det und parallel gerichtet sein, was sich mit Hilfe der langen Blende B, wenn auch nicht ohne Schwierigkeiten, erreichen läßt.

Befindet sich nun auf dem Objektträger ein äußerst dünner Krystall, z. B. Glimmer, Kalkspat, Steinsalz, so beobachtet man auf F ein Einkrystalldiagramm in Form eines Kreuzgitters. Man erhält aber ein Ringdiagramm, das einer Debye-Scherrer-Aufnahme auf ebener Platte vollständig entspricht, wenn an Stelle des Einkristalls ein Pulverpräparat gesetzt wird. Auch die Gitterkonstante kann nach derselben Braggschen Formel

$$n\lambda = 2d \sin\vartheta \dots\dots\dots (9)$$

bestimmt werden, indem man statt $\lambda$ die nach (8) berechnete Wellenlänge und statt $\vartheta$ die Hälfte des aus dem Ringdurchmesser berechneten Abbeugungswinkels einsetzt. Die Darstellung des Pulverpräparates bereitet einige Schwierigkeiten: das zu untersuchende feinste Pulver wird auf ein äußerst dünnes, über das Loch des Objektträgers gespanntes Kollodiumhäutchen gestreut oder aufsublimiert. Was am Häutchen haften bleibt, ist für die Aufnahme genügend. Der Objektträger wird in den Apparat eingesetzt oder eingeschleußt, das ganze evakuiert und in Betrieb genommen. Nun wird der Objektträger von außen her so lange verschoben, bis in den feinen Elektronenstrahl ein solches Klümpchen der Substanz rückt, das auf dem Schirm ein schönes, scharfes Diagramm konzentrischer Ringe erzeugt. Infolge der kurzen Wellenlänge liegen die Ringe eng beieinander und das ganze Diagramm umfaßt meist nur einige Winkelgrade.

Treten aber verbreiterte Interferenzen auf, so ist, ebenso wie im Falle der Röntgenstrahlen, auf eine sehr geringe Teilchengröße zu schließen, zu deren Größenberechnung dieselbe Formel (7) verwendet werden kann. Die Verbreiterung der Linien ist nun im Falle der Elektronenstrahlen (kürzere Wellenlänge!) viel geringer als bei Röntgenstrahlen; infolgedessen wird man mit Elektronenstrahlen noch dann vermeßbare Interferenzen erzielen, wenn sich diese beim Gebrauch von Röntgenstrahlen der Messung durch allzu große Verbreiterung schon entzogen haben werden. Der Meßbereich ist folglich kleiner und erstreckt sich, bei Verwendung von Elektronen mit einigen 10 000 Volt Geschwindigkeit, roh geschätzt, mit einigen Netzebenen beginnend bis zu etwa 50 Å.

In den nächsten drei Abbildungen sind Elektronenbeugungsdiagramme gegeben, die mit $CdJ_2$ erhalten worden sind. Die Substanz wurde in sehr dünner Schicht auf ein äußerst dünnes Kollodiumhäutchen aufgedampft und senkrecht

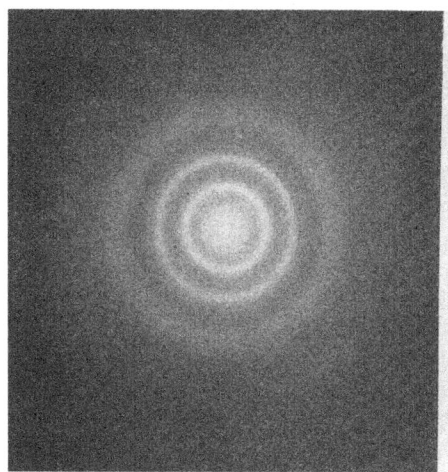

Abb. 120 a                    Abb. 120 b

Abb. 120. Elektronenbeugungsdiagramme am $CdJ_2$ nach Kirchner. *a* unmittelbar nach dem Aufdampfen; *b* bei dickerer $CdJ_2$-Schicht; *c* Präparat nach einigen Stunden.

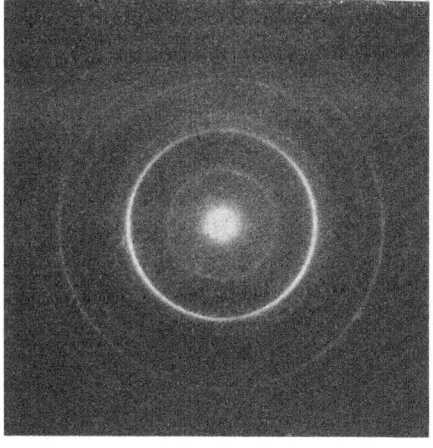

Abb. 120 c

zur ebenen Fläche im Elektronenbeugungsapparat durchstrahlt. Unmittelbar nach dem Aufsublimieren zeigt das Diagramm stark verbreiterte Ringe, was auf äußerst geringe Krystallite, die schätzungsweise aus einigen Netzebenen bestehen, hinweist (Abb. 120a). Beim Aufdampfen einer dickeren Schicht wachsen sich die schon vorhandenen Ansätze der Krystallite zu größeren Individuen aus: das kann man aus dem schärferen Diagramm Abb. 120b ablesen. Läßt man schließlich Präparat a einige Stunden lang stehen und macht wieder eine Aufnahme, so erhält man schon das vollkommen scharfe Diagramm 120c. Hieraus ist zu schließen, daß auch bei gewöhnlicher Temperatur ein Platzwechsel der Atome stattfindet, indem die Bausteine der kleineren Krystallite von diesen abwandern und sich zu den größeren gesellen, es findet ein Wachstum der größeren auf Kosten der kleineren statt. Auf diese Weise gestatten uns die Elektronenstrahlen sogar Einblick in die atomaren Vorgänge, die in dünnen Kryställchen, Schichten und Oberflächen stattfinden, was für die Kolloidchemie ungemein wichtig ist*).

*) Man muß aber auch damit rechnen, daß beim Durchgang der Strahlen durch das Präparat viel Wärme erzeugt wird und die Rekrystallisation des Präparates deswegen einsetzen könnte.

Die quantitative Bestimmung der Teilchengröße gestaltet sich ebenso wie bei Röntgenstrahlen, doch treten hier einige weitere Fehlerquellen hinzu; außerdem ist die Methode nicht so gut ausgearbeitet wie bei Verwendung von Röntgenstrahlen; sie befindet sich noch in Entwicklung, weshalb hier keine sichergestellten Resultate angeführt werden können (Näheres in den Arbeiten von Brill).

### Elektronenmikroskopische Bestimmung der Teilchengröße und -form.

**Die Methode.** Durch die eben beschriebenen Methoden kann man zwar mit Hilfe der Beugungsdiagramme das Vorhandensein von Kolloidteilchen konstatieren und deren Größe und Form annähernd berechnen, doch wäre es natürlich besser und überzeugender, wenn man diese Teilchen direkt sehen und abbilden könnte. Das ist der Wunsch nicht nur der Kolloidchemie, sondern auch der allgemeinen Chemie, der Metallurgie, der Biologie usw. Das Auflösungsvermögen der gewöhnlichen Mikroskope reicht jedoch nicht so weit. Das Lichtmikroskop läßt bekanntlich Strukturen erkennen, die gröber als $1600 \overset{\circ}{A} = 1,6 \cdot 10^{-4}$ mm sind. Durch Verwendung des Ultraviolettmikroskopes kann das Auflösungsvermögen noch zweifach gesteigert werden, so daß man zur unteren Grenze von etwa $1 \cdot 10^{-4}$ bis $0,8 \cdot 10^{-4}$ mm gelangt. Noch kürzere Wellenlängen können nicht verwandt werden, da die entsprechende Optik fehlt.

Nun haben wir aber gesehen, daß auch die Elektronenstrahlen Wellennatur besitzen und die Wellenlänge dieser Strahlung durch Anlegen verschiedener Beschleunigungsspannung leicht geändert werden kann. Da sie zudem durch dünne Objekte durchzudringen vermag, so stand der Gedanke der Entwicklung des *Elektronenmikroskopes* nahe, bei dem statt des sichtbaren Lichtes ein Elektronenstrahl und statt der Glas- und Quarzoptik magnetische bzw. elektrostatische Linsen zur Verwendung kämen. Ein wie hohes Auflösungsvermögen man mit einem solchen Elektronenmikroskop erreichen könnte, läßt sich ziemlich leicht abschätzen. Arbeitet man bei einer Spannung von 75000 Volt — was bei den jetzt gebräuchlichen Elektronenmikroskopen meist der Fall ist —, so ergibt sich die Wellenlänge nach Formel (8):

$$'\lambda = \sqrt{\frac{150}{75\,000}} \cdot 10^{-8} \, \text{cm} = 4,47 \cdot 10^{-10} \, \text{cm} = 0,0477 \, \overset{\circ}{A}$$

Die Wellenlänge einer solchen Strahlung liegt aber etwa 5 Zehnerpotenzen unter der mittleren Wellenlänge des weißen Lichts (5500 $\overset{\circ}{A}$) und etwa 1 Zehnerpotenz unter der der Röntgenstrahlen (1 $\overset{\circ}{A}$)! Wendet man nun die Abbesche Formel für das Auflösungsvermögen an, so findet man, daß noch Einzelheiten zu unterscheiden wären, die im Abstande von 2,2 $\overset{\circ}{A}$ voneinander liegen[211]). Im Goldgitter liegen die identisch aufgebauten Netzebenen etwa 4,0 $\overset{\circ}{A}$ voneinander. In einem Elektronenmikroskop müßten diese also deutlich zur Abbildung kommen, ebenfalls die kleinsten Kolloidteilchen. Das Auflösungsvermögen $2,2 \cdot 10^{-8}$ cm ist aber nur ein theoretisches. Eine Reihe von Umständen trägt zur Verringerung dieses Vermögens bei, so daß man z. Zt. als unterste Grenze $10^{-7}$ cm ansehen kann. Gegenüber dem Lichtmikroskop bedeutet das eine fast 1000fache Steigerung des Auflösungsvermögens. Befinden sich zwei Unstetigkeiten im Abstande von mehr als $10^{-7}$ cm ($= 10 \overset{\circ}{A} = 1$ m$\mu$) voneinander, so sind diese im Elektronenmikroskop noch unterscheidbar bzw. die Form dieser Objekte ist noch erkennbar. Tatsächlich gelang es im Jahre 1940 M. v. Ardenne Objekte von der Größe 1 m$\mu$ photo-

---

[211]) Nach F. Krause: Das magnetische Elektronenmikroskop und seine Anwendung in der Biologie, Naturwiss. **25**, 817 (1937).

graphisch festzuhalten[212]). Auch die kleinsten Kolloidteilchen vom Durchmesser von 1 mμ, die nur wenige Atome enthalten, wären demnach der Beobachtung zugänglich. Größere Moleküle lassen sich folglich ebenfalls abbilden.

**Das Elektronenübermikroskop.** Genauer über die Wirkungsweise des Elektronenmikroskopes zu berichten, verbietet hier der Raum. Es sei lediglich auf die Abb. 121 verwiesen, wo der Strahlengang im gewöhnlichen Lichtmikroskop und im Durchstrahlungselektronenmikroskop dargestellt ist. Die große Ähnlichkeit der Schemen beider Instrumente ist sofort sichtbar.

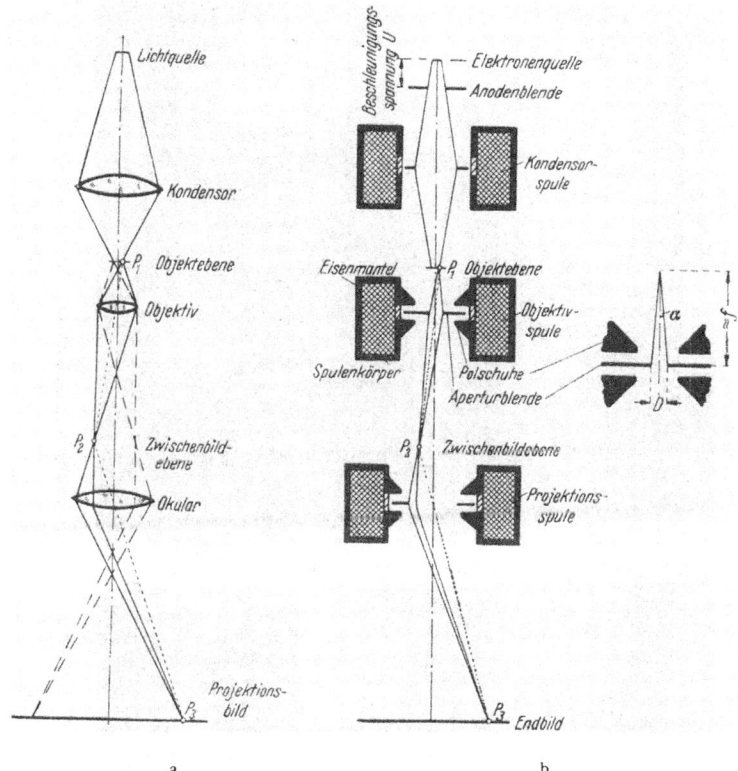

Abb. 121.

a. Lichtmikroskop          b. magnetisches Elektronenmikroskop

nach M. v. Ardenne. Strahlengänge in beiden Instrumenten: der Objektpunkt $P_1$ wird durch das Objektiv im Punkte $P_2$ der Zwischenbildebene scharf abgebildet. Der Punkt $P_2$ wird durch das Okular im Punkt $P_3$ der Projektionsebene zur Abbildung gebracht.

Die Lichtquelle des gewöhnlichen Mikroskops ist im Übermikroskop durch einen glühenden W-Draht ersetzt, der den Elektronenstrahl liefert, ähnlich wie das in einer Elektronenröhre oder in einer Elektronenbeugungsapparatur der Fall ist. Statt der Glas- oder Quarzlinsen kommen beim magnetischen Übermikroskop *magnetische Linsen* zur Verwendung. Elektronenstrahlen können sich jedoch nur im Vakuum fortpflanzen, weshalb auch derjenige Teil der ganzen Einrichtung, der von den Strahlen durchzogen wird, luftdicht abgeschlossen und während der Arbeit evakuiert werden muß. Das kompliziert natürlich den ganzen Apparat und erschwert das Mikroskopieren ungemein. Das Aussehen der Einrichtung zeigt die Abb. 122.

---

[212]) M. v. Ardenne: Elektronenübermikroskopie, S. 290 (1940), Berlin: J. Springer.

11*

Die Objekte, die ebenfalls wie bei den Beugungsaufnahmen, besonders präpariert und äußerst dünn sein müssen, werden bei $P_1$ (Abb. 121) mit „Objektschleusen" in den Apparat eingeschleust. Die Bildhelligkeit, die Schärfe, die Vergrößerung läßt sich leicht auf elektrischem Wege einstellen und ändern.

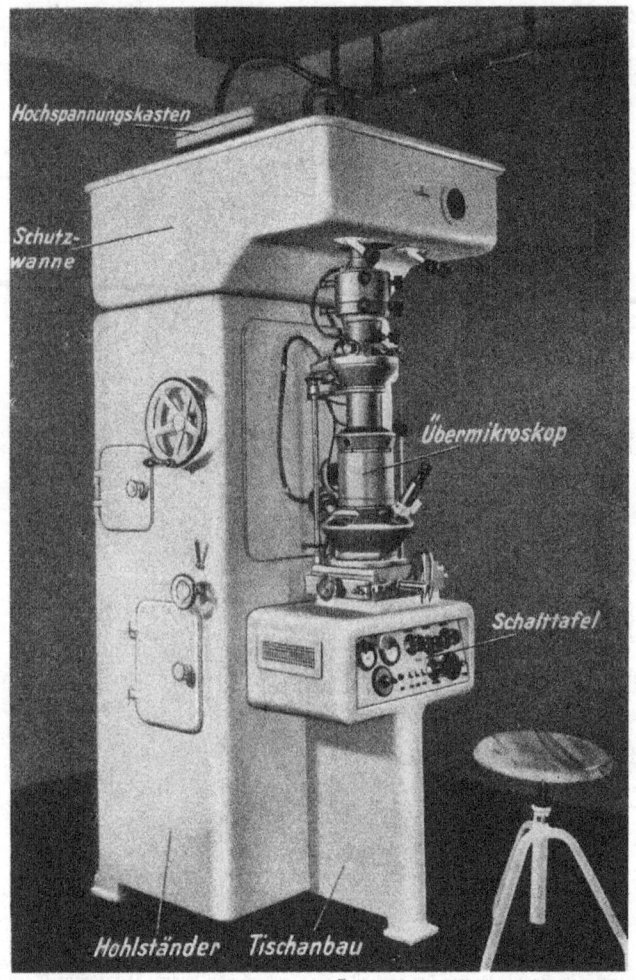

Abb. 122. Siemens-Übermikroskop nach E. Ruska und B. v. Borries[213]. Alle Teile, wie Vakuumanlage, Bedienungsschalttafel, Schaltelemente, Hochspannungszuleitung usw. sind in einem gemeinsamen Hohlständer organisch zusammengefaßt. Der Aufbau ist berührungssicher. Das Zwischenbild kann in etwa 80- bis 160facher Vergrößerung über Prismen und das Endbild in etwa 4000- bis 40000facher Vergrößerung direkt mit beiden Augen oder über ein vor das Beobachtungsfenster schwenkbares Einstellmikroskop viertacher Vergrößerung beobachtet werden. Auflösung: mindestens 3 m$\mu$ (30 $\overset{\circ}{\mathrm{A}}$ = 3.10$^{-7}$ cm).

Was nun die Beugung der Strahlen *im Objekt* betrifft, so ist das hier ganz anders, wie beim sichtbaren Licht. Bekanntlich findet in letzterem Fall die Beugung an den Grenzen zweier Strukturen statt, die sich durch *Brechungsindices* oder verschiedene Absorptionen voneinander unterscheiden. Bei der Beugung

213) B. v. Borries u. E. Ruska: „Mikroskopie hoher Auflösung mit schnellen Elektronen". Ergebn. d. ex. Naturwiss. *19*, 237 (1940). T. F. Anderson, Advances in Colloid Science, I, 353 (1942), New York.

von Elektronenstrahlen ist diese aber im wesentlichen durch die *Dichte* und *Masse* der Substanz bestimmt. Dickenuntercshiede zweier einheitlicher Strukturelemente führen deshalb zu einer verschieden starken Streuung und damit zu einer verschiedenen Abbildung.

Gegenüber den Lichtmikroskopen besitzen die Elektronenmikroskope eine außerordentlich *hohe Tiefenschärfe*. Darunter versteht man bekanntlich diejenige Strecke in mm, um die das Objekt in Richtung der optischen Achse verschoben werden kann, ohne daß da-

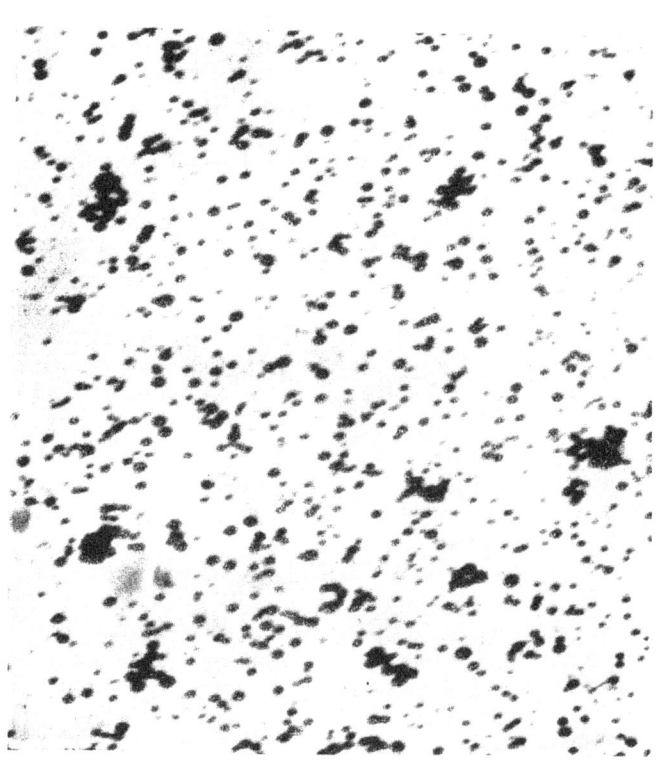

Abb. 123. Hochdisperses kolloidales Gold auf Kollodiumfolie. Vergr. 100000fach. (Aufnahme v. Ardenne).

bei die Bildschärfe leidet. Infolgedessen erhält man so scharfe Aufnahmen, daß sie noch nachträglich mit Erfolg vergrößert werden können. Auf diese Weise gelangt man leicht zu Endvergrößerungen 1:400000 und höher. Das Bild ist dabei über seine ganze Ausdehnung scharf bis an den Rand.

Erst diese Umstände erlauben trotz des hohen Auflösungsvermögens eine leichte Schärfeneinstellung und eine ziemlich leichte Handhabung der Übermikroskope. **Die Resultate der übermikroskopischen Untersuchungen.** Zur Herstellung der Präparate bedient man sich besonderer Objektträger, die ein Loch von etwa 0,1 mm Durchmesser besitzen und überspannt dieses nach einem besonderen Verfahren, das in den angeführten Werken genau beschrieben ist, mit einer gleichmäßigen, aber äußerst dünnen Kollodiumfolie. Auch äußerst feine durchlöcherte Plättchen werden verwendet. Die zu untersuchenden kolloiden Lösungen werden nun mit einer Platinöse auf die Folie gebracht. Nach

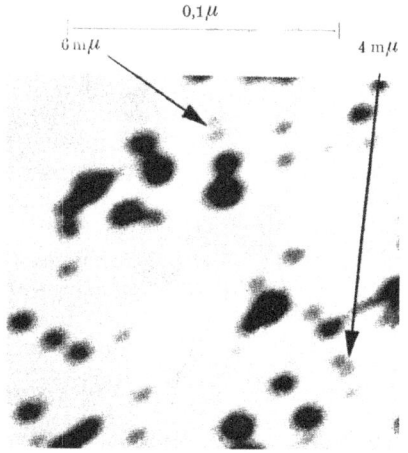

Abb. 124. Vergrößerter Ausschnitt einer Aufnahme von hochdispersem Goldkolloid. Vergr. 350000fach. (Aufn. nach v. Ardenne).

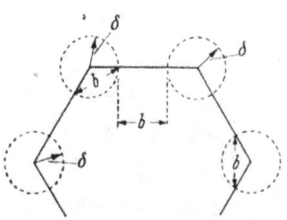

Abb. 125. Abbildung eines Sechseckes
mit einem Auflösungsvermögen δ.
Die Form wird erkennbar, wenn b
nicht kleiner als die Sehne des
Abrundungsbogens ist.

Abb. 126. Verschiedene Vielecke gleicher
elektronenmikroskopischer Erkennbarkeit
beim Auflösungsvermögen δ. Nach v. Borries
und Kausche.

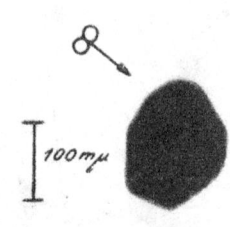

Abb. 127. Kolloides Gold nach v.
Borries und Kausche. 8-eckiges
Teilchen. Vergr. 100000:1;
elektronenopt. 19000:1.

Eintrocknung setzt man diese „Objektblende" in eine Blendenfassung, diese in eine Objektpatrone und schleust das Ganze ins Übermikroskop ein. Nach Erreichung des erforderlichen Vakuums wird das Instrument in Betrieb gesetzt und das sich ergebende Bild beobachtet. Durch Verschieben der Objektpatrone kann eine charakteristisch aussehende Stelle des Präparats in die Bildfläche gebracht werden. In Abb. 123 ist die Aufnahme eines Goldkolloides wiedergegeben.

Zur Beurteilung der Teilchengröße und -form empfiehlt es sich, einen Ausschnitt des Bildes noch weiter zu vergrößern. Auf diese Weise ist die Abb. 124 entstanden. Durch Vermessen der Teilchen kann man ungefähr deren Durchmesser bestimmen[214]). Die Abbildung kommt ja dadurch zustande, daß die Teilchen den Elektronenstrahl praktisch nicht durchlassen: auf dem Negativ erhält man somit helle Flecken, während rings herum die Platte geschwärzt wird. Es fällt die rundliche Form der Goldteilchen auf. Haben diese wirklich eine solche Form? Die näheren Untersuchungen zeigten, daß es sich hier um einen Abbildungsfehler handelt, der sich bei hohen Vergrößerungen infolge des endlichen Auflösungsvermögens der Elektronenmikroskope bemerkbar macht[215]). Vorausgesetzt, man hätte es mit einem sechseckigen Plättchen nach Abb. 125 zu tun. Die Auflösung des Übermikroskopes sei δ. Es werden dann die Feinheiten des Objektes, die im Bereich 2δ liegen, nicht zur Abbildung kommen. Bei einem Sechseck werden z. B. die Ecken nicht aufgelöst werden, die Schwärzung wird hier einen komplizierteren Verlauf nehmen, der vom Schwärzungsverlauf an der Kante abweicht. Der Bereich dieser Störung wird sich jedoch auf einen Kreis mit dem Radius δ um die Eckpunkte beschränken und die scharfe Ecke wird auf der Abbildung einfach abgerundet erscheinen. Die tatsächliche Form der Teilchen wird deshalb auf einer Aufnahme nur dann erkennbar sein, wenn zwischen den Abrundungen noch eine gerade Kante sichtbar sein wird. Dieses Kantenstück b (Abb. 126) muß wenigstens ebenso lang sein, wie die zur Abrundung gehörige Sehne. Denn, wäre das gerade Stück kürzer, so würde das ganze Teilchen wie ein Kreis aussehen und genauere Aussagen über die Form ließen sich

214) B. v. Borries u. G. A. Kausche: Kolloid-Z. 90, 132 (1940). Zu einer genaueren Bestimmung ist die Photometrierung der Teilchenabbildungen notwendig.

215) B. v. Borries u. G. A. Kausche: Kolloid-Z. 90, 132 (1940).

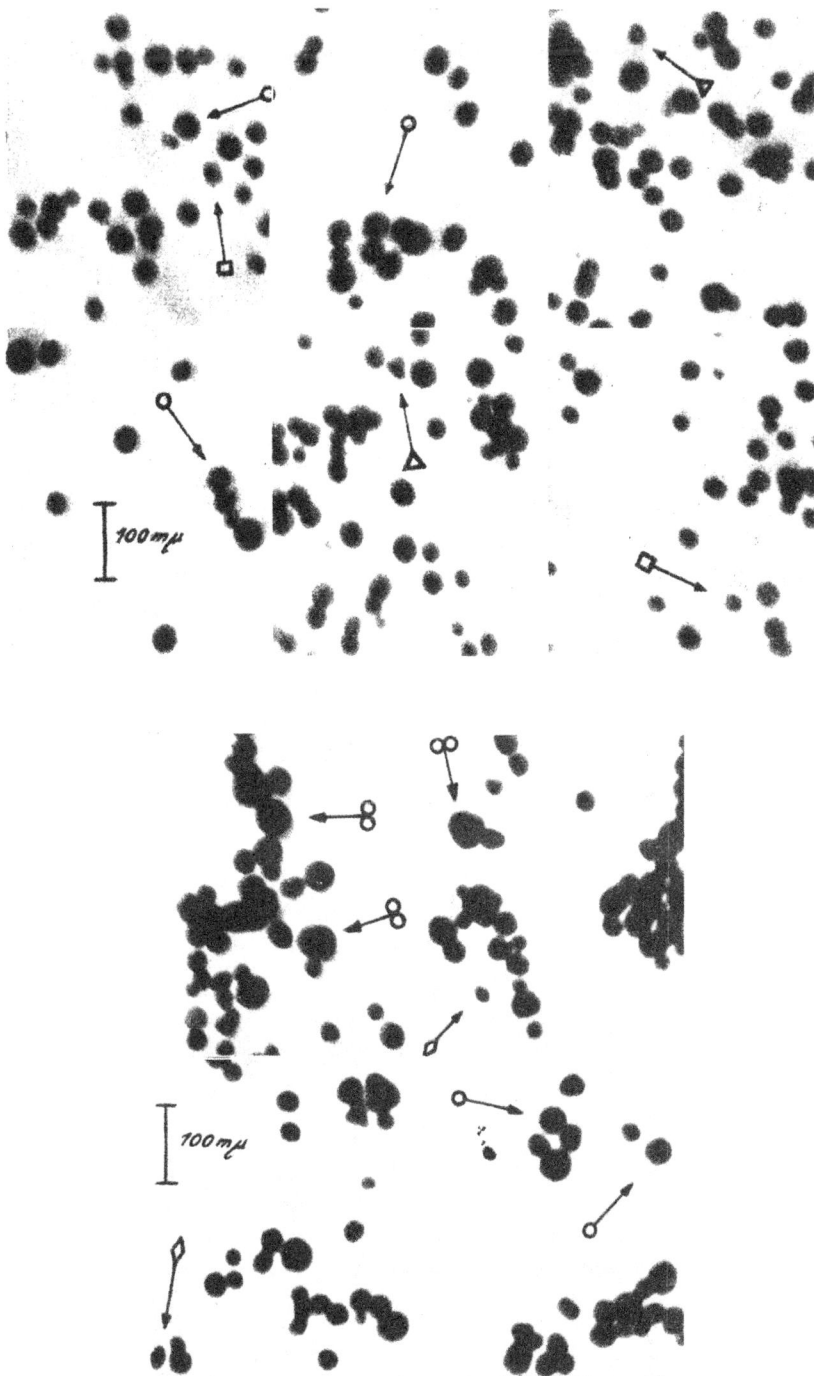

Ab· 128. Kolloides Gold der Firma Imhausen, nach v. Borries und Kausche. 100000:1; elektronenopt. 35000:1·

Dreieck: ⟵————◁
Quadrat: ⟵————⊐
Rhombus: ⟵————⟨⟩
Sechseck: ⟵————O
Achteck: ⟵————З

dann nicht mehr machen. Ein Teilchen mit einer geringeren Anzahl von Ecken (z. B. 3) läßt sich viel leichter von einem Kreis unterscheiden. Deshalb kann die Form noch sehr kleiner 3-eckiger Teilchen als solche erkannt werden — man braucht nur die Geraden bis zur gegenseitigen Kreuzung fortzusetzen. 8-eckige Teilchen sind dagegen nur dann zu erkennen, wenn sie (im Präparat) viel größere Dimensionen (etwa 7 bis 10fache der dreieckigen) haben. Ein kleineres 8-eckiges Teilchen erscheint auf dem Ekran (Photoplatte) als Kreis, über dessen ursprüngliche Form nichts mehr ausgesagt werden kann. Die Größenverhältnisse verschiedener Vielecke, deren Form noch erkannt werden kann, sind in Abb. 126 dargestellt.

Das in Abb. 127 wiedergegebene Teilchen ist somit ein Achteck.

Auf diese Weise kann man durch genaue Betrachtung eines jeden Teilchens

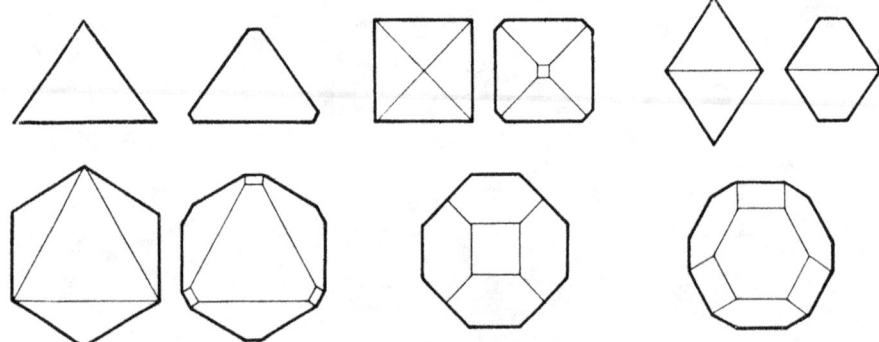

Abb. 129.

| | |
|---|---|
| Tetraederoberfläche nach oben, dreieckige Abbildung. | Oktaederspitze nach oben, viereckige Abbildung. |
| Schief liegende Oktaeder, Rhomben in der Abbildung. | Oktaederfläche nach oben, sechseckige Abbildung. |
| Würfelfläche des Kubooktaeders nach oben, achteckige Abbildung. | Oktaederfläche des Kubooktaeders nach oben, zwölfeckige Abbildung. |

auf den übermikroskopischen Aufnahmen urteilen, was für eine Teilchenform im Präparat dominiert. Als Beispiel sei hier die Abb. 128 angeführt, wo die Form mancher deutlich erkennbarer Teilchen besonders angegeben ist.

Wie aus der Abbildung ersichtlich, liefert die Aufnahme des kolloiden Goldes Teilchen 3-, 4-, 6- und 8-eckiger Form. Waren tatsächlich ähnliche Blättchen im Präparat vorhanden? Eine solche Deutung des experimentellen Befundes würde sich schwerlich mit den Eigenschaften des flächenzentrierten kubischen Gitters, das dem Golde eigen ist, in Einklang bringen lassen. Beim Entstehen der kolloiden Goldpartikel von einem Keim ausgehend, der sich nur aus wenigen Goldatomen zusammensetzt, hat man zweifelsohne mit einem Wachstumsprozeß zu tun. Nach der modernen Kossel-Stranskischen Krystallwachstumstheorie[216]) müssen sich bei Berücksichtigung nur erstnächster Nachbaren beim Krystallwachstumsprozeß im Falle flächenzentrierter Metalle die Oktaeder- und Würfelflächen als Begrenzungsflächen der wachsenden Kryställchen ausbilden. Goldpartikel müßten also die Form eines *Kubooktaeders* haben. Zieht man nun in Betracht, daß bei den elektronenmikroskopischen Aufnahmen die Strahlen nicht die kompakten Goldteilchen durchdringen können, und daß es folglich nur zur Abbildung der Schattenrisse der Teilchen kommt, so kann man die in Abb. 128 wiedergegebenen Teilchenprojektionen erklären, wenn man annimmt, daß im Präparat Partikel mit Würfel- und Oktaederbegrenzungen vorhanden sind, also Würfel, Oktaeder, Tetraeder und Kubooktaeder. Stellt man nun diese Körper so, wie in Abb. 129 gezeigt, so ergeben sich als Projektionen drei-, vier-, sechs-, acht- und zwölf-

---

216) Näheres hierzu siehe M. Straumanis: Die neuesten Krystallwachstumstheorien und der Versuch, Wiener Chem. Ztg. 46, 241 (1943).

eckige Teilchen. Natürlich sind die Teilchen in Wirklichkeit infolge schnellen Wachstums nicht ganz regelmäßig und ergeben deswegen auch unregelmäßige Abbildungen im Elektronenmikroskop.

Auch die Häufigkeit der angegebenen Stellungen läßt sich mit der Aufnahme in Einklang bringen: am häufigsten kommen Sechsecke vor, da das Lagern auf der breiten Oktaederseite eine leichter sich verwirklichende Stellung ist; schon seltener sind Vierecke und Rhomben, weil eben dann das Oktaeder auf einer Spitze oder auf einer Kante lagern muß. 12-eckige Teilchen konnten überhaupt nicht festgestellt werden, da diese, gemäß des über die Erkennbarkeit der Teilchen gesagten, sehr groß ausfallen müßten und die Wahrscheinlichkeit des Vorkommens eines sehr großen Teilchens in einem homogenen Präparat gering ist. Die kleinen

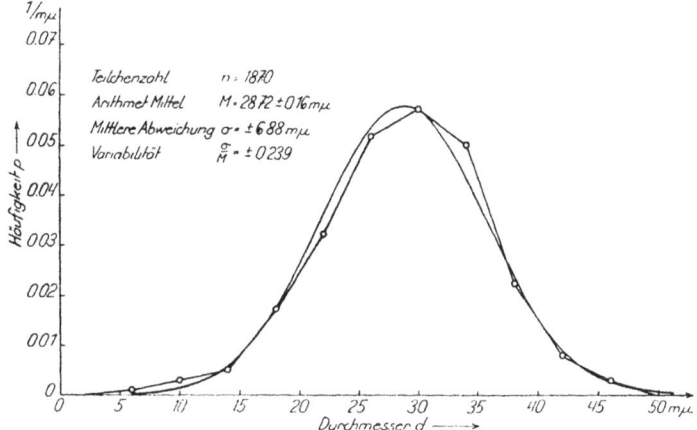

Abb. 130. Häufigkeitsverteilung des Durchmessers kolloider Goldteilchen (nach v. Borries und Kausche). Vergleich mit der Verteilungskurve nach Gauß.

zwölfeckigen Teilchen erscheinen aber im Bilde (in der Projektion) rund. Nach v. Borries ist somit das *Oktaeder* oder vielmehr das *Kubooktaeder* die Grundform der kolloiden Goldpartikel im Präparat Imhausen.

Dieselbe Teilchengrundform besitzt auch das ebenfalls flächenzentrierte Silber. Kolloides Nickelhydroxyd weist dagegen eine Blättchenform auf[217]).

Die übermikroskopischen Teilchenabbildungen erlauben nicht nur deren Form zu bestimmen, sondern auch die Häufigkeitsverteilung des Durchmessers, der Oberfläche und des Gewichtes. Die Vermessung der Durchmesser erfolgt einfach durch Anlegen eines Maßstabes, wobei als wahre Begrenzung des Teilchens die Stelle des stärksten Schwärzungsabfalles in der Umgrenzung angenommen wird. Da nun die Vergrößerung der Abbildung bekannt ist, ergibt sich auch unmittelbar der Durchmesser der Teilchen. Trägt man jetzt die Häufigkeit der vorkommenden Teilchen in Abhängigkeit von ihrer Größe in ein Diagramm, wie schon beschrieben, ein (s. S. 133), so ergibt sich folgende Kurve.

Die experimentell erhaltene Kurve paßt sich somit gut an die theoretische an. Es wurden zwar 1870 Teilchen vermessen, doch auch aus 100—200 Messungen läßt sich eine ziemlich zuverlässige Kurve zeichnen. Aus dieser Kurve kann auch die Häufigkeitsfunktion für die Oberfläche und für das Gewicht berechnet werden. Im obigen Beispiel Abb. 130 ergab sich die mittlere Teilchengröße $28{,}72 \pm 0{,}16\,m\mu$, ein Wert, der gut mit dem von der Firma angegebenen ($25\,m\mu$) übereinstimmt.

217) S. F. Feitknecht, R. Signer und A. Berger: Kolloid-Z. *101*, 12 (1942).

Größenverteilungskurven erlauben auch zu schließen, ob ein einheitliches Präparat oder eine Mischung zweier Kolloide (z. B. zweier Goldsole) vorliegt.

Auch das Ergebnis kolloidchemischer Reaktionen kann mit Hilfe des Elektronenmikroskopes festgestellt werden, z. B. im Falle der Reaktion kolloides Gold Virusprotein (Kausche- und Ruska[218])). Thiessen verwendete dasselbe Instrument um aufzuklären, wie eine kolloide Goldlösung mit Kaolin reagiert. Man beobachtet nämlich beim Schütteln einer solchen Lösung mit einer Kaolinsuspension, daß sich die Lösung entfärbt, das Gold dem Hydrosol somit entzogen wird. Die übermikroskopische Aufnahme des Niederschlages lieferte folgende Abbildung[219]):

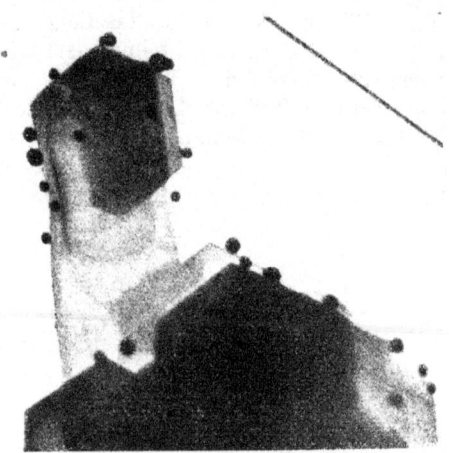

Abb. 131. Kolloidkaolin mit kolloiden Au-Teilchen (Ø 30—35 mμ), nach P. A. Thiessen; reine Kantenbeladung.

Die Abbildung zeigt sofort, was während des Schüttelns geschehen ist: die kolloiden Goldteilchen sind von den Kaolinkryställchen adsorbiert worden, und zwar erfolgt die Adsorption an den *Kanten* der Kryställchen. Auch Glimmerblättchen besitzen dieselbe Eigenschaft. Abb. 132 zeigt, wie kolloide Goldteilchen durch Asbestfasern adsorbiert werden.

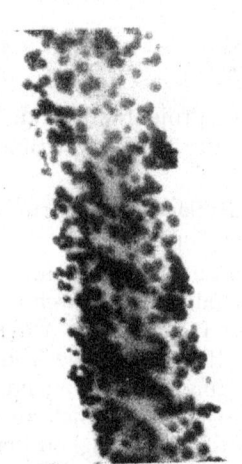

Abb. 132. Submikroskopische Asbestfasern mit kolloiden Goldteilchen nach P. A. Thiessen; Oberflächenadsorption; elektronenopt. 1:40000.

Hier verteilt sich das Gold über die ganze Oberfläche der Faser. Es gelingt somit, submikroskopische Bereiche verschiedener adsorptiver Wirksamkeit unmittelbar sichtbar zu machen.

Die Wirkung eines sogenannten *Schutzkolloides* (s. S. 218 läßt sich jetzt ebenfalls direkt dem Auge zugänglich machen. Ein geschütztes Platinkolloid (als Katalysator benutzt) zeigte bei 75 000 facher Vergrößerung eine Teilchengröße von 3 bis 10 mμ (Mittelwert 5 mμ), wobei die Einzelteilchen sehr schön fadenförmig aneinandergereiht waren. Diese Kettenbildung ist offenbar auf die Wirkung des Schutzkolloides zurückzuführen[220]).

Durch Thiessen ist jetzt auch der Aufbau des Cassius-Goldpurpurs endgültig sichergestellt worden: er erweist sich als kolloides Gemenge, da auf der Zinnsäure Goldteilchen kolloider Größe sitzen (Abb. 133)[221]).

Die Verfärbung beruht hier lediglich auf der Änderung der Packungsdichte der Goldteilchen, und zwar werden die Präparate mit zunehmender Dichte blaustichiger. Die Zinnsäure spielt zugleich die Rolle eines Schutzkolloides, da sie

[218]) G. Kausche und H. Ruska: Kolloid-Z. *89*, 21 (1939).
[219]) P. A. Thiessen: Z. f. Elektrochem. *48*, 675 (1942).
[220]) M. v. Ardenne und D. Beischer: Z. f. angew. Chemie *53*, 103 (1940).
[221]) P. A. Thiessen: Kolloid-Z. *101*, 241 (1942).

die Teilchen einhüllt. Damit ist auch erklärt, warum das Gold aus den Präparaten durch Königswasser nicht immer völlig herausgelöst werden kann. Der klassische Goldpurpur entspricht dem synthetischen im Aufbau weitgehend.

Die Übermikroskopie steht erst am Anfang ihrer Entwicklung; es ist zu hoffen, daß sich durch diese Forschungsmethode unseren Augen noch ungeahnte Tiefen der toten, hauptsächlich aber der lebendigen Materie enthüllen werden. Hindernd im Wege steht vorläufig der hohe Preis der Einrichtung.[222]

### Einige weitere Ergebnisse der Untersuchungen von Kolloiden mit Röntgenstrahlen.

**Anorganische Kolloide im Röntgenstrahl.** Wie schon erwähnt, kann mit Hilfe von Röntgenstrahlen leicht festgestellt werden, ob ein Präparat aus krystallinen oder „amorphen" Teilchen besteht. Im Laufe der Zeit ergab sich dabei, daß das Krystallisationsbestreben der Materie wesentlich größer und das Vorkommen amorpher Zustände viel seltener ist, als das bisher angenommen wurde*. Schon von S c h e r r e r konnte gezeigt werden, daß dem kolloiden Golde, dem Silber, den gealterten Gelen der Kiesel- und der Zinnsäure, ja sogar der Cellulose und der Stärke eine krystalline Natur eigen ist. Wenn auch die Teilchengröße des kolloiden Goldes oder Silbers sehr klein ist, so kann man hier doch nicht von einem „amorphen" Zustande reden, da die Struktur auch der geringsten Teilchen *vollkommen* der des kompakten Goldes oder Silbers entspricht. Als krystallin erwiesen sich ferner verschiedene Formen des Kohlenstoffs und auch verschiedene anorganische Gele (z. B. Hydroxyde des Be, Zn, Al, Pb, Sn u. a.). Die durch Fällung in wäßrigen Lösungen erhaltenen Pulver galten früher durchweg als amorph. Erst die Röntgenanalyse zeigte, daß es viele Gele gibt, die trotz des Fällens in der Kälte und trotz ihres gallertartigen Aussehens sich als röntgenographisch krystallin erweisen.

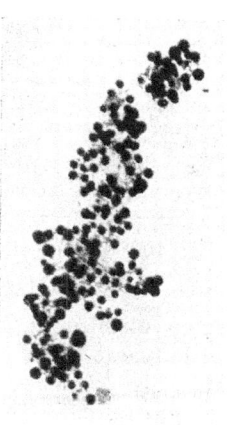

Abb. 133. Synthetischer Cassius-Goldpurpur nach Thiessen. Elektronenopt. 1:40000; 2fache Nachvergrößerung.

Hierher gehören vorzugsweise die Hydroxyde zweiwertiger Metalle, wie z. B. $Fe(OH)_2$, $Ni(OH)_2$, $Co(OH)_2$, $Mg(OH)_2$, $Cd(OH)_2$, aber auch diejenigen dreiwertiger, wie z. B. $La(OH)_3$, $Bi(OH)_3$, sogar $Cr(OH)_3$.

Als röntgenographisch amorphe Kolloide — mit einer Teilchengröße also, die unterhalb der röntgenographischen Bestimmungsmöglichkeit liegt — haben sich vor allem Gläser, dann gewisse eben hergestellte Hydroxydsole, bestimmte hochaktive Formen des Kohlenstoffs und noch andere Präparate erwiesen. Die äußerst geringe Teilchengröße dieser Stoffe liefert im Röntgenstrahl nur ganz wenige Interferenzen, die zudem noch breit sind; in vielen Fällen sind sie auch noch so schwach, daß man sie kaum von der Grundschwärzung des Filmes unterscheiden kann. Diese Stoffe liefern somit Diagramme, die auch bei Flüssigkeiten, also echt amorphen Substanzen, vorkommen.

Die amorphen Hydroxyde gehen jedoch, auch wenn sie schnell in der Kälte hergestellt worden sind, bald in den gröber krystallinen Zustand über, was man aus dem Erscheinen von Debye-Linien an nach einiger Zeit aufgenommenen

---

[222] Eine wesentlich einfachere Anlage zur Elektronenbeugung und „-Mikroskopie" beschreibt H. S e e m a n n: Kolloid-Z. *107*, 190 (1944).

* Manchmal bezeichnet man diejenigen Stoffe, deren krystalline Natur nur durch Röntgenstrahlen nachgewiesen werden kann, als „kryptokrystallin"

Präparaten schließen kann. Diese Erscheinung ist unter dem Namen „Alterung" bekannt. Die Alterung erklärt sich dadurch, daß entweder die vorhandenen äußerst geringen Teilchen zu gröberen durch regelmäßige Fortsetzung des Gitters anwachsen (nicht zusammenballen!), oder mit Wasser oder anderen Dispersionsmitteln kristallisierte Oxydhydrate von größeren Krystalldimensionen bilden, die zwar auch unstabil sein können. Nach den Untersuchungen von Fricke, Hüttig, Böhm, Freundlich, Feitknecht u. a. gehören zu den letzteren die Hydroxyde der vierwertigen Elemente Si, Ti, Zr, Hf, Th, Mn und Pb. Langsames Fällen und erhöhte Temperatur beschleunigen die Ausbildung krystalliner Niederschläge erheblich.

Wird ein Präparat mit Teilchen kolloider Dimensionen erhitzt, so kann verfolgt werden, wie das Wachsen dieser stattfindet. Die folgende Tabelle zeigt die Vergrößerung der Teilchen von BeO, dargestellt durch Entwässern von $Be(OH)_2$, wenn es auf immer höhere Temperaturen erhitzt wird.

Tabelle 41. *Zunahme der Teilchengröße beim Erhitzen von BeO* nach Fricke; *angegeben ist die Zahl der Identitätsperioden.*

| Gewinnungstemperatur der Präparate | 400° C | 500° | 600° | 800° | 1000° | 1300° |
|---|---|---|---|---|---|---|
| In Richtung der a-Achse . | 37 | 42 | 54 | 65 | 72 | 81 |
| In Richtung der c-Achse . | 5 | 6 | 10 | 10 | 10 | 13 |

Bei 400° haben sich somit nur ganz geringe Blättchen, die in Richtung der c-Achse 5 Identitätsperioden (zu je 4,37 Å) in Richtung der a-Achse, aber 37 zu je 2,69 Å zählen, ausgebildet. Diese Form der Teilchen bleibt erhalten, wenn man das Präparat höher erhitzt, ihre Größe wächst jedoch ständig. Durch Multiplikation der Zahl der Perioden mit den entsprechenden Gitterkonstanten erhält man die absolute Größe der Teilchen.

**Aufbau der Seifenlösungen.** Seifenlösungen oberhalb einer kritischen Konzentration weisen ebenfalls deutliche Röntgeninterferenzen auf, die sich von denen des reinen Wassers unterscheiden. Das deutet darauf hin, daß wäßrige Seifenlösungen eine Struktur besitzen. An Hand von Röntgenbildern unter Zuhilfenahme der aus Ringdurchmessern berechneten Netzebenenabständen ist man nun zu folgenden Verstellungen über den Aufbau von wäßrigen Na-Oleatlösungen gekommen[223]: Die langgestreckten Seifenmoleküle befinden sich in einem Abstande von 4,5 Å voneinander, der Netzebenenabstand in der Längsrichtung beträgt 78 Å; da nun das *feste* Na-Oleat in derselben Richtung eine Periode von 44,3 Å (48,5 Å — aus der chemischen Formel berechnet) aufweist, so müssen in der Lösung Teile zwischen den Molekülen mit Wasser ausgefüllt sein, wie das aus der schematischen Abb. 134 zu ersehen ist. Das Wasser reiht sich somit zwischen den Na-Ionenebenen ein (Abb. 134b).

Fügt man zu einer 9,1%igen Na-Oleatlösung (Netzebenenabstand 91 Å) Benzol hinzu, so löst es sich klar auf, wobei der Netzebenenabstand auf 127 Å steigt. Der Aufbau eines solchen Kolloides ist in Abb. 134c auf Grund von Röntgenuntersuchungen schematisch dargestellt. Der Abstand senkrecht zur Längsrichtung ändert sich hierbei nicht[224].

---

[223] K. Hess und I. Gundermann: Ber. d. deutsch. chem. Ges. **70**, 1807 (1937); P. A. Thiessen und R. Spychalski: Z. phys. Chemie A **156**, 435 (1931).

[224] Eine Zusammenstellung der Röntgenuntersuchungen von Seifen s. A. Kuhn: Kolloid-chemisches Taschenbuch, S. 154, Leipzig: Akad. Verlagsges. 1944.

**Kleinwinkelstreuung.** In letzter Zeit ist zur Erforschung der Kolloide noch die „Kleinwinkelstreuung" zu Hilfe gezogen worden. Es sind das Schwärzungen, die sehr nahe dem Primärstrahle liegen. Dieser muß, um die Streuung überhaupt festzustellen, sehr fein ausgeblendet werden. Die Erscheinung der Kleinwinkelstreuung ist bis jetzt noch sehr wenig untersucht worden und man kann sich hier deshalb mit dem Hinweis begnügen[225]), daß es bei dicht gepackten Kolloiden möglich sein wird, mit Hilfe des Braggschen Gesetzes (s. S. 148) aus den gemessenen Kleinwinkeln die Teilchengrößen abzuschätzen. Allerdings werden auch Möglichkeiten auf anderer Grundlage diskutiert, und zwar an Kolloiden, bei denen die Teilchen relativ weit und unregelmäßig voneinander entfernt sind[226]).

Die übermikroskopischen, die Elektronen- und Röntgenmethoden, besonders die beiden ersteren befinden sich erst im Anfang ihrer Anwendung auf das weite

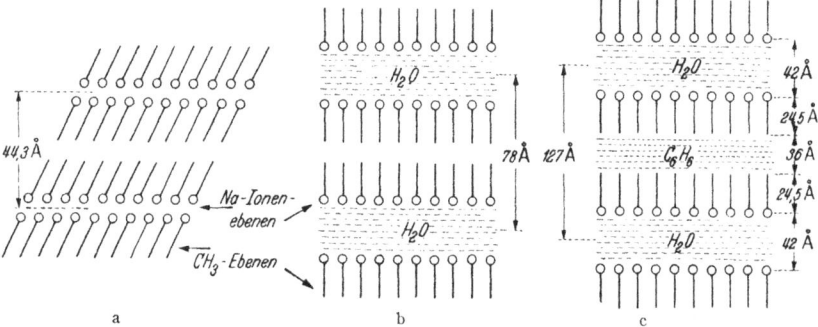

Abb. 131. *a* Molekülanordnung im festen Oleat, *b* in gelöstem Zustand (Wasser 18,7%), *c* in gelöstem Zustand nach Hinzugabe von Benzol (schematisch).

Gebiet der Kolloidchemie. Es ist deshalb zu erwarten, daß die weitere Entwicklung in apparativer Hinsicht, die Ausarbeitung neuer Methoden, die Verwendung geeigneterer Strahlungen usw. noch viele dunkle Punkte aufklären wird. (Über die Geluntersuchung mit Röntgenstrahlen s. S. 255).

# XI. Die Herstellung kolloider Lösungen.

Seit den klassischen Untersuchungen von P. P. v. Weimarn und Wo. Ostwald ist es sichergestellt, daß man *jeden beliebigen Stoff in den kolloiden Zustand überführen kann*. Kolloidteilchen sind Atomverbände, die kleiner als grobe Suspensionsteilchen und größer als kleine Moleküle und Ionen sind. Ein Kolloid kann man als ein Mittelding zwischen grober Aufschwemmung und echter mikromolekularer Lösung betrachten. Demgemäß sind auch zwei Wege erkennbar, auf denen man zu den Kolloiden gelangen kann: 1. entweder durch *Zerteilung* grober Suspensionsteilchen oder 2. durch *Zusammenlagerung* kleiner Moleküle bzw. Ionen. Im ersten Fall werden aus gröberen Teilchen feinere, im zweiten aus feineren gröbere hergestellt. Die Zerteilungsmethoden werden im kolloidchemischen Schrifttum als *Dispergierungsmethoden* (Dispersionsmethoden) bezeichnet,

---

[225]) O. Kratky: Naturwissensch. *26*, 94 (1938); Z. f. Elektrochem. *46*, 550 (1940); auch in A. Kuhn: Kolloidchemisches Taschenbuch 1944, S. 140; R. Hosemann: Z. f. Elektrochem. *46*, 535 (1940).

[226]) R. Hosemann: Z. f. Elektrochem. *46*, 535 (1940).

die Methoden der Herstellung von Kolloiden aus mikromolekularen Lösungen dagegen — als *Kondensations*methoden:

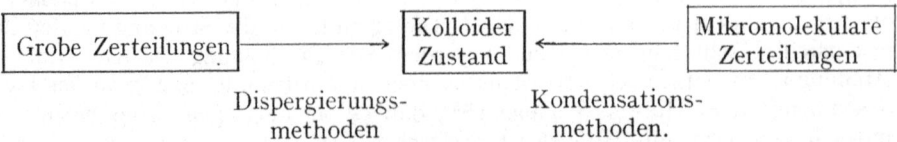

Grobe Zerteilungen ⟶ Kolloider Zustand ⟵ Mikromolekulare Zerteilungen

Dispergierungs-
methoden

Kondensations-
methoden.

Auch die *Molekülkolloide*, d. h. die kolloiden Stoffe, wie z. B. die Proteine, die schon fertig in der Natur vorzufinden sind, lassen sich ins obige Schema einbeziehen. Die hochpolymeren Naturstoffe werden von der Natur selbst aus kleinen Molekülen hergestellt. Wir brauchen diese schon fertigen kolloiden Stoffe dann nur voneinander und von den mikromolekularen Beimengungen zu trennen und zu reinigen. Auch die synthetischen Hochpolymeren werden durch Polymerisations- oder Polykondensationsreaktionen aus kleinen Molekülen aufgebaut. Verläuft eine Polymerisationsreaktion in einer Lösung, so ist die Herstellung eines synthetischen Molekülkolloids von der Herstellung z. B. von kolloidem Silber aus Silbernitrat prinzipiell nicht verschieden. In der kolloidchemischen Praxis hat man aber hauptsächlich damit zu rechnen, daß viele Molekülkolloide, z. B. Kautschuk, Buna, Stärke, Polystyrol u. a. schon fertig in fester Form vorliegen und wir nur die Lösungen dieser Stoffe herzustellen brauchen. Betrachtet man diese festen Stoffe als grobe Zerteilungen, so ist die Auflösung der obigen Stoffe prinzipiell einer Dispergierung gleichzusetzen. Trotzdem ist es vorteilhaft, die Herstellungsmethoden der Molekülkolloide von denen der Dispersoidkolloide gesondert zu besprechen, wie das weiter unten geschehen ist.

### Die Dispergierungsmethoden.

Die Zerteilung grobdisperser Materie bis zu kolloiden Dimensionen kann auf drei verschiedenen Wegen zustande kommen:

1. durch mechanische Hilfsmittel,
2. durch Einwirkung von elektrischem Strom, und
3. durch chemische Reaktionen.

**Herstellung kolloider Lösungen durch Mahlen.** Spröde Stoffe wie z. B. Glas, Graphit oder Schwefel können schon durch kräftiges Reiben im Mörser sehr fein zerkleinert werden. Auch weniger spröde, ja sogar plastische Stoffe werden oft dadurch leicht zerreiblich, daß man sie vorerst in flüssige Luft eintaucht. Bis zur kolloiden Dimension gelangt man freilich auf diesem Wege nicht: Denn je kleiner die Teilchen werden, um so mehr neigen sie zur Wiedervereinigung, wegen der Zunahme der Oberflächenkräfte mit steigendem Dispersitätsgrad. Die Oberflächenenergie ist bestrebt, sich zu vermindern, was durch Verminderung der Oberfläche bzw. durch Vereinigung der Teilchen zustande kommen kann.

Die feinsten Teilchen, die durch Mahlen z. B. von Schwefel, Kreide usw. im Mörser oder Kugelmühle erhalten werden können, haben einen Durchmesser von etwa 1000 bis 2000 m$\mu$. Der Dispersitätsgrad läßt sich noch wesentlich dadurch erhöhen, daß der Stoff zusammen mit einem flüssigen Dispersionsmittel gemahlen wird.

Noch besser sind die Resultate, wenn man zu der Flüssigkeit einen geeigneten Elektrolyten oder einen oberflächenaktiven Stoff zugibt. Auf diese Weise lassen sich besonders leicht verschiedene Emulsionen herstellen, z. B. in Wasser (vgl. Abschnitt XV).

Aber auch die durch Naßmahlen gewonnenen dispersen Systeme sind relativ grobdispers, nach besonders lang andauerndem Mahlen haben die Teilchen noch immer einen Durchmesser von etwa 100 bis 1000 m$\mu$.

Viel bessere Erfolge werden nun nach einem Vorschlag von P. P. v. Weimarn (1911) dadurch erzielt, daß man die Wiedervereinigung der feingemahlenen Teilchen verhindert. Am bequemsten geschieht das durch Beimengung eines indifferenten Stoffes, der später herausgelöst werden kann. Die Mischung wird dann gemahlen, mit dem indifferenten Stoff weiter verdünnt, wieder gemahlen usw., bis der gewünschte Dispersitätsgrad erreicht ist. So können z. B. Schwefelsole folgendermaßen hergestellt werden: 1 Teil Schwefel wird mit 1 Teil Traubenzucker vermischt und zerrieben, dann wird 1 Teil der Mischung mit 1 Teil Traubenzucker weiter verdünnt, wieder kräftig zerrieben, von dieser Mischung wieder ein Teil noch mehr verdünnt usw. Das nach der vierten Verdünnung schließlich gewonnene feine Gemisch wird in Wasser gelöst, es resultiert hierbei ein Schwefelsol, das Teilchen mit dem Durchmesser von etwa 20 bis 100 m$\mu$ enthält.

Für die weitgehende Zerkleinerung fester (und flüssiger, öliger) Stoffe hat auch die Technik großes Interesse. So müssen nämlich die Erze, deren bestimmte Bestandteile durch Schwimmverfahren (Flotation) angereichert werden sollen,

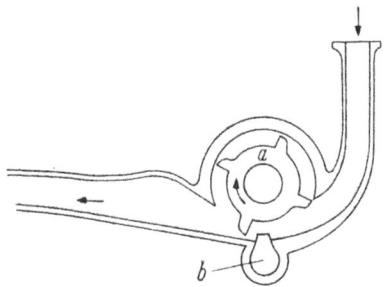
Abb. 135. Die Kolloidmühle nach Oderberger.

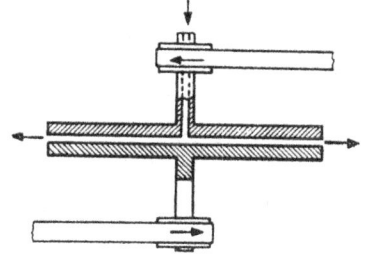
Abb. 136. Die Scheiben-Kolloidmühle.

fein zerkleinert sein. Auch viele Farbstoffe gewinnen die besten Eigenschaften (z. B. Deckfähigkeit) nur dann, wenn sie möglichst fein vermahlen sind. Ferner müssen viele, in Wasser unlösliche Pflanzenschutzmittel, die als Bestäubungsmittel oder in Form von Spritzbrühen verwendet werden, möglichst fein gemahlen sein. Schließlich seien noch die für Schmierzwecke hergestellten Graphitsuspensionen erwähnt. Auch in der pharmazeutischen Industrie braucht man oft sehr fein gemahlenes Gut[227]).

Die Lösung der Frage im technischen Maßstabe gelang H. Plauson (1911). Er untersuchte die Bedingungen, unter denen das feinste Zermahlen fester Stoffe durchführbar ist, und konstruierte die ersten *Kolloidmühlen*. Das Prinzip seiner Maschine ist folgendes: Die zu dispergierende Substanz wird im Dispersionsmittel aufgeschwemmt und die suspendierten, groben Teilchen werden durch intensive Schlagwirkung zertrümmert. Diese wird durch ein Schlagkreuz erzeugt, das in in einem zylindrischen Gehäuse mit hoher Geschwindigkeit rotiert.

Seitdem sind verschiedene Kolloidmühlen konstruiert und für das Mahlen verwendet worden. In der Abb. 135 ist ein schematischer Schnitt einer *Oderberger*-Mühle sichtbar, die als verbesserte *Plauson*-Mühle gelten kann. In einem engen Gehäuse läuft mit sehr hoher Geschwindigkeit (etwa 9000 Umdrehungen in der Minute) das Schlagkreuz a. Die tangential zugeführte Suspension wird von den

---

[227]) Vgl. A. Chwala: Zerkleinerungs-Chemie, Kolloid-Beih. *31*, 222 (1930).

Armen des Schlagkreuzes gegen einen verstellbaren Gegenhalter (b) mit großer Wucht geworfen und geschlagen. In Abb. 136 ist weiter das Prinzip der sogenannten Scheiben-Kolloidmühle erläutert. Der zu zerteilende Stoff tritt als Suspension durch die hohle Welle einer mit großer Geschwindigkeit rotierenden Metallscheibe und trifft auf eine zweite Scheibe, die sich in entgegengesetzter Richtung dreht. In der mittleren Schicht zwischen den Scheiben ist die Suspension einer intensiven Scherkraft unterworfen die die Teilchen auseinanderreißt.

Gemische mit festem indifferenten Stoff werden in Reibmühlen verschiedener Konstruktion gemahlen.

Schließlich sei erwähnt, daß die in der Industrie verwendeten Kolloidmühlen in der Regel relativ grobdisperse Systeme liefern. Die mit den verschiedensten Mahlmethoden hergestellten dispersen Systeme sind immer polydispers. Der überwiegende Anteil des in einer Kolloidmühle zerkleinerten Gutes besteht aus Teilchen der Größenordnung 100 bis 1000 m$\mu$ und nur ein kleiner Teil aus solchen mit einem Durchmesser von 10 bis 100 m$\mu$.

Es ist interessant festzustellen, daß manche organische Stoffe sehr leicht durch Reiben kolloid zerteilt werden können. Reibt man zwei in Wasser eingetauchte Finger einige Minuten lang gegeneinander, so erhält man eine Lösung, die Teilchen sehr verschiedener Größe der organischen Bestanteile der Haut enthält. Im Ultramikroskop läßt sich leicht erkennen, daß ein erheblicher Anteil der Teilchen kolloide Dimensionen besitzen[228]).

**Dispergierung durch Ultraschallwellen.** Zu den mechanischen Dispergierungsmethoden gehört auch die Dispergierung durch Ultraschall. Als Ultraschallwellen bezeichnet man sehr kurze Schallwellen, deren Frequenz oberhalb des Hörbereichs des menschlichen Ohres liegt, d. h. oberhalb von 20 kHz (1 kHz = 1000 Schwingungen/Sek.). Die Erzeugung von Ultraschall wurde von P. Langevin (1918) erfunden. Das Prinzip der Methode ist sehr einfach: eine aus einem Quarzkrystall in geeigneter Orientierung geschnittene Platte wird durch elektrische Schwingungen angeregt, die dann weiter auf eine Flüssigkeit oder einem anderen Medium übertragen werden können. Es ist bereits gelungen, Ultraschallwellen bis zu einer Frequenz von 200 000 kHz zu erzeugen, was einer Wellenlänge in der Luft von nur $1,5 \cdot 10^{-4}$ cm entspricht. Ein Schwingquarz (Piezoquarz) ist imstande, sehr große Schallenergien, sogar bis zu 10 Watt/cm$^2$ abzustrahlen, das ist etwa das $10^{10}$fache der Schallenergie, die ein mittelstarker Zimmerlautsprecher liefert[229]). Die sehr hohe Intensität der Ultraschallwellen hat nun entsprechende mechanische Wirkungen zur Folge. Kleinere Lebewesen, z. B. Bakterien, werden durch Ultraschall in kleinere Stücke gerissen und getötet. Auf die gleiche Weise werden Öltropfen in Wasser in eine feinste Emulsion aufgeteilt.

Die ersten Untersuchungen über die dispergierenden Wirkungen von Ultraschall stammen von Wood und Loomis[230]). Weitere umfangreiche kolloidchemische Untersuchungen haben H. Freundlich, K. Söllner, N. Sata, B. Claus und viele andere unternommen[231]). Es ist jetzt gelungen, die verschiedensten Stoffe, wie Öle, Wachse, Quecksilber, Farbstoffe, Metalloxyde usw. durch Ultraschall bis zu kolloiden Dimensionen hinab zu zerteilen. Das Verfahren hat

228) A. Janek u. B. Jirgensons: Biochem. Z. *180*, 193 (1927); 1 cm$^3$ der „Hautlösung" enthielt etwa $3,6 \cdot 10^9$ Teilchen verschiedener Größe.

229) Vgl. L. Bergmann: Der Ultraschall und seine Anwendung in Wissenschaft u. Technik, Berlin **1937**, 3. Aufl. 1942.

230) R. W. Wood u. A. L. Loomis: Philos. Mag. (7) **4**, 17 (1927).

231) Ein Sammelreferat: Die Anwendungen des Ultraschalls in der Kolloidchemie, gab H. A. Wannow: Kolloid-Z. *81*, 105 (1937). Vergl. auch K. Sollner: Chem. Rev. **34** 371 (1944).

dabei noch den Vorteil, daß die Dispergierung sehr sauber, ohne Anwendung von Fremdstoffen durchführbar ist. Die dazu notwendigen apparativen Hilfsmittel sind nicht sehr kompliziert und der Energieverbrauch nicht groß. Demzufolge wird diese Dispergierungsmethode in der Wissenschaft und sogar in der Industrie in steigendem Umfange verwendet.

In der Abb. 137 ist die von Claus[232]) angegebene Apparatur schematisch gezeichnet. In einem Ölbad Ö befindet sich eine Quarzplatte Q (Schwingquarz, Piezoquarz), die durch einen Sender S angeregt wird. Die erzeugten Ultraschallwellen breiten sich im Öl aus und fallen auf den Boden eines zweiten Gefäßes G. Viele feste und flüssige Stoffe werden nun in G ohne weiteres durch Einwirkung des Ultraschalls leicht dispergiert. Dagegen können die Metalle wie Fe, Ni, Cu, Ag u. a. nicht so leicht kolloid zerteilt werden. Um auch das zu erreichen, wird nach einem Vorschlag von Claus in G die elektrolytische Abscheidung des betreffenden Metalls ausgeführt, wobei der Boden des Gefäßes G als Kathode K dient (A-Anode). Bringt man nun die Quarplatte zum Schwingen, so wird das auf der Kathode K abgeschiedene Metall in feinverteilter Form von Ultraschallwellen in die Flüssigkeit zurückgeschleudert. Zur Darstellung definierter Sole muß natürlich solch ein Kathodenmaterial gewählt werden, das selbst durch die Einwirkung von Ultraschall nicht dispergiert wird. Als sehr widerstandsfähig gegen die Einwirkung des Ultraschalls erwiesen sich V2A-Stahl, Tantal und Chromargan. Bei der Durchführung der Elektrolyse muß schließlich

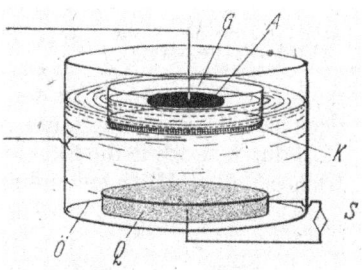

Abb. 137. Schema des Ultraschallapparats nach Claus.

eine bestimmte Elektrolytkonzentration, Spannung und Stromstärke eingehalten werden, um Erfolg zu erzielen.

Praktisch sehr wichtig sind die Befunde von Claus über die Einwirkung von Ultraschallwellen auf photographische Emulsionen. Es wurde dabei gefunden, daß durch Ultraschall die Kornzusammenballung verhütet und die Homogenität der AgBr-Verteilung bedeutend verbessert wird. Die Ultraschallwellen üben auch einen günstigen Einfluß auf den Sensibilisierungsprozeß aus, nämlich dadurch, daß ein größerer Anteil des sensibilisierenden Farbstoffs an das AgBr-Korn gelangt und dort adsorbiert wird, wodurch die Farbempfindlichkeit des Films steigt.

Interessant sind schließlich auch die Ergebnisse über die Einwirkung von Ultraschall auf die Linearkolloide. Schmidt und Rommel[233]) beschallten verdünnte Lösungen von Polystyrolen, Polyvinylazetaten, Polyakrylsäureester und Nitrozellulosen und fanden, daß die Viskosität der Lösungen beträchtlich abfällt. Daraus wird gefolgert, daß durch Ultraschall die überlangen Fadenmoleküle in kürzere Bruchstücke gesprengt werden. Beschallt man z. B. drei Polystyrole mit durchschnittlichem Molekulargewicht von 850 000, 350 000 und 195 000, so fällt das Molekulargewicht in allen Fällen bis auf 30 000. Unabhängig davon, wie man die Sprengung deutet, ist der Befund insofern wichtig, daß dadurch die Labilität der überlangen Fadenmoleküle auch auf diesem Wege bestätigt wird. Die kürzeren Fadenmoleküle erwiesen sich dagegen gegen die Beschallung als beständig.

**Herstellung von Solen durch elektrische Zerstäubung von Metallelektroden.** Das Verfahren, Kolloide mittels des in eine Flüssigkeit getauchten

[232]) B. Claus: Z. techn. Physik *16*, 80 (1935); B. Claus u. E. Schmidt: Kolloid-Beih. *45*, 41 (1930).

[233]) G. Schmid u. O. Rommel: Z. physik. Chem. *185*, 97 (1939); Z. Elektrochem. *45*, 659 (1939).

Lichtbogens zu erzeugen, wurde von Bredig (1898) erfunden. Die dazu notwendige Anordnung ist in Abb. 138 schematisch dargestellt. In die in A befindliche Flüssigkeit werden Elektroden eingetaucht und der Strom eingeschaltet. Es ent steht dabei ein Lichtbogen, der in die Flüssigkeit brennt, zugleich wird das Elektrodenmaterial unter Bildung einer kolloiden Lösung zerstäubt. Um eine starke Erwärmung der Flüssigkeit in A zu vermeiden, muß A gekühlt werden. Die mit der ursprünglichen Bredigschen Methode hergestellten Metallsole sind aber grobdispers und unrein.

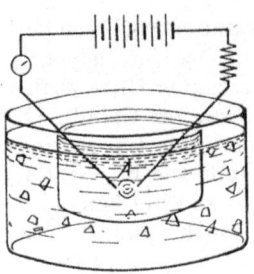

Abb. 138. Zerstäubung von Metallelektroden in einer Lösung.

Die Methode wurde dann insbesondere von Svedberg und seinen Mitarbeitern weiter ausgearbeitet und vervollständigt. Statt Gleichstrom konnte hochfrequenter Wechselstrom verwendet und durch eine besondere Anordnung der Lichtbogen von der Flüssigkeit getrennt werden. Das Prinzip der Anordnung ist aus Abb. 139 erkennbar. Die Elektroden sind in einem Quarzrohr R eingeschlossen, das neben dem Lichtbogen ein Loch L in der Wand trägt. Der bei Stromdurchgang entstandene Metalldampf wird nun zusammen mit dem in das Rohr eingepreßten Stickstoff durchs Loch in die Flüssigkeit F geblasen. Gelegentlich kann auch ein magnetisches Feld zu Hilfe genommen werden, um den Metalldampf besser auszublasen.

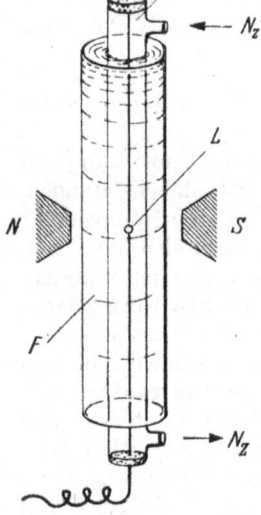

Abb. 139. Zerstäubung von Metallelektroden in Stickstoffatmosphäre nach Svedberg.

Die auf diese Weise erhaltenen Metallsole wurden von Svedberg näher untersucht. Es stellte sich heraus, daß die Sole sehr polydispers sind und in der Regel zwei Anteile enthalten, einen grobdispersen und einen hochdispersen. Die groben Teilchen hatten einen Durchmesser von 0,5 bis 25 $\mu$, die kleinen etwa einen solchen von 3—6 m$\mu$. Die hergestellten Sole waren verhältnismäßig rein und konnten in konzentrierterer Form gewonnen werden. Svedberg wies auch darauf hin, daß die Kolloidteilchen bei dieser Herstellungsart durch Kondensation von Metalldampf und nicht durch unmittelbare Zerstäubung der Elektroden entstehen, so daß auch diese Methoden zu den Kondensationsmethoden gezählt werden müssen.

Die elektrischen Methoden sind insofern wichtig, als hierdurch nicht nur Hydrosole solcher Metalle wie Gold Platin, Silber, Blei, Wismut, Antimon usw., sondern auch verschiedene Organsole von sehr unedlen Metallen wie Natrium, Kalium, Kalzium u. a. dargestellt werden können. Dazu benutzte Svedberg die in Abb. 140 skizzierte Anordnung. In ein Glasgefäß sind 2 Platinelektroden $E_1$, $E_2$ eingeschmolzen. Das Metall (z. B. Natrium), das zerstäubt werden soll, bildet eine lockere Schicht zwischen den beiden Elektroden. Durch A kann ein reines Dispersionsmittel, z. B. Äther, in das Gefäß eindestilliert und die Luft durch ein indifferentes Gas mittels der Röhren A und B ersetzt werden. Das Sol läßt sich durch C abziehen. Die Apparatur muß stark gekühlt werden. Ein frisch hergestelltes Äthersol des Natriums hat eine purpurviolette Farbe, die allmählich ins Blaue übergeht, da die Teilchen mit der Zeit sich durch Zusammenballen vergröbern.

Die in indifferenten Lösungsmitteln unter Luftausschluß (und bei genügend niedriger Temperatur) hergestellten Metallsole sind ziemlich rein. Werden diese

Vorsichtsmaßnahmen nicht berücksichtigt, so entstehen verschiedene Nebenprodukte, insbesondere Oxydationsprodukte der Metalle. Die Teilchen eines
Silbersols, hergestellt nach dem Bredigschen Verfahren, enthalten z. B. beträchtliche Mengen von Silberoxyd.

**Herstellung kolloider Lösungen durch Peptisation von Niederschlä-
gen.** Unter Peptisation versteht man im kolloidchemischen Schrifttum ganz allgemein die Überführung der grobdispersen Stoffe in den kolloiden Zustand durch
Einwirkung von Lösungsmitteln. Es scheint aber zweckmäßiger zu sein, den
Begriff „Peptisation" auf die Fälle zu beschränken, wo die Auflösung durch entsprechende *chemische Einwirkung* erfolgt. Wird z. B. Gelatine in warmem Wasser
oder Nitrozellulose in Azeton gelöst, so ist das keine Peptisation, sondern einfach
eine Auflösung, denn es besteht kein prinzipieller Unterschied
zwischen Auflösung von Nitrozellulose in Azeton oder von
Zucker in Wasser. Dagegen ist die Dispergierung von Eisen-
hydroxydniederschlägen mittels eines Elektrolyten ein eigen-
tümlicher kolloidchemischer Vorgang, der zum Unterschied
als Peptisation bezeichnet werden muß.

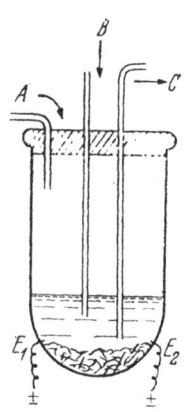

Am häufigsten gelingt die Peptisation durch Anwendung
verschiedener Elektrolyte. Niederschläge, die früher negativ
geladen waren, werden sehr leicht durch OH'-Ionen, die
positiven durch H·-Ion peptisiert. Als Peptisatoren betätigen
sich weiter viele organische Nichtelektrolyte z. B. die Poly-
oxydverbindungen sowie lyophile Kolloide. Zum Verständnis
der Peptisationsvorgänge ist es außerdem wichtig, daß in vielen
Fällen die Niederschläge auch durch Auswaschen mit Wasser
in den kolloiden Zustand übergeführt werden können.

Versetzt man Ammoniumvanadat mit Salzsäure, so entsteht ein roter Niederschlag von Vanadiumpentoxyd. Beim

Abb. 140 Herstellung
des Alkalimetallorgano-
sole nach Svedberg.

Abfiltrieren des Niederschlags und Auswaschen mit Wasser
laufen zwar die ersten Portionen des Waschwassers farblos durch das Filter.
Sobald aber der Überschuß der Elektrolyte entfernt ist, beginnt der Niederschlag zu peptisieren und läuft mit dem Waschwasser als dunkelrotes Sol durch
das Filter. In vielen anderen Fällen gelingt es dagegen frisch gefällte
Flocken, z. B. die von Zinnsäure, Ferrihydroxyd oder Aluminiumhydroxyd, soweit auszuwaschen, daß sie fast elektrolytfrei sind. Werden nun die Niederschläge
mit einer verdünnten Lösung eines geeigneten Elektrolyten versetzt, so entstehen
kolloide Lösungen. Frischgefällte, mehrmals dekantierte Zinnsäure kann z. B.
durch geringe Menge *Ammoniak* peptisiert werden. In ähnlicher Weise gelingt es,
frischgefälltes, gut ausgewaschenes Quecksilbersulfid durch $H_2S$ wieder kolloid
zu lösen. Niederschläge von $Fe(OH)_3$ und $Al(OH)_3$ lassen sich durch sehr geringe
Säuremengen peptisieren. Blutkohle kann durch Lauge in den kolloiden Zustand übergeführt werden.

Im allgemeinen sind die Peptisationserscheinungen sehr mannigfaltig und
nicht in allen Fällen auf die gleichen Ursachen zurückzuführen. Ein beträchtlicher
Teil der Peptisationsreaktionen kann durch die *aufladende Wirkung* der zugeführten
Elektrolyte erklärt werden. Das Optimum der Peptisation bei konstanter Menge
des Bodenkörpers liegt etwa zwischen 0,5 bis 50 Millimol/L des peptisierenden
Elektrolyts. Der Grund ist folgender: Die in einem Niederschlag befindlichen
Aggregate, samt der eingeschlossenen Flüssigkeit, enthalten weder zuviel oder zu
wenig Elektrolyte. Sind die Elektrolyte im Überschuß vorhanden, so können sie
durch Auswaschen bis zu der für die Aufladung notwendigen Konzentration, die
gerade für die elektrische Aufladung ausreicht, entfernt werden. Unter Umständen

wird schon beim Auswaschen Peptisation beobachtet. Fehlt es dagegen an Elektrolyten, so erfolgt Peptisation nach Zufuhr der notwendigen Elektrolytmengen. Die
Teilchenaggregate werden durch den Elektrolyten aufgeladen, stoßen sich wegen
der gleichnamigen Ladung gegenseitig ab und wandern infolge der Brownschen
Bewegung in das Dispersionsmittel, wo sie sich schließlich gleichmäßig verteilen.

Es ist interessant festzustellen, daß einige Stoffe wie Seifen, Citrate, Pikrate
und Natriumpyrophosphat stark peptisierend wirken. Die Peptisation steht dabei
mit der *polaren Adsorption* der genannten Stoffe durch die Teilchen oder Aggregate im Zusammenhang, da alle diese Stoffe stark polare Moleküle haben. Auch
mit der Möglichkeit einer *Komplexbildung* an den Teilchenoberflächen ist zu rechnen, z. B. bei der Peptisation von Sulfid durch Schwefelwasserstoff oder bei der
Peptisation von Hydroxyden durch Polyoxyverbindungen und Lauge[234]. In

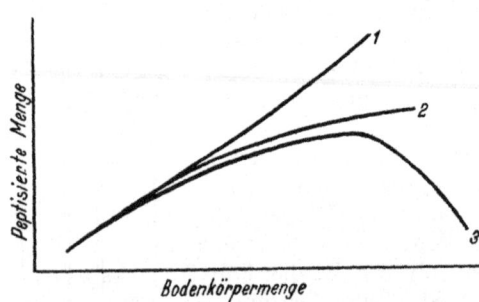

Abb. 141. Die Abhängigkeit der peptisierten Menge von
der Bodenkörpermasse.

diesen Fällen ist die Konzentration
des Peptisators meist viel höher als
in den Fällen der Peptisation durch
Adsorption aufladender Elektrolyte.
Zwar entstehen auch bei der Komplexbildung inogene Gruppen, die
die größeren Teilchen aufladen,
jedoch geschieht das hier in chemischer Reaktion (z. B. Me S + H$_2$S =
[MeS$_2$]'' + 2H·). Die Peptisation
kann also einen mehr oder weniger
physikalischen oder chemischen
Charakter annehmen.

Von Wo. Ostwald und Buzágh wurde ferner untersucht, welchen Einfluß
die Menge des zu peptisierenden Bodenkörpers auf die Peptisation ausübt (bei
konstanter Konzentration des Peptisators). Es wurde gefunden, daß die durch
Peptisation in Lösung übergeführte Menge eines grobdispersen Niederschlags nicht
unabhängig von der Bodenkörpermenge ist, der petisierte Anteil steigt entweder
dauernd mit den Bodenkörpermengen oder aber er zeigt ein Maximum bei einer
mittleren Bodenkörpermenge[235]. Dieser Befund ist unter der Bezeichnung „*Boden-
körperregel*" bekannt (Abb. 141).

Das die Menge des peptisierten Anteils mit wachsender Menge des Bodenkörpers ständig zunimmt (Kurve 1 und 2 Abb. 141), kann dadurch erklärt werden,
daß dieser aus vielen mehr oder weniger leicht zu peptisierenden Anteilen zusammengesetzt ist. Enthält z. B. ein Niederschlag 10% eines leicht dispergierenden Anteils, so wird von einer Bodenkörpermenge von 2 g mehr peptisiert als von
1 g. Ähnliches kann insbesondere an der Löslichkeit nichteinheitlicher, polydisperser Molekülkolloide (fester) beobachtet werden, also an der Löslichkeit
makromolekularer Stoffe, die auch oft schlechthin als Pepisation bezeichnet wird
(vgl. weiter über Löslichkeit der Molekülkolloide).

Für die eigentliche Peptisation sind dagegen die Maximalkurven (Kurve 3,
Abb. 141) sehr charakteristisch, die nicht durch die Uneinheitlichkeit des Bodenkörpers erklärt werden können, sondern durch die aufladende Wirkung des Peptisators. Es wurde schon erwähnt, daß bei konstanter Bodenkörpermenge die pepti-

---

[234] A. Dumanski u. Mitarbeiter: Kolloid-Z. *41*, 108 (1927); *47*, 121 (1929). Über
die peptisierende Wirkung verschiedener Detachierungsmittel und Waschmittel wie Seifen,
Türkischrotöl, der Salze der Gallensäuren und Dodecylbenzosulfosäure, des Cetyl-ammonium-
chlorids u. ä. vgl. J. McBain: Advances in Colloid Science (edited by E. O. Kraemer),
New York, 1942, S. 99 ff.

[235] Wo. Ostwald und A. v. Buzágh: Kolloid-Z. *41*, 165, 169 (1927); *43*, 215, 220,
225, 227 (1927); *48*, 33 (1929); *50*, 65 (1930).

sierte Menge von der Konzentration des Peptisators abhängt. Ist zu wenig von Elektrolyten vorhanden, so geht der Niederschlag nicht in die kolloide Lösung über, und ebenso erfolgt kolloide Auflösung (wenigstens in vielen Fällen) nicht bei großen Elektrolytkonzentrationen. Gleiches trifft zu, wenn die Konzentration des Peptisators konstant gehalten wird und die Bodenkörpermenge sich ändert: bei sehr kleiner Bodenkörpermenge ist der Überschuß am Peptisator (z. B. HCl) so stark, daß er koagulierend wirkt, bei extrem großen·Mengen des Bodenkörpers dagegen reicht der Elektrolyt zur Aufladung der Teilchen nicht aus. Eine mittlere Menge des Bodenkörpers muß somit am stärksten peptisiert werden.

## Die Kondensationsmethoden.

Teilchen kolloider Dimensionen können durch Vereinigung kleiner Moleküle oder Ionen entstehen. Verschiedene Maßnahmen führen hier zum Ziel. Befinden sich mikromolekulare Teilchen in echter Lösung, z. B. Schwefelmoleküle in Alkohol, so läßt sich die Kondensation am einfachsten dadurch erzielen, daß man die Löslichkeit durch Hinzufügen eines Nichtlösungsmittels herabdrückt. Schwefel scheidet sich nämlich aus der Schwefellösung beim Versetzen mit Wasser infolge der Löslichkeitsverminderung in Form sehr kleiner Teilchen aus. Zuweilen kann die für die Kondensation notwendige Übersättigung auch durch ein anderes, in der präparativen Praxis der Krystallisation oft gebrauchtes Mittel, nämlich durch Abkühlung erreicht werden. Wird Pentan, das Spuren von Feuchtigkeit enthält, mit flüssiger Luft gekühlt, so kondensieren sich die Wassermoleküle zu sehr feinen Eisteilchen, die kolloide Dimensionen besitzen (Wo. Ostwald u: P. P. v. Weimarn, 1910). Weitaus viel wichtiger aber sind die ,,Kondensationsmethoden", bei denen die Kolloidteilchen in chemischen Reaktionen entstehen.

**Der Vorgang der Kondensation.** Scheidet sich in einem System infolge Übersättigung ein fester oder flüssiger Stoff aus, so verläuft die Ausscheidung, z. B. Krystallisation, immer derart, daß aus mikromolekularen Ionen oder Molekülen größere Teilchen — die Keime — entstehen, die schnell durch Anlagerung neuer Bausteine größer wachsen. Beim Zusammengießen z. B. einer $BaCl_2$- und einer $Na_2SO_4$-Lösung entsteht ein $BaSO_4$-Niederschlag; zunächst bilden sich aus den $Ba^{\cdot\cdot}$ und $SO''_4$-Ionen $BaSO_4$-Moleküle, die sich dann zu Aggregaten, die kleiner als Kolloidteilchen sind, vereinigen. Mit sehr großer Geschwindigkeit, infolge der Schwerlöslichkeit des $BaSO_4$, wachsen dann die Keime bis zu den Dimensionen der Kolloidteilchen an, um dann noch größere Ausmessungen durch Anlagerung weiterer $BaSO_4$-Moleküle anzunehmen[236].

Es ist nun sehr wichtig, diesen Krystallisations- oder Kondensationsprozeß so zu beherrschen, daß man ihn nach dem Erreichen eines bestimmten Dispersitätsgrades (Teilchengröße) durch besondere Maßnahmen unterbrechen könnte. In der analytischen Praxis bemüht man sich, grobdisperse, gut filtrierbare Niederschläge zu gewinnen. Der Kolloidchemiker wünscht dagegen ein Sol zu erhalten: die Krystallisation muß deshalb bei kolloiden Dimensionen abgebrochen und das Entstehen grobdisperser Aggregate verhütet werden. Außerdem muß gesorgt werden, daß die entstandenen Teilchen kolloider Dimensionen in Lösung bleiben — somit ein Sol bilden. Das alles gelingt nun nicht immer. Es führt deshalb die Kondensation nicht immer zum Ziel.

Die Verhältnisse sind von Fall zu Fall so verschieden und die Vorgänge so verwickelt, daß es schwer fällt, die Verhältnisse bei der Krystallisation (Konden-

---

[236] Über die Keimbildung ist Näheres in M. Volmer: „Kinetik der Phasenbildung", Berlin 1939, zu finden. Die Frage wird auch teilweise in M. Straumanis: „Keimbildung Krystallwachstum und Katalyse" Handbuch d. Katalyse Bd. IV (1944) behandelt.

sation) quantitativ zu erfassen. Folgende Grundgedanken sind für das Verständnis der Krystallisation wichtig.

Die Größe der in einem Krystallisationsprozeß entstandenen Teilchen ist erstens von der *Übersättigung* der sich ausscheidenden Phase, die Übersättigung aber von der *Konzentration* der Bestandteile abhängig. Ob sich dabei große oder kleine Krystallchen ausbilden, hängt zweitens davon ab, wie groß *die Zahl der Keime* ist, an denen die Krystallisation zustande kommt. Je größer diese Zahl, um so kleiner die Teilchen (bei derselben Übersättigung) und umgekehrt. Es entsteht nun die Frage: unter welchen Umständen ist die Zahl der Krystallisationspunkte oder richtiger die *Keimbildungsgeschwindigkeit* gering und wann ist sie groß? Die Krystallisation kann nur dort beginnen, wo mehrere in Lösung befindliche molekularkinetische Einheiten zusammentreffen, oder wo fremdartige, die Krystallisation auslösende Partikel vorhanden sind. Die Wahrscheinlichkeit des Zusammentreffens muß aber mit der Konzentration steigen. Folglich ist zu erwarten, daß gerade aus konzentrierten Lösungen die Stoffe in sehr feinverteilter Form sich ausscheiden werden, wie das auch in der analytischen und präparativen Praxis ständig beobachtet wird.

Stark *übersättigte* Lösungen neigen somit zur Ausbildung einer *großen Anzahl von Keimen*, bei schwach *übersättigten* ist es *umgekehrt*. Diese Verhältnisse kommen jedoch nicht immer klar zum Vorschein, da sie meist durch verschiedene Umstände (z. B. durch das Vorhandensein

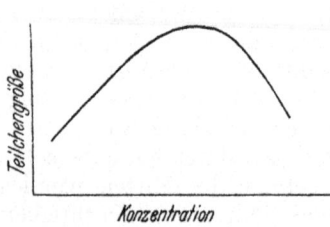

Abb. 142. Abhängigkeit der Teilchengröße von der Konzentration der niederschlagbildenden Komponenten.

fremdartiger Keime, durch eine zunehmende Viskosität der Lösungen) bis zur Unkenntlichkeit verzerrt und *überdeckt* werden. Trotzdem gelingt es uns mit Hilfe der beiden Größen — *der Keimbildungs-* und *Wachstumsgeschwindigkeit* der gebildeten Keime (G. Tammann, 1898) die meisten Krystallisations- und Kondensationserscheinungen befriedigend zu erklären. In kolloidchemischer Richtung ist die Frage besonders von P. P. v. Weimarn (1908) ausführlich behandelt worden. Er wies darauf hin, daß bei der Kondensation, speziell bei der Krystallisation fester Stoffe, wie schon gesagt, der *Übersättigungsgrad* sowie die *Löslichkeit* der entstandenen Kryställchen, ausschlaggebend ist. Ist die Löslichkeit groß, so kann nur ein geringer Übersättigungsgrad erreicht werden; nur eine geringe Anzahl von Krystallisationszentren bildet sich aus, da eine Menge bereits entstandener Kryställchen sich wieder auflöst. Bei solcher Krystallisation entstehen folglich größere Kryställchen. Je kleiner die Löslichkeit eines Stoffes ist, um so leichter gelingt es, hohe Übersättigungen zu erzielen. Das geschieht einfach durch Zusammengießen der Lösungen zweier Salze, die durch doppelte Umsetzung einen schwerlöslichen Stoff bilden (Lottermoser). Fügt man z. B. einer Lösung NaCl eine solche von AgNO₃ hinzu, so entsteht ein *schwerlöslicher* Stoff, das Silberchlorid. Infolge der hohen Übersättigung scheidet sich letzteres als Niederschlag als eine ungeheure Menge von feinsten Kryställchen aus der Lösung. In der Tabelle 42 sind mehrere schwerlösliche Verbindungen angeführt, die auf dieselbe Weise erhalten werden können. Beim Experimentieren mit sehr verschieden stark konzentrierten Ausgangslösungen gelangte Weimarn zu der Regel, daß bei der Krystallisation schwerlöslicher Stoffe, die Größe der krystallinen Teilchen mit der Konzentration bis zu einem Maximum zunimmt, um dann wieder abzunehmen (Abb. 142). An Hand der beiden Größen, — der Keimbildungs- und Wachstumsgeschwindigkeit — läßt sich diese Regel unter Berücksichtigung mancher weiterer Umstände vollkommen verstehen. Beim Entstehen schwerlöslicher Verbindungen ($BaSO_4$, AgCl, AgJ u. a.) ist die Übersättigung auch im Falle stark verdünnter Ausgangslösungen (0,001—0,00001 n), so stark, daß eine Unzahl von Keimen sich bildet. Da es aber wegen der starken Verdünnung an Material fehlt, so können die Keime nur bis zu kolloiden Dimensionen anwachsen (so viel an Ausgangsstoff muß in der Lösung vorhanden sein). In diesem Fall entsteht also eine *kolloide Lösung*, vorausgesetzt, daß auch die Lösung stabilisierende Faktoren zugegen sind (z. B. ein geringer Überschuß der Lösung des einen Salzes). Bei stärker konzentrierten Ausgangslösungen (0,01 bis 1 n) bleibt die Zahl der gebildeten Keime ungefähr dieselbe, da der Übersättigungsgrad schwerlöslicher Stoffe fast unabhängig von der Konzentration der Ausgangslösungen — äußerst geringe Konzentration ausgenommen — ist. Nun befindet sich in der Lösung viel mehr Material zum Weiterbau der gebildeten Keime, als im vorigen Fall, es entstehen deshalb grobkörnige Niederschläge (Maximum der Kurve). Bei Verwendung noch konzentrierterer Lösungen ($> 2$ n) können sich manche Faktoren betätigen, die die Wachstums- oder Krystallisationsgeschwindigkeit *hemmen*. Diese wird hierdurch *unterdrückt* und es kommt zur Ausbildung *neuer* Krystallisations- oder Kondensationspunkte. Der Dispersitätsgrad der Ausscheidung wird somit von neuem wachsen. Einer dieser Faktoren ist die *Viskosität* der höher konzentrierten Ausgangslösungen. So erhält man z. B. nach Weimarn beim Vermischen hochkonzentrierter Ba $(CNS)_2$ und $MnSO_4$-Lösungen klare, opaleszierende Gele von Bariumsulfat, die folglich aus kolloiden Teilchen bestehen (abnehmender Ast der Kurve).

Eine Übersättigung kann weiter durch Verminderung der *Temperatur* der Lösungen erzielt werden. Doch fällt diese gegenüber den hohen Übersättigungen, die auf chemischen Wege durch Bildung schwerlöslicher Stoffe erreicht werden können, wenig ins Gewicht. Dagegen hat die Temperatur in anderer Hinsicht auf die Ausbildung kolloider Systeme verschiedenartigen Einfluß. Einerseits nimmt die Diffusionsgeschwindigkeit mit der Temperatur zu; die Reaktionen, die zur Bildung der neuen Phase führen, verlaufen deshalb schneller. Andererseits nimmt aber auch die Löslichkeit mit steigender Temperatur zu, was zu geringeren Übersättigungsgraden und höherer Krystallisationsgeschwindigkeit führt (ungünstig für manche Kondensationsverfahren). Bei höheren Temperaturen werden deswegen grobdisperse Fällungen von $BaSO_4$, $CaC_2O_4$ u. a. erzielt, eine Solbildung wird dadurch vermieden. Die Hydrolyse von Ferrichlorid und die Bildung des Eisenhydroxydsols wird dagegen durch Erwärmung begünstigt, weil eben die Bildung des zum Aufbau des Kolloids notwendigen Materials $(Fe_2O_3)$ x $(H_2O)$ hierdurch beschleunigt wird (Erhöhung der Übersättigung). Aus denselben Gründen wird auch die Herstellung z. B. von Silbersolen aus $AgNO_3$ bei erhöhter Temperatur vorgenommen.

Nach Freundlich ist der Dispersitätsgrad dem Quotienten $\dfrac{Keimbildungs}{Krystallisations}$ geschwindigkeit proportional. Alle diejenigen Faktoren, die die Keimbildungsgeschwindigkeit aber för-

Tabelle 42. *Die Löslichkeit einiger schwerlöslicher Salze in Wasser bei 20⁰ C.*

| Salz | Löslichkeit (g Substanz in 100 g Wasser) |
|---|---|
| $CaCO_3$ | $3 \cdot 10^{-3}$ |
| $CaC_2O_4$ | $5,7 \cdot 10^{-4}$ |
| $SrSO_4$ | $1,1 \cdot 10^{-2}$ |
| $BaSO_4$ | $2,3 \cdot 10^{-4}$ |
| $PbSO_4$ | $4,2 \cdot 10^{-3}$ |
| AgCl | $1,5 \cdot 10^{-4}$ |
| AgBr | $1,2 \cdot 10^{-5}$ |
| AgJ | $1,2 \cdot 10^{-7}$ |
| $Ag_2S$ | $1,4 \cdot 10^{-5}$ |
| AgCNS | $1,4 \cdot 10^{-5}$ |

dern und die Krystallisationsgeschwindlgkeit (das weitere Wachstum der gebildeten Keime) hemmen, *begünstigen auch die Bildung kolloider Lösungen*. Bei
umgekehren Verhältnis entstehen grobdisperse Systeme (grobe Krystalle). Die
Unbeständigkeit mancher Sole steht ebenfalls mit der zu großen Löslichkeit
des dispersen Anteils im Zusammenhang. Hydrosole von $PbCl_2$, $SrSO_4$, $CaC_2O_4$
usw. sind unbeständig, weil die kleinsten Teilchen sich auflösen und die
gröberen auf Kosten der kleinsten wachsen, wobei die Vorgänge durch Wärme-
zufuhr begünstigt werden. Die Löslichkeit von Silber oder Gold im Wasser
dagegen ist so gering, daß schon bei relativ kleinen Konzentrationen der reagierenden Komponenten (Metallverbindung und Reduktionsmittel) große Übersättigungen erreicht werden, so daß die Kondensation gleichzeitig an sehr vielen
Punkten einsetzen kann. Die Zahl dieser Kondensationspunkte, und somit auch
der Dispersitätsgrad wird um so höher, je größer die Reaktionsgeschwindigkeit,
d. h. je kürzer die Zeit ist, in welcher der neugebildete Stoff sich ausscheidet. Die
Reaktionsgeschwindigkeit ist ihrerseits der Temperatur proportional, weshalb
auch die Solbildung durch Wärme begünstigt wird; der Einfluß der Temperatur
auf die Löslichkeit der kleineren Keime ist hier aber, wegen der sehr geringen
Löslichkeit so unbedeutend, daß auch die kleinsten Keime in Lösung bleiben.

**Kondensationsprozesse durch Verminderung der Löslichkeit.** Nach
Svedberg lassen sich Hydrosole von Palmitinsäure, Fetten, Kohlewasserstoffen,
Harzen und anderen organischen Stoffen ganz ähnlich wie die Schwefelsole herstellen. Die genannten Stoffe werden im warmen Alkohol gelöst und die mikromolekularen, echten Lösungen in Wasser gegossen. Dabei erhält man opaleszierende, milchigtrübe Sole bzw. Emulsionen. Der Dispersitätsgrad dieser Sole
ist von der Konzentration der verwendeten Stoffe und von der Anwesenheit von
Fremdionen abhängig. Besonders aktiv sind die OH'-Ionen, die stabilisierend und
dispergierend wirken.

Interessante Eigenschaften besitzen die kolloiden Lösungen des Carotins[237]).
Carotin (Provitamin-A) wurde in Azeton gelöst, die erhaltene mikromolekulare
Lösung des Stoffes ($C_{40}H_{56}$) in Wasser gegossen und das Azeton ausgekocht.
Da Carotin in Wasser unlöslich ist, scheidet es sich beim Vermischen mit Wasser
in Form sehr kleiner Teilchen aus. Wird nun diese Lösung in eine wässerige Al-
buminlösung eingegossen, so erhält man ein Gemisch, das die Eigenschaften des
Sehpurpurs besitzt (Absorption im Grünen, Lichtempfindlichkeit, Flockung
durch Ammoniumsulfat, Temperaturempfindlichkeit u. a.)

Anderseits können kolloide Lösungen wasserlöslicher Stoffe, z. B. einiger
Salze, Aminosäuren und Polypeptide in der Weise hergestellt werden, daß man
wäßrige mikromolekulare Lösungen dieser Stoffe mit wasserlöslichen Flüssigkeiten, in denen die Stoffe unlöslich sind, z. B. mit Azeton oder Dioxan bis zu
beginnender Opaleszenz versetzt.

**Die chemischen Kondensationsmethoden.** Die Reaktionen, die eine
Kondensation zur Folge haben, können sehr verschiedenartig sein. Die Haupt-
typen dieser Reaktionen sind: 1. Oxydations-Reduktionsreaktionen, 2. Hydrolysereaktionen, 3. Doppelte Umsetzungen, 4. Zersetzungsreaktionen.

**Herstellung von Gold- und Silbersolen und deren Eigenschaften.** Von
den Metallsolen haben diejenigen der Edelmetalle die größte Bedeutung, zum
Teil schon deshalb, weil man reine, definierte Sole dieser Stoffe herstellen kann
(die Sole unedler Metalle sind immer zuweilen durch die Oxydationsprodukte der
Metalle verunreinigt). Außerdem haben einige Metallsole praktische Bedeutung.
Z. B. kolloides Silber wird in der Medizin verwendet, Platinsole sind katalytisch

---

[237]) P. Karrer u. W. Strauss: Helv. chim. Acta *21*, 1624 (1938).

sehr wirksam. Die in der Technik verwendeten Metallkatalisatoren sind in der Regel aber keine Sole, sondern feste disperse Systeme.

Am gründlichsten sind die nach verschiedenen Methoden hergestellten Goldsole untersucht worden. Es ist dabei gelungen, nicht nur sehr reine, fast elektrolytfreie, sondern auch ziemlich monodisperse Goldsole herzustellen. Das gelingt nach dem von *Zsigmondy* (1905) vorgeschlagenen *Keimverfahren*. Zuerst wird durch Reduktion einer $K_2CO_3$-haltigen Goldchloridlösung durch ätherische Phosphorlösung ein außerordentlich hochdisperses Goldsol, die sogenannte Keimlösung, hergestellt[*]. Diese erhält man als beständige Lösung nur dann, wenn besonders reines, in Quarz- oder Edelmetallgefäßen destilliertes Wasser benutzt wird. Die Teilchen („Keime") des hochdispersen Goldsols haben den Durchmesser von etwa 1—3 m$\mu$. Monodisperse Goldsole lassen sich nun dadurch herstellen, daß man etwas vom hochdispersen Goldsol zu einer anderen übersättigten Goldlösung hinzusetzt. Diese kann bereitet werden, indem man eine mit $K_2CO_3$ neutralisierte Goldchloridlösung mit Formaldehyd versetzt. Die Keimlösung fügt man nach etwa 20 Sekunden hinzu. Das Gold der übersättigten Lösung krystallisiert dann auf den eingeführten Keimen rasch aus und es entsteht dabei ein sehr monodisperses, rotes Goldsol. Die Reaktionen, die bei der Herstellung des „Formolgoldes" abspielen, sind etwa die folgenden:

$$H\,AuCl_4 + 2\,K_2CO_3 + H_2O = Au\,(OH)_3 + 2\,CO_2 + 4\,KCl$$
$$2\,Au\,(OH)_3 + K_2CO_3 = 2\,KAu\,O_2 + 3\,H_2O + CO_2$$
$$2\,KAuO_2 + 3\,H\,CHO + K_2CO_3 = 2\,Au + 3\,HCOOK + H_2O + KHCO_3$$

Das gewonnene monodisperse Goldsol kann weiter als Keimlösung zur Herstellung eines noch grobdisperseren, gleichkörnigen Goldsols verwendet werden usw. So kann man schließlich eine ganze Reihe von Solen herstellen, z. B. mit Teilchen der Größenordnung 10 m$\mu$, 50 m$\mu$ usw.

Nach der Keimmethode ist es auch möglich, den Dispersitätsgrad äußerst hochdisperser Keimsole zu bestimmen. Durch direkte Auszählung im Ultramikroskop gelingt das nicht, da die Teilchen zu klein sind. Läßt man also diese außerordentlich feinen Teilchen bis zu gröberen Gebilden anwachsen, so kann man sie im Ultramikroskop auszählen. Bei bekannter Masse des dispersen Anteils des ursprünglichen Keimsols, läßt sich auch die ursprüngliche Größe der Teilchen berechnen. Dabei muß man aber sicher sein, daß das Gold sich nur an den eingeführten Keimen niederschlägt, es dürfen also keine Keime neu gebildet werden. Das Kennzeichen der Nichtentstehung neuer Keime ist, daß die im Ultramikroskop festgestellte durchschnittliche Teilchenzahl dem angewandten Volumen des Keimsols direkt proportional ist. Nach Westgren (1915) trifft das zu, wenn die Konzentration des $H\,[Au\,Cl_4]$ in der „Futterlösung" nicht weniger als $10^{-4}$ normal ist und die Zahl der Keime in der Keimlösung nicht unter $5 \cdot 10^9$ im cm$^3$ liegt.

Natürlich lassen sich auch aus neutralisierten Goldchloridlösungen durch Reduktion (z. B. mit Formaldehyd), ohne Anwendung von Keimlösungen Goldsole herstellen. Solche Sole sind aber polydispers, oder richtiger gesagt, viel mehr polydispers, als die nach der Keimmethode hergestellten. Auch relativ monodisperse Silbersole lassen sich nach der Keimmethode erhalten.

Als Reduktionsmittel zur Herstellung von Edelmetallsolen können sehr verschiedene Stoffe verwandt werden. Goldsole kann man z. B. durch Reduktion von Goldchlorid mit Wasserstoffsuperoxyd, Kohlenoxyd, Hydrazin, Alkohol, $H_2$ usw. herstellen.

---

[*] 1 g $H\,[Au\,Cl_4]$ wird in 500 cm$^3$ Wasser gelöst. Weiter verdünnt man 5 cm dieser Lösung auf 100 cm mit Wasser, neutralisiert mit einigen Tropfen 0,1 n $K_2CO_3$, erwärmt fast zum Sieden und setzt einige Tropfen ätherischer Phosphorlösung hinzu.

Die durch Reduktion mit Alkohol gewonnenen Goldsole sind entweder rot, violett oder blau. Hochdisperse rote Sole erhält man in der Regel, wenn bei der Herstellung entsprechende Sauberkeit eingehalten wird. Die Reduktion durch Wasserstoff wird sehr stark durch die Lichtwirkung beeinflußt: Bei intensiver Beleuchtung erhält man hochdisperse, rote Sole; dagegen sind die im Dunkeln hergestellten Sole, blau, grobdispers und recht unbeständig. Meist wird die Reduktion in schwach basischer oder neutraler Lösung vorgenommen[238]).

In saurer Lösung entstehen bei Reduktion mit $H_2O_2$ sehr polydisperse Goldsole nach etwa folgender Reaktionsgleichung:

$$2 H [Au\, Cl_4] + 3 H_2O_2 = 2 Au + 8 HCl + 3 O_2.$$

Die Kondensation der Goldatome kann folgendermaßen formuliert werden:

$$x\, Au \rightarrow [Au_x].$$

Gleichzeitig werden auch Ionen adsorbiert, die den Teilchen die Ladung verleihen:

$$[Au_x] + n\, Cl' + nH^\cdot \rightarrow [Au_x]\, (Cl')_n + n\, H^\cdot.$$

Immerhin wird nur ein sehr geringer Teil der im Gemisch befindlichen Elektrolyte adsorbiert, der weitaus größte Anteil bleibt als Beimengung im Sol*).

Durch entsprechende Reinigung (Dialyse, Elektrodialyse) können die Metallsole von den beigemengten Elektrolyten fast vollständig befreit werden. Die Edelmetallsole sind oft aber so unbeständig, daß sie während der Dialyse ausflocken. Indessen ist in der Praxis eine peinliche Reinigung meist überflüssig. Viel wichtiger ist es, möglichst stabile und konzentrierte Sole zu erhalten. Das wird erreicht, indem man Zusätze, die als *Schutzstoffe* gegen Ausflockung wirksam sind, verwendet; man versetzt das Sol mit einem lyophilen Sol (vgl. S. 218). Zuweilen werden Reduktionsmittel verwendet, die gleichzeitig auch als Schutzstoffe wirken. Schon auf S. 18 wurde die Herstellung von kolloiden Silber durch Reduktion von Silberkarbonat mit Tannin beschrieben. Tannin wirkt in diesem Falle nicht nur als Reduktionsmittel, sondern auch als Schutzstoff, wobei relativ konzentrierte und beständige Silbersole entstehen. Zu gleichem Zwecke dienen verschiedene Abbauprodukte der Proteine, z. B. die von C. Paal (1902) hergestellten Protalbin- und Lysalbinsäuren bzw. deren Salze. Hochkonzentrierte Sole lassen sich beim Erwärmen dieser Stoffe mit den Salzen der Edelmetalle in alkalischer Lösung herstellen. Durch verdünnte Essigsäure kann das Kolloid ausgefällt werden und der getrocknete Niederschlag dann wieder in schwach alkalischer Lösung aufgelöst werden. Es sind jetzt auch verschiedene, mit Proteinpräparaten als Schutzstoffen hergestellte Silberkolloide in fester Form bekannt, die in Wasser unter Bildung beständiger Sole löslich sind (Collargol, Protargol u. a.). Sie werden unter anderem in der Medizin zu Bekämpfung von Hautkrankheiten gebraucht**).

Relativ beständige und hochdisperse Edelmetallsole lassen sich auch mit Hilfe verschiedener im täglichen Leben brauchbarer Naturstoffe herstellen, z. B. rote Goldsole durch Reduktion mit Tee, oder mit einem Tabakextrakt[239]). Die Extrakte enthalten dabei nicht nur verschiedene Reduktionsmittel, sondern auch Schutzstoffe.

---

[238]) L. Fuchs u. Wo. Pauli: Kolloid-Beih. *21*, 215 (1925); A. Schmidt: Kolloid-Z. *55*, 333 (1931).

*) Nach Wo. Pauli (z. B. Naturwiss. *20*, 551, 573 (1932)) wird die Ladung der Goldteilchen nicht durch Adsorption von Cl', sondern durch Dissoziation der in der Teilchenoberfläche befindliche H [Au Cl$_2$] bedingt.

**) Wird z. B. Gelatine mit einer Silbernitratlösung gekocht, so entstehen mit Gelatineabbauprodukte geschützte Silberkolloide, die bei Verdampfung des Wassers nicht koagulieren und löslich sind.

[239]) A. Janek: Kolloid-Z. *41*, 242 (1927).

**Die Schwefelsole.** Freier Schwefel entsteht u. a. entweder bei der Oxydation von Schwefelwasserstoff und Sulfiden, oder bei der Zersetzung von Natriumthiosulfat durch Säure. Da Schwefel in Wasser praktisch unlöslich ist, so erfolgt die Kondensation der gebildeten Schwefelatome zu außerordentlich kleinen Teilchen.

Die nach den chemischen Kondensationsmethoden hergestellten Schwefelsole wurden besonders von S. Odén (1913) sowie von Freundlich und Scholz[240]) näher untersucht. Dabei wurde gefunden, daß der disperse Anteil ziemlich viel Pentationsäure enthält. Durch Dissoziation der Säure wird den Teilchen eine negative, stabilisierend wirkende Ladung erteilt. Es ist möglich, daß die Teilchen dieser Sole auch stark hydratisiert sind.

Die Ausscheidung des Schwefels könnte nach folgendem Reaktionsschema erfolgen:

$$H_2S + \tfrac{1}{2}O_2 = H_2O + S$$

oder $\quad 2\,H_2S + SO_2 = 2\,H_2O + 3\,S$

oder $\quad Na_2S_2O_3 + 2\,HCl = H_2O + 2\,NaCl + SO_2 + S.$

*Die Pentationssäure* entsteht dabei entweder nach dem Schema

$$10\,SO_2 + 5\,H_2S = 3\,H_2S_5O_6 + 2\,H_2O$$

oder, im Falle der Zersetzung von Thiosulfat:

$$Na_2S_2O_3 + 2\,HCl = H_2S_2O_3 + 2\,NaCl$$
$$5\,H_2S_2O_3 = 2\,H_2S_5O_6 + 3\,H_2O.$$

Die aus $H_2S$ bzw. Sulfiden hergestellten Schwefelsole sind denen durch Zersetzung von $Na_2S_2O_3$ gewonnenen sehr ähnlich. In beiden Fällen bestehen die Teilchen aus amorphem Schwefel und Pentationsäure. Die Bildung des kolloiden Schwefels kann also folgendermaßen formuliert werden:

$$x\,S + y\,H_2S_5O_6 \longrightarrow \left[S^x(H_2S_5O_6)_y\right] \underset{\leftarrow}{\overset{\rightarrow}{\phantom{x}}} \left[S_x(H_2S_5O_6)_{y\text{-}n}\right](S_5O_6H')_n + n\,H\cdot$$

Der Index $x$ ist viel größer als $y$, da auf 1 g Schwefel im dispersen Anteil nur etwa 30—100 mg Pentationsäure festgestellt werden konnte. Oft wird in den Formeln auch das Hydratationswasser berücksichtigt. Freundlich z. B. bezeichnet die kolloiden Schwefelteilchen mit dem Symbol

$$\left| S \quad , H_2O, \; H_2S_5O_6 \right|' H\cdot.$$

Schwefelsole aus Thiosulfat werden nach Odén in folgender Weise hergestellt: Eine 3 n $Na_2S_2O_3$-Lösung wird unter Kühlung mit konz. Schwefelsäure versetzt, der Schwefel mit NaCl-Lösung ausgeflockt, abzentrifugiert und mit Wasser von 80° peptisiert. Man erhält so milchigtrübe, opaleszierende Sole, die man mit Wasser bis zu dem erwünschten Grade verdünnen kann[241]).

Natürlich läßt sich auch einfach eine verdünnte $Na_2S_2O_3$-Lösung mit Säure versetzen, um so zu verdünnten Schwefelsolen zu gelangen. Relativ beständige Sole erhält man auch bei der Zersetzung von Ammoniumpolysulfid durch Säuren, sowie bei der Oxydation von $H_2S$ z. B. mit $Fe\cdots$, $NO'_3$, $NO'_2$, $H_2O_2$, $CrO_4''$ und anderen Oxydationsmitteln, wie das in der analytischen Praxis oft beobachtet wird[241a)].

---

[240]) Vgl. H. Freundlich: Kapillarchemie, 2. Aufl., 2. Bd., S. 382ff. (1932); H. Freundlich u. P. Scholz: Kolloid-Beih. **16**, 234, 267 (1932).

[241]) Vgl. The Svedberg: Die Methoden zur Herstellung kolloider Lösungen anorganischer Stoffe, Dresden und Leipzig 1922.

[241a)] Nach A. Janek (Kolloid-Z. **64**, 31 (1933)) wird ein lyophiles Schwefelsol aus Natriumsulfid, Natriumsulfit und Schwefelsäure hergestellt. Der Schwefelniederschlag wird abfiltriert und mit Wasser peptisiert.

**Die Oxydhydratsole.** Die Sole verschiedener Oxyde und Oxydhydrate sowie basischer Salze werden in der Regel in Hydrolysereaktionen gebildet[241]). Als einige Beispiele seien erwähnt: Eisenhydroxydsol durch Hydrolyse von Ferrichlorid, Zinnsäuresol durch Hydrolyse von $SnCl_4$ und kolloide Kieselsäure durch Hydrolyse von Wasserglas. Die entsprechenden Hydrolysereaktionen verlaufen oft stufenweise, wobei als Zwischenglieder verschiedene basische Salze auftreten z. B.:

$$Fe\ Cl_3 + H_2O \underset{\longleftarrow}{\overset{\longrightarrow}{\phantom{x}}} Fe\ (OH)\ Cl_2 + HCl$$

$$Fe\ (OH)\ Cl_2 + H_2O \underset{\longleftarrow}{\overset{\longrightarrow}{\phantom{x}}} Fe\ (OH)_2\ Cl + HCl$$

$$Fe(OH)_2Cl + H_2O \underset{\longleftarrow}{\overset{\longrightarrow}{\phantom{x}}} Fe(OH)_3 + HCl.$$

Es wurde schon früher darauf hingewiesen (vgl. S. 89), daß die Teilchen der Eisenhydroxydsole das Oxychlorid FeOCl, oder Chlor enthalten. Die Kondensationsreaktionen, die zur Bildung von Kolloidteilchen bei der Hydrolyse von Fe $Cl_3$ in der Hitze führt, kann also etwa in folgender Weise zum Ausdruck gebracht werden:

$$x\,Fe(OH)_3 + y\,Fe(OH)_2\,Cl \longrightarrow \left\{ \left[ Fe\,(OH)_3 \right]_x (Fe\,OCl)_{y\text{-}n} (H_2O)_y \right\} (Fe\,O\cdot)_n + n\,Cl'$$

Meist verläuft die Hydrolyse schon bei gewöhnlicher Temperatur, so daß die Lösungen leicht hydrolysierbarer Salze immer einen kolloiden Anteil der Hydrolyseprodukte enthalten. Oft erhält man auch bei der Hydrolyse, die in der Hitze ausgeführt wird, unbeständige Sole, die leicht ausflocken, wie das z. B. bei der Zinnsäure der Fall ist. Beständige Sole lassen sich aber durch Peptisation des Niederschlags mit einem geeigneten Peptisator darstellen. Zuweilen müssen, um der Ausflockung vorzubeugen, die bei der Hydrolyse gebildeten Nebenprodukte neutralisiert werden; bei der Herstellung von Kieselsäuresol verfährt man nach Graham so, daß Wasserglas nicht in Wasser, sondern in verdünnte Salzsäure eingegossen wird:

$$Na_2Si\,O_3 + 2\,H\,Cl = 2\,Na\,Cl + H_2Si\,O_3.$$

Dabei entstehen klare, farblose Sole von Kieselsäure, die durch Dialyse vom NaCl befreit werden können. Es wurde dabei insbesondere von Jander und Brintzinger bewiesen, daß am Anfang der Zersetzung von Siliciumverbindungen auch mikromolekulare, leicht dialysierbare Kieselsäuren entstehen. Weiter polymerisiert sich die Kieselsäure bis zu makromolekularen Aggregaten. Ist die Konzentration des dispersen Anteils hoch, so erhält man durchsichtige, feste Gele.

Manche Oxydhydratsole entstehen auch in Oxydations-Reduktionsreaktionen, z. B. kolloides Molybdenoxyd[242]) (nach W. Biltz, 1905) durch Reduktion von Ammoniummolybdat mit $H_2S$.

Das Sol des Molybdänoxyds hat eine tiefblaue Farbe (genannt Molybdänblau). Ein klarbraunes hochdisperses Sol von Mangandioxyd kann durch Reduktion von 0,01 n $KMnO_4$ mit Ammoniak in der Siedehitze dargestellt und dessen Beständigkeit durch Zugabe von etwa 0,5%iger Gelatinelösung stark erhöht werden.

**Kolloide Salze.** Kolloide Salze entstehen hauptsächlich bei doppelten Umsetzungen, z. B. zwischen zwei löslichen Salzen, oder zwischen Salz und Säure usw., wenn das neugebildete Salz sehr schwerlöslich bzw. praktisch unlöslich ist und wenn die Konzentration der Komponenten richtig gewählt ist. Nach P. P. v. Weimarn sind die in den Kondensationsvorgängen entstandenen Teilchen sehr klein, wenn die Konzentration der reagierenden Komponenten entweder sehr klein, oder sehr hoch ist (s. S. 182).

---

[242]) Vgl. auch E. Sauer: Kolloidchemisches Praktikum, S. 22, Berlin: Springer-Verlag **1935.**

Die Weimarnsche Regel ist besonders im Falle der Herstellung kolloider Salze gut verwendbar. Gießt man sehr verdünnte Lösungen von Ferrichlorid und Kaliumferrozyanid zusammen, so entsteht ein klares Berlinerblausol. Bei Verwendung mittelkonzentrierter (z. B. 0,1 n) Lösungen erhält man aber einen Niederschlag von Berlinerblau. Werden schließlich gesättigte Lösungen von Kalium Ferrozyanid und $FeCl_3$ in äquivalenten Mengen rasch vermischt, so entsteht ein Berlinerblau, das bei Verdünnung mit Wasser ein beständiges Sol liefert. Die gleichen Beziehungen gelten hinsichtlich der Reaktion $Ba^{..} + SO_4^{..}$ $\rightarrow BaSO_4$, die schon besprochen worden ist (s. S. 183).

Dasselbe wird bei der Bildung der Silberhalogenide, z. B. in der Reaktion $Ag^{.} + Br' \rightarrow AgBr$ beobachtet: bei extrem kleinen Konzentrationen entstehen Kolloide, bei mittleren grobkörnige Suspensionen und Flocken, bei extrem hohen Konzentrationen wieder feinkörnigere Niederschläge.

Ist die Löslichkeit eines Salzes im Wasser zu groß, so kann das Salz im kolloiden Zustand dadurch übergeführt werden, daß man statt Wasser ein anderes Dispersionsmittel wählt, in dem das Salz unlöslich ist. So kann ein Kalziumkarbonat Alkoholsol (nach C. Neuberg) dadurch hergestellt werden, daß man etwas von gepulvertem Kalziumoxyd in absolutem Methylalkohol aufschwämmt und mehrere Stunden lang $CO_2$ durchleitet. Sogar ein *Natriumchloridsol* läßt sich (C. Paal), natürlich nicht in Wasser, sondern z. B. in Benzol erhalten, indem man eine benzolische Lösung von Natrium-Malonsäureester mit Monochloressigsäureäthylester versetzt: Es entstehen dabei stark opaleszierende Sole von NaCl in Benzol, die im Falle wasserfreier Reagenzien sehr beständig sind[243]).

Besonders vielseitig sind die kolloiden *Sulfide* untersucht worden, hauptsächlich das schon oft erwähnte Arsentrisulfidsol, das durch Einleiten von $H_2S$ in eine wässerige Lösung arseniger Säure hergestellt wird (vgl. S. 18). Schließlich sei hier noch darauf verwiesen, daß auch $As_2S_3$-Sole mit noch anderen organischen Flüssigkeiten als Dispersionsmittel (z. B. Nitrobenzol)[244]) bekannt sind.

## Reinigung und Konzentrierung der Kolloide durch Elektrodekantation.

**Die Eigenschaften der erhaltenen Lösungen.** Die üblichen Methoden, die zur Reinigung der Kolloide von den beigemengten Elektrolyten dienen, sind Dialyse

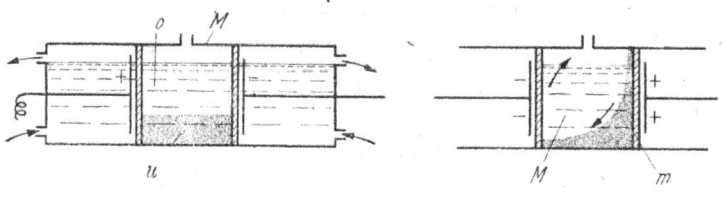

a            b
Abb. 143. a) Schichtenbildung in der Mittelzelle bei der Elektrodialyse;
b) Erklärung der Schichtenbildung von Blank und Valkó.

und Elektrodialyse (vgl. S. 23—24). Bei der Ausführung der Elektrodialyse wurde nun von Pauli ein merkwürdiges *Schichtungsphänomen* beobachtet, das zu einer wichtigen Reinigungsmethode führte[245]). Das Phänomen besteht in folgendem (vgl. Abb. 143a): Wird ein Sol, ohne zu rühren, in einem Dreizellenapparat elektrodialysiert, so teilt sich das in der Mittelzelle M befindliche Sol in zwei Schichten: eine obere Schicht o, die arm an Kolloidteilchen ist, und eine untere Schicht u,

[243]) Wo. Ostwald: Kleines Praktikum d. Kolloidchemie, 9. Aufl. (1943), S. 9. Nach Wo. Ostwald sind solche Benzolsole des Natriumchlorids jahrelang haltbar.
[244]) J. Bikermann: Z. physikal. Chem. *115*, 261 (1925).
[245]) Wo. Pauli: Helv. chem. Acta *25*, 137 (1942).

in der der disperse Anteil angereichert ist. Hebert man nun die Oberschicht ab, so wird damit ein beträchtlicher Teil der Elektrolyte, sowie anderer mikromolekularer Beimengungen vom Sol abgetrennt, das konzentriertere Sol bleibt zurück. Nach einer weiteren Zeitperiode der Elektrodialyse erfolgt weitere Schichtung, man kann wieder die Oberschicht abhebern usw.

Das Schichtungsphänomen wurde von Blank und Valkó folgendermaßen erklärt. In der Mittelzelle erfolgt Wanderung der Kolloidteilchen zu der entgegengesetzt geladenen Elektrode (Abb. 143b), die Teilchen sammeln sich deshalb dort an und das Sol sinkt, wegen der nunmehr größeren Dichte, in einer der Membran anliegenden Schicht zu Boden der Mittelzelle. Gleichzeitig schichtet sich das Dispersionsmittel entlang der anderen Membran über dem Sol.

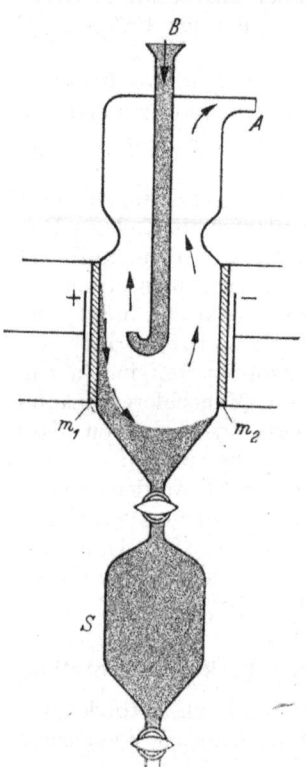

Mit Hilfe dieser Elektrodekantierung sind die reinsten Sole der Kieselsäure, des Eisenhydroxyds, des Chromhydroxyds, Arsentrisulfids[246]) und vieler anderer Stoffe hergestellt worden. Ein $As_2S_3$-Sol konnte durch Elektrodekantation von 9 Liter auf 300 cm³ eingeengt werden, das konzentrierte Sol enthielt 51,5 g $As_2S_3$ i. Liter. Die Leitfähigkeit des Sols (nach 10facher Elektrodekantierung bei 60 Volt-Elektrodenspannung) betrug $6,16 \cdot 10^{-4}$ rez. Ohm, die Leitfähigkeit der letzten abgeheberten Oberschicht aber nur $5,5 \cdot 10^{-6}$ rez. Ohm.; die ganze Leitfähigkeit des Sols entfällt also praktisch nur auf die Kolloidteilchen selbst. Ferner wurden Kieselsäuresole durch Elektrodekantation soweit gereinigt, daß sich Oberschichten von der Leitfähigkeit des destillierten Wassers abhebern ließen. Mittels potentiometrischer und konduktometrischer Titration konnte die Anzahl der dissozierten — die Teilchen aufladenden — $H_2SiO_3$ Moleküle bestimmt werden. Dabei wurde gefunden, daß auf je 700 bis 5000 $SiO_2$-Moleküle nur ein Kieselsäuremolekül eine Elementarladung trägt.

Abb. 144. Kontinuierlich arbeitender Elektrodekantationsapparat nach Wo. Pauli.

Ähnliche Untersuchungen an Eisenhydroxydsolen lieferten wichtige Erkenntnisse über die elektrochemischen und chemischen Eigenschaften dieser Sole. Die hochgereinigten neutralen Eisenhydroxydsole (pH = 6,4 bis 7,07) tragen auf je 1000 bis 2700 Fe-Atome nur ein dissoziiertes FeOCl-Molekül (vgl. dazu S. 82). Ferner wurden durch Hitzehydrolyse von Chromchlorid gewonnenen Chromhydroxydsole ebenso durch Elektrodekantation konzentriert, gereinigt und untersucht. Auch hier kam auf je 500 Moleküle Cr (OH)$_3$ 2 $H_2O$ nur ein Cr (OH)$_2$Cl, dabei war nur $^1/_4$ des gesamten Chlors aktiv, so daß auf je 2000 Chromatomen je eine freie Ladung entfällt. In der letzten Zeit ist von Pauli[245]) eine Anordnung zur Elektrodenkantation, die kontinuierlich arbeitet (Abb. 144), konstruiert worden. Das Sol wird an der Membran m konzentriert und fließt in S herunter. Gleichzeitig strömt das Dispersionsmittel $m_2$ entlang nach oben und wird durch A entfernt. Das Ausgangssol läßt man mit passender Geschwindigkeit in die Mittelzelle durch B ständig tropfen, der Vorgang der Solkonzentrierung verläuft auf diese Weise kontinuierlich. Dadurch ist nicht nur eine bequeme Reinigungs-

---

246) Wo. Pauli u. A. Laub: Kolloid-Z. 78, 295 (1937).

und Konzentrierungsmethode geschaffen, sondern auch ein wichtiger Fortschritt in der Hinsicht erzielt worden, daß das Sol nur eine kurze Zeit unter dem Einfluß des elektrischen Feldes steht und so den möglicherweise schädigenden Einwirkungen des Stromes weitgehend entzogen ist. Auf diese Weise gelingt es, mit der Anordnung von Pauli und Mitarbeitern, sogar die gegen Elektrodialyse empfindlichsten Goldsole weitgehend zu reinigen und zu konzentrieren; z. B. wurden reinste Goldsole gewonnen, die 60—70 g Gold im Liter enthalten.

## Die Bildung kolloider Stoffe im Polymerisations- bzw. Polykondensationsreaktionen.

Die Molekülkolloide oder kolloiden Stoffe (die nach einem Vorschlag Wo. Ostwalds auch Eukolloide genannt werden) entstehen im Polymerisations- bzw. Polykondensationsreaktionen. Die dabei sich bildenden Molekülkolloide unterscheiden sich grundsätzlich von den Dispersoid- bzw. Mizellkolloiden dadurch, daß man auch in Abwesenheit des Dispersionsmittels von einem Stoff reden kann, dessen Moleküle kolloide Dimensionen besitzen. Viele Kolloidchemiker sehen solche Stoffe als „kolloide Stoffe" an. Ein festes Molekülkolloid, z. B. Hämoglobinkrystall, besteht aus diskreten Einheiten-Makromolekülen, die kolloide Dimensionen haben. Diese relativ großen Einheiten sind hier ebenso individuell (abgesehen von dem Verband mit den Nachbarmolekülen), wie z. B. einzelne Hefezellen in einem Stück Trockenhefe. Ob solche Einheiten in einem festen Stoff vorliegen oder nicht, kann durch Löslichkeitsversuche, Molekulargewichtsbestimmung und Prüfung auf kolloide Eigenschaften entschieden werden. Nitrozellulose z. B. zeigt in den verschiedenen Lösungsmitteln bei genügender Verdünnung das gleiche Molekulargewicht, ein Anzeichen dafür, daß der Stoff beim Auflösen sich bis zu einzelnen individuellen Makromolekülen aufgespalten hat[247]). Daß die Atome in diesen Einheiten durch Hauptvalenzen gebunden sind, kann insbesondere durch polymeranaloge Umwandlungen bewiesen werden[248]).

Die *Polymerisationsreaktionen* sind Kettenreaktionen, die über instabile Zwischenstufen (Radikale) verlaufen. Einige einfache mikromolekulare Verbindungen, z. B. Formaldehyd, Vinylchlorid, Butadien u. a. gehen spontan oder unter dem Einfluß von Katalysatoren in makromolekulare Verbindungen über. Man hat bei der Polymerisation drei Teilreaktionen zu unterscheiden: 1. die Aktivierung oder Anregung, 2. die Anlagerungsreaktion und 3. die Abbruchsreaktion beim Abschluß der Reaktionskette[249]). Z. B. die Polymerisation von Styrol zu Polystyrol erfolgt in folgender Weise:

$$C_6H_5 — CH = CH_2 \xrightarrow{\text{Aktivierung}} C_6H_5 — \overset{|}{CH} — CH_2 —$$

$$\underset{\text{Styrol}}{} \qquad \underset{\text{angeregtes Styrolmolekül}}{}$$

$$C_6H_5 — \overset{|}{CH} — \overset{|}{CH_2} + C_6H_5 \cdot CH = CH_2 \longrightarrow C_6H_5 — CH — CH_2 — \overset{|}{CH} — CH_2 —.$$

$$\underset{C_6H_5}{}$$

$$C_6H_5 — CH — CH_2 — \overset{|}{CH} — CH_2 —$$

$$\underset{C_6H_5}{} \qquad + x\, C_6H_5 — CH = CH_2 \longrightarrow$$

$$\longrightarrow C_6H_5 - \overset{|}{CH} - CH_2 \left[\begin{array}{c} -CH-CH_2 \\ | \\ C_6H_5 \end{array}\right]_x -CH-CH_2- \longrightarrow C_6H_5-CH_2-CH_2 \left[\begin{array}{c} CH - CH_2 \\ | \\ C_6H_5 \end{array}\right]_x - C = CH_2$$

Makroradikal                                                        Makromolekül.

---

[247]) A. Dobry: J. chim. physique *32*, 50 (1935); Kolloid-Z. *81*, 190 (1937).
[248]) H. Staudinger: Organische Kolloidchemie, 2. Aufl. 1941.
[249]) Vgl. W. Kern in R. Houwinks: Chemie u. Technologie d. Kunststoffe, 2. Aufl., 1. Bd. S. 9ff. Leipzig: Akadem. Verlagsges. 1942; sowie G. V. Schulz: ibid. S. 57ff., sowie G. V. Schulz: Z. Elektrochem. *47*, 265 (1941).

Der Bau der Endgruppen und die Abbruchreaktionen sind noch nicht vollständig aufgeklärt. Ein Makromolekül entsteht in dem oben angeführten Schema aus einem Makroradikal derart, daß ein Wasserstoffatom von dem einen Ende des Radikals zum anderen, zur Absättigung der freien Valenz, wandert. Die Bildung von stabilen Makromolekülen aus Makroradikalen kann aber auch durch Zusammenlagerung letzterer erfolgen, wodurch die freien Valenzen der Radikale sich gegenseitig absättigen.

Das in der Polymerisationsreaktion entstandene Makromolekül ist gleichzeitig ein Kolloidteilchen. Auf ähnliche Weise werden jetzt außerordentlich viele organische Kolloide hergestellt, die insbesondere in der Technik als Kunststoffe große Bedeutung haben.

Einige von den synthetischen Kolloiden sind auch für die Medizin wichtig geworden. So wird das von Reppe entwickelte Polyvinylpyrrolidon (,,Kollidon") als Eiweißersatz für *Blutersatz* verwendet[249a]. Durch entsprechende Polymerisationsverfahren kann die Länge der Kette

$$CH_2 - CH_2 \qquad CH_2 - CH_2 \qquad CH_2 - CH_2$$
$$| \qquad | \qquad\qquad | \qquad | \qquad\qquad | \qquad |$$
$$CH_2 \quad C = O \qquad CH_2 \quad C = O \qquad CH_2 \quad C = O.$$
$$\diagdown N \diagup \qquad\qquad \diagdown N \diagup \qquad\qquad \diagdown N \diagup$$
$$| \qquad\qquad\qquad | \qquad\qquad\qquad |$$
$$\ldots - CH - CH_2 - \qquad CH - CH_2 - \qquad CH - \ldots$$

beliebig verändert werden. Klinische Anwendung findet eine 3,5%ige kolloide Lösung des Polymerisats vom Molekulargewicht 5000—100000. Der Pyrrolidonring als Anhydrid der $\gamma$-Aminobuttersäure zeigt eine gewisse strukturelle Verwandtschaft zu Proteinen, ist aber chemisch viel indifferenter als diese und wird vom Körper einwandfrei vertragen; es bleibt in der Blutbahn erhalten, bis der Wiederaufbau von Blutproteinen vollzogen ist. Nach einigen Wochen wird es im Harn ausgeschieden. Kollidon gibt Trübung mit Trichloressigsäure und adsorbiert z. B. Sulfonamide, Vitamin-C u. a. Stoffe.

Die *Polykondensationsreaktionen* erfolgen derart, daß mehrere bifunktionelle Moleküle reagieren, wobei größere Einheiten unter Austritt eines mikromolekularen Nebenproduktes (meistens Wasser) gebildet werden. Als bifunktionelle Moleküle werden dabei solche bezeichnet, die im Molekül zwei reaktionsfähige Stellen haben. Das sind z. B. die COOH- und OH-Gruppen der Oxysäuren, oder die beiden NH$_2$-Gruppen, der Diamine. Als Beispiele seien hier die Bildung von Polyoxysäuren[250]), sowie die Reaktion zwischen Diaminen und Dicarbonsäuren[251]) angeführt:

$$HO - (CH_2)_9 - COOH + HO - (CH_2)_9 - COOH \longrightarrow HO - (CH_2)_9 - C \underset{O}{\overset{||}{\,}} O - (CH_2)_9 -$$
$$\underset{\omega - \text{Oxydecansäure}}{}$$
$$COOH + H_2O$$

$$HO - (CH_2)_9 - C\underset{O}{\overset{||}{-}}O - (CH_2)_9 - COOH + HO - (CH_2)_9 - COOH \longrightarrow HO - (CH_2)_9 -$$
$$- C\underset{O}{\overset{||}{-}}O - (CH_2)_9 - C\underset{O}{\overset{||}{-}}O - (CH_2)_9 - COOH + H_2O$$

usw. Es reagiert immer eine OH-Gruppe mit einer COOH-Gruppe, wobei die Ketten ständig anwachsen, bis Makromoleküle von der Zusammensetzung =

$$HO - (CH_2)_9 - C\underset{O}{\overset{||}{-}}\Big[ O - (CH_2)_9 - C\underset{O}{\overset{||}{\,}} \Big]_x - O - (CH_2)_9 - COOH$$
$$\text{Polyoxydecansäure}$$

entstanden sind. Und:

$$(x + 1)\ NH_2 - (CH_2)_6 - NH_2 + (x + 1)\ HOOC - (CH_2)_4 - COOH \longrightarrow$$
$$\underset{\text{Hexametylendiamin}}{} \qquad\qquad \underset{\text{Adipinsäure}}{}$$
$$NH_2 - \Big[ (CH_2)_6 - NH - C\underset{O}{\overset{||}{-}}(CH_2)_4 - C\underset{O}{\overset{||}{-}}NH \Big]_x - (CH_2)_6 - NH - C\underset{O}{\overset{||}{-}}(CH_2)_4 - COOH + (2x+1)H_2O.$$

Die zuletzt angeführte Reaktion ist theoretisch und praktisch interessant. Theoretisch deshalb, weil in ähnlicher Weise die Entstehung von Proteinen durch Polykondensation von Aminosäuren denkbar ist. Es wurde von Carothers sogar gezeigt, daß man auch die Aminosäuren einer Polykondensation unterwerfen kann, wobei hochpolymere Stoffe entstehen, die einige mit den Proteinen gemeinsame Eigenschaften haben. Praktisch interessant ist die Reaktion aus dem Grunde, daß man die Polykondensationsprodukte zur Herstellung von sehr

249a) Vgl. Angew. Chem. A *59*, 95 (1947).
250) W. H. Carothers u. F. J. van Natta: J. Amer. chem. Soc. *55*, 4714 (1933).
251) W. H. Carothers u. J. W. Hill: J. Amer. chem. Soc. *54*, 1566, 1579 (1932).

hochwertigen Fasern (Nylon- bzw. Perlonfaser) verwenden kann. Alle in Polymerisations- bzw. Polykondensationsreaktionen entstandenen hochmolekularen Stoffe sind Gemische von Polymerhomologen (vgl. S. 11). Der Polymerisationsgrad der einzelnen Glieder der Gemische variiert meist zwischen 20 bis 1000.

In den letzten Jahren wurden auch viele hochpolymere Verbindungen mit Silicium synthetisch hergestellt und zur Herstellung wichtiger Kunststoffe verwendet, besonders in USA. Leitet man über vorübergehend auf 1000⁰ erhitztes Gemisch von feinem Cu- und Si-Pulver bei 250—350⁰ Methylchlorid, so entstehen Verbindungen wie $(CH_3)_3SiCl$, $(CH_3)_2SiCl_2$ u. a. Bei der Reaktion des letzten mit Wasser wird ein $(CH_3)_2Si(OH)_2$ gebildet, das bei Zimmertemperatur zu Ketten und Netzen polymerisiert. Die einfacheren Polymerisate sind ölartig, die höheren z.T. wachsartig. Diese neue Polymerisate, die sogenannten Silicone, sind wasserabstoßend, z. T. elastisch, gut isolierend, und lassen sich mit anderen Kunststoffen, z. B. Vinylverbindungen, mischen. Interessant ist auch das kautschukähnliche $Si_{25}Cl_{52}$. Hier stehen wir am Anfang eines neuen Gebietes der *synthetischen anorganischen* bzw. *anorganisch-organischer Hochpolymeren*[251a].

## Isolierung hochpolymerer Naturstoffe.

Viele Molekülkolloide, wie z. B. die Proteine, Polysacharide, Kautschuk, werden in der Natur in Polykondensations- bzw. Polymerisationsreaktionen gebildet, deren Verlauf noch nicht aufgeklärt ist. Man ist bestrebt, diese Naturstoffe zu isolieren, und ebenso wie die künstlich hergestellten Hochpolymere, möglichst weitgehend zu reinigen. Allerdings sind diese Operationen mit der Gefahr verbunden, die Makromoleküle selbst zu beschädigen oder zu „denaturieren" Ebenso wie es dem Biologen unmöglich ist, lebendige Zellen ohne Beeinflussung der Lebensprozesse zu isolieren und in allen Einzelheiten zu erforschen, so ist es auch dem Chemiker nicht möglich, die hochmolekularen Naturstoffe in vollständig natürlichem Zustande rein darzustellen. Insbesondere gilt das für einige sehr hochpolymere linearmakromolekulare Stoffe, wie z. B. Zellulose oder Kautschuk. In Baumwolle, Stroh oder Holz ist die Zellulose mit verschiedenen anderen hochpolymeren Naturstoffen sowie mikromolekularen Verbindungen gemischt oder chemisch verbunden. Die schonendste Behandlung verschiedener zellulosehaltiger Naturprodukte besteht nun darin, daß sie mit verdünnten Alkalien unter Druck behandelt werden. Damit lassen sich aber nicht alle Begleitstoffe der Zellulose entfernen. Holzspäne werden meist durch Kochen mit Calciumbisulfit aufgeschlossen und die von Lignin und anderen Beimengungen abgetrennte Zellulose wird dann nach einer Chlorbleiche unterworfen. Man kann auch reine Zellulose so zu gewinnen versuchen, daß man z. B. Baumwolle mit einem Gemisch von Salpeter- und Schwefelsäure (oder besser Phosphorsäure) nitriert, die gewonnene Nitrozellulose reinigt und durch Denitrierung wieder zurück in reine Zellulose überführt. Nun wurde aber insbesondere von Staudinger darauf hingewiesen, daß bei allen chemischen Operationen, die zwecks Reinigung mit der Zellulose sowie mit dem Naturkautschuk vorgenommen werden, die fadenförmigen Moleküle dieser Naturstoffe oxydativ leicht gespalten werden können. Die in [Cu (NH₃)₄] (OH)₂ gelöste Zellulose wird z. B. durch den vorhandenen Luftsäurestoff rasch oxydativ gespalten, wobei der Polymerisationsgrad fällt, was am einfachsten durch Viskositätsmessungen festgestellt werden kann[252].

Etwas leichter lassen sich sphäromakromolekulare Naturstoffe in reinem Zustand isolieren, da sie verhältnismäßig leicht krystallisieren und auch chemisch beständiger als die Mehrzahl der Linearkolloide sind. Die Ursache dieses Verhaltens ist die Molekülform: ein Fadenmolekül ist reaktionsfähiger als ein korpuskulares Teilchen schon wegen seiner größeren Oberfläche. Es gelingt deshalb

[251a] Vgl. die Referate in Angew. Chem. A 59, 21 (1947). Vgl. auch D. V. N. Hardy u. N. J. L. Megson: Quarterly Reviews, 2, 25 (1948); E. G. Rochow u. F. J. Norton in J. Alexander's Colloid Chemistry, Vol. VI, New York, Reinhold Publ. Corpor., 1946, S. 1093 ff.

[252] H. Staudinger: Die hochmolekularen org. Verbindungen, 1932.

verschiedene Eiweißstoffe, die zu den Sphärokolloiden gehören, wie z. B. Ovalbumin, Hämoglobin, das Hormon Insulin, sowie mehrere Fermente (Pepsin, Trypsin
u. a.) durch Krystallisation in reinem Zustande zu erhalten[252a]).

*Fraktionierte Fällung,* Eine der üblichsten Methoden, mit der die synthetischen sowie natürlichen Hochpolymeren fraktioniert und gereinigt werden können,
ist die *fraktionierte Fällung.* Ein Gemisch von Proteinen kann z. B. entweder mit
Alkohol, Azeton oder mit verschiedenen Salzlösungen durch Fällung getrennt
werden. Dabei erwies sich die Wasserstoffionenkonzentration (pH) von sehr
großer Bedeutung. Manche Proteine, z. B. Kasein, können durch Ansäuren bis
zu einem bestimmten pH ausgefällt werden. Die Reinigung erfolgt dann weiter
durch Auflösung in Lauge und Umfällung mit Säure.

Als weitere Reinigungsmethoden seien die *fraktionierte Elektrophorese* (nach
Theorell, vgl. S. 83) sowie die *fraktionierte Adsorption* (vgl. S. 59) genannt.
Zur Trennung makromolekularer Naturstoffe werden in neuester Zeit noch ver-
schiedene, für präparative Zwecke gebaute *Ultrazentrifugen* benutzt[253]). Die
mikromolekularen Beimengungen werden schließlich von den Kolloiden durch
Dialyse oder Elektrodialyse abgetrennt.

Als ein Beispiel der Isolierung eines makromolekularen Naturstoffes sei die Reindarstel-
lung von Tabakmosaikvirusprotein kurz beschrieben[254]).

Das erkrankte Pflanzenmaterial (z. B. türkische Tabakpflanzen) wird in gefrorenem Zustande gemahlen und nach dem Auftauen und Erwärmen auf $4^0$ C unter Zusatz von $Na_2HPO_4$
durch Spezialfilter filtriert. Die filtrierte Flüssigkeit wird dann 1,5 Stunden in einer Ultrazentrifuge bei 30000 Umdrehungen pro Minute behandelt. Das Sediment wird weiter in einem
0,01 m Phosphatpuffer von pH = 7 gelöst und eine halbe Stunde bei 3000 Umdrehungen pro
Minute zentrifugiert. Hierbei werden die grobdispersen Verunreinigungen abgetrennt. Die
übrigbleibende klare Lösung des Virusproteins wird schließlich nochmals der Ultrazentrifugierung bei 30000 Umdrehungen unterworfen und so der Wechsel zwischen hoch- und
niedertourigem Zentrifugieren mehrmals wiederholt. Damit wird die Trennung des Virusproteins von den mikromolekularen Beimengungen gefördert, die in der überstehenden
Flüssigkeit zurückbleiben. Zuletzt erhält man ein vollständig reines Virusprotein, das in
krystalliner Form ausgeschieden werden kann.

### Die Löslichkeit von Molekülkolloiden.

Ob ein Molekülkolloid in einem gegebenen Lösungsmittel löslich oder unlöslich
ist, hängt davon ab, wie groß die Affinität des Stoffes zu den Lösungsmittelmolekülen ist, und wie stark die Kohäsionskräfte sind, die die Makromoleküle im
festen Stoff zusammenhalten*. Besitzen die Makromoleküle keine oder eine sehr
geringe Verwandtschaft zu den Lösungsmittelmolekülen, so werden sie sich nicht
auflösen, z. B. Kautschuk oder Polystyrol ist unlöslich in Wasser oder Alkohol,
Hämoglobin unlöslich in Äther oder Benzol. Die Verwandtschaft wird hauptsächlich
durch die *chemische Zusammensetzung* bedingt. Sind Makromoleküle aus lipophilen

---

[252a]) Vgl. G. Schramm: Neue Methoden der präparat. Organischen Chemie, 2. Aufl
1944, Verl. Chemie.

[253]) W. M. Stanley: J. biol. Chemistry *129*, 405 (1939); W. M. Stanley, R. W. G.
Wyckoff: Science (New York) *85*, 181 (1937); J. W. Beams u. E. G. Pickels: Rev. sci.
Instrum. *6*, 299 (1935); R. W. G. Wyckoff u. J. B. Lagsdin: Rev. sci. Instrum. *9*, 248
(1938). — Diese mit Preßluft getriebenen Ultrazentrifugen liefern bis zu 60000 Umdrehungen
pro Minute. Durch aufeinanderfolgendes Zentrifugieren mit steigender Umdrehungszahl
lassen sich Gemische verschiedenen Molekulargewichts in einzelne Fraktionen zerlegen
(vgl. S. 117).

[254]) Vgl. A. Schäffner u. H. J. Jakowatz im Handbuch d. Katalyse, 3. Bd., S. 519,
Wien: Springer 1941.

* Vollständig unlöslich sind Stoffe, deren einzelne Teilchen (Atome, Atomgruppen)
durch Hauptvalenzen in große Verbände zusammengehalten werden, z. B. C-Atome im
Diamant, die Benzolreste u. -$CH_2$-Gruppen im Phenol-Formalehydharzen oder der Polypeptidketten im Haar oder Horn. Ob hier Makromoleküle vorliegen oder nicht, kann mit dne
jetzt zur Verfügung stehenden Methoden nicht entschieden werden.

Atomgruppen (CH$_2$-, CH$_3$-, –CH-) zusammengesetzt, so sind sie in Wasser unlöslich, aber löslich in organischen Lösungsmitteln, deren Moleküle aus den gleichen Atomgruppen bestehen (Tab. 43). Enthalten dagegen die Makromoleküle sehr viele hydrophile Atomgruppen (OH-, NH$_2$, COOH, –CO), so sind sie unlöslich in Benzol, Chloroform, Äther und ähnlichen Lösungsmitteln, lösen sich aber in Wasser, gelegentlich auch in Alkohol oder Azeton. Der Lösungsvorgang verläuft in der Weise, daß sich die Lösungsmittelmoleküle mit den chemisch verwandten Makromolekülen durch Restvalenzkräfte (Kohäsion) binden und auf diese Weise die Makromoleküle solvatisieren. Kleine Lösungsmittelmoleküle dringen auch zwischen die Makromoleküle, wobei die an der Oberfläche befindlichen Teilchen vom Makromolekülverband abgesprengt werden, und gelangen infolge der Brownschen Bewegung in die Lösung. Gelegentlich wird auch eine *Quellung* des festen Körpers beobachtet, d. h. Bindung größerer Flüssigkeitsmengen in den Zwischenräumen des Makromolekülgitters. Außer der chemischen Zusammensetzung des Molekülkolloids sind für die Löslichkeit noch die *Form* und die *Größe* der Makromoleküle von Bedeutung. Folgende Gesetzmäßigkeiten haben sich dabei als gültig erwiesen:

Tabelle **43.** *Löslichkeit einiger makromolekularer Stoffe in verschiedenen Lösungsmitteln.* l = löslich, sch = schwer löslich, quellbar, unl = unlöslich (nach **Staudinger, Heuer** und **Husemann**). Z. physik. Chemie **171**, 136 (1934).

| Substanz | Moleku-largewicht | Lösungsmittel | | | | | | | | | | | |
|---|---|---|---|---|---|---|---|---|---|---|---|---|---|
| | | CS$_2$ | CH Cl$_3$ | C$_6$H$_6$ | Cy-clo-hexan | Pyri-din | Äther | Dio-xan | Aze-ton | Essig-ester | CH$_3$ OH | Eis-essig | H$_2$O |
| autschuk .. | 120000 | l | l | l | l | unl | sch | unl | unl | unl | unl | unl | unl |
| olystyrol ... | 130000 | l | l | l | sch | l | l | l | unl | l | unl | unl | unl |
| olyvinyl-azetat .... | 24500 | unl | l | l | unl | l | unl | l | l | l | l | l | unl |
| olyacryl-ester .... | 20000 | unl | l | l | unl | l | l | l | l | l | sch | sch | unl |

1. *Bei gleicher chemischer Zusammensezung des makromolekularen Stoffs und gleicher Größe der Makromoleküle ist die Löslichkeit der Linearkolloide in gleichem Lösungsmittel kleiner als die der Sphärokolloide.*

2. *Bei gleicher chemischer Zusammensetzung und gleicher Gestalt der Makromoleküle, d. h. im Fall einer polymerhomologen Reihe, sind die niedermolekularen Vertreter der Reihe besser löslich als die höhermolekularen.*

Die erste Gesetzmäßigkeit gilt nur als qualitative Regel. Glykogen ist im Wasser leichter löslich als Stärke, und ganz unlöslich im Wasser ist Zellulose. Ein Paraffin mit normaler Kette C$_{100}$H$_{202}$ (Semikolloid) ist in Benzol sehr schwer löslich, dagegen ein semikolloider Hydrokautschuk C$_{100}$H$_{202}$ mit verzweigter Kette ist darin leicht löslich. Natives Kasein, das aus korpuskularen Teilchen besteht, ist in verschiedenen Lösungsmitteln (NaOH, Essigsäure, Ameisensäure u. a.) besser löslich als durch Hitze denaturiertes, dessen Teilchen mehr faserartig sind.

Sehr wichtig ist die zweite Gesetzmäßigkeit, die auch theoretisch begründet und mathematisch formuliert worden ist[255]. Praktisch wichtig erscheint die Gestezmäßigkeit deswegen, weil hierauf die *Trennung eines polymerhomologen Gemisches* in einzelne Fraktionen durch fraktionierte Fällung fußt (vgl. S. 132).

Eine direkte Bestimmung der Löslichkeit von Hochpolymeren ist oft mit großen Schwierigkeiten verbunden, da die Hochpolymere in reinen Lösungsmitteln

[255] J. N. Brönstedt: Zeitschr. physik. Chem., Bodenstein-Festband, S. 257 (1931)· G. V. Schulz: Z. physik. Chem. *179* 321 (1937).

meist entweder fast unlöslich oder unbegrenzt löslich sind. Oft quellen die Hochpolymeren und lösen sich dann sehr langsam und unvollständig auf. Deshalb wird die Löslichkeit in Lösungsmittelgemischen indirekt, das heißt, durch Fällung bestimmt[256]).

Die Bestimmung kann folgendermaßen erfolgen. Das Hochpolymere, z. B. ein Polymetacrylsäuremethylester, wird in Benzol gelöst, und es werden durch Verdünnung mit Benzol eine ganze Reihe Lösungen abgestufter Konzentrationen hergestellt. Diese Lösungen werden nun mit Cyclohexan aus einer Bürette bis zu beginnender Trübung vorsichtig versetzt. Wenn dabei auf $v_0$ cm³ der Lösungen v cm des Fällungsmittels kommen, so ist $\gamma = \dfrac{v}{v + v_0}$ die Fällbarkeit. Zwischen der Fällbarkeit und der Löslichkeit des Hochpolymeren in dem betreffenden Lösungsmittelgemisch, d. h. der Konzentration des Hochpolymeren c am Trübungspunkt, besteht nach Schulz[256]) ein linearer Zusammenhang

$$\ln c = a - b\gamma.$$

Da a und b Konstanten sind, lassen sich aus den $\gamma$-Werten die Löslichkeiten (c) makromolekularer Stoffe in den entsprechenden Lösungsmittelgemischen leicht ermitteln.

Soll die Löslichkeit eines polymerhomologen Gemisches direkt bestimmt werden, so muß man zuerst die Abhängigkeit der Löslichkeit von der Menge des Bodenkörpers feststellen (vgl. S. 180), da jene mit der Menge des Bodenkörpers steigt. Ist dagegen die Löslichkeit von der Menge des aufzulösenden makromolekularen festen Stoffes unabhängig, so kann daraus geschlossen werden, daß dieser einheitlich ist, d. h., daß alle Moleküle die gleiche Löslichkeit und deshalb auch die gleiche Größe haben[257]).

# XII. Die Zustandsänderungen lyophober Sole.

## Die Beständigkeit der Sole. Alterungserscheinungen.

Wird eine Reihe verschiedener lyophober Sole hergestellt und die Änderung ihrer Eigenschaften nach bestimmten Zeitabständen beobachtet, so kann folgendes festgestellt werden. Manche Sole behalten ihre ursprünglichen Eigenschaften längere Zeit hindurch, andere dagegen ändern sich schon nach verhältnismäßig kurzer Zeit. Mehrere Eigenschaften disperser Systeme hängen von der *Teilchengröße* ab, die sich zeitlich mehr oder weniger stark ändern kann. Am häufigsten verläuft diese Änderung derart, daß infolge der Brownschen Bewegung die Teilchen zusammenstoßen, in einer Anzahl von Fällen sich vereinigen und auf diese Weise immer mehr und mehr vergröbern. Schließlich setzen sich die schwersten Teilchen langsam zu Boden. Aber auch der umgekehrte Fall ist denkbar: infolge der lösenden Einwirkung des Dispersionsmittels können die Kolloidteilchen mehr und mehr in kleinere zerfallen und sich schließlich in mikromolekulare Einheiten auflösen. Ebenso wie ein Sol aus grobdispersem Stoff (durch Dispergierung) oder aus mikromolekularen Zerteilungen (durch Kondensation) entstehen kann, ebenso kann es auch durch die umgekehrten Vorgänge zugrunde gehen. Die Vernichtung.

---

[256]) G. V. Schulz: Z. physik. Chem. *179*. 321 (1937); B. Jirgensons: J. prakt. Chem. *161*, 30 (1942).

[257]) Cohn und Northrop benutzten die Unabhängigkeit der Sättigungskonzentration von der Menge des Bodenkörpers zur Prüfung der Einheitlichkeit von Proteinen. Vgl. E. J. Cohn: Naturwiss. *20*, 663 (1932); J. H. Northrop: Ann. Rev. Bioch. 7, 37 (1938). Vgl. auch K. H. Meyer u. H. Mark: Hochpolymere Chemie, 2. Bd., S. 406—407, 538—539 (1940).

óder radikale Umwandlung einer kolloiden Lösung durch Vergröberung der Teilchen wird *Koagulation*, die Vernichtung durch Auflösung *Dissolution* genannt.

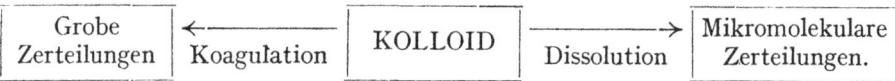

Die mit der Zeit in einem Sol stattfindenden, von selbst ohne äußere Einwirkung verlaufenden Änderungen, werden mit ,,*Alterung*" bezeichnet. Von Koagulation und Dissolution spricht man dagegen, wenn die Aufhebung des kolloiden Zustandes durch verschiedene zusätzliche Mittel, z. B. Hinzufügung eines Stoffes, hervorgerufen wird. Die Begriffe ,,Alterung" und ,,Koagulation" lassen sich aber nicht sharf unterscheiden, denn es ist unmöglich, ein Sol von äußeren Einflüssen vollständig abzuschirmen und sich selbst zu überlassen. Ein in einer Flasche aufbewahrtes Sol ist der Lichtwirkung sowie der Einwirkung der von der Glaswand sich ablösenden Stoffe ausgesetzt. Wird ein Sol durch besondere Maßnahmen auch vor Licht und Luft geschützt, so kann es ohne Gefäß nicht aufbewahrt werden. Außerdem ist es möglich, daß Schallwellen (besonders die Ultraschallwellen) sowie Radiowellen, Ultrastrahlen usw. die Stabilität beeinflussen.

Die spontane Alterung der Sole ist höchstwahrscheinlich ein sehr komplizierter Vorgang, der mehrere Ursachen, die nur unvollständig aufgeklärt sind, haben kann. Man beobachtet aber beständig, daß die Alterung normal aufbewahrter Sole mit verschiedener Geschwindigkeit erfolgt. Ebenso wie in der Welt der Organismen einige Vertreter der Arten nur einige Stunden oder Tage, die anderer Klassen dagegen Jahrzehnte leben, so altern auch die Sole entweder sehr schnell oder kaum bemerkbar.

Der Vergleich der Sole mit Organismen ist nicht nur ein formaler, sondern zwischen beiden bestehen tiefere innere Zusammenhänge: die Organismen sind aus kolloiden Stoffen zusammengesetzt und die biologischen Forschungen bestätigen die Tatsache, daß die Kolloide junger Organismen im allgemeinen hochdisperser sind, als diejenige alter Individuen.

**Die Ursachen der spontanen Alterung.** Als eine der wichtigsten Ursachen der Alterung ist, wie schon erwähnt, die Brownsche Bewegung erkannt worden. Die Intensität der Brownschen Bewegung ist nun ihrerseits von der Temperatur abhängig: je höher die Temperatur, um so intensiver bewegen sich die Teilchen. Folglich müssen die in der Wärme aufbewahrten Sole rascher altern als diejenigen bei niedrigerer Temperatur, was auch häufig experimentell festgestellt werden kann.

Vergleicht man das Altern verschiedener Sole, z. B. kolloiddisperser Salze ($BaSO_4$, $AgCl$, $AgBr$, $CaCO_3$, $CaC_2O_4$ u. a.) untereinander, so kann man folgendes feststellen: sehr rasch altern die Sole der Stoffe, deren Löslichkeit im betreffenden Dispersionsmittel relativ groß ist; es sind das die Hydrosole von $CaCO_3$ und $CaC_2O_4$, da die kleinsten Teilchen dieser Sole sich auflösen und der Stoff aus der übersättigten Lösung auf den gröberen Teilchen wieder auskrystallisiert. Die Alterung tritt hier also als Folge der Umkrystallisation auf. Auch dieser Vorgang wird durch Temperaturerhöhung begünstigt. Ist die Löslichkeit geringer, so ist auch die Alterungsgeschwindigkeit kleiner.

Als ein weiterer Grund des Alterns sind die im Sol vorhandenen Verunreinigungen, insbesondere die Elektrolyte zu nennen. Diese können entweder als Nebenprodukte bei der Bildung des Kolloids entstehen (z. B. HCl bei der Hydrolyse von $FeCl_3$), oder sie gelangen ins Sol mit dem verwendeten Wasser, den unreinen Reagenzien und Gefäßen. Das Sol braucht nur minimale Mengen von Elektrolyten, um die Teilchen aufzuladen, ein unnötiger Überschuß wirkt deshalb

schädlich: das Altern wird dadurch beschleunigt. Das kann am besten bei Goldsolen und anderen gegen Elektrolyte sehr empfindlichen Kolloiden festgestellt
werden.

Die Alterungserscheinungen sind außerdem von den chemischen Eigenschaften
des kolloid verteilten Stoffes abhängig, ferner von der Teilchenform, dem Dispersitätsgrad und der Polydispersität.

**Chemische Änderungen während des Alterns** sind z. B. an Eisenhydroxydsolen von Malfitano (1904), ferner von Heymann[258]) beobachtet worden.
Die Änderungen bestehen darin, daß z. B. aus chlorreichen Eisenhydroxydteilchen
durch Abgabe von Chlorionen chlorärmere Teilchen entstehen. Wie schon früher
erwähnt, enthalten die Teilchen eines Eisenhydroxydsols, das durch Hydrolyse
von Ferrichlorid gewonnen worden ist, Ferrioxyd, Wasser und Ferrioxydchlorid.

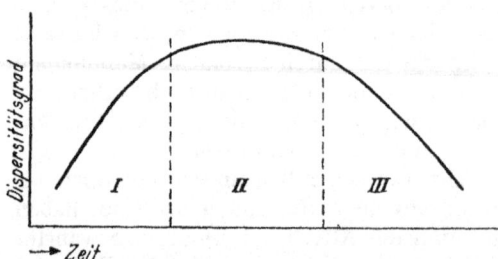

Abb. 145. Änderung des Dispersitätsgrades von Ni(OH)$_2$
mit der Zeit.

Es ist aber möglich, daß die
Teilchen eines frisch hergestellten
Fe(OH)$_3$-Sols auch FeCl$_3$ oder
Fe(OH)Cl$_2$ enthalten. Die Abgabe
von Cl, die mit der Zeit stattfindet,
kann nun am einfachsten durch
eine mit der Zeit fortschreitende
Hydrolyse erklärt werden, wobei
aus FeCl$_3$ und Fe(OH)Cl$_2$ das
Oxychlorid FeOCl oder aus
Oxychlorid Eisenoxyd unter Ab-
spaltung von Salzsäure entsteht.

**Alterung und Teilchenform.** Interessante Alterungserscheinungen werden
bei Solen mit länglichen oder blättchenförmigen Teilchen beobachtet. Wie schon
auf S. 109 erwähnt, steigt die Viskosität von Vanadinpentoxydsolen mit der Zeit
an. Ebenso wächst die Strömungsdoppelbrechung und es ändern sich andere
optische Eigenschaften, die an länglichen, anisodimensionalen Teilchen beobachtet
werden. Es wurde außerdem gefunden, daß in frischen V$_2$O$_5$-Solen ein beträchtlicher Teil des Vanadiumpentoxyds mikromolekular verteilt ist. Auf Grund dieser
Tatsachen kann also gefolgert werden, daß mit der Zeit nicht nur die Größe,
sondern auch die Dissymmetrie der Teilchen ständig wächst. Die in dem ursprünglichen Sol befindlichen kleinen Teilchen aggregieren also bevorzugt in einer Richtung (linear). Die in alten Vanadiumpentoxydsolen befindlichen Teilchen sind
länger als die in frisch hergestellten. Bei der Alterung anderer Linearkolloide
können aber auch solche Aggregate entstehen, die einen kleineren Dissymmetriefaktor als die ursprüngliche Teilchen haben. Das trifft zu, wenn die Teilchen
parallel den Längsachsen sich zusammenlagern.

**Der Lebenslauf eines Sols.** Sehr gründlich wurden in letzter Zeit die
*Nickelhydroxydsole* untersucht[259]). Wie schon erwähnt (S. 142), haben diese Sole
blättchenförmige Teilchen. An diesem Beispiel ist unter anderem auch die zeitliche Änderung ihrer Eigenschaften mit verschiedenen Methoden untersucht worden
(röntgenographisch, strömungsoptisch, viskosymmetrisch u. a.). Das Sol wurde
durch spontane Peptisation eines frisch hergestellten ausgewaschenen Ni(OH)$_2$-Nie-
derschlags gewonnen. Dabei konnte festgestellt werden, daß die Peptisation einer
autokatalytischen Reaktion gleicht, und am günstigsten dann verläuft, wenn
der Niederschlag 4mal ausgewaschen und nur noch $1,7 \cdot 10^{-4}$n an NaCl ist.

---

[258]) E. Heymann: Z..anorg. u. allg. Chem. *171*, 18 (1928); Kolloid-Z. *45*, 183 (1928);
*47*, 48 (1929); *48*, 25 (1929).
[259]) W. Feitknecht, R. Signer u. A. Berger: Kolloid-Z. *101*, 12 (1942); A. Berger:
Kolloid-Z. *103*, 185 (1943); *104*, 24 (1943).

(NaCl bildet sich in der Reaktion $NiCl_2 + 2NaOH = Ni(OH)_2 + 2NaCl$.) Diese Elektrolytkonzentration genügt gerade zur Aufladung der Teilchen. Zu Anfang der Peptisation zerfallen die aufgequollenen Flocken in relativ große, aus kleinen Kryställchen zusammengesetzten Sekundarteilchen, die durch die Brownsche Bewegung ins Dispersionsmittel getrieben und verteilt werden. — Die zeitlichen Änderungen, die an Nickelhydroxydsolen bei Zimmertemperatur, bei nicht vollständigem Ausschluß von Kohlensäure festgestellt werden können, lassen sich in drei Phasen teilen. In der ersten Phase findet die Peptisation ihren Abschluß: die großen Sekundarteilchen zerfallen in blättchenförmige Primärteilchen. Hiermit hat die Lebenskurve des Sols ihren Höhepunkt erreicht (vgl. Abb. 145); dann erfolgen eine längere Zeit hindurch keine feststellbaren Änderungen. In der letzten Lebensperiode findet dann, vermutlich wohl infolge des Kohlensäureeinflusses, starke Aggregation statt. Bei erhöhter Temperatur verlaufen die Aggregierungsvorgänge rascher als bei Zimmertemperatur.

Selbstverständlich können die Lebenskurven anderer Sole auch einen anderen Verlauf zeigen. Bei Solen, die durch Kondensationsverfahren hergestellt werden, hat die Lebenskurve die in Abb. 146 sichtbare allgemeine Gestalt. Während der Bildung des Sols fällt der Dispersitätsgrad steil ab, um dann weiter nur ganz allmählich abzunehmen.

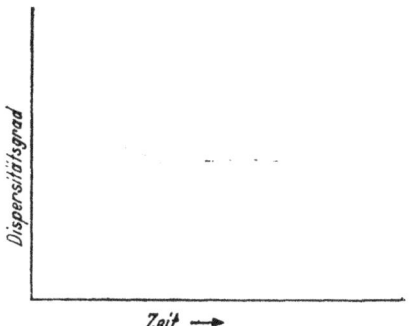

Abb. 146. Die Lebenskurve eines nach dem Kondensationsverfahren hergestellten Sols.

## Die Koagulation lyophober Sole durch Elektrolyte.

**Quantitative Untersuchung der Koagulation.** Die Koagulation ist eine der wichtigsten Erscheinungen, mit der die Kolloidchemie zu tun hat. In dem kolloidchemischen Schrifttum sind schon mehrere Hundert Arbeiten über diese Erscheinung veröffentlicht worden. Trotzdem sind die Gründe der Ausflockung noch nicht vollständig aufgeklärt.

Die wichtigsten Arbeitsmethoden, die zur Erforschung der Koagulation herangezogen werden, sind die folgenden:

1. Zur Feststellung des Einflusses der Elektrolyten wird eine Reihe von Solanteilen mit abgestuften Konzentrationen eines Elektrolyten versetzt und nach einer bestimmten Zeit festgestellt, bei welchen Konzentrationen die Koagulation sich vollzogen hat und bei welchen sie nicht stattfindet. Beispiel: Reagenzgläser mit je 5 ccm Sol werden mit je 5 ccm einer Elektrolytlösung versetzt. Die Konzentration des Elektrolyten fällt hierbei in folgender Weise: im ersten Röhrchen befindet sich z. B. 0,100 n NaCl (das Volumen des Kolloids ist berücksichtigt), im zweiten 0,090, im dritten 0,080, im vierten 0,070, weiter 0,060, 0,050, 0,040, 0,030, 0,020 und 0,010. Nach einiger Zeit, z. B. nach 20 Stunden kann nun festgestellt werden, daß in den ersten 4 Gläsern die Gemische ausgeflockt oder stark trübe sind, in den nächsten, wo die Konzentration des Elektrolyten niedriger ist, sind dagegen die Gemische unverändert geblieben. Hiermit ist also die minimalste Elektrolytkonzentration bestimmt, die unter den betreffenden Umständen das Sol ausflockt. In unserem Fall tut das eine 0,07 n NaCl-Lösung. Natürlich kann die betreffende Konzentration auch zwischen 0,070 und 0,060 liegen. Um die Grenze noch genauer zu bestimmen, wird eine Ergänzungsreihe mit den Konzentrationen z. B. 0,070, 0,068, 0,066, 0,064, 0,062 und 0,060 n NaCl aufgestellt. Auf dieselbe Weise kann dann festgestellt werden, daß die Koagulation noch bei

0,066 n NaCl zustande kommt. Diese minimale Elektrolytkonzentration, die gerade noch imstande ist, die Koagulation des betreffenden Sols hervorzurufen, wird *Flockungswert* oder *Koagulationswert* genannt.

2. Der Vorgang der Koagulation läßt sich durch optische Methoden der Trübungsmessung verfolgen. Der Trübungsgrad wird nach bestimmten Zeitperioden gemessen und die erhaltenen Zahlen in einem Koordinatensystem gegen die Zeit als Abszisse aufgetragen. So kann die Zunahme des seitlich abgebeugten und reflektierten Lichtes mit Hilfe einer Photozelle bestimmt werden (vgl. S. 69), oder aber man bestimmt die Abnahme des hindurchgegangenen Lichtes während der Koagulation[260]). Mit solchen Methoden können nicht nur die Flockungswerte, sondern auch die Geschwindigkeit der Koagulation gemessen werden.

3. Der Verlauf der Koagulation wird durch direkte Bestimmung der Teilchengröße im Elektronenmikroskop oder durch Auszählung der Teilchen im Ultramikroskop verfolgt[261]).

Außerdem können noch folgende Methoden zur Untersuchung der Koagulation dienen: der ausgefällte Anteil kann nach einer bestimmten Zeit durch Filtration oder Zentrifugierung abgetrennt und durch Wägung oder eine einfache chemische Methode, z. B. durch Titration, bestimmt werden (Paine 1912). In einigen Fällen kann der Ablauf der Koagulation auch durch Viskositäts- oder Leitfähigkeitsmessungen verfolgt werden.

Als exakteste Untersuchungsmethode müßte die elektronenmikroskopische gelten. Trotz der immerwährenden Vereinfachung der Elektronenmikroskope sind aber die Apparaturen noch z. Zt. ziemlich umständlich. Bis in die letzte Zeit hinein sind deshalb mit dieser Methode, die zweifellos als eine Zukunftsmethode angesehen werden darf, noch keine umfangreichen Untersuchungen über die Koagulation durchgeführt worden.

Auch die ultramikroskopische Methode ist imstande, exakte Resultate zu liefern. In kurzen Zeitabständen werden dem koagulierenden Sol Proben abgenommen, die Teilchen unter dem Mikroskop ausgezählt und festgestellt, wie die Teilchenzahl abnimmt. Aus der Abnahme der Teilchenzahl kann dann die Zunahme der Teilchengröße leicht berechnet werden.

Viel unzuverlässiger sind die Rückschlüsse über den Koagulationsgrad aus Messungen der Intensität des seitlich gestreuten oder des hindurchgegangenen Lichtes, weil eben das Rayleighsche Gesetz nur unter Einschränkungen auf koagulierende Sole anwendbar ist (vgl. S. 70). Eine gewisse Symbasie besteht zwischen dem Trübungs- und Flockungsgrad nur dann, wenn die Teilchen bei der Koagulation in gleich kompakte Aggregate zusammentreten. Oft verläuft die Koagulation aber derart, daß die Teilchen sich zu losen, durchsichtigen Flocken, die viel Dispersionsmittel einschließen, zusammenballen[262]). In solchen Fällen (z. B. bei der Koagulation von Al(OH)$_3$-Sol) ändern sich die optischen Eigenschaften während der Koagulation nur sehr wenig, so daß es unmöglich ist, aus den geringfügigen Änderungen der optischen Eigenschaften den Koagulationsgrad zu bestimmen.

Die größte praktische Bedeutung hat die zuerstgenannte halbquantitative Methode, indem die Flockungsgemische enthaltenden Reagenzgläser nach be-

---

[260]) Vgl. H. A. Wannow u. K. Hoffmann: Kolloid-Z. 77 , 46 (1936); *80,* 294 (1937).

[261]) R. Zsigmondy: Z. Elektrochem. *23,* 148 (1917); Zeits chr. physik. Chem. *92,* 600 (1918); P. Tuorila: Kolloid-Beih. *22,* 191 (1926); H. R. Kruyt u. A. E. van Arkel: Kolloid-Z. *32,* 29 (1923).

[262]) Vgl. z. B. S. A. Troelstra u. H. R. Kruyt: Kolloid-Beih. *54,* 225 (1943); H. Wannow: Kolloid-Z. 77, 46 (1936). — Wieviel Dispersionsmittel in den Flocken eingeschlossen ist, kann durch Bestimmung des *Sedimentvolums* annähernd entschieden werden. Im Falle loser, durchsichtiger Flocken sind die Sedimentvolumina groß.

stimmten Zeitperioden ohne optische Hilfsmittel direkt beobachtet werden. Wird die Beobachtung noch auf längere Zeiten ausgedehnt, so kann man auch ein quantitatives Bild über die Geschwindigkeit der Flockung durch verschiedene Salzkonzentrationen erhalten. Zur Charakterisierung des Flockungsgrades werden dabei besondere Symbole oder konventionelle Zahlen benutzt[263]). Am häufigsten sind die in Tab. 44 zusammengestellten Symbole im Gebrauch.

Tabelle 44. *Die zur Charakterisierung der Koagulation am häufigsten benutzten Symbole.*

| Zahlensymbole | Kreuzsymbole | Bedeutung der Symbole |
|---|---|---|
| 0 | 0 | Klares Sol, keine Koagulation |
| 1 | | Kaum wahrnehmbare Trübung |
| 2 | + | Sehr schwache Trübung, event. Farbänderung |
| 3 | | |
| 4 | + + | Schwache Trübung oder Opaleszenz |
| 5 | | |
| 6 | + + + | Mittelstarke Trübung oder starke Opaleszenz |
| 7 | | |
| 8 | + + + + | Starke Trübung, Flocken |
| 9 | | |
| 10 | | Flocken teilweise sedimentiert |
| 11 | | |
| 12 | + + + + + | Vollständige Koagulation |

Oft wird der Gang der Koagulation auch gröber charakterisiert, z. B. nur durch + (schwache Trübung), + + (starke Trübung) und + + + (vollständige Koagulation).

In der nächsten Tabelle 45 samt schematischer Darstellung ist ein Beispiel angeführt, wie die Koagulation eines Silbersols durch fallende NaCl-Konzentrationen erfolgt. Zur Widergabe des Zustandes der Koagulation werden die in voriger Tabelle erläuterten Zahlensymbole benutzt.

Tabelle 45. *Die Koagulation eines Silbersols (hergestellt durch Reduktion von $AgNO_3 + Na_2CO_3$ mit Tannin) hervorgerufen durch verschiedene NaCl-Konzentrationen.*

| NaCl Mol im Liter des Gemisches | 0,060 | 0,050 | 0,040 | 0,030 | 0,020 | 0,010 |
|---|---|---|---|---|---|---|
| Nach 2 Minuten ..... | 8 | 6 | 4 | 0 | 0 | 0 |
| „ 30 „ ..... | 8 | 7 | 6 | 1 | 0 | 0 |
| „ 2 Stunden ..... | 9 | 8 | 7 | 2 | 0 | 0 |
| „ 24 „ ..... | 12 | 12 | 12 | 8 | 4 | 0 |

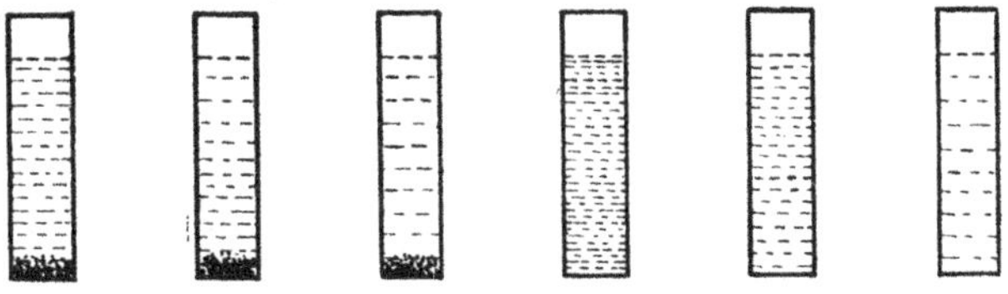

Abb. 147. Flockungsreihe mit abnehmender Elektrolytkonzentration. In den ersten 3 Gemischen ist die Koagulation vollständig, in den 4. und 5. unvollständig, in den letzten keine Koagulation.

[263]) Vgl. z. B. Wo. Pauli u. P. Dessauer: Helv. chim. Acta 25, 1225 (1942); B. Jirgensons: Kolloid-Z. 99, 314 (1942).

Aus der Tabelle ist ersichtlich, daß die ersten drei Gemische, die relativ viel NaCl enthalten, auch verhältnismäßig rasch ausflocken. Das vierte Gemisch, mit 0,030 n NaCl, koaguliert langsam, und das fünfte, mit 0,02 n NaCl, noch langsamer. So gewinnt man ein Bild, das für viele praktische Zwecke genügend ist. Die Flockungsreihen geben eine gewisse Auskunft über die Beständigkeit bzw. Elektrolytempfindlichkeit des Sols und können zur Charakterisierung der dispersen Systeme verwendet werden, wie das in der Praxis, z. B. bei klinisch-medizinischen Untersuchungen gebräuchlich ist.

**Der Flockungswert.** Die Tabelle 45 wurde aber noch mit einer anderen Absicht angeführt, nämlich um zu zeigen, daß die sogenannten Flockungswerte konventionelle Zahlen sind. Welch eine Konzentration des Natriumchlorids ist nun die minimalste, die das Silbersol noch koaguliert? Das hängt davon ab, was man unter „Flockungsfähigkeit" versteht, und nach welcher Zeit die Gemische beobachtet werden. In unserem Fall, wenn man die Gläschen nach 24 Stunden seit Anfang der Koagulation untereinander vergleicht, kann als Flockungswert entweder eine 0,040-, eine 0,030- oder auch eine 0,020 n-Lösung angenommen werden. Hält man an der Zeitperiode von 24 Stunden fest, so besteht die Auswahl zwischen 0,040 und 0,020 n. Die Konzentration 0,040 n NaCl ist diejenige, die nach 24 Stunden das Silbersol gerade noch *vollständig* auszuflocken imstande ist; die Konzentration 0,020 n dagegen — die minimalste, die überhaupt noch eine Koagulationswirkung hervorrufen kann. Man könnte auch statt 24 Stunden eine kürzere Zeit, z. B. 2 Stunden wählen. Am natürlichsten wäre dann in diesem Fall als Flockungswert die eben noch eine Trübung hervorrufende Konzentration des NaCl, nämlich 0,030 n anzunehmen.

Aus dem Gesagten ist es ersichtlich, daß es sehr wünschenswert ist, sich möglichst an eine *einzige Definition* der Flockungswerte zu halten. Dabei müßte eine solche Definition gewählt werden, die in *allen Fällen* anwendbar ist. Bisher sind die Flockungswerte (auch Schwellenwerte genannt) von verschiedenen Forschern verschiedenartig definiert worden. Am häufigsten wird als Flockungswert die minimalste Elektrolytenkonzentration bezeichnet, die in 2 Stunden das Sol vollständig auszuflocken imstande ist. Diese Definition wurde z. B. bei dem Vergleich der Wirkung verschiedener Elektrolyte auf Arsentrisulfid- und Antimontrisulfidsole angewandt. Bei der Koagulation der Goldsole dagegen wird als Flockungswert diejenige Konzentration bezeichnet, die in 5 Minuten einen Farbumschlag von Rot nach Violett hervorrufen kann. Es ist selbstverständlich, daß bei solch einer Verschiedenheit der Definitionen der Flockungswerte die Wirkung z. B. von NaCl auf As$_2$S$_3$- und auf Goldsole unvergleichbar ist.

Der ganze Vorgang der Koagulation besteht aus *zwei Teilvorgängen*: 1. der *Vergröberung* bzw. *Aggregierung* der Teilchen und 2. aus der *Sedimentation* der groben Aggregate. Die Sedimentation hat mit der eigentlichen Koagulation nichts mehr zu tun. Erfolgt die Koagulation in einem Dispersionsmittel, dessen Dichte gleich der Dichte des dispersen Anteils ist, so werden sich die Flocken überhaupt nicht absetzen. Es ist also einleuchtend, daß es unzweckmäßig ist, die Flockungswerte mit der vollständigen Koagulation zu verbinden. *Nicht die vollständige Ausflockung, sondern die ersten sicher wahrnehmbaren Anzeichen der Koagulation sind die wichtigsten Merkmale der Flockungsfähigkeit eines Elektrolyten.* Die Zeitperiode, nach welcher die Veränderungen in den Gemischen beobachtet werden sollen, ist weniger wichtig. Doch muß auch hier schließlich Klarheit bestehen. Man ist deshalb allmählich zur Einsicht gekommen, daß zur Durchführung von Vergleichsbestimmungen eine Zeit von 2 Stunden nach Hinzufügung des Elektrolyten zu wählen wäre. Die zweckmäßigste Definition der Flockungswerte ist deshalb die folgende:

*Als Flockungswert bezeichnet man die minimalste Elektrolytkonzentration, die gerade noch imstande ist, nach 2 Stunden im Sol eine Erniedrigung des Dispersitätsgrades hervorzurufen*[264]).

---

[264]) Vgl. auch z. B. H. R. Kruyt u. M. Klompé: Kolloid-Beih. **54**, 484 (1943). — In dieser Arbeit sind die Änderungen des Zustandes des Kolloids nach Ablauf von 18 Stunden untersucht worden.

**Die Schulze-Hardysche Regel.** Vergleicht man die Flockungsfähigkeit verschiedener Elektrolyte, so ist leicht eine sehr unterschiedliche Flockungsfähigkeit festzustellen. Während KCl oder NaBr fast ebenso wie NaCl auf die Beständigkeit eines Silbersols wirken, ist die Einwirkung von $CaCl_2$ oder $AlCl_3$ auf dasselbe Sol schon viel stärker: zur Hervorrufung der Koagulation braucht man etwa 100 mal weniger $CaCl_2$ als NaCl. Noch viel weniger braucht man $AlCl_3$ oder $La(NO_3)_3$. Es ist leicht erkennbar, daß in diesen Fällen die *Wertigkeit des Kations* ausschlaggebend ist, denn die Teilchen des Silbersols sind *negativ* geladen. Werden ebensolche Flockungsversuche an einem Sol mit positiv geladenen Teilchen, z. B. $Fe(OH)_3$ angestellt, so findet man, daß hier die *Wertigkeit des Anions* bestimmend ist.

Die Bedeutung der Wertigkeit bei der Koagulation hat schon im Jahre 1882 H. Schulze erkannt. Später wurden insbesondere von Linder und Picton (1895), Hardy und Freundlich die Gesetzmäßigkeiten der Elektrolytkoagulation erneut bestätigt und an vielen anderen Beispielen geprüft. Einige Beispiele sind in den Tabellen 46 und 47 zusammengestellt.

Tabelle 46. *Einige Flockungswerte negativer Sole.*

| Elektrolyt | $As_2S_3$-Sol flockt bei Millimol i. L. aus | Au-Sol flockt bei Millimol i. L. aus |
|---|---|---|
| NaCl . . . . . . . . . . . . . . | 51 | 24 |
| $KNO_3$ . . . . . . . . . . . . . | 50 | 25 |
| $K_2SO_4/2$ . . . . . . . . . . | 65,5 | 23 |
| HCl . . . . . . . . . . . . . . | 31 | 5,5 |
| $CaCl_2$ . . . . . . . . . . . . | 0,65 | 0,41 |
| $BaCl_2$ . . . . . . . . . . . . | 0,69 | 0,35 |
| $UO_2(NO_3)_2$ . . . . . . . . | 0,64 | 2,8 |
| $MgSO_4$ . . . . . . . . . . . | 0,81 | |
| $Al_2(SO_4)_3/2$ . . . . . . . | 0,096 | 0,009 |
| $Ce(NO_3)_3$ . . . . . . . . . | 0,080 | 0,003 |
| $Al(NO_3)_3$ . . . . . . . . . | 0,095 | |

Tabelle 47. *Einige Flockungswerte positiver Sole.*

| Elektrolyt | $Fe_2O_3$-Sol flockt bei Millimol i. L. aus | $Al_2O_3$-Sol flockt bei Millimol i. L. aus nach Gann | nach Ishizaka |
|---|---|---|---|
| NaCl . . . . . . . . . . . | 9,2 | 77 | 43,5 |
| KCl . . . . . . . . . . . | 9,0 | 80 | 46 |
| $Ba(NO_3)_2/2$ . . . . . . . | 14 | | |
| $KNO_3$ . . . . . . . . . . . | 12 | | 60 |
| $K_2SO_4$ . . . . . . . . . . | 0,20 | 0,28 | 0,30 |
| $K_2Cr_2O_7$ . . . . . . . . | 0,19 | | 0,63 |
| $MgSO_4$ . . . . . . . . . . | 0,22 | | |
| $K_3[Fe(CN)_6]$ . . . . . . . | | 0,10 | 0,08 |
| $K_4[Fe(CN)_6]$ . . . . . . . | | 0,08 | 0,05 |

Den Tabellen kann folgendes entnommen werden: Im Falle des nagativ geladenen $As_2S_3$ flocken die zweiwertigen Kationen etwa 80 mal stärker als die einwertigen, und die dreiwertigen etwa 8 mal stärker als die zweiwertigen. Im Fall des negativen Au-Sols sind aber die Flockungswerte der Elektrolyte zweiwertiger Kationen etwa 10 bis 60 mal kleiner, als die einwertiger, und die Flockungswerte der Elektrolyte mit dreiwertigen Kationen noch einige hundert mal kleiner, als die zweiwertiger. Im Fall positiver Sole koagulieren die zweiwertigen Anionen etwa 50mal stärker als die einwertigen. Aus der Tabelle ist ferner ersichtlich, daß die von verschiedenen Forschern ermittelten Flockungswerte sich voneinander unterscheiden.

Beim Silbersol, das durch Reduktion von Silberkarbonat mit Tannin erhalten wurde (vgl. S. 18), sind die Flockungswerte des NaCl, $BaCl_2$ und $La(NO_3)_3$ etwa 30, 0,5 und 0,003 Mol i. L. Die *Flockungsfähigkeit* oder „*Flockungskraft*" (zu unterscheiden vom Flockungs*wert*!) ist dann der Kehrwert dieser Zahlen, also 1/30, 1/0,5 und 1/0,003, d. h. $NaCl : BaCl_2 : La(NO_3)_3$ wie $0,03333 : 2 : 333,3$ $= 1 : 60 : 10000$. In der Tabelle 48 sind nun die Verhältnisse der Flockungsfähigkeit einiger Salze, einige negativ geladene Sole betreffend, angegeben.

Tabelle 48. *Das Verhältnis der Flockungsfähigkeit einiger Salze, Sole mit negativ geladenen Teilchen betreffend.*

| Sol | Salze | Verhältnis der Flockungsfähigkeit |
|---|---|---|
| Ag | $NaCl : BaCl_2 : La(NO_3)_3$ | 1 : 60 : 10000 |
| $As_2S_3$ | $NaCl : BaCl_2 : Ce(NO_3)_3$ | 1 : 70 : 625 |
| $As_2S_3$ | $KNO_3 : UO_2(NO_3)_2 : Ce(NO_3)_3$ | 1 : 80 : 625 |
| Au | $NaCl : BaCl_2 : Ce(NO_3)_3$ | 1 : 60 : 6660 |

Alle diese Tatsachen können nun in folgender Gesetzmäßigkeit zusammengefaßt werden:

*Bei der Elektrolytkoagulation bewirken diejenigen Ionen Flockung, die der Teilchenladung entgegengesetzte Ladungen tragen, wobei die koagulierende Wirkung zweiwertiger Ionen vielmal stärker ist, als die der einwertigen. Die Flockungsfähigkeit dreiwertiger Ionen ist wieder vielmal größer, als die zweiwertiger.*

Diese Gesetzmäßigkeit ist unter dem Namen Schultze-Hardysche Regel in der Kolloidchemie bekannt[265]).

**Der Einfluß hochwertiger Ionen.** Aus der Tabelle 47 ist ersichtlich, daß im Falle des $Al_2O_3$-Sols die Flockungswerte von $K_2SO_4$, $K_3Fe(CN)_6$ und $K_4Fe(CN)_6$ sich nur wenig voneinander unterscheiden. Ebenso unterscheidet sich die Flockungsfähigkeit vierwertiger Kationen bei der Flockung negativer Sole nur wenig von der der dreiwertigen. Das gleiche bezieht sich auch auf fünf- und sechswertige komplexe Kobalti-Ionen, mit denen $As_2S_3$-Sole koaguliert wurden.

**Die verschiedene Wirkung gleichgeladener Ionen.** Die Flockungswerte gleichgeladener Ionen, z. B. die von Li˙, Na˙, K˙, Rb˙ unterscheiden sich bei der Koagulation von Arsentrisulfidsol nur wenig voneinander. In der Regel sind die Flockungswerte des LiCl etwas höher, als die des NaCl; noch etwas kleinere Flockungswerte besitzt das KCl und am kleinsten in dieser Reihe sind die Werte des RbCl. Immerhin können auch hier ziemlich große Unterschiede festgestellt werden, so liegt z. B. bei der Koagulation des negativen $V_2O_5$-Sols der Flockungswert des LiCl im Bereich von 130 Millimol im Liter, der des RbCl dagegen bei etwa 7,7 millimol i. L. (Freundlich und Leonhardt, 1915). Hinsichtlich der Flockungsfähigkeit ordnet man die Ionen gleicher Ladung und Wertigkeit in Reihen, die als *lyotrope Ionenreihen* bezeichnet werden. Besonders charakteristisch sind diese Reihen bei der Koagulation lyophiler Kolloide (vgl. S. 61, 225). Da nun beim $V_2O_5$ die Flockungskraft des LiCl so stark von der des RbCl unterscheidet, kann man schließen, daß das $V_2O_5$-Sol schon einigermaßen lyophil ist.

---

[265]) Die Bestimmung der Flockungswerte trug seiner Zeit zur Erkenntnis bei, daß Beryllium zweiwertig (Freundlich, 1903) und Er, In, Sm, Eu, Gd und Dy dreiwertig sind (Freundlich, 1912).

**Die Wirkung mehrwertiger Ionen, die dasselbe Ladungsvorzeichen wie die Kolloidteilchen tragen.** Vergleicht man die koagulierende Einwirkung z. B. von NaCl und $Na_2SO_4$ auf ein *negatives* Sol, so kann in der Regel festgestellt werden, daß Natriumsulfat etwas schwächer wirkt als Natriumchlorid. Ebenso wirkt auch $MgSO_4$ schwächer als $MgCl_2$ oder $Mg(NO_3)_2$. Ganz ähnlich sind die Verhältnisse bei der Koagulation *positiver* Sole. Hier sind die Flockungswerte z. B. von NaCl kleiner, als diejenigen von $CaCl_2$ und die Flockungswerte von $K_2SO_4$ kleiner (Flockungskraft größer) als diejenigen von $MgSO_4$.

**Der Einfluß der Wasserstoffionenkonzentration.** Bei der Koagulation negativer lyophober Sole durch Säuren wird häufig festgestellt, daß das Anion belanglos ist. So flockt ein $As_2S_3$-Sol durch HCl, $H_2SO_4$, $HNO_3$, Trichloressigsäure oder Oxalsäure immer bei $[H^{.}] = 10^{-1,2}$ aus[266]). Ähnliches wurde bei der Koagulation von Berlinerblausol gefunden. Auch die Ausflockung positiver Eisenhydroxydsole durch verschiedene Basen findet nach Boutaric und Perreau bei gleicher Wasserstoffionenkonzentration statt. Beim Vergleich der Wirkung von Säuren und deren Salzen ist zu sehen, daß Säuren auf negative Sole stärker einwirken, als deren Salze. Ebenso sind Basen bei der Koagulation positiver Sole wirksamer, als Salze mit demselben Kation.

**Koagulation durch Elektrolytgemische.** Bei der Koagulation lyophober Sole durch Elektrolytgemische beobachtet man meist *Additivität*: Gemische ähnlicher Elektrolyte, wie z. B. NaCl + KCl oder $CaCl_2$ + $MgCl_2$ wirken fast immer additiv. Wenn z. B. 0,01 n NaCl und 0,01 n KCl die gleiche Flockungswirkung ausüben, so wirkt ein Gemisch von KCl und NaCl, das die Normalität 0,02 hat, ebenso stark wie 0,02 n NaCl oder 0,02 n KCl. Wird dagegen ein $As_2S_3$-Sol mit einem Gemisch von NaCl und $CaCl_2$ koaguliert, so addieren sich die Wirkungen nicht: die Gesamtwirkung ist schwächer, als man sie aus den Flockungswerten der Einzelbestandteile erwarten könnte. Solche nicht additive, gegenseitig abschwächende Elektrolytwirkung wird als *antagonistisch* bezeichnet. Das Gegenteil hierzu ist der *Synergismus* oder *Sensibilisation*, die z. B. bei der Koagulation von $As_2S_3$-Sol durch ein Gemisch von LiCl und KCl festgestellt werden kann[267]). Ein Gemisch von LiCl und KCl wirkt stärker, als LiCl oder KCl allein, bei gleicher Ionenkonzentration.

**Das Phänomen der „unregelmäßigen Reihen" (Doppelflockung).** Bei der Einwirkung von Lösungen verschiedener Konzentrationen eines dreiwertigen Kations auf gleiche Anteile eines Sols mit negativ geladenen Teilchen wird oft folgendes beobachtet: Extrem niedrige Elektrolytkonzentrationen koaguieren das Sol nicht; bei einer gewissen Grenzkonzentration flockt es aus; wird nun die Elektrolytkonzentration um etwa das Hundertfache erhöht, so verläuft die Koagulation nicht, wie man vermuten könnte, schneller, sondern sie bleibt überhaupt ganz aus. Die bald nach Hinzufügen der Salzlösung entstandenen Flocken werden rasch peptisiert. Nur nach Versetzung mit sehr großen Salzmengen erfolgt wieder Koagulation. Ein Beispiel solcher Doppelflockung ist in Tabelle 49 angeführt.

Noch anschaulicher kann das graphisch dargestellt werden (Abb. 148).

**Der Einfluß der Solkonzentration.** Die Flockungswerte sind auch vom Verdünnungsgrad des zu koagulierénden Sols abhängig, wie es von J. N. Mukherjee (1919), Kruyt und van der Spek (1919), sowie von E. F. Burton,

---

[266]) A. Boutaric u. G. Perreau: Bull. Acad. Belg. (5), **14**, 666 (1928).
[267]) Vgl. A. Dumanski u. E. I. Vinnikowa: Journ. phys. Chem. (russ.) **5**, 133 (1934); H. A. Wannow: Kolloid-Beih. **50**, 367 (1939).

Bishop und E. D. Mc Innes (1920) gefunden wurde. Die Mehrzahl lyophober Sole brauchen dabei für die Koagulation im Falle hoher Solkonzentrationen *weniger* von *einwertigen* Salzen, als im Falle kleiner Solkonzentrationen; wird dagegen die Koagulation mit *höherwertigen* Ionen ausgeführt, so braucht man im

Tabelle 49. *Doppelflockung eines 0,05⁰/₀ Mastixsols durch AlCl₃.*

Tabelle 49. *Doppelflockung eines $0,05^0/_0$ Mastixsols durch $AlCl_3$.*

| AlCl₃-Konzentration Millimol i. Liter | Eigenschaften des Koagulationsgemisches | |
|---|---|---|
| 0,00025 | stabil | |
| 0,001 | stabil | erste Stabilitätszone |
| 0,004 | stabil | |
| 0,008 | trüb | |
| 0,016 | ausgeflockt | erste Flockungszone |
| 0,064 | ausgeflockt | |
| 0,125 | stabil | |
| 0,50 | stabil | zweite Stabilitätszone |
| 4,0 | trüb | |
| 16,0 | ausgeflockt | |
| 64,0 | ausgeflockt | zweite Flockungszone |
| 500,0 | ausgeflockt | |

Falle *hoher* Solkonzentrationen *mehr* vom Salz, als bei kleineren (Burtonsche Regel, vgl. Abb. 149).

Man kann aber auch Kolloide finden, die in verdünntem Zustande allen Salztypen gegenüber unbeständiger sind, als in konzentriertem (z. B. Berlinerblau,

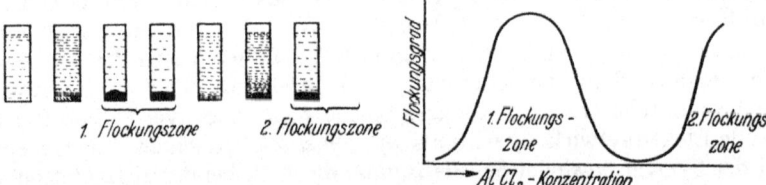

1. Flockungszone     2. Flockungszone

Abb. 148. Die unregelmäßige Reihe bei der Koagulation von Mastixsol durch ansteigende AllC₃-Konzentrationen.
Im 1. Gemisch keine Koagulation, im 2. teilweise (nur Trübung), im 3. und 4. vollständige Ausflockung, im 5. keine Koagulation, im 6. teilweise Ausflockung, im 7. vollständige Koagulation.

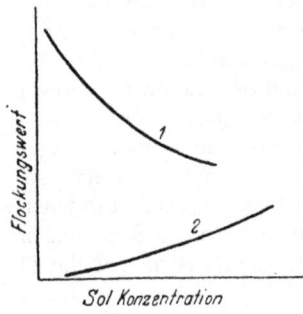

Abb. 149. Einfluß der Solkonzentration auf den Flockungswert. Bei der Koagulation mit einwertigen Ionen (Kurve 1) fällt der Flockungswert mit der Solkonzentration, bei der Koagulation mit dreiwertigen (Kurve 2) steigt er.

Hydroxydsole). In einigen Fällen nimmt jedoch die Beständigkeit lyophober disperser Systeme mit der Verdünnung zu, unabhängig davon, mit welchen Salzen die Koagulation ausgeführt wird (z. B. Anilin-Wasser-Emulsion)[268].

In der Tabelle 50 sind schließlich die Flockungswerte von zwei hochkonzentrierten und zwei verdünnten Sulfidsolen zusammengestellt. Diese Sole wurden durch Elektrodekantation gereinigt und konzentriert[269].

*Bei der Koagulation konzentrierter Sole nähern sich also Flockungswerte verschiedenwertiger koagulierenden Ionen stark aneinander* (vgl. auch Abb. 149). So verhalten sich im Fall des konzentrierten $As_2S_3$-Sols (Tab. 50) die Flockungswerte NaCl : BaCl₂ : AlCl₃

---

[268]) Das diesbezügliche Schrifttum vgl. bei Wo. Ostwald: Kolloid-Z. *75*, 39 (1936).
[269]) Wo. Pauli u. A. Laub: Kolloid-Z. *80*, 178 (1937).

wie 19,6 : 0,58 : 0,25. Werden die Flockungswerte statt auf Millioml i. L. in Milliäquivalenten pro L. ausgedrückt, so liegen die Werte noch näher zueinander, das Verhältnis ist nämlich 19,6 : 1,17 : 0,75. Im zweiten Fall ist das Verhältnis der Flockungswerte in Milliäquivalenten 15,5 : 0,59 : 0,25.

Tabelle 50. *Flockungswerte hochgereinigter konzentrierter und verdünnter Sulfidsole* (nach Pauli).

| Solkonzentration g in Liter | | NaCl Millimol in Liter | BaCl$_2$ Millimol in Liter | AlCl$_3$ Millimol in Liter |
|---|---|---|---|---|
| As$_2$S$_3$ | 10,25 | 19,6 | 0,58 | 0,25 |
| | 1,02 | 58,8 | 0,23 | 0,083 |
| Sb$_2$S$_3$ | 5,5 | 15,0 | 0,29 | 0,083 |
| | 0,55 | 50,0 | 0,29 | 0,041 |

## Die physikalisch-chemischen Gründe der Koagulation.

**Warum und wie bewirken die Elektrolyte die Ausflockung?** Nach den bisher herrschenden Anschauungen bewirken die zugesetzten Elektrolyte die Koagulation derart, daß sie die elektrische Ladung der Teilchen stark vermindern, demzufolge die Teilchen beim Zusammenprall sich einander stärker nähern und sich auch vereinigen können. Diese Auffassung wurde insbesondere durch Elektrophoreseversuche gestützt (vgl. VI. Kap.). Die Elektrolyte, die stark koagulierend wirken, erniedrigen auch sehr stark die Wanderungsgeschwindigkeit der Teilchen, d. h. setzen das $\zeta$-Potential stark herab, wie das aus folgender Tabelle 51 ersichtlich ist.

Tabelle 51. *Vergleich der Flockungswerte von Salzen mit ihrer Beeinflussung des elektrokinetischen Potentialsprungs* $\zeta$ (nach Freundlich[270]).

| Elektrolyt | Flockungswerte von As$_2$S$_3$-Sol (Millimol i. L.) | Millimol i. L. Elektrolyt, die das $\zeta$ der Teilchen des As$_2$S$_3$ um den gleichen Betrag herabsetzen |
|---|---|---|
| NaCl | 60 | 40 |
| ZnCl$_2$ | 0,66 | 0,40 |
| InCl$_3$ | 0,15 | 0,083 |
| ThCl$_4$ | 0,08 | 0,033 |
| | Dasselbe für FeO(OH)-Sol[271] | Dasselbe für FeO(OH)-Sol |
| K [Au(CN)$_2$] | 13 | 0,32 |
| K$_2$ [Pt (CN)$_4$] | 0,39 | 0,017 |
| K$_3$ [Fe(CN)$_6$] | 0,031 | 0,0039 |
| K$_4$ [Fe(CN)$_6$] | 0,015 | 0,0031 |

Wie aus der Tabelle ersichtlich, wird das $\zeta$-Potential bzw. die Ladung der negativ geladenen As$_2$S$_3$-Teilchen um so leichter herabgesetzt, je höher die Ladung des koagulierenden Kations ist; ebenso setzen die hochwertigen Anionen die Ladung positiver FeO(OH)-Teilchen leichter herab, als einwertige. Die Flockungsfähigkeit scheint also davon abhängig zu sein, wie stark die betreffende Ionen die Teilchenladung herabsetzen können.

Auch die Doppelflockung kann durch die Beeinflussung der Teilchenladung verständlich gemacht werden. Wird ein negatives Sol z. B. durch AlCl$_3$ ausgeflockt,

---

[270] H. Freundlich: Kapillarchemie, 2. Bd., S. 125 (1932).
[271] Dieser FeO(OH)-Sol (Goethitsol) wurde durch Oxydation von Eisencarbonyl mit H$_2$O$_2$ hergestellt (nach H. Freundlich u. S. A. Wosnessensky: Kolloid-Z. **33**, 222 (1923)).

so haben die Teilchen in der ersten Stabilitätszone (vgl. S. 90) eine negative Ladung. Durch die zugesetzte AlCl$_3$-Lösung wird zunächst die Ladung neutralisiert, es erfolgt Ausflockung; bei größeren Mengen werden die Teilchen durch Adsorption von Al$^{\cdots}$ positiv unter gleichzeitiger Peptisation der Flocken aufgeladen (2. Stabilitätszone). Wird die Salzkonzentration noch weiter gesteigert, so wirken jetzt die Cl'-Ionen auf die nunmehr positiven Teilchen entladend unter Ausbildung der zweiten Flockungszone.

Die ausgezeichnete Stellung der H$^{\cdot}$ und OH'-Ionen kann durch die sehr hohe Beweglichkeit dieser Ionen erklärt werden.

Nun läßt sich aber weiter fragen: in welcher Weise erfolgt die Herabsetzung der Teilchenladung? Am einfachsten wäre anzunehmen, daß die hinzugesetzten Ionen mit den die Teilchen aufladenden *undissoziierte Verbindungen* ergeben. Z. B. die Koagulationsreaktion eines Zinnsäuresols durch Kaliumsalze oder KOH kann nach Zsigmondy[272] in der, folgenden Weise formuliert werden:

$$\boxed{\text{SnO}_2}\ \text{SnO}_3'' + 2\ \text{K}^{\cdot} \underset{\longleftarrow}{\overset{\longrightarrow}{\phantom{xx}}} \boxed{\text{SnO}_2}\ \text{SnO}_3\text{K}_2$$

und die Flockung mit Säuren entsprechend

$$\boxed{\text{SnO}_2}\ \text{SnO}_3'' + 2\ \text{H}^{\cdot} \underset{\longleftarrow}{\overset{\longrightarrow}{\phantom{xx}}} \boxed{\text{SnO}_2}\ \text{SnO}_3\text{H}_2.$$

Diese Reaktionen sind reversibel, da nach Entfernung der überschüssigen Elektrolyte und Verdünnung mit Wasser, der Niederschlag wieder peptisiert, infolge der Abspaltung des K$^{\cdot}$ oder des H$^{\cdot}$. Ein unlöslicher, nicht mehr peptisierender Niederschlag entsteht aber bei der Koagulation durch Schwermetallsalze, z. B. durch Cu$^{\cdots}$:

$$\boxed{\text{SnO}_2}\ \text{SnO}_3'' + \text{Cu}^{\cdots} \longrightarrow \boxed{\text{SnO}_2}\ \text{SnO}_3\text{Cu}.$$

Das letzte Beispiel ist das überzeugendste. Wird dieser Niederschlag nach der Koagulation ausgewaschen und analysiert, so findet man dort tatsächlich die entsprechende Menge Kupfer. Viel weniger überzeugend dagegen ist das Beispiel der Koagulation der Zinnsäure durch Kaliumsalze, da es fraglich ist, ob die geringe Salzkonzentration, die das Sol auszuflocken imstande ist, die Dissoziation so weit zurückdrängen kann, daß die Teilchenladung beträchtlich vermindert wird. Ganz ähnlich sind die Verhältnisse z. B. bei der Koagulation von As$_2$S$_3$-Sol durch NaCl, oder bei der Koagulation von Fe(OH)$_3$-Sol durch Na$_2$SO$_4$. Daß sich hier, z. B. an der Oberfläche der As$_2$S$_3$-Teilchen, eine undissoziierte Natriumverbindung bilden könnte, kann man wohl nicht annehmen, da die Na-Verbindungen immer im hohem Grade dissoziiert sind.

Duclaux, Pauli, Freundlich u. a. stellten fest, daß bei der Koagulation Ionenaustausch stattfindet. J. Duclaux (1907) konnte zeigen, daß die zur Ausflockung eines Eisenhydroxydsols notwendige Menge von Sulfat, Chromat oder Phosphat dem gesamten in Sol vorhandenen Chlor äquivalent ist. Pauli und Matula (1917) fanden, daß nach der Koagulation von Eisenhydroxydsol durch Natriumsulfat das gesamte Chlor in die darüberstehende Flüssigkeit gedrängt wird, während das Sulfat in dem Niederschlag übergeht. Dasselbe trifft bei der Koagulation z. B. von As$_2$S$_3$ durch Ca$^{\cdots}$ oder Ba$^{\cdots}$ zu, wobei die an den Teilchen adsorbierten H-Ionen gegen Ca$^{\cdots}$ oder Ba$^{\cdots}$-Ionen ausgetauscht werden (s. S. 91). In vielen anderen Fällen wurde ein teilweiser Ionenaustausch festgestellt. Jetzt entsteht die Frage: warum bewirkt der Ionenaustausch Koagulation? Sind keine undissoziierte Verbindungen entstanden, so ist die Zahl der Elementarladungen des Kolloidteilchens unverändert geblieben.

---

[272]) R. Zsigmondy: Kolloidchemie, 1. T., S. 182 (1925).

Es muß noch hinzugefügt werden, daß in vielen Fällen auch der Parallelismus zwischen dem Flockungswert und der Erniedrigung der elektrokinetischen Wanderungsgeschwindigkeit bzw. des elektrokinetischen Potentials $\zeta$ *nicht* besteht. Es wird in einigen Fällen festgestellt, daß die Wanderungsgeschwindigkeit mit der zugesetzten Menge des Flockungsmittels ständig zunimmt und gerade beim Flockungspunkt den höchsten Wert erreicht. Hieraus folgt, daß die physikalisch-chemischen Gründe der Elektrolytkoagulation noch ziemlich unklar sind. Dazu kommen neue Schwierigkeiten, wenn man z. B. die Schulze-Hardysche Regel erklären möchte. Schon längst wurde versucht, die verschiedene Flockungsfähigkeit der Ionen dadurch zu erklären, daß mehrwertige Ionen viel besser durch die Teilchen adsorbiert werden, als einwertige. Indessen konnte das aber nicht allgemein bestätigt werden.

**Flockungswert und Aktivitätskoeffizient.** Vor einigen Jahren hat Wo. Ostwald zur Erklärung der Koagulationserscheinungen einen ganz neuen Gesichtspunkt hervorgehoben[273]. ,,Nicht der disperse Anteil, sondern das Dispersionsmittel ist im Falle schwach solvatisierter Sole der für die Stabilität interessantere, wesentlichere und charakteristischere Anteil des Systems. Nicht die Eigenschaften der Mizelle, sondern diejenigen des Dispersionsmittels sollten bei der Analyse der Flockung in den Vordergrund der Betrachtung gestellt werden. Das Dispersionsmittel ist in allen Fällen eine Elektrolytlösung, d. h. ein außerordentlich stabiles, von großen inneren Kräften zusammengehaltenes System. Die Kräfte, welche den dispersen Anteil im Dispersionsmittel festhalten, sind demgegenüber klein, wie u.a. die geringen Wärmetönungen der Flockung zeigen. Ein Sol erscheint grundsätzlich zunächst als eine Elektrolytlösung, in deren statistisch-kinetisch-elektrostatisches Raumgitter die Mizelle als gitterfremde Bestandteile eingebaut sind'' ... ,,Nicht die Mizellen koagulieren, indem sie sich z. B. bei kleiner oder nicht vorhandener Ladung gegenseitig anziehen, sondern das Dispersionsmittel koaguliert die Mizellen, indem es sie in seinem Gitter zusammendrängt und schließlich aus seinem Gitter ausscheidet, analog der Selbstreinigung eines gewöhnlichen Krystallgitters'' ... ,,Nicht die Mizellen, sondern ihre Dispersionsmittel sollten bei der Peptisation und bei der Koagulation in vergleichbarem, im einfachsten Falle: in gleichem physikalisch-chemischen Zustand sein'' ...[274].

Nach den von Sutherland, sowie Ghosh, Bjerrum, Milner und besonders von Debye und Hückel entwickelten Anschauungen sind Salze in Lösungen vollständig dissoziiert. Daß ein gewisser Anteil des Elektrolyten aber inaktiv ist, also scheinbar in undissoziierte Moleküle blockiert ist, wird durch die innere Strukturierung der Elektrolytlösungen bedingt. In einer Salzlösung sind die Ionen nicht vollständig unregelmäßig verteilt und auch nicht vollständig frei beweglich. Vielmehr muß man annehmen, daß sich um jedes Kation mehr Anionen als Kationen befinden. Oder richtiger: die Wahrscheinlichkeit in der Nähe eines Kations ein Anion zu finden, ist stets größer, als die Wahrscheinlichkeit, ein Kation festzustellen. Als Maß für diese ,,Strukturierung'' bzw. Inaktivierung der Ionen, gilt der *Aktivitätskoeffizient* **f.** Die *Aktivität*, d. h. die *effektive Konzentration* $c_{eff}$ eines Elektrolyts, die z. B. kryoskopisch bestimmt werden kann, ist gleich der tatsächlichen Konzentration c multipliziert mit dem Aktivitätskoeffizienten:

$$c_{eff} = f \, c.$$

Sind die Ionen vollständig frei und chaotisch verteilt, was bei unendlicher Verdünnung der Fall sein kann, so ist $f = 1$ und $c_{eff} = c$.

Nach Ostwald sind nun für die koagulierenden Eigenschaften des Dispersionsmittels nicht die effektiven Salzkonzentrationen, sondern die *Aktivitätskoeffizienten* selbst maßgebend. Das bedeutet, daß für die Stabilität eines Sols nicht die Ladung der Teilchen, oder die Menge der Fremdionen, sondern die ,,elektrostatische Struktur'' des Dispersionsmittels von Bedeutung ist. An umfangreichem Tatsachenmaterial wird gezeigt, daß entsprechend der vorgeschlagenen Auffassung folgender Satz gilt:

*Neutralsalze koagulieren lyophobe Sole bei den (fast) gleichen Aktivitätskoeffizienten des dominierenden Ions im Dispersionsmittel.* ,,Dominierend'' dabei ist entweder das Kation, oder das Anion. Für negative Sole ist der Kationen-Aktivitätskoeffizient maßgebend, für Sole mit positiv geladenen Teilchen ist wieder die Aktivität des Anions von Bedeutung. Als Beispiel seien die mittleren Flockungswerte verschiedener Salze, im Fall der Koagulation von $As_2S_3$ und die entsprechenden Aktivitätskoeffizienten der Elektrolyte am Flockungspunkt in Tabelle 52 angeführt.

Die Aktivitätskoeffizienten fallen also zwischen ziemlich engen Grenzen von 0,76 bis 0,82. Die von Ostwald durchgeführten Rechnungen mit Zahlen der alten Messungen von

---

[273] Wo. Ostwald: Kolloid-Z. *73*, 301 (1935); *75*, 39, 297 (1936); *88*, 1 (1939); *94*, 169 (1941).

[274] Wo. Ostwald: Kolloid-Z. *73*, 303—304 (1935). Vergl. auch E. A. Hauser u. D. S. le Beau, in J. Alexander's Colloid chemistry, Vol. VI, S. 203 ff (1946) sowie Hauser u. S. Hirshon: Journ. Physic. Chem. *43*, 1015 (1939).

Schultze (1882), wo die Flockungswerte von insgesamt **33** sehr verschiedenen Salzen bestimmt worden sind, ergaben für f der Kationen am Flockungspunkt Werte zwischen 0,63 und 0,74 ($As_2S_3$-Sol). Gute Konstanz der f-Werte besteht auch im Falle von Goldsolen (0,86—0,96), Platinsolen (0,93—0,95), Schwefelsolen nach Weimarn (0,81—0,89), Mastixsolen (0,79—0,88), Fe(OH)$_3$-Solen und anderen.

Es sei darauf verwiesen, daß die Schwankungen der Flockungswerte und f-Werte, die an gleichen Solen bei derselben Arbeitsmethode festgestellt werden, nur teilweise durch Schwierigkeiten, mit denen die exakte Bestimmung der Flockungswerte verbunden ist

Tabelle 52. $As_2S_3$-Sol 4,67 g. i. L. *Flockungswert und Aktivitätskoeffizient*[275]).

| Elektrolyt | pH | Flockungswert Mol i. L. mk | Aktivitätskoeffizient des Kations bei der Konzentration mk |
|---|---|---|---|
| LiCl | 7,1 | 0,0579 | 0,765 |
| NaCl | 7,1 | 0,0529 | 0,765 |
| KCl | 7,1 | 0,0486 | 0,774 |
| RbCl | 7,2 | 0,0424 | 0,787 |
| CsCl | 7,0 | 0,0291 | 0,820 |
| NH$_4$Cl | 6,3 | 0,0385 | 0,796 |
| HCl | 1 | 0,0345 | 0,806 |
| BeCl$_2$ | 3,75 | 0,00077 | 0,798 |
| MgCl$_2$ | 6,25 | 0,00090 | 0,785 |
| CaCl$_2$ | 6,00 | 0,00083 | 0,793 |
| SrCl$_2$ | 6,05 | 0,00080 | 0,796 |
| BaCl$_2$ | 5,92 | 0,00077 | 0,798 |
| AlCl$_3$ | 5,7 | 0,000085 | 0,789 |
| CeCl$_3$ | 6,0 | 0,000098 | 0,776 |
| LaCl$_3$ | 6,0 | 0,000088 | 0,786 |

erklärlich sind. Obgleich Wannow (l. c. 275) bei der Untersuchung der Koagulation eine anscheinend exakte optische Methode benutzte, erhielt er doch mit einigen Solen eine sehr schlechte Konstanz für f. Bei dem von ihm untersuchten MnO$_2$-Sol änderten sich die f-Werte von 0,25 bis 0,72. Dies scheint aber hauptsächlich dadurch bedingt zu sein, daß das verwendete Sol nicht dialysiert wurde und ziemlich viel an Elektrolyten enthielt.

Zuletzt sei erwähnt, daß mit der Ostwaldschen Auffassung noch keine endgültige Erklärung der Koagulation gegeben wird. Es wurde nur festgestellt, daß die Aktivitätskoeffizienten maßgebend sind, d. h., daß die Stabilität eines Sols von der inneren „elektrostatischen Struktur" des Sols abhängig ist. Warum aber gerade bei bestimmten f die Sole ausflocken, und wie die Ionen wirken, steht noch dahin.

## Die Koagulationsgeschwindigkeit.

**Abnahme der Teilchenzahl.** Die Koagulation kann mit verschiedener *Geschwindigkeit* verlaufen. Bei exakter Verfolgung eines Koagulationsvorganges müßte somit die *Abnahme der Teilchenzahl* festgestellt werden, die nach bestimmten Zeitintervallen erfolgt. Von theoretischer Seite ist die Frage zuerst von v. Smoluchowski[276]) angegriffen worden. Mit Hilfe der Wahrscheinlichkeitsrechnung konnten die Zusammenhänge, die zwischen Teilchenzahl, Zeit und dem Radius R der Anziehungssphäre der Teilchen bestehen, abgeleitet werden. In der Theorie wird auf die Eigenschaften der Anziehungskräfte selbst nicht eingegangen. Es wird nur angenommen, daß die Teilchen als kinetische Einheiten sich nur solange ungehindert bewegen, als die Entfernung der Teilchenmittelpunkte größer ist als R. Die Teilchen werden aber sofort aneinander haften, sobald beim Zusammenstoß ihre Mittelpunktsentfernung auf R herabsinkt. Die Zahl der wirkungsvollen Zusammenstöße hängt natürlich von der Intensität der Brownschen Bewegung, von der Konzentration der Teilchen und der Temperatur ab.

[275]) H. Wannow: Kolloid-Beih. *50*, 367 (1939).

[276]) M. v. Smoluchowski: Physik. Zeitschr. *17*, 587 (1916); Zeitschr. f. physik. Chem. *92*, 129 (1917).

Für monodisperse Sole mit kugelförmigen Teilchen wurde durch Smoluchowski folgende Gleichung abgeleitet:

$$\sum n = \frac{n^0}{1 + 4\pi D R n_0 t} \text{ wobei } 4\pi D R n_0 = \text{konst} = k^*).$$

($\sum n$ — Gesamtzahl der Teilchen in der Volumeinheit zur Zeit t seit dem Koagulationsbeginn, $n_0$ — die Zahl der ursprünglich in der Volumeinheit befindlichen Teilchen, D — Diffusionskoeffizient).

Die Theorie ist durch ultramikroskopische Bestimmung der Abnahme der Teilchenzahl mit der Zeit durch umfangreiche Untersuchungen bestätigt worden. Westgren und Reitstötter[277] untersuchten die zeitliche Abnahme der Gesamtteilchenzahl von Goldsolen. Vom mit Elektrolyten versetzten Sol wurden nach bestimmten Zeitperioden Proben abgenommen und mit Gelatine stabilisiert, um die Koagulation während der ultramikroskopischen Auszählung zu hemmen. Einige Resultate dieser Auszählungen sind in Tabelle 53 angeführt.

Tabelle 53. *Abnahme der Teilchenzahl bei der Flockung eines monodispersen Goldsols.*
Ursprüngliches Teilchenradius $r = 76 \, m\mu$.

| t in Sek. | $\sum n$ im ccm. $10^8$ | R/r |
|---|---|---|
| 0 | $n_0 = \sum n = 5,27$ | |
| 60 | $\sum n = 4,46$ | 2,15 |
| 120 | 3,68 | 2,54 |
| 240 | 3,11 | 2,07 |
| 420 | 2,50 | 1,87 |
| 600 | 2,10 | 1,78 |
| 900 | 1,49 | 2,02 |
| 1200 | 1,23 | 1,97 |
| | Mittelwert | 2,2 |

Die Theorie erlaubt auch das Verhältnis R/r (s. Abb. 150), das in der letzten Spalte der Tabelle angeführt ist, zu berechnen. Die Zahlen zeigen, daß R etwa 2,2 mal größer ist als *f*, was bedeutet, daß die Koagulation erst dann eintritt, wenn die Teilchen sich berühren. Nach Wintgen und Ehringhaus[278] ist die Theorie sogar im Falle der Koagulation von kolloiden Goldteilchen in geschmolzenem Borax bei 1000⁰ gültig. Das Verhältnis R/ɪ wurde zu 2,3 bestimmt, was darauf hinweist, daß, wenigstens im Fall des kolloiden Goldes, der Wirkungsradius unabhängig von Temperatur und Dispersionsmittel ist.

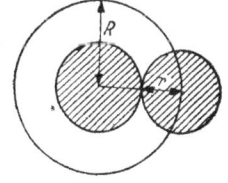

Abb. 150. Die Koagulation bei der Berührung zweier Teilchen mit dem Radius $= r$.

**Schnelle und langsame Koagulation.** In den vorher angeführten theoretischen Untersuchungen von Smoluchowski wird angenommen, daß *alle* Teilchen, die sich berühren, auch aneinander haften bleiben. Solche Koagulation, bei welcher jeder Zusammenstoß der Teilchen eine Aggregierung zur Folge hat, wird als *schnelle Koagulation* bezeichnet. Sie wird immer von einer bestimmten Elektrolytkonzentration an beobachtet. Bei noch höheren Elektrolyt-

---

*) Die Unveränderlichkeit des Ausdrucks $4\pi D R n_0$ kann dadurch verständlich gemacht werden, daß umgekehrte Proportionalität zwischen D und R angenommen wird. Je größer die Teilchen werden, um so größer also auch R; die Diffusionskonstante vermindert sich aber annähernd um den gleichen Betrag.

²⁷⁷) A. Westgren u. J. Reitstoetter: Zeitschr. f. physik. Chem. *92*, 750 (1918). Vgl. auch z. B. P. Tuorila: Kolloid-Beih. *22*, 269 (1926).
²⁷⁸) R. Wintgen u. A. Ehringhaus: Zeitschr. f. physik. Chem. *104*, 301 (1923).

konzentrationen läßt sich aber feststellen, daß die Koagulationsgeschwindigkeit nicht mehr vergrößert wird. Ist dagegen die Elektrolytkonzentration kleiner als diese Grenzkonzentration,` so ist die Koagulationsgeschwindigkeit kleiner, denn in diesem Fall führt nicht jeder Zusammenstoß der Teilchen zu dauernder Aggregierung. Eine solche Ausflockung wird als *langsame Koagulation* bezeichnet. Bei dieser Koagulation ist die Koagulationsgeschwindigkeit von der Elektrolytkonzentration abhängig. Z. B. bei Goldsolen erstreckt sich das Gebiet der langsamen Koagulation von 5 bis 50 Millimol i. L. NaCl (nach Zsigmondy).

Die Zeit $\vartheta$, welche vom Beginn der Koagulation an erforderlich ist, um die ursprüngliche Zahl aller Teilchen auf die Hälfte herabzusetzen, bezeichnet v. Smoluchowski als *Koagulationszeit*.

$$n_0/2 = \frac{n_0}{1 + k\,\vartheta}\,, \text{wobei } \vartheta = 1/k = \frac{1}{4\,\pi\,D\,R\,n_0}$$

Nun gilt die Beziehung $k = 4\pi\,DRn_0$ aber nur für schnelle Koagulation. Bei der langsamen Koagulation, wo nicht jeder Zusammenstoß zu Vereinigung führt, wird die Koagulationszeit $\vartheta$ länger. Der Ausdruck $4\pi\,DRn_0$ bzw. die Konstante k muß deshalb mit einem Faktor $\varepsilon$ multipliziert werden, der kleiner als 1 ist, also

$$\vartheta_1 = 1/\varepsilon\,k = \frac{1}{4\,\pi\,D\,R\,n_0\,\varepsilon}$$

Der Faktor $\varepsilon$ stellt den Bruchteil der Zusammenstöße dar, die zum Aneinanderhaften der Teilchen führen. Nach den ultramikroskopischen Untersuchungen von Kruyt und van Arkel[279] an Selensolen schwankt $\varepsilon$ bei verschiedenen Konzentrationen des Koagulators ($BaCl_2$) zwischen 0,0035 und 0,65. Tuorila[280] untersuchte Paraffinsuspensionen und fand eine gewisse Beziehung zwischen $\varepsilon$ und dem $\zeta$-Potential: je mehr sich $\zeta$ vermindert (Herabsetzung der Ladung), um so größer wird $\varepsilon$ (die Zahl der wirksamen Zusammenstöße steigt).

**Die Koagulation polydisperser Sole.** Zur Beschreibung der Koagulation ·stark polydisperser Sole wurde die ursprüngliche Smoluchowskische Theorie von H. Mueller[281] erweitert. Die von Mueller abgeleiteten Gleichungen wurden von G. Wiegner und Tuorila[282] an Goldsolen geprüft und bestätigt. Im einfachsten Fall der Polydispersität, wo nur zwei Sorten von Teilchen vorliegen, hängt die Koagulationsgeschwindigkeit vom Verhältnis der Teilchendurchmesser $r_1/r_2$ und von der relativen Anzahl der Teilchen $n_1$ und $n_2$ ab. Im allgemeinen verläuft die Koagulation polydisperser Sole rascher, als die Koagulation monodisperser Sole. Die groben Teilchen erwiesen sich dabei als Koagulationszentren, um die die kleinen Teilchen sich ansammeln. Diese Regel dürfte nach Buzágh noch dahin ergänzt werden, daß die gröberen Teilchen nicht alle kleineren Teilchen zu binden imstande sind, weil sich die ganz kleinen, auch wenn sie mit den gröberen zusammentreffen, sich infolge der thermischen. Bewegung wieder losreißen können.

Einen interessanten experimentellen Beitrag hierüber liefern die von Buzágh[283] ausgeführten Versuche über das *Haften von mikroskopischen Teilchen* an Wänden der gleichen chemischen Beschaffenheit. Er ließ die Teilchen einer monodispersen Quarzsuspension in einer geschlossenen, mit Flüssigkeit gefüllten Kammer auf einer Quarzplatte sich absetzen, wobei die Suspension so verdünnt

[279] H. R. Kruyt u. A. van Arkel: Rec. Trav. chim. Pays-Bas *39*, 656 (1920); *40*, 169 (1921).
[280] P. Tuorila: Kolloid-Beih. *27*, 44 (1928).
[281] H. Mueller: Kolloid-Z. *38*, 1 (1926); Kolloid-Beih. *27*, 223 (1928).
[282] G. Wiegner u. P. Tuorila: Kolloid-Z. *38*, 3 (1926).
[283] A. von Buzágh: Kolloid-Z. *47*, 370 (1929); *51*, 105 ,230 (1930); *52*, 46 (1930).

war, daß die Teilchen, in einer einzigen Schicht liegend, unter dem Mikroskop ausgezählt werden konnten. Dann wurde die Kammer umgedreht und die Zahl der Teilchen bestimmt, die von der Quarzfläche dabei nicht heruntergefallen war. Die prozentuale Anzahl haftengebliebener Teilchen wird als *Haftzahl* bezeichnet. Vergleicht man nun die Haftzahlen verschieden großer Quarzteilchen, so kann festgestellt werden, daß die mittelgroßen Teilchen am besten haften (Tabelle 54).

Tabelle 54. *Haftzahl monodisperser Quarzteilchen im Wasser.*

| Durchmesser der Teilchen in $\mu$ | Haftzahl |
|---|---|
| $<1$ | 8,5 |
| 1—2 | 78,2 |
| 2—3 | 97,7 |
| 7—8 | 22,3 |
| 12 | 9,4 |
| 32 | 0 |

Die größten Teilchen haften überhaupt nicht, weil sie sehr schwer sind und beim Umdrehen der Platte abfallen. Nun ist aber auch die Haftzahl der sehr kleinen Teilchen gering. Die Kraft, die im Fall kleiner Quarzteilchen ($<1\,\mu$) dem Haften entgegenwirkt, ist die thermische Molekularbewegung und der Widerstand der Solvathülle. Man kann sogar direkt beobachten, wie die auf einer Quarzplatte liegenden, oder an ihr hängenden Teilchen sich lebhaft bewegen, ohne sich jedoch vom ursprünglichen Standort wesentlich zu entfernen. Zwischen den Oberflächen der Platte und des Teilchens befindet sich also eine Flüssigkeitsschicht (Solvathülle), die ein festes Haften hindert. Zuweilen wird aber auch beobachtet, daß einige von diesen Teilchen ihren Standort plötzlich verlassen, offenbar, weil sie einen wirksamen Molekülstoß erhalten haben.

**Der Einfluß der Teilchenform auf die Koagulationsgeschwindigkeit** wurde von Wiegner und Marshall[284] an Vanadinpentoxyd und Benzopurpurinsolen untersucht. Dabei wurde die merkwürdige Tatsache festgestellt, daß die untersuchten *Linearkolloide rascher koagulieren, als verschiedene Sphärokolloide.* Man erhält im ersten Fall anormal hohe R/r-Werte, von sogar über 100, z. B. an gealterten $V_2O_5$-Solen, die bekanntlich stark anisodimensionale Teilchen haben. Die Koagulationsgeschwindigkeit frischer $V_2O_5$-Sole mit nur wenig gestreckten Teilchen ist dagegen viel kleiner. Aus dem Verlauf der Teilchenzählung kann gefolgert werden, daß bei der Koagulation gealterter $V_2O_5$-Sole die R/r-Werte nicht konstant bleiben, sondern sich vermindern. Das würde erfolgen, wenn sich bei der Koagulation weniger längliche als die ursprünglichen Teilchen (Primärteilchen) bilden würden. Die Teilchen lagern sich somit bei der Koagulation der längeren Achse entlang zusammen*.

Daß die Anziehungssphäre stäbchenförmiger Teilchen größer sein muß, als wenn dieselbe Menge der Materie in ein Kügelchen zusammengedrängt wäre, folgt übrigens aus dem schon früher über die viskositätserhöhende Wirkung länglicher Teilchen Dargelegten (vgl. S. 104). Die Häufigkeit der Zusammenstöße der Teilchen eines Linearkolloids ist immer größer, als die eines Sphärokolloids,

---

[284]) G. Wiegner u. C. Marshall: Zeitschr. f. physik. Chem. *140*, 1, 39 (1929).

* In diesem Beispiel sind die beim *Altern* verlaufenden Vorgänge ganz anders, als diejenigen, die bei der Koagulation stattfinden. Während beim Altern die $V_2O_5$ Teilchen immer länger werden, trifft bei der Koagulation das Gegenteil zu: die Dissymmetrie der Aggregate ist kleiner, als die der Primärteilchen.

wenn die Teilchen in beiden Fällen aus der gleichen Anzahl gleicher Atome bestehen (vgl. Abb. 151). Deshalb läßt es sich voraussehen, daß bei den Linearkolloiden die Koagulationsgeschwindigkeit mit der Solkonzentration zunehmen wird, was auch von Wiegner und Marshall experimentell festgestellt worden ist.

Hieraus folgt, daß sich die Viskosität während der Koagulation entweder er-

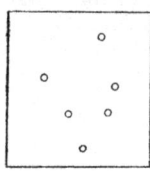 

Abb. 151. Faserige Teilchen können leichter als korpuskulare zusammentreten und koagulieren (bei etwa gleicher Konzentration).

höhen oder auch erniedrigen kann. Werden bei der Koagulation voluminose Sekundarteilchen gebildet, die viel vom Dispersionsmittel einschließen, so wird die Viskosität, unabhängig von der ursprünglichen Gestalt der Teilchen, erhöht. Lagern sich dagegen bei der Koagulation eines Linearkolloids die Teilchen parallel der Längsachsen zu kompakten Sekundärteilchen, so fällt die Dissymmetrie und zugleich die Viskosität.

## Hervorrufung und Beeinflussung der Koagulation durch verschiedene Agenzien.

**Die Gewöhnung.** Die Flockungswerte von Salzen sind für manche Sole davon abhängig, wie rasch der Elektrolyt zugesetzt wird. Wird z. B. zu einem $As_2S_3$-Sol die für die vollständige Ausflockung benötigte Menge von $BaCl_2$ nicht auf einmal, sondern protionsweise in größeren Zeitabständen zugesetzt, so erfolgt die Koagulation nicht. Die Ausflockung wird nur nach Hinzufügung einer zusätzlichen Menge $BaCl_2$ hervorgerufen. An kleine Anteile des Koagulators kann sich das Sol „gewöhnen", so daß die üblichen „tödlichen" Gaben verträglich werden. In einigen anderen Fällen läßt sich das Gegenteil feststellen, nämlich, daß bei allmählicher Zugabe des Koagulators das Sol leichter als bei plötzlicher Zugabe koaguliert wird[285]) (negative Gewöhnung). Diese Tatsachen sind für die Bestimmung der Flockungswerte von Bedeutung, und man sorgt gewöhnlich dafür, daß der Elektrolyt plötzlich zugesetzt wird und sich im Gemisch rasch und gleichmäßig verteilt (umrühren, oder in ein anderes Gefäß umgießen!).

Die Gründe der Gewöhnungserscheinungen sind noch ziemlich unklar. Die positive Gewöhnung wird durch die aufladende Wirkung der Elektrolyte auf die Kolloidteilchen bzw. durch peptisierende Wirkung zu erklären versucht, da die Peptisationsvorgänge gewisse Zeit beanspruchen und nur durch sehr geringe Elektrolytmengen hervorgerufen werden. Bei plötzlicher Zugabe relativ größerer Elektrolytmengen können diese Prozesse nicht stattfinden.

**Die mechanische Koagulation.** Die Elektrolyte sind nicht die einzigen Agenzien, die die Koagulation hervorrufen. Die Sole können nicht nur durch Einführung von Fremdstoffen, sondern auch durch Änderung des Energieinhaltes zur Koagulation gebracht werden. Mehrere Arten der energetischen Koagulation können unterschieden werden: 1. die mechanische, 2. die thermische, 3. die elektrische und 4. die Ausflockung durch Lichtwirkung.

Durch intensives Rühren oder Schütteln werden die Sole in der Regel gegen die Elektrolytwirkung etwas unbeständiger. Das muß man ebenfalls bei der Bestimmung von Flockungswerten beachten: alle Flockungsgemische müssen in gleicher Weise gemischt oder umgeschüttelt werden. In einigen Fällen können die Sole auch durch intensives Schütteln allein, ohne Elektrolytzusatz zum Ausflocken gebracht werden, wie es z. B. an einigen Eisenhydroxydsolen von Freundlich

285) Vgl. z. B. A. Dumanski u. L. Solin: Kolloid-Z. 59, 314 (1932).

und Mitarbeiter festgestellt worden ist. Die Wirkung des Schüttelns läßt sich nach Freundlich durch Begünstigung der Anreicherung des dispersen Anteils in den Grenzflächen (Luft-Sol) erklären: dort werden nämlich auch die mikromolekularen Beimengungen angereichert und bewirken die Koagulation; je stärker geschüttelt wird, um so öfter wird die Oberfläche erneut und die durch Adsorption bedingte Anreicherung begünstigt. Außerdem wird durch Schütteln die Auflösung der in der Gefäßwand und in der Luft befindlichen Stoffe gefördert, wodurch mehr Verunreinigungen ins Sol gelangen. Durch Schütteln werden auch höchstgereinigte Chromoxydsole, die fast keine restliche Elektrolyte enthalten, koaguliert[286]).

**Die thermische Koagulation.** Die Beständigkeit lyophober Sole wird durch Temperaturänderung stark beeinflußt. Viele Sole können dabei nicht nur durch Aufkochen, sondern auch durch Ausfrieren zur Koagulation gebracht werden.

Die Koagulation durch Erwärmung ist aus dem schon Gesagten über den Einfluß der Temperatur auf das Altern verständlich. In der Hitze bewegen sich die Teilchen intensiver und stoßen energischer zusammen, als bei niedrigerer Temperatur. Beim Kochen können leicht auch chemische Veränderungen an den Mizellen stattfinden. In der Hitze koagulieren z. B. die hochreinen $As_2S_3$-Sole[287]). Dieselben Sole koagulieren aber auch dann, wenn man sie bei $-9^0$ C ausfriert und dann auftauen läßt.

Die Koagulation durch Ausfrieren wurde zuerst von Lottermoser (1907) ausführlich untersucht. Wird ein Sol stark abgekühlt, so scheidet sich an den Gefäßwänden zuerst reines Eis ab, wobei die Konzentration des dispersen Anteils, und auch die der vorhandenen Elektrolyte, in dem flüssig gebliebenen Solanteil wächst. ,,Läßt man die langsame Abkühlung in einem Reagenzglas vor sich gehen, so beobachtet man, daß sich die Wände desselben mit reinem Eis bedecken und der, disperse Bestandteil immer weiter nach dem Innern gedrängt wird, bis schließlich bei vollkommener Erstarrung des Systems als ein manchmal gefärbter Pfropf die Seele des Eisklumpens bildet, der oft als ein kleiner Kegel über die Oberfläche hinausgedrückt wird''[288]). Beim Auftauen wird dann oft Ausflockung festgestellt. Der Grund dafür dürfte die Anreicherung der Elektrolyte, sowie das Zusammendrücken der Teilchen durch die Eiskrystalle sein.

**Die Koagulation durch Stromwirkung** erfolgt bei der Elektrolyse eines Sols (oft bei den Elektrophoreseversuchen). Die Erscheinung kann in diesem Fall entweder durch Entladung an den Elektroden, oder durch Einwirkung der Elektrolyseprodukte hervorgerufen sein.

**Koagulation durch Strahlungswirkung.** Durch langandauernde Bestrahlung mit Sonnenlicht, oder dem Licht einer intensiven künstlichen Lichtquelle, wird die Beständigkeit lyophober Sole erniedrigt. Die Koagulation erfolgt aber nur in seltenen Fällen. Viel wirksamer dagegen sind die ultravioletten Strahlen, die beispielsweise eine Quarzlampe aussendet. In einigen Fällen wurden sogar chemische Änderungen im Sol festgestellt[289]). Dasselbe trifft auch bei der Einwirkung von Röntgenstrahlen auf Sole zu. Dabei wird aber nicht nur Ausflockung, sondern in manchen Fällen sogar eine peptisierende Wirkung der Strahlen beobachtet. Auch verschiedene Wirkungen der Elektronen- sowie anderer energiereicher Strahlen sind beschrieben.

**Der Einfluß verschiedener Nichtelektrolyte auf die Beständigkeit lyophober Sole.** Wird ein lyophobes Sol mit einer Flüssigkeit geschüttelt, die

[286]) G. Milazzo u. Wo. Pauli: Kolloid-Z. 78, 158 (1937).
[287]) Wo. Pauli u. A. Laub: Kolloid-Z. 78, 295 (1937).
[288]) A. Lottermoser: Kurze Einführung in die Kolloidchemie, Dresden: Steinkopff 1944 S. 140—141 und die dortige Literatur.
[289]) Vgl. z. B. A. Galecki u. R. Spychalski: Zeitschr. anorg. Chem. 177, 337 (1929).

ˢich mit dem Dispersionsmittel nicht mischt, oder darin schwerlöslich ist, so wird ¹n der Regel die Erniedrigung der Beständigkeit des Sols beobachtet, in manchen Fällen sogar eine vollständige Koagulation an der Grenzfläche. Außer der Oberflächenwirkung durch Schütteln betätigen sich hier auch in geringen Mengen in Lösung gegangene Nichtelektrolyte. Sind diese kapillaraktiv (z. B. Chloroform, Amylazetat), so werden sie von der Oberfläche der Teilchen adsorbiert und beeinflussen den Bau der diffusen Doppelschicht, wodurch Koagulation erfolgen kann.

Das gleiche trifft beim Hinzufügen kapillaraktiver organischer Stoffe, die im betreffendem Dispersionsmittel löslich sind, wie z. B. Äthylalkohol, zu. Gut dialysierte Sole werden durch diese Stoffe in der Regel nicht ausgeflockt, man stellt aber zuweilen eine geringe Verminderung des Dispersitätsgrades fest.

Sehr verwickelt sind dagegen die Verhältnisse bei der Koagulation durch Nichtelektrolyte und Salze. Von Kruyt und C. F. van Duin wurde z. B. (1914) festgestellt, daß Äthylalkohol bei der Koagulation des $As_2S_3$-Sols durch ein- und dreiwertige Kationen das Sol gegen Elektrolyte empfindlicher macht, also *sensibilisiert*; bei der Koagulation desselben Sols durch zwei- bzw. vierwertige Kationen betätigt sich aber Alkohol als Schutzstoff, d. h. *stabilisiert* das Sol. Janek und Jirgensons[290] untersuchten weiter die Koagulation von $Fe(OH)_3$-, Ag- und $As_2S_3$-Solen durch steigende Konzentrationen verschiedener Alkohole und verschiedener Elektrolyte. In den meisten Fällen konnte eine sensibilisierende Wirkung der Alkohole beobachtet werden. Geringe Mengen verschiedener Alkohole wirken immer sensibilisierend, wobei die Wirkung mit dem Molekulargewicht des Alkohols steigt. Stabilisierend dagegen wirkt z. B. Propylalkohol auf das $As_2S_3$-Sol, wenn es zu 50 Vol-% zugesetzt worden ist, und unabhängig davon, ob die Koagulation durch NaCl oder $BaCl_2$ erfolgt.

Kapillar*in*aktive Nichtelektrolyte, wie z. B. Glyzerin, Zucker oder Harnstoff, sind weder imstande, eine Koagulation noch eine Sensibilisation hervorzurufen. Meist zeigen sie eine geringe Schutzwirkung, die von der starken Viskositätserhöhung des Dispersionsmittels rührt[291].

### Die Beständigkeit verschiedener Solgemische.

**Die gegenseitige Koagulation entgegengesetzt geladener lyophober Sole.** Beim Vermischen von Solen, die entgegengesetzt geladene Teilchen enthalten, erfolgt Koagulation und besonders deutlich und vollständig dann, wenn die Konzentrationen der beiden Teilchenarten etwa gleich sind. Befindet sich aber die eine Art in starkem Überschusse, so wird nur eine geringe Zunahme der Trübung bzw. Opaleszenz beobachtet (W. Biltz, 1904; J. Billiter, 1905). Ein positiv geladenes Eisenhydroxydsol läßt sich also durch ein negatives $As_2S_3$- oder Ag-Sol ausflocken, oder auch umgekehrt: ein negatives $As_2S_3$-Sol kann durch ein positives $Fe(OH)_3$- oder $Cr(OH)_3$-Sol zur Koagulation gebracht werden. Dabei ist bewiesen worden, daß die Teilchen ebenso reagieren, wie entgegengesetzt geladene Ionen im Falle der Bildung schwerlöslicher Niederschläge. Die gegenseitige Ausflockung z. B. von $Fe(OH)_3$- und $As_2S_3$-Sol kann also schematisch folgendermaßen formuliert werden:

$$\boxed{Fe(OH)_3 \; FeOCl} \; \boxed{FeO^{\cdot}} + \boxed{As_2S_3} \; \boxed{SH'} \longrightarrow \boxed{Fe(OH)_3 FeOCl \; FeOHS \; As_2S_3}$$

Die Kolloid-Kolloid-Flockung tritt auch bei der Elektrolytkoagulation auf, wenn das betreffende Salz hydrolysiert und die Hydrolyseprodukte kolloide Be-

---

[290] A. Janek u. B. Jirgensons: Kolloid-Z. *41*, 40 (1927).
[291] Es wurde z. B. von Wo. Ostwald: Kolloid-Z. *79*, 287 (1937) darauf hingewiesen, daß auch die stabilisierende Wirkung des Propylalkohols durch die Erhöhung der Viskosität erklärbar wäre. Das ist aber unwahrscheinlich, da z. B. Glyzerin die Viskosität des Dispersionsmittels viel mehr als Propylalkohol erhöht, aber nur schwach stabilisierend wirkt.

schaffenheit haben. Das kann z. B. bei der Koagulation eines negativen Sols mit AlCl₃- oder FeCl₃-Lösungen der Fall sein.

**Die Wirkung gleichgeladener lyophober Sole aufeinander.** Beim Vermengen von negativ geladenen Solen, z. B. einem Gold- mit einem Silbersol, werden in der Regel keine Veränderungen beobachtet. Ausnahmen entstehen dann, wenn die aktiven ionogenen Atomgruppen der Teilchen miteinander reagieren können. So konnte Freundlich (1921) feststellen, daß Gemische von negativen As₂S₃- und negativen Schwefelsolen (hergestellt nach Odén) ausflockten. Die Koagulation läßt sich dadurch erklären, daß die Teilchen des Schwefels stabilisierende Pentationssäure mit dem am As₂S₃ adsorbierten Schwefelwasserstoff chemisch reagiert: $5 H_2S + H_2S_5O_6 = 10 S + 6 H_2O$. Die Teilchen beider Kolloide verlieren so ihre stabilisierenden Atomgruppen und flocken deshalb leicht aus.

**Die Flockung lyophober Sole durch lyophile.** Geringe Mengen lyophiler Sole, z. B. diejenigen von Albumin oder Gelatine, wirken, wenn sie zu lyophoben hinzugesetzt werden, sensibilisierend, d. h. die betreffenden lyophoben Sole werden gegen die Elektrolytwirkung unbeständiger. Das gilt wie für negative (Ag, Au, S u. a.)˙so auch für positive lyophobe Sole (Eisenhydroxyd u. a.). Daß die Proteine ebenso auf negative wie auf positive lyophobe Sole sensibilisierend einwirken, ist durchaus verständlich, da Proteinteilchen gleichzeitig elektropositive und elektronegative Atomgruppen besitzen.

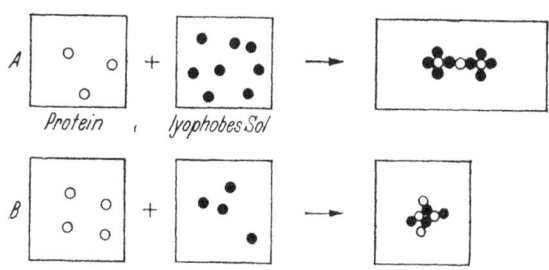

Abb. 152. Schema der Koagulation lyophober Sole durch lyophile nach Wo. Pauli.

Wird also zu einem negativen lyophoben Sol (z. B. Goldsol) etwas Protein hinzugefügt, so vereinigen sich die elektropositiven Gruppen der Proteinmoleküle mit den negativ geladenen Goldteilchen unter gegenseitiger Ladungsverminderung. Das gleiche trifft zu, wenn positive Teilchen, z. B. des Eisenhydroxydsols mit den negativen Gruppen der Proteinmoleküle reagieren:

$$\boxed{Au}^{\;-} + {}^+NH_3-\boxed{Prot.}-COO^- \longrightarrow \boxed{Au}\Big|NH_3-\boxed{Prot.}\Big|-COO^-$$

$$\boxed{Fe_2O_3}^{\;+} + {}^-OOC-\boxed{Prot.}-NH_3{}^+ \longrightarrow \boxed{Fe_2O_3}\Big|OOC-\boxed{Prot.}\Big|-NH_3{}^+.$$

Pauli untersuchte zusammen mit seinen Mitarbeitern die Beständigkeit der Gemische hochgereinigter lyophober Sole und ebensolcher Eiweißsole. Es wurde dabei stets *Ausflockung* oder Sensibilisierung festgestellt[292]. Nach Pauli kann die Aggregierung beim Überschuß der lyophoben Teilchen nach dem Schema A (Abb. 152), im Fall gleicher Anzahl lyophober und lyophiler Teilchen nach dem Schema B zum Ausdruck gebracht werden.

Kolloide Teilchen können auch durch grobdisperse, poröse Massen adsorbiert werden. Hängt man einen Filterpapierstreifen vertikal in ein Fe(OH)₃-Sol, so steigen die Solteilchen nur einige mm hoch und setzen sich dann in den Papierkapillaren in einer scharfen horizontalen Schicht ab. Dieses Haften der Fe(OH)₃-Teilchen beruht auf der Koagulation der positiv geladenen Fe(OH)₃-Partikel durch die schwach negativ geladenen Zellulosefasern. Negativ geladene Kolloid-

²⁹²) Wo. Pauli u. P. Dessauer: Helv. chim. Acta 25, 1225 (1942).

teilchen, wie z. B. Ag, koagulieren dagegen am Filterpapier nicht und steigen zusammen mit dem Dispersionsmittel ziemlich hoch. Mit Hilfe solcher Versuche ist es also möglich, die Ladung der Kolloidteilchen zu bestimmen (*„Kapillaranalyse"*). Es ist ferner interessant festzustellen, daß frische, nicht dialysierte Eisenhydroxydsole höher im Filterpapier steigen, als dialysierte, so daß man sich durch diese einfachen Versuche auch über die Reinheit positiver Sole leicht orientieren kann.

**Die Schutzwirkung lyophiler Sole.** Wird zu einem lyophoben *Sol ein großer Überschuß* eines lyophilen zugesetzt, so wird das Gemisch gegen die koagulierende Wirkung von Elektrolyten sehr beständig. Eine solche Wirkung lyophiler Sole auf lyophobe wird nach Lottermoser (1897) als *Schutzwirkung* und die betreffenden lyophilen Kolloide werden als *Schutzkolloide* bezeichnet. Die Schutzwirkung hat insofern eine sehr große praktische Bedeutung, daß damit die verschiedenen lyophoben Sole, die geneigt sind leicht ihren Dispersitätsgrad zu vermindern, *beständig* gemacht werden können. Hinsichtlich der Beständigkeit gegen Flockungsmittel hat das Gemisch die Eigenschaften des Schutzkolloids angenommen, wobei die Farbe und die ultramikroskopisch bestimmbare Teilchenzahl dieselbe wie beim ursprünglichen (lyophoben) Sol geblieben ist.

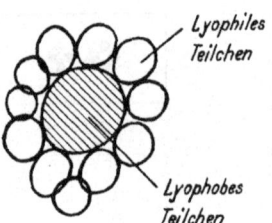

Abb. 153.  Schema der Schutzwirkung.

Die Schutzwirkung verschiedener lyophiler Kolloide kann nach Zsigmondy durch die sogenannte *Goldzahl* quantitativ gekennzeichnet werden. Die Goldzahl ist die minimalste Menge eines Schutzstoffes (in mg), die eben genügt, um den Farbumschlag eines roten Goldsols von rot nach violett zu verhindern, wenn 10 ccm des Sols durch 1 ccm 10% NaCl versetzt werden. Für die Bestimmungen wird dabei ein nach Vorschrift von Zsigmondy hergestelltes „Formolgold" verwendet (das durch Reduktion von $H[AuCl_4]$ durch Formalin in basischer Lösung gewonnen wird, vgl. S. 185). Je kleiner also die Goldzahl, um so stärker die Schutzwirkung (vgl. die folgende Tabelle).

Tabelle 55. *Die Goldzahlen einiger Schutzkolloide* (nach Zsigmondy).

| Schutzkolloid | Goldzahl | Der Kehrwert der Goldzahl |
|---|---|---|
| Verschiedene Gelatinesorten . . | 0,005—0,01 | 200—100 |
| Natriumkaseinat . . . . . . . | 0,01 | 100 |
| Arabischer Gummi . . . . . | 0,15 —0,25 | 6,7—4 |
| Dextrin . . . . . . . . . . | 6—20 | 0,17—0,05 |
| Kartoffelstärke . . . . . . . | 25 | 0,04 |

Die Schutzwirkung beruht darauf, daß die im Überschuß befindlichen lyophilen Teilchen an die Oberfläche der lyophoben in so großer Menge gebunden werden, daß eine lyophile Oberschicht um das lyophobe Teilchen entsteht (vgl. Abb. 153).

Wie schon erwähnt, kann bei *hochgereinigten* lyophoben Solen und hochgereinigten Eiweißkolloiden keine Schutzwirkung beobachtet werden. Sie tritt aber in Erscheinung, wenn geringe Elektrolytmengen im lyophoben oder lyophilen Sol schon früher vorhanden waren, oder nachträglich hinzugefügt wurden.

# XIII. Die Zustandsänderungen lyophiler Kolloide.

## Die Bedeutung der Solvatation und Ladung für die Beständigkeit lyophiler Sole.

**Stark und schwach solvatisierte Teilchen.** Vergleicht man die Beständigkeit einer Reihe sehr verschiedener Sole, z. B. derart, daß man sie mit gleichen Salzmengen versetzt, so kann man bei einigen ein schnelles Ausflocken feststellen, während die anderen unverändert bleiben. So sind die Ag-, Au-, $As_2S_3$-Sole recht unbeständig, die Gelatine- oder Stärkesole lassen sich dagegen durch Salze nicht so leicht ausfällen. Die ersteren sind lyophob, die letzteren — lyophil. Durch Elektrophoreseversuche kann man feststellen, daß auch die lyophilen Kolloidteilchen elektrische Ladungen tragen, die durch die hinzugefügten Salze teilweise oder ganz aufgehoben werden. Daraus folgt, daß die Stabilität lyophiler Teilchen noch durch andere Faktoren gesichert wird. Dieser zweite Faktor ist die *Solvatation*, d. h. Bindung des Dispersionsmittels an die Teilchen. Betrachtet man ein lyophiles Sol vom Standpunkt der Ostwaldschen Koagulationstheorie (vgl. S. 209), so kann man sagen, daß die lyophilen Teilchen in das betreffende Dispersionsmittel eingebaut bzw. mit ihm fest verbunden sind; sie sind nicht „gitterfremd", wie die lyophoben Teilchen.

Diese beiden Stabilitätsfaktoren können sich nun in verschiedenen quantitativen Abstufungen äußern. Ebenso wie die Höhe der Ladung durch die Ladungsdichte bzw. die Zahl der Elementarladungen pro Oberflächeneinheit (oder pro Atomzahl) der Teilchen bestimmt ist und sehr verschiedene Werte annehmen kann, so kann auch die Solvatation eines Teilchens stärker oder schwächer ausfallen. Kaseinteilchen sind z. B. (in wässerigem NaOH) anscheinend weniger solvatisiert als Gelatineteilchen. Es besteht aber zwischen den lyophoben und lyophilen Kolloiden keine scharfe Grenze, die Einteilung hat einen qualitativen Charakter. Man kann nicht behaupten, daß die üblicherweise als lyophob bezeichneten Sole vollständig unsolvatisiert sind; man muß immerhin damit rechnen, daß einige lyophobe Sole in verschwindend geringem Maße (z. B. Goldsole), andere dagegen (z. B. die Hydroxydsole) merklich solvatisiert sind.

**Versuche den Solvatationsgrad zu bestimmen.** Trotz der großen Bedeutung, die eine quantitative Bestimmung der Solvatation eines Kolloids hat, ist es bisher nicht gelungen, eine exakte quantitative Methode auszuarbeiten.

S. P. L. Sörensen (1918) versuchte den Hydratationsgrad des Eieralbumins dadurch festzustellen, daß er nach der Kristallisation des Eieralbumins aus ammonsulfathaltiger Lösung und Abfiltrieren der Kristalle die Konzentration des Ammonsulfats im Filtrat und in der den Albuminkristallen anhaftenden Mutterlauge bestimmte. Dabei wurde gefunden, daß die Konzentration des Ammonsulfats in dem Filtrat größer ist, als in der den Albuminkristallen anhaftenden Mutterlauge. Daraus ließ sich folgern, daß ein Teil des an den Albuminkristallen haftenden Wassers nicht imstande ist, Ammonsulfat zu lösen. Dieser Anteil des Wassers ist somit das *Hydratationswasser*, das von den Albuminteilchen relativ fest gebunden gehalten wird. Die Berechnungen ergaben 0,22 g gebundenen Wasser auf 1 g Eieralbumin. Kohlenoxydhämoglobinkristalle enthielten 0,35 g Hydratwasser pro 1 kg Protein.

Ähnlich ist die *kryoskopische Methode*, die zuerst von R. Rosemann (1903) angewandt und später von R. A. Gortner (1922) und Weber[293] weiter entwickelt wurde. Bestimmt man die Gefrierpunktserniedrigung, die z. B. Zucker in reinem Wasser und in einem Kolloid bei gleichen Konzentrationen des Zuckers hervorruft, so ist die Depression in Gegenwart von einem hydratisierten Kolloid *größer*, als in reinem Wasser. (Die von den Kolloidteilchen herrührende Depression ist meist verschwindend klein). Die effektive Konzentration $c_{eff}$ des Zuckers ist also im Sol größer, als die in der reinen wässerigen, aus der Einwage berechnete Konzentration c. Es liegt nahe, anzunehmen, daß die Kolloidteilchen samt ihren Solvatschichten einen gewissen Raum beanspruchen, in dem sich die Zuckermoleküle nicht lösen können (Abb. 154). Die Größe dieses *nichtlösenden Raumes*, in welchen der Zucker nicht einzudringen vermag,

---

[293] H. H. Weber u. H. Versmold: Biochem. Z. *234*. 62 (1931).

ist gleich der Summe der Volumina des festen Kolloids und des Hydratwassers. Die von Weber und Versmold ausgeführten Bestimmungen ergaben, daß 1 g wasserfreies Eieralbumin 0,33 bis 0,36 g Wasser zu binden imstande ist, was mit dem Befund von Sörensen annähernd übereinstimmt. Briggs[294]) fand, daß 1 g arabischen Gummi etwa 0,4 bis 1,4 g $H_2O$ zu binden vermag. Nach R. Newton und W. Martin[295]) bindet jedes Gramm Gelatine etwa 1,0 bis 2,0 g Wasser. Diese relativ große Solvatation des arabischen Gummis und der Gelatine ist dadurch zu erklären, daß die Teilchen dieser Kolloide faserig sind (vgl. S. 221). Der kryoskopischen Methode verwandt ist die von Hill[296]) und Grollmann[297]) ausgearbeitete Methode der Dampfdruckerniedrigung. Sie ergab, daß 1 g Gelatine etwa 1 bis 3 g Wasser binden kann, was mit den obengenannten Ergebnissen gut übereinstimmt.

Auch aus den Abweichungen vom van t'Hoffschen Gesetz kann die Solvatation berechnet werden. Dabei erhält man aber für die Solvatation größere Zahlen, als mit den früher beschriebenen Methoden. Die Gründe dafür sind, daß hier außer der echten Solvatation noch die „physikalische" mitwirkt (s. weiter unten S. 227).

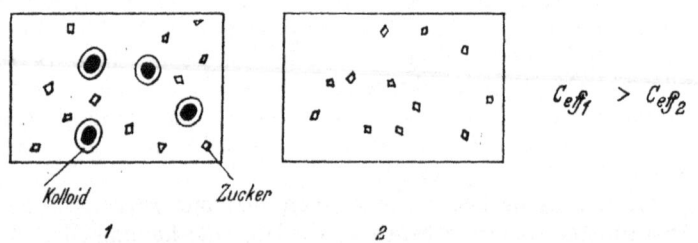

Abb. 154. Die effektive Konzentration des Zuckers ist in reinem Wasser kleiner als in einem Sol mit hydratisierten Teilchen.

G. S. Adair und M. E. Robinson bestimmten die Hydratation derart, daß sie Eieralbumin oder Hämoglobin in Hochvakuum vollständig entwässerten, wogen, im Exsiccator mit Wasserdampf in Berührung brachten und nochmals wogen. Die mit Wasserdampf gesättigten Proteine enthielten auf 1 g Eieralbumin 0,227 g und auf 1 g Hämoglobin 0,201 g Wasser, was mit dem Befund von Sörensen gut übereinstimmt.

Von den übrigen Methoden sei hier nur noch die viskosimetrische erwähnt. Besonders früher, als die Rolle der Teilchenform noch unbekannt war, wurde vorausgesetzt, daß die Viskosität hauptsächlich durch die Solvatation bestimmt wird. Jetzt wissen wir aber, daß aus den Viskositätszahlen zweier Sole nur dann über die Solvatation etwas ausgesagt werden kann, wenn die Teilchen die gleiche Form (gleichen Dissymmetriefaktor) haben, gleich stark aufgeladen, und außerdem frei beweglich sind.

Die nach den obengenannten Methoden ermittelten Solvatationszahlen sind aber noch von der Konzentration des Kolloids abhängig. Besonders wichtig ist dieser Umstand bei den *Linearkolloiden*, die im Falle höherkonzentrierter, strukturierter Sole große Mengen des Dispersionsmittels *mechanisch* einschließen können. In solchen Fällen ist es notwendig, diese mechanische Flüssigkeitsbindung von der *echten* oder *wahren* Solvatation zu unterscheiden. Die echte Solvatation kann bei den Linearkolloiden nur in Sollösungen bestimmt werden, d. h. in so stark verdünnten Solen, daß die Teilchen frei beweglich sind.

**Teilchengröße, Teilchenbau und Solvatation.** Die wahre Solvatation ist von mehreren Umständen abhängig. Der wichtigste Umstand ist die physikalisch-chemische Verwandtschaft, die zwischen dem Dispersionsmittel und dem dispersen Anteil besteht. Gold- oder Kohlenwasserstoffteilchen haben keine Verwandtschaft zum Wasser; die zwischen diesen Teilchen und Wasser wirkenden Kohäsionskräfte sind sehr schwach. Das ist die Erklärung, weshalb Gold- oder Paraffinteilchen nicht hydratisiert werden.

294) D. R. Briggs: Journ. physik. Chem. *36*, 367 (1932).
295) Vgl. Wo. Pauli u. Valkó: Kolloidchemie d. Eiweißkörper, S. 160 (1933).
296) A. V. Hill: Proc. Roy. Soc., London, *106*, 477 (1930).
297) A. Grollmann: Journ. Gen. Physiol. *14*, 661 (1931).

Außerdem ist die Solvatation aber noch von der Größe, der Form und dem Aufbau der Teilchen abhängig. Ein Stoff, der eine gewisse Verwandtschaft zum Wasser hat, ist z. B. Quarz. Die Quarzteilchen sind so kompakt, daß das Wasser in sie nicht eindringen kann. Die Hydratation erfolgt also in diesem Fall, indem das Wasser *an der Oberfläche* der Quarzteilchen haftet. Je größer deshalb die Oberfläche, um so mehr Wassermoleküle können durch eine bestimmte Quarzmenge gebunden werden. Die Größe der Oberfläche nimmt aber mit wachsendem Zerteilungsgrad zu. Daraus folgt, daß *im Fall kompakt gebauter Teilchen die Solvatation mit abnehmender Teilchengröße zunehmen muß.* Das ist einer der Gründe, weshalb sehr feine Teilchen schwerer koagulieren (vgl. S. 130) oder schwächer an einer Wand haften (vgl. S. 213) als gröbere.

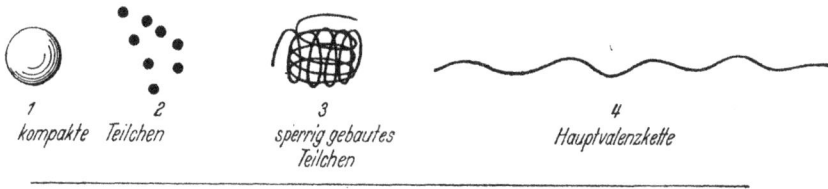

1 kompakte Teilchen    2    3 sperrig gebautes Teilchen    4 Hauptvalenzkette

*Solvatation wächst* ⟶

Abb. 155. Die Abhängigkeit der Solvatation von der Teilchengröße und dem Teilchenbau

Umgekehrt, *der kompakte Bau korpuskularer Teilchen ist eine genügende Voraussetzung dafür, daß solche Teilchen niemals stark solvatisiert werden können.* Alle lyophoben Kolloide haben kompakt gebaute Teilchen, in die die Moleküle des Dispersionsmittels nicht einzudringen vermögen.

*Die Teilchen der meisten lyophilen Kolloide sind dagegen entweder ziemlich sperrig gebaut oder sie bestehen aus einzelnen Hauptvalenzketten, so daß die Flüssigkeitsmoleküle Zutritt zu allen Bauelementen der Teilchen haben.* Infolge des sperrigen Baues z. B. von korpuskularen Glykogen- oder Eiweißmolekülen hat die üblicherweise berechnete Teilchenoberfläche geringe Bedeutung, da die solvatisierenden Moleküle auch *in* die Teilchen selbst eindringen können. Am günstigsten sind die Solvatationsbedingungen bei Teilchen, die aus einzelnen Hauptvalenzketten bestehen. Sind hierbei die Ketten zu Knäueln zusammengerollt, so ist die Eindringungswahrscheinlichkeit bis zur Mitte des Knäuels geringer als im Falle gänzlich entfalteter Ketten (Abb. 155).

*Die Zahl und die Bindungsart der solvatisierenden Moleküle.* Am sichersten erscheinen die an lyophilen Sphärokolloiden gewonnenen Ergebnisse über die durch Solvatation gebundenen Flüssigkeitsmengen. Wie schon gezeigt, liefern verschiedene Methoden für die Mengen des an 1 g Eieralbumin oder Hämoglobin gebundenen Wassers Zahlen, die zwischen 0,2 bis 0,36 g $H_2O$ variieren. Pauli (l. c. 295) berechnete nun die Anzahl der an die Peptidketten des Albumins gebundenen Wassermoleküle unter der Annahme, daß 0,36 g $H_2O$ an 1 g Eiweiß haften. Nimmt man an, daß alle Anteile des Albuminmoleküls dem Wasser zugänglich sind, und daß das Wasser nur durch die Peptidbindungen –CO–NH– gebunden wird, so erhält man rund 2 $H_2O$ auf je eine –CO–NH–Gruppe. Proteinmoleküle enthalten außer diesen Atomgruppen aber noch viele andere (hauptsächlich die Aminosäureradikale, z.B. $(CH_3)_2 \cdot$ $CH \cdot CH_2 \cdot CH$, $C_6H_4(OH)CH_2 \cdot CH$ u. a.). Die Anzahl der solvatisierenden Wassermoleküle ist deshalb im Vergleich zur Gesamtzahl der Bauelemente relativ klein. Nach Pauli ist es aber unwahrscheinlich, daß nur die Peptidbindungen die Wassermoleküle fesseln können. Viel aktiver könnten in dieser Beziehung die freien Amino-($NH_2$) und Karboxylgruppen (COOH) sein, da sie ionogen sind. Nun ist es aber auf Grund der Erfahrungen über die Hydratation von Ionen bekannt, daß ein jedes Ion je nach Größe etwa 5 bis 10 Wassermoleküle zu binden imstande ist. Deswegen wird auch von Pauli angenommen, daß die in relativ geringer Anzahl im Proteinteilchen befindlichen ionogenen Amino- und Karboxylgruppen allein die Hälfte des Hydratationswassers zu binden vermögen, es bleibt somit auf je eine Peptidbindung nur 1 $H_2O$ übrig.[297a]

297a) Vergl. auch L. Pauling, Journ. Amer. Chem. Soc. 67, 555 (1945).

Diese Überlegungen zeigen, daß sogar im Falle lyophiler Kolloide *die Solvat-hülle sehr dünn ist*. Das trifft auch zu, wenn im Inneren des ziemlich sperrigen Teilchens weniger Hydratationswasser wäre als an der Oberfläche.

Über die Solvatation von Linearkolloiden, deren Teilchen aus einzelnen Hauptvalenzketten bestehen, wie z. B. Nitrozellulose, Polystyrol oder Kautschuk, wäre folgendes zu sagen: Diese Stoffe, in einem Lösungsmittel aufgelöst, werden sich solvatisieren (vgl. S. 194), denn ohne Solvatation ist der Lösungsvorgang nicht denkbar. Im Vergleich zu den lyophilen Sphärokolloiden sind die linearmakromolekularen Stoffe stärker solvatisiert, da, wie schon erwähnt, ein entrollter Molekülfaden mehr Flüssigkeit an sich fesseln kann, als ein in ein Knäuel zusammengerollter Faden. Aber auch in diesen Fällen ist die Solvatation relativ gering: in der Regel *bedecken die solvatisierenden Flüssigkeitsmoleküle die Hauptvalenzketten höchstens in monomolekularer Schicht.*

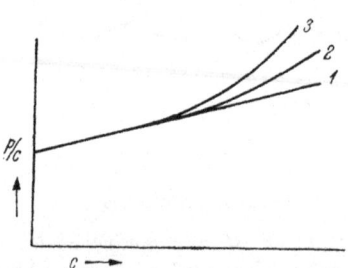

Dies folgt unter anderem aus den osmotischen Messungen, die an *sehr verdünnten* Linearkolloiden ausgeführt worden sind. Wird z. B. Nitrozellulose in sehr *verschiedenen Lösungsmitteln* gelöst und der osmotische Druck der sehr verdünnten Lösungen bestimmt, so erhält man für gleichkonzentrierte Lösungen fast die *gleichen* Zahlen[298]) (Abb. 156). Daraus wird gefolgert, daß die in den verschiedenen Lösungsmitteln befindlichen Einzelteilchen einzelne Makromoleküle sind, die in allen Lösungsmitteln auch etwa die gleiche Anzahl von Lösungsmittelmolekülen fesseln. Nimmt man dagegen an, daß z. B. Azeton eine sehr dicke Solvatschicht, Methylalkohol aber eine sehr dünne Schicht um die Nitrozelluloseteilchen bildet, so wäre das Zusammentreffen der Kurven in einem Punkt nicht verständlich; denn beim Binden großer Mengen des Lösungsmittels müßte die effektive Konzentration sehr groß werden, beim Binden kleiner Mengen dagegen klein, die p/c-Werte könnten somit niemals zusammenfallen.

Schließlich sei erwähnt, daß auch der Wirkungsbereich der Kohäsionskräfte zwischen den Atomen der Teilchen einerseits und den der Flüssigkeitsmoleküle andererseits nur sehr gering ist, so daß die Bildung von mehr als monomolekularen Solvatschichten unwahrscheinlich wird[299]).

**Die Umwandlung lyophiler Kolloide in lyophobe.** Beim Auflösen von Agar-Agar (ein Polysacharid) in heißem Wasser bildet sich ein lyophiles Hydrosol. Nach *Kruyt*[300]) geht es aber durch Hinzufügen einer gewissen Menge von Alkohol oder einer Tanninlösung in ein Agarsol mit lyophoben Eigenschaften über. Entfernt man den Alkohol durch Verdunsten, so wird das Sol wieder lyophil. Während das lyophile Agarsol sehr beständig gegen Elektrolyte ist, flockt das mit Alkohol versetzte Agarsol nach Zugabe einer Salzlösung leicht aus. Das hydrophile Agarsol ist negativ geladen. Durch kleine Elektrolytmengen kann es entladen werden, ohne daß die Koagulation eintritt, eben weil die Teilchen stark hydratisiert sind.

[298]) A. Dobry: Journ. chim. physique *32*, 50 (1935); Kolloid-Z. *81*, 190 (1937). Dasselbe gilt für Azetylzellulose und Polystyrol.

[299]) Daß die Solvatschicht nur monomolekular ist, wurde auch aus Leitfähigkeitsmessungen gefolgert. Vgl. darüber A. Dobry: J. chim. physique *35*, 20 (1938). Auch die Sedimentationsmessungen mit der Ultrazentrifuge ergaben, daß eine Mitnahme beträchtlicher Mengen von Lösungsmitteln bei der Fortbewegung der Makromoleküle nicht eintritt. Vgl. R. Signer u. P. v. Tavel: Helv. chim. Acta *21*, 535 (1938).

[300]) H. R. Kruyt: Kolloid-Z. *31*, 338 (1922); H. R. Kruyt u. Bungenberg de Jong: Kolloid-Beih. *28*, 1 (1928); Kruyt u. H. Tendeloo: Kolloid-Beih. *29*, 396 (1929).

Beim Hinzufügen von viel Alkohol zu einem solchen hydrophilen Agarsol flockt es aber aus.

**Einteilung lyophiler Kolloide hinsichtlich der Beständigkeit.** In Anbetracht des Gesagten erscheint es vorteilhaft, die lyophilen Kolloide hinsichtlich ihrer Resistenz gegen verschiedene Flockungsmittel in mehrere Gruppen einzuteilen. Zur ersten gehören Teilchen vieler stark solvatisierter Sole, wie z. B. Kautschuk in Benzin, oder Polystyrol in Benzol, die keine elektrische Ladung tragen. In die zweite Gruppe können lyophile Sole, die stark solvatisiert sind und gleichzeitig auch eine elektrische Ladung tragen, eingereiht werden. Hierher gehören die Hydrosole von Proteinen und Polysachariden, wie z. B. Hämoglobin, Gelatine, Stärke, Agar, Pektine usw. Diese Gruppe läßt sich ihrerseits wieder in zwei Untergruppen teilen: 1. in die der stabilen und 2. die der labilen Kolloide. Die stabilen, wie z. B. Eieralbumin oder Agar, sind sogar im isoelektrischen Zustande beständig. Die Stabilität dieser Sole wird hauptsächlich durch die Hydratation bedingt. Die labilen Kolloide dagegen flocken beim isoelektrischen Punkt aus; hierher gehören einige anorganische lyophile Sole und von den organischen z. B. das Kasein. Die Einteilung kann durch folgendes Schema veranschaulicht werden.

*Lyophile Sole*

| *Teilchen elektrisch geladen* | *ungeladene Teilchen* |
|---|---|
| z. B. Proteine, Stärke, Kieselsäure Schwefelsole nach Odén. | z. B. Kautschuk, Polystyrol (in Benzol). |

| relativ *labile* Sole | *Stabile Sole* |
|---|---|
| z. B. Schwefelsol, Kaseinsol | z. B. Kieselsäure, Gelatine, Agar. |

Die labilen Kolloide sind am wenigsten solvatisiert und manche von ihnen können sogar zu den lyophoben Kolloiden (z. B. die Schwefelsole nach Odén) gezählt werden.

## Die Koagulation lyophiler Sole durch Elektrolyte.

Während die stabilen Kolloide gegen die koagulierende Wirkung von Neutralsalzen recht beständig sind, flocken die labilen lyophilen Sole relativ leicht aus. Vergleicht man z. B. die Beständigkeit gleichkonzentrierter Lösungen von Gelatine und Kasein (beide z. B. bei $p_H = 7$) bezüglich der koagulierenden Einwirkung von $CaCl_2$, so stellt man fest, daß Gelatine sogar in 2-molarem $CaCl_2$ unverändert bleibt, Kasein dagegen schon in Gegenwart von 0,001 Mol/L $CaCl_2$ ausflockt. Gelatine ist also gegen die flockende Wirkung eines Elektrolyten sehr beständig, Kasein aber unbeständig. Allerdings ist die Beständigkeit verschiedener labiler lyophiler Sole verschiedenen Elektrolyten gegenüber nicht so gesetzmäßig, wie das bei lyophoben Solen festgestellt werden kann. So ist das in NaOH gelöste Kasein $CaCl_2$, $MgCl_2$ und ähnlichen Salzen gegenüber sehr unbeständig, gegen NaCl und ähnliche Salze beständig. Beim Vergleich von Kasein- mit Schwefelsolen erwiesen sich die ersten gegen NaCl oder KCl beständiger, gegen $CaCl_2$ oder AlCl aber unbeständiger als die letzteren. In der Tabelle 56 sind die Flockungswerte des Schwefelsols (nach Odén) angeführt.

Vergleicht man diese Tabelle mit der Tab. 46 und 47, wo die Flockungswerte lyophober Sole zusammengestellt sind, so sind folgende Unterschiede bemerkenswert:

1. die Flockungswerte der lyophilen Schwefelsole sind höher als die der lyophoben $As_2S_3$ oder der Goldsole,

2. die Unterschiede zwischen den Flockungswerten verschiedenwertiger koagulierender Ionen sind beim Schwefelsol geringer als bei den typischen lyophoben Solen,

3. die Unterschiede zwischen den Flockungswerten verschiedener gleichwertiger koagulierender Ionen (Na·, K·, Rb· ...) sind beim Schwefelsol viel größer als bei den typischen lyophoben Solen.

Tabelle 56. *Flockungswerte eines lyophilen Schwefelsols.*

| Elektrolyt | Flockungswert Mol in Liter |
|---|---|
| HCl | 6,0 |
| LiCl | 0,91 |
| $NH_4Cl$ | 0,43 |
| NaCl | 0,15 |
| KCl | 0,021 |
| RbCl | 0,016 |
| CsCl | 0,0090 |
| $CaCl_2$ | 0,0041 |
| $BaCl_2$ | 0,0021 |
| $AlCl_3$ | 0,0014 |

Die *lyotropen* (vgl. S. 61) Eigenschaften der koagulierenden Ionen sind also bei der Koagulation lyophiler Sole ebenso wichtig wie die Valenz der Ionen. Die Flockungskraft z. B. des Cs· ist 100mal größer als diejenige des Li·.

Manche von den relativ labilen lyophilen Solen, wie z. B. das obengenannte Schwefelsol, sind gegen Säuren sehr beständig, andere dagegen, wie z. B. die Sole des Natriumkaseinats (Kasein in NaOH) lassen sich schon durch geringe Säuremengen leicht ausflocken. Die Flockung erfolgt, wenn die Wasserstoffionenkonzentration bis zu der der isoelektrischen Reaktion (in diesem Fall bis zum pH = 4,7) gesteigert wird*). Bei zu hohem Säurezusatz erfolgt aber Peptisation, wobei die Kaseinteilchen positiv umgeladen werden.

Die von S. Odén untersuchten Schwefelsole sind noch insofern interessant, daß die Koagulation vollständig *reversibel* verläuft. Versetzt man den durch NaCl ausgefällten Schwefelniederschlag mit Wasser, so erfolgt Peptisation. Bei gleichem Verdünnungsgrad läßt sich sogar die gleiche Teilchenzahl wie im ursprünglichen Sol feststellen.

**Die Koagulation typischer (stabiler) lyophiler Sole.** Die Hauptvertreter dieser Gruppe sind organische Stoffe, meistens Proteine oder Polysaccharide. Von den anorganischen Kolloiden gehört hierher die kolloide Kieselsäure. Verdünnte wasserklare Kieselsäuresole sind gegen HCl, NaOH und Salzlösungen beständig. Die Koagulation, die bei Verwendung größerer Salzmengen erfolgt, ist in der Hinsicht eigenartig, daß entweder sehr durchsichtige Flocken entstehen oder das ganze Sol zu einem durchsichtigen Gel allmählich erstarrt. Vergleicht man die Wirkung der Alkalimetallionen, so wird auch hier dasselbe wie beim Schwefelsol beobachtet, nämlich die Flockungskraft steigt mit dem Atomgewicht der Alkalimetalle.

Die Koagulation typischer, stabiler lyophiler Sole erfordert aber sehr große Salzmengen, man spricht deshalb hier meistens von einer *Aussalzung.* In der

---

*) Die Gerinnung von Milch beruht darauf, daß die durch Gärung gebildete Milchsäure das pH soweit herabsetzt, bis das Kasein zu koagulieren beginnt. In kompakten Flocken wird Kasein aus der Magermilch durch HCl, $H_2SO_4$ oder Essigsäure (unter Rühren) abgeschieden.

präparativen Praxis, bei der Isolierung der Proteine, hat sich *Ammoniumsulfat* als eines der besten Aussalzungsmittel bewährt. So wird z. B. das Serumglobulin aus Blutserum durch Hinzufügen des gleichen Volumens einer gesättigten Ammoniumsulfatlösung ausgesalzen. Das Serumalbumin bleibt dabei noch in Lösung; um auch dieses auszuscheiden, muß noch mehr Ammonsulfat zugesetzt werden*. Ammonsulfat wird aus folgenden Gründen bevorzugt: 1. seine Löslichkeit ist groß (in 100 g $H_2O$ lösen sich bei 20° 75 g Salz), 2. beide Ionen, $NH \cdot_4$ sowie $SO''_4$ haben relativ große Flockungskraft, 3. die Lösung von Ammonsulfat reagiert schwach sauer. Letzteres ist wichtig, weil im Blut, Milch, Eiklar usw. die Proteine in fast neutraler Lösung vorliegen (das $p_H$ von Blut ist 7,3—7,4); der isoelektrische Punkt der meisten Proteine liegt aber bei niedrigerem $p_H$.

Die aussalzende Wirkung verschiedener Salze wurde schon im Jahr 1887 durch F. Hofmeister gründlich untersucht. Es wurde festgestellt, daß die Flockungskraft der Salze verschieden ist. Von ihm, und später auch von anderen Forschern wurde gefunden, daß die Flockungsfähigkeit der Ionen nach folgender Reihenfolge abnimmt:

$$SO_4 > PO_4 > Citrat > Tartrat > Azetat > Cl > NO_3 > Br > J > CNS$$

oder, unter anderen Bedingungen, —

$$Citrat > SO_4 > Azetat > Cl > NO_3 > CNS$$
$$0{,}56 \quad 0{,}80 \quad\quad 1{,}69 \quad 3{,}62 \quad 5{,}4$$

Die unter der zweiten Reihe stehenden Zahlen bedeuten die Konzentration (Mole im Liter) von Natriumsalzen, die gerade noch ein neutrales Eieralbumin zu koagulieren vermögen. Citrate und Sulfate sind gute Fällungsmittel, Chloride und Nitrate wirken dagegen schwach. Mit NaCNS oder NaJ kann überhaupt keine Aussalzung erzielt werden. Auch $NaClO_3$ und NaBr sind kaum wirksam. Rodanide und Jodide sind somit keine Fällungsmittel, sie wirken aber als Peptisatoren. Die obige Anionenreihe wird als *lyotrope Ionenreihe* bezeichnet.

Die Wirkung verschiedener Kationen (mit demselben Anion, z. B. Cl′) ist weniger auffallend. Bezüglich der Aussalzung der Proteine gilt meist die Kationenreihe

$$Li \cdot > Na \cdot > K \cdot > NH \cdot_4 > Mg \cdot\cdot$$

zuweilen aber auch die schon bei lyophoben Solen (S. 204) erwähnte Folge:

$$Li \cdot > NH \cdot_4 > Na \cdot > K \cdot > Rb \cdot$$

Nach Hofmeister und Spiro (1904) beruht die Flockungskraft der Salze auf ihrer wasserentziehenden Fähigkeit. Wird ein Eiweißsol mit viel Salz versetzt, so erfolgt eine *Konkurrenz beider um das Lösungsmittel.* Zuweilen wird bei der Aussalzung auch eine Aufteilung des Gemisches in zwei Schichten beobachtet, wobei die eine Schicht eiweißreich, aber wasser- und salzarm, die andere dagegen eiweißarm, jedoch wasser- und salzreich ist.

**Einfluß der Wasserstoffionenkonzentration.** Durch geringe Säuremengen werden echte lyophile Kolloide nicht ausgeflockt. Da sie aber beim isoelektrischen Punkt am wenigsten beständig sind, kann durch Säurezusatz die Beständigkeit weitgehend beeinflußt werden. In reinen Lösungen reagieren die Proteine fast neutral. Der isoelektrische Punkt liegt aber meist bei $p_H = 4$—5. Durch sehr kleine Säuremengen wird also die Beständigkeit beeinträchtigt. Wird aber mehr Säure zugesetzt, als das zum Erreichen des isoelektrischen Zustandes notwendig ist, so wirkt die Säure peptisierend.

---

* Fügt man Ammonsulfat portionsweise hinzu, so können mehrere Fraktionen der Globuline und Albumine gewonnen werden. Die Fraktionen haben verschiedene Eigenschaften.

Die oben angegebenen Hofmeisterschen Ionenreihen gelten für die Aussalzung negativ geladener, neutraler oder basischer Proteinlösungen. Werden durch Zugabe von Säure die Proteinmoleküle auf positiv umgeladen, so kehren sich die Reihen um: am stärksten flockt dann das Rodanid und Jodid, am schwächsten das Sulfat und Citrat. In ähnlicher Weise kehren sich dann auch die Kationenreihen um.

In den älteren Untersuchungen über die Aussalzungsfähigkeit verschiedener Salze wurde die Wasserstoffionenkonzentration oft gar nicht berücksichtigt. So ist das $p_H$ von NaCl kleiner als das $p_H$ von $CH_3COONa$, und man kann fragen, inwieweit die Reihenfolge bestehen bleibt, wenn die Flockungsgemische gleiches $p_H$ haben. Diese Frage wurde insbesondere von Gortner und seinen Mitarbeitern[301]) ausführlich bearbeitet und die Gültigkeit der Reihenregel bestätigt.

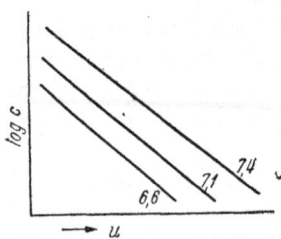

Die bevorzugte Stellung der mehrwertigen Anionen beruht z. T. darauf, daß bei gleicher Molarität die Äquivalentkonzentration höher ist. Berechnet man die Salzkonzentration in Äquivalenten, so sind die Unterschiede z. B. zwischen Citrat, Sulfat und Azetat oft sehr gering. Immerhin sind auch bei gleichen

Abb. 157. Abhängigkeit der Löslichkeit eines Proteins von der Ionenstärke, bei $p_H$ = 6,6, 7,1 und 7,4.

Äquivalenzkonzentrationen und gleichen $p_H$ Abstufungen nach der Reihenfolge

Cl′, Br′, J′, CNS′    und    Cs˙, Rb˙, K˙, Na˙, Li˙

———————————————————→        ———————————————————→
zunehmender Durchmesser        abnehmender Durchmesser
      des Ions                        des Ions

vorhanden. Es ist dabei interessant, daß in ähnlicher Reihenfolge durch Zusatz von Salzen auch die Löslichkeit mikromolekularer Stoffe, sowie die Veresterungsgeschwindigkeit und die Oberflächenspannung beeinflußt wird. Anscheinend hat der Ionendurchmesser in allen diesen Erscheinungen eine gewisse Bedeutung.

**Quantitative Zusammenhänge zwischen Salz- und Kolloidkonzentration** wurden von Cohn und seiner Schule gefunden[302]). Es konnte gezeigt werden, daß in vielen Fällen die Gleichung

$$\log c = \beta - K u$$

gilt. c ist hier die Löslichkeit des Proteins in einer Salzlösung von der Ionenstärke u. $\beta$ und K sind konstante Größen ($\beta = \log c$ bei u = O, also Löslichkeit des Proteins in salzfreiem Lösungsmittel). Trägt man in ein Koordinatensystem log c gegen u auf, so erhält man gerade Linien. In Abb. 157 ist die Beeinflussung der Löslichkeit von Hämoglobin durch KCl bei verschiedenen $p_H$ dargestellt*. Die Neigung der Geraden ist unabhängig von $p_H$. Beim Vergleich der Wirkung verschiedener Salze erhält man aber verschieden geneigte Geraden. Sie alle besagen, daß der log der in Lösung befindlichen Proteinmenge mit wachsender Salzkonzentration linear abnimmt.

**Die Koagulation durch Schwermetallsalze** ist hauptsächlich wiederum an den Proteinen untersucht worden. Z. B. Serumalbumin wird durch Ferrisalze, $CuSO_4$, $HgCl_2$, $AgNO_3$ u. a. gefällt. Dabei wurde bei der Koagulation durch Ferrisalze, oder durch $Pb(NO_3)_2$

[301]) R. A. Gortner, F. W. Hoffmann u. B. Sinclair: Kolloid-Z. 44, 97 (1928); E. V. Staker u. R. A. Gortner: Journ. physik. Chem. 35, 1565 (1931).

[302]) E. J. Cohn: Naturwiss. 20, 663 (1932); A. Green: Journ. biolog. Chem. 83, 495, 517 (1931).
* Bei KCl und ähnlich gebauten Salzen ist die Ionenstärke gleich der Molarität.

die sogenannten unregelmäßigen Reihen beobachtet. Ferrichlorid flcckt Serumalbumin bei den Konzentrationen 0,001—0,002 n aus und ebenfalls, wenn die Eisenchloridkonzentration > in ist. Dazwischen liegt eine Stabilitätszone. Silbernitrat flockt bei den Konzentrationen 0,0001 n bis 0,5 n aus, bei noch höheren Konzentrationen wirkt es peptisierend. Die Metallionen werden an den Kolloidteilchen vermutlich komplex gebunden. Allerdings verhalten sich verschiedene lyophile Kolloide gegen Schwermetallsalze sehr verschieden.

**Die phys kaiisch-chem.schen Gründe der Koagu!ation lyophi.er So!e durch Elektrolyte.**

Daß ein durch Änderung des pH in den isoelektrischen Zustand übergeführtes Protein leichter koaguliert, als ein negatives oder ein positives, ist aus dem in Abb. 158 gegebenem Schema verständlich. Die Möglichkeit einer geringeren Hydratation beim isoelektrischen Punkt, als bei Kolloiden mit geladenen Teilchen konnte aber nicht bewiesen werden.

Von dieser Art der Ausflockung unterscheidet sich nun die Aussalzung sehr beträchtlich. Zunächst ist hier die Koagulation reversibel, d. h. der Niederschalg löst sich beim Verdünnen mit Wasser wieder auf. Die zur Aussalzung notwendigen Salzmengen sind außerdem sehr gro ß. Die quantitativen Zusammenhänge, die zwischen Salzkonzentration und Proteinkonzentration bestehen, sind von derselben Art, wie sie bei der Fällung durch Nichtelektrolyte (mit einer anderen Flüssigkeit, in der die kolloide Substanz unlöslich ist), festgestellt worden sind (vgl. S. 229). Demzufolge kann die Aussalzung am besten als Folge der „Verschlechterung" des Lösungsmittels aufgefaßt werden: eine konzentrierte Salzlösung ist für die kolloidlöslichen Stoffe ein schlechteres Lösungsmittel als reines Wasser.

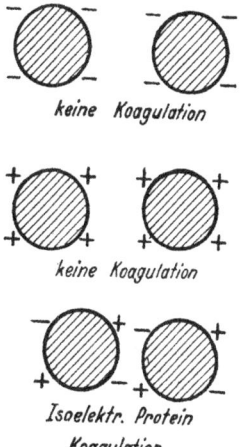

*keine Koagulation*

*keine Koagulation*

*Isoelektr. Protein Koagulation*

Abb. 158. Die Koagulation eines Proteins beim isoelektrischen Punkte.

**Drei Arten der Solvatation.** Bisher unterschieden wir nur zwei Arten der Solvatation: 1. die echte, chemische Solvatation, bei welcher die Flüssigkeitsmoleküle durch Kohäsions- bzw. van der Waalssche Kräfte an die Kolloidteilchen fest gebunden werden*, und 2. die mechanische Solvatation, wo die Flüssigkeit durch die Vernetzungen der Kolloidteilchen zurückgehalten wird. Nach G. V. Schulz[303]) muß jedoch noch mit einer dritten Art der Solvatation rechnen, die als *physikalische* oder *energetische* bezeichnet werden kann. Darunter versteht man jede energetische Wechselwirkung zwischen den Molekülen des Lösungsmittels und den des gelösten Stoffes. Diese Wechselwirkung beansprucht einen gewissen Raum, der als Solvathülle bezeichnet werden kann. Es sei aber ausdrücklich darauf hingewiesen, daß in diesem Wirkungsraum die Flüssigkeitsmoleküle nicht gebunden, sondern frei beweglich sind. Man könnte nun denken, daß durch „Verschlechterung" des Lösungsmittels die Wechselwirkung zwischen den Teilchen und den Flüssigkeitsmolekülen derart beeinflußt wird, daß diese Solvathülle mehr oder weniger stark rückgebildet wird.

**Die peptisierenden Wirkungen von Elektrolyten**, am meisten an Proteinen studiert, werden beobachtet: 1. bei der Erhöhung einsinniger Aufladung durch Lauge oder Säure und 2. bei Umladung durch Schwermetallsalze. Außerdem wird bei vielen Proteinen, meistens bei den Globulinen, die peptisierende Wirkung der Salze, die sogenannte Einsalzung, festgestellt. Edestin z. B. ist unlöslich im Wasser, aber löslich in 2 n NaCl. Diese peptisierende Wirkung der Neutralsalze wird nach W. B. Hardy und Pauli[304]) dadurch erklärt, daß manche Neutralsalze mit einigen Proteinen gut lösliche Verbindungen bilden. Daß Eiweißkörper mit Salzen lösliche Molekülverbindungen tatsächlicher geben können, hat besonders Pfeiffer[305]) mit seinen Mitarbeitern (J. v. Modelski, J. Würgler,

---

* Nach L. Pauling erfoigt die Bindung von Wasser durch die sogenannte Wasserstoffbindung (l. c. 297a).
[303]) G. V. Schulz: Z. physik. Chem. A *184*, 1 (1939).
[304]) W. Pauli u. E. Valkó: Kolloidchemie der Eiweißkörper (1933) S. 116.

O. Angern, M. Kloßmann, Fr. Wittka) durch umfangreiche Untersuchungen wahrscheinlich gemacht. Es konnte gezeigt werden, daß in den Fällen, wo die Löslichkeit von Aminosäuren und Polypeptiden gesteigert wird, das hinzugefügte Salz mit diesen Komplexverbindungen bildet. Solche Verbindungen von Amino-säuren und Polypeptiden mit Salzen haben die genannten Forscher auch in krystallinischer Form dargestellt. Selbstverständlich liefern die Salze, die be-stimmte Aminosäuren aussalzen (die Löslichkeit vermindern), mit ihnen keine Komplexverbindungen. Da die Proteine aus Aminosäureradikalen bzw. Poly-peptiden bestehen, ist es sehr wahrscheinlich, daß auch Komplexverbindungen zwischen Salz und Protein gebildet werden.

Peptisierend wirken auch die synthetischen, seifenähnlichen, langkettigen Alkyl-aryl-sulphonate; z. B. verdünnte Lösungen des Na Salzes der Dodecyl-benzol-sulphonsäure lösen Legumin auf. Diese langkettigen Sulphonate dena-turieren Eiweiß und verbinden sich dabei mit den Proteinmolekülen; manchmal werden die letzteren durch die Einwirkung dieser Detachierungsmittel in kleinere Bruchstücke gespalten. Es ist interessant, daß in diesem Falle der Peptisator ein langkettiger Anion ist, dessen lipophile Atomkette sich mit dem Proteinmolekül verbindet, wobei die Ladung des letzteren erhöht wird.

## Fällbarkeit durch Nichtlösungsmittel.

**Fällbarkeit und Löslichkeit.** Lyophile Kolloide kann man nicht nur durch Salze, sondern auch durch Nichtelektrolyte ausfällen. Die typischen lyophilen Kolloide sind durch Nichtelektrolyte sogar leichter fällbar als durch Salze oder andere Elektrolyte. Von den sehr verschiedenen Nichtelektrolyten wirken dabei als Fällungsmittel nur diejenigen Stoffe, in denen der disperse Anteil unlöslich ist; die Fällungsmittel sind also Nichtlösungsmittel für den dispersen Anteil. Außerdem muß das Fällungsmittel mit dem Sol mischbar sein, d. h. es muß sich in ihm lösen. So ist z. B. Kautschuk löslich in Chloroform und Benzol, unlöslich in Methyl-alkohol und Wasser. Ein Benzolsol von Kautschuk ist durch Chloroform nicht fällbar, wohl aber durch Methylalkohol. Wasser als Fällungsmittel ist ungeeignet, da es sich mit Benzol nicht mischt. Oder Gelatine ist löslich in Wasser und in Glyzerin (bei erhöhter Temperatur), unlöslich aber in Alkohol, Azeton oder Chloroform. Die wäßrige Lösung der Gelatine ist deshalb nicht durch Glyzerin, sondern durch Alkohol oder Azeton fällbar. Chloroform ist dagegen als Fällungs-mittel ungeeignet, weil es mit Wasser nicht mischbar ist.

Unter *Fällbarkeit* oder *Fällungswert* versteht man, wie es schon früher erwähnt wurde (S. 129), die minimalste Konzentration des zugesetzten Nichtlösungs-mittels $\gamma$, bei der die entsprechende in Lösung sich befindliche Substanz auszufällen beginnt. Für ein bestimmtes System, z. B. Nitrozellulose in Azeton oder Gelatine in Wasser, ist die Größe der Fällbarkeit von folgenden Umständen abhängig: 1. von den physikalisch-chemischen Eigenschaften des Fällungsmittels, 2. von der ur-sprünglichen Konzentration des Kolloids, 3. von der Temperatur, bei welcher die Fällung ausgeführt wird. Bei den Proteinen ist die Fällbarkeit außerdem auch von dem pH des Proteinsols abhängig.

**Eigenschaften des Fällungsmittels.** Fällt man ein Proteinsol, z. B. ein Albuminhydrosol durch verschiedene Alkohole, so braucht man zur Fällung um so weniger Alkohol, je größer dessen Molekulargewicht ist. Diese Gesetzmäßig-keit läßt sich noch besser am Azetonsol der Azetylzellulose prüfen. Fällt man die in Azeton gelöste Azetylzellulose durch verschiedene Alkohole, so braucht man zur Erzielung der Flockung sehr viel Methylalkohol, weniger Äthylalkohol, noch

---

[305]) P. Pfeiffer: Organische Molekülverbindungen, 2. Aufl. (1927) S. 136ff., 143ff.

weniger Propylalkohol usw. Die Fällung von Polystyrol oder Kautschuk aus Benzol oder Chloroform durch verschiedene Alkohole gelingt dagegen mit Methylalkohol am besten, und je größer das Molekulargewicht des Alkohols, um so mehr muß zur Koagulation gebraucht werden[306]).

Diese Gesetzmäßigkeiten sind leicht verständlich, wenn man die chemische Zusammensetzung der betreffenden Stoffe berücksichtigt. Und zwar sind für *hydrophile* Stoffe wie Proteine und Azetylzellulose (auch für Stärke, Glykogene u. a.) diejenigen Fällungsmittel am wirksamsten, die relativ mehr *lipophile* („fettliebende") Atomgruppen in den Molekülen enthalten. Dagegen sind bei lipophilen Stoffen, wie Polystyrol und Kautschuk diejenigen Fällungsmittel am wirksamsten, dessen Moleküle hauptsächlich aus hydrophilen Atomgruppen zusammengesetzt sind (vgl. die Formelbilder).

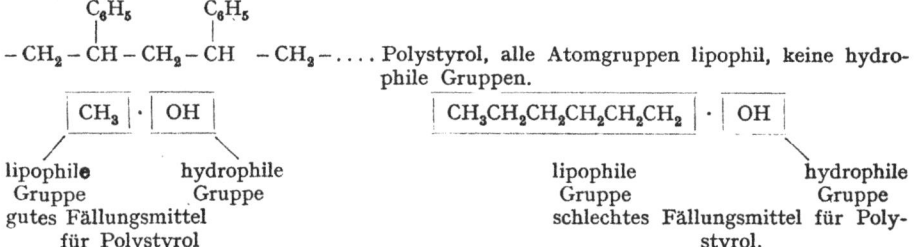

**Die Konzentration des Kolloids** hat auch einen großen Einfluß auf die Fällbarkeit, und zwar wird zur Fällung um so mehr von Fällungsmittel (Nichtlösungsmittel) gebraucht, je verdünnter das Sol ist (vgl. S. 196). Die Fällbarkeit ist also umgekehrt proportional der Solkonzentration. Bezeichnet man mit c die Konzentration des Kolloids und mit $\gamma$ die Volumkonzentration des Fällungsmittels am Trübungspunkt, so besteht nach Schulz[307]) zwischen ln c und $\gamma$ die lineare Beziehung:

$$\ln c = a - b\gamma ,$$

wo a und b konstante Zahlen sind. Die Gleichung ist auch theoretisch begründet worden. Es ist interessant, daß dasselbe auch für die Aussalzung gefunden wurde (vgl. S. 226).

**Einfluß der Temperatur.** Die Fällungsversuche sollen bei konstanter Temperatur ausgeführt werden, denn die Fällbarkeit ist auch von der Temperatur abhängig. In der erdrückenden Mehrzahl von Fällen ist die zur Ausflockung nötige Menge des Nichtlösungsmittels der Temperatur proportional, wie es auch Schulz (l. c. 307) theoretisch vorausgesehen hat. Ausnahmen von dieser Regelmäßigkeit bilden die Albumine, die schon durch Erwärmung allein (bis 50—60°) ausgeflockt werden. Wie zu erwarten, sind die Albumine bei 30° durch kleinere Alkohol- oder Azetonmengen fällbar als bei 10°[308]).

**Der Einfluß der Wasserstoffionenkonzentration** tritt besonders deutlich bei den Proteinen hervor. So wurde z. B. schon seit längerer Zeit von W. Pauli gefunden, daß Gelatine oder Serumalbumin durch Alkohol am leichtesten fällbar sind, wenn das pH der Lösung dem der isoelektrischen Reaktion entspricht (vgl. S. 91). Die einsinnig aufgeladenen Teilchen sind also schwerer koagulierbar als die zwitterionischen. Ein Beispiel sei in der Tabelle 57 angeführt (Versuche des Verfassers, l. c. 308).

---

[306]) Vgl. H. Erbring u. K. Wenstoep: Kolloid-Z. *85*, 342 (1938); H. Erbring u. K. Sakurada: Kolloid-Z. *73*, 191 (1935).
[307]) G. V. Schulz: Zeitschr. f. physik. Chem. A *179*, 321 (1937).
[308]) B. Jirgensons: Biochem. Z. *311*, 332 (1942).

Tabelle 57. *Abhängigkeit der Fällbarkeit vom pH und von der Konzentration des Ovalbumins.*
T = 15⁰ · Fällungsmittel — Azeton.

| | pH = 4,38 | pH = 4,72 (isoelektr.) | pH = 6,59 |
|---|---|---|---|
| | $\gamma$ in vol% | $\gamma$ in vol% | $\gamma$ in vol% |
| Konzentration der ursprünglichen Albuminlösung % | | | |
| 0,8 | 30,8 | 25,2 | 39,2 |
| 0,4 | 33,5 | 26,3 | 50,9 |
| 0,2 | 38,1 | 27,6 | 63,5 |
| 0,1 | 39,5 | 27,1 | 72,6 |

Aus der Tabelle ist zu ersehen, daß man erstens am wenigsten Azeton (25—27 Vol-%) für die Fällung braucht bei isoelektrischer Reaktion, und daß zweitens die benötigte Azetonkonzentration mit der Verdünnung des Sols wächst.

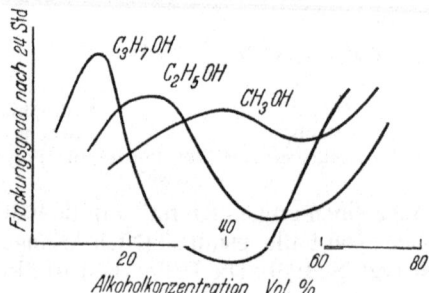

Abb. 159. Die Koagulation des Kaseinsols mit ansteigenden Alkoholmengen bei pH = 3,4 (Flockungsgrad nach 24 Stunden.)

**Fällbarkeit, Teilchengröße und Teilchenform.** Zwischen der Fällbarkeit $\gamma$ und dem Polymerisationsgrad P eines hochpolymeren Molekülkolloids besteht nach Schulz[309]) der Zusammenhang (vgl. S. 129)

$$\gamma = \alpha + \beta/\mathrm{P^m}.$$

$\alpha$, $\beta$ und m sind hier Konstanten. Die Konstante m ist von der Teilchen oder Molekülform abhängig. Für die Linearkolloide, wie z. B. die Nitrozellulose ist m = 1, und die obere Gleichung nimmt die einfachere Form

$$\gamma = \alpha + \beta/\mathrm{P}$$

an. Für die Sphärokolloide dagegen ist m = ²/₃, wie das besonders von E. Husemann[310]) am Beispiel der Glykogene gezeigt werden konnte. Dies bedeutet, daß *Linearkolloide* im allgemeinen *leichter fällbar* sind als *Sphärokolloide.*

Lange Teilchen können leichter zusammentreten und sich verbinden als korpuskulare,' abgesehen davon daß die ersteren mehr solvatisiert sind als die letzteren (s. S. 213—14). Die ursprüngliche Solvation der Teilchen spielt bei der Fällbarkeit durch Nichtlösungsmittel keine besondere Rolle.

**„Unregelmäßige Reihen" bei der Koagulation durch Nichtlösungsmittel.** Wird Stärkesol in einer Reihe von Reagenzgläsern mit Alkohol so versetzt, daß die Konzentration des Alkohols in der Reihe stufenweise wächst, und beobachtet man diese Flockungsgemische nach 15 oder 20 Stunden, so kann eine „unregelmäßige Flockungsreihe" festgestellt werden. Bei ganz geringer Alkoholkonzentration er-

[309]) G. V. Schulz u. B. Jirgensons: Zeitschr. f. physik. Chem. (B) *46*, 105 (1940). — Für die Reihen Protein-Polypeptide-Aminosäuren, die streng genommen keine echten polymerhomologen Reihen bilden, besteht zwischen Fällbarkeit und Molekulargewicht die Beziehung $\gamma = \alpha_1 - \beta_1$ logM, wobei $\alpha_1$ und $\beta_1$ Konstanten sind (B. Jirgensons: Journ. prakt. Chem. *160*, 21 (1942)). Vergl. auch z. B. D. R. Morey u. J. W. Tamblyn, Journ. Physic. and Colloid Chem. *51*, 721 (1947); E. Skau, W. J. Runckel, F. B. Kreeger u. M. A. Sullivan, ebenda *49*, 281 (1945). Eine ausführliche Übersicht gaben L. H. Cragg u. H. Hammerschlag: Chem. Rev. *39*, 79 (1946).

[310]) E. Husemann: Journ. prakt. Chem. *158*, 163 (1941).

folgt keine Flockung, die Gemische sind klar; bei etwa 15 Vol-% Alkohol beginnt die Flockungswirkung dieses Nichtlösungsmittels und erreicht bei 20—30 Vol-% ihr Maximum. Bei 40—50 Vol-% Alkohol ist der Flockungsgrad geringer und steigt bei extrem großen Alkoholmengen wieder rasch an[311]). Das Gleiche läßt sich bei verdünnten Albumin- oder Kaseinsolen feststellen[312]) (vgl. Abb. 159). Bei der Koagulation von Kasein durch variierende Konzentrationen des n-Propylalkohols wird bei 40—60 Vol-% des Alkohols sogar eine echte Stabilisation beobachtet, d. h. die mit Alkohol versetzten Gemische sind höherdisperser als die alkoholfreien. Ähnliche Verhältnisse wurden unlängst auch bei den Saponinen festgestellt[313]).

Es ist bisher nicht gelungen, diese Tatsachen einwandfrei zu erklären. Anscheinend ist in den Fällen der Stabilisation mit einer Solvatation durch Alkohol zu rechnen.

## Die Koagulation lyophiler Sole durch Nichtelektrolyte und Salze.

**Niedrige Salzkonzentrationen.** Wird ein lyophiles Hydrosol gleichzeitig mit einem Salz und einem Nichtlösungsmittel versetzt, so wird die Wirkung des Nichtlösungsmittels (Alkohol, Azeton u. a.) schon durch geringe Salzkonzentrationen merklich verstärkt[314]). Diese sensibilisierende Wirkung der Salze ist bei allen Konzentrationen des Nichtelektrolyten sowie bei verschiedenen pH zu beobachten. Die minimalen Konzentrationen einiger Salze, die die Flockung von Ovalbumin durch Alkohol zu begünstigen vermögen, liegen, wie aus Tab. 58 ersichtlich, zwischen 0,000016 bis 0,003 Mol im Liter des Gemisches.

Tabelle 58. *Sensibilisierende Wirkung kleiner Salzmengen auf die Alkoholflockung von Ovalbumin (0,2%).*

| Salz | pH der Albumin-lösung | Alkohol | Konzentration des Alkohols (im Gemisch) | Minimale Salzkonzentration (Mol/L des Gemisches), die sensibilisiert |
|------|------|------|------|------|
| $CaCl_2$ | 5,27 | $n—C_3H_7OH$ | 16 Vol-% | 0,000016 |
| $CaCl_2$ | 5,27 | $n—C_3H_7OH$ | 40 | 0,000016 |
| $CaCl_2$ | 5,27 | $C_2H_5OH$ | 16 | 0,000016 |
| $CaCl_2$ | 6,43 | $C_2H_5OH$ | 24 | 0,000016 |
| $K_2SO_4$ | 5,52 | $n—C_3H_7OH$ | 16 | 0,00032 |
| $K_2SO_4$ | 5,52 | $C_2H_5OH$ | 24 | 0,00032 |
| $K_2SO_4$ | 5,52 | $CH_3OH$ | 16 | 0,00032 |
| $K_2SO_4$ | 6,43 | $n—C_3H_7OH$ | 16 | 0,00080 |
| $K_2SO_4$ | 6,43 | $n—C_3H_7OH$ | 40 | 0,0016 |
| $K_2SO_4$ | 4,02 | $n—C_3H_7OH$ | 16 | 0,00016 |
| KCl | 5,52 | $n—C_3H_7OH$ | 16 | 0,00080 |
| KCl | 4,02 | $n—C_3H_7OH$ | 16 | 0,0016 |
| NaCl | 6,28 | $n—C_3H_7OH$ | 16 | 0,00080 |
| NaCl | 4,02 | $n—C_3H_7OH$ | 16 | 0,0032 |
| KCNS | 6,28 | $n—C_3H_7OH$ | 16 | 0,00080 |
| KCNS | 6,28 | $n—C_3H_7OH$ | 32 | 0,00080 |

---

[311]) M. Samec: Kolloid-Beih. *33*, 103 (1931); B. Jirgensons: Z. physik. Chem. *158*, 56 (1931).

[312]) B. Jirgensons: Kolloid-Z. *61*, 42 (1932); Kolloid-Beih. *44*, 285 (1936). — Die Maxima und Minima werden nur bei solchen pH beobachtet, die sich um einige Einheiten von dem isoelektrischen Reaktion unterscheiden. Bei isoelektrischem Ovalbumin wird keine Doppelflockung festgestellt.

[313]) E. O. K. Versträte: Kolloid-Z. *104*, 96 (1943).

[314]) B. Jirgensons: Kolloid-Z. *63*, 78 (1933); Kolloid-Beih. *44*, 285 (1936).

Bei der Verwendung kleiner Salzkonzentrationen verschwinden die oben be-schriebenen „unregelmäßigen Reihen" der Alkoholflockung, da jetzt bei allen Konzentrationen des Nichtelektrolyten die Koagulation rasch verläuft. Solche Wirkung kleiner Salzmengen ist aber nicht bei allen Proteinen zu beobachten.

**Hohe Salzkonzentrationen**[315]). Bei der Koagulation eines lyophilen Sols durch Nichtlösungsmittel in Gegenwart großer Salzmengen ist entweder eine sensibilisierende oder eine stabilisierende Wirkung des Salzes zu beobachten. Die stabilisierende Wirkung der Salze zeigt sich im Falle der Ovalbumin-, Kasein- und Hämoglobinsole bei einer Konzentration des Neutralsalzes (NaCl, CaCl$_2$,

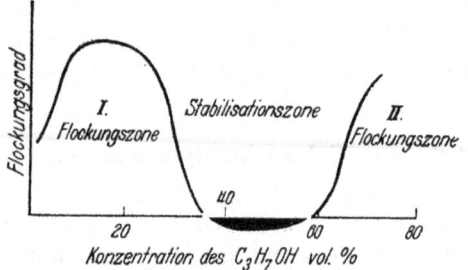

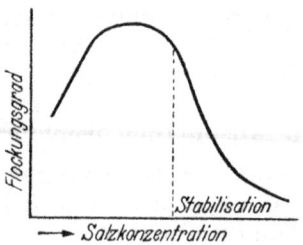

Abb. 160. Unregelmäßige Reihe bei der Koagulation in Ge-gegenwart einer konstanten großen Salzkonzentration und ansteigenden Mengen eines organischen Nichtlösungsmittels (nach B. Jirgensons). Von den Alkoholen wirkt n-Propylalkohol besonders stark peptisierend bei 40—50 Vol-%.

Abb. 161. Abhängigkeit der Koagula-tion von der Salzkonzentration in Ge-genwart 50 Vol-% Propylalkohol.

KCNS u. a.) zwischen 0,1—0,5 Mol i. L. und bei 40 bis 60 Vol-% Äthyl-, Propyl-oder Allylalkohol, sowie Azeton, Dioxan u. a. organischer Stoffe. Bei konstanten großen Salzkonzentrationen und variierenden Konzentrationen des Nichtelektro-lyten erhält man unter solchen Bedingungen die „unregelmäßigen Reihen" (Doppelflockung) (vgl. Abb. 160). Im Fall der Stärkesole fehlt, wenn diese durch Nichtelektrolyte und große Salzmengen koaguliert wer-den, die erste Flockungszone. Die Salze wirken in diesem Fall stabilisierend bis zu etwa 30 Vol-% Alkohol. Auch bei der Koagulation des Gelatine-sols fehlt die erste Flockungs-zone, die Stabilisation ist in diesem Fall bei 30 bis 60 Vol-% Alkohol oder Azeton zu beobachten. Besonders charakteristisch ist die Stabi-lisation bei der Koagulation verschiedener lyophiler Sole durch Propylalkohol und CaCl$_2$ oder ähnlicher Salze.

Tabelle 59. *Minimale Salzkonzentrationen, die bei der Koagulation von 0,8% Gelatine durch 40 Vol-% Isopro-pylalkohol stabilisierend wirken.*

| Salz | Konzentration Mol i. Liter des Gemisches |
|---|---|
| AlCl$_3$ | $5 \cdot 10^{-4}$ |
| La(NO$_3$)$_3$ | $5 \cdot 10^{-4}$ |
| CaCl$_2$ | $4 \cdot 10^{-3}$ |
| BaBr$_2$ | $3 \cdot 10^{-3}$ |
| MgSO$_4$ | stabilisiert nicht |
| NiSO$_4$ | ,, ,, |
| MnSO$_4$ | ,, ,, |
| NaCl | $2 \cdot 10^{-1}$ |
| NaNO$_3$ | $2 \cdot 10^{-1}$ |
| KBr | $2 \cdot 10^{-1}$ |
| KNO$_3$ | $2 \cdot 10^{-1}$ |
| KCNS | $2 \cdot 10^{-1}$ |

Man kann die Reihenversuche auch so ausführen, daß man ein lyophiles Sol mit konstanten großen Mengen eines Nichtelektrolyten versetzt und mit variieren-den Salzkonzentrationen koaguliert. Man erhält z. B. bei der Koagulation durch 40 Vol-% Propylalkohol und ansteigende Salzkonzentrationen die in Abb. 161 sichtbare Kurve. Sie besagt, daß die Flockungswirkung der Salze mit ihrer Konzentration zuerst

315) B. Jirgensons: Kolloid-Z. **46**, 114 (1928); **47**, 236 (1929); Biochem. Z. **240**, 218 (1931); Kolloid-Beih. **44**, 285 (1936); Kolloid-Z. **76**, 182 (1936).

zunimmt, ein Maximum erreicht und bei extrem großen Werten abnimmt. Verschiedene Salze zeigen die gleiche Wirkung, wobei mehrwertige Kationen schon bei geringerer Konzentration als einwertige stabilisierend wirken können (vgl. Tab. 5). Nur Salze, die aus einem zweiwertigen Kation und einem zweiwertigen Anion zusammengesetzt sind, stabilisieren nicht. Die Stabilisation ist unabhängig von geringen Änderungen des pH (im Bereiche einiger Einheiten).

Erfolgt in einem salzhaltigen Wasser-Propylalkoholgemisch (mit 40—50 Vol-% $C_3H_7OH$) keine Koagulation irgendeines Proteins, so kann man erwarten, daß in solchem Gemisch z. B. Kasein sich auflösen wird. Das ist auch tatsächlich der Fall. Während ein 40 Vol-% Propylalkohol oder eine 0,3 m $CaCl_2$-Lösung nur ganz geringe Mengen von Kasein auflösen können, ist die Löslichkeit in einem Gemisch von 40 Vol-% Propylalkohol, das noch 0,3 Mol i. L. des Gemisches $CaCl_2$ enthält, sehr beträchtlich. Diese vollständig klaren Lösungen des Proteins sind unbegrenzt beständig. Da das Protein hier durch Alkohol und Salz auch gegen Einwirkung von Mikroben geschützt ist, sind die Lösungen auch in dieser Hinsicht unangreifbar.

Unlängst hat man gefunden, daß bei der Koagulation des Kaseins durch 0,2 Mol i. L. $CaCl_2$ und variierende Mengen sogar solcher chemisch unterschiedlichen Stoffe wie Dioxan, Pyridin und Eisessig ähnliche unregelmäßige Reihen wie mit den Alkoholen auftreten. Bei 5—15 Vol-% des organischen Stoffes wird Koagulation, bei höheren Konzentrationen dagegen Stabilisation beobachtet[316]).

**Die Gründe der Sensibilisation und Stabilisation.** Bei großen Mengen des Nichtelektrolyts und kleinen Salzkonzentrationen spielt der Nichtelektrolyt die Hauptrolle, und die Salze begünstigen die Koagulation (sensibilisieren), indem sie die Teilchen entladen. Im Fall großer Salzkonzentrationen sind aber die Verhältnisse viel komplizierter. Anscheinend entstehen bei 40—60 vol-% Nichtelektrolyt und große Salzkonzentrationen — im Falle der Stabilisation — lösliche Molekülverbindungen zwischen den in den Gemischen befindlichen Komponenten (vgl. S. 228). E. Graf[317]) zeigte, daß Neutralsalze von Kasein um so leichter adsorbiert werden, je höher die Alkoholkonzentration ist. Salze, wie z. B. $CaCl_2$ besitzen eine gewisse Affinität nicht nur zu Wasser, sondern auch zu den aktiven Gruppen des Proteinmoleküls und zu den polaren Gruppen des Nichtelektrolyten (z. B. OH des Alkohols).

**Bedeutung der Sensibilisations- und Stabilisationseffekte.** Die sensibilisierende Wirkung verschiedener Nichtelektrolyte, wie z. B. die des Alkohols, Äthers u. a. kann mit einigen biologischen Wirkungen dieser Nichtelektrolyte in Zusammenhang gebracht werden. So betätigen sich Alkohol oder Äther als Narkotika. Diese Wirkung wird durch den koagulierenden bzw. sensibilisierenden Einfluß der Stoffe auf die Kolloide der Nervenzellen erklärt[318]). Diese Hypothese wird auch durch die Versuche Bancrofts[319]) gestützt, denen zufolge der Zustand der Narkose durch Injektion von stark peptisierend wirkenden Salzen (NaCNS) aufgehoben werden kann.

Weiter sind hiermit die praktisch wichtigen Bedingungen aufgeklärt, bei welchen beständige lyophile Kolloide am leichtesten fällbar sind. Bei Gegenwart von Salz ist Methylalkohol das beste Fällungsmittel, da es niemals peptisierend wirkt.

Die Stabilisation ist z. B. insofern wichtig, daß hierdurch die Bedingungen gegeben sind, unter denen außerordentlich beständige Sole, die viel Salz und Nichtelektrolyt enthalten, hergestellt werden können. Gleichzeitig ist es auch möglich, aus dem Verlauf der Flockungsversuche auf die Löslichkeit der lyophilen Stoffe zu schließen: die Gemische, in denen die kolloid gelösten Stoffe beständig sind, sind auch gute Lösungsmittel für diese.[319a]

Es sei zuletzt darauf verwiesen, daß mit Hilfe der Flockungsreihen die Charakterisierung verschiedener komplizierter Gemische vorgenommen werden kann. Die Flockungsreihe z. B. von einem Protein- oder Polysacharidgemisch ist ein wichtiges Merkmal, das den Stoff ebenso kennzeichnet wie die Viskosität, N-Gehalt oder das Chromatogramm in einer Adsorptionssäule.

---

[316]) B. Jirgensons: Kolloid-Z. 99, 314 (1942). — Vor kurzem hat der Verfasser gefunden, daß auch bei der Koagulation der Kartoffelproteine durch Propylalkohol und Salz die unregelmäßigen Reihen auftreten (Journ. of Colloid Science 1, 539 (1946)).

[317]) E. Graf: Kolloid-Beih. 46, 229 (1937).

[318]) Vgl. z. B. W. W. Lepeschkin: Biochem. Z. 317, 115 (1944).

[319]) W. D. Bancroft u. J. E. Rutzler: Journ. physik. Chem. 35, 1185 (1932).

[319a]) H. P. Lundgren, A. M. Stein, V. M. Koorn u. R. A. O'Connell, Journ. Physic. and Colloid. Chem. 52, 180 (1948).

**Die Beeinflussung der Größe und Struktur der Teilchen lyophiler Kolloide.**

**Reversible Änderung der Teilchengröße von Mizellkolloiden.** Zu den Mizellkolloiden gehören die Seifensole, viele Farbstoffsole, sowie manche Proteine. Die Mizellkolloide unterscheiden sich von den Molekülkolloiden dadurch, daß die Teilchen der ersteren außerordentlich leicht in kleinere Bausteine reversibel zerfallen können. Das Zerfallen läßt sich am besten durch Erhöhung der Temperatur bewirken. In einem mäßig konzentriertem Seifensol bei Zimmertemperatur befindet sich neben den kolloiden Seifenteilchen auch ein geringer Anteil mikromolekular verteilter Salze der Fettsäuren. Beim Erwärmen des Seifensols zerfallen die Seifenmizellen stufenweise in einzelne Moleküle; mit steigender Temperatur wird das Seifensol also mehr und mehr hochdispers. Kühlt man die erwärmte hochdisperse Seifenlösung wieder ab, so aggregieren die Moleküle wieder zu relativ großen Seifenmizellen. Im Falle reiner Seifen, z. B. Natriumpalmitat, gilt dann etwa das folgende Reaktionsschema:

$$(C_{15}H_{31}COONa)n \underset{\text{Abkühlung.}}{\overset{\text{Erwärmung}}{\rightleftarrows}} n\ C_{15}H_{31}COONa$$

In Wirklichkeit sind die Verhältnisse viel komplizierter, da die an der Teilchenoberfläche befindlichen Seifenmoleküle ionisiert sind. Das kolloide Teilchen besteht aus einer großen Anzahl $C_{15}H_{31}COONa$-Moleküle und aus einer kleineren Anzahl der Palmitationen, die als Gegenionen der abdissoziierten Na auftreten. Außerdem sind die Teilchen hydratisiert. Ferner ist der Zerfall als ein Vorgang zu denken, in dem Teilchen uneinheitlicher Größe entstehen. Außerdem sollte noch die Hydrolyse der fettsäuren Salze berücksichtigt werden.

Vollständiger Zerfall in einzelne Moleküle bzw. Ionen, wie die Teilchengewichtsbestimmungen ergaben, erfolgt selbst beim Siedpunkte der wässerigen Seifenlösungen nicht[320]).

Die Seifenmizellen sind so labil, daß sie schon beim Verdünnen mit Wasser teilweise in einzelne Salzmoleküle zerfallen. Je verdünnter also die Seifenlösung, um so mehr findet man dort vom mikromolekularen Anteil. In Alkohol sind die Seifen molekular löslich. Gießt man nun diese Lösung in eine größere Wassermenge, so erfolgt Aggregierung der Seifenmoleküle zu relativ großen Mizellen. Da die Löslichkeit von Na-Palmitat in Wasser relativ gering ist, vereinigen sich die Seifenmoleküle in wässeriger Lösung (besonders bei niedriger Temperatur) zu kleinen Kryställchen, die kolloide Ausmessungen und langgestreckte Form haben. Die Ausscheidung aus der alkoholischen Lösung beim Mischen mit Wasser erfolgt, weil die langen Kohlenwasserstoffketten der Seifenmoleküle von den Wassermolekülen nicht hydratisiert werden: die Verwandtschaft der Ketten zueinander ist größer, als zum Wasser. Aus demselben Grunde treten die kolloiden Eigenschaften nur bei verhältnismäßig langen Molekülen der fettsauren Salze auf.

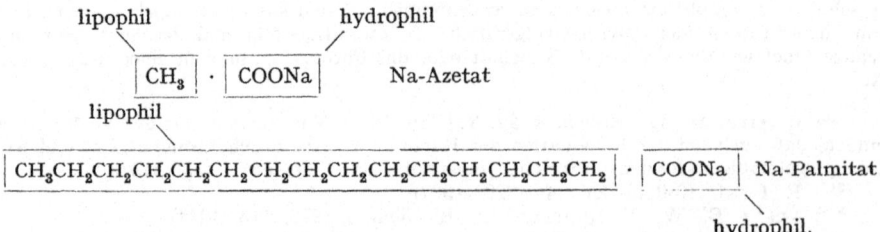

[320]) Über die Seifenmizellen vgl. P. Thiessen: Angew. Chemie **51**, 318 (1938), sowie R. Zsigmondy: Kolloidchemie, 5. Aufl., II. T., S. 166ff. (1927).

Natriumazetat oder Na-Propionat sind keine Seifen; die Moleküle bzw. Ionen dieser Salze aggregieren nicht in wässeriger Lösung, weil infolge des relativ großen Anteils hydrophiler –COONa-Gruppen die Moleküle zu löslich sind. Die Aggregierung zu Mizellen beginnt erst beim Na-Heptylat (7 C im Molekül). Die Caprinate, z. B. $CH_3(CH_2)_8COONa$, sind schon echte Seifen. Mit wachsender Länge der Kohlenwasserstoffketten fällt die Löslichkeit in Wasser (in Fettlösungsmitteln vergrößert sie sich), die Molekülattraktion zwischen den Ketten nimmt dagegen zu. Hierbei wächst auch die Neigung zur Mizellbildung. Diese erfolgt nun derart, daß die relativ langen Seifenmoleküle sich parallel ihren Längsachsen zusammenlagern. Das Achsenverhältnis der Aggregate nimmt mit steigendem Aggregierungsgrad anfangs ab, bis die Molekülbündel etwa ebenso dick wie lang sind, dann wachsen aber die Teilchen bevorzugt in einer Richtung, so daß stark langgestreckte Gebilde entstehen (vgl. S. 172).

**Reversible Dissoziation der Proteinmoleküle.** Einige Proteinsole, z. B. die Gelatine, enthalten mizellare Teilchen, die sehr beträchtlich wachsen, wenn die Temperatur z. B. von 40⁰ auf 10⁰ erniedrigt wird. Außerdem sind die Gelatinesole, wie das aus den Untersuchungen mit der Ultrazentrifuge folgt, ähnlich den Seifensolen polydispers. In den Gelatinesolen findet man somit, auch wenn sie fraktioniert sind, keine vollständig einheitlichen Anteile.

Das Gegenteil trifft z. B. bei den Solen der Blutfarbstoffe, sowie beim Serumalbumin und Ovalbumin zu. Die Sole dieser Stoffe sind entweder vollständig einheitlich, d. h. alle Teilchen sind fast gleich, oder sie bestehen aus einem Gemisch von zwei oder etwas mehr Fraktionen, die ihrerseits einheitlich sind. Dies läßt sich aus den Sedimentationsdiagrammen (vgl. S. 115) meist immer klar erkennen. Geringe Änderungen der Temperatur haben keinen Einfluß auf die Molekülgröße. Ebenso haben auch geringe Änderungen der Wasserstoffionenkonzentration keinen Einfluß auf die Teilchengröße. So haben z. B. die Sole von Serumalbumin zwischen $pH = 4$ und 9 die gleiche Sedimentationskonstante von $4,4 \cdot 10^{-13}$, was einem Molekulargewicht von 67000 entspricht. Daraus kann man mit großer Wahrscheinlichkeit schließen, daß die Teilchen Makromoleküle sind.

Interessante Aggregierungs- und Desaggregierungseffekte zeigen die Blutfarbstoffe niederer, wirbelloser Tiere. Diese eisen- oder kupferhaltigen Proteine, die man z. B. aus dem Schneckenblut isolieren kann, sind sehr hochmolekulare Stoffe. Z. B. das sogenannte Hämozyanin aus dem Blut der Weinbergschnecke (Helix pomatia) hat Teilchen vom relativen Gewicht 6740000. Die Teilchengröße bleibt unverändert, wenn das $pH$ zwischen 4,5 und 7,4 variiert wird. Beim $pH$ unter 4,5 oder $pH > 7,4$ halbieren sich die Teilchen. Wird die Konzentration der H⋅ oder OH′-Ionen noch mehr gesteigert, so zerfallen die Teilchen in noch kleinere Bruchstücke, die nur $1/_8$ oder $1/_{16}$ vom ursprünglichen Gewicht haben. Merkwürdig ist dabei die Tatsache, daß die Desaggregierungsprodukte vollkommen homogen sind, und daß sie sich bei der Neutralisation (Rückverschiebung des $pH$ auf 4,5—7,4) wieder zu ursprünglichen Teilchen vom Gewicht 6740000 vereinigen. Ähnliches Verhalten wird bei vielen anderen Blutfarbstoffen der niederen Tiere beobachtet (vgl. Abb. 162). „Überdies scheinen die Gewichte aller gutdefinierten Hämozyaninmoleküle einfache Multipla des niedrigsten von ihnen zu sein. In den meisten Fällen stehen die Hämozyaninkomponenten einer bestimmten Art durch umkehrbare, $pH$-abhängige Dissoziations-Assoziationsvorgänge in Zusammenhang. Bei bestimmten $pH$-Werten greift eine tiefgehende Veränderung von Zahl und Mengenverhältnis der Bestandteile Platz. Die für das Zustandekommen der Reaktion erforderliche Verschiebung von $pH$ macht nicht mehr als einige Zehntel der Einheit aus. Die den Zusammenhalt der spaltbaren Teile der Moleküle bewirkenden Kräfte müssen also sehr schwach sein"[321]).

Ob die bei der Rückvereinigung der Spaltprodukte gebildeten großen Teilchen, die hinsichtlich des Gewichts den ursprünglichen Molekülen gleich sind, auch bezüglich aller anderen Eigenschaften ihnen gleichen, steht noch dahin. Daß die biologischen Eigenschaften durch die Dissoziations-Assoziationsvorgänge verändert werden, zeigen unter anderem die Untersuchungen von Schramm[322]) am Tabakmosaikvirusprotein. Die ursprünglichen Teilchen sind sehr dünne Stäbchen, die 200 m$\mu$ lang und 1,5 m$\mu$ dick sind. Zwischen pH $=$ 2,5 bis 9 sind sie beständig. Oberhalb von pH $=$ 9 zerfallen die Stäbchen in kleinere, annähernd kugelförmige Bruchstücke, die biologisch inaktiv sind. Wird die Lösung, in der sich die gespaltenen Teilchen befinden, mit Essigsäure bis zum pH $=$ 5 angesäuert, so vereinigen sich die Spaltprodukte wieder zu den ursprünglichen großen Virusstäbchen. Zwar ist jetzt die Größe und Form der Teilchen dieselbe wie vor der Spaltung, sie sind aber biologisch vollständig inaktiv, d. h. wenn sie auf ein Tabakblatt gebracht werden, vermehren sie sich nicht und können die Viruskrankheit nicht hervorrufen.

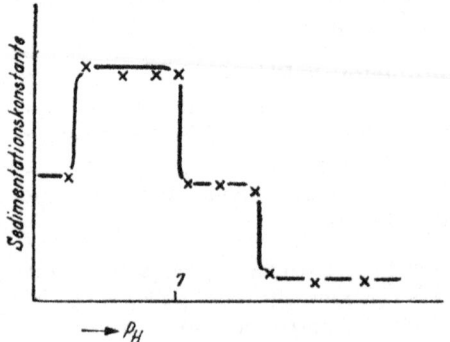

Abb. 162. Sprunghafte Änderung der Sedimentationskonstante wenn das pH geändert wird.

Es finden sich in der Literatur auch Vermutungen über reversible Umwandlungen von Albuminen in Globuline, z. B. von Laktalbumin in Laktoglobulin[323]). Die Globuline haben immer höhere Molekulargewichte als die entsprechenden Albumine (von einem und demselben biologischen Medium). Dementsprechend sind auch die Globuline schwerer löslich als die Albumine. Die chemische Zusammensetzung beider ist aber oft fast die gleiche.

**Hervorrufung der Flockung durch verschiedene Mittel.** Einige lyophile Sole, nämlich diejenigen der Albumine, lassen sich leicht durch *Erwärmung* bis 50—70° auskoagulieren. Die Flockung ist irreversibel, d. h. durch Abkühlung kann der Niederschlag nicht mehr in Lösung gebracht werden. Dagegen werden durch starke *Erniedrigung der Temperatur* (von — 20° bis zur Temperatur der flüssigen Luft) und nachher erfolgender Auftauung, Albumin und Hämoglobin nicht koaguliert. Die Seifen krystallisieren in der Kälte aus, in der Wärme gehen sie wieder in Lösung. Stärke wird durch Ausfrieren und Auftauen teilweise koaguliert[324]).

Die Proteine des Blutplasma werden bei — 20° C nicht verändert. Auf Grund dieser Tatsache wurde vor kurzem in USA. ein Verfahren zur Herstellung trockenen Blutplasmas ausgearbeitet. Das bei ca. — 20° verfrorene Blutplasma wurde im Vakuumapparate durch ein auf — 70° gekühltes Rohr verdampft. Das wasserfreie Plasma ist eine lockere Masse, die in destilliertem Wasser klar löslich ist, und die Lösung kann als Blutersatz erfolgreich verwendet werden. Große Mengen des so hergestellten Trockenplasmas wurden von USA. im letzten Krieg in ver-

[321]) T. Svedberg: Kolloid-Z. *85*, 122 (1938).
[322]) G. Schramm: Naturwiss. *31*, 94 (1943).
[323]) A. H. Palmer: Journ. biol. Chem. *104*, 359 (1934). Vergl. auch R. J. Block in C. L. A. Schmidt's — The Chemistry of Amino Acids and Proteins, 2nd. ed. 1945, S. 311 ff und 1095 ff.
[324]) S. Djatschkovsky: Kolloid-Z. *54*, 278 (1931); *59*, 76 (1932).

schiedene Weltteile versandt und zur Heilung von Schwerverwundeten erfolgreich verwendet.

Ebenso wurden z. B. die Virusproteine, die aus sehr großen, im Elektronenmikroskop sichtbaren Molekülen bestehen, aus gefrorenem Pflanzenmaterial isoliert, ohne dabei denaturiert zu werden (vgl. S. 194).

Veränderung des Dispersitätsgrades kann auch unter Einfluß von *Bestrahlungen* mit intensivem Licht, besonders mit ultravioletten, mit Röntgen- oder Radiumstrahlen erfolgen. Dabei werden oft kompliziert gebaute Teilchen, z. B. diejenige von Proteinen eigenartig verändert, *denaturiert*. Sie verlieren ihre natürlichen Eigenschaften, werden z. B. schwerer löslich und leichter fällbar. Bei einer solchen Denaturierung wandeln sich die regelmäßig gebauten Teilchen der lyophilen Sphärokolloide in unregelmäßig gebaute, faserige um[325]. Ovalbumin wird

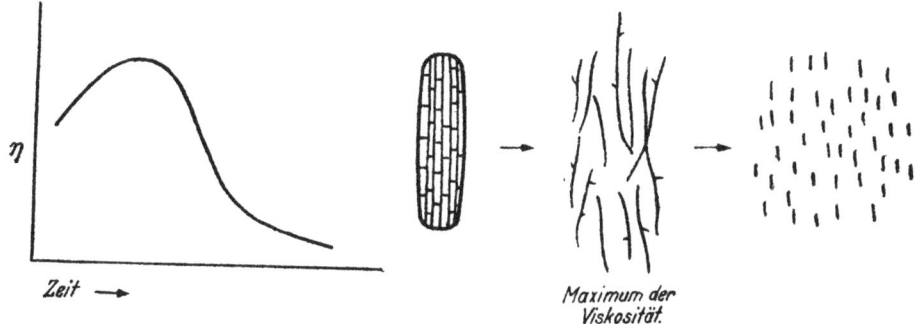

Abb. 163. Zeitliche Änderung der Viskosität bei stufenweisem Abbau eines Sphäroproteines. Die korpuskularen Teilchen werden zuerst zu faserigen denaturiert (Viskositätsmaximum), die dann weiter in kürzere Bruchstücke zerfallen (nach B. Jirgensons).

sogar durch *Schütteln* teilweise koaguliert, da die korpuskularen Teilchen durch die Oberflächenkräfte denaturiert werden; die dabei entstandenen faserigen Veränderungsprodukte vereinigen sich leicht zu groben Flocken. Noch leichter erfolgt die Flockung, wenn ein Albuminsol mit einem kapillaraktiven organischen Stoff, z. B. Chloroform, geschüttelt wird.

**Durch chemische Mittel erzwungene irreversible kolloidchemische Umwandlungen.** Durch mäßig konzentrierte sowie konzentrierte starke Säuren, besonders bei erhöhter Temperatur, erfolgt hydrolytische Spaltung der Polysacharide sowie der Proteine, wobei mikromolekulare Spaltprodukte entstehen (Dissolution). Verdünnte Laugen bewirken ebenfalls bei erhöhter Temperatur zuerst Umwandlung der rundlichen Moleküle verschiedener Sphäroproteine in längliche Teilchen, die sich dann weiter in kleinere Bruchstücke aufspalten, wie das aus Viskositätsmessungen gefolgert werden konnte; die Viskosität nimmt nämlich am Anfang des Abbaus zu, erreicht ein Maximum und fällt dann ab[326] (vgl. Abb. 163). Weiter erlauben röntgenographische Untersuchungen den Schluß zu ziehen, daß auch bei der Denaturierung durch Hitze oder durch Austrocknung eine mehr oder weniger vollständige Entrollung der Molekülknäuel der Sphäroproteine, wie sie in viele kolloiden Lösungen vorliegen, erfolgt (W. T. Astbury[327]). Streckung korpuskularer Teilchen der Sphäroproteine findet ferner in der ersten Phase der Verdauung durch Fermente statt, was sich aus Ultrazentrifugierungsversuchen entnehmen läßt[328]. Auch bei der Behandlung der Sphäroproteine mit salpetriger Säure[329] oder mit Ozon[330] werden Lösungen hochviskoser Umwandlungsprodukte erzielt,

[325] Vgl. H. K. Meyer u. H. Mark: Hochpolymere Chemie, II. Bd. S. 515ff. (1940). H. Neurath, J. P. Greenstein, F. M. Putnam u. J. A. Erickson, Chem. Rev. *34*, 157 (1944).

[326] B. Jirgensons: Journ. prakt. Chem. *160*, 120 (1942); J. Gróh: Kolloid-Z. *107*, 67 (1944).

[327] Vgl. die zusammenfassende Mitteilung von F. Halle: Kolloid-Z. *81*, 334 (1937).

[328] T. Svedberg u. K. Pedersen: Die Ultrazentrifuge, S. 353 (1940).

[329] B. Jirgensons: Journ. prakt. Chem. *161*, 181 (1943); *161*, 293 (1943); *162*, 237 (1943).

[330] J. Gróh u. M. Weltner: Kolloid-Z. *107*, 141 (1944).

woraus auf die Umwandlung korpuskularer Teilchen in faserige·(durch chemische Einwirkung) geschlossen werden kann. Alle diese Untersuchungen bestätigen die Annahme, der zufolge die Teilchen der Sphäroproteine als Knäuel oder Ballen, aus regelmäßig eingerollten Polypeptidketten bestehend, zu denken sind. Bei bestimmten chemischen oder physikalischen Einwirkungen erfolgt dann Lockerung und Entrollung der Knäuel unter Bildung mehr oder weniger hochviskoser Linearkolloide.

## Gegenseitige Flockung und Entmischung zweier lyophiler Kolloide.

Bezüglich der gegenseitigen Fällung lyophiler Sole sind die Ladungsunterschiede nicht so wichtig wie bei den lyophoben Kolloiden (vgl. S. 216). Es ist möglich, zwei Sole mit entgegengesetzt geladenen Teilchen, z. B. ein negatives und ein positives angesäuertes Gelatinesol, zusammenzugießen, ohne daß Ausflockung erfolgt. In vielen Fällen findet aber auch Koagulation statt, z. B. wenn man ein negatives Sol von arabischem Gummi mit einem angesäuerten, positiven Gelatinesol (pH <4,8) versetzt. Noch ein dritter Fall ist möglich: Wird ein warmes, konzentriertes Gelatinesol mit einem konzentrierten Stärkesol versetzt, so erfolgt Entmischung, obgleich beide Sole negativ geladen sind[331]). Das gleiche wird beobachtet, wenn ein negatives konzentriertes Gelatinesol mit einem negativen Sol des arabischen Gummis gemischt wird. Weiter sind sämtliche Serumproteine durch Seifen fällbar, sobald man nur mittels Elektrodialyse dafür sorgt, daß das hydrolytisch gebildete, die Fällung hemmende Alkali entfernt wird.

**Die Koazervation.** Die Abscheidung einer flüssigen Phase läßt sich bei der Koagulation lyophiler Sole ziemlich oft beobachten. Zuweilen wird sie bei der Fällung durch Nichtlösungsmittel, und auch z. B. bei der gegenseitigen Fällung eines verdünnten positiven Gelatinesols mit Gummiarabicum festgestellt. Ebenso wie bei der Koagulation ist am Anfang des Entmischungsvorganges Trübung zu beobachten. Bei mikroskopischer Betrachtung ist zu ersehen, daß die Trübung aus kleinen Tröpfchen besteht. Die Tröpfchen fließen zusammen, werden immer größer, bis schließlich eine zweite flüssige Schicht entsteht. Diese Entmischungsvorgänge wurden nun von Kruyt und Bungenberg de Jong als *Koazervation* bezeichnet[332]). Dabei unterscheidet man weiter *einfache* von der *Komplexkoazervation*. Bei der einfachen Koazervation spielt die Ladung der Teilchen keine Rolle (Beispiel: negatives, konzentriertes Gelatinesol mit Gummiarabicumsol); das Gemisch trennt sich in zwei Schichten auf, beide sind kolloidreich und jede Schicht enthält eines der beiden Kolloide im Überschuß. Die einfache Koazervation wird nur an konzentrierten Solen beobachtet. Die Komplexkoazervation ist dagegen in verdünnten Solen mit entgegengesetzt geladenen Teilchen beobachtbar. Die positiven Teilchen vereinigen sich mit den negativen (Beispiel: positive Gelatineteilchen mit den negativen Gummiarabicumteilchen) und es entstehen kleine, kolloidreiche Tröpfchen. Diese schließen sich zusammen und es bildet sich eine kolloidreiche Schicht, die die Hauptmenge beider Kolloide enthält. Zwischen Komplexkoazervation und Flockung kann keine scharfe Grenze gezogen werden, da auch die „festen" Flocken mehr oder weniger Flüssigkeit enthalten.

**·Deutung der gegenseitigen Fällung und Entmischung.** Wie man sieht, sind die Vorgänge gegenseitiger Flockung lyophiler Sole sehr mannigfaltig. Erfolgt beim Vermischen zweier Sole mit entgegengesetzt geladenen Teilchen

---

[331]) Wo. Ostwald und R. Hertel: Kolloid-Z. *47*,· 158, 357 (1929).
[332]) H. G. Bungenberg de Jong und H. R. Kruyt: Kolloid-Z. *50*, 39 (1930); L. Hollemann, Bungenberg de Jong und R. Moddermann: Kolloid-Beih. *39*, 334 (1934); Bungenberg de Jong und J. Lens: Kolloid-Z. *58*, 209 (1932); H. Bungenberg de Jong: Kolloid-Z. *79*, 223 (1937).

keine Flockung, so sind die Ladungsunterschiede anscheinend zu gering. Wegen der starken Solvatation findet keine Vereinigung der Teilchen statt. Die gegenseitige Vereinigung und Flockung aber beginnt, wenn die Teilchen des einen Sols stark negativ, die des anderen stark positiv aufgeladen sind. Nun sind die Teilchen der meisten lyophilen Kolloide mehr oder weniger schwach negativ geladen. Positiv geladene Teilchen kann man zwar durch Umladung mit Elektrolyten erhalten, doch führt man dadurch Fremdelektrolyte ein (z. B. Säure zur Umladung des Proteins) und die Verhältnisse werden unübersichtlich. Von den wenigen Stoffen, die im natürlichen Zustand positiv geladen sind, seien die halbkolloiden Protamine, z. B. das Clupein, genannt. Diese Clupeinmoleküle sind stark basisch, denn sie enthalten einen großen Überschuß von $NH_2$-Gruppen, die leicht unter Anlagerung von Wasser in $-NH_3^+OH^-$ übergehen. Es konnte nun gezeigt werden, daß Clupein bei $pH = 6—8$ viele Proteine auszuflocken imstande ist, wobei die Flockung durch Ausbildung salzartiger $NH_3^+ \ldots ^-OOC$-Brücken zwischen positiven Gruppen des Clupeins und den negativen der Proteine zustande kommt. Der ganze Vorgang ist somit nichts anderes als Neutralisation. Diese Schlußfolgerung entspricht hauptsächlich den experimentellen Ergebnissen, denen zufolge eine bestimmte Clupeinmenge immer nur eine ganz bestimmte Eiweißmenge, unabhängig davon, wieviel von jeder Komponente genommen wurde, zu binden vermag[333]).

Schwieriger lassen sich die Entmischungsvorgänge deuten. Nach K r u y t und B u n g e n b e r g d e J o n g (l. c. 332) spielt hier die Änderung der echten Solvatation die Hauptrolle. H a u r o w i t z (l. c. 333) weist dagegen darauf hin, daß die Koazervation stets an typischen Linearkolloiden wie Gelatine, Agar und Gummiarabicum beobachtet wird und daß flüssige Niederschläge wegen der im Netzwerke der Fäden mechanisch eingeschlossenen großen Flüssigkeitsmengen entstehen. Diese Erklärung ist auch die richtige.

Die gegenseitige Fällung von lyophilen Kolloiden steht in Beziehung zu den s e r o l o g i s c h e n R e a k t i o n e n. Wird in die Blutbahn eines Tieres ein fremdes Protein (Antigen) eingeleitet, so werden in dem Blutserum die sogenannten Antikörper gebildet, die sich mit dem Antigen verbinden und Niederschläge bilden können. Durch grundlegende Forschungen, insbesondere von K. L a n d s t e i n e r, H e i d e l b e r g e r und K a b a t, ist jetzt bekannt, daß die Antikörper, die dem Tiere Immunität gegen bestimmte körperfremde Stoffe verleihen, unter Einfluß der fremden Moleküle von den Serumglobulinen gebildet werden. Merkwürdig ist die außerordentliche Spezifität der serologischen Reaktionen, d. h. jeder Fremdkörper (Antigen), z. B. ein Bakterientoxin, kann nur die Bildung ganz spezifischer Antikörper bezw. Antitoxine hervorrufen. Nach L. P a u l i n g[333a] erfolgt die Bildung der Antikörper derart, daß die Peptidketten der Serumglobulinmoleküle teilweise entrollt und dann den fremden Makromolekülen angepaßt und wieder eingerollt werden (Kopieren nach dem Modell des Fremdkörpers). Der Einfluß verschiedener, mit dem Antigen verbundener Atomgruppen wurde untersucht und festgestellt, daß die zwischen dem Antigen und Antikörper stattfindenden Reaktionen (bei Bildung des Antikörpers, sowie bei der Fällung) hauptsächlich von der Struktur der Oberfläche und der Konfiguration, sowie Ladung der aktiven Gruppen abhängig ist. Die Ausflockung von Antigen durch Antikörper, bzw. Toxin durch Antitoxin, ist eine kolloidchemische Reaktion, und es ist jetzt zweifellos, daß auch in diesen Kolloid-Kolloid-Reaktionen die S t r u k t u r und I o n i s a t i o n der Teilchen, nicht die Hydratation wichtig ist.

---

[333]) F. H a u r o w i t z und F. M a r x: Kolloid-Z. 77, 65 (1936).
[333a]) L. P a u l i n g: J. Amer. Chem. Soc. 62, 2640 (1940); K. L a n d s t e i n e r: The Spezificity of Serological Reactions, Harvard Univ. Press, 1943; M. S t a c e y: Quarterly Reviews, 1947, S. 179 ff.

## Die Gelatinierung.

Gelatine, Agar, die Pektine, Seifen und viele andere Linearkolloide lösen sich in warmem Wasser und die Lösung erstarrt während der Abkühlung zu einer Gallerte (Gel). Dieser Vorgang wird als *Gelatinierung* bezeichnet. Am leichtesten gelatinieren die Linearkolloide, deren Löslichkeit mit der Temperatur stark abnimmt. So ist Gelatine oder Agar in kaltem Wasser unlöslich, sie quellen nur, aber lösen sich nicht auf. Bei 80—100° kann man dagegen hochkonzentrierte Lösungen von Gelatine herstellen. Dieser Zusammenhang zwischen Löslichkeitsänderung und Gelatinierung weist darauf hin, daß die Gelatinierung mit Krystallisation und Koagulation verwandt ist. Die bei erhöhter Temperatur in Lösung befindlichen Teilchen beginnen bei niediger Temperatur zu aggregieren. Bei genügend hoher Konzentration erfolgt aber die Aggregierung in außerordentlich vielen Punkten, und da die Teilchen fadenförmig und dazu noch solvatisiert sind, verschlingen sie sich zu einem lockeren Netzwerk, so daß das gesamte Dispersionsmittel mit eingeschlossen wird.

Hieraus leuchtet ein, daß die Gelatinierung nur oberhalb einer minimalen Kolloidkonzentration, sowie unterhalb einer gewissen Temperatur stattfinden kann.

Während der Gelatinierung, die viskosimetrisch verfolgt werden kann, nimmt die Viskosität stark zu. Zur Viskositätsbestimmung werden vom gelatinierenden Sol in regelmäßigen Zeitabständen kleine Proben abgenommen, die nachher verworfen und nicht zurückgegossen werden. Das geschieht mit Absicht, um das gelatinierende System möglichst wenig mechanisch zu stören.

Die Gelatinierung wird noch im nächsten Kapitel besprochen. Daß die Gelatinierung mit der Koagulation verwandt ist, zeigen unter anderem die Untersuchungen über die Änderung der optischen Eigenschaften während der Gelatinierung und der Einfluß verschiedener Zusätze auf diese. Verschiedene Salze beeinflussen die Gelatinierung im Sinne der Hofmeisterschen Ionenreihen, d. h. die Sulfate, Citrate, Oxalate, Azetate und Chloride beschleunigen die Gelatinierung, Jodide und Rodanide hemmen sie. In letzterem Sinne wirken auch Säuren und Laugen.

## XIV. Die Gele.

### Klassifikation der Gele.

**Was sind Gele?** Gele oder Gallerten sind formbeständige, leicht deformierbare, flüssigkeitsreiche disperse Systeme. Meist sind die Gallerten aus zwei Stoffen zusammengesetzt: aus einem festen Stoff (z. B. Kieselsäure, Gelatine) und einer Flüssigkeit (z. B. Wasser). Die Strukturelemente der typischen Gele, wie die der Kieselsäure, Gelatine oder Seifen, haben einen kolloiden Dispersitätsgrad, und die kolloid verteilten Teilchen der festen Stoffe eine *längliche* oder *stark verzweigte* Gestalt mit einer gewissen Formbeständigkeit. Diese kommt dadurch zustande, daß fadenförmige Teilchen, oder fadenförmige Anteile derselben miteinander leicht in Berührung kommen und sich leicht vernetzen können. Je kompakter die Teilchen sind, um so schwerer kommt es zu Gallertbildungen, d. h. man muß vom festen Stoff mehr im Dispersionsmittel auflösen*. So erhält man formbeständige Gallerten mit 0,2% Agar oder 0,6% Gelatine, aber die Eisenhydroxyd-

---

* Damit ist nicht gesagt, daß im Falle eines Linearkolloids immer die Gelbildung leicht eintreten wird, denn wir kennen z. B. flüssige Kollodiumlösungen mit 4% Nitrozellulose. Ob dann eine Lösung gelatiniert oder nicht, wird durch die Verknüpfungsmöglichkeit der Teilchen bedingt, z. B. durch gegenseitige Anziehung ionogener Gruppen.

gele sind niemals so wasserreich. Längliche Teilchen haben Vanadinpentoxydsol und Kieselsäuresol, sie sind deshalb auch leicht in Gelform zu erhalten. Demgegenüber ist es unmöglich, Gold- oder Schwefelgallerten darzustellen, weil eben die Teilchen dieser Sole kugelförmig sind. Glykogen hat relativ kompakte, kugelförmige Teilchen und gibt unter normalen Bedingungen keine Gele. Stärke besitzt dagegen stark verzweigte Moleküle und ist leicht in Gelform zu erhalten. Die Albumine sind Sphärokolloide und lassen sich schwer in Gelform darstellen; bei einer bestimmten Temperatur denaturiert sich aber die Albuminlösung, wobei die kompakten Teilchen in aufgelockerte, netzförmige Gebilde übergehen, was mit einer Gelbildung verbunden ist, die somit leicht eintreten kann.

**Einteilung der Gele.** Die meisten Gele, wie·z. B. diejenigen der Gelatine, des Kautschuks und Agars sind *elastisch*. Die Formelastizität ist bei schneller mechanischer Beanspruchung besonders gut. Bei langsamer Beanspruchung verhalten sie sich dagegen ähnlich den Flüssigkeiten hoher Viskosität, d. h. sie fließen langsam.

Außer den elastischen Gelen sind aber auch *unelastische* bekannt, wie z. B. diejenigen der Kieselsäure oder des Eisenhydroxyds.

Mc Bain unterscheidet Gele von Gallerten. *Gallerten* sind durchsichtige, elastische Massen, wie z. B. des Agars oder der Gelatine. Mehr oder weniger flüssigkeitsreiche, flockige Niederschläge, wie z. B. diejenige von auskoaguliertem Chromoxyd, Kieselsäure usw. sollen dagegen *Gele* genannt werden.

Es wäre vorteilhaft, das Wort „Gel" für den inhaltsreicheren, im weiterem Sinne brauchbaren Begriff beizubehalten. Gele sind demnach alle formbeständigen, leicht deformierbaren dispersen Systeme mit festen und flüssigen Bestandteilen. Gallerten sind dagegen nur besonders durchsichtige, elastische Gele.

Oft werden mit dem Worte Gel auch feste, flüssigkeitsarme disperse Systeme bezeichnet, wie z. B. Zellulose, Gelatineblätter, sogar Kohle, Harze und glasartige Massen. Es ist aber zweckmäßiger, solche flüssigkeitsarme Systeme, wie z. B. ein ausgetrocknetes Kieselsäuregel oder ein Gelatineblatt *Xerogele* zu nennen, da sonst die Gele schwer von den festen dispersen Systemen abzugrenzen wären. Es ist unzweckmäßig, ein Stück Kohle oder ein Ziegelstein als Gel zu bezeichnen. Auch Harze, z. B. Kolophonium oder Bernstein, sind keine Gele, sondern feste disperse Systeme.

Ebenso sind alle halbfesten, schmierigen, teigförmigen und andersartigen leicht verformbaren Massen nicht immer als Gele zu betrachten. Flüssigkeitsreiche Teige z. B. besitzen keine Formbeständigkeit und sind dementsprechend keine Gele. Eine zähflüssige Mischung von Milch und Mehl ist kein Gel; dagegen muß geronnene Milch zu den Gelen gerechnet werden. Auch halbfeste Massen, wie z. B. Fett oder hochkonzentrierte, zähflüssige Emulsionen sind keine Gele.

In einem jeden Gel erkennt man immer ein festes Gerüst und Anteile einer Flüssigkeit. Die Teilchen des festen Gerüstes können nun verschiedene Größe und Form haben und verschiedenartigste Sekundarstrukturen bilden. Außerdem können auch die gallertbildenden Stoffe verschiedene chemische Zusammensetzung besitzen.

Wie schon erwähnt, werden echte, flüssigkeitsreiche, durchsichtige Gallerten nur von Linearkolloiden gebildet. Die gerüstbildenden Teilchen brauchen aber nicht unbedingt kolloide Dimensionen zu haben. Oft sind sie auch viel größer, z. B. in Gelen des Bariummalonats. In dieser Beziehung können die Gele in *kolloiddisperse* und *grobdisperse* eingeteilt werden.

Von den grobdispersen Gelen sind besonders ausführlich die *Bentonit-Gele* untersucht. Bentonit ist ein Silikat der Zusammensetzung (Mg, Ca) $O \cdot Al_2O_3 \cdot$ 5 $SiO_2 \cdot n\ H_2O$, das in USA. vorkommt. Die Teilchen des Stoffes sind stäbchen-

oder blättchenförmig. Sie sind einige $\mu$ lang, aber hinsichtlich der Dicke kolloid. Mit Wasser quillt Bentonit zu einem thixotropen (s. weiter S. 250) Gel auf. Bentonit wird technisch in der Keramik verwendet. Außerdem er übt, ebenso wie die ihm ähnliche Seifentone, eine Waschwirkung aus.

Den chemischen Eigenschaften nach lassen sich die Gele in *anorganische* und *organische* einteilen. 4 Fälle sind hier zu unterscheiden:

1. beide Bestandteile sind anorganische Stoffe, z. B. Kieselsäure-Wasser
2. beide Bestandteile sind organische Stoffe, z. B. Kautschuk-Benzol,
3. das feste Gerüst ist anorganischer Natur, die Flüssigkeit organischer, z. B Kieselsäure-Alkohol,
4. das feste Gerüst ist organisch und die Flüssigkeit anorganisch, z. B. Gelatine-Wasser.

Die Gele unter 2 und 3 werden in der Literatur als *Organogele* bezeichnet. Die Gele unter 2 und 4, also diejenigen mit organischem Gerüst, sind meist elastisch, dagegen die unter 1 und 3 meistens unelastisch. Die in der Natur vorkommenden Gele, z. B. tierische Gewebe, Blutgerinnsel u. a., sind sehr komplizierte disperse Systeme mit chemisch verschiedenen Bestandteilen, wobei die gerüstbildenden Teilchen auch verschiedene Größe und Form besitzen. Immerhin haben die Linearkolloide bei der Bildung des Gelgerüstes die wichtigste Bedeutung.

## Die Gelbildung.

Man kann 4 verschiedene Arten der Gelbildung unterscheiden:

1. Ein Gel wird infolge der Löslichkeitserniedrigung oder Koagulation gebildet,
2. durch Erstarrung eines Sols zu einer formbeständigen, System als Folge der Abkühlung,
3. ein Gel entsteht als Reaktionsprodukt zweier hochkonzentrierter Lösungen,
4. Gele können durch Quellung eines Molekülkolloids entstehen.

**Gelbildung durch Koagulation bzw. Löslichkeitserniedrigung.** Verschiedene mikromolekulare oder kolloiddisperse Lösungen erstarren in Gelform, wenn sie mit einem Koagulator versetzt werden: so erstarren z. B. wässerige Pektinlösungen durch Zusatz von Alkohol oder Zucker. Ebenso erstarren alkoholische Lösungen von Azomethin oder Dibenzoylcystin, wenn sie mit Wasser vermischt werden. Durch das zugesetzte Nichtlösungsmittel wird nämlich die Löslichkeit vermindert und der Stoff scheidet sich in äußerst feinen Kryställchen, die ein zusammenhängendes Gerüst bilden, aus. In den Zwischenräumen des festen Gerüstes bleibt Flüssigkeit eingeschlossen, so daß das ganze System eine gewisse Formbeständigkeit bewahrt.

Das gleiche trifft zu in vielen Fällen der Elektrolytkoagulation, insbesondere bei den Oxydhydraten. Meist scheidet sich durch Zusatz einer stärkeren Base zum Salz das Oxydhydrat, z. B. $Al(OH_3)$ in Form großer durchsichtiger Flocken ab, die als Gele zu betrachten sind[334]). In einigen Fällen, z. B. bei hochkonzentrierten Ferrihydroxydsolen (6—10%) erstarrt nach Elektrolytzugabe das ganze Sol zu einem Gel. Das gleiche trifft zu bei hochkonzentrierten (1—4%) Albuminsolen, wenn sie mit $CaCl_2$ und 40—60 Vol-% Propylalkohol versetzt werden[335]).

Es sei hier nochmals darauf hingewiesen, daß Gallertbildung im Falle eines Linearkolloids (z. B. Pektins) bei viel geringeren Konzentrationen des verteilten Stoffes (meist 0,1—0,5%), als bei Sphärokolloiden erfolgt, bei Ferrihydroxyd muß z. B. die Kolloidkonzentration 6—10%ig sein.

---

[334]) Über die Koagulationsgele vgl. Wo. Ostwald: Kolloid-Z. *46*, 252 (1928).
[335]) B. Jirgensons: Kolloid-Z. *74*, 360 (1936). Vgl. auch W. G. Myers und W. G. France: Journ. physic. Chem. *44*, 1113 (1940).

**Erstarrung eines Sols infolge von Abkühlung.** Gelatine oder Agar ist nur in heißem Wasser löslich. Kühlt man nun eine 1%ige heiße Gelatinelösung ab, so erstarrt das Sol nach einer gewissen Zeit zu einer Gallerte (vgl. S. 18).

Die Gelatinierung wird gekennzeichnet: 1. durch die Erstarrungszeit, 2. durch die minimale Konzentration, bei welcher noch Erstarrung stattfindet und 3. durch die erforderliche Abkühlungstemperatur. Die Erstarrung erfolgt um so rascher, je größer die Kolloidkonzentration ist und je rascher die Wärme abgeführt wird. Dabei darf das Sol aber nicht gerührt, oder in anderer Weise bewegt werden.

Am einfachsten wird die Erstarrung dadurch festgestellt, daß das Kolloid beim vorsichtigem Umkippen eines Reagenzglases aus dem Glase nicht mehr herausfließt. (Führt man Reihenversuche aus, so achte man darauf, daß alle Gläser genau gleich behandelt werden. Schüttelt oder kippt man ein Glas mehr als ein anderes, so wird die kolloide Lösung darin langsamer erstarren, als in anderen.)

Der Gelatinierungsvorgang ist leicht verständlich. Bei hoher Temperatur ist die Löslichkeit des Kolloids größer, als bei niedriger. Bei hoher Temperatur befinden sich die einzelnen Teilchen in lebhafter Brownscher Bewegung; wird die Temperatur erniedrigt, so bilden die faserigen Teilchen durch Vernetzung Strukturen, die von der thermischen Bewegung nicht mehr zerstört werden. Ultramikroskopisch ließ sich beobachten, daß bei fortschreitender Gelatinierung die Brownsche Bewegung immer schwächer wird. Bei der Gelatinierung erfolgt teilweise auch Aggregierung der Teilchen, wobei die Opaleszenz und Trübung des Systems zunimmt. Die Leitfähigkeit und der Dampfdruck einer Gallerte ist dagegen ebenso groß, wie diejenigen des entsprechenden Sols.

**Gele als Reaktionsprodukte zweier konzentrierter Lösungen.** Bei der Reaktion zweier konzentrierter Lösungen werden nicht immer Gele gebildet. Das erfolgt nur unter bestimmten Bedingungen, und zwar: 1. wenn eines der Reaktionsprodukte ein fester, unlöslicher Stoff ist, und wenn 2. die Viskosität des Mediums hoch ist. Weiter entstehen gelförmige Gebilde dann, wenn gewisse Voraussetzungen zur *inneren Strukturierung* erfüllt sind. Schon in den meisten Flüssigkeiten, auch im Wasser, sind die Moleküle zu kleineren oder größeren Gruppen aggregiert. Die Viskosität einer Flüssigkeit ist nun von der Größe und Form der Moleküle, sowie dem Vorhandensein der Molekülgruppen abhängig. Wird in einer solchen Flüssigkeit die Abscheidung bzw. Krystallisation eines fremden Stoffes hervorgerufen, so kann man die zwei folgenden Fälle unterscheiden: 1. die Krystallbildung erfolgt an einer relativ kleinen Anzahl von Krystallisationszentren, die feste Phase trennt sich dann leicht vom Dispersionsmittel, und 2. die Krystallbildung erfolgt an außerordentlich vielen Krystallisationszentren und es findet wegen der großen Viskosität und Verwandtschaft des dispersen Anteils zum Dispersionsmittel keine Abscheidung statt; in diesem Fall werden außerordentlich kleine, kolloide Kryställchen gebildet, die zusammen mit dem viskosen Dispersionsmittel eine relativ feste, gallertige Struktur ergeben (vgl. S. 183)*.

Die in solcher Weise entstandenen Gele werden nach einem Vorschlag von Wo. Ostwald *chemogene* Gele genannt. Besonders schöne Beispiele wurde von P. P. von Weimarn geliefert. So wurden $CaSO_4$- und $BaSO_4$-Gele in 45% Alkohol bei niederer Temperatur und Schütteln gebildet, wenn man $Ca^{..}$- bzw $Ba^{..}$- und $SO_4^{..}$-haltige konzentrierte Lösungen zusammengießt. Auch in einem rein wässerigen Medium kann ein Bariumsulfatgel hergestellt werden. Dazu braucht man nur genügend hochkonzentrierte $Ba^{..}$ und $SO_4^{''}$-Ionen-haltige Lösungen,

---

* Über die Konstitution anorganischer Gele vergl. eine Übersicht von H. B. Weiser u. W. O. Milligan in Advances in Colloid Science (edited by E. O. Kraemer), I, 227 ff (1942), Interscience Publishers, INC., New York.

die zugleich auch genügend hochviskos sind. Solche Eigenschaften besitzen Lösungen von Bariumrhodanid Ba(CNS)$_2$ und Mangansuflat MnSO$_4$, die bis zur Konzentration 5—6 n leicht herstellbar sind. Werden solche hochkonzentrierten, zugleich auch viskosen Lösungen zusammengegossen und kräftig durchgeschüttelt, so erfolgt keine Abscheidung von BaSO$_4$, sondern das ganze Gemisch erstarrt zu einem ziemlich durchsichtigen, typischen Gel von BaSO$_4$.

In einigen Fällen werden Gele auch bei Reaktionen zwischen einem festen Stoff und einer Flüssigkeit gebildet. So kann man unter bestimmten Bedingungen sogar NaCl-Gele herstellen, z. B. wenn man festes Natriumsalizylat mit Thionylchlorid reagieren läßt.

## Die Quellung.

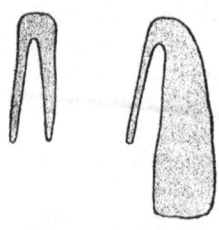

Abb. 164. Volumzunahme bei der Quellung eines Xerogels.

Der Begriff Quellung wird in einem weiterem und einem engerem Sinne gebraucht. Unter Quellung im weiteren Sinne versteht man eine Flüssigkeitsaufnahme durch einen festen Stoff unter Volumvergrößerung. Unter Quellung in engerem Sinne ist eine Flüssigkeitsaufnahme durch ein festes Molekülkolloid unter Volumvergrößerung und Gelbildung zu verstehen.

Besonders schön läßt sich die Quellung an einen Kautschukblättchen beobachten. Ein kleines Kautschukblättchen wird in Hosenform geschnitten (Abb. 164) und auf dem Rande eines Glases so aufgehängt, daß der eine Teil in Benzol taucht, der andere aber außerhalb der Flüssigkeit bleibt. Schon nach 20—30 Minuten ist der in dem Benzol eingetauchte Teil viel größer geworden, als der trockene.

Der *Quellungsgrad* wird durch Bestimmung der Flüssigkeitsmenge, die von 1g eines festen Stoffes aufgenommen wird, gemessen. Die Gewichtszunahme läßt sich durch Wägung bestimmen. Es kann aber auch die Volumzunahme gemessen werden. In diesem Fall bringt man den zerkleinerten Quellkörper in ein beiderseits offenes Rohr, stellt dieses in eine Flüssigkeit und mißt die Volumvermehrung durch die Höhenzunahme.

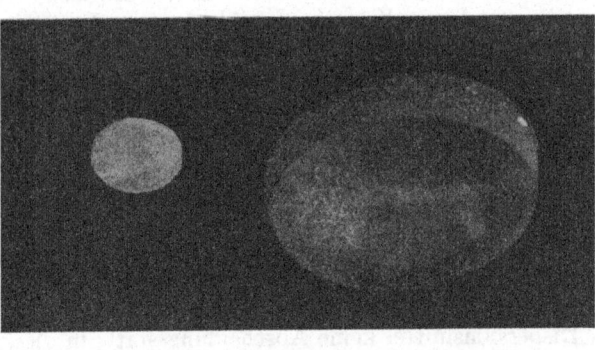

Abb. 165. Volumzunahme bei der Quellung. (Polystyrol in Benzol, nach H. Staudinger).

Verschiedene Stoffe können entweder bis zu einem Maximum *begrenzt* aufquellen oder *unbegrenzt* quellen und sich dabei allmählich auflösen. Begrenzt quellen z. B. trockenes Holz im Wasser, oder Agar und Gelatine im Wasser bei Zimmertemperatur. Es quillt bei gleichzeitiger Auflösung z. B. Kautschuk in Chloroform, Schwefelkohlenstoff oder Benzol, besonders bei genügend hoher Temperatur [*].

**Der Quellungsdruck.** Der quellende Stoff übt einen Druck aus. Dieser Quellungsdruck kann in manchen Fällen sehr groß sein. Diese Erscheinung

---

[*] Vergl. z. B. G. Salomon u. G. J. van Amerongen, Journ. Polymer. Sc. **2**, 355 (1947).

wurde insbesondere von Freundlich und Posnjak[336]) untersucht. Der auf den Quellungsdruck zu untersuchende Stoff wurde in ein zylindrisches Gefäß (A) (Abb. 166) mit porösem Boden (B) gefüllt und mit Quecksilber übergossen; das Gefäß wird dann in eine Flüssigkeit (C) eingetaucht. Der entstandene Quellungsdruck ließ sich mit einem mit dem Gefäß verbundenen Manometer (M) ablesen. Es wurde dabei gefunden, daß der Quellungsdruck besonders groß zu Anfang des Quellungsvorganges ist und mit zunehmender Quellung dann steil abfällt. Die Abhängigkeit, die zwischen dem Quellungsdruck (P) und der Konzentration (c) (gauf 1000 cm³ Gel) des festen Stoffes besteht, gehorcht der folgenden Gleichung:

$$P = P_0 \, c^{\frac{1}{k}},$$

wobei $P_0$ und k konstant sind ($P_0$ ist P bei c = 1). Die Größe von k ist bei allen

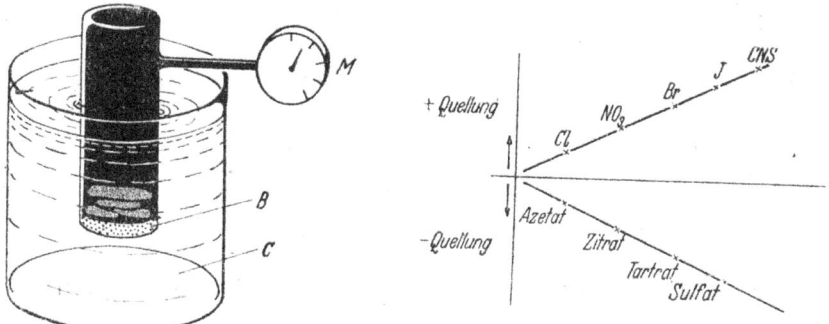

Abb. 166. Messung des Quellungsdrucks.

Abb. 167. Beeinflussung der Quellung durch verschiedene Anionen.

Gelen etwa gleich, z. B. für das System Gelatine – Wasser beträgt sie 2,9, für Kautschuk – Chloroform 2,6, bei Kautschuk – Äther 3,0. Bei großem c ist also P sehr groß; mit fortschreitender Quellung wird aber c kleiner, wobei auch P sich vermindert.

Ebenso wie bei der Osmose, wo Wasser in eine Lösung eindiffundiert, wandert auch bei der Quellung eine Flüssigkeit in einem makromolekularen Stoff. Die kleineren Flüssigkeitsmoleküle diffundieren in die Zwischenräume des festen makromolekularen Stoffes und werden dort mehr oder weniger fest gebunden. Die Anteile des festen makromolekularen Gerüstes werden dabei auseinandergeschoben. Die Quellung kann auch als Vorstufe der Auflösung betrachtet werden. Man kann sagen, daß bei der Quellung die Makromoleküle des festen Gerüstes solvatisiert werden. Sind aber die zwischen den Makromolekülen wirkenden Kohäsionskräfte genügend stark, so bleiben die Makromoleküle aneinander haften; durch die eintretenden, solvatisierenden Flüssigkeitsmoleküle werden die Anteile des Gerüsts (einzelne Schichten) nur stark auseinandergeschoben.

Die Quellung, also die Bindung einer Flüssigkeit an einen makromolekularen Stoff, ist mit einer positiven Wärmetönung verbunden. Diese *Quellungswärme* ist zu Anfang der Quellung (c groß) stets größer, als in den späteren Stadien (c klein), was auch nach der oben angeführten Betrachtung verständlich ist. Die in das Makromolekülgerüst zuerst eintretende Flüssigkeit wird an den Makromolekülen als monomolekulare Schicht fest adsorbiert; er erfolgt z. B. im Falle der Quellung in Wasser Hydratbildung, die von einer positiven Wärmetönung begleitet wird. Die später eintretenden Flüssigkeitsmengen werden aber vom

[336]) H. Freundlich: Kapillarchemie, 2. Bd. S. 577 ff. (Leipzig 1932).

festen Gelgerüst viel schwächer gebunden, wodurch auch die Quellungswärme geringer wird.

**Die Quellungsgeschwindigkeit**, d. h. die von 1 g eines festen Stoffes in einer Zeiteinheit gebundene Flüssigkeitsmenge, ist ebenfalls zu Anfang der Quellung am größten. Wird mit a die zur Zeit t aufgenommene Flüssigkeitsmenge und mit $a_m$ die maximal aufnehmbare Menge bezeichnet, so gilt (nach Pascheles, 1897) die Gleichung:

$$da/dt = k\,(a_m{-}a).$$

Das ist die Gleichung einer monomolekularen Reaktion (k – Konstante). Sie besagt unter anderem, daß die Quellungsgeschwindigkeit da/dt um so größer ist, je weiter man vom Quellungsende entfernt ist, d. h. je größer die Differenz $a_m{-}a$. Die Quellungsgeschwindigkeit ist am höchsten, wenn a = O, also zu Anfang des Prozesses.

Es ist ferner interessant, daß bei der Quellung eine *Volumkontraktion* stattfindet, d. h. das Volumen des gequollenen Gels ist etwas kleiner, als das gesamte Anfangsvolumen des festen Stoffes und der Flüssigkeit. Bei der Quellung erfolgt also eine *Verdichtung* der Stoffe, was zwanglos durch die Bildung monomolekularer Solvatschichte erklärt werden kann. Die in der Solvatschicht gebundenen Flüssigkeitsmoleküle sind unbeweglich und nehmen deshalb ein kleineres Volumen ein, als wenn sie in der Flüssigkeit frei beweglich wären.

**Beeinflussung der Quellung durch verschiedene Mittel.** Sie wird z. B. zwischen 2—30⁰ C von der Wärme begünstigt. Bei erhöhter Temperatur bewegen sich die Moleküle intensiver, wodurch das Eintreten der Flüssigkeitsmoleküle in das Gelgerüst erleichtert wird. Saure, sowie basische Zusätze bzw. die H·- und OH'-Ionen begünstigen die Quellung. Im Falle der Proteine deckt sich das Quellungsminimum mit dem isoelektrischen Punkt. Die Quellung wird auch durch Salze beeinflußt, wobei hier die Wirkung einzelner Salze nach der bekannten, von F. Hofmeister entdeckten Reihenfolge zu- bzw. abnimmt. Die Quellung wird begünstigt insbesondere durch Rhodanide und Jodide, weniger durch Bromide; gehemmt wird sie hauptsächlich durch Sulfate, sowie Tartrate und Zitrate (vgl. Abb. 167). Die Wirkung der Salze ist hier demnach umgekehrt wie bei der Gelatinierung: *diejenigen Salze, die die Quellung begünstigen, hemmen die Gelatinierung und umgekehrt.*

Im Grunde genommen *ist die Quellung ein der Gelatinierung entgegengesetzter Vorgang.* Während die Gelatinierung viel gemeinsames mit der Koagulation hat, haben wir bei den Quellungsvorgängen mit dem Gegenteil zu tun, nämlich mit der Bereicherung eines festen Systems mit einer Flüssigkeit, was in vielen Fällen zur vollständigen Auflösung des festen Molekülgerüstes führt.

## Die Eigenschaften der Gele.

**Die Struktur.** Wie insbesondere die neuesten röntgenographischen, ultramikroskopischen und elektronenmikroskopischen Untersuchungen erwiesen haben, bestehen die meisten Gele aus einem Gerüst langgestreckter Teilchen. Diese langgestreckten Teilchen können mehr oder weniger orientiert sein, wie das durch röntgenographische Untersuchungen bewiesen werden konnte. So sind die Teilchen in einem gestreckten Kautschukgel parallel orientiert. Man erhält in solchen Fällen die sogenannten Faserdiagramme (s. S. 256).

Die langgestreckten Teilchen können bei organischen Molekülkolloiden einzelne Moleküle sein. Die Strukturelemente der Seifen oder $V_2O_5$-Gele stellen dagegen lange, nadelförmige Kryställchen dar.

Nicht in allen Gelen aber sind die festen Strukturelemente stark langgestreckt. Die Ferrihydroxyd- oder Bariumsulfat-Gele bestehen aus ziemlich isodimensionalen, nur wenig gestreckten oder abgeplatteten Kryställchen. Die Konzentration des festen Anteils ist hier aber stets größer als im Falle eines linearkolloiden Gels. Ein festes Gerüst kann nur dann entstehen, wenn die Teilchen sich gegenseitig berühren; zum Aufbau eines festen Gefüges ist deshalb z. B. viel mehr kugelförmiges Material erforderlich, als faserige oder nadelförmige Teilchen, die sich leicht, ohne viel Material zu verbrauchen, zu verschiedenen, sehr porösen, gitterförmigen Strukturen zusammenschließen können.

Direkten Einblick in die Struktur insbesondere der anorganischen Gele erlaubt die Elektronenmikroskopie. So wurde neulich von Mühlenthaler[336a] gezeigt, daß Vanadiumpentoxydgele aus sehr langen, verschiedenartig vernetzten Teilchen aufgebaut sind; die Teilchen sind auch oft gekrümmt und in Bündel verflochten.

**Die Flüssigkeitsabgabe und Aufnahme.** Werden Gele in trockner Luft erwärmt oder unter vermindertem Druck gehalten, so wird die in dem Gelgerüst befindliche Flüssigkeit allmählich abgegeben.

Hinsichtlich der Flüssigkeitsaufnahme unterscheiden sich die quellbaren Gele von den nicht quellbaren. Die quellbaren Gele, die ebenfalls elastisch sind, nehmen nur selektiv ganz bestimmte Flüssigkeiten auf, z. B. Gelatine nur Wasser oder Glyzerin, Kautschuk nur die Kohlenwasserstoffe und die Halogenide der Kohlenwasserstoffe. Die nicht quellbaren, unelastischen Gele, wie z. B. Kieselsäure, absorbieren verschiedene Flüssigkeiten. Die Abhängigkeit, die im Fall der quellbaren Gele zwischen dem Dampfdruck und der vom Gel aufgenommenen Dampfmenge besteht, wurde insbesondere von Katz[337] untersucht. Werden solche Gele (z. B. Gelatine) getrocknet, so verlieren sie nicht die Fähigkeit, wieder zu quellen.

Besonders gut untersucht ist die isotherme Entwässerung und Wiederbewässerung verschiedener unelastischer, anorganischer Gele. Klassisch in dieser Hinsicht sind die Untersuchungen von van Bemmelen (1896). Er beschäftigte sich hauptsächlich mit den Hydrogelen der Kieselsäure, des Ferrioxyds und des Aluminiumoxyds. Alle diese Gele sind unelastisch und auch irreversibel, d. h. sie sind durch Behandlung mit Wasser (bzw. Erwärmung mit Wasserzusatz) nicht mehr in Sole überführbar.

Die entsprechenden Entwässerungs- und Wiederbewässerungsversuche wurden in folgender Weise ausgeführt. Die Gele wurden bei konstanter Temperatur in geschlossenen Gefäßen über Schwefelsäure verschiedener Konzentration gehalten und nachher gewogen. Sie befanden sich also in Berührung mit Luft, die mehr oder weniger feucht war, d. h. einen bestimmten Wasserdampfdruck besaß. Steht ein Gel über konzentrierter Schwefelsäure, so wird es langsam entwässert. Dagegen wird ein Xerogel, das in feuchter Luft steht, Wasser aufnehmen.

Die Ergebnisse dieser Versuche lassen sich am besten an Hand einer graphischen Darstellung übersehen. Auf der Abszisse wird der Wassergehalt des Gels, auf der Ordinate der Wasserdampfdruck P aufgetragen (Abb. 168). Es ist nun wichtig zu wissen, daß die Entwässerung- und Wiederbewässerungskurven (Isothermen) nicht nur von der Geschwindigkeit der Entwässerung, sondern auch vom Alter und der Herstellungsweise des Gels abhängig sind. So beziehen sich die ausgezogenen Kurven ABCD in der Abbildung (in der die Verhältnisse in etwas vereinfachter Form dargelegt sind) auf ein frisches, die gestrichelten $A_1B_1D_1$ zu ein gealtertes Kieselsäuregel.

336a) K. Mühlenthaler: Die makromol. Chemie, 2, 143 (1948).
337) J. R. Katz: Kolloid-Beih. 9, 1 (1917), Ergebn. d. ex. Naturwiss. III, IV (1924—1925).

Aus den Kurven ist ferner ersichtlich, daß die *Entwässerung* teilweise anders verläuft, als die isotherme Bewässerung. Bei einem frischen Kieselsäuregel verläuft die Entwässerung folgendermaßen. Schon bei nur wenig erniedrigtem Wasserdampfdruck wird sehr viel Wasser abgegeben (Kurventeil AB). Ist der Wassergehalt bis zu 1,6 Mol $H_2O$ auf 1 Mol $SiO_2$ gesunken, so tritt eine Zustandsänderung des Gels ein (Punkt B): es wird trübe. Von diesem Umschlagspunkt ab werden weitere Wassermengen bei konstantem Druck abgegeben (Strecke BC). Allmählich wird das Gel wieder klarer und ab Punkt C gibt es die noch verbliebenen Wassermengen nur unter stark vermindertem Druck ab. Doch auch noch beim Druck Null hält es geringe Wassermengen fest (etwa 0,3 Mol $H_2O$ auf 1 Mol $SiO_2$).

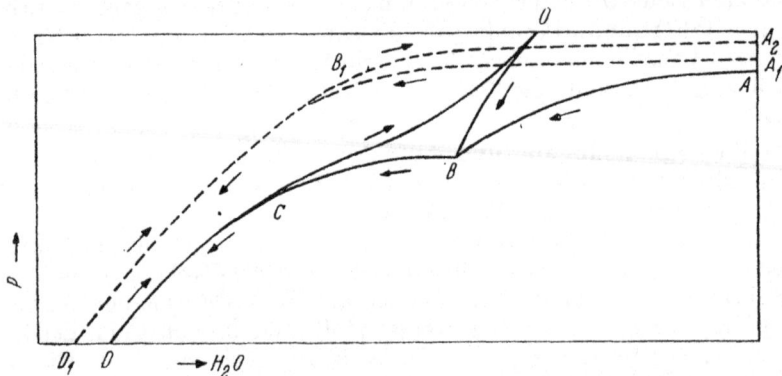

Abb. 168. Entwässerung und Wiederbewässerung von Kieselsäuregelen
nach den Untersuchungen von van Bemmelen.

Die *Wiederbewässerung* des Xerogels verläuft anfangs reversibel (von D bis C). Weiter aber nimmt, trotz stark erhöhter Feuchtigkeit, das Gel nur wenig Wasser auf (Strecke CO) und erreicht bei O die Linie des gesättigten Wasserdampfes (12,7 mm Hg bei 15°). Wird hier wieder Entwässerung hervorgenommen, so erfolgt das längs des Kurventeils OB und weiter gemäß der ersten Entwässerungskurve (BCD).

Die Entwässerungskurve eines *gealterten* Kieselsäuregels sieht aber ganz anders aus. Wie aus der Abbildung ersichtlich ist, erfolgt die Entwässerung des gealterten Gels viel leichter als eines frischen. Weiter verläuft auch bei einem solchen Gel die Bewässerung anders als die Entwässerung, die Unterschiede $D_1B_1A_1$ von $D_1B_1A_2$ sind aber im Falle des gealterten Gels viel kleiner als bei frischen (ABCD und DCO).

Die Unterschiede der Wasserabgabe und Aufnahme können durch die sogenannte *Hysteresiserscheinungen* erklärt werden. Man muß annehmen, daß bei der Entwässerung die ganze Struktur des Gelgerüstes irgendwie irreversibel verändert wird. Am einfachsten ist die Annahme, daß dabei eine festere Zusammenlagerung der Strukturelemente, also gewissermaßen *Koagulation* stattfindet. Diese Veränderungen können aber nur bis zu einem gewissen Grade erfolgen, bis der Zustand eines ,fast flüssigkeitsfreien Xerogels erreicht ist. Die Aufnahme und Abgabe des Wassers in solchen Xerogelen verläuft reversibel (DC und $D_1B_1$). Hier haben wir nämlich mit einfacher Adsorption zu tun, wobei statt Wasser auch andere Flüssigkeiten reversibel aufgenommen und abgegeben werden können.

Bei dem gealterten Kieselsäuregel sind die Hysteresiserscheinungen, d. h. Unterschiede der Entwässerungs- und Wiederbewässerungskurven viel weniger ausgeprägt, weil die betreffenden Strukturänderungen schon während der Alterung stattgefunden haben. Man muß annehmen, daß bei der Entwässerung sowie Alterung *Dehydratisierungserscheinungen* stattfinden, d. h., daß das fest gebundene Solvatwasser von den Strukturelementen des Gelgerüstes teilweise abgegeben wird und in Form von Kapillarwasser in den Zwischenräumen bleibt.

Hysteresiserscheinungen werden nicht nur bei anorganischen, sondern auch bei organischen Gelen, z. B. bei Stärkegallerten festgestellt.

**Das Gefrieren von Gelen.** Von Moran, Hardy[338]) und anderen wurde das Gefrieren verschiedener Gele untersucht. Es wurde dabei gefunden, daß auch bei den niedrigsten Temperaturen nur ein Teil des Wassers ausfriert, ein beträchtlicher Teil des Wassers bleibt aber flüssig. Z. B. enthielt ein 18 Tage bei —19⁰ gehaltener Gelatinegel je 1 g Gelatine noch 0,55 g Wasser, das auch bei —78⁰ nicht gefror. Auch bei der Temperatur der flüssigen Luft bleibt eine solche Gelatine klar, während verdünntere (mehr wasserhaltige) Lösungen unter solchen Umständen durch ausgeschiedener Eiskrystalle trübe werden.

Man kann annehmen, daß das an die Bauelemente fest gebundene Hydratwasser beim Gefrieren nicht krystallisiert. Es wäre somit möglich, aus diesen Versuchen Schlußfolgerungen über die Hydratation zu ziehen.

Bei Gefrieren und Wiederauftauen einiger Gele (z. B. bei Kieselsäure) beobachtet man eine Koagulation der Gelteilchen; bei anderen Gelen (Gelatine) erfolgt diese aber nicht.

**Die optischen Eigenschaften der Gele.** Bei der Gelatinierung nimmt die schon sehr schwache Intensität des Tyndallichtes kaum zu. Das erfolgt aber, wenn die Gelatinierung bei einem pH stattfindet, das dem des isoelektrischen Punktes entspricht[339]).

Die *Doppelbrechung* der Gele hat sehr ausführlich Ambronn[340]) untersucht. Verschiedene Arten der Doppelbrechung können dabei festgestellt werden. Ein Gel kann aus optisch anisotropen Teilchen bestehen oder aber es können sich bei der Gelbildung isotrope Bauelemente so ordnen, daß das Gel doppelbrechend wird. Schließlich kann Doppelbrechung durch Zug und Druck an Gelen hervorgerufen werden.

Gelatine ist optisch aktiv und bei niedrigen Temperaturen wird *Mutarotation* beobachtet. Anscheinend steht diese in gewissem Zusammenhang mit der Gelbildung, da Stoffe, die Mutarotation herabsetzen, die Gelbildung hemmen[341]).

**Die Synaerese.** Die Flüssigkeitsabgabe beim Altern eines Gels, das von einer Schrumpfung des Gels begleitet wird, kann oft makroskopisch beobachtet werden. Die Erscheinung wurde schon von Graham (1864) beschrieben und *Synaerese* genannt. Sie wird an verschiedenen Gelen festgestellt, z. B. bei den Kieselsäure-, Vanadinpentoxyd-, Stärke- und Uratgelen. Die Synaerese kann als spontane *Entquellung* angesehen werden. Gerade die Beobachtungen über diese spontane Flüssigkeitsausscheidung bestätigen die jetzt allgemein anerkannte Ansicht, daß bei dem Altern eines Gels die Strukturelemente sich fester zusammenlagern, was mit einer Dehydratation (oder allgemeiner — mit einer Desolvatation) verbunden ist.

Der Grund der Synaereseerscheinungen, ebenso wie der des Alterns, besteht in folgendem. Man kann erstens annehmen, daß im Gelgerüst nicht alle Anteile vollständig unbeweglich sind, sondern daß besonders die in das Gerüst unvoll-

---

[338]) T. Moran: Proc. Roy. Soc. London, A. *112*, 30 (1926); W. Hardy: ebenda *112*, 47 (1926).

[339]) K. Krishnamurti: Proc. Roy. Soc. A. *122*, 76 (1929); F. G. Donnan und Krishnamurti: Colloid. Symp. Monogr. 7, 1 (1930).

[340]) H. Ambronn-Frey: Das Polarisationsmikroskop, Leipzig 1926.

[341]) E. O. Kraemer und J. R. Fanselow: J. physical. Chem. *29*, 1169 (1925); *32*, 894 (1928).

ständig eingeflochtenen Teilchen infolge der Brownschen Bewegung relativ beweglich sind. Sie können mit anderen Teilchen bzw. Strukturelementen zusammenstoßen. Zweitens, betätigen sich Anziehungskräfte zwischen den Strukturelementen, so daß sie sich untereinander verbinden können. Lagern sich aber zwei
Teilchen dicht zusammen, so vermindert sich die innere Oberfläche und die solvatisierenden Flüssigkeitsmoleküle werden frei.

Man kann auf Grund einer solchen Betrachtung erwarten, daß die Synaerese
mit steigender Temperatur begünstigt werden wird, da dadurch die Geschwindigkeit der Brownschen Bewegung, der Koagulation und der Desolvatation wächst,
was auch tatsächlich festgestellt wird[342]).

Die Synaerese ist auch vom pH des Gels und von verschiedenen Zusätzen abhängig. In manchen Fällen hat die abgesondelte Flüssigkeit ein anderes pH als
das Gel.

Die Synaerese und ganz allgemein die Alterung der Gele kann zur Erklärung
mancher *physiologischer Vorgänge*, insbesondere der der biologischen Alterung
dienen. Es ist bekannt, daß die Gewebe junger Organismen mehr Wasser enthalten als die Gewebe alter Organismen. Die biologische Alterung, ebenso wie diejenige von einfachen Gelen, ist mit Dehydratations- und Koagulationserscheinungen verbunden. Auch die Absonderung von Flüssigkeiten in Drüsen wurde
in Zusammenhang mit Synaereseerscheinungen gebracht.

**Die Thixotropie.** Durch Schütteln können viele Gele verflüssigt werden.
Die dabei gebildeten Sole gelatinieren wieder, wenn sie eine gewisse Zeit ruhig
stehen können. Die Verflüssigung und Gelatinierung läßt sich beliebig oft wieder-
holen. Wir haben also hier mit einer reversiblen, mechanischen Sol-Gel-Umwand-
lung zu tun, die unter dem Namen *Thixotropie* bekannt ist. Am besten sind diese
Thixotropieerscheinungen an 6—10%igen Gelen von Ferrioxyhydrat untersucht[343]). Außerdem wird die Erscheinung auch an Aluminiumformiaten, Alu-
miniumoxyd-, Bentonit- einigen Gelatinegelen u. a. Systemen beobachtet. Allerdings müssen die Ferri- oder Aluminiumoxydgele bestimmte *Elektrolytmengen*
enthalten. Die Erstarrungszeit der mechanisch verflüssigten Gele wird mit steigender Elektrolytkonzentration und durch Temperaturerhöhung vermindert.
Die Elektrolyte, die die Erstarrungszeit vermindern, d. h. die Gelatinierung beschleunigen, ordnen sich allgemein in derselben Reihenfolge, wie das bei der
Koagulation war, ein. Die thixotropen Eigenschaften werden ferner sehr stark
durch die *Ultraschallwellen* beeinflußt[344]), so wird z. B. die Erstarrungszeit der
mechanisch verflüssigten Aluminiumoxydgele stark verlängert.

Die Erscheinung der Thixotropie beobachtet man bei *labil strukturierten* Gelen.
Das sind entweder ziemlich konzentrierte, labil aufgebaute Gele von Sphärokolloiden[345]), oder sehr flüssigkeitsreiche Gallerten von Linearkolloiden, wobei der
Solvatationsgrad eine gewisse Rolle spielt. Die ziemlich festen, nicht allzu flüssigkeitsreichen Gallerten der Linearkolloide besitzen keine thixotropen Eigenschaften*.

**Die technischen Eigenschaften einiger Xerogele.** Es wurde schon früher
oft darauf hingewiesen, daß besonders die mechanischen Eigenschaften der Sole von
Linearkolloiden stark von der *Moleküllänge* abhängig sind. Das trifft auch auf
Gele, die aus langgestreckten Teilchen aufgebaut sind, zu. Bei gleicher Kolloid-

---

[342]) Vgl. S. Liepatoff: Kolloid-Z. *41*, 200 (1927); *43*, 396 (1927); *47*, 21 (1929); *48*, 62
(1929); *49*, 321, 441 (1929).

[343]) E. Schalek und A. Szegvary: Kolloid-Z. *32*, 318; *33*, 326 (1923); H. Freundlich:
Kolloid-Z. *46*, 289 (1928).

[344]) N. Sata und N. Naruse: Kolloid-Z. *86*, 102; *89*, 341 (1939).

[345]) Vgl. auch B. Jirgensons: Kolloid-Z. *74*, 360 (1936).

* Vergl. auch H. Green u. R. N. Weltmann: J. Alexander's Colloid Chemistry,
Vol. VI. 328 ff (1946).

konzentration sind die Gele um so fester, je länger die aufbauenden Teilchen sind. Diese Erkenntnis ist hinsichtlich der technischen Verwendung der Xerogele von besonders großer Bedeutung. Mechanisch feste Fäden, Folien und Bänder werden nur durch Bearbeitung solcher Xerogele gewonnen, die aus langfaserigen Teilchen bzw. aus fadenförmigen oder etwas verzweigten Makromolekülen aufgebaut sind. Kürzere Moleküle, die immerhin noch ziemlich langgestreckt sind, bilden keine festen Gele, sondern teigige, dickflüssige Systeme, die z. B. als Lacke verwendet werden (vgl. Tabelle 60) können.

Tabelle 60. *Physikalische und technische Eigenschaften der Polystyrole* (nach H. Staudinger, Organische Kolloidchemie, 2. Aufl. S. 132).

| Polymerisationsgrad P | Aussehen des Xerogels | Löslichkeit und Quellbarkeit in Benzol | Viskosität 1% Lösung | Technische Verwendung |
|---|---|---|---|---|
| 1. Niedermolekulare Produkte P = 2—10 | Spröde, kein Gel | Rasch löslich ohne Quellung | Niederviskos | — |
| 2. Halbkolloide Produkte P = 10—100 | Kein echtes Gel, pulvrig oder teigig | Löslich ohne Quellung | Niederviskos (viskoser als 1) | Für Lacke |
| 3. Kolloide Produkte, P = 100 — 500 | Ziemlich feste glasige Gele | Löslich unter schwacher Quellung | Viskose Gellösungen | Für thermoplastische Zwecke, Spritzguß |
| 4. Sehr hochpolymere Massen, P = 500 — 1500 | Sehr zähe und feste Gläser, in der Wärme elastisch | Langsam löslich unter starker Quellung | Hochviskose Gellösungen | Für Bänder und Fäden |

## Die Membranen als Gele.

**Porenweite und Quellungsgrad.** Es wurde schon früher darauf hingewiesen, daß die Porenweite einer Membran von verschiedenen Umständen abhängig ist (s. S. 20). Z. B. ist die Porenweite verschiedener Kollodiummembranen von der Konzentration der Kollodiumlösung und von der Austrocknungszeit und Temperatur abhängig. Werden z. B. gleichkonzentrierte Kollodiumlösungen in zwei gleiche Schichten ausgegossen, so wird diejenige Membran dichter, die eine längere Zeit trocknet. Bei der Verdampfung des Lösungsmittels verwandelt sich die anfangs zähe Kollodiumlösung in ein Gel. Bei weiterer Verdunstung wird der Gelgerüst immer dichter — es schrumpft zusammen, die Poren, d. h. die mit dem Lösungsmittel gefüllten Zwischenräume im Gelgerüst, werden ständig enger und enger.

Aus den Betrachtungen der vorangehenden Abschnitte folgt, daß die Poren in einer Membran, d. h. die Zwischenräume in einem Gelgerüst, nie die gleichen Durchmesser haben können. Eine Kollodiummembran, eine Zellophanhaut oder eine Fischblase ist nicht als homogene Schicht zu betrachten, die gleich große Löcher hat (Modell-Siebplatte mit gleich großen Löchern), sondern als ein durchaus unregelmäßiges Netz, ein Gerüst aus verfilzten, faserigen Teilchen (Modell — ein Filzstück). Man kann also nur von einer durchschnittlichen oder mittleren Porenweite sprechen. Inzwischen ist es auch gelungen, übermikroskopische Aufnahmen von Membranen zu machen.

Wird eine Membran in eine Flüssigkeit getaucht, in der sie quillt, so werden die Gerüstanteile immer mehr auseinandergeschoben und die Poren werden immer größer.

Manegold[346]) hat eine quantitative Theorie der Dialyse auf Grund der Vorstellungen über die Diffusion gelöster Stoffe in Gelen entwickelt. Dabei wurden die Zusammenhänge, die zwischen der Dialysekonstante und den wichtigsten Eigenschaften der Membrane bestehen, aufgeklärt. Sucht man nach der Beziehung zwischen Dialysekonstante und der Diffusionskonstante für verschiedene Membranstrukturen, so gelangt man zu der Erkenntnis, daß bei der Annahme der Spaltstruktur die theoretisch abgeleitete Beziehung mit den experimentellen Daten am besten übereinstimmt. Bei genügend hohem Flüssigkeitsgehalt diffundieren mikromolekulare Stoffe in einer Membran ebenso wie in freier Flüssigkeit. Für die Kollodiummembranen, die 0,025—0,030 cm dick sind, wurde die mittlere halbe Spaltbreite zu 13 m$\mu$ berechnet. In solchen Membranen diffundieren mikromolekulare Stoffe fast ungestört. Für halbdurchlässige, dichte Kollodiummembranen, die nur das Wasser durchlassen, berechnete Manegold die halbe Spaltbreite zu 1—2 m$\mu$.

Es ist interessant, daß die Durchlässigkeit verschiedener Membrane durch physiologisch aktive Stoffe beeinflußt wird. So können die Alkaloide (z. B. Atropin, Pilocarpin, Coffein) eine für Hämoglobin sonst undurchlässige Kollodimmembran durchlässig machen.

**Donnansches Membrangleichgewicht.** Denken wir uns ein Sol, das durch eine Membran bzw. eine Gelschicht von einer Elektrolytlösung getrennt wird. Nehmen wir ferner an daß die Solteilchen die gleichen Kationen z. B. Na$^{\cdot}$ abspalten, die auch in der Elektrolytlösung vorhanden sind. Es konnte nun insbesondere durch F. G. Donnan (1911) gezeigt werden, daß in solchem Fall kein Gleichgewicht besteht, sondern der Elektrolyt durch

|  | Membran |  |  |
|---|---|---|---|
| R' | Na$^{\cdot}$ | Na$^{\cdot}$ | Cl' |
| C$_1$ | C$_1$ | C$_2$ | C$_2$ |

Zu Anfang

|  | Membran |  |  |
|---|---|---|---|
| R' | Na$^{\cdot}$ | Na$^{\cdot}$ | Cl' |
| C$_1$ | C$_1$+x<br>Cl'<br>x | C$_2$—x | C$_2$—x |

Gleichgewicht

|  | Membran |  |  |
|---|---|---|---|
| R' | Na$^{\cdot}$ | H$_2$O |  |
| C$_1$ | C$_1$ | H$^{\cdot}$ | OH' |

Zu Anfang

|  | Membran |  |  |
|---|---|---|---|
| R' | Na$^{\cdot}$ | Na$^{\cdot}$ | x |
| C$_1$ | C$_1$ — x<br>H$^{\cdot}$x | OH' | x |

Gleichgewicht

Abb. 169. Zum Donnanschen Membrangleichgewicht. Die Membranhydrolyse.

die Membran hindurch zum Sol wandert (s. Abb. 169). Es sei zu Anfang die Konzentration der Solteilchen und die der von ihnen abdissoziierten Na Ionen c$_1$, die Konzentration des Elektrollyten c$_2$. Nach Einstellung des Gleichgewichtszustandes ist die der Kolloidteilchen unverändert geblieben (c$_1$), da sie die Membran nicht passieren können; die Konzentration der Na$^{\cdot}$ im Sol ist aber von c$_1$ auf c$_1$+x gestiegen. Gleichzeitig steigt auch die Konzentration der Cl-Ionen im Sol von Null auf x. Im Gleichgewichtszustande gilt nach Donann die Beziehung:

$$(c_1+x)x = (c_2 — x)^2.$$

Aus dieser Gleichung kann leicht die ins Sol übergegangene Elektrolytmenge x berechnet werden, wenn c$_1$ und c$_2$ bekannt sind.

Praktisch besonders interessant sind die Fälle, wo diesseits der Membran sich ein Kolloidelektrolyt, z. B. RNa, und jenseits sich reines Wasser befindet, denn mit solchen Fällen hat man oft bei der Dialyse zu tun. Na$^{\cdot}$ gehen dann ins Wasser über und statt der Na$^{\cdot}$ wandert eine entsprechende Menge H$^{\cdot}$ ins Sol. Infolgedessen

[346]) E. Manegold: Kolloid-Z. *49*, 342 (1929).

wird das Sol *sauer* und die Außenflüssigkeit basisch. Es läßt sich berechnen, daß in diesem Fall

$$x = \sqrt[3]{c_1 \cdot K},$$

wo unter K das Ionenprodukt des Wassers ($10^{-14}$) gemeint ist. Bekanntlich erfolgt in solchen Fällen nicht nur Konzentrationsausgleich und Änderung des pH, sondern es spielen sich noch andere Erscheinungen ab, denn durch die Membran wandern nicht nur Ionen, sondern auch das Lösungsmittel, z. B. Wasser: ein Sol verdünnt sich bei der Dialyse; es findet die sogenannte Osmose statt (s. S. 36), der osmotische Druck kann dabei exakt gemessen werden.

**Permeabilität und Ladung von Membranen.** Die Durchlässigkeit oder Permeabilität von Membranen ist nicht nur von der Porenweite, sondern auch von der Ladung der Membrane abhängig. Besonders das Durchdringungsvermögen von Ionen ist stark davon abhängig, welch ein Ladungsvorzeichen die Membran hat. Eine Membran aus einer hochpolymeren Säure, z. B. die Apfelschale, die saure Pektinstoffe enthält, läßt Kationen gut durch, die Anionen werden aber nicht durchgelassen, da die negativ geladenen Karboxylgruppen der Membran auf die Anionen abstoßend wirken. Durch die Trennung der Kationen von den Anionen entsteht natürlich eine Potentialdifferenz. Die selektive Permeabilität von Kat- bzw. Anionen ist somit der Grund der bioelektrischen Ströme.

Die meisten Membranen in tierischen Organismen sind amphotere Proteingele. Die Ladung einer aus einem Proteingerüst bestehenden Membran ist aber vom PH abhängig: bei alkalischer Reaktion erfolgt die Dissoziation der Karboxyle und die Membran ist negativ, bei saurer Reaktion verläuft die Dissoziation an den Aminogruppen, die Membran wird positiv und für Anionen durchlässig.

Eine reine Cellulosemembran ist elektrisch fast neutral. Wird an einer solchen Membran ein saurer, $SO_3H$-Gruppen-haltiger Farbstoff adsorbiert, so wird die Membran negativ, kationendurchlässig. In ähnlicher Weise kann durch einen $ThO_2$-Niederschlag eine neutrale Membran alkalisch und anionendurchlässig gemacht werden.

Eine quantitative Theorie der selektiven Permeabilität stammt von K. H. Meyer und J. F. Sievers[347].

Die Wahl zweckentsprechender Membranen ist für die Elektrodialyse sehr wichtig. Am besten verläuft diese, wenn die anodische Membran positiv und die kathodische negativ ist*.

**Komplizierte Membranen mit veränderlicher Struktur.** Durch die Forschungen der letzten Jahrzehnte ist bewiesen worden, daß die Zellenmembranen verschiedener Organismen sehr kompliziert aufgebaut sind. Diese Membranen bestehen aus mindestens zwei festen oder halbfesten Stoffen: den Proteinen und Lipoiden, die in bestimmter Weise verteilt sind. Diejenigen Anteile der Membran, die aus hydratisiertem Protein bestehen, lassen nur wasserlösliche Stoffe durch, wie z. B. Salze, Aminosäuren und Polypeptide sowie das Wasser selbst. Die Lipoidanteile sind dagegen für fettartige, lipoidlösliche Stoffe durchlässig. Die Durchlässigkeit verschiedener biologischer Membranen ist nicht nur selektiv, sondern sie kann auch sehr spezifisch und *veränderlich* sein. Dieselbe Membran kann, infolge geringer Strukturänderungen einmal für wasserlösliche, ein anderes Mal für fettlösliche Stoffe bevorzugt durchlässig sein. Es werden also in die Zelle zuweilen Fette und Lipoide, zuweilen Salze und Aminosäuren hineingelassen. Auch kann sich die Porenweite infolge der Quellung und Strukturände-

---

[347] Helv. Chim. Acta *19*, 649, 665, 987 (1936).

* Vergl. die Arbeiten von K. Sollner, z. B. Journ. Phisic. and Colloid. Chem. *49*, 47, 171, 265 (1945).

rung verändern. Ferner werden in manchen Fällen Kationen oder Anionen bevorzugt durchgelassen, so daß elektrische Potentialdifferenzen und pH-Unterschiede entstehen. Alle diese Erscheinungen sind zur Aufklärung verschiedener physiologischer Vorgänge wichtig. Die Gründe der Änderung der Struktur und der Durchlässigkeit (Permeabilität) sowie der Ablauf der Vorgänge im Ganzen sind jedoch noch ziemlich wenig aufgeklärt.

### Diffusion und Reaktionen in Gelen.

**Diffusion in Gelen.** In sehr flüssigkeitsreichen Gallerten ist die Diffusionsgeschwindigkeit niedermolekularer Stoffe ebenso hoch wie in der reinen Flüssigkeit. Das ist auch leicht verständlich: in solchen Gelen sind die mit Flüssigkeit gefüllten Zwischenräume oder Poren, im Vergleich zu den diffundierenden Molekülen oder Ionen (z. B. $Cu^{··}$), so groß, daß die Poren leicht passiert werden können. Wird aber die Diffusion in konzentrierten Gelen ausgeführt, d. h. in solchen, die flüssigkeitsarm und dessen Poren schon sehr eng sind, so ist die Diffusionsgeschwindigkeit geringer.

Natürlich ist die Geschwindigkeit der Diffusion in Gelen auch von der Teilchengröße des diffundierenden Stoffes abhängig. In weitporigen, flüssigkeitsreichen Gallerten wird die Diffusion nicht behindert, wenn die diffundierenden Teilchen genügend klein sind. Sind sie aber relativ groß, z. B. aus 50—100 Atomen bestehend, so findet auch in den flüssigkeitsreichsten Gallerten eine merkliche Behinderung statt.

Auch die elektrische Leitfähigkeit ist von der Porenweite, dem Flüssigkeitsgehalt und der Größe der Ladungsträger abhängig. Je dichter das Gelgerüst und je größer die Ladungsträger (Ionen), um so geringer die Leitfähigkeit.

Die Bildung von Krystallisationszentren verläuft in einem Gel oft ebenso wie in einer Flüssigkeit. Wegen der Abwesenheit von Konvektionen können die Krystalle langsam und gleichmäßig weiterwachsen, wobei sie ihre reguläre Form ungestört entwickeln und eine bedeutende Größe erreichen können.

**Rhythmische Fällungen in Gelen.** Erfolgt in einem Gel eine Reaktion, die zur Niederschlagbildung führt, so erscheint der Niederschlag oft in Form regelmäßiger Strukturierung, z. B. in Form konzentrischer Ringe. Die Erscheinung wurde von Liesegang[348] (1896) entdeckt und näher erforscht.

Man löst z. B. 4 g Gelatine in 120 ccm heißem Wasser, in dem zuvor 0,12 g Kaliumbichromat gelöst worden sind. Die Lösung wird auf eine Glasplatte zu einer dünnen Schicht ausgegossen und stehen gelassen. Nachdem Gelatinierung eingetreten, d. h. die Schicht fest geworden ist, werden in die Mitte der Schicht etwa 5 Tropfen einer 8,5prozentigen $AgNO_3$-Lösung aufgetropft. Dann wird die Platte ruhig stehen gelassen. Allmählich erfolgt die Reaktion:

$$2\,AgNO_3 + K_2Cr_2O_7 \rightleftarrows Ag_2Cr_2O_7 + 2\,KNO_3;$$

nach einigen Tagen sind auf der Platte viele konzentrische Ringe des gebildeten Silberchromats zu sehen.

Schichten von Niederschlägen in regelmäßigen Abständen lassen sich auch beobachten, wenn man auf ein im Reagenzglase sich befindendes, eine Reaktionskomponente enthaltendes Gel eine Lösung des anderen Reaktionspartners aufgießt. So können z. B. rhythmische Schichten von Bleijodid, Kupferchromat, Magnesiumhydroxyd usw. in verschiedenen Gelen hergestellt werden.

Der Grund der Schichtung besteht nach Wo. Ostwald in der Umkehrbarkeit der Reaktionen und der Wirkung, die das Nebenprodukt, z. B. $KNO_3$ ausübt. Das in der ersten Schicht gebildete $KNO_3$, diffundiert weiter und behindert zu-

---

[348] Vgl. R. Liesegang: Chemische Reaktionen in Gallerten, Dresden 1924.

nächst die Bildung von Silberbichromat. Nur wenn genügend viel $AgNO_3$ durch die niederschlagsfreie Schicht hindurchgetreten ist, kann sich wieder eine neue Schicht von $Ag_2Cr_2O_7$ bilden (nach dem Massenwirkungsgesetz) usw. Es wurde jedoch von anderen Forschern darauf hingewiesen, daß eine solche Erklärung nicht immer zufriedenstellend ist; verschiedene andere Erklärungen sind deshalb vorgeschlagen worden.

### Organische Gele im Röntgenstrahl.

Fällt ein Röntgenstrahl mit nicht allzu kurzen Wellen (z. B. von einer Cu-Anode stammend) auf einen justierten und zentrierten rotierenden Krystall (s. S. 146), so erhält man ein scharfes Drehkrystalldiagramm; nimmt man statt des Krystalls ein Krystallpulver, so läßt sich ein ebenfalls scharfes Pulverdiagramm beobachten, die Schärfe der Linien nimmt aber unter Verbreiterung um so mehr ab, je kleiner die Teilchengröße ist, die Linien unter größeren Glanzwinkeln verschwinden dabei ganz. Bei noch kleineren Teilchen, die nur aus einigen Atomlagen bestehen, bleiben nur einige breite Ringe rings um den Durchstoßpunkt des Röntgenstrahles (des Primärstrahles) übrig. Das ist nun ungefähr dasselbe Bild, das man auf einer Röntgenauf-

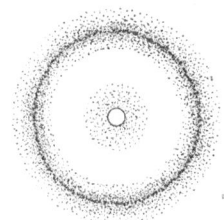

Ab. 170. Beugung der Röntgenstrahlen an flüssigen Stoffen (Schema)

nahme einer *Flüssigkeit* oder eines *festen amorphen Stoffes* sieht: Rings um den Primärstrahl ist der entwickelte und fixierte Film ziemlich hell, aber schon in kleiner Entfernung von ihm tritt ein intensiver, ziemlich *breiter Beugungsring* (auch „Halo" genannt) auf, dem manchmal noch weitere, weniger intnseive folgen. Das Zustandekommen des Bildes läßt sich verstehen, wenn man in Anlehnung an die Diagramme kolloider Präparate annimmt, daß auch in den Flüssigkeiten Schwärme aus ziemlich dicht gepackten Molekülen vorkommen, an denen die Beugung der Röntgenstrahlen erfolgt. Die Flüssigkeitsmoleküle treten somit fast gar nicht einzeln, getrennt auf, sondern finden sich von 10—1000 in Schwärmen zusammen, die ihre Gestalt und Größe unter dem Einfluß der Brownschen Bewegung ständig ändern. Als statistischer Mittelwert ergibt sich aber eine bestimmte Form und Größe der Teilchen, die dann auch den intensivsten Teil des verwaschenen Beugungsringes erzeugen (Abb. 170). Mit Hilfe der Braggschen Gleichung (S. 148) kann man sogar aus dem Glanzwinkel des Beugungsringes den mittleren, bevorzugten Abstand der Moleküle berechnen. Nur ein Beugungsring tritt auf, wenn die Moleküle der Flüssigkeit etwa Kugelgestalt haben, weil eben beim Zusammenlagern dann etwas einem kubischen Krystall ähnliches mit nur einer Gitterkonstante entsteht. Haben aber die Moleküle eine andere Gestalt, so treten 2, 3, sogar 4 Ringe auf: Bei stäbchen- und scheibenförmigen Molekülen beobachtet man 2, bei unsymmetrischeren 3 Beugungsringe — weil eben durch Zusammenlagerung Gebilde mit 2 und 3 verschiedenen Gitterabständen entstehen; ein jedes System der Gitterabstände liefert nun Interferenzen nur in *erster Ordnung*, da die höheren (wegen der Kleinheit und Unbestimmtheit der Schwärme) so breit ausfallen, daß sie nicht mehr zu konstatieren sind.

Befinden sich in einer Flüssigkeit *keine Schwärme*, z. B. bei höheren Temperaturen, so liefert das Röntgendiagramm um den Primstrahl nur eine „Korona" (die Intensität der Strahlung fällt allmählich ab). Dasselbe wird beim Durchgang von Röntgenstrahlen durch Gase beobachtet; erst unter größeren Glanzwinkeln machen sich ein oder mehrere schwache Ringe bemerkbar, deren Stellung auf der Aufnahme durch die Konstitution der Moleküle bedingt ist.

Stellt aber die Flüssigkeit eine Lösung dar, so wäre zu erwarten, daß das Beugungsbild sich aus den Diagrammen des Lösungsmittels und der gelösten Substanz zusammensetzen wird. Experimentell konnte aber bewiesen werden, daß der Beugungsring der gelösten Substanz nur dann erscheint, wenn deren Konzentration hoch ist. Infolgedessen liefern charakteristische Diagramme nur solche Gele, die fast trocken sind, z. B. lufttrockne Gelatine mit einem nur ungefähr 16%igen Wassergehalt.

Die Röntgenoskopie organischer Gele, Fasern, Bänder usw., die häufig auch der lebendigen Welt entnommen werden, begann etwa im Jahre 1920 mit den Arbeiten von Nikishawa, Ono, Herzog, Jancke, Scherrer, denen sich dann später die erfolgreichen Forscher Mark, Meyer, Trogus, Heß, Astbury u. a. anschlossen. Bei den Zellulosederivaten und anderen organischen Gelen kommt man jedoch mit den Methoden der reinen Krystallstrukturanalyse allein nicht weiter, weil eben fast alle Gele Diagramme mit wenigen Linien oder Punkten liefern, deren Zahl für eine vollständige Analyse unzureichend ist. Um etwas näheres über die Konstitution der Gele zu erfahren, betrachtet man die Änderungen, die im Röntgendiagramm vor sich gehen, wenn man das Gele verschiedenen mechanischen und chemischen Beanspruchungen unterwirft. Es wird z. B. untersucht, wie sich das Quellen, Trocknen, Vulkanisieren, Extrahieren, Einführen von Seitenketten u. dgl. auswirkt. Aus allem dem können nun Schlüsse über den Aufbau des Gels gezogen werden.

Besonders aufschlußreich sind die Erscheinungen, die man beim *Dehnen* von Gelen beobachtet. 1925 wurde gefunden[349]), daß das Röntgendiagramm von Gelatine sich ändert, wenn es in gedehntem Zustand von neuem aufgenommen wird. Hierzu spannt man den gedehnten Streifen auf ein besonderes Gestell und stellt das Ganze so in den Aufnahmeapparat, daß das Band an Stelle des Präparats (s. Abb. 108) zu liegen kommt und durchstrahlt es senkrecht zur Fläche. Man erhält hierbei Aufnahmen der Art nach Abb. 171.

Der Effekt wird nicht nur an Gelatine, sondern auch an anderen Gelen beobachtet, z. B. beim Polyvinylalkohol (Abb. 172), besonders schön beim Kautschuk[350]).

Dieser sogenannte ,,Richteffekt" läßt sich erklären, wenn man einen *faserig krystallinen Aufbau* der beiden obenangeführten Substanzen voraussetzt. In beiden Gelen befinden sich somit lange, faserige Krystalle (Fasern) in vollständiger Unordnung (Abb. 173a). Eine immer vollständigere Gleichrichtung der Fasern im Gel stellt sich bei zunehmender Dehnung ein.

Eine Gleichrichtung läßt sich jedoch nicht immer bei gewöhnlicher Temperatur, wie z. B. beim Polyvinylalkohol, erzielen. Eine Erhöhung der Temperatur hilft hier meistens, da dadurch das gegenseitige Vorübergleiten der Fasern wesentlich erleichtert wird. Ein vollständiger Richteffekt ist aber so gut wie unerreichbar (Abb. 173d). Befindet sich nun ein *ungedehnter* Gelatinefilm im Röntgenstrahl, so liefert er ein Debye-Scherrer-Diagramm (Abb. 171 links). Es sind dort nur wenige Ringe zu sehen: ein innerer, ziemlich scharfer, intensiver, dann ein breiter Ring, der allerdings mit dem des Wassers übereinstimmt und schließlich ein äußerer, schärferer Ring. Auf den Originalaufnahmen sind noch 3 Ringe zu sehen. Alle diese Interferenzen brechen schon bei ziemlich kleinen Winkeln ab, weil eben die Fasern keinen streng krystallinen Aufbau besitzen und ihrem Durchmesser nach in das Gebiet der kolloiden Dimensionen fallen. Zudem wird noch alles durch die Beugungsringe des Wassers überlagert. Ringe werden deshalb erhalten, weil die Fasern sich in *vollständiger Unordnung* befinden, ebenso wie das bei der Röntgenaufnahme eines Pulvers war (s. S. 150). Durch Dehnen des Films werden nun die Fasern *gerichtet*, was sich durch den *Richteffekt* im Röntgendiagramm fest-

---

[349]) J. R. Katz, O. Gerngroß: Naturwissensch. *13*, 900 (1925).
[350]) W. T. Astbury: J. Text. Inst. *23*, 126 (1932); s. auch F. Halle: Kolloid-Z. *69*, 331 (1934).

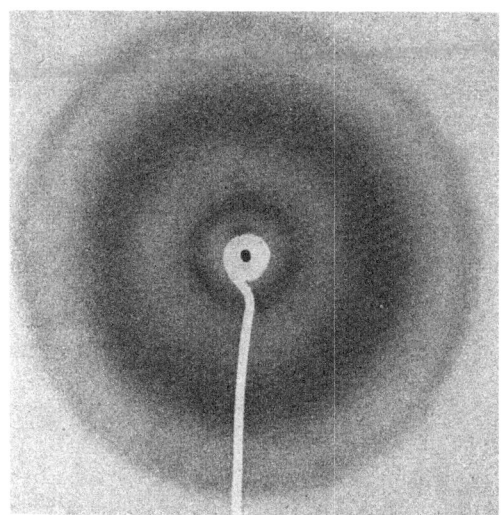

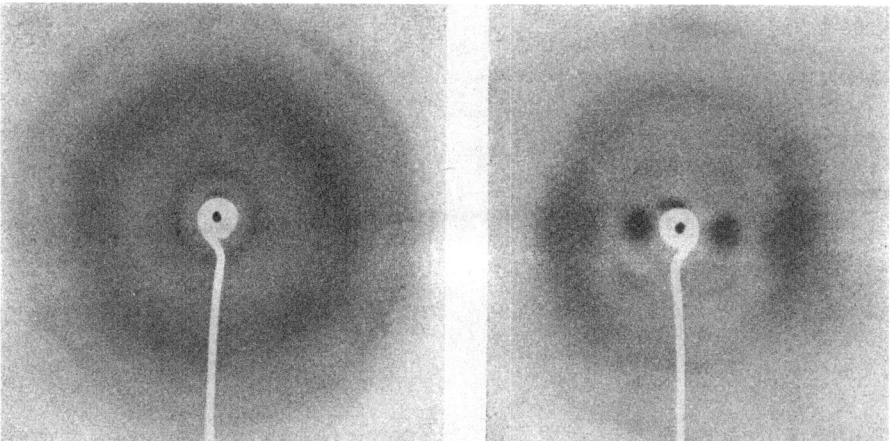

Abb. 171. Röntgendiagramme von ungedehnter (oben) und gedehnter Gelatine nach Gerngroß, Herrmann und Abitz, Bioch. Z. **228**, 414, 1930.

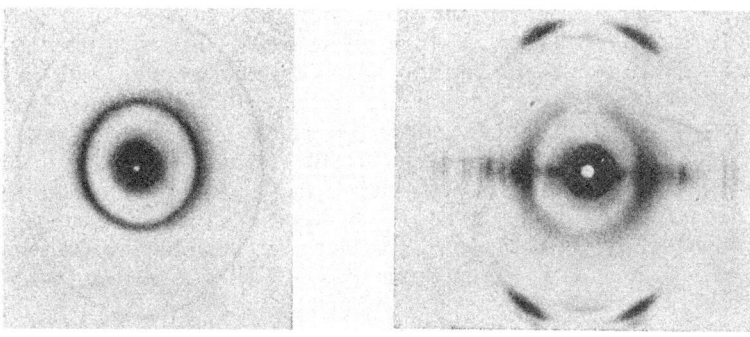

Abb. 172. Röntgendiagramme von ungedehntem (links) und in Wärme gedehntem (80—90 °) Polyvinylalkohol nach F. Halle, Koll.-Z. **69**, 331, 1934.

stellen läßt, d. h. auf den Schnittpunkten der Ringe mit dem Äquator entstehen auf Kosten der anderen Teile des Rings *Verdickungen*; Verdickungen und Punkte entstehen auch an anderen Stellen des Films, indem sie die Schichtlinien ausbilden. Das Pulverdiagramm ändert sich somit in ein *Faserdiagramm* um und stellt den Übergang zwischen jenem und dem reinen Drehkrystalldiagramm dar. Sind nämlich sämtliche Fasern parallel gerichtet (Abb. 173d), so erhält man ein Diagramm, das von dem eines Einkrystalls nicht zu unterscheiden ist. Fasergips liefert z. B. ein reines Einkrystalldiagramm; erst durch eine Aufnahme, bei der die Rotation senkrecht zur Faserrichtung erfolgt, kann ein Einkrystall von einem Parallelfaseraggregat unterschieden werden. Bei Präparaten, wie sie schematisch in Abb. 173b und c dargestellt sind, erhält man Aufnahmen nach Art

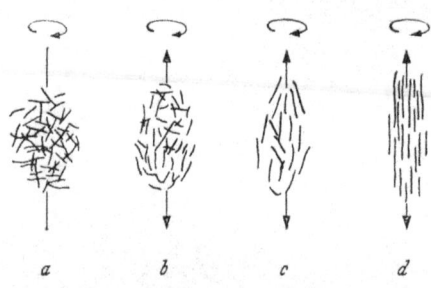

der Abb. 172 rechts: die Ringe verschwinden *nicht vollständig.* Einen solchen nicht ganz vollständigen Richteffekt kann man auch z. B. bei hartgezogenen Drähten beobachten (Abb. 174).

Erhält man von gedehnten Gelen Faserdiagramme, so deutet das darauf hin, daß das Gel aus regellos gelagerten Fasern aufgebaut ist. Aus dem Schichtlinienabstand (s. S. 148 Abb. 106)

Abb. 173. *a* gewöhnliches Gel; durch Dehnen mehr oder weniger gerichtetes *b* und *c*; vollständig gerichtetes Gel *d*, alle Fasern haben sich parallel der Zugrichtung eingestellt.

kann sogar die Identitätsperiode in Richtung der Faser berechnet werden. Im Falle des Polyvinylalkohols ergab sich z. B. eine Periode von 2,57 Å. Diese Fasern sind somit aus identischen krystallinen Bereichen der genannten Länge aufgebaut. Eine aus dem Gerüst der Fasern herausgegriffene Kette hätte dann folgenden Aufbau:

$$
\begin{array}{ccccc}
H_2 & H_2 & H_2 & H_2 & H_2 \\
\ddot{C} & \ddot{C} & \ddot{C} & \ddot{C} & \ddot{C} \\
\end{array}
$$
⟶ Faserrichtung

CH   CH   CH   CH   CH
ÓH   ÓH   ÓH   ÓH   ÓH
| ‹ 2,57 › | ‹ 2,57 › | ‹ 2,57 › | ‹ 2,57 › | ‹

Kette des Polyvinylalkohols.

Die Zellulose hat eine Periode von 5,15 Å, das Polychloropren (synthetischer gedehnter Kautschuk) eine solche von 4,8 Å — in der Faserrichtung.

Es gibt natürlich auch Gele, die schon von vornherein Faserdiagramme liefern (Zellulose, Keratin, Kollagen). Werden solche Gele in Richtung der Fasern gedehnt, so können 2 Fälle auftreten: 1. Das Röntgendiagramm bleibt gegenüber dem ungedehnten Präparat unverändert (Zellulose, Kollagen); hier gleiten die einzelnen krystallinen Fasern aneinander vorbei, ohne daß eine Änderung in dem Aufbau und Anordnung der Fasern eintritt; die Dehnung kann dabei nicht rückgängig gemacht werden, sie ist irreversibel. 2. Nach der Dehnung entsteht ein *neues Faserdiagramm* (beobachtet z. B. am Keratin). Diese Erscheinung wurde zuerst von Astbury beschrieben[351]) und läßt sich durch die *Streckung der Moleküle* selbst erklären, da ja hierdurch ein anderes Gitter — infolge der Änderung der zwischenmolekularen Abstände — entsteht.

[351]) W. T. Astbury: Fundamentals of Fibre Structure (London 1933); s. auch Koll.-Z. *83*, 130 (1938).

Weitere Schlüsse über die Konstitution verschiedener Gele erlauben die *Quellungserscheinungen* zu ziehen (s. S. 244). Die Erfahrung zeigt, daß alle hochmolekularen organischen Gele quellbar sind. Das Röntgenbild ändert sich hierbei nicht in allen Fällen. Dringt z. B. Wasser zwischen die quasikrystallinen Fasern, ohne in die Krystallite selbst einzudringen, so ändert sich das Röntgendiagramm *nicht* (intermizellare Quellung nach Katz). Einer solchen Quellung unterliegt z. B. Keratin, Zellulose, Seidenfibroin, auch Seife in Wasser. Dringt dagegen das Wasser oder ein anderes Lösungsmittel in die Krystallite selber ein, so werden die einzelnen Netzebenen weiter voneinander gedrängt, indem sich Lösungsmittelmoleküle dazwischen lagern. Infolge des vergrößerten Netzebenenabstandes entstehen im Röntgenbild mehrere Interferenzen; die schon früher vorhandenen

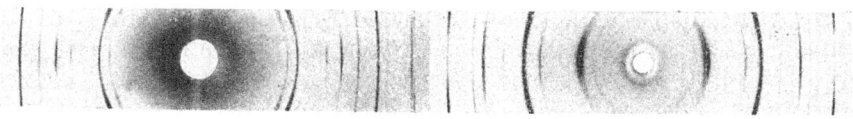

Abb. 174. Röntgenaufnahme eines W-Drahtes; Faserdiagramm. Nur ein Teil der Fasern läuft genau parallel der Drahtachse.

wandern in Richtung des Primärfleckens (intramizellare Quellung). Ein Beispiel hierzu ist die Quellung von Graphitoxyd und Ton nach U. Hofmann[352]). Graphitoxyd (Zusammensetzung nahezu $C_2O$) ist lamellardispers und der Schichtenabstand beträgt in trockenem Zustand etwa 6 Å. Beim Befeuchten tritt Wasser zwischen die Schichtebenen unter *eindimensionaler Quellung*, wobei sich der Schichtenabstand bis zu 11,3 Å vergrößert und der Wassergehalt von 10% bis auf 35% steigt. Der Abstand der Atome in den Schichten selber ändert sich aber nicht. Etwas ähnliches beobachtet man aber auch bei der Quellung der Gelatine. Mit zunehmendem Wassergehalt wächst der Netzebenenabstand in den Fasern *senkrecht* zu den Achsen der Kettenmoleküle von 11,3 Å allmählich bis auf 17 Å bei etwa 250% Wasser. Die Identitätsperiode in Richtung der Faserachse (—der Kettenmoleküle) ändert sich dabei nicht. Also nur *senkrecht* zur Längsachse werden die Netzebenen durch das Wasser voneinandergeschoben (etwa um 60%). Bei noch weiterer Wasseraufnahme verschwinden die Beugungsringe bis auf die des Wassers ganz, so daß man die Kontrolle über den weiteren Verlauf des Prozesses verliert. Offenbar folgt der Quellung eine vollständige Auflösung. Beim Entziehen des Wassers erscheinen die Interferenzen wieder (quasi Krystallisation); werden dem lufttrocknen Gel die letzten 16% Wasser entzogen, so verschwinden die Interferenzen fast vollkommen, man erhält ein schwer zu deutendes Diagramm eines amorphen Stoffes. Durch Entfernung des restlichen Wassers wird somit das Gerüst der Gelatine weitgehend zerstört.

Eine weitere Art der Quellung liegt vor, wenn die Quellflüssigkeit mit dem Stoff chemisch reagiert. In diesem Fall erscheinen auf dem Röntgendiagramm neben den Interferenzen des ursprünglichen Gels die der Quellungsverbindung. Beispiele: Agar, Irisin, Inulin in Wasser, Keratin in Säuren.

## XV. Die Emulsionen.

### Herstellung und Eigenschaften der Emulsionen.

**Aggregatzustand, Dispersitätsgrad und Konzentration.** Die Emulsionen sind solche disperse Systeme, die aus zwei nicht mischbaren Flüssigkeiten bestehen. Nicht nur das Dispersionsmittel, sondern auch der disperse Anteil ist

---

[352]) U. Hofmann: Erg. ex. Naturwiss. *18*, 229 (1939).

flüssig. Beispiele solcher Emulsionen sind: Rahm, Kautschukmilch (Latex), Schmieröltröpfchen in Kondenswasser. In allen diesen Fällen können kleine Tröpfchen mikroskopisch beobachtet werden. Der Dispersitätsgrad der genannten Emulsionen ist also ziemlich klein, d. h. die Tröpfchen sind relativ groß. In den meisten Emulsionen ist der Durchmesser der Tröpfchen von 1 $\mu$ bis 50 $\mu$, d. h. sie sind grobdispers. Alle Emulsionen sind außerdem polydispers oder heterodispers, d. h. die Tröpfchen in einer und derselben Emulsion sind von verschiedener Größe. Emulsionen mit sehr feinen Tröpfchen, mit dem Durchmesser von 0,1—1 $\mu$ lassen sich nur mit Hilfe besonderer Emulgierungsmaschinen herstellen, die eine Flüssigkeit in einer anderen durch intensive mechanische Tätigkeit zerteilen.

Die emulgierten Tröpfchen, sowie die ganze Emulsion kann verschiedene Konsistenz haben. Die Konsistenz der ganzen Emulsion hängt ab: 1. von der Viskosität der beiden Flüssigkeiten und 2. von der Konzentration. Eine ganze Reihe von Stoffen, z. B. verschiedene Fette, nehmen eine Mittelstellung zwischen flüssigen und festen Stoffen ein. Werden diese Stoffe im Wasser fein verteilt, oder werden umgekehrt Wasser, Glyzerin, Glykol u. a. fettunlösliche Stoffe in diesen Fetten und Ölen verteilt, so erhält man halbfeste, sehr viskose Emulsionen von Salbenkonsistenz. Der Einfluß der Konzentration kann z. B. an Hand der Paraffinölemulsionen demonstriert werden: man erhält ganz flüssige Emulsionen, wenn wenig Paraffinöl im Wasser emulgiert wird; durch geeignete Maßnahmen kann man aber hochkonzentrierte Paraffinölemulsionen erhalten, die sogar steif und von Gallertkonsistenz sind. In vielen Fällen ist es dann schwer zu entscheiden, ob das System zu den Emulsionen oder zu den Gelen gehört.

Ebenso fällt es oft schwer, die Emulsionen von den Suspensionen zu unterscheiden. So können die Teilchen der verschiedenen Latex-Sorten ebensogut als flüssig wie als fest betrachtet werden. Die aus einigen Hevea-Arten gewonnenen Kautschukmilchsäfte haben nämlich weder kugel- oder ei- und birnenförmige-, sondern stäbchenförmige Teilchen, die, wenn auch leicht deformierbar, doch als fest betrachtet werden müssen.

Mit einem stetigen Übergang von flüssigen zu festen Teilchen haben wir in den verschiedenen Fällen der *Emulsionspolymerisation*, die jetzt technisch sehr wichtig ist, zu tun. Durch Zusatz von Katalysatoren werden die Emulsionen von Styrol, Butadien, Vinylchlorid usw. polymerisiert. Die in den Emulsionströpfchen befindlichen niedermolekularen Verbindungen werden dabei in Hochpolymere übergeführt und die anfangs flüssigen Emulsionsteilchen werden, unter Durchlaufung verschiedener halbfester Zustände, schließlich fest.

Eine Mittelstellung zwischen festen und flüssigen Teilchen nehmen auch die sogenannten *mesomorphen Körper* ein. Viele Stoffe, die ziemlich langgestreckte Moleküle haben, treten oft in Form ,,*flüssiger Krystalle*'' auf[353]. Die mehr oder weniger flüssigen Tröpfchen dieser Stoffe weisen eine Doppelbrechung auf, sie sind also optisch anisotrop. Man muß annehmen, daß die länglichen Moleküle oder Ausscheidungen in diesen Tropfen parallel orientiert sind. Als Beispiele solcher Systeme seien genannt: die Emulsion von Phenoläther in Glyzerin und Ammoniumoleat in alkoholischer Lösung. In einigen Fällen wurde gefunden, daß die Anisotropie der Tropfen von der Größe derselben abhängt: große Tropfen weisen keine Anisotropie auf und Doppelbrechung konnte nur an genügend kleinen Tröpfchen festgestellt werden.

---

[353] O. Lehmann: Flüssige Krystalle, Leipzig 1904; D. Vorländer: Krystallinisch-flüssige Substanzen, Stuttgart 1908; G. Friedel: Ann. Physik *18*, 273 (1922). In der neuesten Schrittum vergl. S. S. Marsden u. J. M. McBain: Journ. Physic. and Colloid Chem. *52*, 110 (1948).

**Die Emulgatoren. Struktur der Emulsionsteilchen.** Die Emulsionen werden durch Schütteln zweier nicht mischbarer Flüssigkeiten hergestellt. Schüttelt man z. B. etwas Paraffinöl oder Benzol mit Wasser, so teilt sich die wasserunlösliche Flüssigkeit in kleine Tröpfchen auf, die aber bald zusammenfließen; das Gemisch teilt sich in zwei Schichten auf. Auf diese Weise erhält man in der Regel keine beständigen Emulsionen, auch dann nicht, wenn sehr intensiv geschüttelt wird. (Im allgemeinen werden zwei nicht mischbare Flüssigkeiten ineinander um so leichter emulgiert, je geringer der Dichteunterschied und je kleiner die Grenzflächenspannung zwischen beiden Flüssigkeiten ist.) Das Ziel kann aber leicht durch Verwendung sogenannter *Emulgatoren* erreicht werden. Beständige, feine Emulsionen von verschiedenen Ölen in Wasser lassen sich z. B. durch Zusatz von etwas Seifenlösung zum Öl-Wasser-Gemisch herstellen. Seife wirkt somit als Emulgator. Die Wirkung beruht darauf, daß 1. die Oberflächenspannung an der Grenzfläche Öl – Wasser erniedrigt und so die Tröpfchenbildung begünstigt wird und 2. daß sich um das Öltröpfchen ein dünnes Seifenhäutchen bildet, das das Zusammenfließen der Tröpfchen verhindert. Die Seifenmoleküle orientieren sich dabei in der Grenzfläche Öl – Wasser in ganz bestimmter Weise, wie das jetzt insbesondere auf Grund der Untersuchungen von Langmuir und Harkins[354]) bekannt ist: die Kohlenwasserstoffreste der Fettsäureradikale liegen in der Öl-schicht; die Karboxylgruppen dagegen ragen ins Wasser hinein. Da letztere ionisiert sind, verleihen sie den Emulsionströpfchen auch eine elektrische Ladung, die die Vereinigung der Tröpfchen hemmt. Ein grobes Schema der mit Seife stabilisierten Tröpfchen zeigt die Abbildung 175.

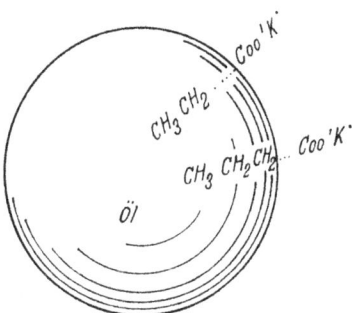

Abb. 175. Seifenmoleküle an der Oberfläche eines Öltröpfchens.

Außerdem werden die Tröpfchen durch die Seifenschicht noch solvatisiert, da die Karboxylionen relativ stark hydratisiert sind. Dadurch hüllt sich das ganze Öltröpfchen in ein Polster von festgebundenen Wassermolekülen ein.

Im Falle konzentrierter Ölemulsionen können die Seifenhäutchen sogar die Rolle eines Gelgerüstes übernehmen. So hat Pickering (1907) eine Paraffinöl-Wasser-Emulsion mit 99% Öl hergestellt, wobei er eine Kaliseife als Emulgator benutzte; die Emulsion war gallertig, halbfest, so daß es möglich war, sie mit dem Messer in Stücke zu schneiden. Diese Emulsion bestand nicht aus Ölkugeln, sondern aus dicht zusammengepreßten Polyedern. Die Wände derselben bestanden aus Seife und bildeten das zusammenhängende Gerüst.

Als Emulgatoren, die die Bildung von Emulsionen vom Typ „*Öl in Wasser*" bewirken, sind außer den Seifen noch zu nennen: Pektine, Gelatine, Agar, Leim, arabischer Gummi, Lezithin, Saponin. Aber auch *Wasser kann in Öl* emulgiert werden. Zu diesem Zweck sind die folgenden Emulgatoren geeignet: Kolophonium, Mastix, Cholesterin, Wachs und Salze der Fettsäuren mit zwei- und dreiwertigen Kationen.

Es ist interessant, daß auch feste, unlösliche, feinverteilte Stoffe als Emulgatoren wirksam sein können. Von den festen Emulgatoren erwiesen sich diejenigen am wirksamsten, die weder von der einen noch von der anderen Flüssigkeit gut benetzt werden. Das sind z. B. einige basische Sulfate und manche Tonsorten bei genügend feiner Verteilung; schlechte Emulgatoren sind $SiO_2$,

354) I. Langmuir und W. D. Harkins in J. Alexanders Colloid Chemistry I (New York 1926).

S, BaSO$_4$. Auch feste, grobdisperse Emulgatoren bilden zähe, zusammenhängende Häutchen um die flüssigen Emulsionskügelchen. Da die Teilchen der Emulgatoren in diesen Fällen relativ groß sind, so hat das die Tröpfchen umgebende Häutchen eine relativ große Dicke, etwa 0,1 bis 1 $\mu$. Die Häutchen bzw. die Tröpfchen einschließenden, stabilisierenden Schichten mikromolekularer Emulgatoren sind dagegen viel dünner, z. B. beträgt die Dicke eines monomolekularen Seifenhäutchens etwa 0,5—1 m$\mu$.

In den weitaus meisten Fällen erwiesen sich die Emulsionen Elektrolyten gegenüber als stark geschützt, weil die Emulgatoren die gleiche Rolle wie die Schutzkolloide spielen. Gelatine, Seifen und Saponine besitzen gute Emulgierungsfähigkeit und zeichnen sich auch durch ihre Schutzwirkung aus. Bei der Emulgierung sind dabei die Semikolloide am wirksamsten.

**Umkehrbare Emulsionen.** Eine ,,Öl-in-Wasser-Emulsion'' kann durch gewisse Maßnahmen in eine ,,Wasser-in-Öl-Emulsion'' verwandelt werden. Wird z. B. eine mit Natriumoleat stabilisierte Emulsion von Öl in Wasser mit Kalziumchlorid versetzt, so erfolgt *Phasenumkehr*: die Öltropfen fließen zusammen und das Wasser verteilt sich im Ölmedium. Die Wassertröpfchen werden dabei durch das gebildete Kalziumoleat stabilisiert.

Mit Hilfe verschiedener Verfahren kann man ziemlich leicht erkennen, ob Wasser in Öl oder Öl in Wasser emulgiert ist. Eine Emulsion mit Wasser als Dispersionsmittel läßt sich mit Wasser leicht verdünnen, und kann durch wasserlösliche Farbstoffe (z. B. Methylorange, Nilblau) leicht angefärbt werden. Dagegen werden solche Emulsionen mit wasserunlöslichen Farbstoffen wie Scharlachrot u. a. nicht angefärbt. Die Emulsionen von Wasser in Öl lassen sich ihrerseits durch Farbstoffe anfärben, die in Öl und lipophilen Lösungsmitteln löslich sind, wie z. B. Scharlachrot, Sudan II, Karotin. Die Emulsionen von Öl in Wasser leiten den elektrischen Strom, die umgekehrten Emulsionen tuen das nicht.

**Einige praktisch wichtige Emulsionen.** Eine der praktisch wichtigsten Emulsionen ist die *Milch*. Eigentlich ist sie keine einfache Emulsion, sondern ein sehr kompliziertes Gebilde, das außer den Emulsionskugeln noch verschiedene feste Teilchen im wässerigen Dispersionsmittel enthält. Die Fettröpfchen sind die weitaus größten und mikroskopisch sichtbar. Die Verteilung ist polydispers. Außer diesen findet man in der Milch noch Kasein und andere Milchproteine kolloid verteilt. Gelöst sind schließlich in der Milch verschiedene niedermolekulare Stoffe, wie Zucker, Salze, Vitamine u. a.

Die Fettröpfchen der Milch brauchen nicht unbedingt flüssig zu sein. Flüssig sind sie nur oberhalb des Schmelzpunktes von Milchfett; unterhalb dieses Punktes sind sie fest. Die Fetteilchen sind mit einem Proteinhäutchen bedeckt und dadurch stabilisiert. Das spezifische Gewicht des Milchfettes ist kleiner, als das des Dispersionsmittels (des Wassers bzw. der Magermilch). Infolgedessen erfolgt beim Stehen *Aufrahmung*. Beim Zentrifugieren fügen sich die Fetteilchen aneinander und man erhält den Rahm und die Magermilch. Im Rahm ist die Konzentration des Milchfettes größer als in der Milch. Die Emulsionskügelchen befinden sich sehr nahe nebeneinander. Durch eine entsprechende mechanische Behandlung (Schlagen, intensives Rühren) kann erreicht werden, daß die Teilchen so stark gegeneinander prallen, daß die stabilisierende Proteinschicht zerreißt und ein Zusammenfließen nunmehr erfolgt: die Teilchen vereinigen sich zu immer größeren und größeren Fettklumpen, in denen auch noch etwas von der Flüssigkeit eingeschlossen bleibt. Die von der Flüssigkeit abgetrennte halbfeste Masse heißt *Butter*, die Flüssigkeit Buttermilch. Butter kann so als eine Emulsion von Wasser in Öl betrachtet werden.

Wird frische Milch durch sehr feine Kapillaren gepreßt, oder in ähnlicher Weise mechanisch behandelt, so werden die anfangs ziemlich großen Fettröpfchen zerschmettert — die sehr kleinen bleiben aber unverändert. Infolgedessen wird die Emulsion nicht nur höherdispers, sondern auch mehr monodispers. Eine so behandelte Milch rahmt sich nicht mehr so leicht auf und das Milchfett ist leichter resorbierbar. Das Verfahren wird *Homogenisieren* genannt, und nicht nur bei Milch, sondern auch bei anderen Emulsionen (z. B. Lebertran) verwandt.

Technisch sehr wichtig sind die von verschiedenen Hevea-Arten ausfließenden milchigen Säfte — Kautschukemulsionen —, die mit den Namen *Latex* bezeichnet werden. Die Kautschuktropfen im Latex sind meist eiförmig und halbfest. Sie werden durch eine Proteinschicht stabilisiert. Die Koagulation, d. h. das Zusammenfließen der Kautschukteilchen kann z. B. durch Säurezusatz bewirkt werden. Der native Latex hat ein $p_H$ von 5,5—6,2 und die Teilchen sind negativ geladen. Wird Säure bis zu einem $p_H = 4,8$ hinzugesetzt, so erfolgt Koagulation. Bei raschem Säurezusatz bis zum $p_H = 3$, werden die Teilchen positiv umgeladen und flocken nicht mehr aus. Die Koagulation erfolgt dann wieder bei stark saurer Reaktion. Es wird also eine typische unregelmäßige Koagulation beobachtet. Da die Kautschukteilchen im Latex negativ geladen sind, können diese auch elektrophoretisch abgeschieden werden, was auch in der Technik ausgenutzt wird, — wenn man einen Metallgegenstand mit einer Kautschukschicht überziehen will. Dieser wird zu diesem Zweck zur Anode gemacht.

Schließlich sei noch erwähnt, daß es in der letzten Zeit gelungen ist, eine Flüssigkeit in einer anderen durch Bestrahlung mit *Ultraschallwellen* zu verteilen. So werden z. B. Quecksilberemulsionen im Wasser hergestellt. Die Beständigkeit dieser ist von der Anwesenheit eines Stabilisators und von dem Dispersitätsgrade abhängig. Je größer die Quecksilbertröpfchen sind, um so leichter fallen sie zu Boden. Es ist zu bemerken, daß unter bestimmten Bedingungen Ultraschallwellen auch die Koagulation einer Emulsion hervorrufen können.

## XVI. Gasdispersionen und Schäume.

### Einiges über Gasdispersionen.

Gasdispersionen sind flüssige disperse Systeme mit gasförmigem dispersen Anteil. Am leichtesten sind Gasdispersionen zu erhalten, wenn man eine viskose Flüssigkeit mit einem darin unlöslichen Gase schüttelt. Solche viskose Gasdispersionen sind relativ beständig, da sich die Gasbläschen nicht so schnell bewegen können (z. B. in hochkonzentrierter Natronlauge oder Glyzerin). In wenig viskosen Flüssigkeiten, wie z. B. in Wasser, steigen die verteilten Gasbläschen rasch auf und das disperse System wird zerstört.

Hochdisperse Gasdispersionen lassen sich in der Weise herstellen, daß man ein Gas durch feinporige Düsen in eine Flüssigkeit hineinpreßt, oder unter geeigneten Umständen die Gasentwicklung mittels chemischer Reaktionen in der Flüssigkeit selbst bewirkt. Sauerstoffsole werden z. B. durch Zersetzung von Wasserstoffsuperoxydlösungen hergestellt.

Die Beständigkeit der Gasdispersionen wächst mit dem Dispersitätsgrade und ist um so größer, je weniger das Gas im Dispersionsmittel löslich ist. Die Beständigkeit der Gasdispersionen kann auch durch Zugabe viskoser Flüssigkeiten und lyophiler Stabilisatoren (z. B. Seifen) erhöht werden.

Die Größe der Gasbläschen läßt sich ultramikroskopisch bestimmen. In manchen Fällen, z. B. in Lufthydrosolen, sind die Bläschen außerordentlich klein, nur von 5—20 m$\mu$. Solche Sole haben prächtige Opaleszenzfarben. Oberflächenaktive Stoffe erhöhen den Dispersitätsgrad, nicht aber die Haltbarkeit der Gasdispersionen[355]).

Bei der Koagulation oder ,,Aufrahmung" der Gasdispersionen entstehen oft Schäume.

## Die Schäume.

Auch Schäume sind Gasdispersionen, wo ein Gas in einer Flüssigkeit verteilt ist. Schäume unterscheiden sich von den vorher beschriebenen flüssigen Gasdispersionen durch ihre *Formbeständigkeit*, sie sind also relativ fest. Die flüssigen Gasdispersionen entsprechen den Solen, die Schäume dagegen den Gelen.

**Der innere Aufbau der Schäume.** Schäume sind aus einer großen Anzahl kleiner, fest aneinander liegender Gasbläschen zusammengesetzt. Jedes Gasbläschen ist von einer zähen, halbflüssigen Oberflächenhaut umgeben. Diese Oberflächenhäutchen oder *Schaumlamellen* bilden ein zusammenhängendes Gerüst, ebenso wie die Fasernetze im Gel.

Die Schaumlamellen sind halbfest und haben eine bestimmte Struktur. Es ist schon seit langem bekannt, daß mit reinen Flüssigkeiten kein beständige Schaum erzeugt werden kann. Allgemein bekannt sind die Seifenschäume. In den Seifenblasen, die einen Schaum bilden, hat die Schaumlamelle eine folgende Struktur: sie besteht aus einer äußeren, einen mittleren und einer inneren Schicht. In den äußeren und inneren Schichten sind die Seifenmoleküle derart orientiert, daß die Kohlenwasserstoffreste senkrecht zur Blasenwand stehen und die Karboxylgruppen in die mittlere, wasserreiche Schicht tauchen. Die Dicke der Lamellen läßt sich aus der Farbe der Blasen abschätzen. Ziemlich dick sind die weißen Lamellen; die farbigen haben Abmessungen der Lichtwellenlänge in den Grenzen von etwa 200—600 m$\mu$. Die dünnsten Seifenlamellen sind nach Perrin[356]) nur 4,4 m$\mu$ dick.

Je größer die Konzentration des gelösten Stoffes in der Lamelle, um so fester ist der Schaum. Die Festigkeit ist außerdem auch von den Eigenschaften des gelösten Stoffes abhängig. In einigen Fällen läßt sich die maximale Festigkeit und Beständigkeit eines Schaumes bei mittleren Konzentrationen des gelösten Stoffes erreichen.

Im Eiweißschaum sind die lamellenbildenden Eiweißmoleküle etwas denaturiert, indem die anfangs fast kugelförmigen Moleküle in stark anisodimensionale Gebilde übergehen. Höchstwahrscheinlich sind diese durch Oberflächenkräfte (bei der Zerschäumung) denaturierten Eiweißmoleküle blättchenförmig, so daß sie beständige Lamellen bilden können. Auch in der Schlagsahne wird das zusammenhängende, ziemlich feste Gerüst des Schaumes hauptsächlich aus denaturiertem Milcheiweiß gebildet. An diesem Gerüst hängen auch die vielen Fetteilchen.

**Die Schaumbildner (Schäumer).** Durch folgenden einfachen Versuch kann die Bildung und die Beständigkeit verschiedener Schäume leicht demonstriert werden. In Glaszylinder mit eingeschliffenen Stöpseln wird eingegossen: in den ersten Wasser, in den zweiten Äther, in den dritten Benzol, in den vierten eine wässerige Lösung von Propylalkohol, weiter in den fünften eine wässerige Lösung von Buttersäure, in den sechsten eine Seifenlösung, in den siebenten eine Gelatinelösung und in den achten eine Saponinlösung. Die Zylinder werden alle in gleicher Weise kräftig geschüttelt und dann stehen gelassen. In den ersten drei Zylindern mit reinen Flüssigkeiten wird kein Schaum gebildet, da, wie schon gesagt, reine Flüssigkeiten nicht schäumen. Im vierten und fünften Zylinder wird wohl Schaum

---

[355]) Siehe R. Auerbach: Kolloid-Z. **74**, 129 (1936); **77**, 161 (1936); *80*, 27 (1937).
[356]) J. Perrin: Kolloid-Z. **51**, 2 (1930).

gebildet, jedoch ist dieser sehr unbeständig. Nur in den letzten drei Zylindern entstehen beständige Schäume.

Aus dem Versuch ist zu ersehen, daß die beständigsten Schäume von kolloiden Lösungen gebildet werden. Die Lösungen mikromolekularer Stoffe schäumen überhaupt nicht oder liefern ganz unbeständige Schäume. Die Schaumbildung wird begünstigt durch *kapillaraktive* Stoffe (d. h. diejenige, die die Oberflächenspannung erniedrigen), z. B. durch Alkohole, Ester, Fettsäuren, nicht aber durch gelöste kapillar*inaktive* Stoffe, wie z. B. Harnstoff oder Kochsalz.

Die Schaumbildungsfähigkeit grenzflächenaktiver, mikromolekularer Stoffe ist aber nicht immer der Erniedrigung der Oberflächenspannung direkt proportional. Bei.der Erhöhung der Konzentration des kapillaraktiven Stoffes steigt die Schaumbildungsfähigkeit nur bis zu einem gewissen Maximum; wird die Konzentration des Schaumbildners noch weiter erhöht, so fällt sie wieder ab[357]).

Bei kolloidgelösten oder halbkolloiden Schäumen ist dagegen mit wachsender Konzentration des Schäumers kein Maximum der Schaumbildung zu beobachten. Die Beständigkeit eines Saponinschaumes (halbkolloid) z. B. steigt mit der Saponinkonzentration anfangs rasch, dann weniger rasch, nimmt jedoch auch bei sehr hohen Konzentrationen nicht ab[358]).

**Zwei- und mehrphasige Schäume.** Die *Schaumdauer*, d. h. die Beständigkeit des Schaumes von wäßrigen Lösungen kapillaraktiver Stoffe (z. B. von i-Amylalkohol) wird außerordentlich erhöht, wenn feingepulverter Bleiglanz oder Kupferkies zugesetzt wird. Während der zweiphasige Schaum einer Lösung eines kapillaraktiven Stoffes sehr unbeständig ist, sind die *mehrphasigen Schäume* mit festen Bestandteilen sehr beständig. Die Beständigkeit solcher Schäume mit festen Bestandteilen wird noch außerordentlich stark erhöht, wenn man flüssige Stabilisatoren, z. B. Ölsäure, zusetzt. Die beständigsten Schäume werden gebildet mit nicht allzuviel Ölsäure. Es läßt sich abschätzen, daß bei der optimalen Konzentration der Ölsäure die Teilchen des Pulvers von einer wenige Moleküle dicken Ölschicht überzogen sind. Solche aus festen Teilchen, Flüssigkeit und Gas zusammengesetzte, durch die Ölsäureschichten zusammengehaltenen mehrphasigen Schäume sind die beständigsten.

**Zerstörung der Schäume.** Es ist bekannt, daß viele kapillaraktive Stoffe, wie z. B. Äther oder Alkohol, die Schaumbildung unterdrücken und die Schäume zerstören. Diese Wirkung beruht darauf, daß die kapillaraktiven Stoffe die Saponin-, Seifen- oder Eiweißteilchen aus den Oberflächen teilweise zu verdrängen imstande sind. Saponin wird auch in Alkohol echt gelöst und dadurch so fein verteilt, daß es nicht mehr imstande ist, Oberflächenhäute zu bilden. Auf Eiweiß wirken die kapillaraktiven Stoffe dagegen koagulierend, was sich auch für die Ausbildung von Lamellen nachteilig auswirkt.

**Die Schäume in der präparativen Praxis und in der Technik.** In der Technik ist die *Flotation* oder das Schaumschwimmverfahren der Erze sehr wichtig. Wird feinverteiltes, unreines Erz im Wasser mit einem Schäumer heftig gerührt, so kann dadurch die Abtrennung der Erzteilchen von Sand und anderen wertlosen Beimengungen erzielt werden. Als Schaumbidlner werden z. B. Amylalkohol, Kresol und die Xantogenate gebraucht. Außerdem werden als sogenannte „Sammler", die die Beständigkeit des Schaumes stark erhöhen, Ölsäure, Paraffinöl u. a. verwendet. Die Abtrennung beruht darauf, daß die Erzteilchen (insbesondere sulfidische Erze) vom Schaumbildner besser benetzt werden, als die Gang-

---

[357]) Vgl. O. Bartsch: Kolloid-Beih. *20*, 1 (1924).
[358]) Vgl. P. A. Rebinder: Kolloid-Z. *53*, 145 (1930). Vergl. auch J. M. Perri u. F. Hazel: Journ. Physic. and Colloid Chem. *51*, 661 (1947).

arten (Sand, Feldspat u. a.). Die Erzteilchen werden deshalb durch die Schaum-
schicht aufgezogen und zusammen mit dem Schaum von der Flüssigkeit leicht
abgetrennt. Die Gangart wird dagegen in die wässerige Schicht eingezogen (sie
wird von dem Schaumbildner und dem Öl schlecht benetzt, von Wasser dagegen
gut) und sinkt zu Boden*.

Infolge der sehr großen inneren Oberfläche haben die Schäume ein starkes Adsorp-
tionsvermögen. Darauf beruht auch die *Waschwirkung* der Seife. Durch den Seifenschaum werden die Schmutzteilchen fest adsorbiert und dann mit dem Waschwasser
weggespült. Die Waschwirkung ist von der Schaumbildungsfähigkeit der Seife
abhängig. Ölige Schmutzteilchen werden dabei durch die Seife auch emulgiert und
als Emulsionsteilchen in Lösung (Waschwasser) gebracht (s. auch S. 50).

Bekanntlich reichern sich die oberflächenaktiven Stoffe besonders leicht sich
in den Grenzflächen an (s. S. 41). Nun besitzen die Schäume sehr ausgedehnte
innere Oberflächen, an denen die Schaumbildner, d. h. die oberflächenaktiven,
gelösten Stoffe sich anreichern können. Wo. Ostwald[359]) hat nun versucht,
diese Tatsache zur Abtrennung kapillaraktiver Stoffe von Lösungen auszunutzen:
in die betreffende Lösung wird durch eine Glasfritte Luft eingeblasen und Schaumbildung hervorgerufen. Der dabei gebildete Schaum wird gesammelt und weiter
verarbeitet, z. B. nach Rückwandlung in die Flüssigkeit nochmals geschäumt. Die
Konzentration des in der Lösung befindlichen kapillaraktiven Stoffes ist stets
kleiner, als im Schaum. Auf diese Weise läßt sich der kapillaraktive Stoff von der
Lösung abtrennen. Das Verfahren wird *Zerschäumungsanalyse* genannt.

## XVII. Ärosole (Nebel, Staub, Rauch).

**Definitionen.** Auf das Gebiet der Ärosole hat zuerst Wo. Ostwald hingewiesen[360]). Den optischen Eigenschaften nach und auch definitionsgemäß gehören die Ärosole zu den Kolloiden. Es sind das Systeme mit einem *Gas als
Dispersionsmittel*, in dem verschiedene flüssige oder feste Substanzen kolloid verteilt sind. Auch die Benennungen ,,Schwebstoffe in Gasen" oder ,,Ärokolloide",
oder auch ,,Gaskolloide" sind gebräuchlich.

In einem Gas können Flüssigkeiten, oder feste Stoffe dispergiert sein. Im ersten
Fall hat man mit einem ,,*Nebel*", im zweiten mit einem ,,*Staub*" zu tun. *Rauche*
sind dagegen Ärosole, die bei der Verbrennung entstehen und Mischungen sowohl
von Flüssigkeiten wie auch von festen Körpern in feinster Verteilung nebeneinander enthalten können.

Alle diese drei dispersen Systeme verhalten sich weitgehend gleich, so daß sie
gleichzeitig behandelt werden können. Die Teilchengröße fällt annähernd ins kolloide Gebiet ($1 \, m\mu$—$1 \, \mu$), da ja bei gröberen Teilchen das Sinken des Nebels oder
des Staubes zu schnell erfolgen würde und die Beständigkeit eines solchen Disper-
soids nur sehr gering wäre. Kleinere Teilchen als $1 \, m\mu$ nähern sich aber schon
der Größe von Molekülen.

Die Ärosolforschung ist für die Technik und die Wirtschaft von ziemlicher
Bedeutung (s. w. u.). Es ist deshalb nicht verwunderlich, daß besonders in den
letzten Jahrzehnten die Zahl der wissenschaftlichen Forschungsarbeiten auf diesem Gebiete sich stark vergrößert hat[361]).

---

* A. M. Gaudin, in J. Alexander's Colloid Chemistry, Vol. VI, 493 ff (1946).
[359]) Wo. Ostwald und A. Siehr: Kolloid-Z. **76**, 33 (1937); Wo. Ostwald und W.
Mischke: Kolloid-Z. **90**, 17, 205 (1940).
[360]) Wo. Ostwald: Koll.-Z. *1*, 332 (1906).
[361]) Eingehende Schriften über Aerosole: V. Kohlschütter: Nebel, Rauch und Staub,
Bern 1918; E. Gibbs: Clouds and Smokes, London 1924; H. Remy: Chem. Ztg. **79**, 465
(1935); neueste Literatur, F. Müller: Koll.-Z. **90**, 9 (1940); K. Meyer: Koll.-Z. *102*, 295
(1943); *105*, 71, 160 (1943).

**Darstellungsmethoden.** Die Darstellung der Ärosole gelingt auf dem Wege der *Dispersion* und auf dem der *Kondensation.*

Die Dispersionsmethode erweist sich als die einfachste, sie ist jedoch nicht in allen Fällen anwendbar. Sie besteht darin, daß man Flüssigkeiten mittels eines Zerstäubers oder mittels Spezialdüsen (z. B. nach Schlick) in Luft oder in einem anderen Gase zur Zerstäubung bringt. Die ziemlich polydispersen Sole können mit Hilfe besonderer Einrichtungen weitgehend monodispers gemacht werden, indem man das System von den groben Tröpfchen befreit. Die Düsenzerstäubung hat auch praktische Bedeutung, z. B. beim Entstäuben von Luft durch Wassernebel, bei der Zerstäubungstrocknung, bei Verbrennungsvorgängen in Motoren für flüssige Brennstoffe usw. Flüssigkeiten können auch vernebelt werden, indem man ein dünnwandiges Gefäß mit der Flüssigkeit in einen Sprengstoff einbettet und dann zur Explosion bringt.

Die Dispersion fester Stoffe läßt sich mittels Preßluft durchführen.

In der „Schweberöstung" werden feinverteilte Erze im Schwebezustand abgeröstet und reduziert. Wegen der großen Oberfläche läuft die Reaktion sehr schnell ab.

Vielseitiger und verbreiteter sind die *Kondensationsmethoden*, sie führen zu weitgehend *monodispersen* Ärosolen. Zur Darstellung eines solchen Sols wird der zu dispergierende Stoff zunächst verdampft und dann der Dampf plötzlich abgekühlt. Das kann geschehen, indem man diesen in einen kühlen Raum einbläst oder durch adiabatische Expansion abkühlt. Hierbei erweist es sich, daß die Kondensation viel leichter erfolgt, wenn im Volumen *Kondensationszentren* (s. S. 182) in Form eines feinsten Staubes oder anderer Teilchen vorhanden sind. Ohne diese Teilchen erfolgt vielfach überhaupt keine Kondensation. Die Darstellung hoch- und gleichzeitig monodisperser Sole ist deshalb an zwei Bedingungen gebunden: 1. muß die zu dispergierende Substanz einen möglichst kleinen Dampfdruck besitzen, damit eine hohe Übersättigung erzielt werden kann, so daß auch die kleinsten Teilchen als Kondensationszentren wirken können und 2. muß dafür gesorgt werden, daß der Stoff vor der Kondensation im ganzen Versuchsvolumen gleichmäßig verteilt wird.

Ein Beispiel dafür, welche Rolle die Kondensationszentren spielen, bietet die Wilsonsche Nebelkamera. Benutzt man zu den Versuchen gewöhnliche, von Staub nicht befreite Luft, so genügt schon eine sehr kleine Übersättigung, um Nebel zu erzeugen: der plötzlich durch geringe Expansion abgekühlte Wasserdampf kondensiert an den Staubteilchen, die in der Luft vorhanden sind und Nebel erscheint. Bei staubfreier Luft bedarf man schon viel höherer Übersättigungen, um eine Kondensation hervorzurufen. Nebelbildung kann aber leicht eintreten, wenn man in die Kamera Keime, z. B. in Form eines Tabakrauches einführt. Flugzeuge in staubfreier, mit Wasserdampf übersättigter Luft erzeugen aus denselben Gründen Nebelstreifen: als Kondensationskeime dienen hier die Teilchen der Rauchgase, die aus den Motoren entweichen. Bei noch höheren als 8fachen Übersättigungen erscheint in der Wilsonschen Kamera trotz Abwesenheit von Keimen wieder dichter Nebel, der in der Durchsicht gefärbt ist und sich langsam absetzt. Man hat es hier mit einem hochdispersen System zu tun[362].

Die Kondensation eines übersättigten Dampfes kann auch durch Elektrizitätsträger als Keime, wie sie durch Einwirkung von Röntgen- und kosmischen Strahlen oder von Strahlungen radioaktiver Stoffe entstehen, hervorgerufen werden.

Die chemischen Kondensationsverfahren bestehen darin, daß man durch Mischen mehrerer gasförmiger Stoffe einen neuen — festen oder flüssigen —

---

[362] Näheres s. H. Freundlich: Kapillarchemie Bd. II, 4. Aufl., S. 782 (1932).

entstehen läßt. Bringt man Chlorwasserstoff mit Ammoniak zusammen, so bildet sich Ammoniumchlorid in Form eines Ärosols. Auch viele chemische Verbindungen, insbesondere Chloride höherwertiger Elemente (z. B. $SnCl_4$ oder $TiCl_4$) können mit der Feuchtigkeit der Luft reagieren und sichtbare Nebel erzeugen; durch Reaktion organischer Chlorierungsmittel mit bestimmten Metallpulvern entstehen ebenfalls dichte Nebel (Berger-Mischungen der Nebelkerzen).

Ärosole können ferner durch photochemische Zersetzung hergestellt werden. So läßt sich z. B. Diäthylquecksilber, das im Raum durch Einsprühen und Rühren gleichmäßig verteilt wird, mittels des Lichtes einer wassergekühlten intensiven Niederdruckquecksilberlampe zersetzen. Es entsteht ein hochdisperses Quecksilberärosol mit kugelförmigen Teilchen[363]). Auf ähnliche Weise kommt man auch zu einem Bleioxydrauch oder Bleioxydärosol, da das entstehende, äußerst fein verteilte Metall, sofort oxydiert. Dasselbe geschieht auch bei der photochemischen Zersetzung von Eisenpentakarbonyldampf in Gegenwart von überschüssigem Sauerstoff: man erhält ein sehr feindisperses Eisenoxyd-Ärosol.

Bei der Darstellung von Ärosolen laufen häufig Dispersions- und Kondensationsvorgänge neben- und nacheinander ab, oder greifen sogar durcheinander.

Die Konzentration der gebildeten Ärosole wird bestimmt, indem man ein abgemesseses Volumen durch geeignete Filter saugt und die auf ihnen zurückgebliebene Menge des dispersen Stoffes analytisch bestimmt. Da nun die Ärosolkonzentration meistens sehr gering ist (z. B. 1—100 mg/m³) und zur Analyse nur ein Teil davon verwandt wird, so kommen nur Mikro- und Spektralphotometrische Methoden in Betracht[364]). Der disperse Anteil auf den Filtern kann im Falle gröberer Dispersionen auch direkt mikroskopisch untersucht und die Zahl der Teilchen bestimmt werden.

**Die optischen Eigenschaften der Ärosole.** Ebenso wie bei den kolloiden wäßrigen Lösungen dienen auch hier, bei den Ärosolen, die optischen Eigenschaften als Merkmale des kolloiden Zustandes. Sendet man einen Lichtstrahl durch ein Ärosol, so beobachtet man den Tyndalleffekt. Der Lichtstrahl erfährt eine Intensitätsschwächung, die bedingt wird erstens durch Absorption (Extinktion) und zweitens durch die Brechung, Spiegelung und Beugung. Die letzten drei Umstände rufen die Streuung oder Trübung hervor. Dies Streulicht ist polarisiert. Die Verfolgung der optischen Eigenschaften der Ärosole ist schwer, da diese viel weniger beständig sind als die kolloiden Lösungen und schon während der Beobachtungen aggregieren die Teilchen mit Änderung der optischen Eigenschaften. Bei einem weißen Nebel ist die Absorption des Lichtes praktisch zu vernachlässigen, um so mehr macht sich die Trübung bemerkbar. Ist der Teilchendurchmesser kleiner als die Lichtwellenlänge, so herrscht Beugungstrübung; mit der Vergrößerung der Teilchen verstärken sich auch die Reflexionserscheinungen. Die Rayleighsche Theorie des Streulichtes, die schon auf S. 66 eingehend behandelt worden ist, kommt natürlich auch hier zur Geltung. Da die kurzwelligen Strahlungen wesentlich stärker als die langwelligen gestreut werden, so erscheinen z. B. hochdisperse Rauche, von der Seite gegen einen dunklen Hintergrund betrachtet — bläulich, im durchfallenden Licht dagegen rötlich-gelb (desgleichen Farbenerscheinungen bei Sonnenauf- und Untergang, Streuung der violetten und blauen Strahlen an dem Staubärosol der Atmosphäre).

Bei größeren Teilchen eines Nebels oder Rauchs, wenn jene schon die Wellenlänge des Lichts erreichen und überschreiten, erscheinen die Sole weiß. In diesem Gebiet kann die Konzentration des Sols mittels des Nephelometers bestimmt wer-

---

[363]) P. Nagel, G. Jander, G. Scholz: Koll.-Z. *107*, 194 (1944).
[364]) Z. B. die Dithizonmethode nach H. Fischer: Z. f. analyt. Chemie *103*, 241 (1935).

den, da die Intensität des Tyndallichtes hier der Zahl der Teilchen proportional ist (ungefähr gleiche Teilchengröße vorausgesetzt).

Eine weitere optische Eigenschaft, die von praktischer Bedeutung für die Meteorologie und Schiffahrt ist, betrifft die durch die Nebel hervorgerufene Sichtverschlechterung. Es handelt sich hier somit um die Sichtweite in einem Nebel, da dieser die *Kontrastverminderung* zwischen einem Objekt und seiner Umgebung bewirkt. Es genügen meist schon ganz geringe Mengen, um Gegenstände bei gewöhnlichem Tageslicht unsichtbar zu machen, z. B. 13 mg $TiCl_4$ im m³ bei einer 20 m Schichtdicke des Nebels (Teilchengröße etwa 500 m$\mu$).

**Die Teilchengröße und -Form der Ärosole.** Einige der Methoden, die zu demselben Zweck bei kolloiden Lösungen gebraucht werden, kommen auch hier in Betracht. Eine der wichtigsten ist die ultramikroskopische. Benutzt werden Spaltultramikroskope mit optisch begrenztem Zählraum. Da nun die Teilchen eine größere Fallgeschwindigkeit besitzen als in wäßrigen Lösungen, so ist die Zähltechnik nicht einfach und eine ganze Reihe von Fehlerquellen kann die Resultate fälschen. Die Grenze der Erfaßbarkeit liegt bei etwa 10 m$\mu$. Sie kann jedoch weiter nach unten verlegt werden, wenn man statt der gewöhnlichen Kohlebogenlampen besonders intensive Lichtquellen benutzt. Hierzu eignen sich die Osram-Quecksilberhochdrucklampen, die bei kurzzeitiger Überbelastung Lichtintensitäten liefern, die sogar die des Sonnenlichts übersteigen. Unter solchen Umständen gelingt es, Momentaufnahmen in 1/125 Sek. zu machen. Die mittlere Teilchengröße und das Gewicht läßt sich dann ganz ebenso wie bei kolloiden Lösungen (s. S. 119) berechnen.

Quecksilberärosole enthalten z. B. $0,3 \cdot 10^{12}$ bis $13 \cdot 10^{12}$ Teilchen im m³, deren mittleres Teilchengewicht ergibt sich zu $1,9 \cdot 10^{-15}$ bis $10,8 \cdot 10^{-15}$ g. Die Anfangskonzentrationen (s. w. u.) liegen zwischen 2,5 und 18 mg/m³.

Grobdisperse Nebel lassen sich einfach mit einem „Nebelmikroskop" aufnehmen. Durch Vermessung von etwa 500—1000 Tropfendurchmessern und Eintragen in ein Diagramm, gelangt man zu ähnlichen Verteilungskurven, wie schon früher beschrieben (s. S. 133, 169).

Teilchengrößen können weiter aus der Bestimmung der ultramikroskopischen Fallgeschwindigkeit nach der Stokes-Cunninghamschen Formel (s. S. 131) berechnet werden.

Schließlich sind Staub- und Rauchteilchen der Ärosole jetzt direkt übermikroskopisch beobachtbar (s. S. 162)[365) und es gelingt auf diese Weise, auch Aussagen über die Teilchenform zu machen. Mit Hilfe des Siemens-Übermikroskopes mit hoher Auflösung gelang es nämlich zum ersten Male, die Form der Staub- und Rauchteilchen zu beobachten. Magnesiumoxydrauch, durch Verbrennung eines Magnesiumbandes erzeugt, besteht aus sehr kleinen kubischen Kryställchen, die durch feine Fäden von etwa 2 m$\mu$ Stärke zusammengehalten werden. Die kleinsten Würfel haben die Kantenlänge von 10 m$\mu$ und sind sehr regelmäßig gebaut. Die räumliche Ausdehnung der Staub- und Rauchflocken und der Aufbau des ganzen Gebildes läßt sich besonders gut in *Stereoaufnahmen* übersehen. Ähnliche Bilder erhält man auch mit Kadmiumoxydrauch. Die Häufigkeitskurve in Abhängigkeit von der Größe der Partikel hat das normale Aussehen. Ein eigentümlich lockeres Gebilde zeigt der Zinkoxydrauch, der aus Nadeln besteht; die feinsten Nadeln haben eine Breite von 4 m$\mu$ (Mittelwert 10 m$\mu$) und eine Länge von 200 m$\mu$. Auch die feinsten Staubteilchen der Luft können aufgefangen und abgebildet werden.

---

[365) M. v. Ardenne: Elektronenübermikroskopie 1940, S. 301.

**Stabilität, Koagulation und Entnebelung.** Die Beständigkeit von Ärosolen ist viel geringer, als die wäßriger kolloider Lösungen. Das läßt sich hauptsächlich durch folgende Umstände erklären: 1. Die innere Reibung eines gasförmigen Dispersionsmittels ist viel geringer, als die des Wassers; 2. neigen die Teilchen der Nebel und Rauche zur Vergrößerung und deswegen zum Absetzen; 3. können die Tröpfchen der Nebel verdampfen.

Zu 1.: Die innere Reibung oder der Zähigkeitskoeffizient der Luft ist etwa 50mal kleiner als der des Wassers. Nebeltröpfchen vom Radius 400 m$\mu$ fallen in der Luft mit einer Geschwindigkeit von 0,002 cm/sec oder jedes Teilchen legt 10 cm in etwa 80 Min. zurück; in Wasser dispergierte feste Teilchen derselben Größe, die ebenfalls einen Dichteunterschied 1 gegen das Dispersionsmittel aufweisen, benötigen aber dazu 3 Tage. Schon dieser Umstand allein genügt um die geringe Beständigkeit der Ärosole zu erklären.

Es kommt aber 2. hinzu, daß die Teilchen infolge Vergrößerung zu schneller Absetzung neigen. Die Vergrößerung oder Zusammenballung der Teilchen erfolgt nun aus mehreren Gründen: a) die feinsten Nebeltröpfchen haben einen etwas höheren Dampfdruck, sie verdampfen somit schneller und der Dampf kondensiert sich auf den größeren Tröpfchen (isotherme Destillation); b) infolge der Brownschen Bewegung wandern die kleinsten Partikel eines Ärosols schneller, stoßen öfters mit größeren zusammen und bleiben an diesen haften (auch bei festen Teilchen). Hieraus folgt, daß monodisperse Sole am beständigsten sein müßten, wodurch sich auch die Stabilität mancher Landnebel erklärt. c) Die Teilchen der Ärosole sind verhältnismäßig rein, mit keinen besonderen Schmutz- oder Adsorptionsschichten umgeben, eine stabilisierende elektrische Ladung fehlt deswegen meistens, was ebenfalls das Zusammenballen der Teilchen nach b fördert. Beim Vorhandensein der erwähnten Schichten sind die Ärosole wesentlich stabiler. Hierdurch erklärt sich z. B. die ungewöhnliche Beständigkeit des Londoner Stadtnebels: die Nebeltröpfchen bedecken sich auf ihrer Oberfläche mit Ruß, öligen Verbrennungsprodukten, Staub, wodurch sie spezifisch leichter werden, nicht zum Zusammenballen neigen und nicht verdampfen.

Zu 3.: Ein Nebel kann schließlich einfach vernichtet werden, indem die Tröpfchen verdampfen, z. B. bei Temperaturerhöhung, was in der Natur durch Sonnenstrahlung geschehen kann.

Alles was die Unbeständigkeit eines Ärosols fördert, ruft schließlich dessen Sedimentation hervor. In der Technik spricht man auch von der *Entnebelung* und der *Entstäubung*, was der Vernichtung des Ärosols gleichkommt. In der Fabrik haben diese Prozesse die allergrößte Bedeutung. Grobdisperse Sole lassen sich verhältnismäßig leicht entstäuben, indem man diese durch verschiedenartige *Staubabscheider* in Form von Staubfiltern, Staubwäschern, Fliehkraftabscheidern, Staubkammern usw. leitet. Ein sehr wirksames Mittel ist ferner die *Elektrofiltration* oder die Entstäubung im elektrischen Feld hoher Spannungen (Cottrell-Verfahren in USA.). Der Ärosolstrom kommt hier zwischen aufgeladene Elektroden, die erzeugten negativen Gasionen werden von den Teilchen des Sols adsorbiert und dann zusammen auf der Anode abgeschieden. Auf diese Weise können Staub-, Rauch- und Nebelteilchen sehr rasch niedergeschlagen werden. Da hierbei die größeren Teilchen eine hohe Ladung erlangen, verschwinden sie auch schneller aus dem Elektrodenraum. Kleinere Teilchen als 3 $\mu$ im Radius genügend schnell abzuscheiden, reicht die Verweilzeit zwischen den Elektroden nicht aus.

Als ein wirksames Mittel zur Koagulation hochdisperser Ärosole hat sich bei Laboratoriumsversuchen der Ultraschall erwiesen[366]). Durch hochfrequente

---

[366]) E. Hiedemann: Grundlagen und Ergebnisse der Ultraschallforschung S. 190, 196, Berlin 1939; J. Boyer: Nature 1937, 104.

Ultraschallwellen (20—1000 kHz) wird nämlich die Zahl der Zusammenstöße so stark erhöht, daß die Koagulation erheblich beschleunigt wird: in 1—2 Sek. erreicht man eine 40—50fache Massenvergrößerung, so daß der Vorgang auch kinematographisch aufgenommen werden kann; 94% werden hierbei zur Abscheidung gebracht. Die Methode kann, wegen der kurzen Reichweite der Ultraschallwellen in Luft, technisch noch nicht verwendet werden.

Beim Versuch, Ärosole in Wascheinrichtungen zu vernichten, d. h. die Teilchen in Flüssigkeiten zu absorbieren, erweist es sich, daß das nicht immer gelingt. Nach Remy sind die Vorgänge recht komplizierter Art und die Vollständigkeit der Absorption hängt u. a. auch von der Blasengröße ab, mit der das Ärosol durch die entsprechenden Flüssigkeiten geleitet wird[367]).

**Die Bedeutung der Ärosolforschung.** Das über die Ärosole eben Gesagte deutet schon die Gebiete an, wo die Ärosolforschung von Nutzen ist. Sie hat viel beigetragen und trägt noch immer zum Verständnis vieler klimatischer meteorologischer Verhältnisse in der Natur bei: sie gibt Aufschluß über Nebel-, Wolken-, Regen- und Schneebildung; die gewonnenen Erkenntnisse werden von der Meteorologie ausgenutzt, ebenfalls von der Luft- und Schiffahrt.

Der Technik kommen die Ergebnisse der Ärosolforschung auf zweierlei Art zugute: 1. kann auf wissenschaftlicher Basis untersucht werden, wie man den Verlauf einer Reihe technischer Prozesse durch Überführung der festen und flüssigen Bestandteile in den hochdispersen Zustand beschleunigen könnte und 2. wie man sich in vielen Fabrikationsprozessen vom Staube befreien, oder ihn aufspeichern könnte, da er vielfach ein sehr wertvolles Material darstellt. Ein weiteres Anwendungsgebiet ist die Bekämpfung der Staubexplosionen: es sind nämlich Kohle-, Schwefel-, Zuckerstaubsuspensionen u. a. in der Luft explosiv.

Schließlich verursachen Staub, Rauch und Nebel auch gesundheitliche Schäden. Gröbere Teilchen werden gewöhnlich von den Schleimhäuten der äußeren Atmungsorgane zurückgehalten, hochdisperse Sole dringen jedoch durch und bleiben in der Lunge stecken. Es entstehen dann Erkrankungen dieses Organs in Form von Silikose, Asbestose u. a. Solche Erkrankungen kommen vor unter den Arbeitern der Zement-, Schiefer-, Asbest-, Glas-, Glasfaser- und Keramikindustrien, der Thomasmehlfabriken, der Schwefel- und Kohlengruben, der Stahlgießereien, der Elektroschweißereien, der verschiedenartigen Schleifanstalten usw. Die Ärosolforschung sucht nach Wegen, wie die Staubbildung und -Verbreitung hier zu verhindern wäre und sucht mit Hilfe des Übermikroskops festzustellen, was für eine Art von Teilchen besonders gesundheitsschädlich ist.

# XVIII. Feste Sole.

**Einschränkung des Gebiets fester Sole.** Zu diesen müßten rein definitionsgemäß alle sehr zahlreichen Systeme gehören, wo ein fester Stoff in einem anderen festen Stoff dispergiert ist. Hierbei lassen sich 2 Fälle unterscheiden: 1. das Dispersionsmittel besitzt eine geringe Lichtabsorption (es ist somit durchsichtig) und 2. es absorbiert sehr stark, ist folglich vollkommen undurchsichtig.

Im ersten Fall ist es möglich, die optischen Eigenschaften eines solchen Soles zu erforschen, im zweiten ist das aber unmöglich. Für diesen Fall bliebe nur die Definition, die diese Systeme an die Kolloide bindet, übrig. Will man z. B. die Härtung und die Ausscheidungsvorgänge in abgeschreckten Al-Legierungen verfolgen, in denen sich die beilegierten Metalle sofort nach dem Abschrecken zweifellos in hochdispersem Zustande befinden, so erweisen sich hierzu Methoden

---

[367]) H. Remy, W. Seemann: Koll.-Z. **72**, **3**, 279 (1935).

als notwendig, die der ganzen Kolloidchemie fremd sind, aber in der Krystallo-
graphie und Metallkunde gebraucht werden. Der zweite Fall gehört deshalb ins
weite Gebiet der Metallkunde und es soll hier nur der erste gestreift werden.

Als durchsichtige feste Dispersionsmittel kommen amorphe und krystalline
Stoffe in Betracht.

**Amorphe Stoffe als Dispersionsmittel.** Hierher gehören die *gefärbten
Gläser*. Das schon bei *Libavius* erwähnte *Goldrubinglas* hat insofern noch eine Rolle
in der Kolloidchemie gespielt, daß es 1903 Zsigmondy und Siedentopf an
diesem System gelang, das Wesen des kolloiden Zustandes mit Hilfe des Ultramikroskops aufzuklären. Man erhält kräftig rot gefärbte Massen, wenn im ge-
schmolzenen Glas einer geeigneten Sorte geringe Mengen Gold (0,1 g auf 1 kg
Glas) in Form eines Goldpräparates oder auch als Blattgold aufgelöst werden.
Die schnell abgekühlte Masse ist zunächst farblos und ultramikroskopisch „leer",
da das Gold sich offenbar gelöst hat. Bei langsamer Abkühlung jedoch, oder bei
nachträglichem Erwärmen („Anlassen") der bereits erkalteten Schmelze, läuft
diese rubinrot an und gleicht der Farbe nach einem wäßrigen Goldsol. In dieser
Masse lassen sich nun ultramikroskopisch Goldteilchen in großer Zahl nachweisen,
die ganz ebenso wie in einem wäßrigen Sol aussehen, sich jedoch in Ruhe, wegen
der hohen Zähigkeit des Dispersionsmittels, befinden und deshalb leicht auszähl-
bar sind. Ein solches festes Sol besitzt ganz ähnliche optische Eigenschaften wie
flüssige kolloide Lösungen, es treten auch z. B. dieselben Farbänderungen bei
Vergröberung der Teilchen auf. Letzteres erfolgt, wenn man das Rubinglas
längere Zeit bei höherer Temperatur erwärmt: man erhält zuerst ein im durchfallenden blau, im reflektierten Licht braun aussehendes Glas — schließlich erscheinen bei noch längerer Erwärmung glänzende Goldflitterchen. Die Wirkung
des Anlassens besteht nämlich darin, daß die Zähigkeit des Dispersionsmittels herabgesetzt wird und eine beschleunigte Diffusion des gelösten Goldes eintreten kann.
An einzelnen Krystallisationszentren beginnt sich das Gold zu feinen Kryställchen
zu sammeln; wird die Erwärmung noch länger fortgesetzt, so wachsen diese
immer größer aus, bis sie schließlich mikroskopisch beobachtet werden können.

Ganz ebenso verhalten sich andere Rubingläser mit kolloid gelöstem Selen,
Silber oder Kupfer als färbenden Substanzen. Das kupferhaltige Glas ist in der
Hitze und im abgeschreckten Zustande ebenfalls farblos. Beim Anlassen erhält
man zunächst das eigentliche rote Rubinglas mit ultramikroskopischen Teilchen,
dieses geht bei längerem Erhitzen in das undurchsichtige rote Hämatinon mit
mikroskopisch wahrnehmbaren metallglänzenden, krystallinen Teilchen über und
schließlich gelangt man zum Aventurin mit Krystallbildungen makroskopischer
Dimensionen. Silber verursacht in Glas gelbe, braune bis rotbraune Färbungen,
ganz ähnlich denen, die wäßrigen Silbersolen eigen sind.

Die Farbe der in der analytischen Chemie zum Nachweis verschiedener Elemente gebräuchlichen Borax- und Phosphorsalzperlen beruht ebenfalls in vielen
Fällen auf der kolloiden Zerteilung verschiedener Stoffe in den erwähnten glas-
artigen Massen.

**Durchsichtige krystalline Stoffe als Dispersionsmittel.** Hierher gehören
die von R. Lorenz näher beschriebenen, sogenannten „Pyrosole". Sie werden erhalten, indem man manche leichtschmelzende Metalle mit flüssigen Salzschmelzen
mischt. Auch können sie bei der Elektrolyse geschmolzener Salze entstehen. So
stößt z. B. Blei unter geschmolzenem Chlorblei erhitzt, graue Wolken aus, die
jedoch bei höherer Temperatur der Schmelze vollständig verschwinden, sich auflösen. Beim Abkühlen erscheint aber der graue Nebel wieder. Man hat es hier
höchstwahrscheinlich mit ganz derselben Erscheinung zu tun, wie beim Gold-

rubinglas. Die hohe Zähigkeit der schon festen Salzschmelzen verhindert die Vereinigung (Koagulation) der einzelnen hochdispersen Metallteilchen.

Erwärmt man farblosen Phosphor mit Quecksilber oder besser mit etwas Quecksilbersalz, so entsteht nach dem Abschrecken der ursprünglich farblosen Lösung eine schwarze Masse (die jedoch nicht mit dem „schwarzen Phosphor" identisch ist). Gernez konnte ultramikroskopisch nachweisen, daß im farblosen Phosphor Quecksilber in Form äußerst feiner Kügelchen verteilt ist. Auch Quecksilberjodid löst sich in Phosphor, Naphthalin, Salol, Thymol, Benzophenon u. a. bei erhöhter Temperatur auf und scheidet sich dann bei der Abkühlung aus diesen Stoffen in feinverteilter Form aus. Die Präparate sind zunächst gelb, werden aber mit der Zeit rot (Umwandlungspunkt des $HgJ_2$ bei 126⁰). Sehr möglich ist es auch, daß ebenfalls verschiedene in den obigen organischen Verbindungen bei erhöhter Temperatur gelösten Farbstoffe sich bei der Abkühlung kolloidal ausscheiden.

Desgleichen wird die Farbe mancher Edelsteine, wie Amethyst und Saphir, durch kolloidal ausgeschiedene Beimengungen hervorgerufen.

Ultramarin stellt dagegen eine echte feste Lösung von Schwefel (oder Selen) in der Grundsubstanz des Ultramarins dar.

Metallische Ausscheidungen in Salzen können auch auf andere Weise erzeugt werden: man behandelt sie mit Strahlen radioaktiver Stoffe, mit Röntgenstrahlen oder mit ultraviolettem Licht. In Krystallen von KCl oder NaCl zersetzen sich unter diesen Umständen einzelne Bereiche (höchstwahrscheinlich um die Fehlstellen) und das freie Metall sammelt sich in einzelnen Punkten an. Die Krystalle färben sich infolgedessen gelb bis bräunlich — auch blaue Farben kommen vor. Das natürlich gefärbte Steinsalz ist meistens blau. Siedentopf konnte nun mit Hilfe des Ultramikroskops zeigen, daß in allen diesen Fällen, die hellsten Färbungen ausgenommen, in den Krystallen Teilchen vorhanden sind, die vollständig den Metallteilchen in den Rubingläsern gleichen. Auch bei der Einwirkung von Metalldämpfen auf entsprechende, trockne, erhitzte Alkalihalogenidkrystalle beobachtet man gelbe bis braune Färbungen. Bei noch stärkerem Erhitzen verschwinden die Farben.

Ganz ähnlich verhalten sich auch die Halogenide des Silbers (die sogenannten Photohaloide) im gewöhnlichen Licht[368]) und das Thalliumchlorid in Röntgenstrahlen.

[368]) Näheres hierzu s. H. Freundlich: Kapillarchemie Bd. II, 4. Aufl., S. 840, 848 (1932)

# Namenverzeichnis.

# Sachverzeichnis.

Made in United States
Orlando, FL
22 March 2026

79556283R00162